Mastercam 2023 多轴数控加工与大赛实战教程

李 锋 刘冬青 / 主 编

岳宗波 孙素艳 郭小莉 / 副主编

化学工业出版社

·北京·

内容简介

本书在介绍Mastercam2023多轴加工基础、四轴加工和五轴加工的策略基础上，详细讲解了五轴联动加工策略的典型应用，并给出了几个典型生产和数控大赛中常见的大型加工案例，帮助读者全面贯通Mastercam的多轴加工和编程思想。

本书可作为全国数控技能大赛集训、企业职工技能大赛选拔、企业职工培训的数控铣工、加工中心专业教材，适用对象为各高等职业技术学院、技师学院数控技术应用专业、模具专业、现代制造技术专业学生，以及从事数控铣床、加工中心计算机辅助编程与操作的各类社会化培训的学员。

图书在版编目（CIP）数据

Mastercam2023多轴数控加工与大赛实战教程/李锋，刘冬青主编；岳宗波，孙素艳，郭小莉副主编．—北京：化学工业出版社，2024.6

ISBN 978-7-122-44898-9

Ⅰ.①M… Ⅱ.①李…②刘…③岳…④孙…⑤郭… Ⅲ.①数控机床-加工-计算机辅助设计-应用软件-高等职业教育-教材 Ⅳ.①TG659-39

中国国家版本馆CIP数据核字（2024）第050233号

责任编辑：王 烨　　文字编辑：郑云海
责任校对：李 爽　　装帧设计：刘丽华

出版发行：化学工业出版社
（北京市东城区青年湖南街13号 邮政编码100011）
印 刷：三河市航远印刷有限公司
装 订：三河市宇新装订厂
787mm×1092mm 1/16 印张19 字数501千字
2024年6月北京第1版第1次印刷

购书咨询：010-64518888　　售后服务：010-64518899
网 址：http://www.cip.com.cn
凡购买本书，如有缺损质量问题，本社销售中心负责调换。

定 价：89.00元

前言

欢迎阅读《Mastercam2023 多轴数控加工与大赛实战教程》！本书旨在为读者提供一份全面、系统的指南，讲解 Mastercam 软件在多轴加工领域的应用与实践。

本书内容分为三大部分，从讲解多轴加工的基础概念和各种复杂应用策略出发，直到典型零件和大赛经典加工案例的实战演练，系统化地帮助读者掌握 Mastercam 在多轴加工领域的应用技巧。

第 1 部分从多轴加工的基础出发，介绍了多轴加工的基本概念和高效加工的理念。

第 2 部分深入探讨了多轴加工策略，包括四轴加工及应用、3＋2 定平面加工与应用，以及更为复杂的五轴联动加工策略应用，每个章节都提供了详细的设置步骤和应用实例，帮助读者较为完整地理解和掌握 Mastercam 在不同加工状况下的应用技能。

第 3 部分聚焦于实战演练，通过典型零件加工案例和大赛经典零件加工案例的精细讲解，将加工理论与操作实践相结合。这些案例涵盖了各种难度和类型，旨在帮助读者从实际操作中获得经验，并将所学技能运用到实际工作项目中。

无论您是初学者还是有一定经验的专业人士，本书都能为您提供全面的指导和实用的技巧，助您在 Mastercam 多轴加工领域取得更进一步的成功。希望本书能够成为您学习、探索和应用 Mastercam 多轴加工的良好伴侣。

本书可作为各高等职业院校、高职院校、技师学院师生及参加数控大赛人员的培训教材。

本书由陕西航天职工大学李锋、北京昊威科技有限公司刘冬青担任主编，北京昊威科技有限公司岳宗波、孙素艳和轻工业西安机械设计研究院有限公司郭小莉担任副主编，西安航空职业技术学院崔福霞参编。本书在编写过程中得到多位同仁及专业人士的帮助，在此深表谢意。

由于作者的知识水平有限，书中疏漏之处敬请同行及读者不吝指正。

编者

目录

第1部分 多轴加工基础

001

第2部分 多轴加工策略

009

第2部分 多轴加工策略

009

2

第2部分
多轴加工策略

009

第3部分
多轴加工实战演练

187

第1部分
多轴加工基础

Mastercam

第1章 多轴加工概念

零件加工在工业生产中有着悠久的历史。经过几十年的发展，零件加工的精度要求越来越高，生产周期越来越短。从最早期的手动铣床的加工发展到数控铣床的加工，再到加工中心的出现，然后到五轴加工中心的推出，我们的加工手段越来越丰富。但是目前国内还有很多的加工企业在进行多面体零件加工时仍然用传统的多次装夹来完成，这样的加工方式使零件的生产周期过长，对某些部位的加工精度无法控制。为了满足国内加工行业的发展和变化需求，机床制造商有针对性地推出了多种五轴机床。

多轴机床（Multi-axis Machine）先进加工技术已经在实际加工领域得到了广泛的应用。五轴机床特别适用于加工几何形状复杂的模具或产品零件。五轴加工中心在加工较深、较陡峭的型腔时，可以通过工作台或主轴头的附加回转及摆动为立铣刀的加工创造最佳的工艺条件，并避免刀具、刀杆与工件型腔发生碰撞，减少刀具加工时的抖动以及刀具损坏的风险，从而有利于提高模具的表面质量、加工效率和刀具的耐用度。充分利用当今技术领域里的最新成就，特别是利用驱动技术和控制技术的最新成果，是不断提高加工中心高速性能、动态特性和加工精度的关键。近年来，多轴加工技术广泛应用于航空航天制造业、模具加工业、汽车零件加工以及精密零件加工中。

1.1 五轴加工的优势

采用五轴数控加工具有以下几个优点：

（1）减少基准转换，提高加工精度

无论是五轴联动机床还是五面体加工机床（俗称3+2轴机床），都可以通过A、B、C三个附件轴中的两个轴互相协作，对装夹面以外的五个基础面进行加工。五轴机床的产生，使对专用夹具的需求大大降低，对成型刀具的依赖也直线下降。多轴数控加工的工序集成化不仅提高了工艺的有效性，而且由于零件在整个加工过程中只需要一次装夹，加工精度更容易得到保证，见图1-1。

（2）缩短生产过程链，简化生产管理

在传统三轴数控机床加工过程中，大量的时间被消耗在搬运工件、上下料、安装调整等工序上。五轴数控机床可以完成数台三轴数控机床才能完成的加工任务，大大节省占地空间和工件在不同加工单元之间运转的时间和花费，工作效率显著提升，相当于普通三轴数控机床的2～3倍，见图1-2。

图1-1 基准转换较少零件示意图

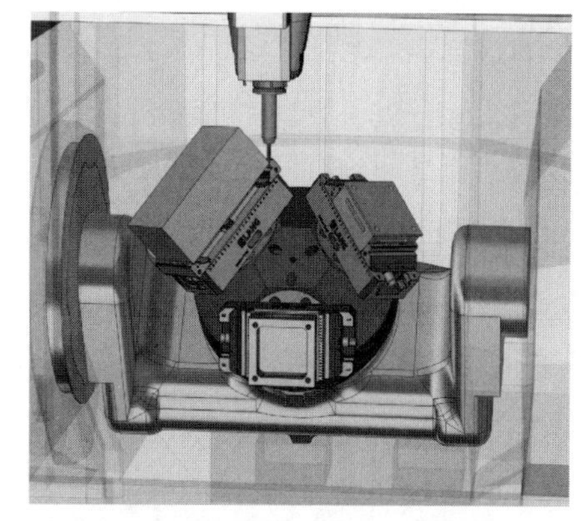

图1-2 缩短生产过程链零件示意图

（3）缩短新产品研发周期

对于航空航天、汽车等领域的企业，有的新产品零件及成型模具形状很复杂，精度要求也很高，而具备高柔性、高精度、高集成性和完整加工能力的多轴数控加工中心可以很好地解决新产品研发过程中复杂零件加工的精度和周期问题，采用任意角度五轴联动加工复杂曲面，有效避免刀具伸出过长与刀具切削速度为零的问题，利用刀具侧刃对直纹面进行加工无须爬面，大大缩短研发周期和提高新产品的成功率。

1.2 常见五轴设备分类

按照旋转轴的类型，五轴机床可以分为三类：双转台五轴（Table/Table）、双摆头五轴（Head/Head）、单转台单摆头五轴（Head/Table）。旋转轴分为两种：使主轴方向旋转的旋转轴称为摆头，使装夹工件的工作台旋转的旋转轴称为转台。

按照旋转轴的旋转平面分类，五轴机床分为正交五轴和非正交五轴两种。两个旋转轴的旋转平面均为正交面（XY、YZ或XZ平面）的机床为正交五轴，两个旋转轴的旋转平面有一个或两个不是正交面的机床为非正交五轴。

1.2.1 双转台五轴

两个旋转轴均属转台类，B轴旋转平面为YZ平面，C轴旋转平面为XY平面。一般两个旋转轴结合为一个整体构成双转台结构，放置在工作台面上，结构见图1-3。

特点：加工过程中工作台旋转并摆动，可加工工件的尺寸受转台尺寸的限制，适合加工体积小、重量轻的工件；主轴始终为竖直方向，刚性比较好，可以进行切削量较大的加工。

1.2.2 双摆头五轴

两个旋转轴均属摆头类，B轴旋转平面为ZX平面，C轴旋转平面为XY平面。两个旋转台轴结合为一个整体构成双摆头结构，见图1-4。

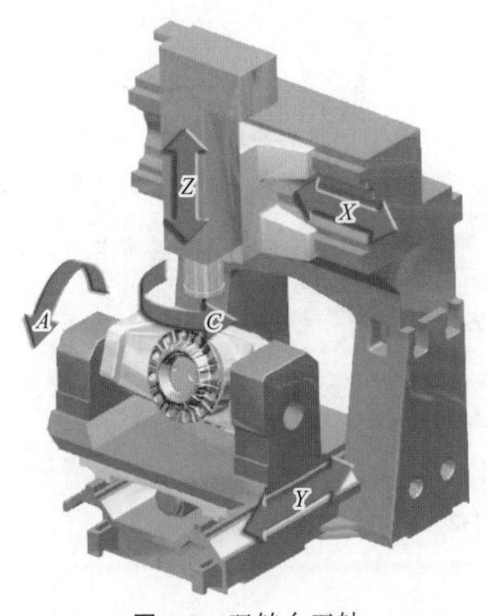

图 1-3 双转台五轴

图 1-4 双摆头五轴

特点：加工过程中工作台不旋转或摆动，工件固定在工作台上，加工过程中静止不动；适合加工体积大、重量重的工件；但因主轴在加工过程中摆动，所以刚性较差，加工切削量较小。

1.2.3 单转台单摆头五轴

旋转轴 B 为摆头，旋转平面为 ZX 平面；旋转轴 C 为转台，旋转平面为 XY 平面，见图 1-5。

特点：加工过程中工作台只旋转不摆动，主轴只在一个旋转平面内摆动，加工特点介于双转台和双摆头之间。

图 1-5 单转台单摆头五轴

1.3 多轴加工基础知识

在五轴加工中心数控系统里，RTCP（Rotated Tool Center Point）是我们常说的刀尖点跟随功能。在五轴加工中，追求刀尖点轨迹及刀具与工件间的姿态时，回转运动使刀尖点产生附加运动，故数控系统控制点往往与刀尖点不重合，因此数控系统要自动修正控制点，以保证刀尖点按指令既定轨迹运动，示意图见图 1-6。

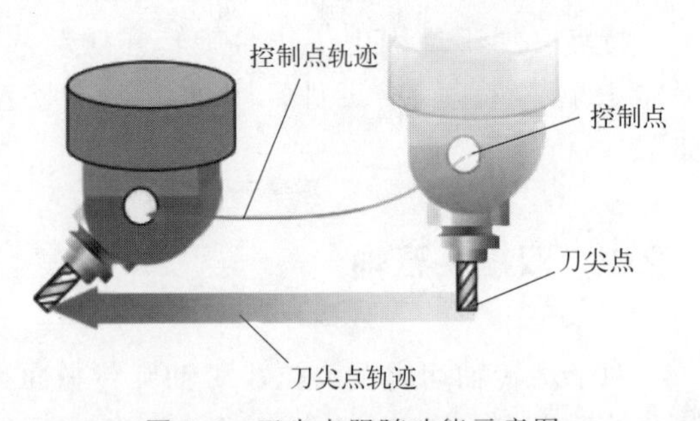

图 1-6 刀尖点跟随功能示意图

在五轴机床中定义第四轴和第五轴的概念：在双回转工作台结构中第四轴的转动影响到第五轴的姿态，第五轴的转动无法影响第四轴的姿态。第五轴为在第四轴上的回转坐标，示意图见图 1-7。

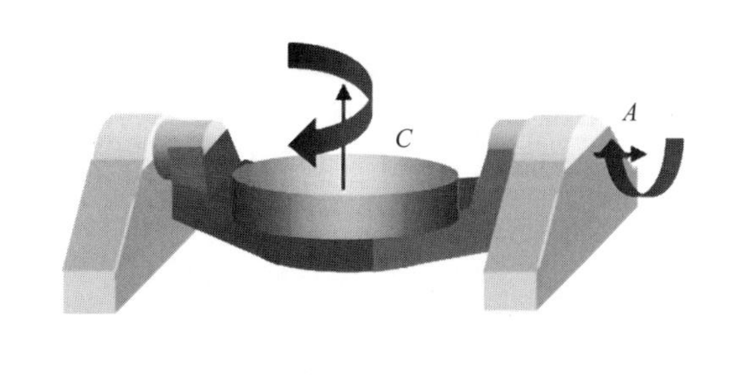

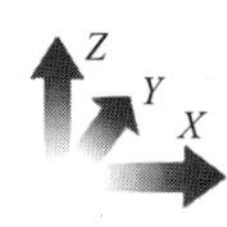

图 1-7　双回转工作台结构示意图

如图 1-7 所示，机床第四轴为 *A* 轴，第五轴为 *C* 轴。工件摆放在 *C* 轴转台上。当第四轴 *A* 轴旋转时，因为 *C* 轴安装在 *A* 轴上，所以 *C* 轴姿态也会受到影响。同理，对于放在转台上面的工件，如果我们对刀具中心切削编程，转动坐标的变化势必会导致直线轴 *X*、*Y*、*Z* 坐标的变化，产生一个相对位移。而为了消除这一段位移，机床势必要对其进行补偿，RTCP 就是为了消除这个补偿而产生的功能。

数控系统为了实现五轴控制，需要知道第五轴控制点与第四轴控制点之间的关系。即初始状态（机床 *A*、*C* 轴 0 位置），第四轴控制点为原点的第四轴旋转坐标系下，第五轴控制点的位置向量［*U*，*V*，*W*］。同时还需要知道 *A*、*C* 轴轴线之间的距离，示意图见图 1-8。

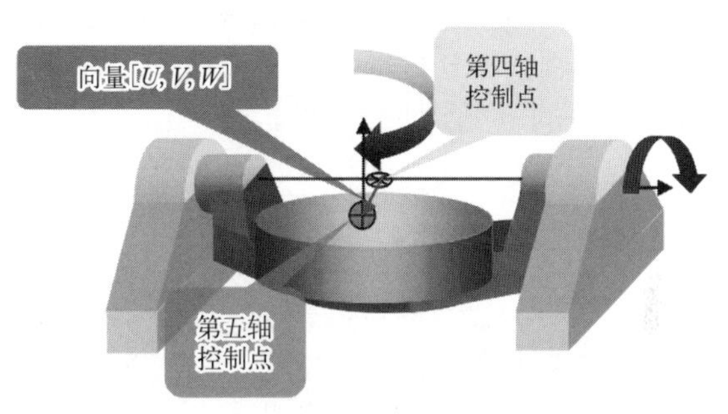

图 1-8　第四、五轴原点示意图

对于有 RTCP 功能的机床，控制系统将保持刀具中心始终在被编程的位置上。在这种情况下，编程是独立的，与机床运动无关。当在机床上编程时，不用担心机床运动和刀具长度，所需要考虑的只是刀具和工件之间的相对运动，余下的工作控制系统将会完成。

不带 RTCP 功能或功能关闭的情况下，控制系统不考虑刀具长度。刀具围绕轴的中心旋转。刀尖将移出其所在位置，并不再固定，见图 1-9。

带 RTCP 功能且开启的情况下，控制系统只改变刀具方向，刀尖位置仍保持不变。*X*、*Y*、*Z* 轴上必要的补偿运动已被自动计算进去，见图 1-10。

图 1-9　RTCP 功能关闭

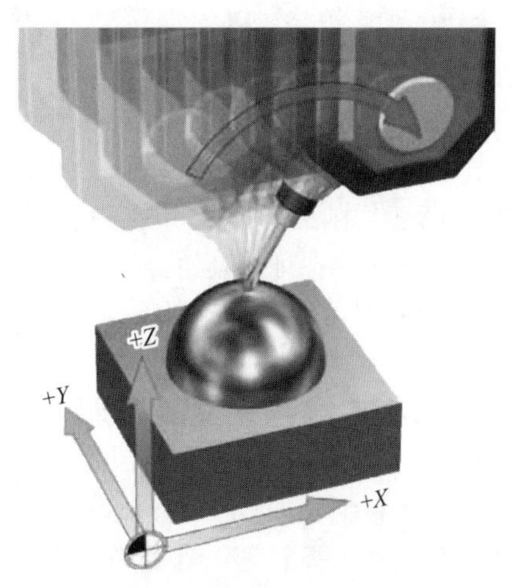

图 1-10　RTCP 功能开启

而不具备 RTCP 的五轴机床和数控系统是怎么解决直线轴坐标偏移这个问题的呢？不具备 RTCP 的五轴机床编程需要考虑主轴的摆长及旋转工作台的位置。这就意味着用该数控系统和机床编程时，必须依靠 CAM 编程和后处理技术事先规划好刀具路径。

1.4　高效加工技术

数控高速切削技术与五轴联动加工技术促进了机械冷加工制造业的飞速发展，革新了产品设计概念，提高了加工效率和产品质量，缩短了产品制造周期，其编程技术起着至关重要的作用。

高速切削与传统切削相比有更高的工艺要求，除了要具备高效切削机床和高速切削刀具外，还要有合适的 CAM 软件、刀具夹持、工件夹持等。

1992 年国际生产工程研究会年会报告中指出，高速切削是指切削速度超过传统值的 5～10 倍的切削，受加工材料、加工方式影响会有不同的范围。经过多次的切削实验，工程师们对实验过程数据分析得出结论：超高速加工可以有效提高加工质量，材料去除率可以达到普通切削的 240 倍，见图 1-11。

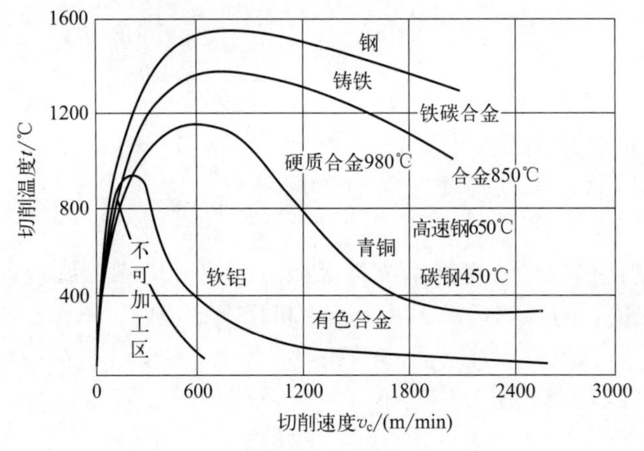

图 1-11　高速加工理论曲线示意图

高速切削中的数控编程代码不仅仅在切削速度、切削深度和进给量上不同于普通加工，而且还必须是全新的加工策略，以创建有效、精确、安全的刀具路径，从而达到预期的加工要求。

1.4.1　高速加工数控编程的要点

① 由于高速切削的特殊性和控制的复杂性，编程要注意加工方法的安全性和有效性。

② 要尽一切可能保证刀具轨迹光滑平稳，这会直接影响加工质量和机床主轴等零件的寿命。

③ 要尽量使刀具所受载荷均匀，这会直接影响刀具的寿命。

1.4.2　对 CAM 编程软件的功能要求

（1）高的计算编程速度

高速加工中采用高转速、小背吃刀量、快进给，其 NC 程序比传统数控加工程序要大得多，因而要求软件计算速度要快，以节省刀具轨迹编辑和优化编程的时间。

（2）全程自动防过切处理能力及自动刀柄干涉检查能力

高速加工以传统加工近10倍的切削速度进行，一旦发生过切，对机床、产品和刀具将带来严重的后果，所以要求其CAM软件系统必须具有全程自动防过切处理的能力及自动刀柄与夹具干涉检查、避让功能。高速加工的重要特征之一就是能够使用较小直径的刀具对产品的细小结构进行加工，而CAM软件系统能够自动提示刀具的最短夹持长度，并自动进行刀具干涉检查，指导操作者合理准备刀具。

（3）丰富的高速切削刀具轨迹策略

高速加工刀路轨迹的规划与传统加工方式相比有着特殊的要求，为确保最大的切削效率和高速切削时的安全性，CAM软件系统应能够根据加工时瞬时余量的大小自动进行加工轨迹的优化及加工残余分析，以确保高速加工刀具受力状态的平稳，提高刀具的使用寿命。

1.4.3 高效加工刀具路径的规划

CAM软件在生成刀具轨迹方面应满足保持恒定的切削载荷、保证工件的优质表面、编辑优化刀具轨迹等几点要求。

Mastercam的Dynamic Motion（已申报世界专利技术）技术提供了一种激动人心的全新切削方式。为了创造最流畅、最高效的刀路，Dynamic Motion不仅仅计算简单的刀具移动路径，还根据一系列的算法来分析刀具切入及材料移除过程，根据加工中刀具运动的变化不断调整切削。Dynamic Motion刀路最多可以缩短75%的加工时间，见图1-12。

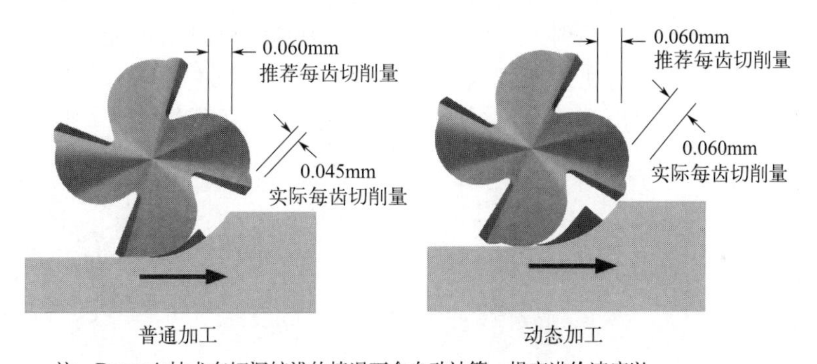

图1-12 使用Dynamic技术的动态加工与普通加工对比示意图

Dynamic Motion会根据毛坯材质、刀具类型及刀具直径，通过智能计算对进给率进行优化，可以使切削过程中的刀具载荷保持稳定，产生的切屑大小一致，并通过排屑过程带走产生的热量，实现对刀具、机床及工件成品的保护。流畅的刀路避免了突然转向，可以减少机床磨损，帮助节省机床的维护时间及费用。加工过程快速、稳定、安全，见图1-13。

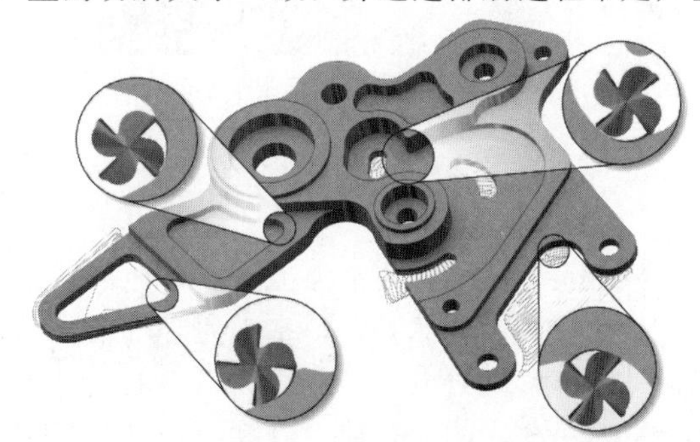

图1-13 动态加工刀路示意图

以上内容为大家介绍了Mastercam软件在粗加工领域的高效解决方案，在曲面特征的精加工过程中又是怎样提升加工效率的呢？Mastercam使用超弦精加工技术，其创新刀具与加工策略可大幅提高精加工效率，充分释放出CNC加工超乎常规的潜力。

CNC精加工的目的是保证工件的最终尺寸精度和表面质量。而精加工的表面质量，很大程度取决于加工后留下的残脊高度（CUSP Height）。

残脊高度是指加工中刀具通过两条相邻刀具路径之后，残留材料凸起部分的最大高度，如图1-14所示。

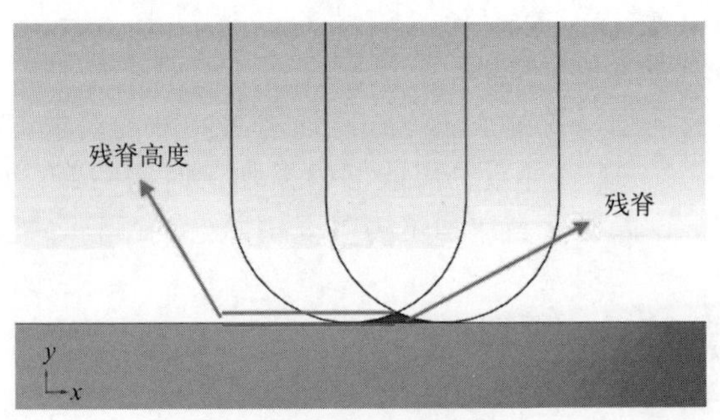

图1-14　残脊高度示意图

减小残脊高度的方法有两种。一个可行的方法是减小步距，减小相邻刀路之间的距离。但这意味着增加了单位面积中的刀路数量和密度，增加了精加工的时间。

另一个可行的方法是使用更大的刀具。因为刀具半径越大，与材料接触时接触点上的弧度越大，在相同刀路密度下，得到的残脊高度越小。用大半径的刀具可以减小残脊高度，达到更好的表面质量，但很多需要精加工的地方间隙狭小，不能用大半径刀具加工。

大圆弧刀具是一类新型的铣削刀具。使用大圆弧刀具则可以用更大的步进量来达到同样的表面质量。刀路编程是有效使用大圆弧刀具的关键，在刀路中控制刀具以适当的角度与工件轮廓形状进行精确拟合，可以在保证表面质量的前提下大幅减少加工循环时间，这就是Mastercam的超弦精加工技术，见图1-15。

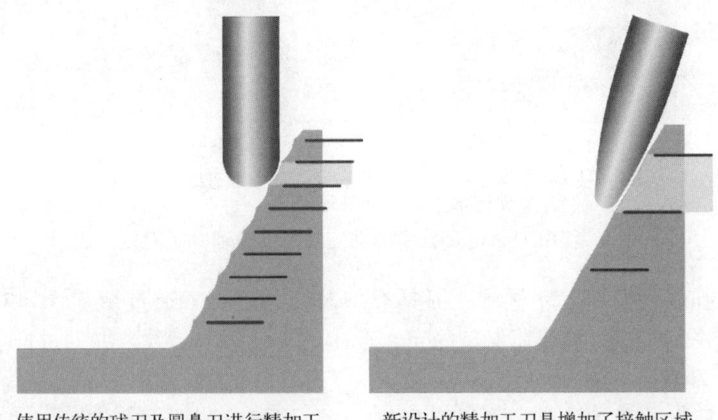

图1-15　超弦精加工技术示意图

Mastercam的超弦精加工技术是使用圆弧刀具进行高效精加工的编程解决方案。可以针对各种形状的大圆弧刀具，基于刀具形状，通过特殊刀路算法，对加工过程中的刀具接触点进行动态补偿，可以充分利用圆弧刀具的外形进行高效率的精加工。

Mastercam的动态加工技术可将粗加工时间缩短高达75%，配合最新的Accelerated Finishing超弦精加工技术，又一次缩短了整体切削时间！

第2部分 多轴加工策略

第2章 四轴加工及应用

Mastercam

四轴铣削涉及与三轴加工相同的过程，即使用切削工具从工件上去除材料以创建所需的形状和轮廓。然而，在四轴加工中，铣削大多是在附加轴上进行的。四轴 CNC 机床像三轴机床一样在 X、Y 和 Z 轴上运行，但它还包括绕 X 轴（称为 A 轴）的旋转轴，普遍应用于围绕原点的多面体加工及桶类零件加工。在加工多面体零件时，使用四轴机床将有效降低夹具制作成本、减少产品装夹次数，进而缩短加工时间，做到真正的高效加工。

2.1 基本设置

2.1.1 模型输入

打开随书附带电子文件夹[1]，找到“4 轴案例原图档”文件；也可以使用鼠标左键直接拖动到 Mastercam 软件绘图区打开图档，见图 2-1。

此产品零件为常见四轴产品，在加工过程中涵盖了常见 3+1 定轴铣削及四轴联动铣削加工。本章将结合此案例模型为大家介绍图形的展开与缠绕、刀具库创建、坐标平面创建、3+1 定轴铣削、刀路转换、四轴联动铣削等功能策略的应用。

2.1.2 案例说明

在管理器面板点击“层别”选项，检查各图层图素是否正常，见图 2-2。

层别 1：零件实体模型。

层别 2：轮廓展开图。

层别 3：轮廓缠绕图。

层别 4：毛坯。

层别 5：辅助线。

2.1.3 工艺路线分析

各部分加工策略分析见图 2-3。

---

[1] 本书随书附带文件可扫描封底二维码下载。

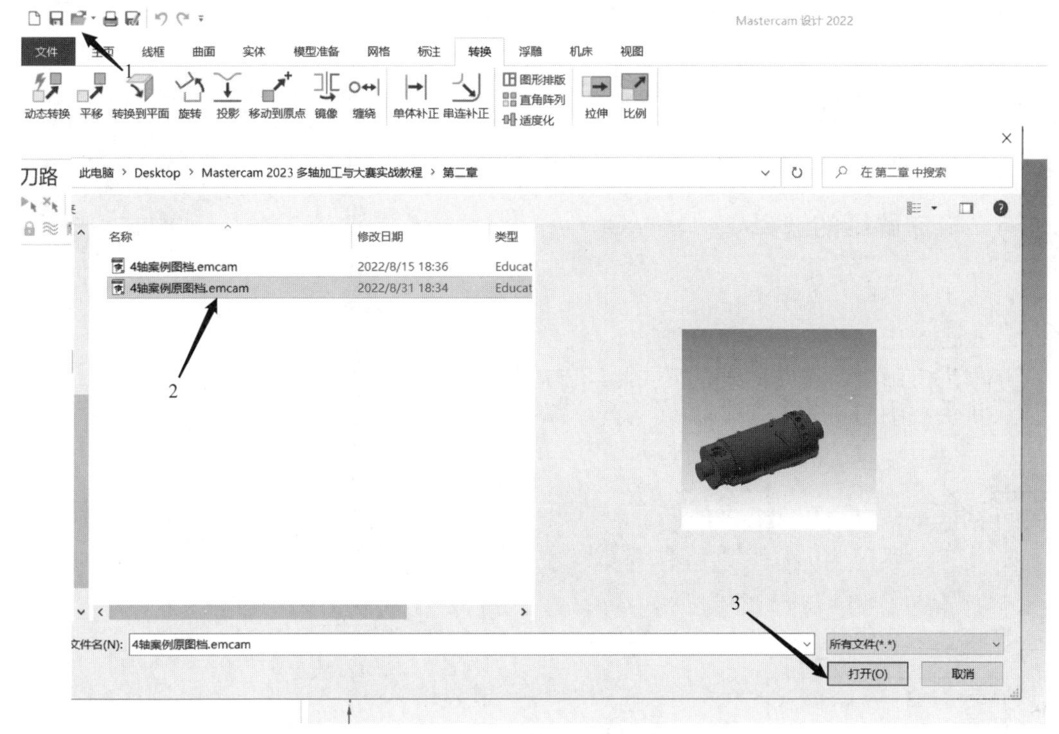

图 2-1　四轴案例原图档

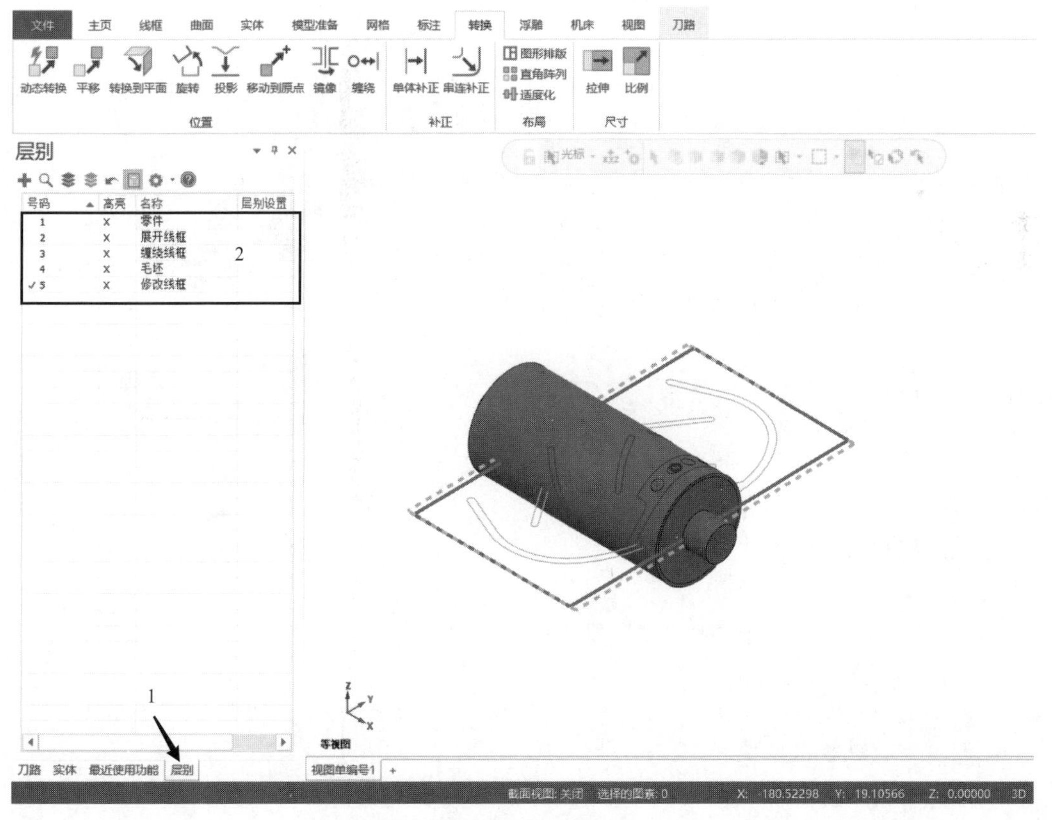

图 2-2　层别图示

• 使用2D铣削策略结合3+1定轴加工完成A部分特征铣削；

• 使用替换轴的方式将平面刀路缠绕到圆柱面，完成B部分特征的粗精加工；

• 使用多轴钻孔策略完成C部分孔特征的加工。

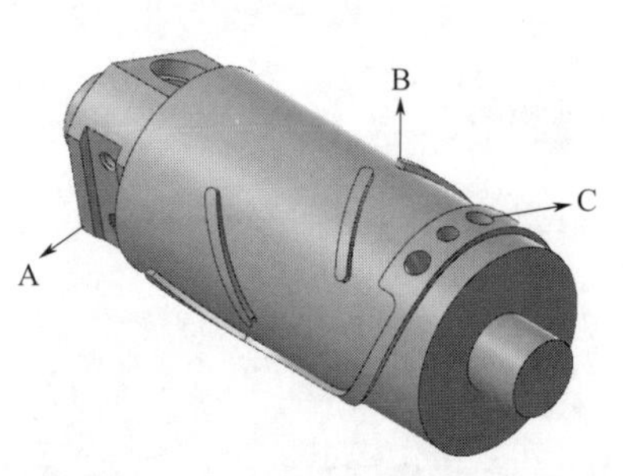

图 2-3 加工部分策略分析

2.1.4 机床群组的选择

• 点击“机床”选项卡；

• 点击铣床下拉箭头；

• 根据实际需求选择机床定义（此处以适配 Siemens 控制器为例）；

• 机床群组创建完成见图 2-4。

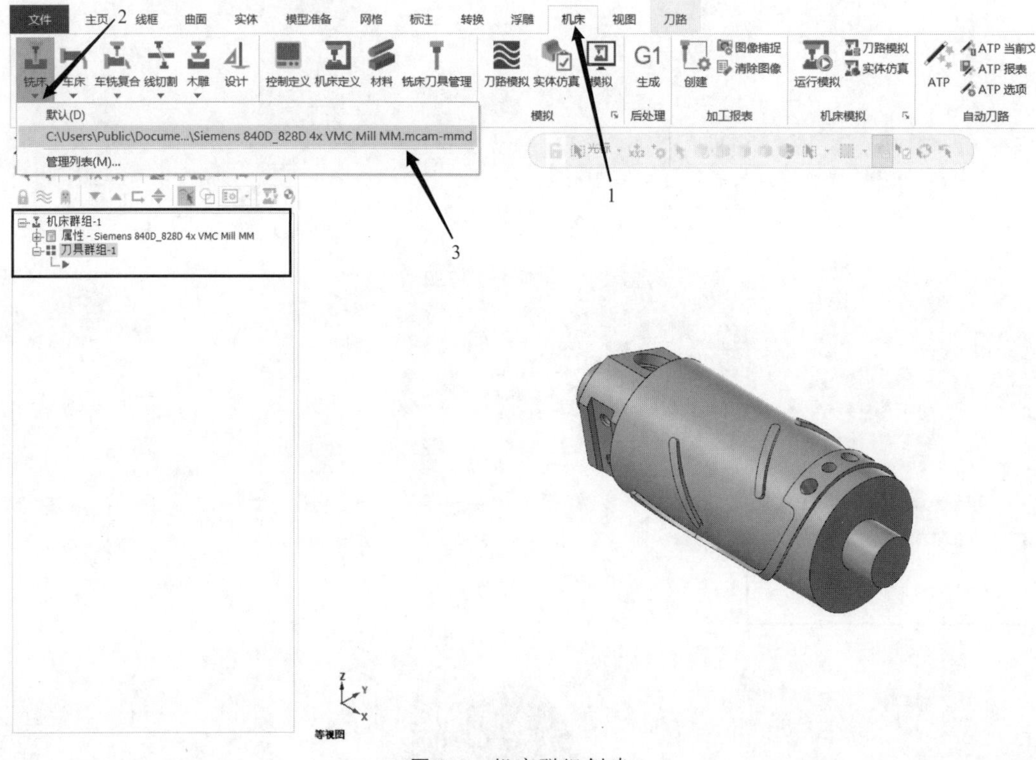

图 2-4 机床群组创建

2.1.5 刀具库的创建

根据零件加工需求，创建所需加工刀具，刀具库见图 2-5。

刀具库具体创建方法见图 2-6。

• 点击“刀路”选项卡；

• 点击“刀具管理”选项；

• 鼠标右击空白处；

• 点击“创建刀具装配”选项。

刀号	状态	装配名称	刀具名称	刀柄名称	直径	圆角半径	长度	刀齿数	类型	半径类
5		D8ZT	8 钻头	B2C3-0020	8.0	0.0	25.0	2	钻头/钻孔	无
6		D6ZT	6 钻头	B2C3-0020	6.0	0.0	25.0	2	钻头/钻孔	无
3	✓	D6	6 平铣刀	B2C3-0020	6.0	0.0	25.0	4	平铣刀	无
4	✓	D10ZT	10 钻头	B2C3-0020	10.0	0.0	25.0	2	钻头/钻孔	无
1	✓	D10	10 平铣刀	B2C3-0020	10.0	0.0	25.0	4	平铣刀	无
2	✓	DJ10	10 倒角刀	B2C4-0020	10.0-45	0.0	25.0	4	倒角刀	无

图 2-5　刀具库

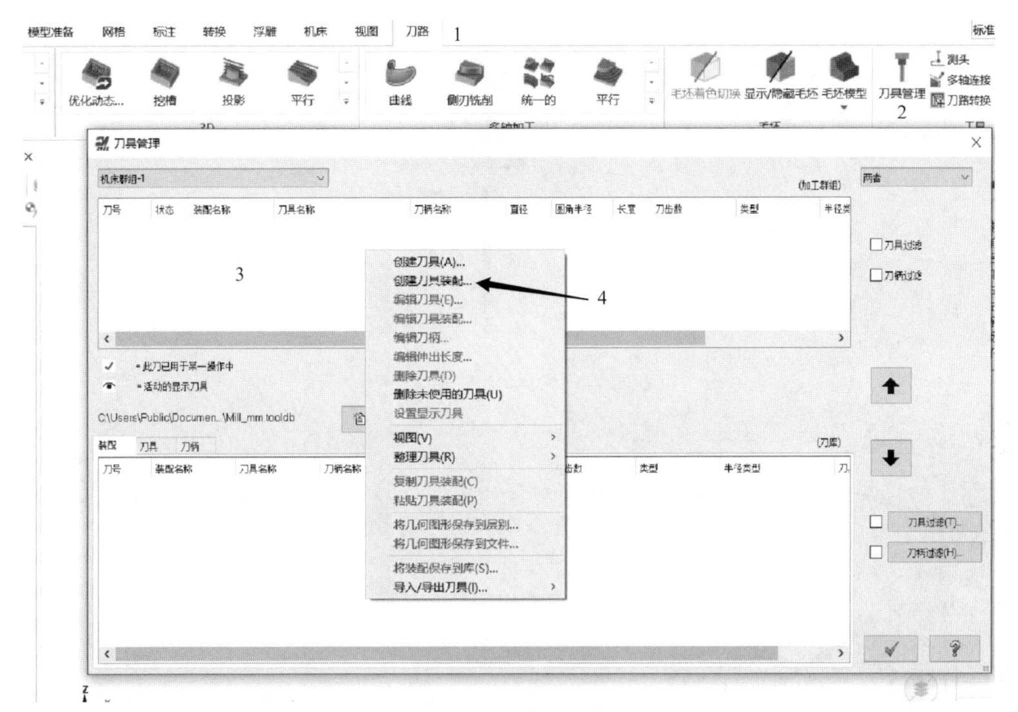

图 2-6　创建刀具库

刀具装配示意见图 2-7，操作如下：

- 按照加工需求鼠标右键添加刀柄组件及刀具；
- 鼠标左键拖动刀柄组件，调整刀具装夹长度；
- 填写刀具装配名称；
- 点击“确定”按钮完成当前刀具装配创建。

2.1.6　坐标平面创建

根据产品加工要求，需要在不同的平面完成铣削路径的编制。接下来给大家介绍怎样创建新的加工平面。Mastercam 软件提供了丰富的平面创建方法，例如依照图形、依照实体面、依照屏幕视图、依照图素法向等方法，根据实际案例需要，选择便捷合适的方法进行创建即可。

此案例新平面具体创建方法，见图 2-8～图 2-10。

- 管理器面板点击“平面”选项；
- 点击“新建平面”按钮；
- 点击“依照实体面”项；

图 2-7　刀具装配示意图

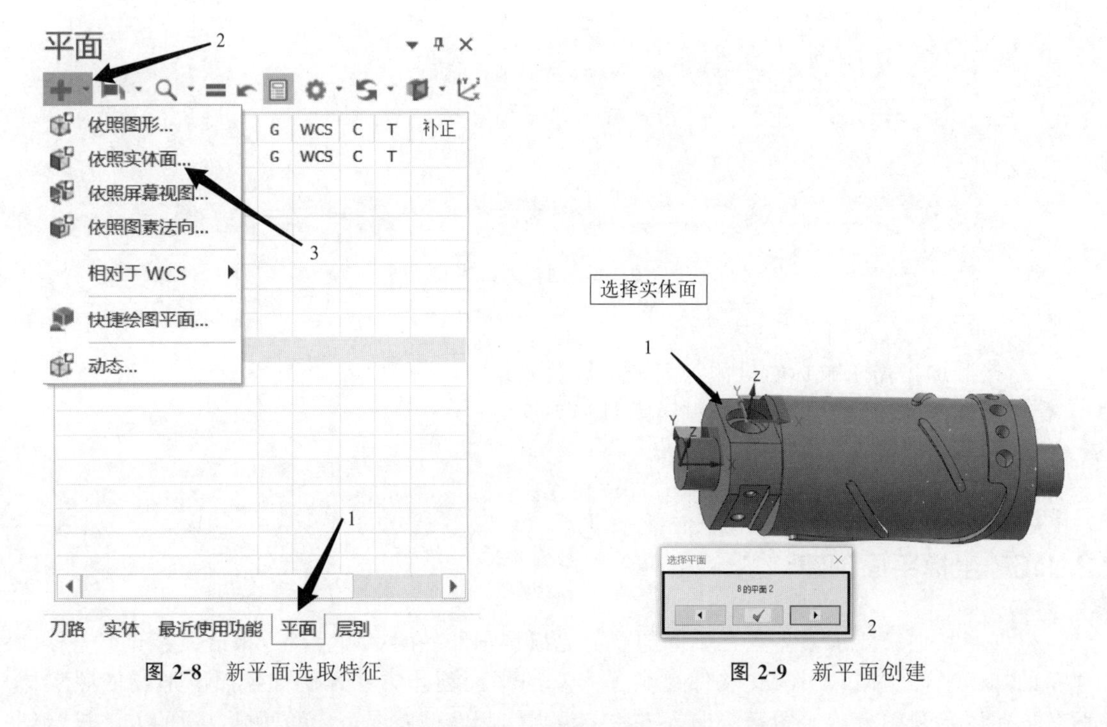

图 2-8　新平面选取特征　　　　图 2-9　新平面创建

- 选择实体面，以确定新的坐标平面 Z 轴垂直于实体面；
- 使用选择按钮调整坐标方向，并点击“确定”按钮；
- 设定新平面名称；
- 原点调整到与 WCS 重合（避免设备无倾斜面转换功能，无法自动转换运算）；
- 点击“确定”按钮完成新平面的创建。

图 2-10 新建平面命名

2.1.7 缠绕图素的展开

铣削替换轴加工是将生成的平面刀路轨迹缠绕至圆周形成，所以在刀路轨迹编制前需要具备平面图素用于生成刀路轨迹。下面为大家具体介绍图素的提取与展开方法，见图 2-11～图 2-13。

- 点击“线框”选项卡（此处应先建立新的图层）；
- 点击“单边缘曲线”功能；
- 将“绘图平面 2D/3D”调整为 3D 状态；
- 点击需要抽取线框图素的实体边沿；
- 点击“转换”选项卡；
- 点击“缠绕”功能；
- 选择需要展开的线框；
- 选择方式为“复制”；
- 选择类型为“展开”；
- 根据需求确定展开旋转轴为 X 轴；
- 展开直径为“85.0”（展开直径为线框图素所在圆的直径）；
- 定位角度为“−90.0”；
- 线条样式“样条线”；
- 方向选择“顺时针”。

展开效果见图 2-14。

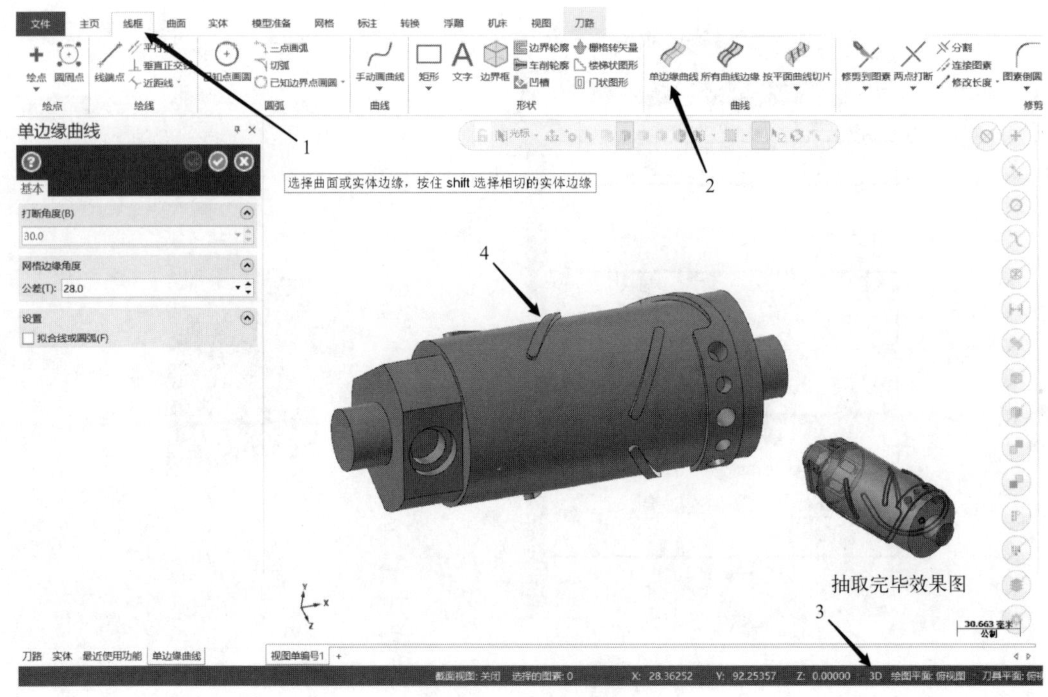

图 2-11　选取缠绕图素

图 2-12　展开缠绕图素

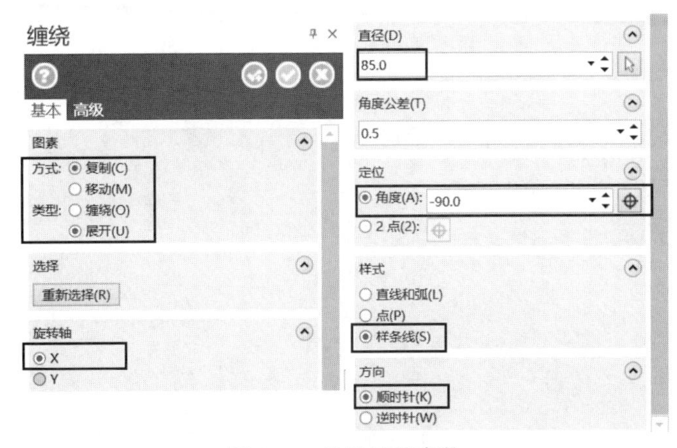

图 2-13　设置展开参数

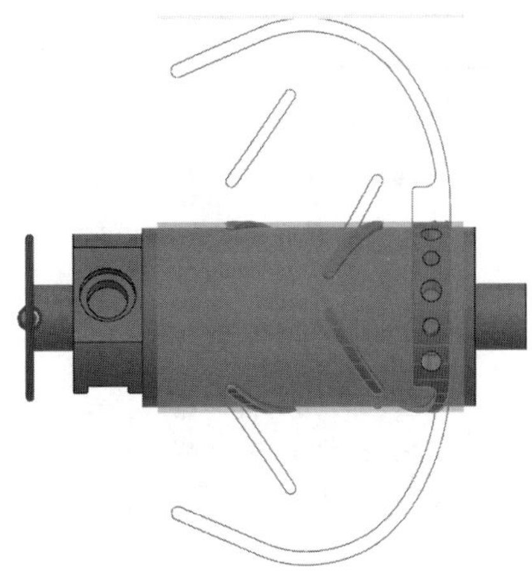

图 2-14　展开效果图

2.2　3+1 定平面铣削加工

针对此案例模型进行固定轴加工时，首先要将 C（绘图平面）、T（刀具平面）移动到需要加工的表面上，针对每个平面的加工采用三轴刀路策略即可轻松完成。

2.2.1　A-20 平面加工

分析 A-20 平面特征，加工此面需要使用剥铣、全圆铣削、模型倒角等加工策略，加工策略具体应用方法如下。

• 管理器面板点击“平面”选项，将 C（绘图平面）、T（刀具平面）调整至 A-20 平面，见图 2-15。

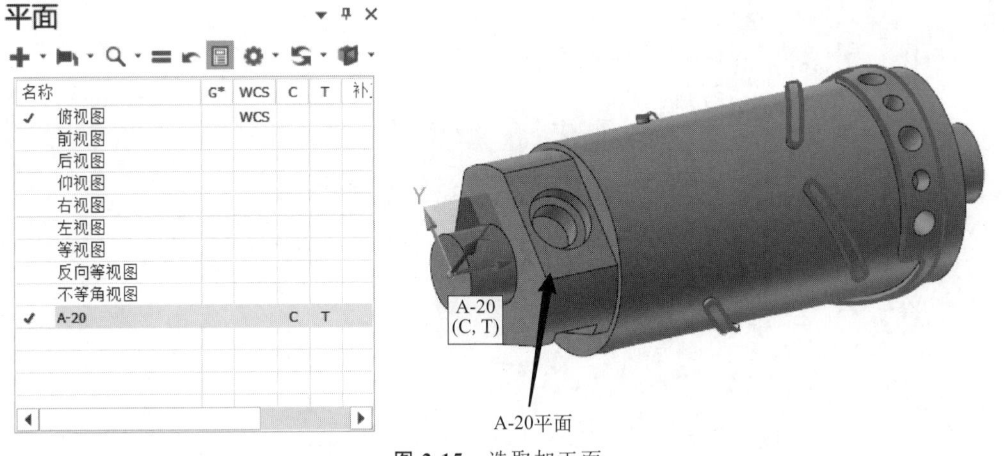

图 2-15　选取加工面

（1）剥铣策略应用

2D 剥铣刀具采用动态铣削的刀轨运动方式，此策略允许在两个选定的轮廓之间或者沿单个轮廓进行高效铣削加工。当选择的轮廓为单个串连时，必须指定加工宽度。剥铣策略应用见图 2-16。

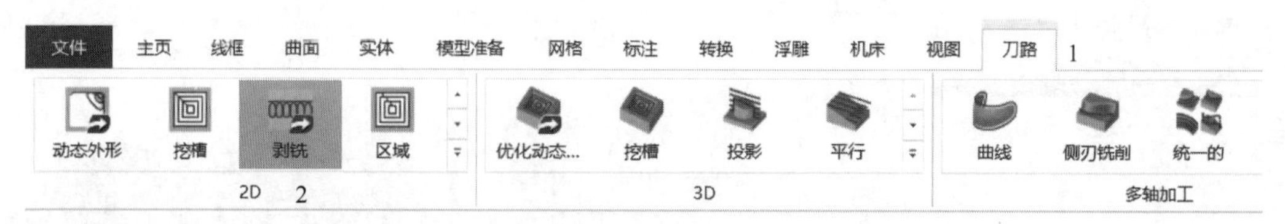

图 2-16　选取剥铣策略

- 点击“刀路”选项卡；
- 选择“剥铣”策略；
- 按照加工需求选择串连图素，见图 2-17；

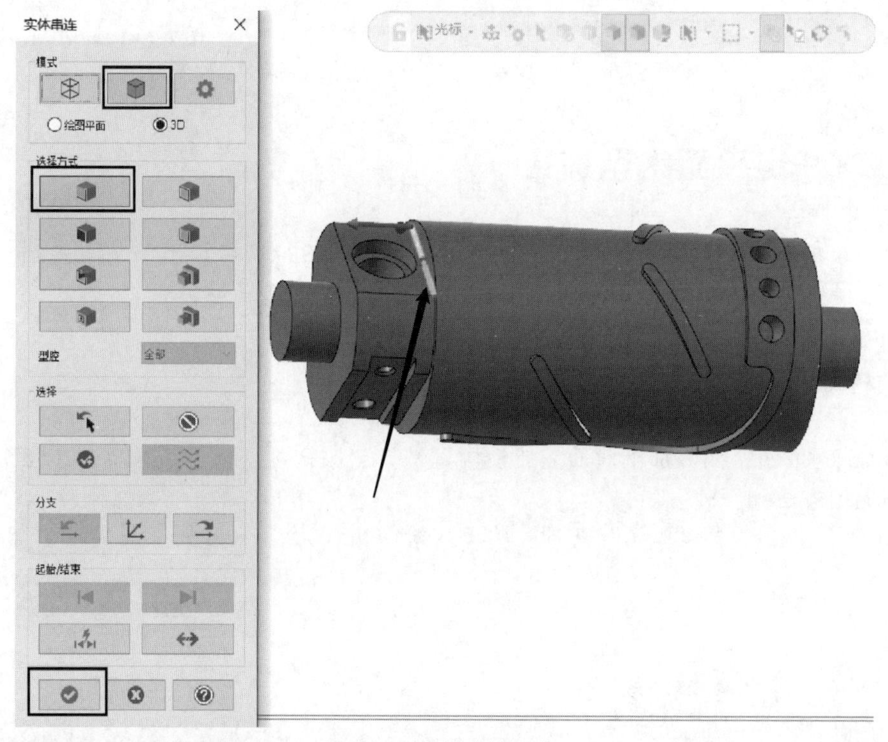

图 2-17　选择串连图素

- 在左侧列框中选择“刀具”选项，见图 2-18；
- 选择 10mm 平铣刀，合理设置切削参数；
- 在左侧列框中选择“切削参数”选项，见图 2-19；
- 结合加工工艺需求，填写相关参数；

部分参数具体含义如下：

切削类型_动态剥铣：此选项必须选择开放式串连，运动方式采用动态铣削运动。

切削类型_剥铣：此选项允许选择开放串连或封闭串连，运动方式采用摆线铣削运动。

步进量：两刀具路径之间的切宽。

最小刀路半径：控制刀路轨迹中创建的最小半径值。

进刀延伸、退刀延伸：控制刀具在切入切出时的延伸拓展量。

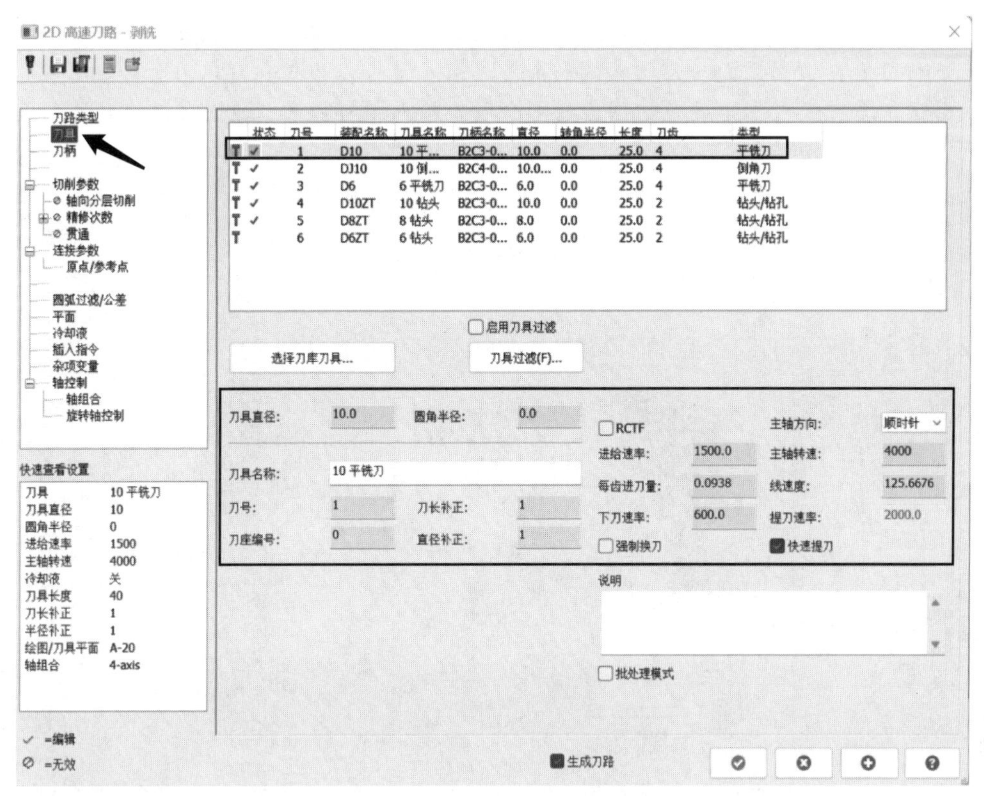

图 2-18　选择刀具

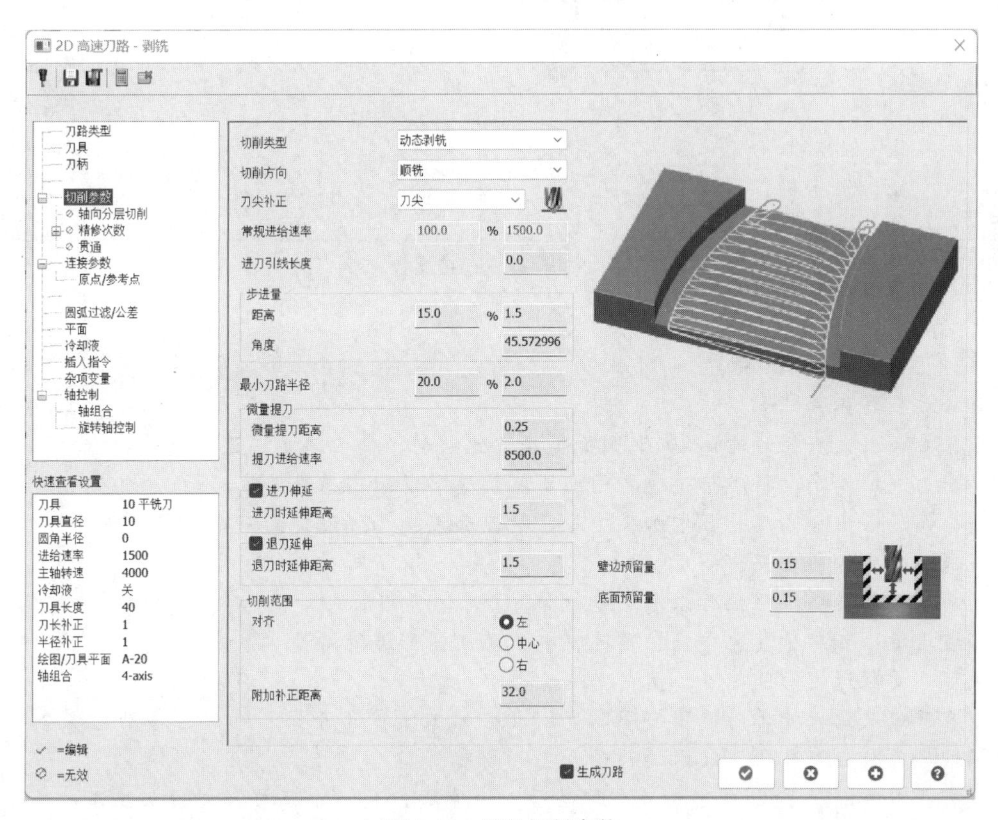

图 2-19　设置切削参数

切削范围：当选择单个串连时，此选项启用，用于设置刀具切削范围。

壁边预留量：设置立面几何图素的剩余量，输入值可以为正也可以为负。

底面预留量：设置水平面几何图素的剩余量，输入值可以为正也可以为负。

- 在左侧列框中选择“连接参数”选项，见图 2-20；

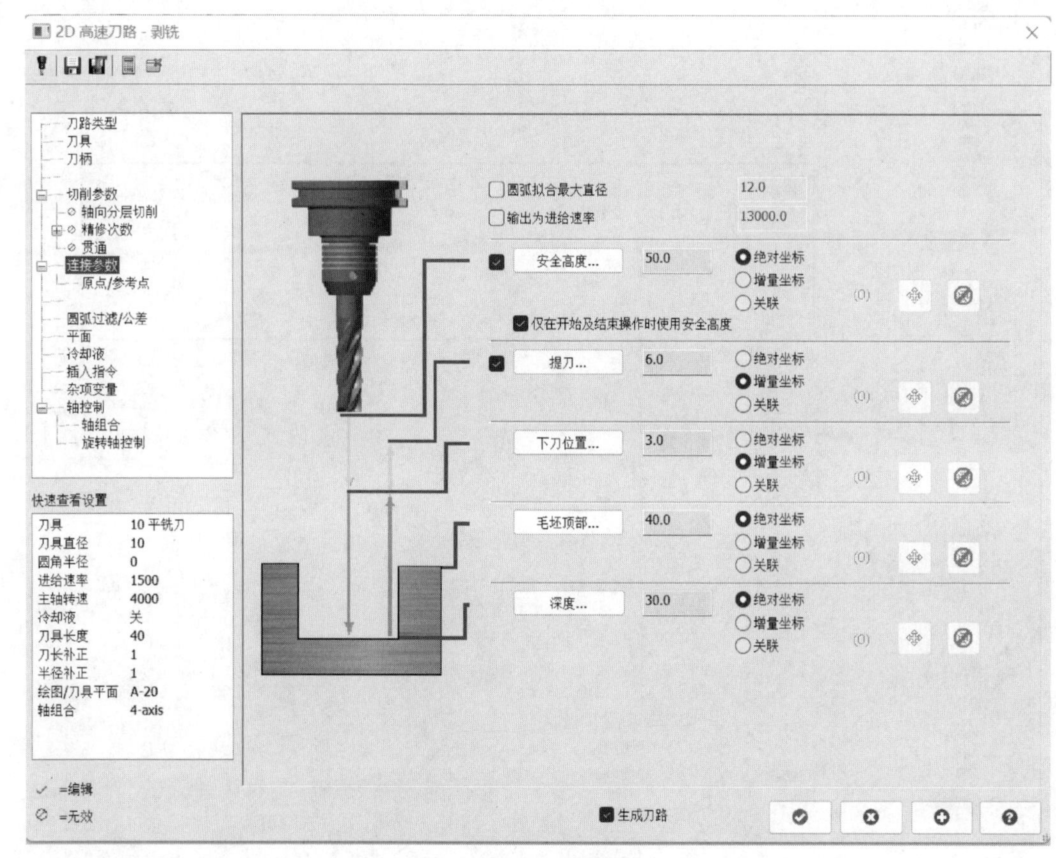

图 2-20 设置连接参数

- 结合加工工艺需求，填写相关参数；

部分参数具体含义如下：

圆弧拟合最大直径：尝试以 90°圆弧连接快速移动，使刀路轨迹连接更光顺。

输出为进给速率：将刀路轨迹之间的所有快速移动输出为进给率移动。

安全高度：安全高度是数控加工中基于换刀和装夹工件设定的一个高度，通常一个产品加工完成后刀具停留在安全高度。

绝对坐标：始终依照坐标系原点进行计算。

增量坐标：相对于其他参数、串连特征、几何图形进行增量。

关联：关联选定的间隙点位置。

仅在开始及结束操作时使用安全高度：仅在加工操作的开始和结束时移动到安全高度，当取消此操作时，刀具每次回退均移动到安全高度。

提刀：刀具在 Z 向加工完成一个路径后，快速提刀到一个高度，以便加工下一个 Z 向路径。通常提刀高度低于安全高度，而高于进给下刀位置的高度。

下刀位置：设定刀具开始以 Z 轴进给率下刀的位置高度。在数控加工中，为了节省时间，往往刀具快速下降至进给下刀位置的高度，再以进给速度趋近工件。

毛坯顶部：设定要加工表面在 Z 轴的位置高度。

深度：设定刀具路径最后要加工的深度。

- 在左侧列框中选择“平面”选项，见图 2-21；
- 确认“工作坐标系”“刀具平面”“绘图平面”的正确性；

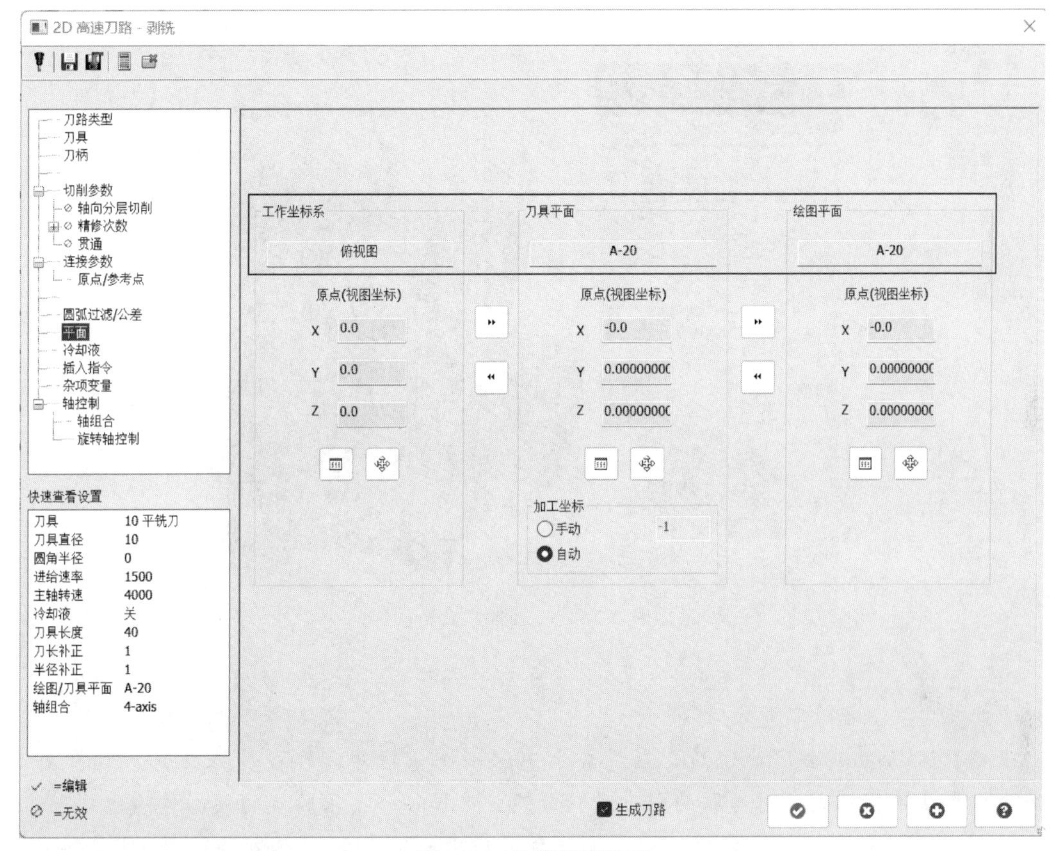

图 2-21　设置平面选项

- 点击“确定”按钮生成刀路轨迹，见图 2-22。

在左侧列表框中还有其他参数可以进行设置，如“轴向分层切削”“精修次数”“圆弧过滤/公差”等参数选项，在一些特殊情况下，可以根据数控设备、加工要求等因素进行设置，此处不再讲解。

图 2-22　刀路轨迹

（2）全圆铣削策略应用

2D 全圆铣削刀具路径常用于圆形型腔的铣削，可以选择点图素、圆弧中心点、孔特征等图素，Mastercam 软件将会根据圆形图素的直径和深度进行加工。在使用策略进行孔加工时可以选择一个或多个孔特征。全圆铣削策略见图 2-23。

- 点击“刀路”选项卡；

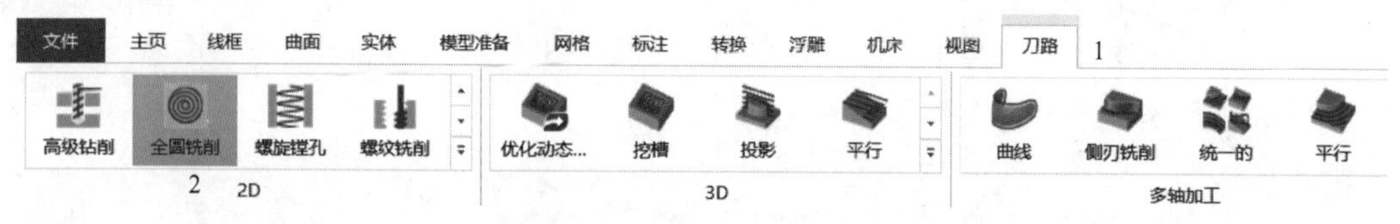

图 2-23 选取全圆铣削策略

- 选择“全圆铣削”策略；
- 按照加工需求选择图素，见图 2-24；

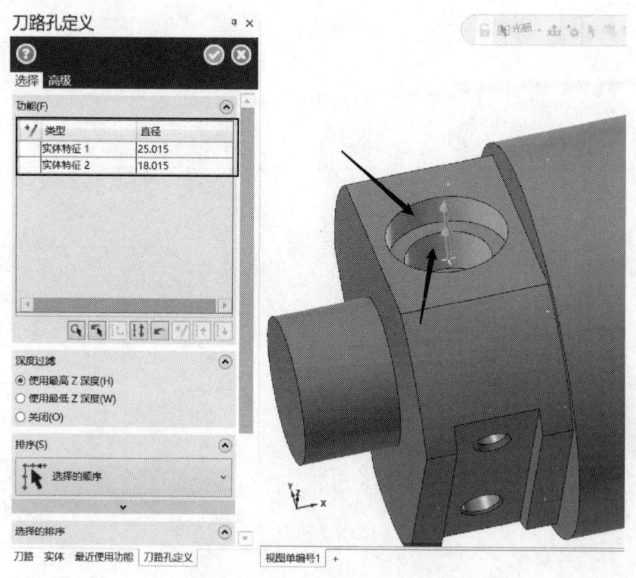

图 2-24 选择加工图素

刀路孔定义界面参数详解：

限定圆弧：单击该按钮后，在屏幕上选取一个基准圆，再在屏幕上选取所有图素，系统会根据基准圆的大小对选取的图素进行过滤，选择符合要求的圆的圆心作为中心点。

复制之前的点：单击该按钮后，系统会采用上一次孔加工刀路的点位及切削顺序作为本次孔加工的点位及切削顺序。

反向循序：单击该按钮后，将对功能表中的点位进行反向排序。

重置为原始循序：单击该按钮后，会撤销功能表中所有点位的排序操作，将点位按照最原始选择顺序排序。

深度过滤：当选择的两个点位在加工平面上的投影重合时，可使用“最高 Z 深度”或使用“最低 Z 深度”来确定其中一个钻孔点进行操作。

排序：采用排序选项设置点位的加工顺序，Mastercam 提供了 17 种 2D 排序、12 种旋转排序和 16 种断面排序，见图 2-25。

插入点_列表顶部：插入点的排序位于功能表的顶部；

插入点_列表底部：插入点的排序位于功能表的底部；

插入点_选择的上方：插入点的排序位于功能表中所选择的钻孔点的上方。

(a) 2D排序　　(b) 旋转排序　　(c) 断面排序

图 2-25　孔加工排序示意图

- 在左侧列框中选择“刀具”选项，见图 2-26；
- 选择 10mm 平铣刀，合理设置切削参数；

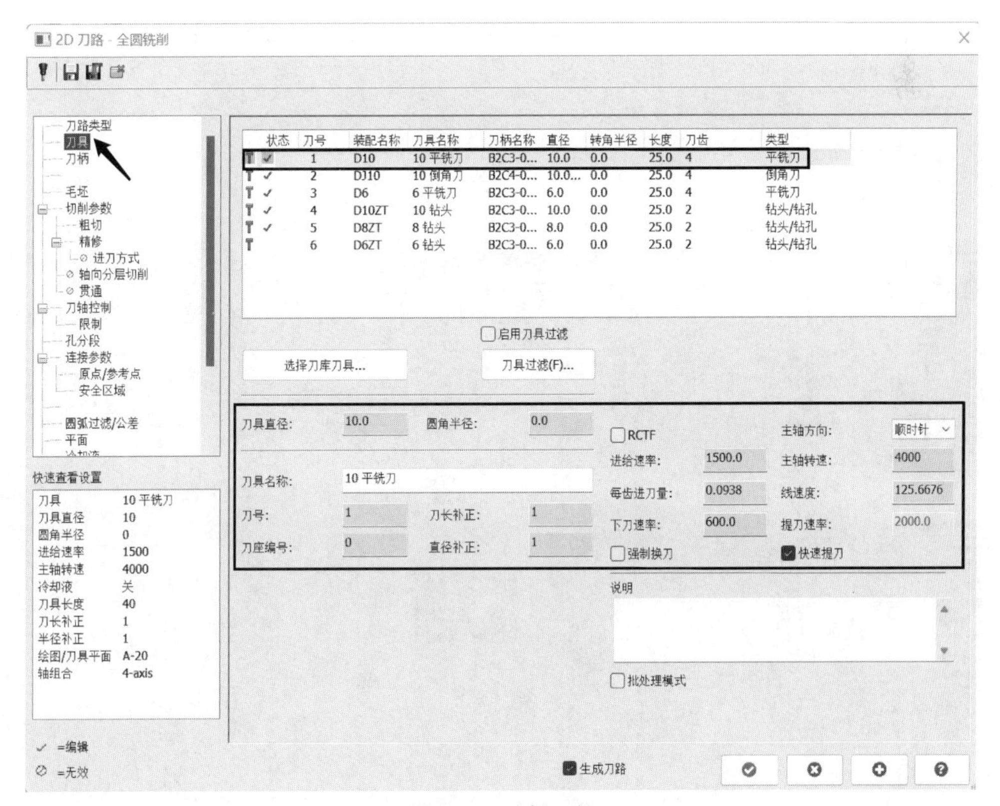

图 2-26　选择刀具

- 在左侧列框中选择“切削参数”选项，见图 2-27；
- 结合加工工艺需求，填写相关参数；

部分参数具体含义如下：

补正方式_电脑：刀具中心向指定方向移动的距离等于加工刀具半径。电脑自动计算出补正后的刀具路径，在程序中不会产生用于半径补偿的控制代码。

补正方式_控制器：在屏幕上显示的刀具路径中刀具中心并不发生偏移，输出用于半径补偿的控制代码。

补正方式_磨损：同时使用电脑补正和控制器补正功能。先由电脑补正计算出刀具路径，再由控制器补正加工半径补偿控制代码，这时数控机床控制器中输入的补正量不是刀具半径，而是刀具的磨损量。

补正方式_反向磨损：同时具有电脑补正和控制器补正功能，但是控制器补正的方向与设置的方向相反。

补正方向_左：刀具沿选择串连的左侧运动。

补正方向_右：刀具沿选择串连的右侧运动。

改写图形直径：当选择圆弧、实体圆弧或圆特征时启用。覆盖所有选定几何图形的直径信息，并强制输出指定的圆直径。

起始角度：设定刀具路径开始的角度。

壁边预留量：设置立面几何图素的剩余量，输入值可以为正也可以为负。

底面预留量：设置水平面几何图素的剩余量，输入值可以为正也可以为负。

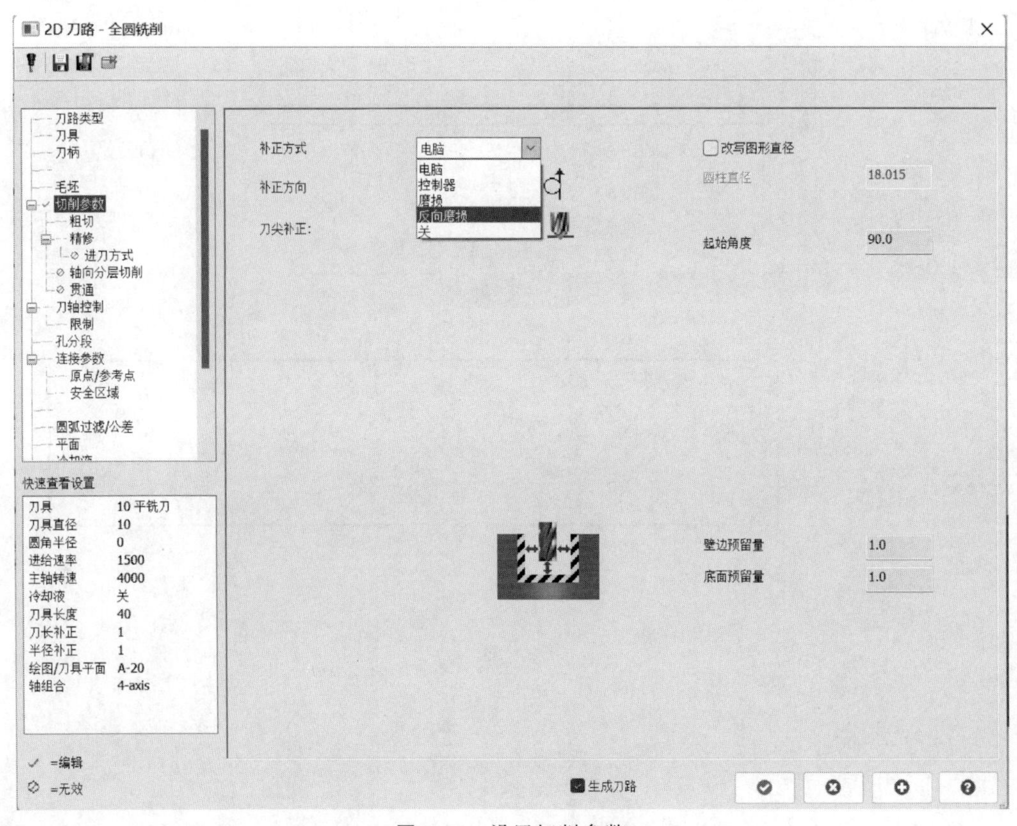

图 2-27　设置切削参数

- 在左侧列框中选择“粗切”选项，见图 2-28；
- 结合加工工艺需求，填写相关参数；

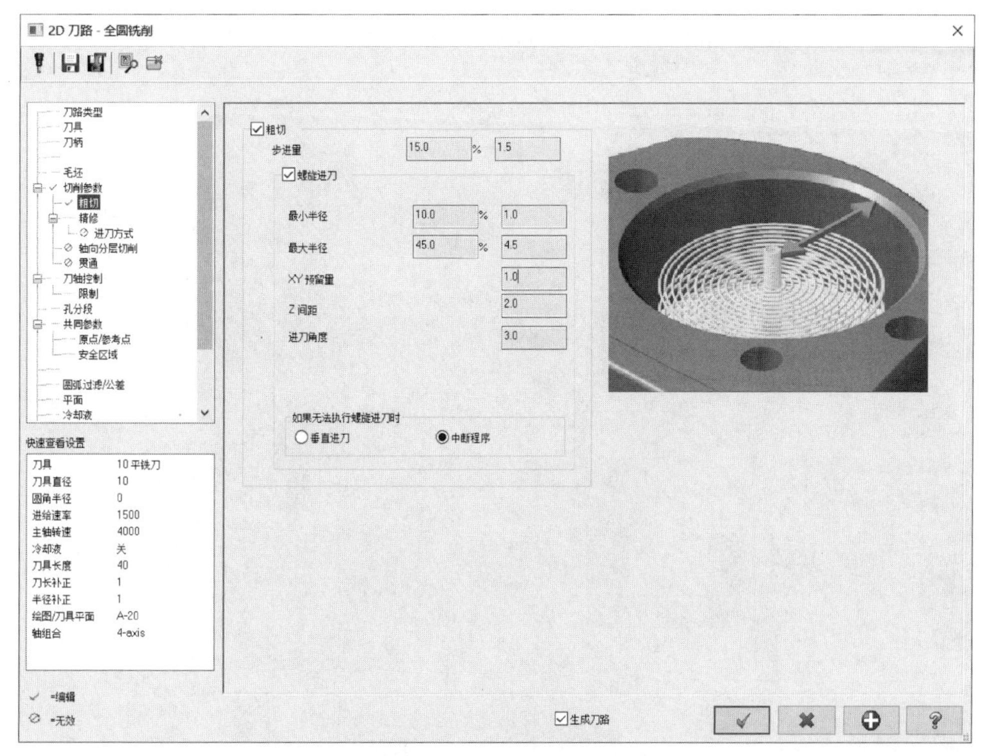

图 2-28　设置粗切参数

部分参数具体含义如下：

步进量：两刀具路径之间的切宽。

最小半径/最大半径：刀具螺旋下刀半径的取值范围。

XY 预留量：螺旋下刀切削与特征之间的最小预留量。

Z 间距：设置 Z 轴进行下刀运动时与毛坯之间的距离。

进刀角度：设置螺旋下刀移动的螺旋角度。

- 在左侧列框中选择“连接参数”选项，见图 2-29；
- 结合加工工艺需求，填写相关参数；

部分参数具体含义如下：

计算孔/线的增量值：从孔或轴线的顶部增量计算“退刀”“进给平面”和“毛坯顶部”的值。

自动连接：自动连接退刀等移动参数，避免与几何体发生碰撞。

检查碰撞：检查碰撞功能可以用来确定已定义的刀具组合是否适合加工特征，如果有碰撞发生，碰撞检查会告诉您是由哪个部分造成的，碰撞检查还可以自动调整刀具的夹持长度，以清除碰撞现象，设置见图 2-30。

- 在左侧列框中选择“平面”选项，见图 2-31；
- 确认“工作坐标系”“刀具平面”“绘图平面”的正确性；
- 点击“确定”按钮生成刀路轨迹，见图 2-32。

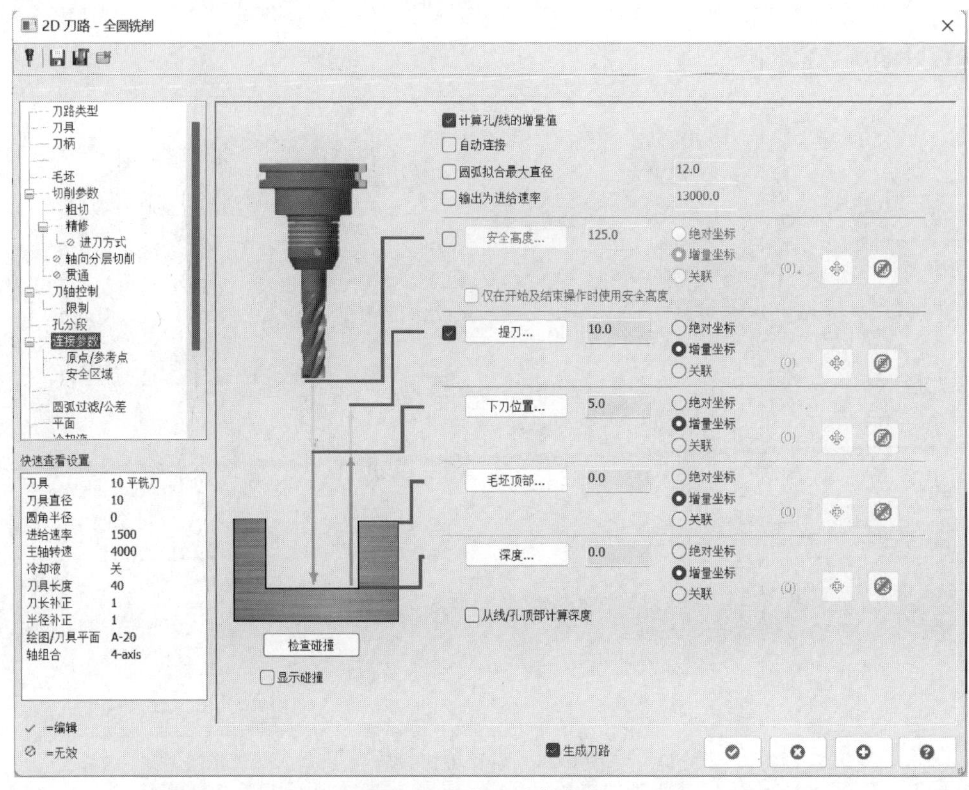

图 2-29　设置连接参数

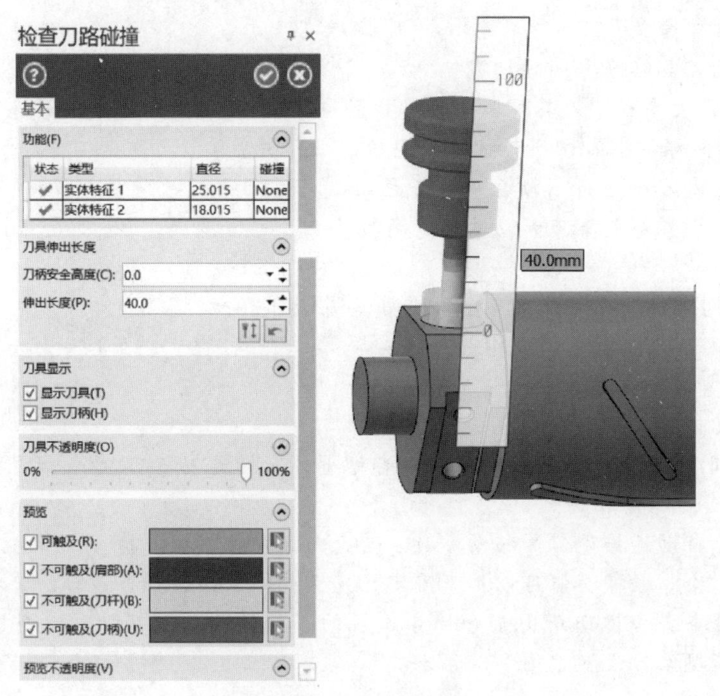

图 2-30　检查碰撞设置

在左侧列表框还有其他参数可以进行设置，如“精修”“圆弧过滤/公差”等参数选项，在一些特殊情况下，可以根据数控设备、加工要求等因素进行设置，此处不再拓展讲解。

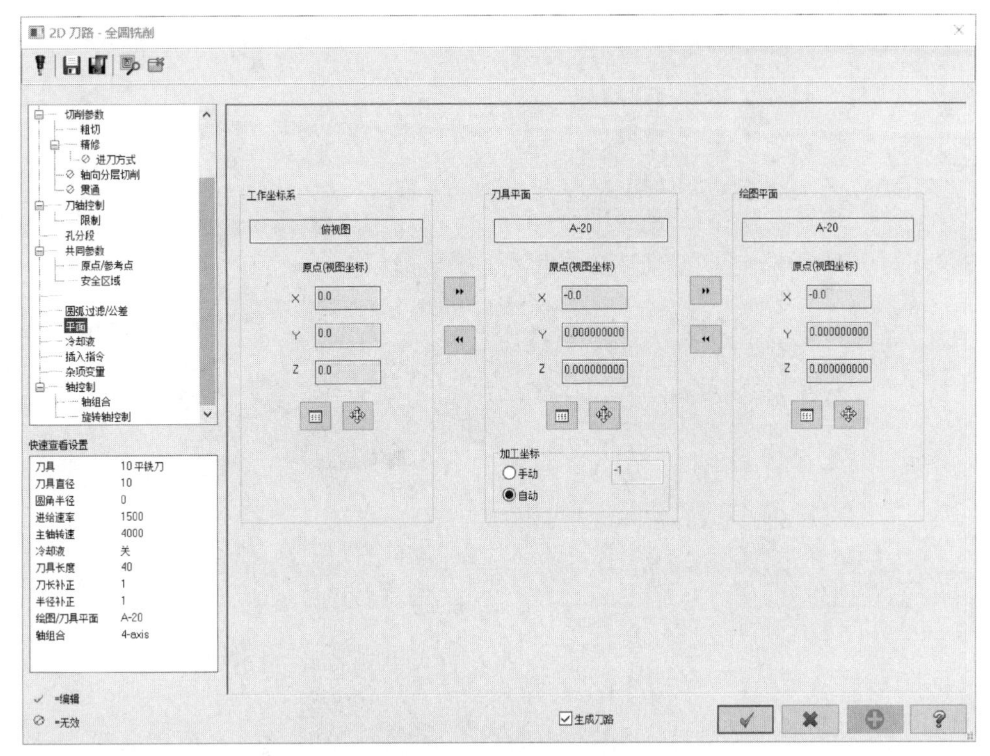

图 2-31　设置平面选项

(3) 外形铣削策略应用

外形铣削是刀具沿着由一系列线段、圆弧或曲线等组成的轮廓移动来产生刀具路径。Mastercam 允许用二维曲线或三维曲线来产生外形铣削刀具路径。选择二维曲线进行外形铣削生成的刀具路径的切削深度是不变的，由用户设定的深度决定，而用三维曲线进行外形铣削生成的刀具路径的切削深度是随着外形的位置深度变化而变化的。外形铣削策略应用见图 2-33。

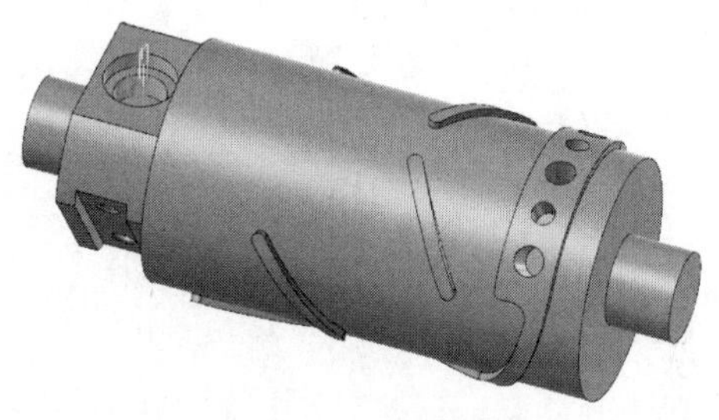

图 2-32　刀路轨迹

- 点击“刀路”选项卡；
- 选择“外形”策略；

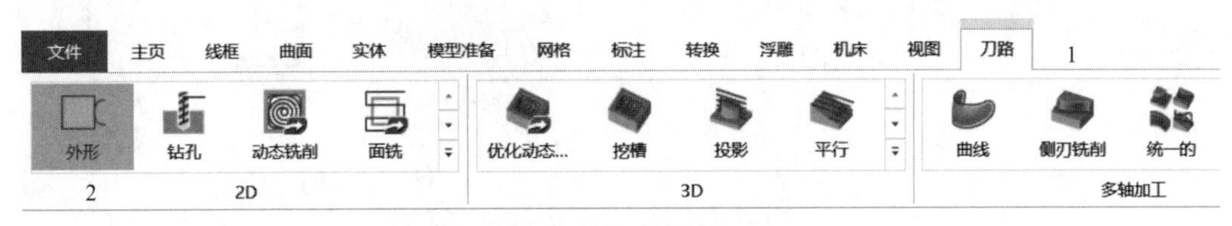

图 2-33　外形铣削策略

- 按照加工需求选择图素，见图 2-34；
- 在左侧列框中选择“刀具”选项，见图 2-35；
- 选择 10mm 平铣刀，合理设置切削参数；
- 在左侧列框中选择“切削参数”选项，设置见图 2-36；

图 2-34　选择加工图素

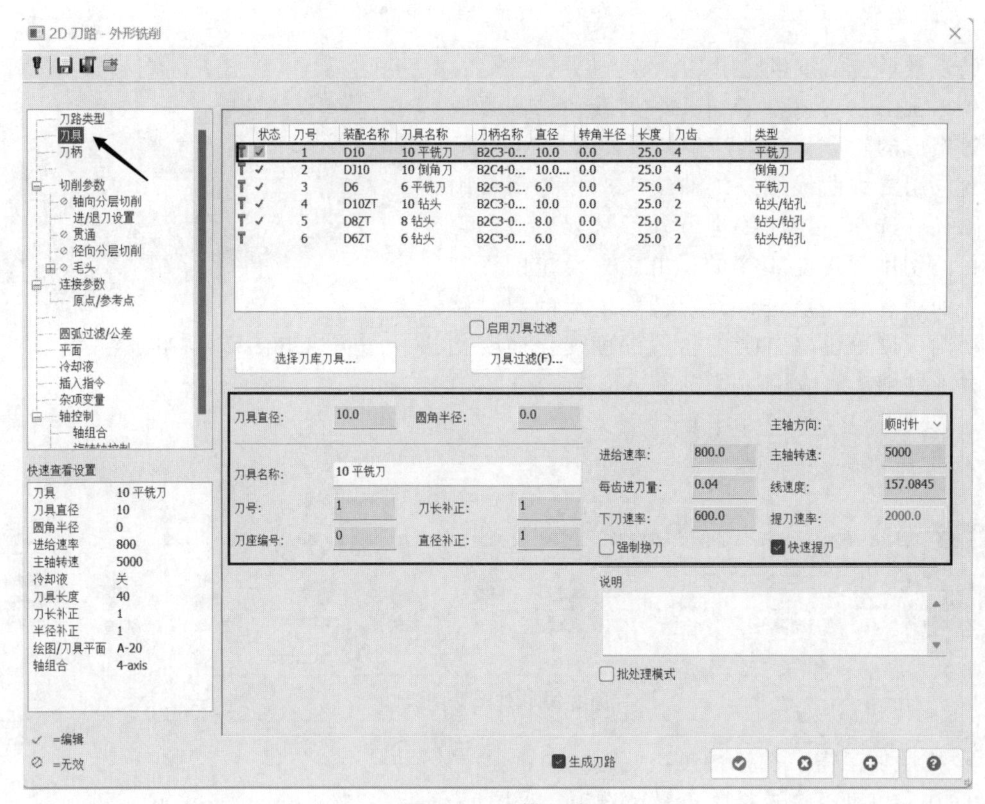

图 2-35　选择刀具

- 结合加工工艺需求，填写相关参数；

部分参数具体含义如下：

刀具在拐角处走圆角_无：所有拐角处均不创建圆角。

刀具在拐角处走圆角_尖角：两线夹角小于 135°时创建圆角。

刀具在拐角处走圆角_全部：所有拐角处均创建圆角。

寻找自相交：防止刀具路径相交产生过切。

内圆角半径/外部拐角修剪半径：刀具在拐角处的圆角大小。

最大深度偏差：设置外形铣削时加工程序生成的深度与设置深度的偏差范围。

外形铣削方式_2D/3D：选择的串连图素在空间位于同一个平面上时，该选项的默认值为 2D，选择的串连图素在空间不位于同一个平面上时，该选项的默认值为 3D。

外形铣削方式_2D 倒角/3D 倒角：对串连图素产生倒角的刀具路径，倒角角度由刀具参数决定。当用户选择该选项后，会在其下方出现参数设置区域，需进行相应的参数设置。

外形铣削方式_斜插：采用逐层斜线下刀的方式对串连图素进行铣削加工，一般用于铣削深度较大的外形。

外形铣削方式_残料：用于计算先前刀具路径无法去除的残料区域，并产生外形铣削刀具路径来铣削残料。

外形铣削方式_摆线式：用于沿轨迹轮廓上下交替移动刀具进行铣削。

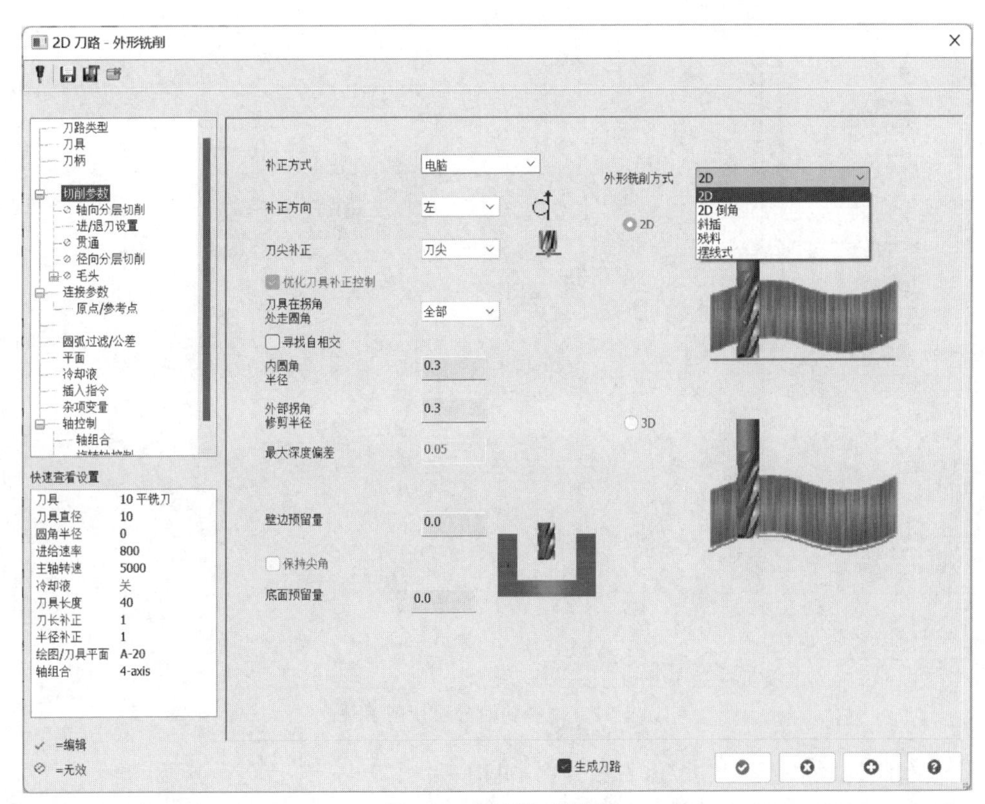

图 2-36　设置切削参数

- 在左侧列框中选择“轴向分层切削”选项，设置见图 2-37；
- 结合加工工艺需求，填写相关参数；

部分参数具体含义如下：

最大粗切步进量：Z 轴每层切削的最大深度。

精修_切削次数：精加工的次数。

精修_步进：精加工时 Z 轴每层最大切削深度。

改写进给速率：单独设置精加工时的进给速率和主轴转速。

不提刀：每层切削完毕后不提刀。

使用子程序：调用子程序完成每层切削。

轴向分层切削排序_依照外形：将一个轮廓切削到指定深度后再切削下一个轮廓。

轴向分层切削排序_依照深度：在一个深度上切削完所有的外形轮廓再进行下一深度切削。

轴向分层切削方向_下切：切削方向由上往下切削。

轴向分层切削方向_步进量：切削方向由下往上切削。

锥度斜壁：从工件的表面按照输入的锥度角度值切削到最后深度，通常用于切削模具中的拔模角。

倒扣：仅用于倒扣刀具加工中，其他刀具无效。

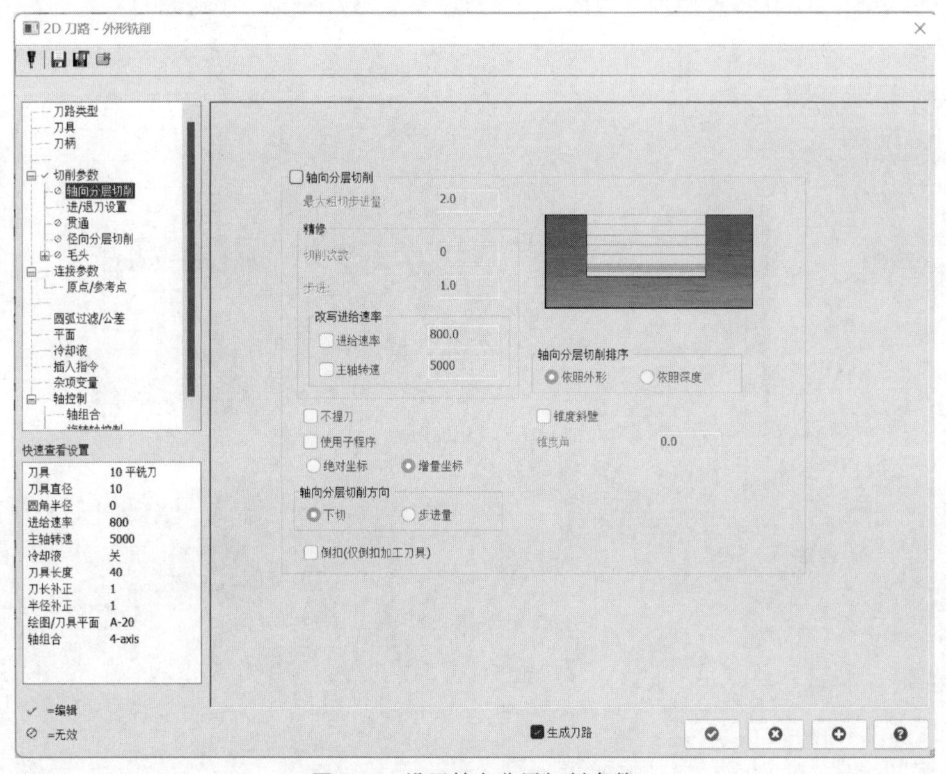

图 2-37　设置轴向分层切削参数

- 在左侧列框中选择“进/退刀设置”，见图 2-38；
- 结合加工工艺需求，填写相关参数；

部分参数具体含义如下：

通过设置进/退刀参数可调整刀具接近/远离刀具路径的方式，使之与加工轮廓平滑连接。

在封闭轮廓中点位置执行进/退刀：在封闭外形的第一个串连图素的中点产生进/退刀路径。

过切检查：检查刀具路径与进/退刀之间是否有交点。如果有交点，表示进/退刀时发生过切，系统会自动调整进/退刀长度。

重叠量：在刀具退出刀具路径之前会多运动指定的距离，以越过加工路径的进刀点。

调整轮廓起始/结束位置：调整刀具路径的长度使其延长或缩短。

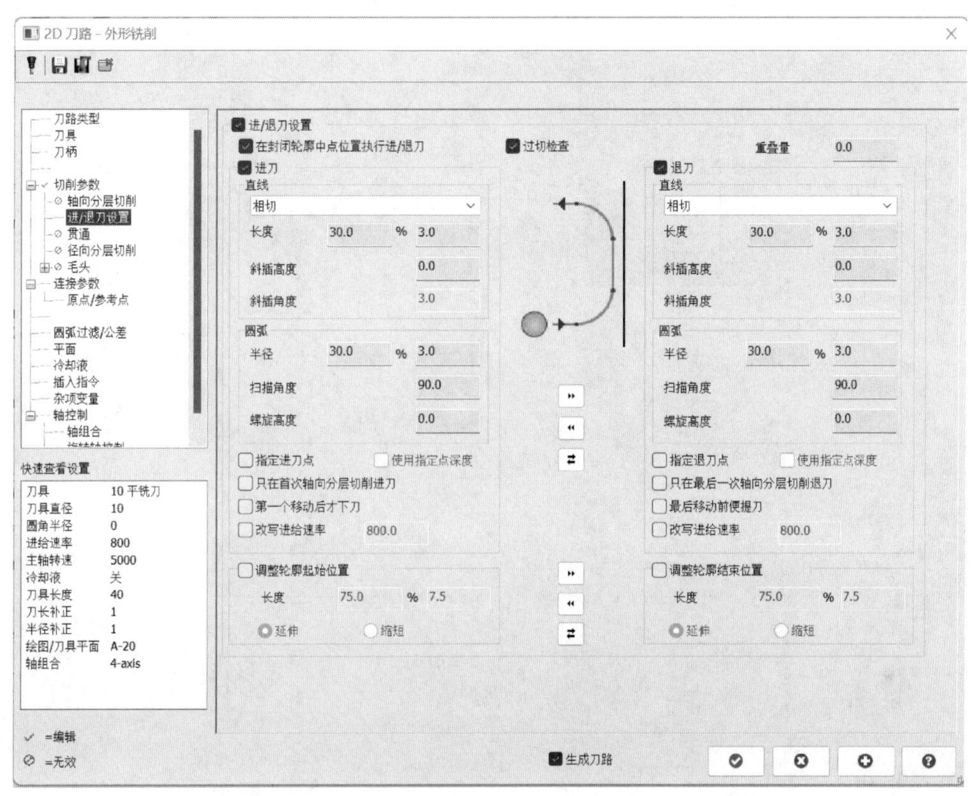

图 2-38　设置进/退刀参数

- 在列框中选择“连接参数”选项，见图 2-39；
- 结合加工工艺需求，填写相关参数；
- 在左侧列框中选择“平面”选项，设置见图 2-40；
- 确认“工作坐标系”“刀具平面”“绘图平面”的正确性；
- 点击“确定”按钮生成刀路轨迹，见图 2-41。

在左侧列表框还有其他参数可以进行设置，如“径向分层切削”“圆弧过滤/公差”等参数选项，在一些特殊情况下，可以根据数控设备、加工要求等因素进行设置，此处不再拓展讲解。

(4) 模型倒角策略应用

模型倒角策略是根据实体边沿及实体面进行零件的倒角加工。模型倒角策略只允许使用倒角刀进行计算，在刀具路径计算过程中会充分考虑刀具与模型之间的干涉检查，创建安全高效的刀具路径。模型倒角策略应用见图 2-42。

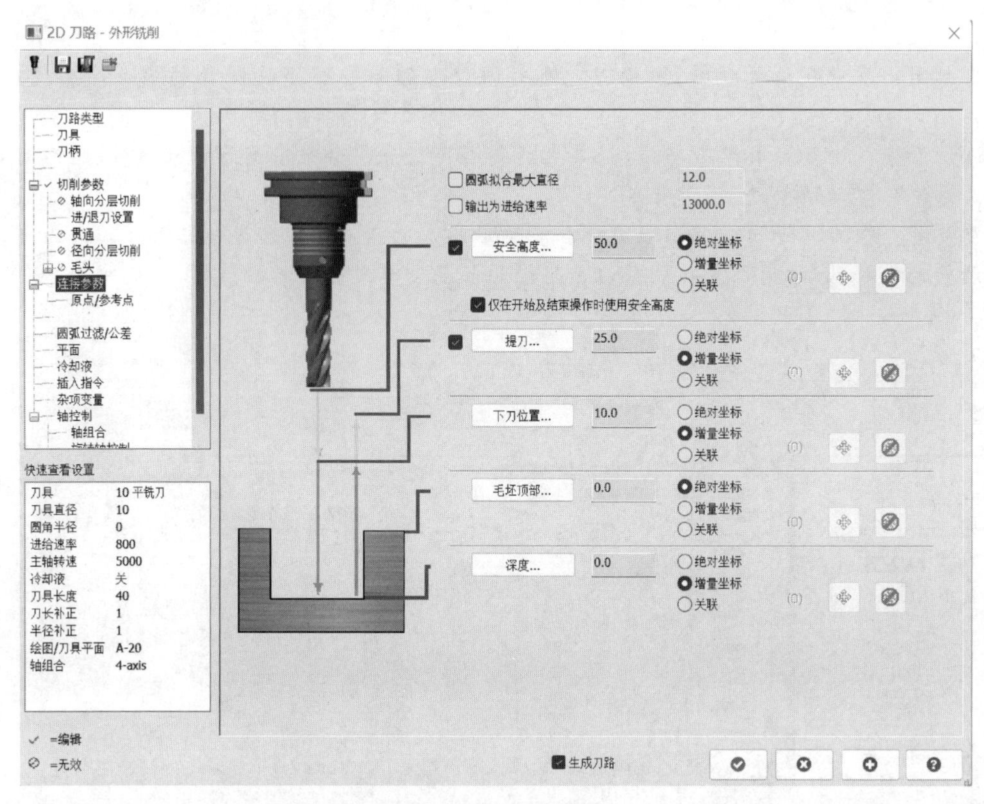

图 2-39　设置连接参数

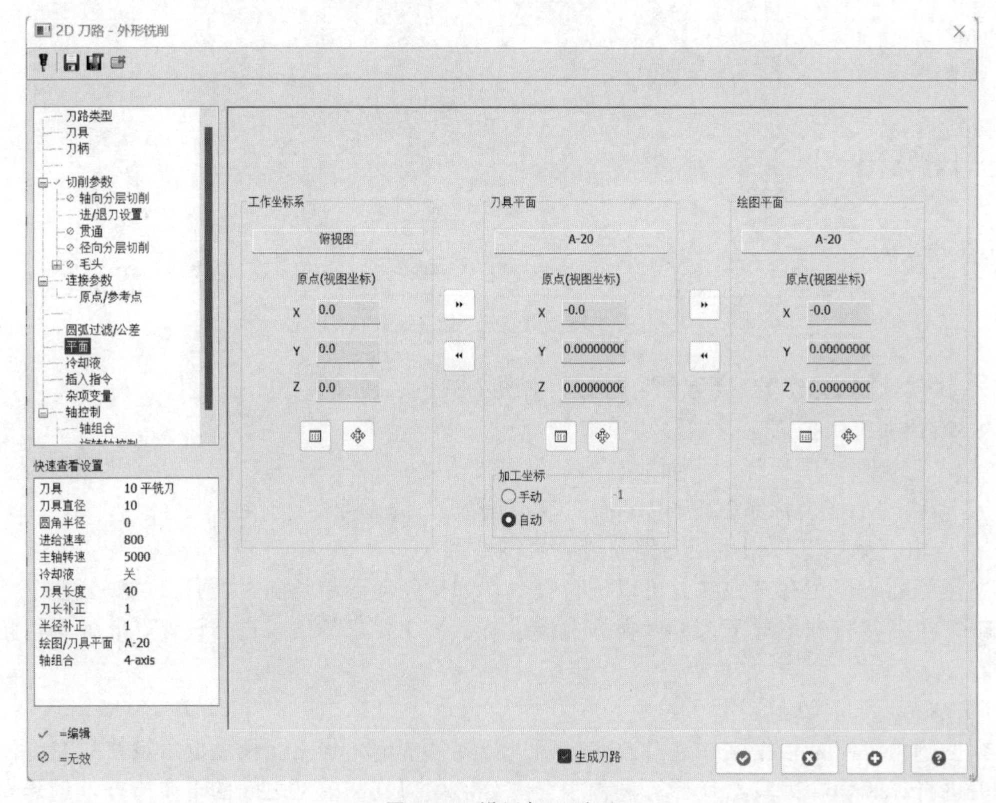

图 2-40　设置加工平面

- 点击“刀路”选项卡；
- 选择“模型倒角”策略；
- 按照加工需求选择图素，见图2-43；
- 设置侧面间隙；
- 在左侧列框中选择“刀具”选项，见图2-44；
- 选择10mm倒角刀，合理设置切削参数；

图2-41 刀路轨迹

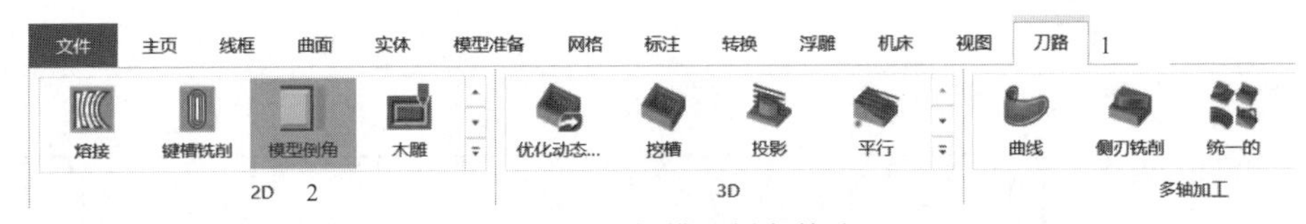

图2-42 选择模型倒角策略

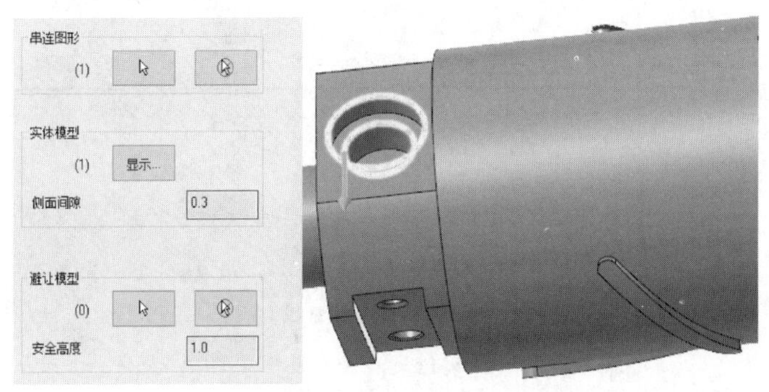

图2-43 选择加工图素

- 在左侧列框中选择“切削参数”选项，见图2-45；
- 结合加工工艺需求，填写相关参数；

部分参数具体含义如下：

倒角宽度：定义依照选择串连所生成的倒角大小。

顶部偏移：定义倒角顶部距离刀具最大直径处的距离。

底部偏移：定义倒角底部距离刀具尖端的距离。

- 在左侧列框中选择“进/退刀设置”选项，见图2-46；
- 结合加工工艺需求，填写相关参数；

部分参数具体含义如下：

拟合距离：允许修剪模型倒角刀具路径的距离，以便将切入切出拟合到刀具路径，实现光顺切削。

- 在左侧列框中选择“连接参数”选项，见图2-47；
- 结合加工工艺需求，填写相关参数；
- 在左侧列框中选择“平面”选项，见图2-48；
- 确认“工作坐标系”“刀具平面”“绘图平面”的正确性；
- 点击“确定”按钮生成刀路轨迹，见图2-49。

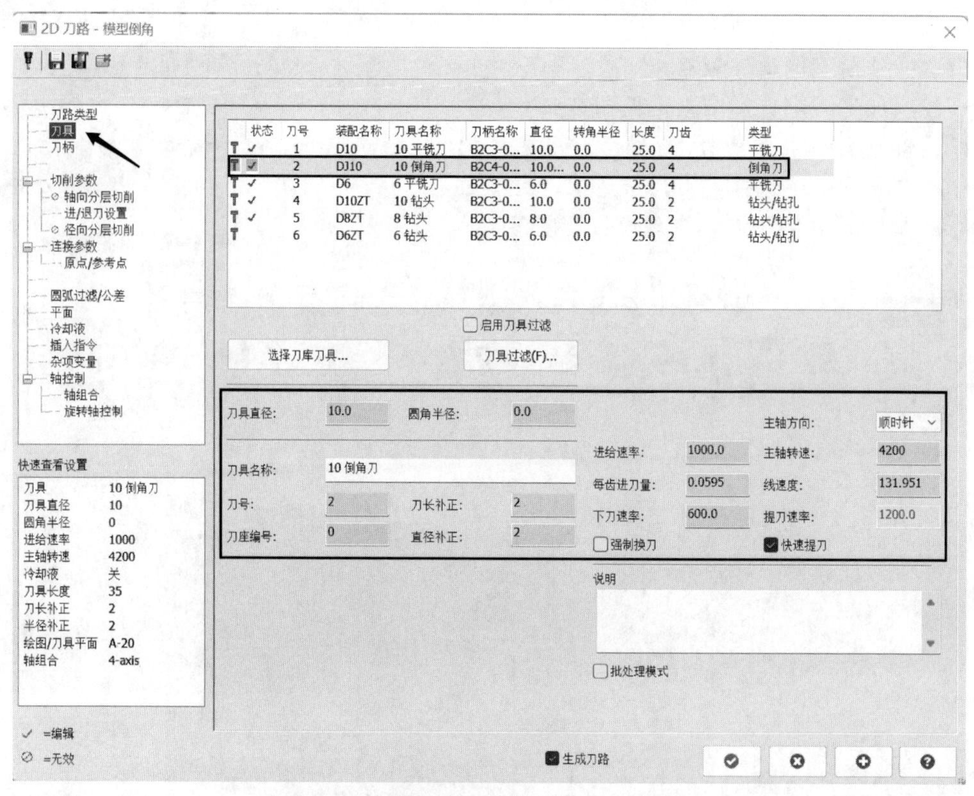

图 2-44 选择刀具

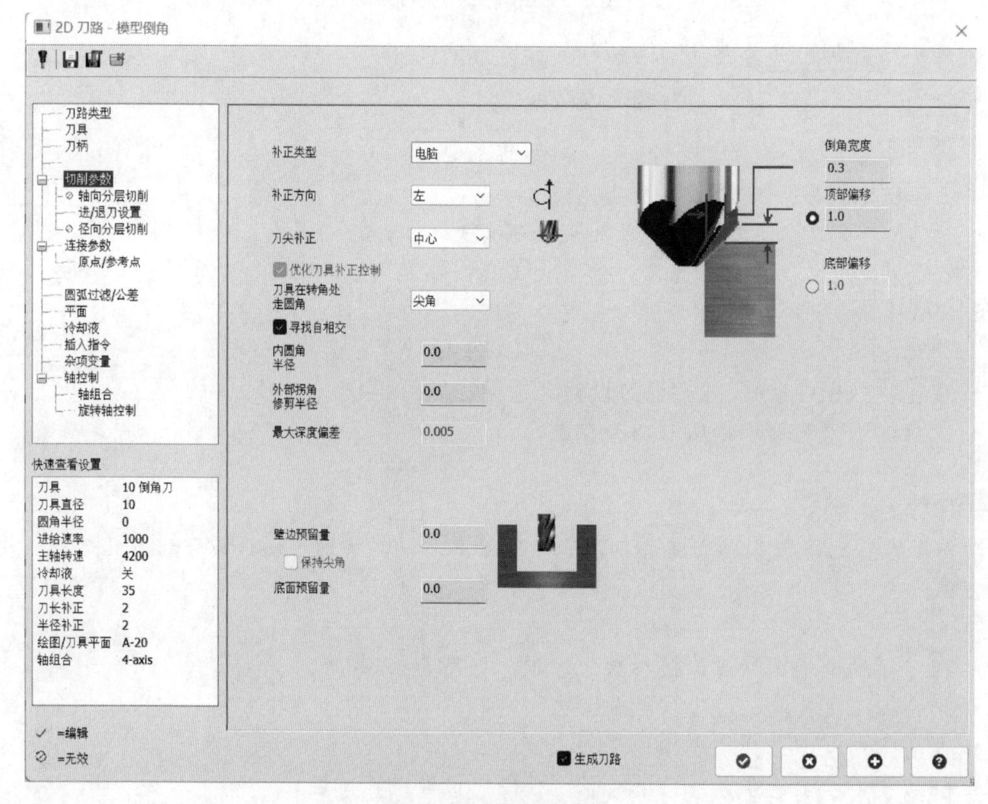

图 2-45 设置切削参数

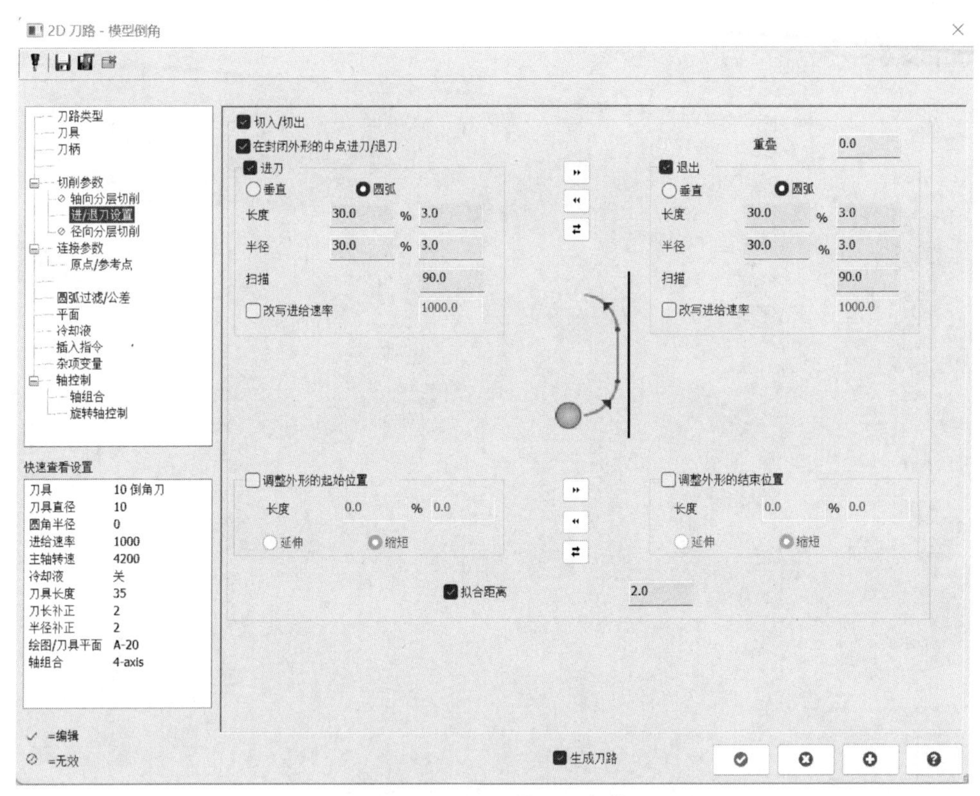

图 2-46　设置进/退刀参数

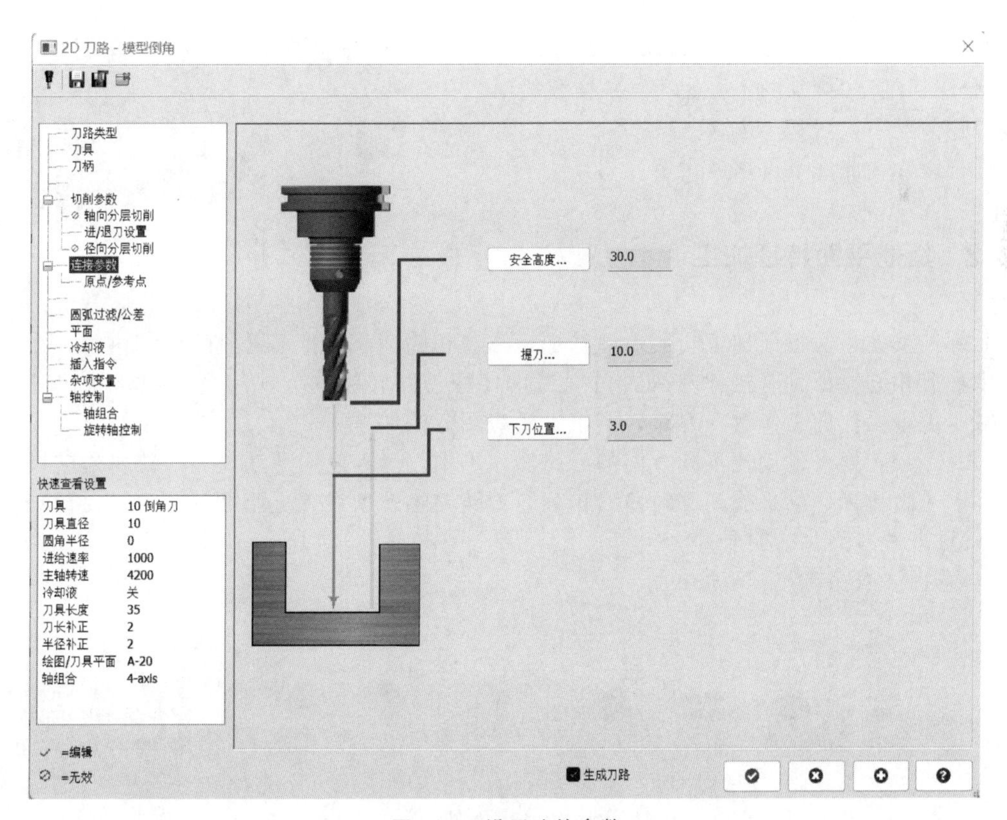

图 2-47　设置连接参数

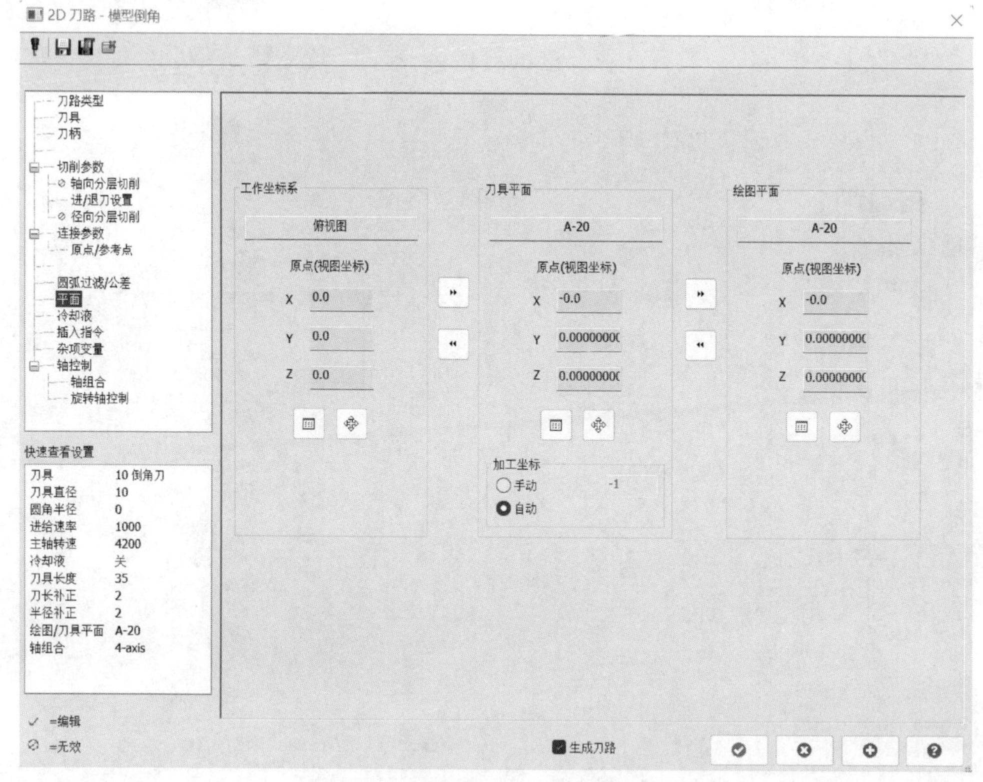

图 2-48 设置加工平面

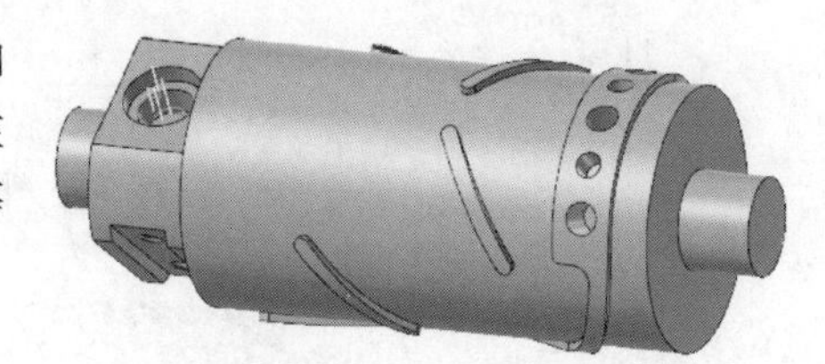

图 2-49 刀具路径轨迹

在左侧列表框还有其他参数可以进行设置，如“径向分层切削”“圆弧过滤/公差”等参数选项，在一些特殊情况下，可以根据数控设备、加工要求等因素进行设置，此处不再拓展讲解。

2.2.2 其他平面特征加工

此零件其他平面特征加工与第一面的加工方法相同，此处将不再进行详细讲解，在加工过程中如有相同特征且有规律排列，可以考虑使用刀路转换的方式将现有刀路轨迹进行复制，减少编程操作的工作量。刀路转换策略的应用方法如下。

刀具路径转换可以创建不同方向的刀路操作副本，可以使用此功能将刀路操作转换为矩阵排列、垂直排列、水平排列、对角线排列。刀路路径转换设置见图 2-50。

- 点击“刀路”选项卡；
- 选择“刀路转换”策略；

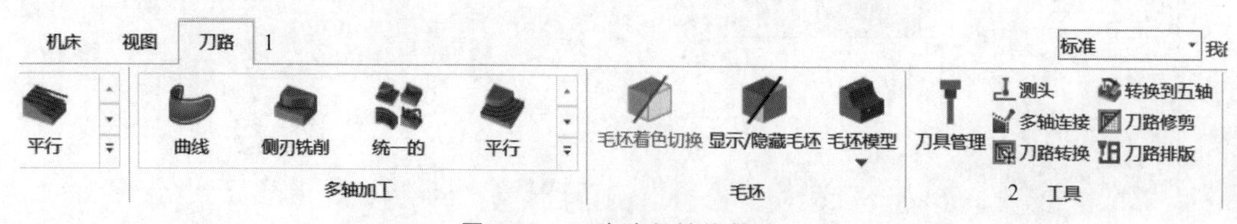

图 2-50 刀路路径转换策略

• 根据刀路转换要求进行相关参数设置，见图 2-51；

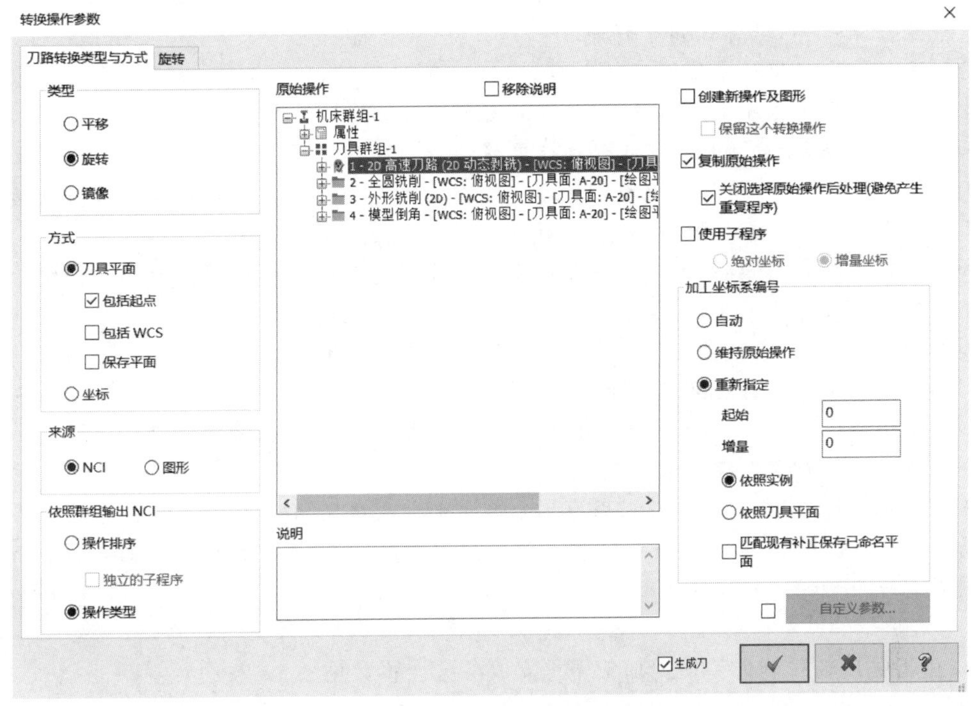

图 2-51　参数设置

部分参数含义如下：

类型_平移：将刀具路径复制到新的位置。

类型_旋转：围绕平面中的指定点旋转刀具路径。

类型_镜像：围绕 X 轴、Y 轴或指定图素复制刀具路径。

方式_刀具平面：为变换后的刀具路径创建新的刀具平面，将会激活加工坐标系内的“依照刀具平面”选项，以便可以为刀具路径的每个副本指定新的加工坐标系。

方式_包括起点：仅适用于刀具平面变换方法，同时改变转换操作的刀具平面及原点。

方式_包括 WCS：转换刀具路径时创建新的 WCS 平面。

方式_保存平面：保存 Mastercam 在操作转换期间创建的新工具平面，勾选创建新操作及图形选项时，此功能自动激活。

方式_坐标：在原始刀具平面中创建新的坐标位置。

来源_NCI：仅将原始操作中的 NCI 进行复制转换。

来源_图形：复制原始操作所需的几何图形，并生成新的 NCI。

依照群组输出_操作排序：按照选择顺序对转换后的操作进行排序。

依照群组输出_独立的子程序：为每个操作创建独立的子程序。

依照群组输出_操作类型：按照操作类型对转换后的操作进行排序。

创建新操作及图形：将几何图形从原始操作复制到每个变换位置，并将原始操作中的参数应用到每个新的刀具路径。

保留这个转换操作：除生成新操作和几何图形外，保留转换的操作。

复制原始操作：在转换操作内创建与原始重复的操作。

关闭选择原始操作后处理：禁用原始操作的后处理选项，避免产生重复的程序。

使用子程序：NC程序使用子程序。

绝对坐标：在子程序中使用绝对坐标。

增量坐标：在子程序中使用增量坐标。

加工坐标系编号_自动：自动匹配坐标偏移编号。

加工坐标系编号_维持原始操作：对每个转换使用源操作中的坐标偏移设置。仅适用于使用刀具平面方法的平移和旋转。

加工坐标系编号_重新指定：为每个转换的操作创建新的坐标偏移编号。坐标编号依照起始值及增量值进行计算。

加工坐标系编号_依照实例：根据工序实例分配新的坐标编号。无论刀具平面如何，每个实例都会被赋予一个新的坐标编号。

加工坐标系编号_依照刀具平面：根据刀具平面指定新的坐标编号。刀具平面的每次更改都会被赋予一个新的坐标编号。

加工坐标系编号_匹配现有补正保存已命名平面：检查刀具路径发布时常见的工作偏移平面是否与现有的平面匹配，如果两个平面匹配，则使用现有的平面，如果两个平面不匹配，则创建一个新的工作偏移平面。

- 点击“旋转”列框，根据加工需求完成参数设置，见图2-52；

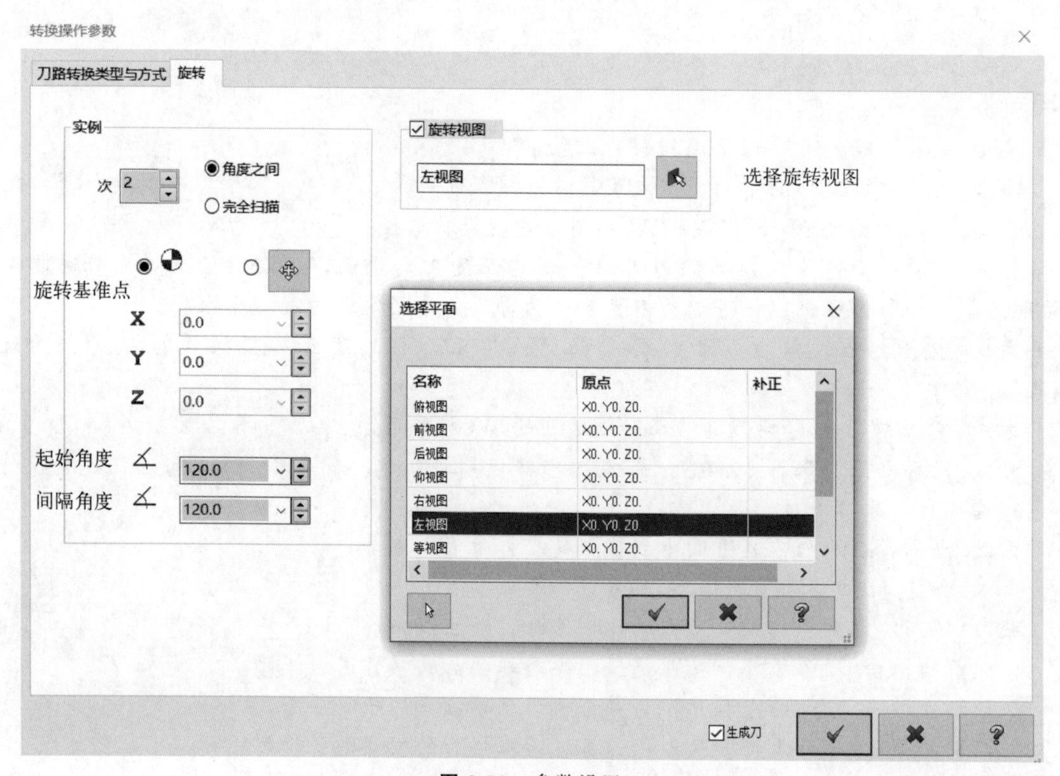

图2-52 参数设置

- 点击“确定”按钮生成刀路轨迹，见图2-53。

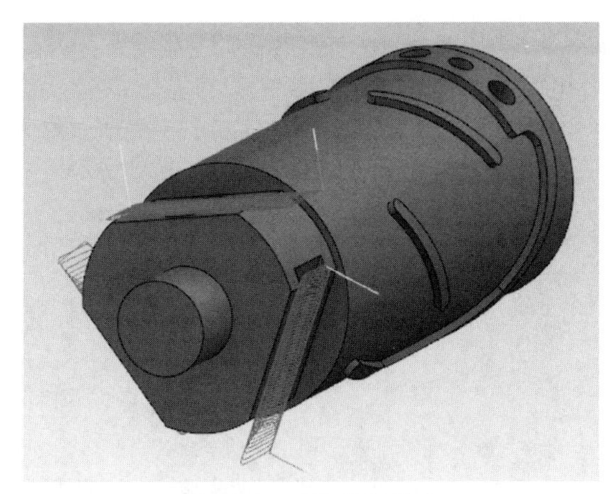

图 2-53　刀路路径轨迹

2.3　四轴联动加工

此产品零件需要联动加工的特征均在圆柱体上，对于此类特征一般使用替换轴刀具路径进行加工。替换轴加工方法适用于回转体加工，是用旋转轴替换 X 轴或 Y 轴的一种方式，刀具轴向始终指向旋转轴中心，完成简单的线和曲面加工。

（1）动态铣削_替换轴

动态铣削是完全利用刀具刃长进行切削，快速加工封闭型腔、开放凸台或先前操作剩余的残料区域。动态铣削可以最大限度地提高材料去除率，同时最大限度地减少刀具磨损。“动态铣削_替换轴”策略应用见图 2-54。

- 点击“刀路”选项卡；
- 选择“动态铣削”策略；

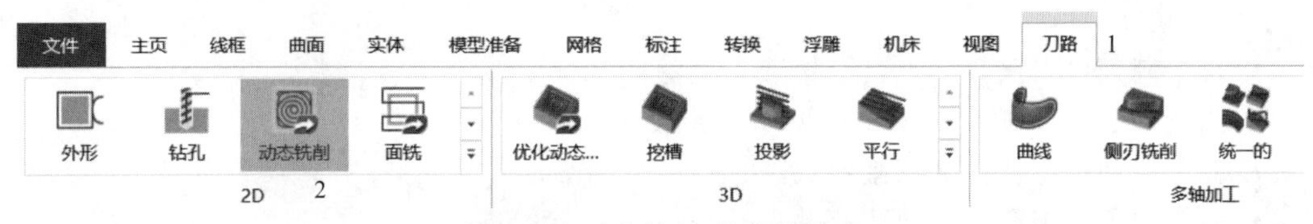

图 2-54　动态铣削_替换轴策略

- 打开图层二与图层五，选择加工范围和避让范围；
- 串连选项对话框见图 2-55；

部分参数含义如下：

自动范围：使用自动范围选项选择实体面可以自动创建加工范围、避让范围、空切区域参数。

加工范围：选取待加工区域。

加工区域策略_封闭：刀具在加工范围内移动，常用于型腔加工。

加工区域策略_开放：刀具在加工范围外向内切削移动，常用于凸台加工。

避让范围：选取加工过程中应该避让的区域。可以选择多个避让区域。

空切区域：选取不含任何材料的区域，在加工时允许刀具通过。

控制区域：选取控制刀具运动的区域。

进入串连：通过选择串连图形让刀具能以自定义的位置和进刀方式来加工零件。

预览串连：预览当前选定的加工范围、避让范围和空切范围，并使用自定义颜色进行标注。

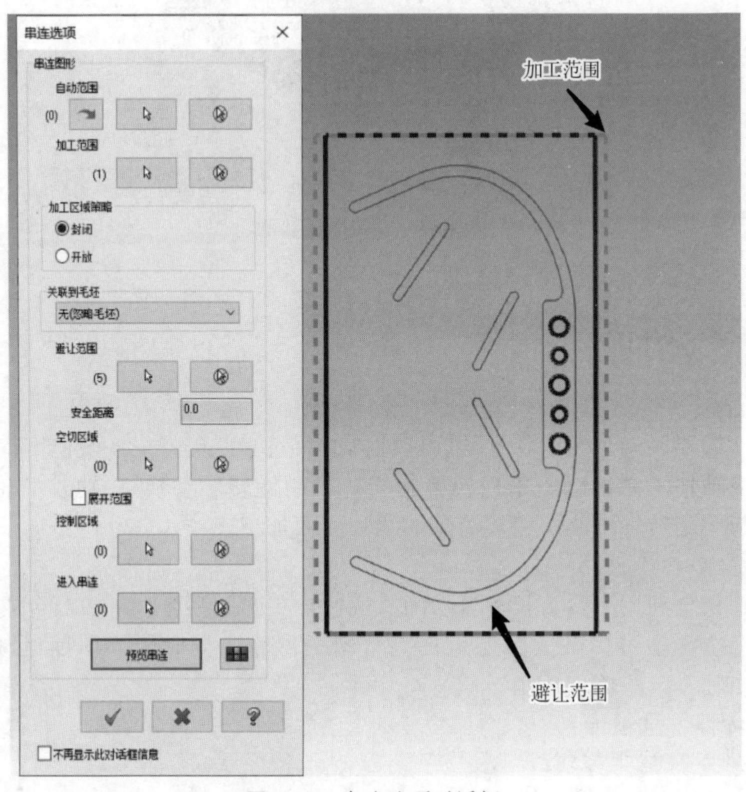

图 2-55 串连选项对话框

- 在左侧列框中选择“刀具”选项，见图 2-56；
- 选择 10mm 平铣刀，合理设置切削参数；
- 在左侧列框中选择“切削参数”选项，见图 2-57；
- 结合加工工艺需求，填写相关参数；

部分参数具体含义如下：

进刀引线长度：设置刀路首次切削前增加的距离，使刀具的下刀位置更加安全。

第一路径_补正：设置第一刀补正值，以减少不规则毛坯对刀具的影响。

第一路径_进给：设置第一刀进给与切削加工进给的百分比，减小进给速度，让第一刀切削更加安全。

两刀具切削间隙保持在：当前刀具路径终点与下一刀具路径起点的距离小于所设置的值时不抬刀，配合“移动大于间隙时，提刀至安全高度”选项使用。

- 在左侧列框中选择“进刀方式”选项，见图 2-58；
- 结合加工工艺需求，填写相关参数；

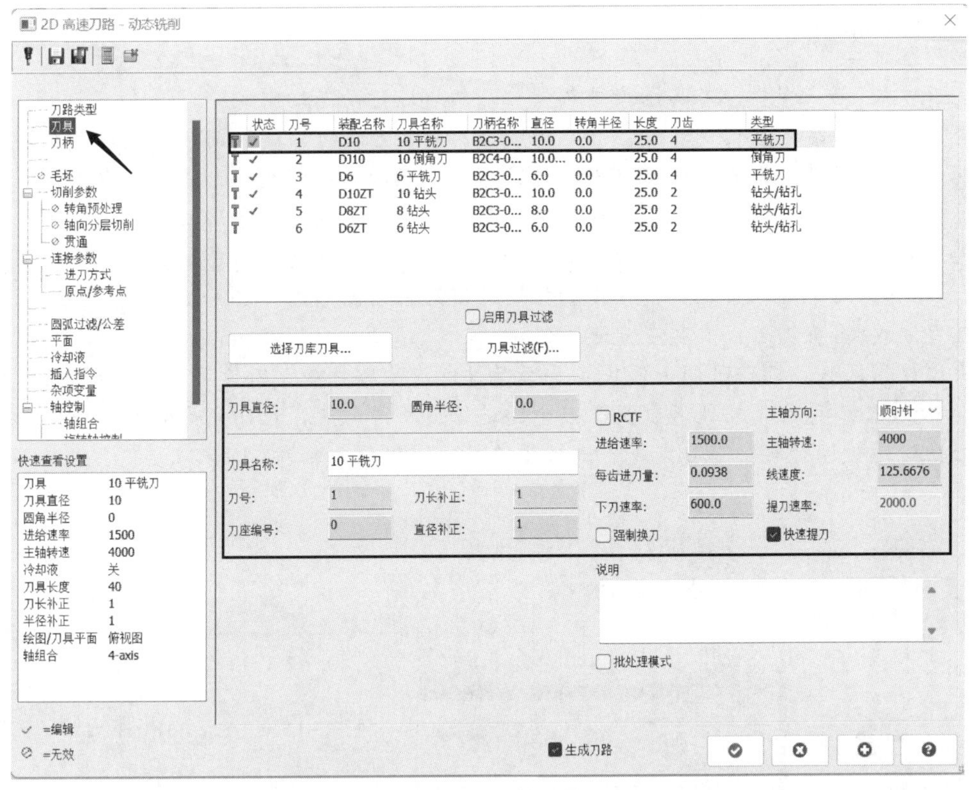

图 2-56 选择刀具

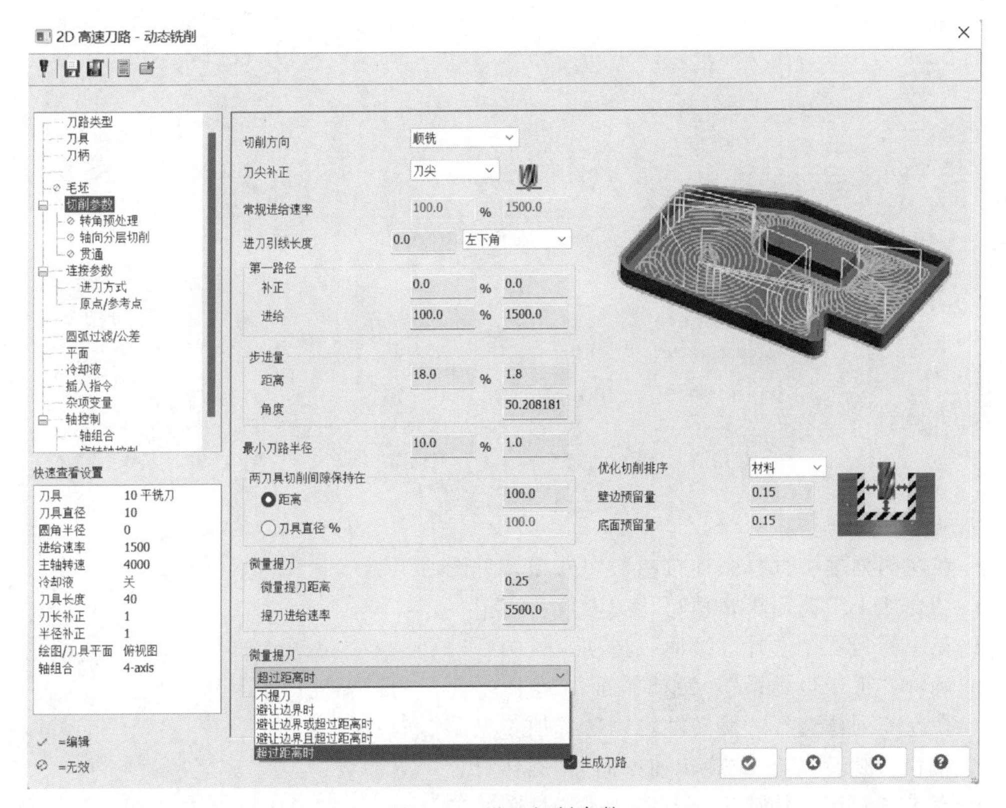

图 2-57 设置切削参数

部分参数具体含义如下：

进刀方式_单一螺旋：刀具螺旋进入型腔，然后进行动态切削。

进刀方式_沿着完整内侧螺旋：刀具螺旋进入型腔后进行沟槽切削，再进行动态切削。

进刀方式_沿着轮廓内侧螺旋：刀具螺旋进入型腔后根据摆线的形式进行沟槽切削。

进刀方式_轮廓：根据型腔形状创建斜插进刀，然后再进行动态切削。

进刀方式_内侧：根据避让范围的形状斜插进刀，然后再进行动态切削。

进刀方式_定义进入串连：根据添加控制进刀的几何图形进刀。

进刀方式_垂直进刀：直接垂直进入。

跳过挖槽区域：根据限制条件决定是否跳过所有型腔或小于所设置尺寸的型腔。

下刀进给速率/主轴转速：设置下刀时的进给速率与转速，控制良好的切削条件。

主轴变速暂停时间：下刀完成后进给暂停时间，保证主轴转速的提升。

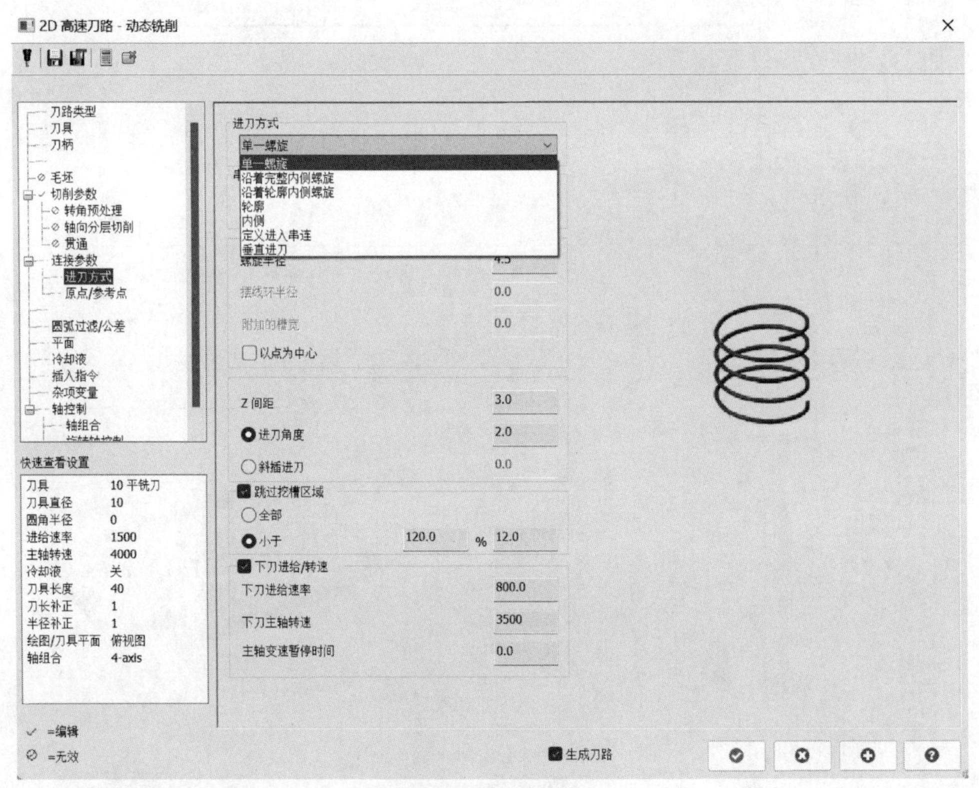

图 2-58 设置进刀方式

- 在左侧列框中选择“连接参数”选项，见图 2-59；
- 结合加工工艺需求，填写相关参数；
- 在左侧列框中选择“平面”选项，见图 2-60；
- 确认“工作坐标系”“刀具平面”“绘图平面”的正确性；
- 在左侧列框选择“旋转轴控制”选项，见图 2-61；
- 设置“旋转方式”“旋转轴方向”“旋转直径”等参数；
- 点击“确定”按钮生成刀路轨迹，见图 2-62。

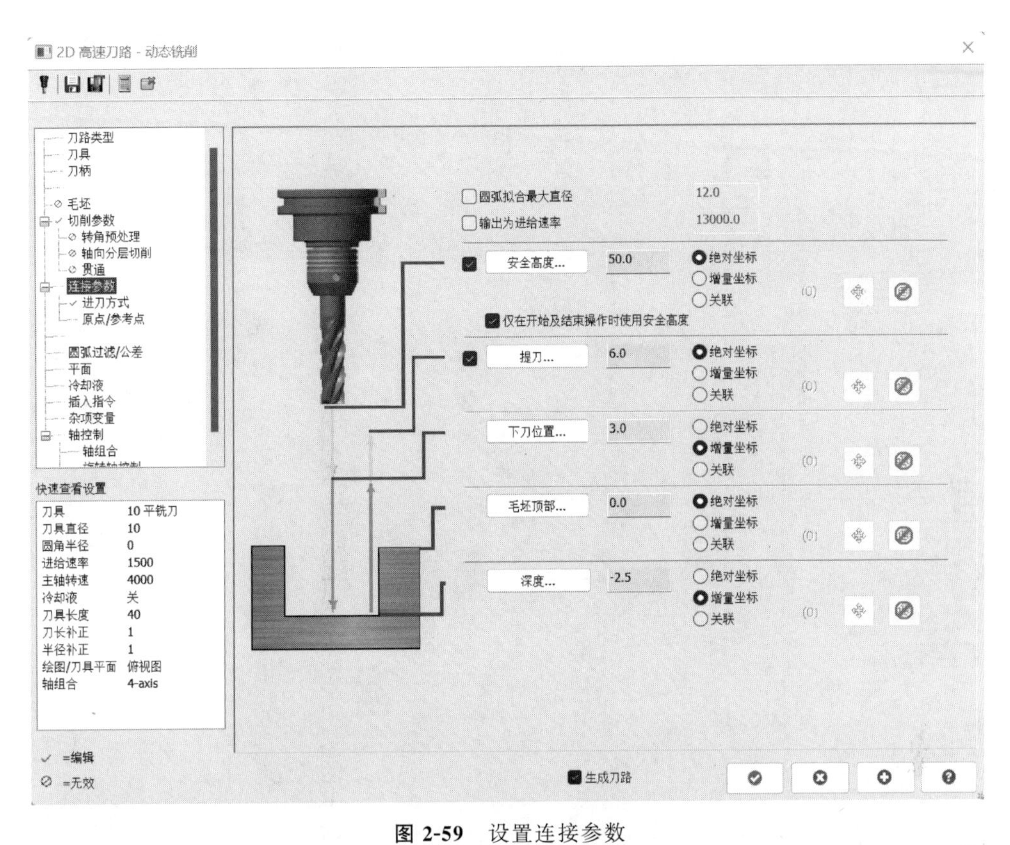

图 2-59　设置连接参数

图 2-60　设置平面选项

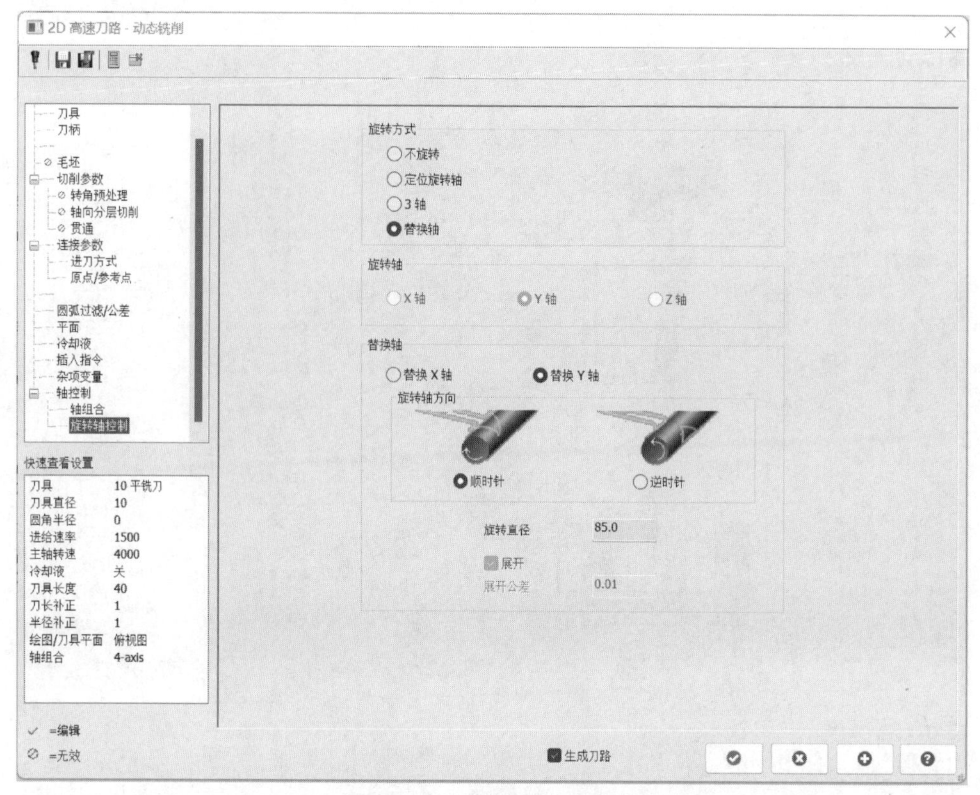

图 2-61　设置旋转轴控制参数

在左侧列表框还有其他参数可以进行设置，如“径向分层切削”“圆弧过滤/公差”等参数选项，在一些特殊情况下，可以根据数控设备、加工要求等因素进行设置，此处不再拓展讲解。

（2）外形铣削_替换轴

外形铣削_替换轴策略设置见图 2-63。

- 点击“刀路”选项卡；
- 选择“外形”策略；
- 按照加工需求选择图素，见图 2-64；
- 在左侧列框中选择“刀具”选项，见图 2-65；

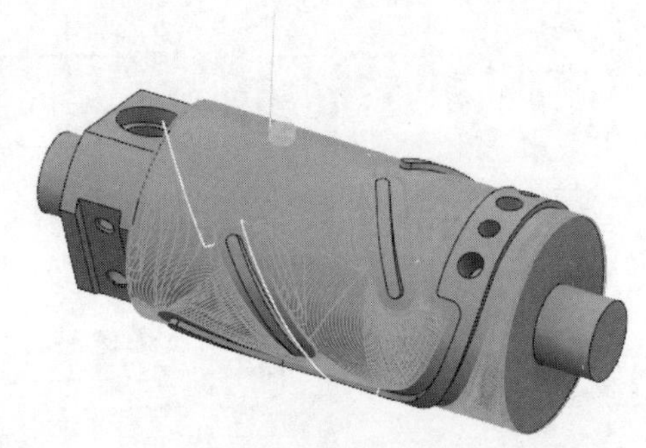
图 2-62　刀具路径轨迹

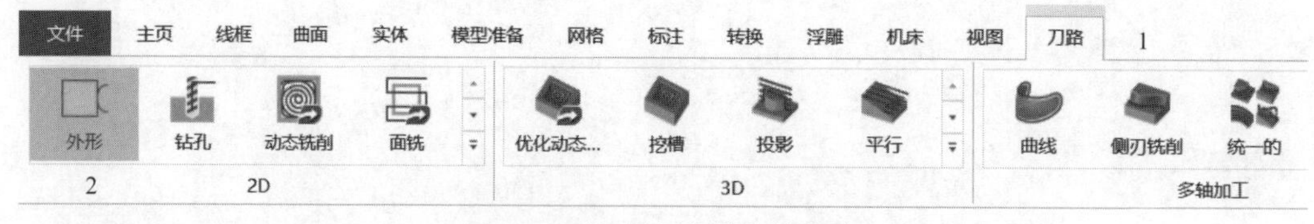

图 2-63　外形铣削_替换轴策略

- 选择 6mm 平铣刀，合理设置切削参数；
- 在左侧列框中选择“切削参数”选项，见图 2-66；
- 结合加工工艺需求，填写相关参数，参数含义参考图 2-36；

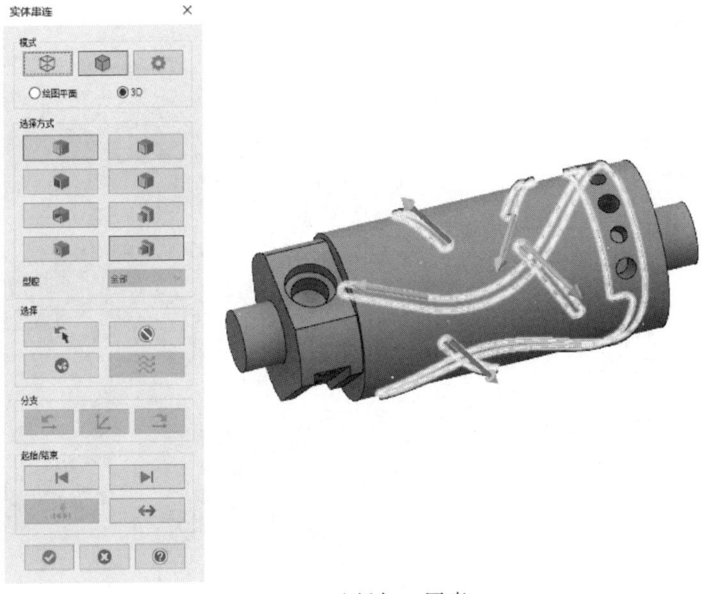

图 2-64　选择加工图素

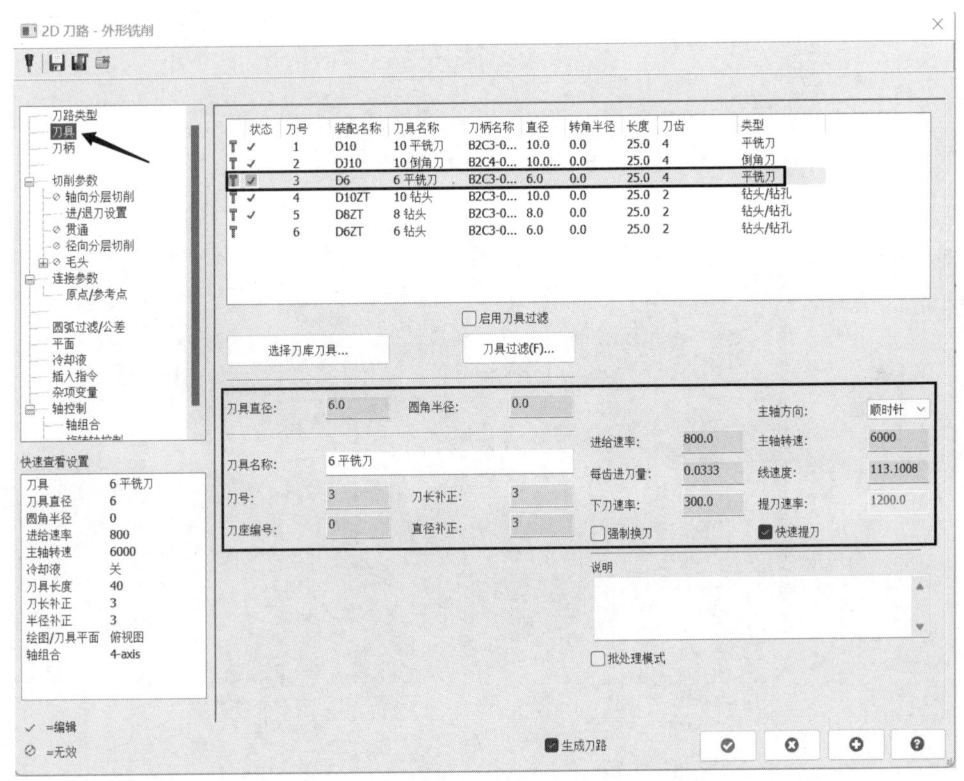

图 2-65　选择刀具

- 在左侧列框中选择“进/退刀设置”，见图 2-67；
- 结合加工工艺需求，填写相关参数，参数含义参考图 2-36；
- 在列框中选择“连接参数”选项，见图 2-68；
- 结合加工工艺需求，填写相关参数；
- 在左侧列框中选择“平面”选项，见图 2-69；

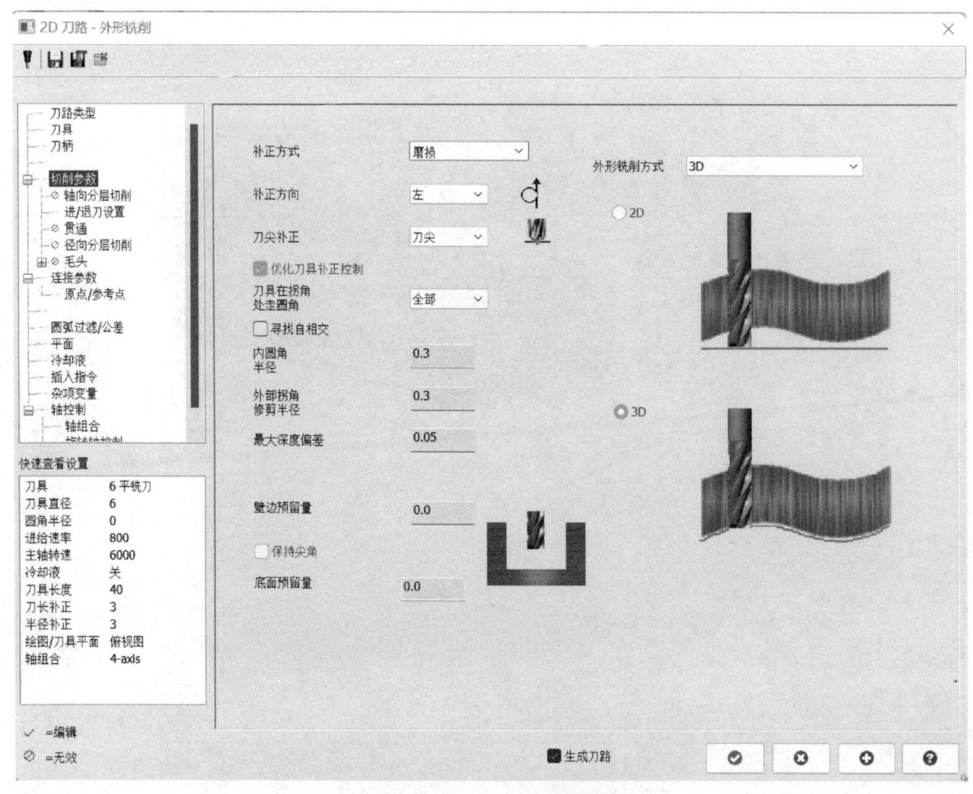

图 2-66　设置切削参数

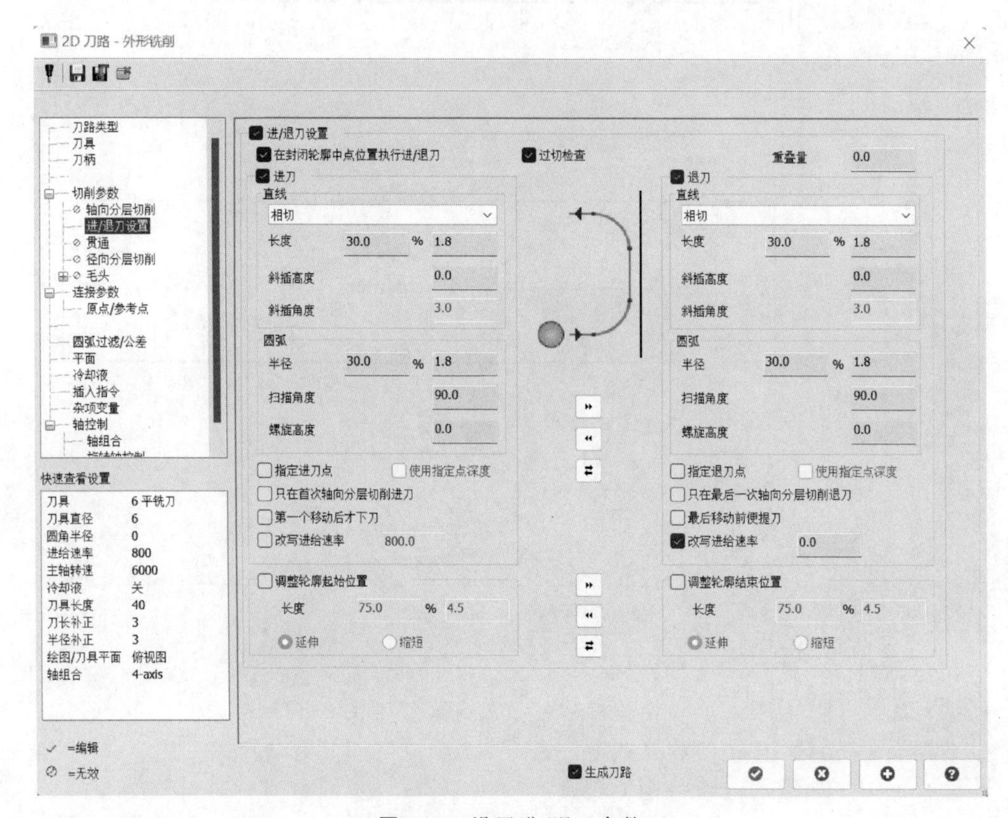

图 2-67　设置进/退刀参数

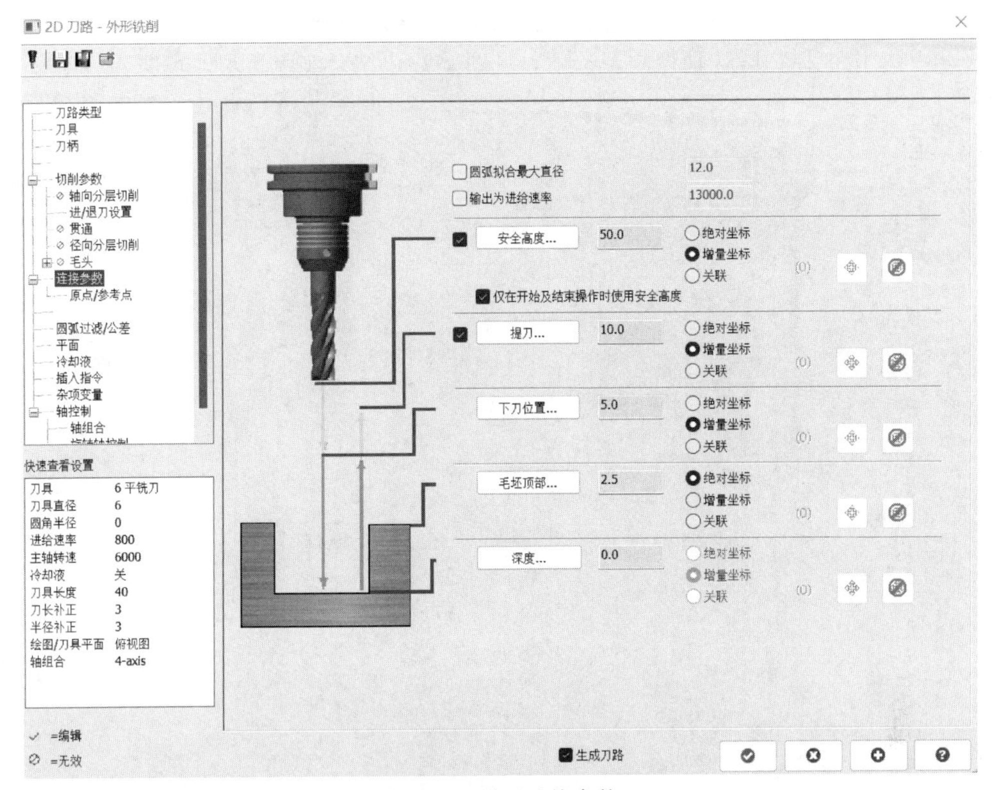

图 2-68　设置连接参数

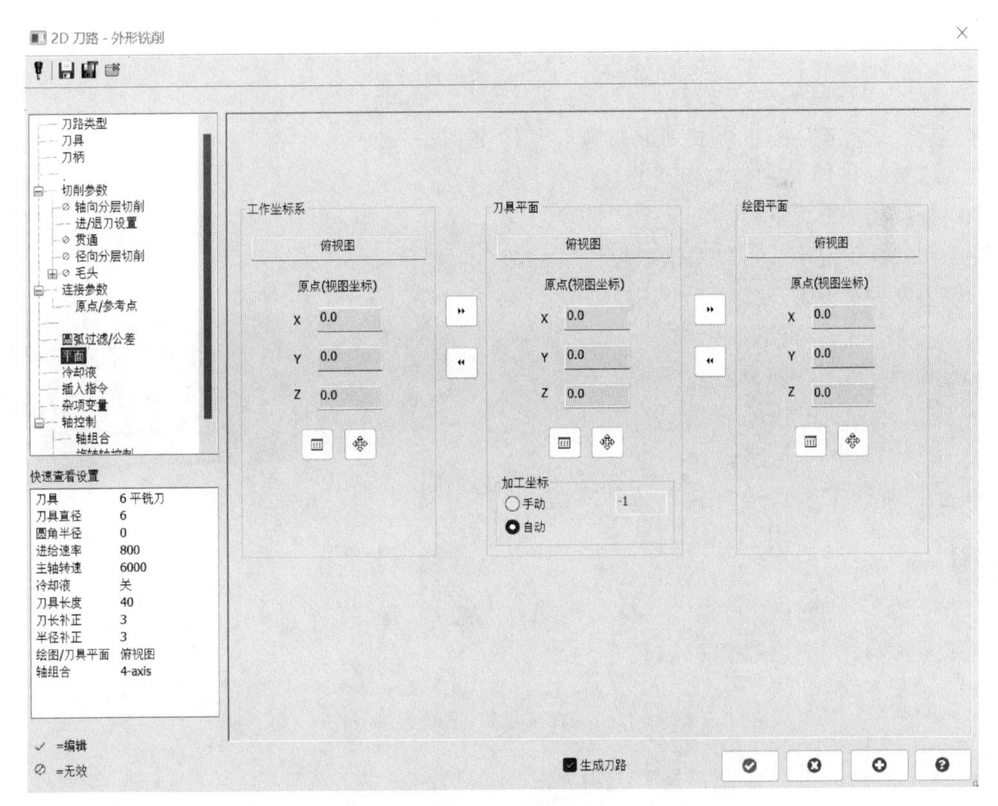

图 2-69　设置平面

- 确认“工作坐标系”“刀具平面”“绘图平面”的正确性；
- 在列框中选择“旋转轴控制”选项，见图 2-70，结合实际需求，填写相关参数；

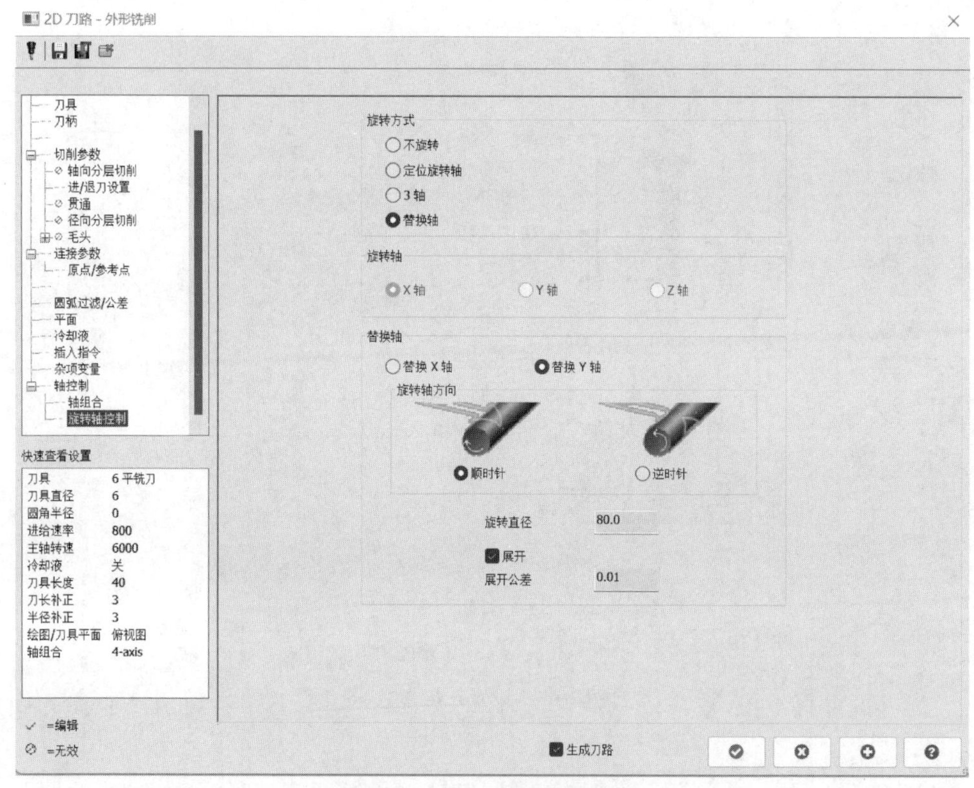

图 2-70 设置旋转轴控制参数

- 点击“确定”按钮生成刀路轨迹，见图 2-71。

在左侧列表框还有其他参数可以进行设置，如“径向分层切削”“圆弧过滤/公差”等参数选项，在一些特殊情况下，可以根据数控设备、加工要求等因素进行设置，此处不再拓展讲解。

(3) 区域铣削_替换轴

区域铣削_替换轴策略设置见图 2-72。

- 点击“刀路”选项卡；
- 选择“区域”策略；
- 按照加工需求选择图素，见图 2-73；

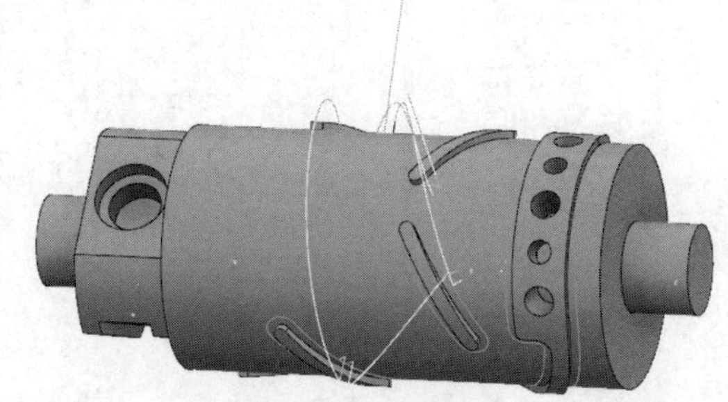

图 2-71 刀路轨迹

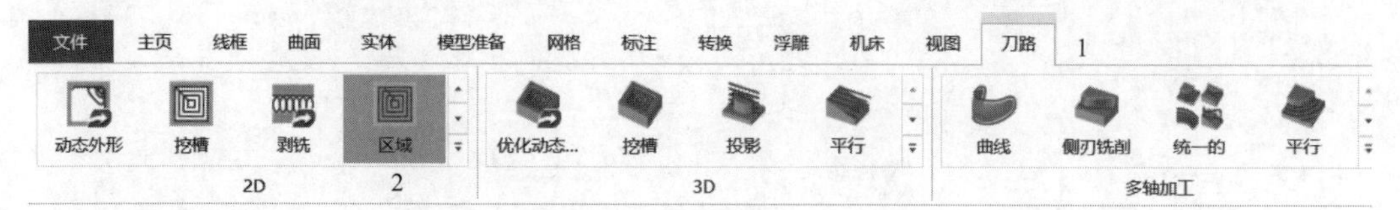

图 2-72 选择区域铣削_替换轴策略

- 在左侧列框中选择“刀具”选项，见图 2-74；
- 选择 6mm 平铣刀，合理设置切削参数；

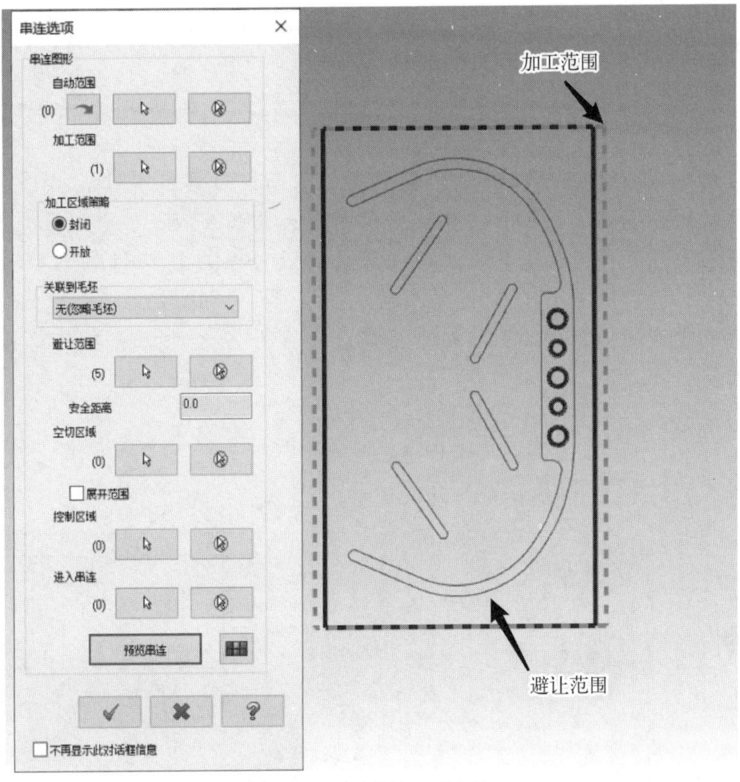

图 2-73　选择加工图素

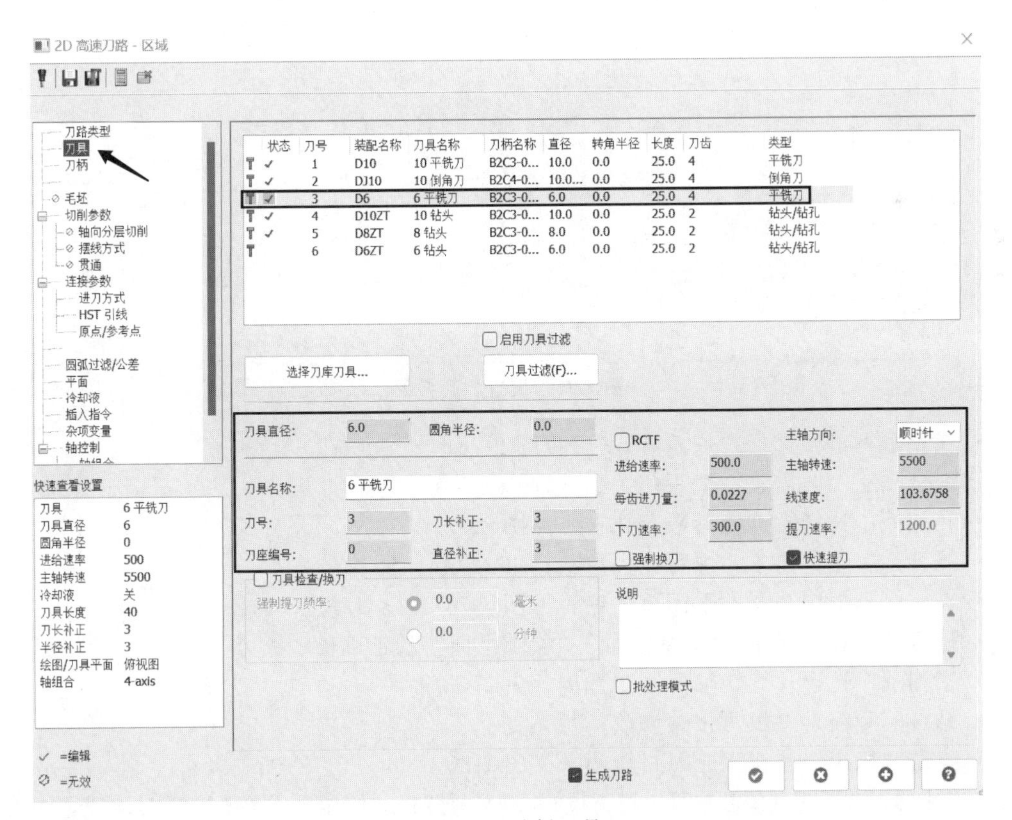

图 2-74　选择刀具

- 在左侧列框中选择“切削参数”选项，见图 2-75；
- 结合加工工艺需求，填写相关参数；

部分参数含义如下：

刀具在转角处走圆角：刀路在尖角处倒圆角，从而使刀具平滑过渡。

刀具在转角处走圆角_最大半径：替换尖角的最大圆弧半径。

刀具在转角处走圆角_轮廓公差：创建圆角后的最外层刀具路径偏离原始刀具路径的最大范围。

刀具在转角处走圆角_补正公差：创建圆角后除最外层之外所有刀具路径偏离原始刀具路径的最大范围。

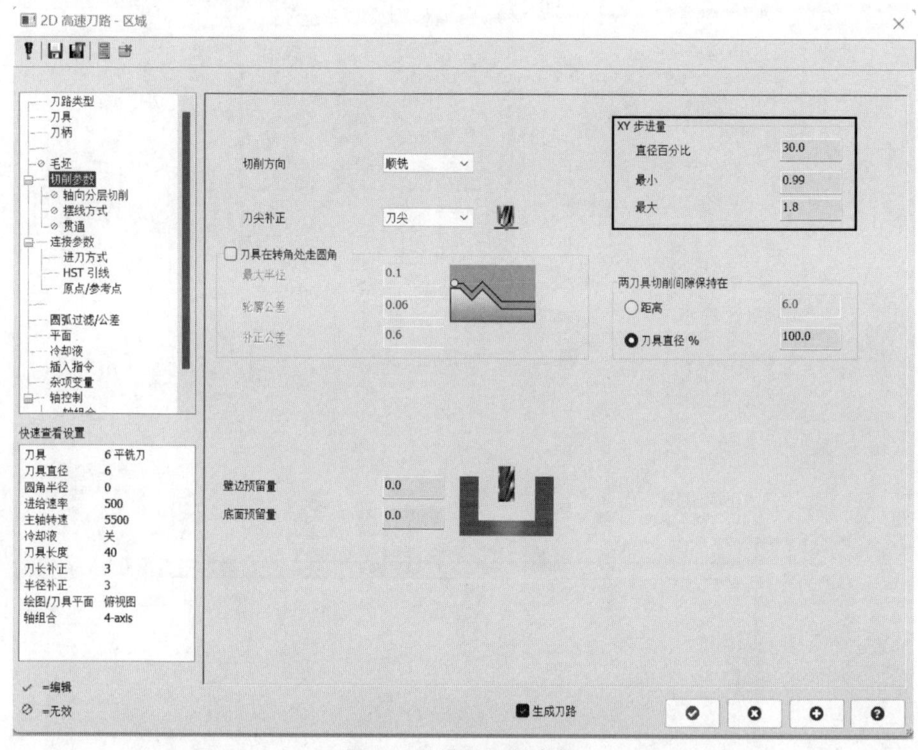

图 2-75　设置切削参数

- 在左侧列框中选择“进刀方式”，见图 2-76；
- 结合加工工艺需求，填写相关参数；
- 在列框中选择“连接参数”选项，见图 2-77；
- 结合加工工艺需求，填写相关参数；
- 在左侧列框中选择“平面”选项，见图 2-78；
- 确认“工作坐标系”“刀具平面”“绘图平面”的正确性；
- 在列框中选择“旋转轴控制”选项，见图 2-79；
- 结合实际需求，填写相关参数；
- 点击“确定”按钮生成刀路轨迹，见图 2-80。

在左侧列表框还有其他参数可以进行设置，如“径向分层切削”“圆弧过滤/公差”等参数选项，在一些特殊情况下，可以根据数控设备、加工要求等因素进行设置，此处不再拓展讲解。

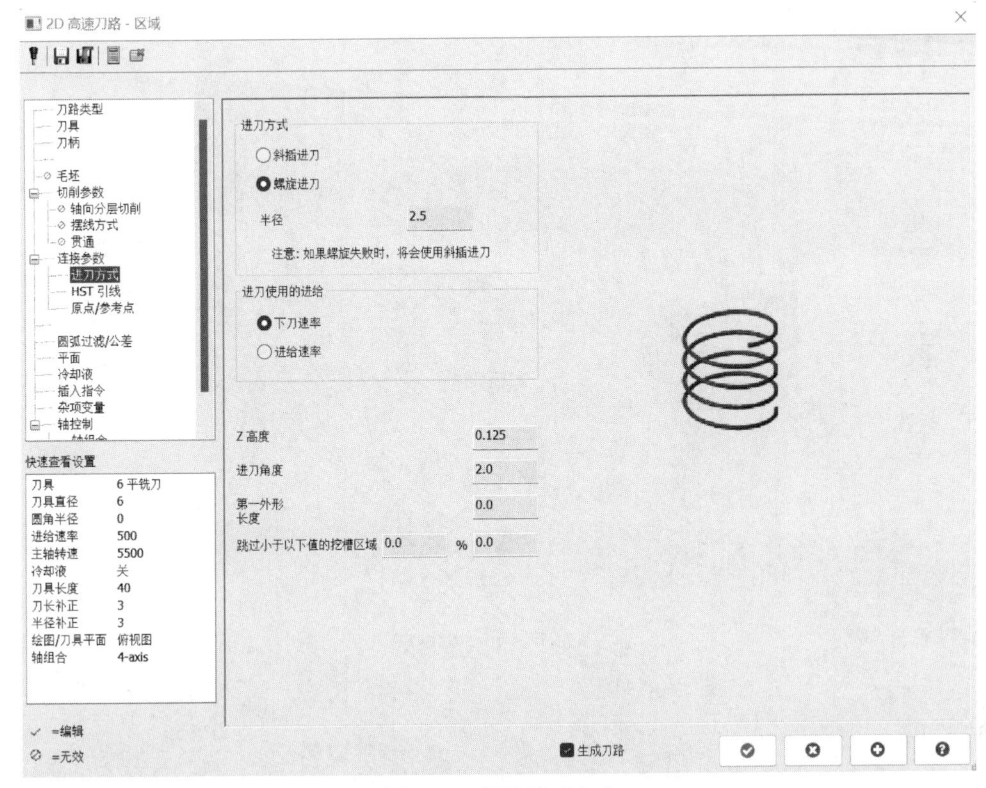

图 2-76　设置进刀方式

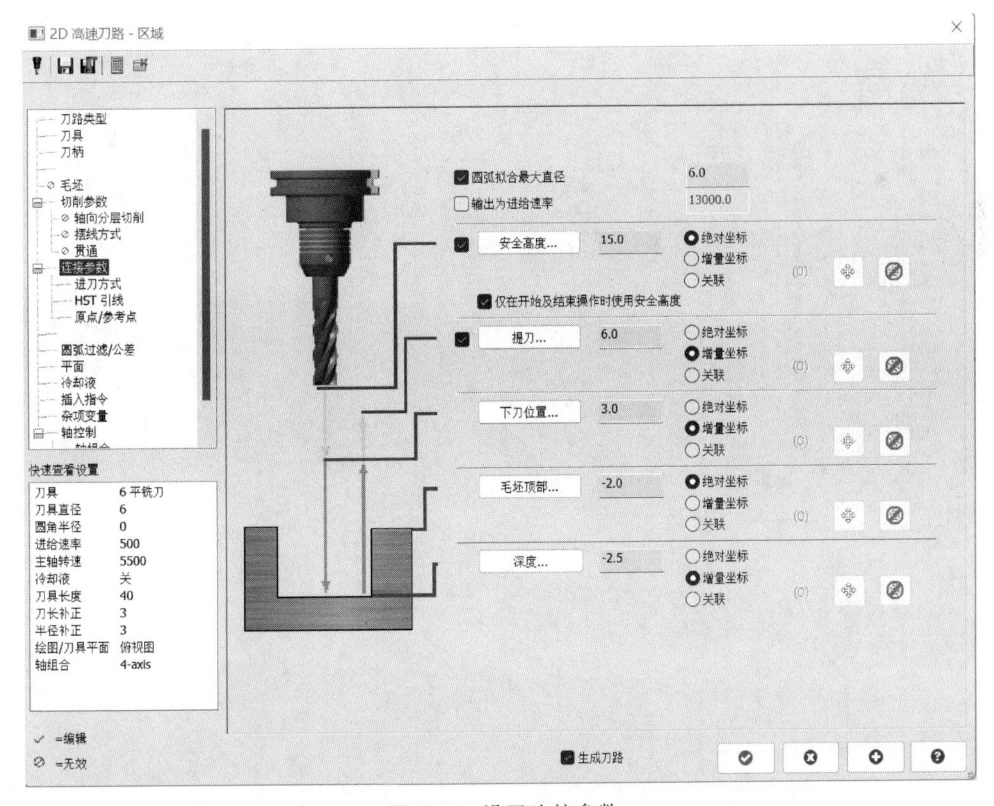

图 2-77　设置连接参数

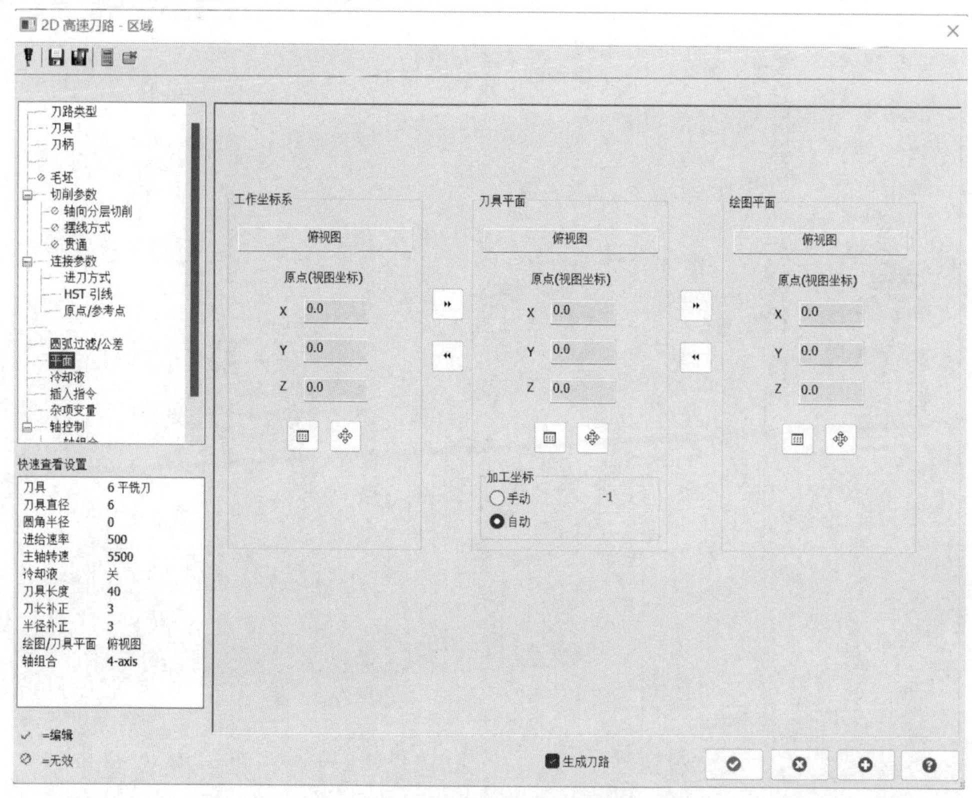

图 2-78　设置加工平面

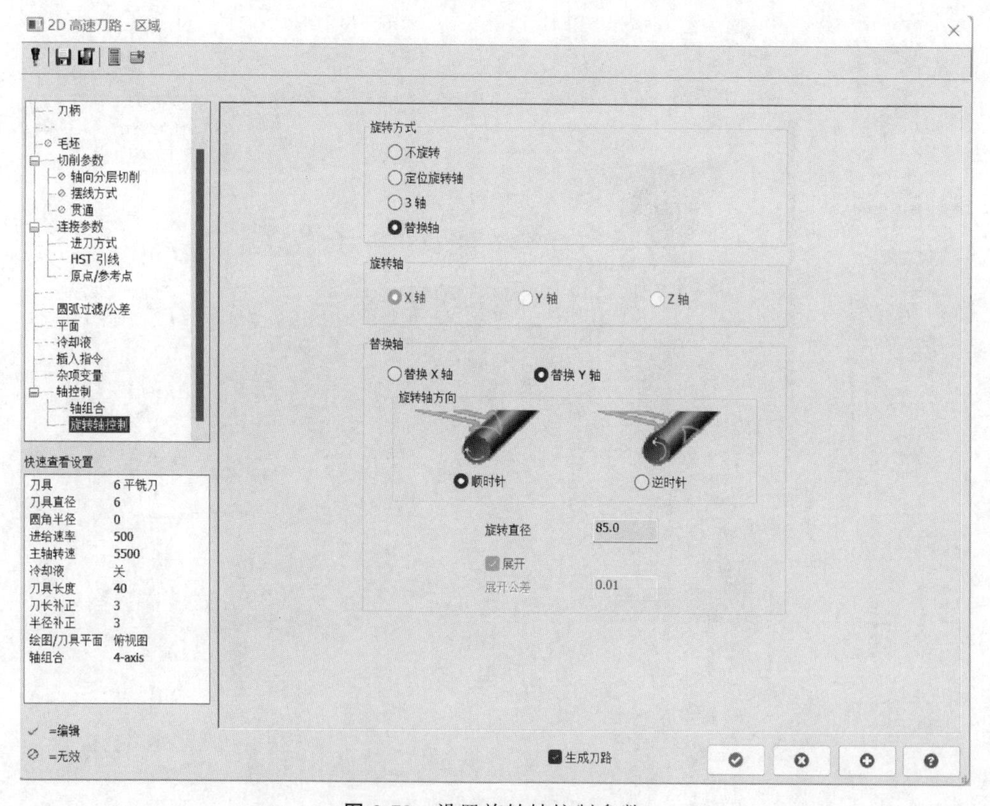

图 2-79　设置旋转轴控制参数

(4) 外形铣削倒角_替换轴

外形铣削倒角_替换轴策略设置见图 2-81。

- 点击“刀路”选项卡；
- 选择“外形”策略；
- 按照加工需求选择图素，见图 2-82；
- 在左侧列框中选择“刀具”选项，见图 2-83；
- 选择 10mm 倒角刀，合理设置切削参数；
- 在左侧列框中选择“切削参数”选项，见图 2-84；

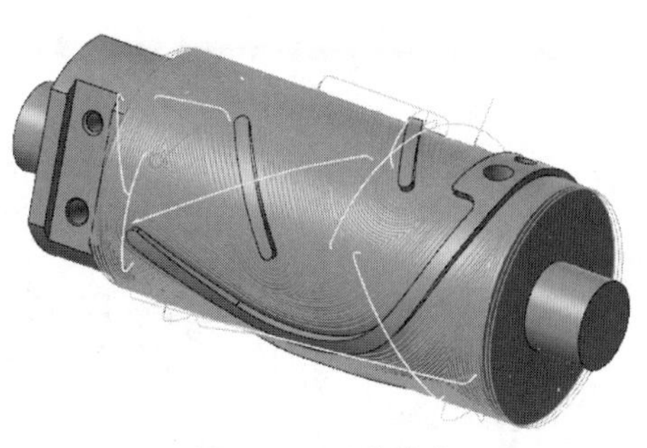

图 2-80　刀路轨迹

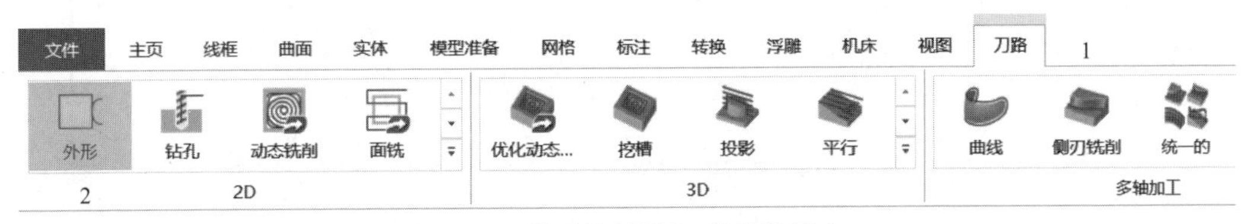

图 2-81　外形铣削倒角_替换轴策略

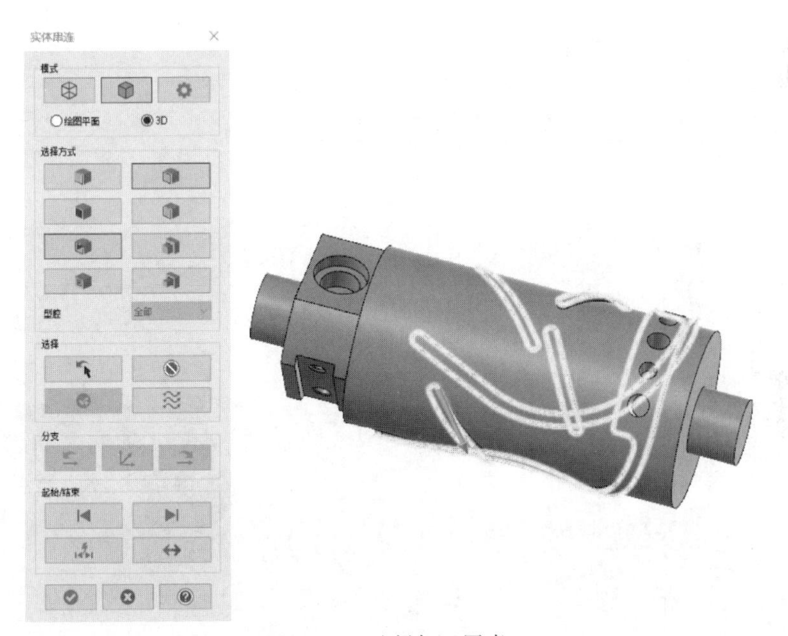

图 2-82　选择加工图素

- 结合加工工艺需求，填写相关参数，参数含义参考图 2-36；
- 在左侧列框中选择“进/退刀设置”，见图 2-85；
- 结合加工工艺需求，填写相关参数，参数含义参考图 2-36；
- 在列框中选择“连接参数”选项，见图 2-86；
- 结合加工工艺需求，填写相关参数；
- 在左侧列框中选择“平面”选项，见图 2-87；
- 确认“工作坐标系”“刀具平面”“绘图平面”的正确性；
- 在列框中选择“旋转轴控制”选项，见图 2-88；

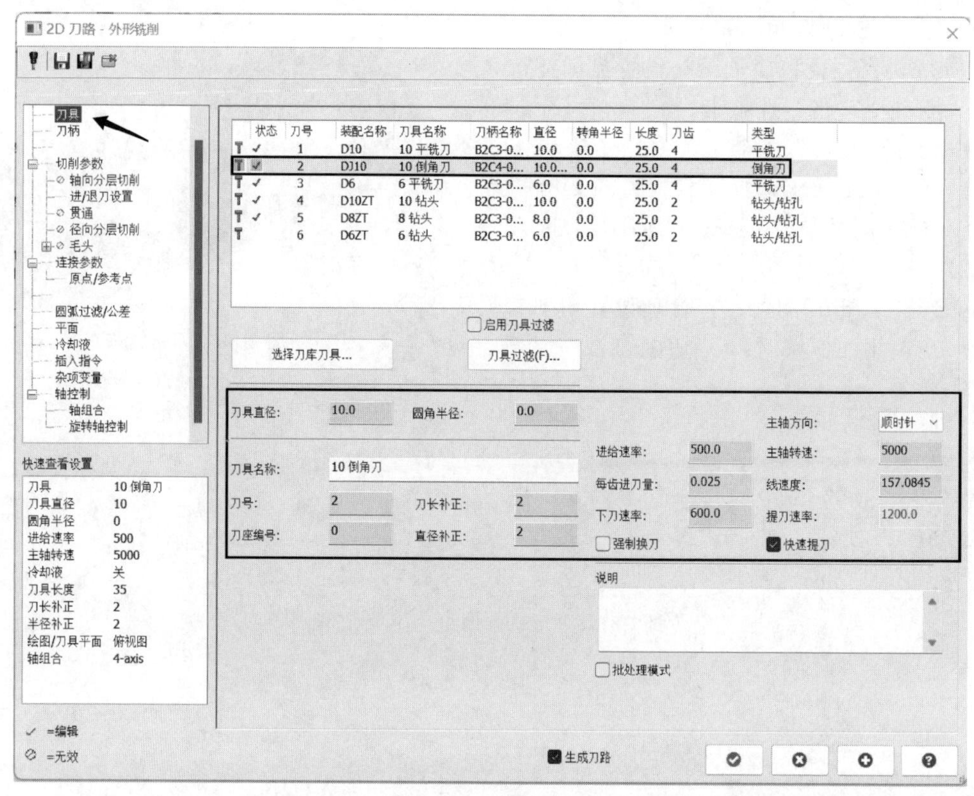

图 2-83 选择刀具

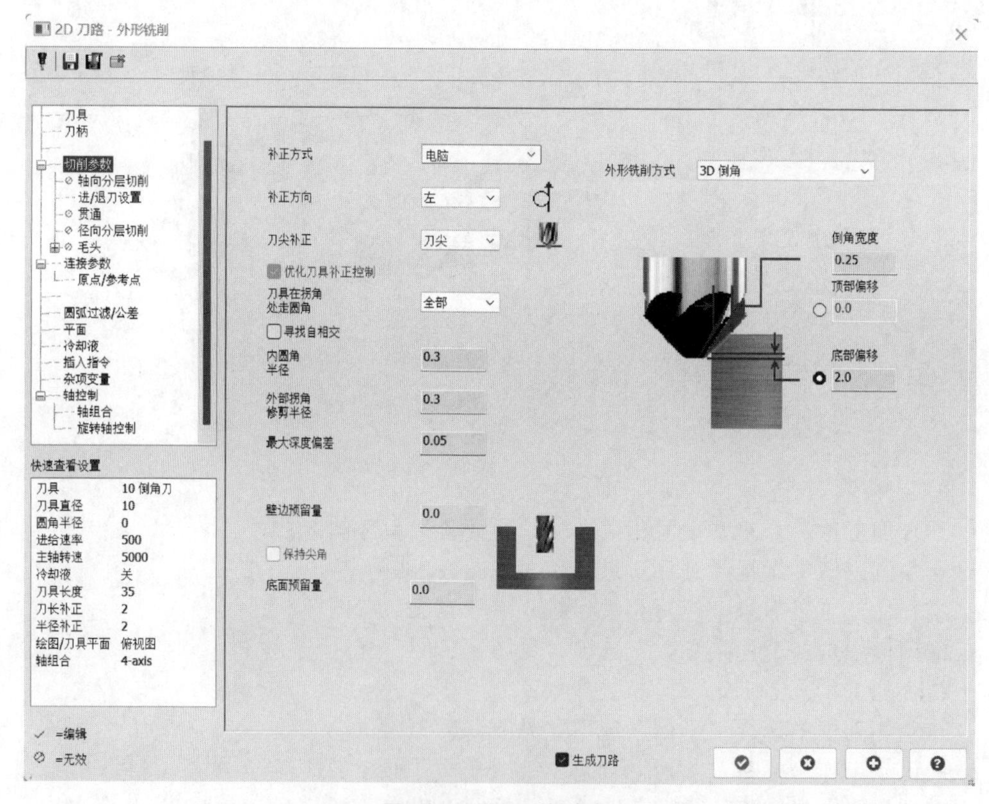

图 2-84 设置切削参数

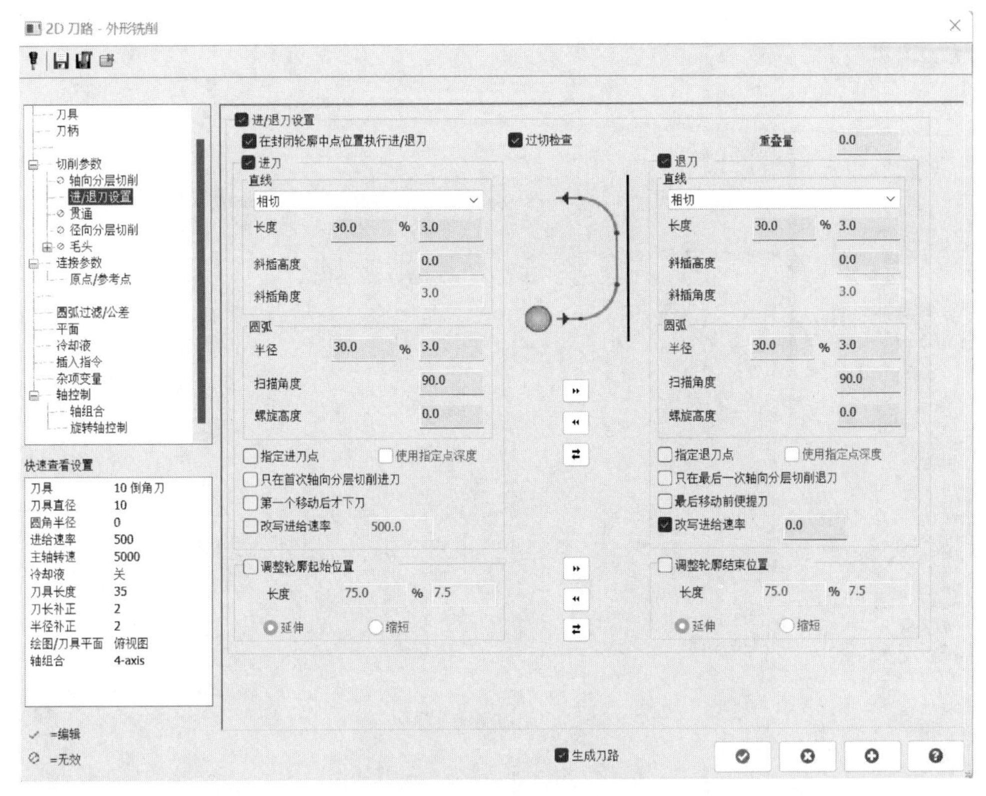

图 2-85　设置进/退刀参数

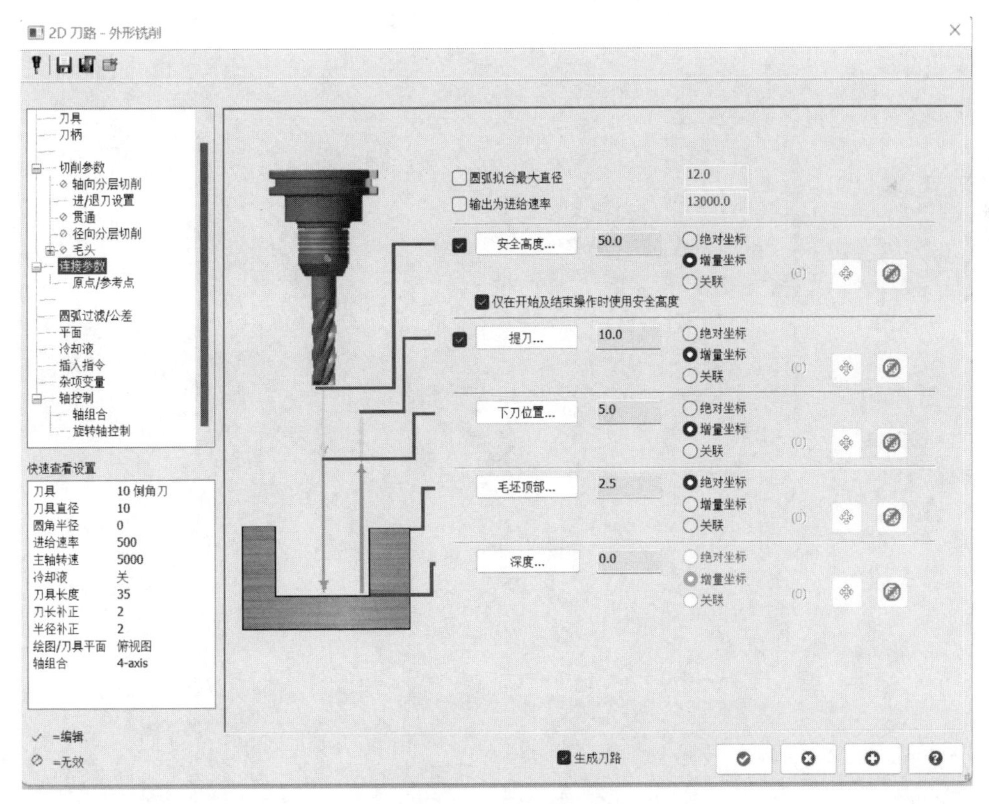

图 2-86　设置连接参数

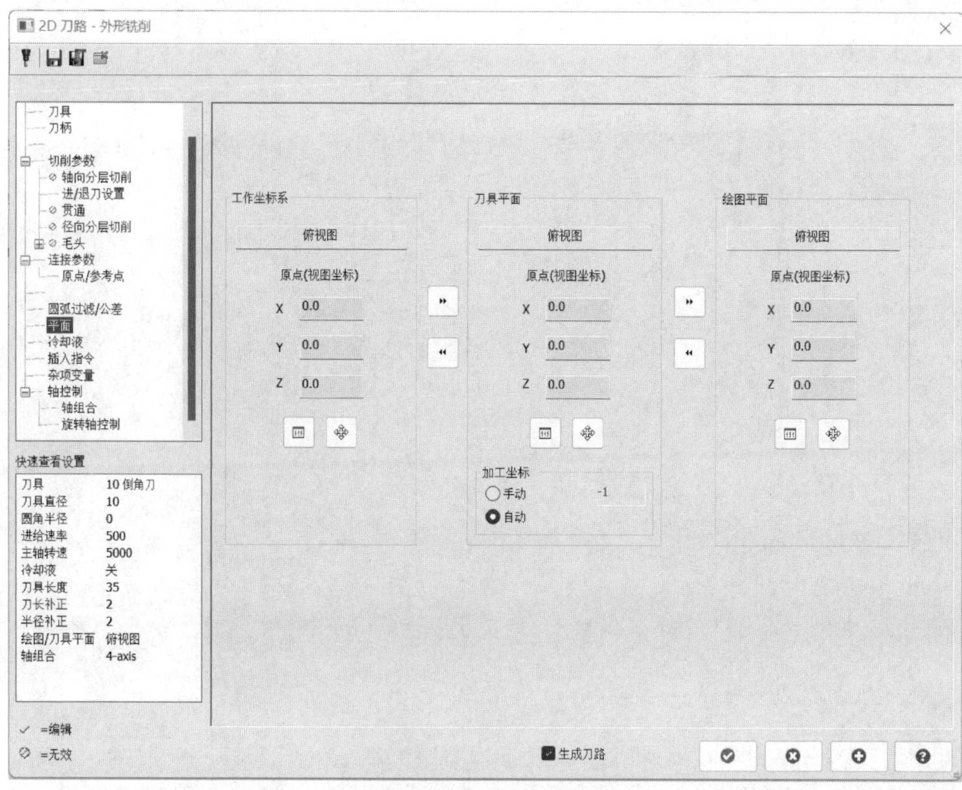

图 2-87 设置加工平面

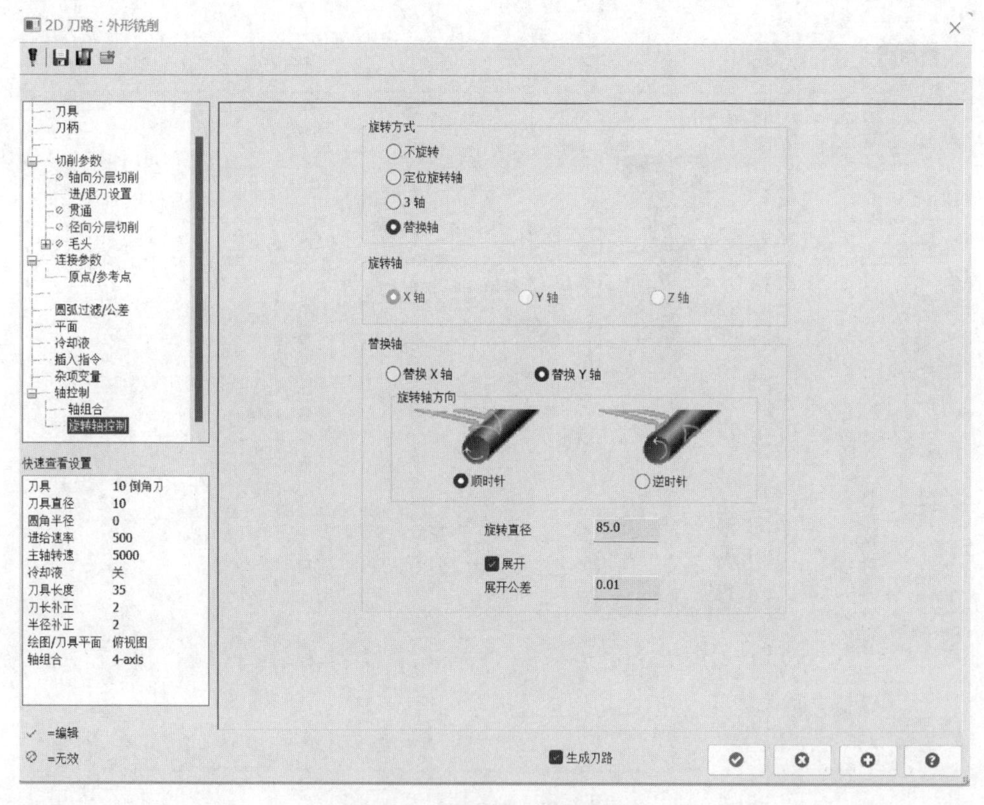

图 2-88 设置旋转轴控制参数

- 结合实际需求，填写相关参数；
- 点击“确定”按钮生成刀路轨迹，见图 2-89。

在左侧列表框还有其他参数可以进行设置，如“径向分层切削”“圆弧过滤/公差”等参数选项，在一些特殊情况下，可以根据数控设备、加工要求等因素进行设置，此处不再拓展讲解。

图 2-89　刀具路径轨迹

2.4　钻孔策略应用

钻孔加工刀路主要用于钻孔、铰孔、镗孔和攻牙等加工。

钻孔策略应用设置见图 2-90。

- 点击“刀路”选项卡；
- 选择“钻孔”策略；

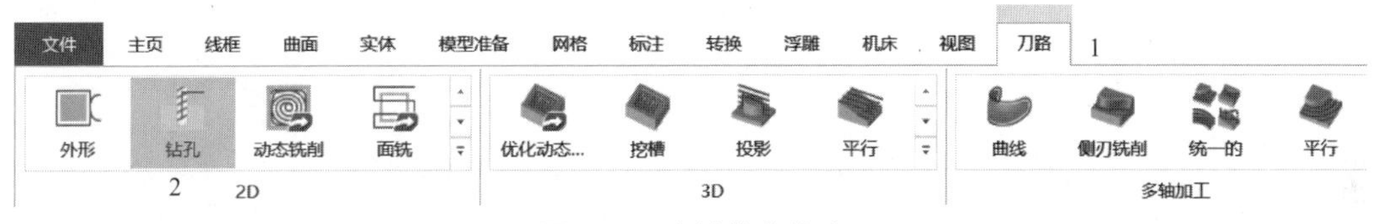

图 2-90　选择钻孔策略

- 按照加工需求选择图素，见图 2-91；

图 2-91　选择加工图素

- 在左侧列框中选择“刀具”选项，见图 2-92；
- 选择 10mm 钻头，合理设置切削参数；
- 在左侧列框中选择“切削参数”选项，见图 2-93；
- 结合加工工艺需求，填写相关参数；

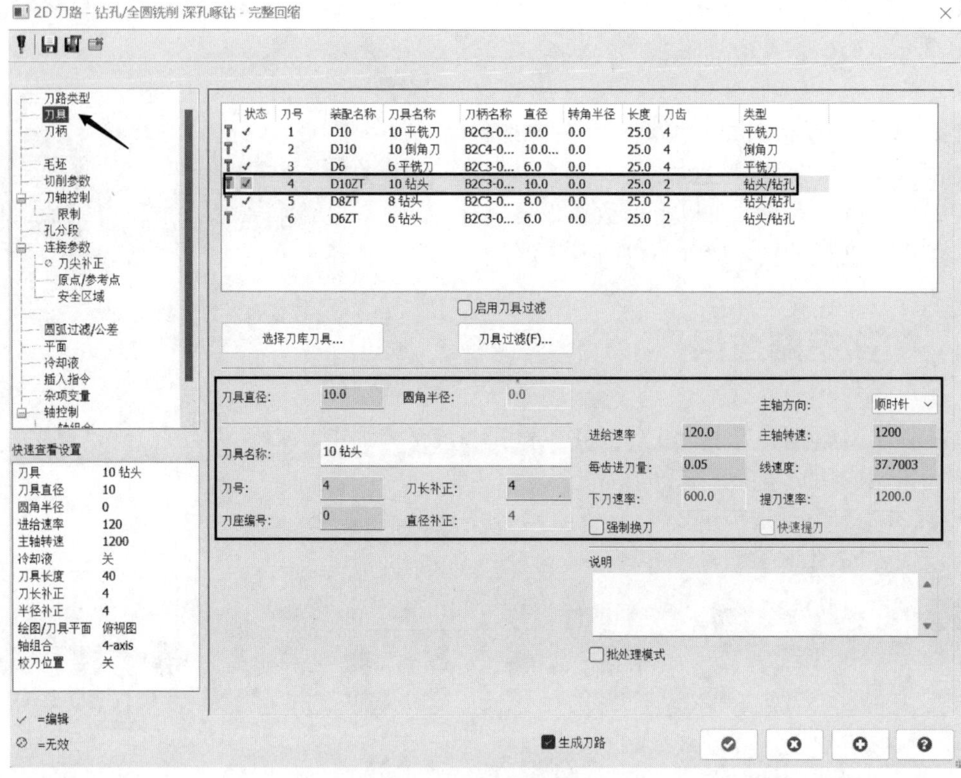

图 2-92 选择刀具

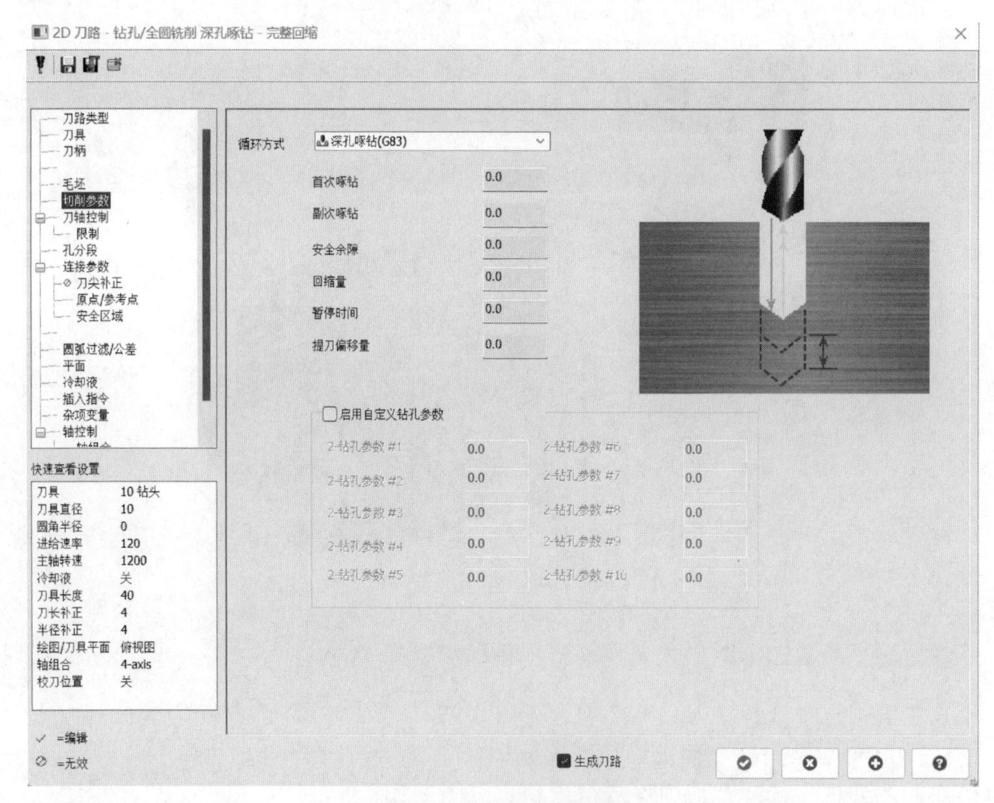

图 2-93 设置切削参数

部分参数具体含义如下：

首次啄钻：设定第一次啄钻时的钻入深度。

副次啄钻：设定首次切削之后所有的啄钻量。

安全余隙：每次啄钻钻头快速下刀至某一深度时，这一深度与前一次钻深之间的距离。

回缩量：钻头每做一次啄钻时的提刀距离。

暂停时间：钻头钻至孔底时，钻头在孔底的停留时间。

提刀偏移量：单刃镗刀在镗孔后提刀前，为避免刀具刮伤孔壁，可将刀具偏移一定距离，离开圆孔内面后再提刀。

- 在左侧列框中选择“刀轴控制”选项，见图 2-94；
- 结合加工工艺需求，填写相关参数；

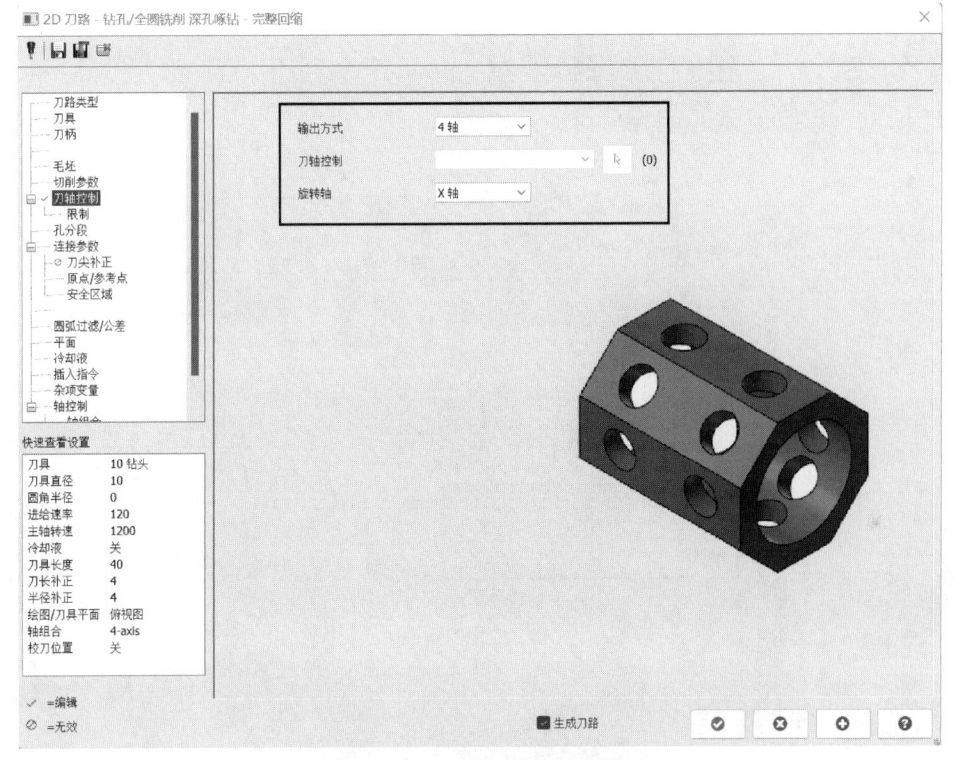

图 2-94 设置刀轴控制参数

- 在左侧列框中选择“连接参数”选项，见图 2-95；
- 结合加工工艺需求，填写相关参数，部分参数具体含义参考图 2-26 全圆铣削策略；
- 在左侧列框中选择“安全区域”选项，见图 2-96；
- 设置参数如图 2-96 所示；
- 在左侧列框中选择“平面”选项，见图 2-97；
- 确认“工作坐标系”“刀具平面”“绘图平面”的正确性；
- 点击“确定”按钮生成刀路轨迹，见图 2-98。

在左侧列表框还有其他参数可以进行设置，在一些特殊情况下，可以根据数控设备、加工要求等因素进行设置，此处不再拓展讲解。

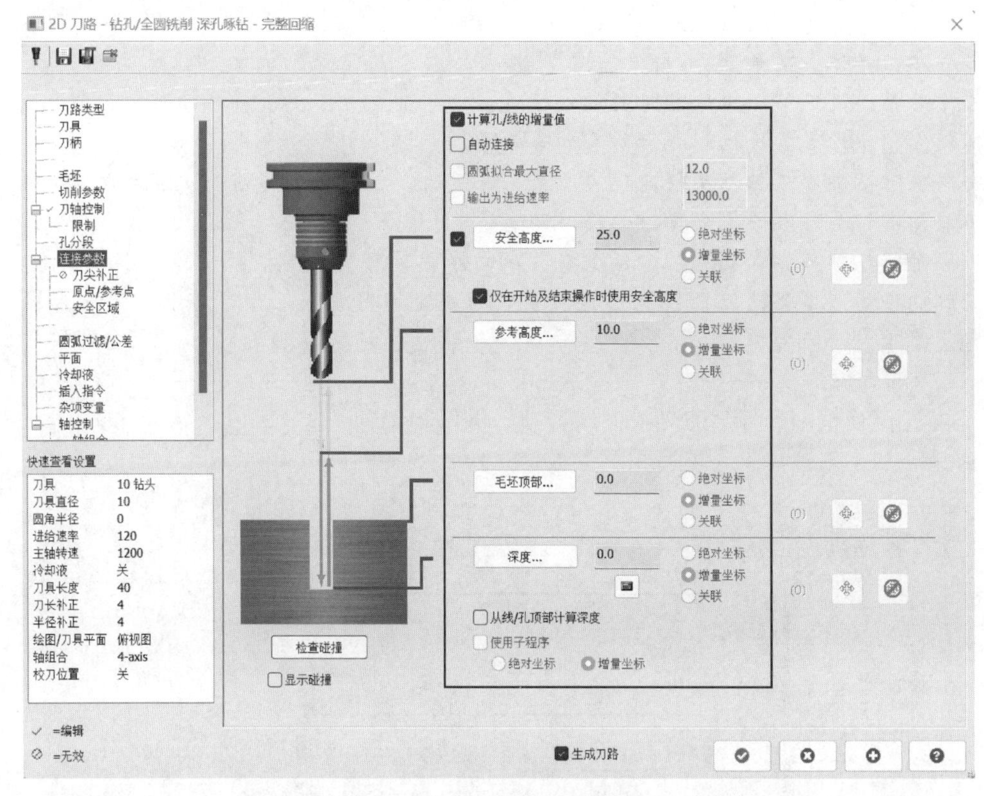

图 2-95 设置连接参数

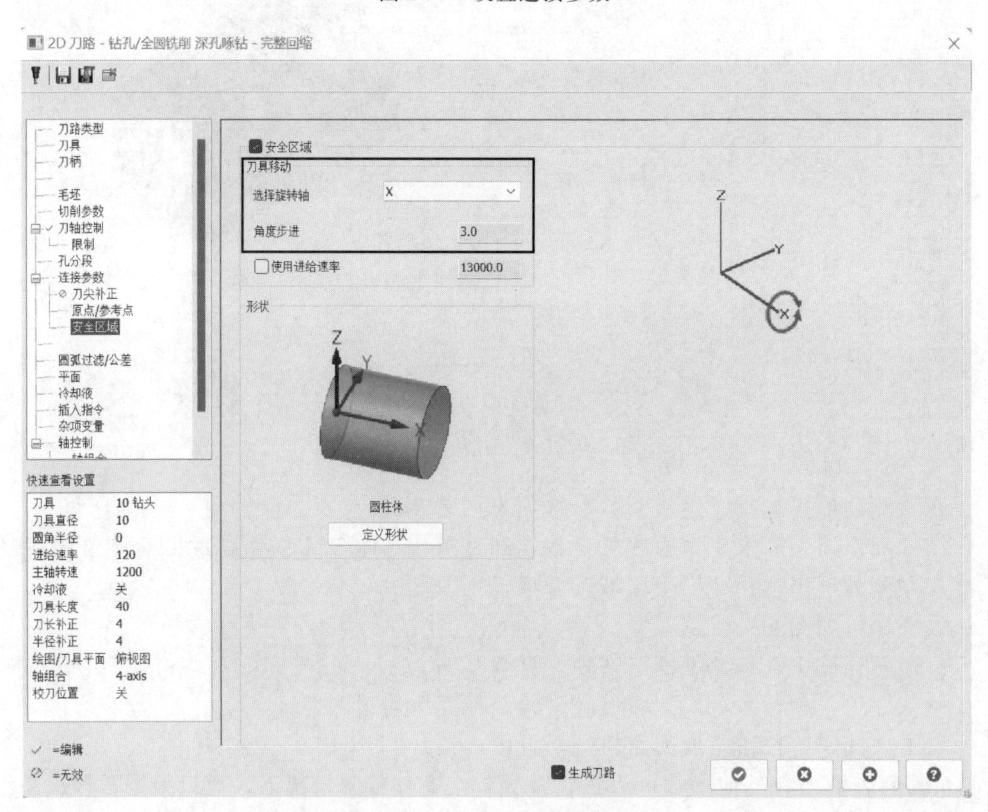

图 2-96 设置安全区域参数

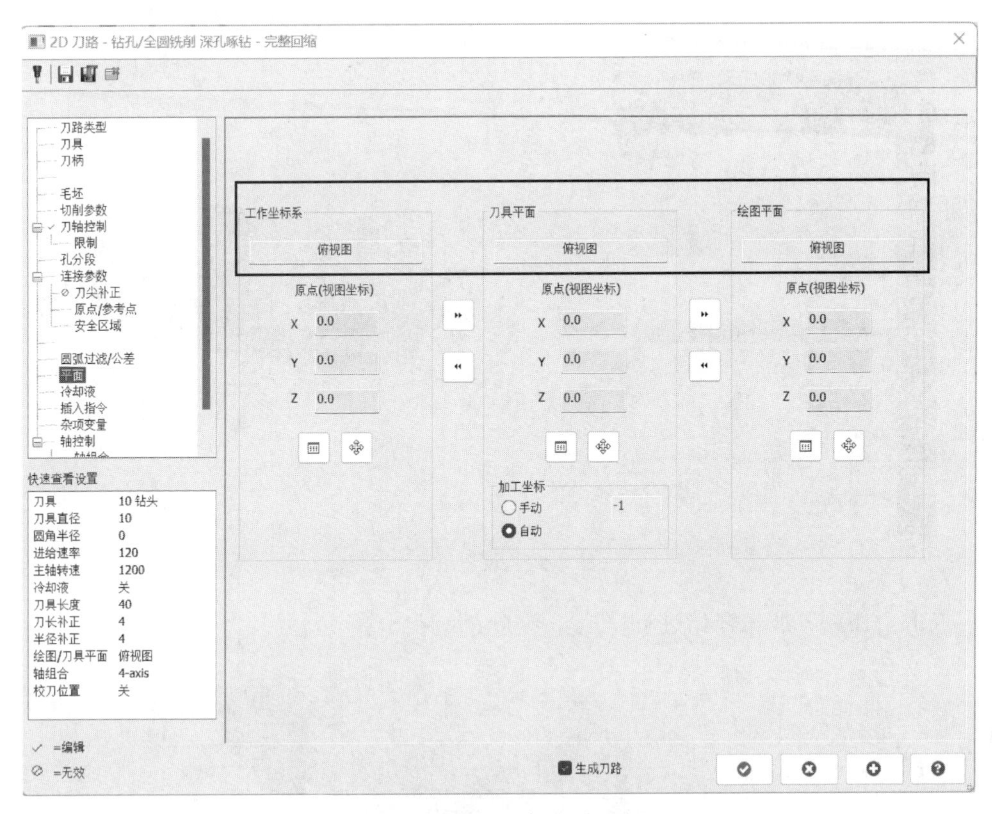

图 2-97　设置加工平面

图 2-98　刀路轨迹

2.5　模拟仿真

点击模拟器选项按钮，设置毛坯，见图 2-99。

- 点击验证已选择的操作按钮，进入模拟页面；

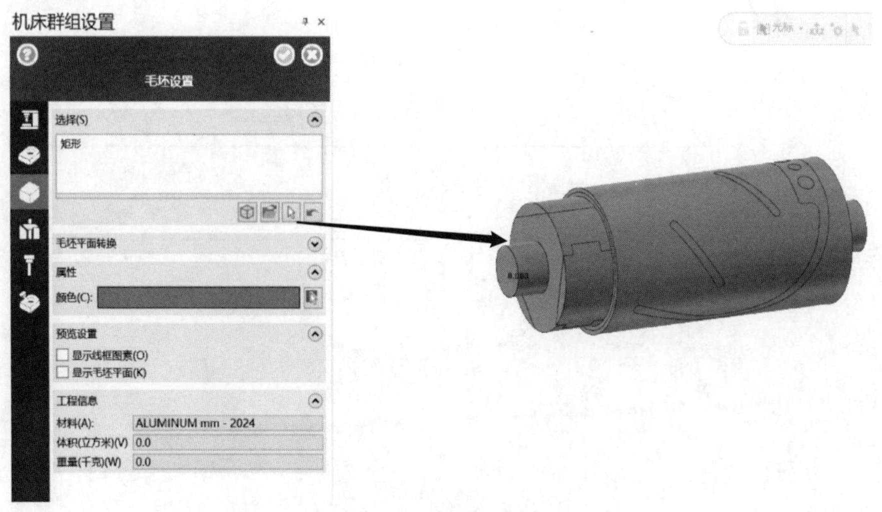

图 2-99 设置毛坯

- 点击“播放”按钮开始进行模拟，模拟结果见图 2-100。

图 2-100 仿真模拟结果

Mastercam

第3章 3+2定平面加工与应用

五轴加工的“3+2”定向加工是五轴数控机床的主要加工方式，在五轴加工中，大约85%以上的加工内容可以采用“3+2”定向加工的方式完成。所谓“3+2”定向加工，是指五轴数控机床中的三个直线轴进行联动，其余两个旋转轴进行定向。

在加工前，先利用两个旋转轴的定位功能，使得机床主轴与被加工工件呈固定的空间角度，然后再通过三个基本直线轴的联动，对工件上的某一区域进行三轴加工。这种编程方式比较简单，可以使用三轴加工策略。五轴加工的“3+2”定向加工主要由两个旋转轴的定向运动，配合其余三个线性轴的联动实现。然而，为了简化“3+2”定向中两个旋转轴的定向，以及旋转轴定向后的程序编辑，主流的五轴数控系统均定制了回转平面定位功能，用于实现工件坐标系到可编程坐标变换后的坐标系之间的转换操作。其实质为，首先采用坐标系平移功能将初始工件坐标系进行沿 X、Y、Z 三个方向的任意移动，建立坐标系旋转中心，然后利用坐标系旋转功能或者轴旋转功能将坐标系进行旋转，使得加工倾斜面的法向量方向与刀具轴线方向一致。最后，根据需要再次进行坐标系平移，以简化坐标系倾斜状态下的编程操作。

3.1 基本设置

3.1.1 模型输入

打开随书附带电子文件夹（可扫描封底二维码下载），找到“3+2 定轴加工案例原图档”文件，也可以使用鼠标左键直接拖动到 Mastercam 软件绘图区打开图档，见图 3-1。

此产品零件为典型的 3+2 产品零件，在加工过程中涵盖了常见 3+2 定轴铣削，本章将结合此案例模型为大家介绍优化动态粗切及多轴加工中 3+2 自动粗切加工策略。

3.1.2 案例说明

在管理器面板点击“层别”选项，检查各图层图素是否正常，见图 3-2。

层别 1：零件实体模型。

层别 2：毛坯模型。

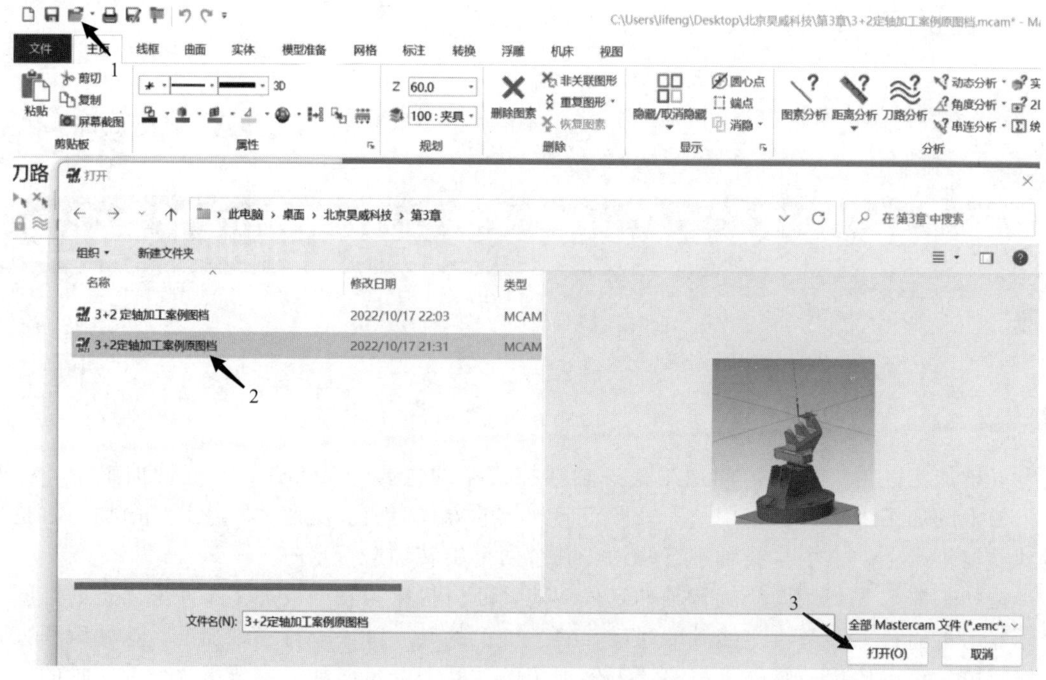

图 3-1　3＋2 定轴加工案例原图档

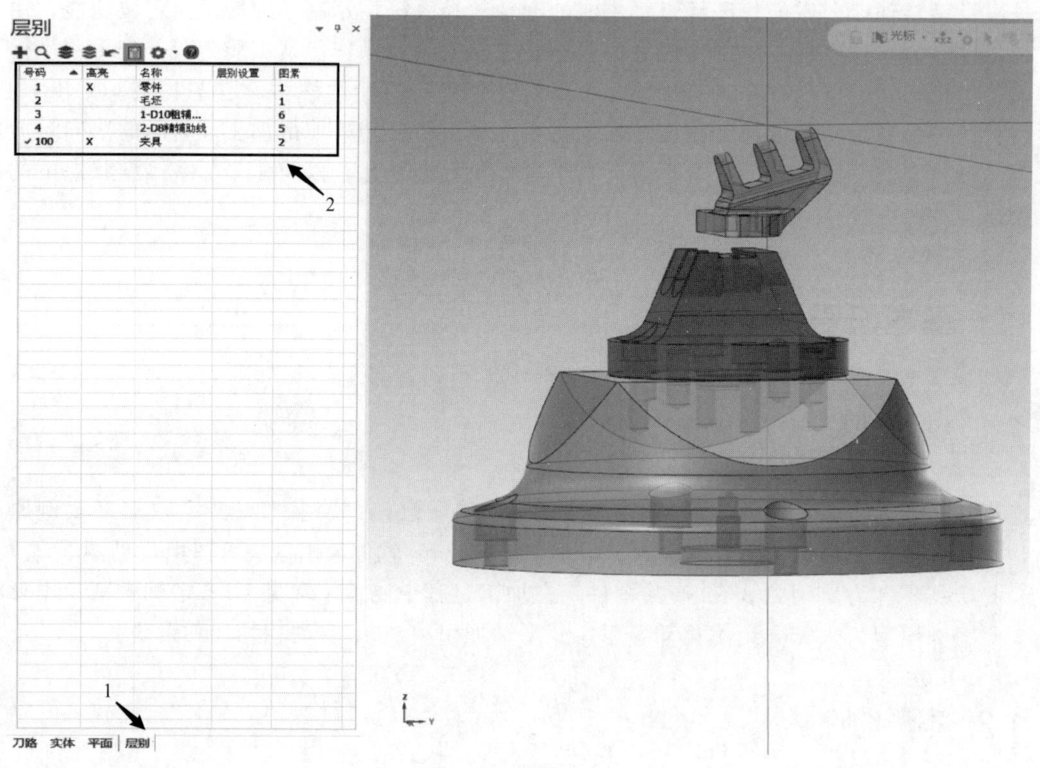

图 3-2　层别显示

层别 3：1-D10 粗切辅助线。

层别 4：2-D8 精切辅助线。

层别100：夹具零件图。

3.1.3 工艺路线分析

各部分加工策略分析见图3-3～图3-5。

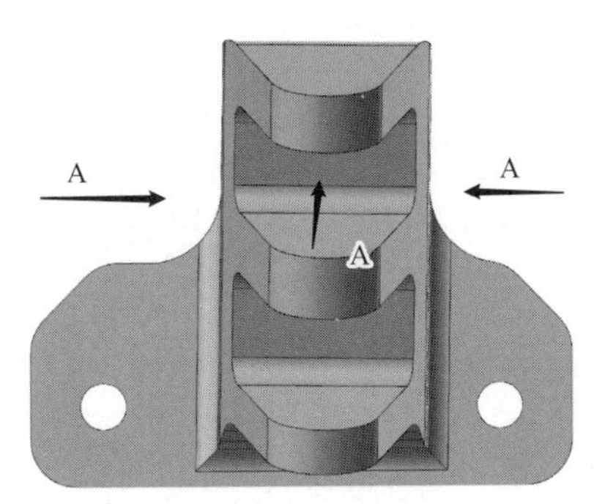

图3-3 加工策略分析（一）

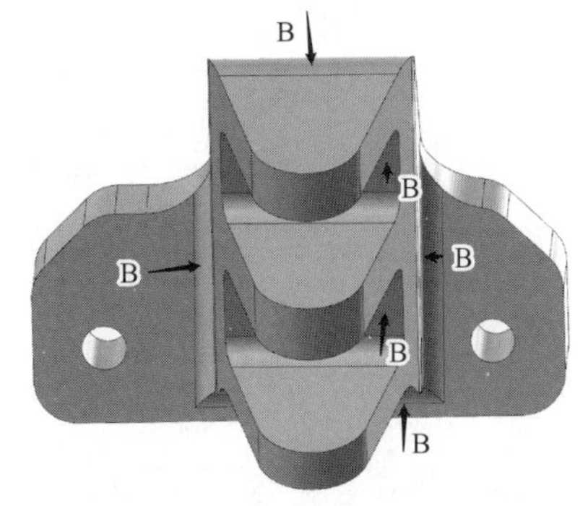

图3-4 加工策略分析（二）

- A部分使用优化动态粗切策略加工或3+2自动粗加工。
- B部分使用外形铣削策略加工。
- C部分使用2D高速刀路策略加工。
- D部分使用曲面精修流线策略加工。

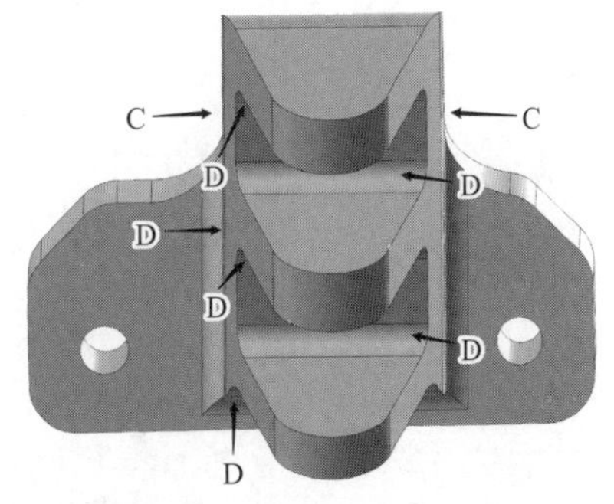

图3-5 加工策略分析（三）

3.1.4 机床群组的选择

- 点击“机床”选项卡；
- 点击“铣床”下拉箭头；
- 根据实际需求选择机床定义；
- 机床群组创建完成见图3-6。

图3-6 机床群组创建

3.1.5　刀具库的创建

根据零件加工需求，创建所需加工刀具，见图 3-7。

Machine Group-1

刀号	状态	装配名称	刀具名称	刀柄名称	直径	圆角半径	长度	刀齿数	类型	半径类型	刀具伸出...
1	✓		10 平铣刀粗	B2C3-0020	10.0	0.0	25.0	4	平铣刀	无	45.0
2	✓		8平铣刀精	B2C3-0020	8.0	0.0	45.0	4	平铣刀	无	65.0
3	✓	--	4 球刀/圆...	--	4.0	2.0	25.0	4	球形铣刀	全部	100.0

图 3-7　创建加工刀具

3.2　加工前毛坯的创建

根据零件形状，合理设置加工毛坯，见图 3-8。

- 填写毛坯的名称；
- 选择已有毛坯的形状；
- 选择设置毛坯方式；

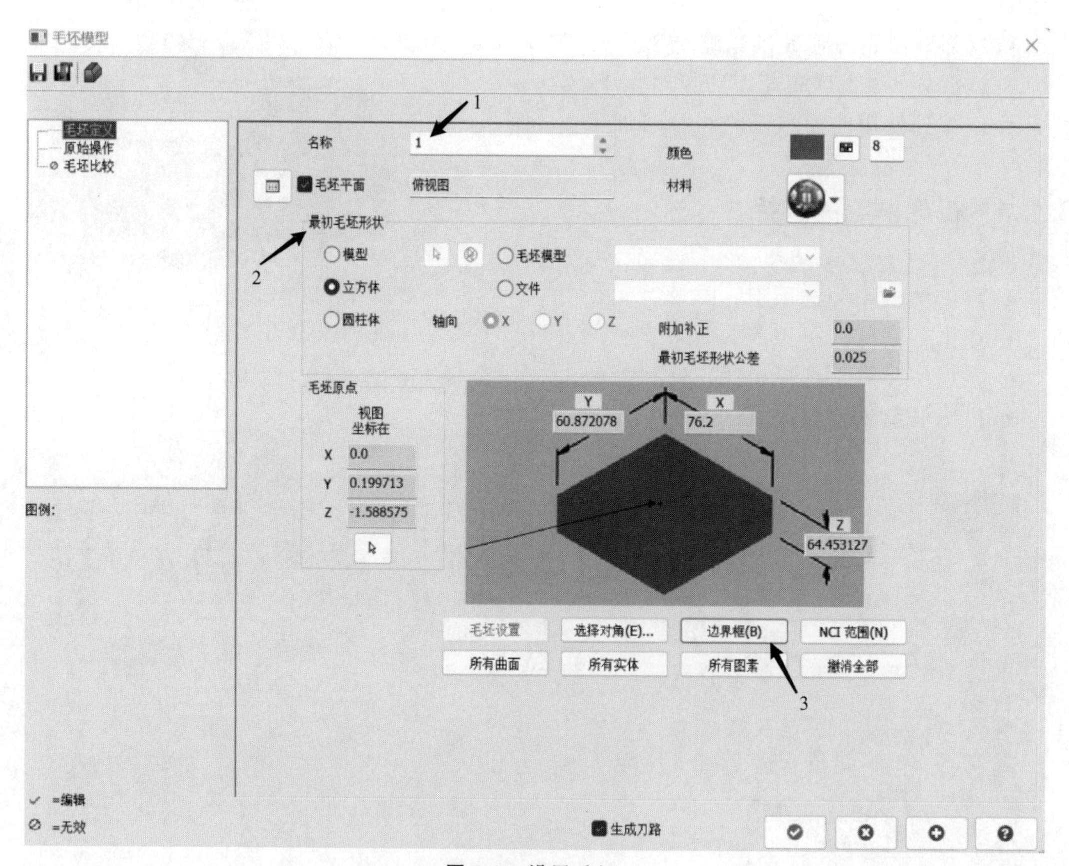

图 3-8　设置毛坯

- 设置图素的选择方式及形状，见图 3-9。

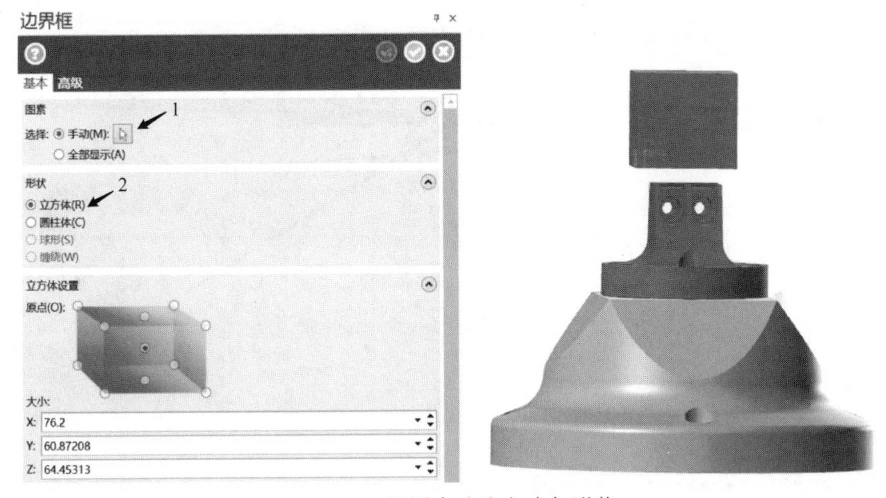

图 3-9　设置图素选取方式与形状

3.3　粗加工

3.3.1　优化动态粗切

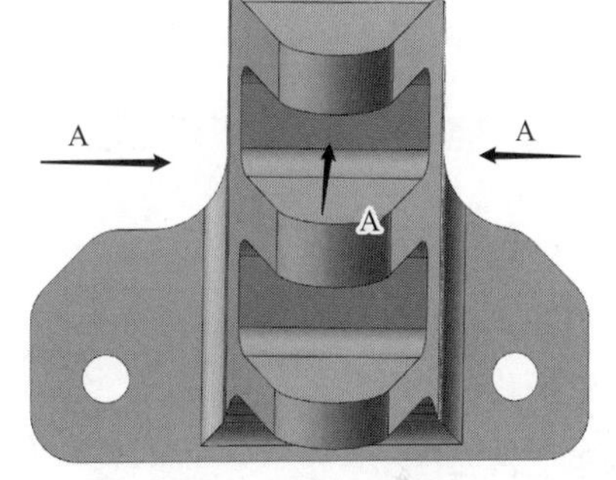

图 3-10　优化动态案例

优化动态粗切是指通过专有的刀具路径策略延长刀具寿命，最大限度地提高材料去除率并缩短循环时间。以俯视图、左视图、右视图作为加工平面完成此零件的粗加工，优化动态案例见图 3-10。优化动态铣削策略见图 3-11。

- 点击“刀路”选项卡；
- 选择“优化动态铣削”策略；
- 按照加工需求选择加工及避让图形，见图 3-12；

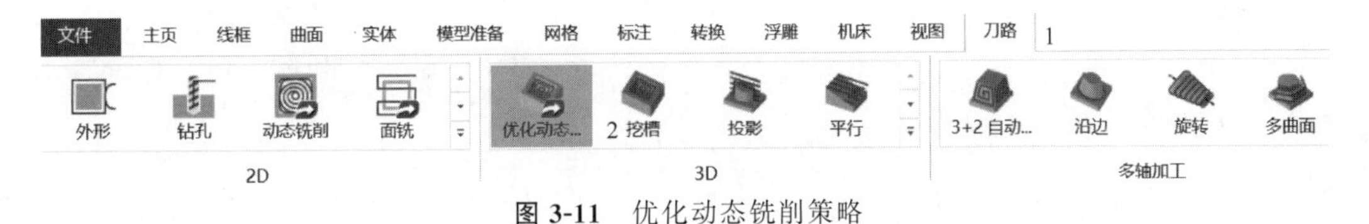

图 3-11　优化动态铣削策略

- 在左侧列框中选择“刀具”选项，见图 3-13；
- 选择 10mm 平铣刀，合理设置切削参数；
- 在左侧列框中选择“切削参数”选项，见图 3-14；
- 结合加工工艺需求，填写相关参数；

部分参数具体含义如下：

分层深度：此选项用于设定在 Z 向的切削深度。

步进量：此选项用于设定 Z 向加工完成后的侧壁的加工深度。

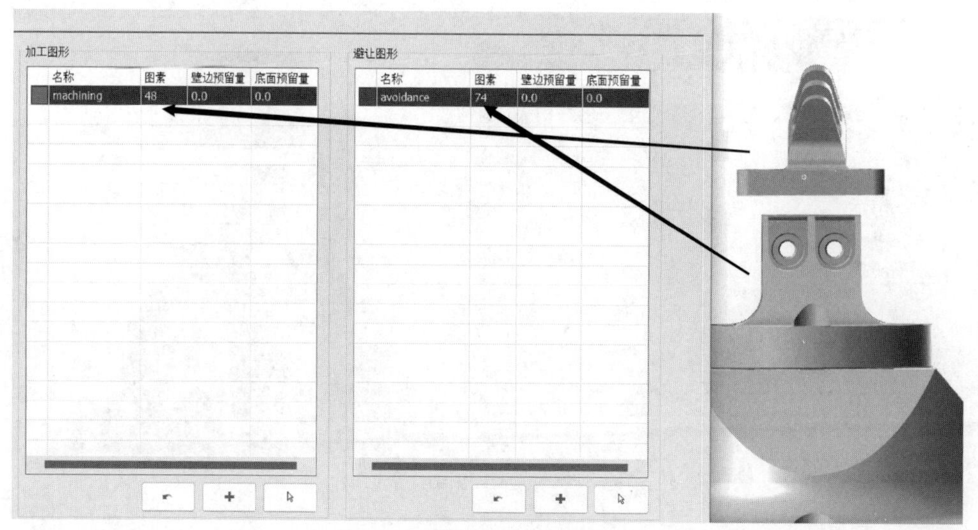

图 3-12 选择加工及避让图形

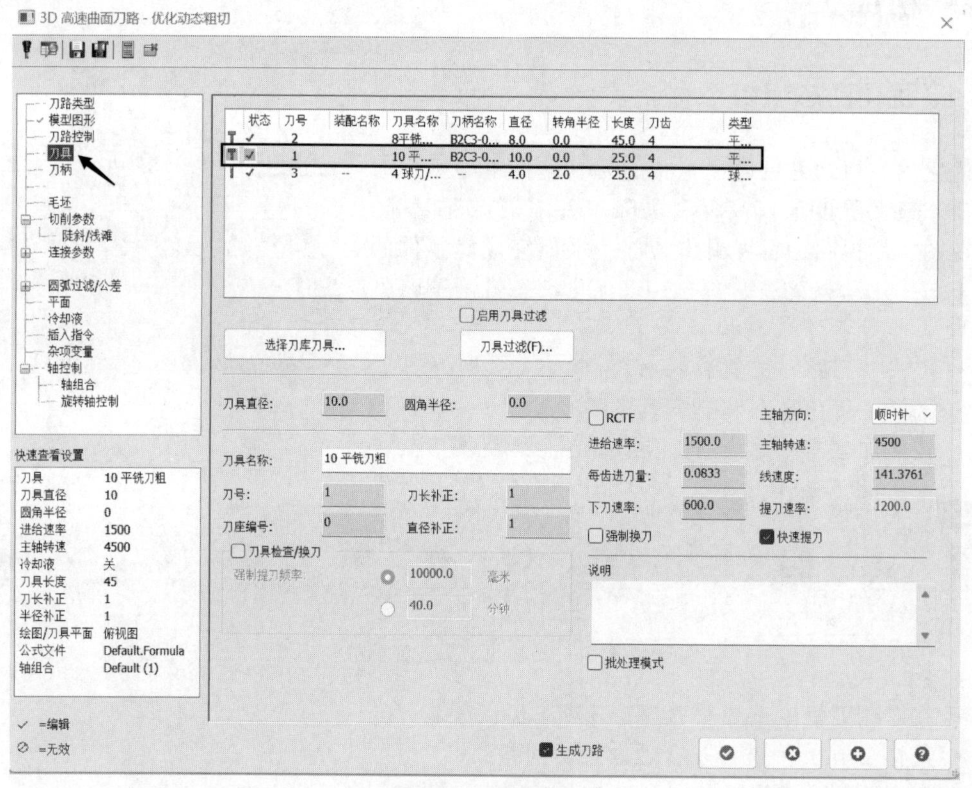

图 3-13 选择刀具

- 在左侧列框中选择“陡斜/浅滩”；
- 结合加工工艺需求，填写相关参数，见图 3-15；
- 在左侧列框中选择“平面”选项，见图 3-16；
- 确认“工作坐标系”“刀具平面”“绘图平面”的正确性；
- 点击“确定”按钮生成刀路轨迹，见图 3-17。

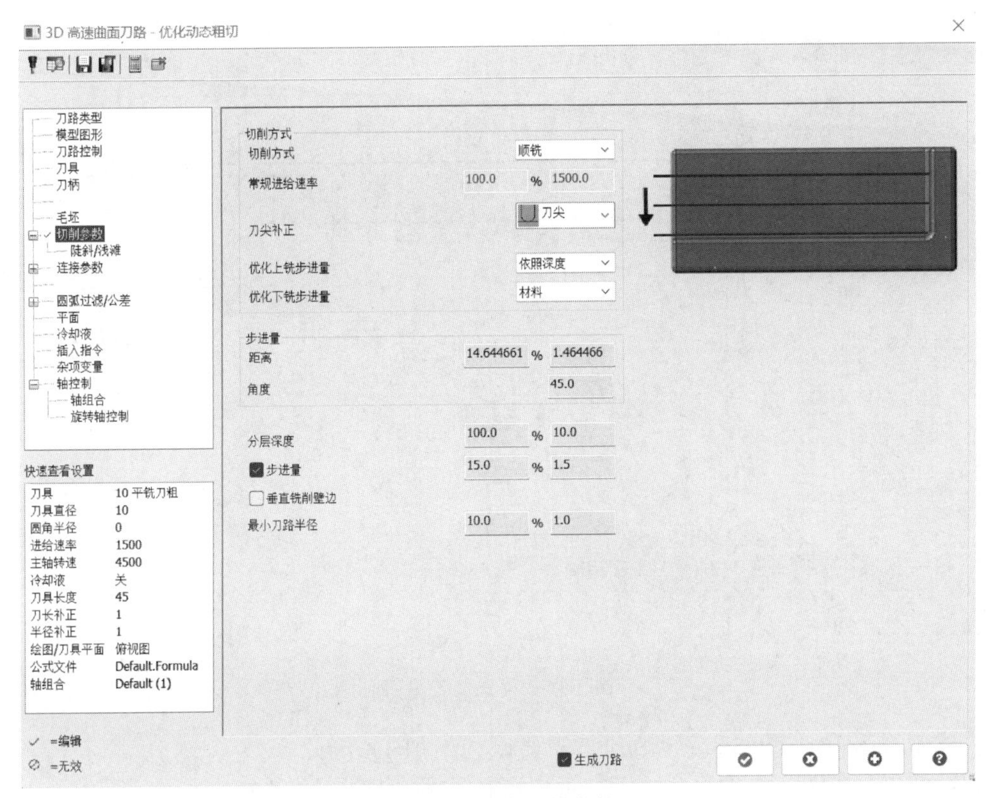

图 3-14　设置切削参数

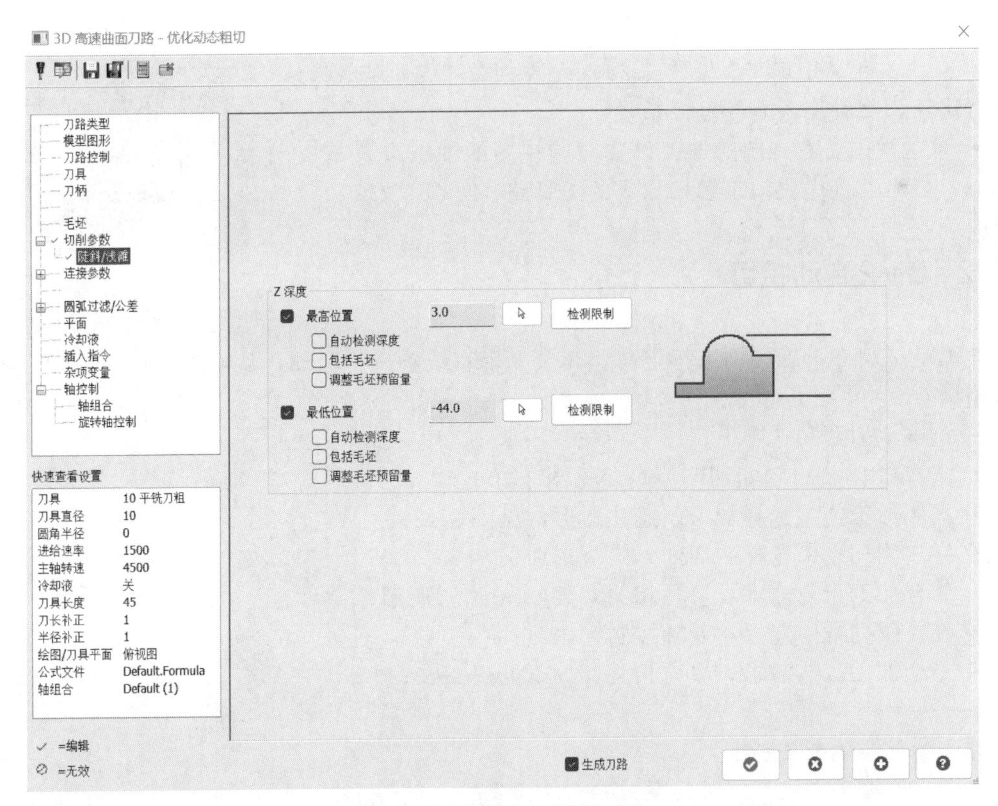

图 3-15　设置陡斜/浅滩参数

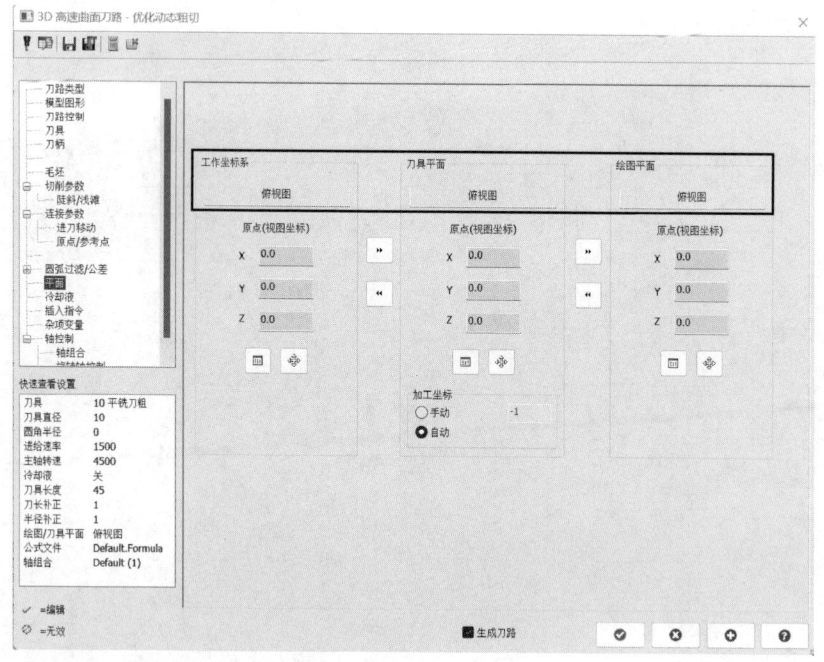

图 3-16 设置加工平面

完成俯视图粗加工后，后续的加工需要以前面加工的余量作为毛坯进行加工，操作过程如下，毛坯定义见图 3-18。

- 点击“原始操作”，见图 3-19，选取已加工策略，计算加工后所生成的毛坯；
- 点击“毛坯比较”，见图 3-20，设置相关参数，与零件进行比较，查看加工后各部分余量；
- 对左视图、右视图的加工设置与俯视图的加工设置基本相同，最终通过优化动态粗切完成的刀具路径见图 3-21。

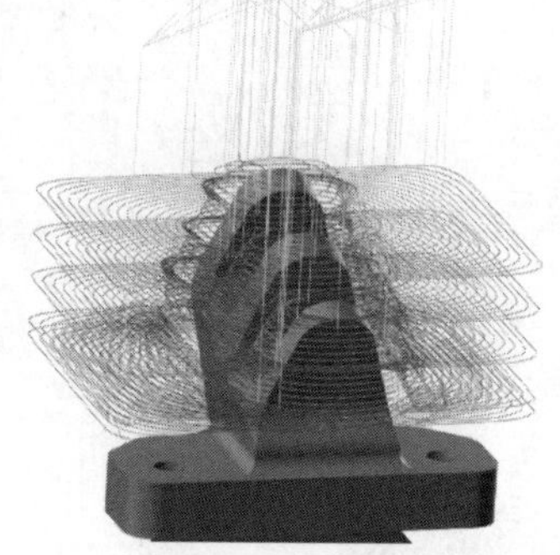

图 3-17 刀路轨迹

3.3.2 3+2自动粗切

此策略是用 2 个旋转轴进行定向，其余 3 个直线轴进行联动，从而进行粗加工的一种加工策略。

- 点击“刀路”选项卡；
- 选择“3+2 自动粗切”策略，见图 3-22；
- 按照加工需求选择加工及避让图形，见图 3-23；
- 在左侧列框中选择“切削方式”选项；
- 结合加工工艺需求，填写相关参数如图 3-24 所示；
- 在左侧列框中选择“刀轴控制”选项；
- 结合加工工艺需求，填写相关参数，见图 3-25；

部分参数具体含义如下：

自动：根据加工模型自动设置刀轴加工方向。

手动：根据加工平面设置刀轴加工方向。

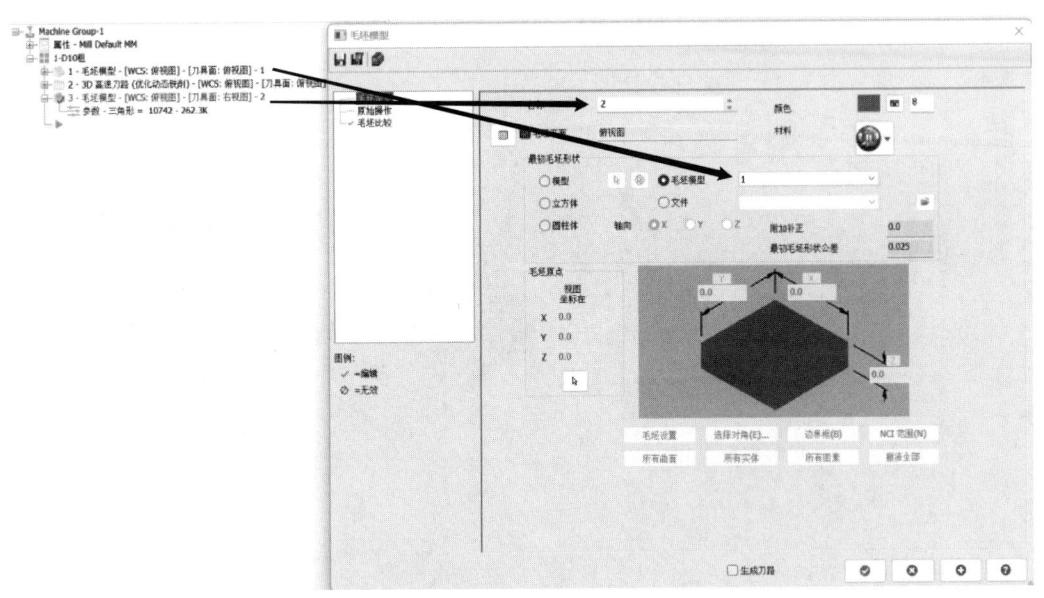

图 3-18 毛坯定义

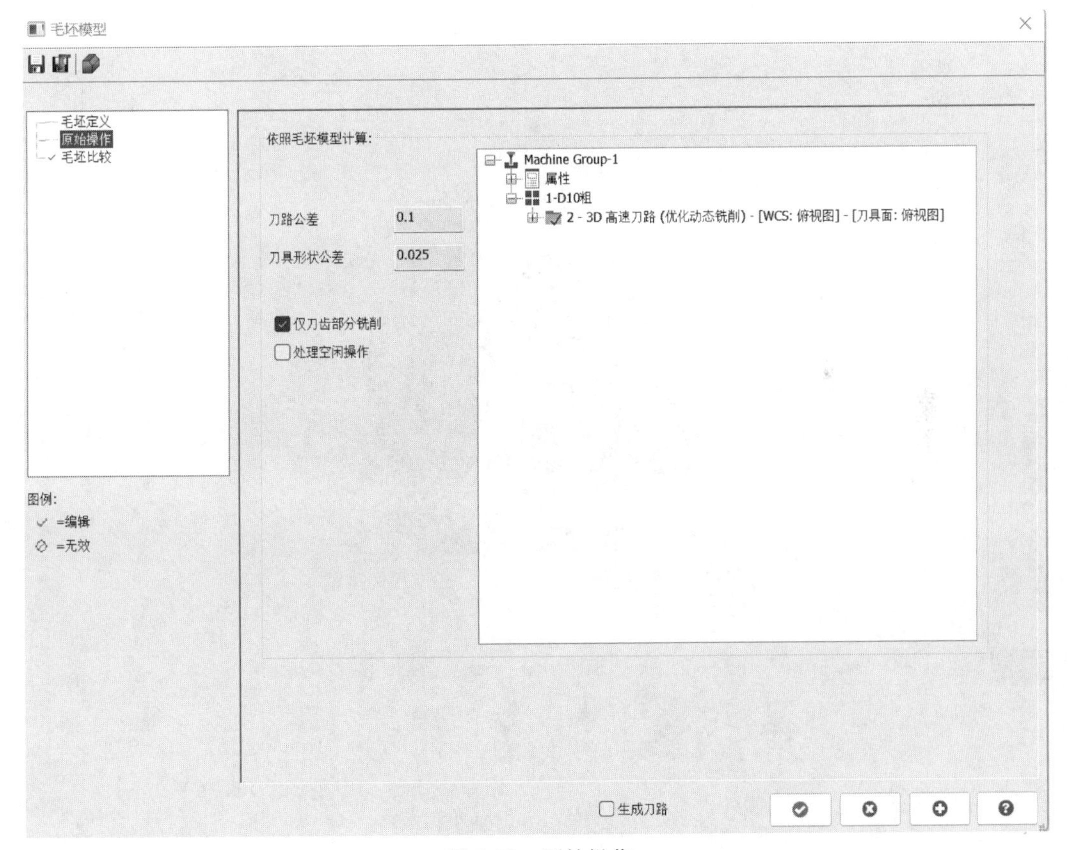

图 3-19 原始操作

半自动：结合自动与手动模式设置刀轴加工方向。

• 在左侧列框中选择“粗切”选项；

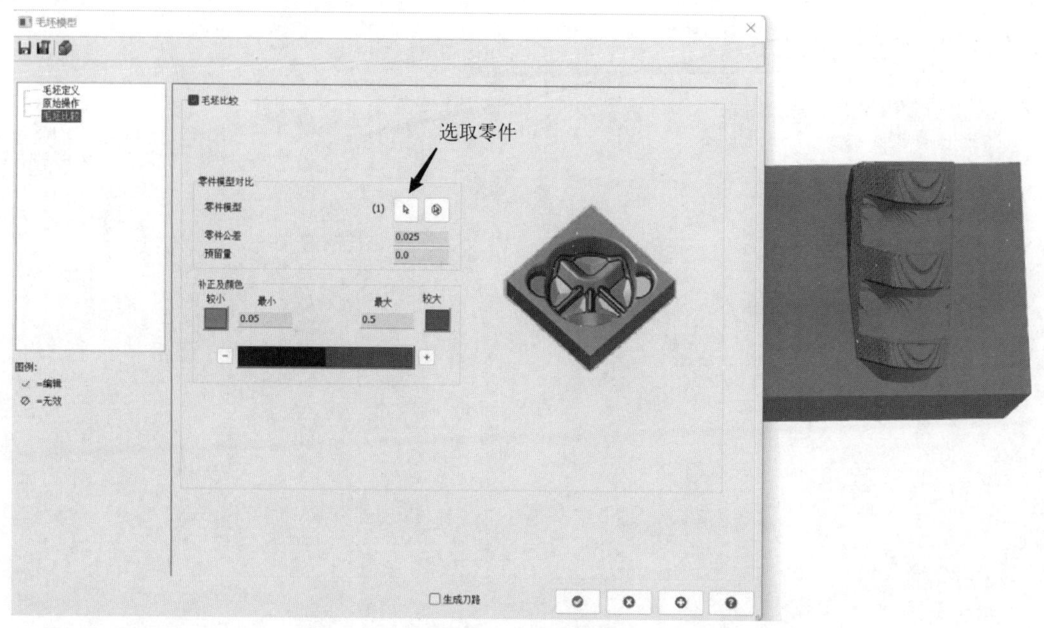

图 3-20　毛坯比较

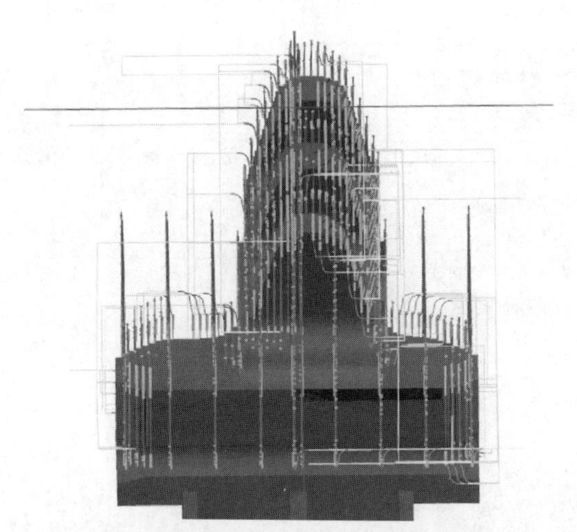

图 3-21　通过优化动态粗切完成的刀具路径

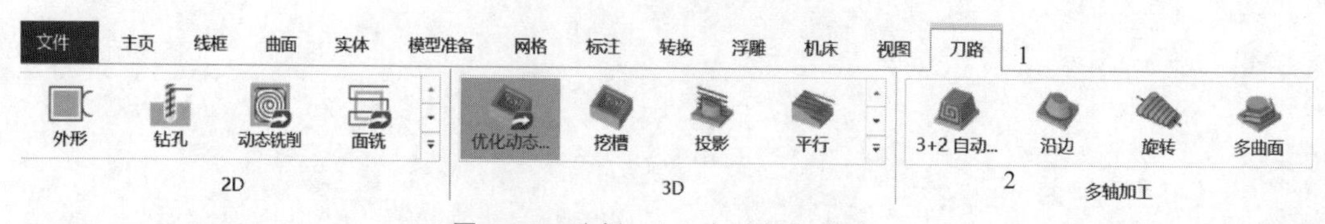

图 3-22　选择 3+2 自动粗切策略

- 结合加工工艺需求，填写相关参数，如图 3-26 所示；
- 在左侧列框中选择“平面”选项；
- 确认“工作坐标系”“刀具平面”“绘图平面”的正确性，见图 3-27；
- 点击“确定”按钮生成刀路轨迹，见图 3-28。

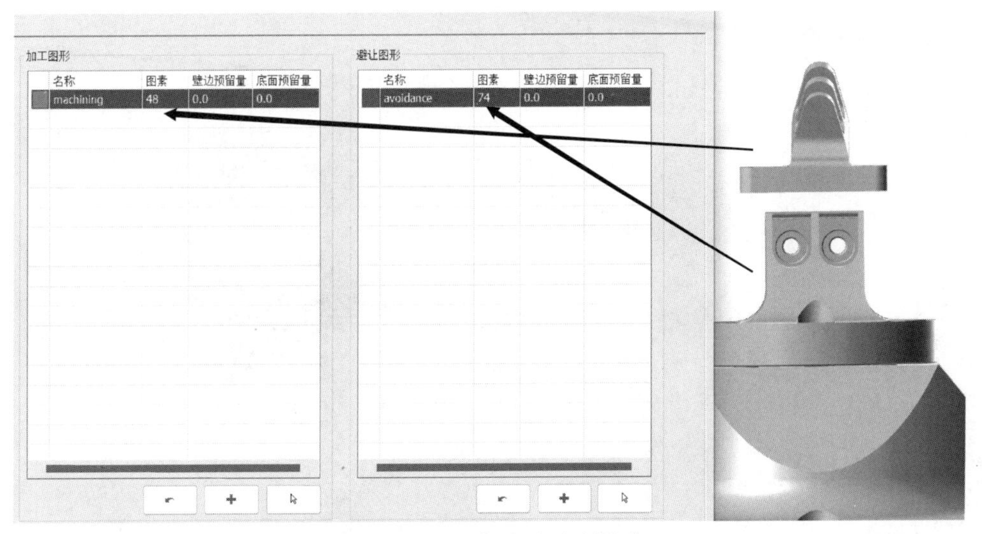

图 3-23　选取加工及避让图形

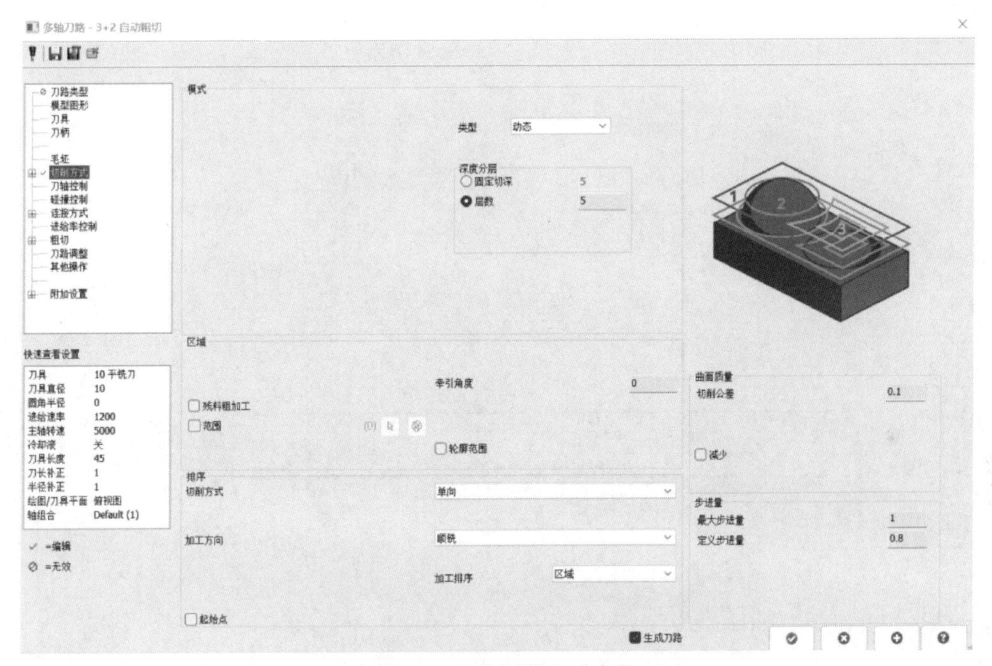

图 3-24　设置切削方式参数

模式　手动

X	Y	Z
0.000000	0.000000	1.000000
1.000000	0.000000	0.000000
-1.000000	0.000000	0.000000
0.000000	1.000000	0.000000
0.000000	-1.000000	0.000000

图 3-25　设置刀轴控制参数

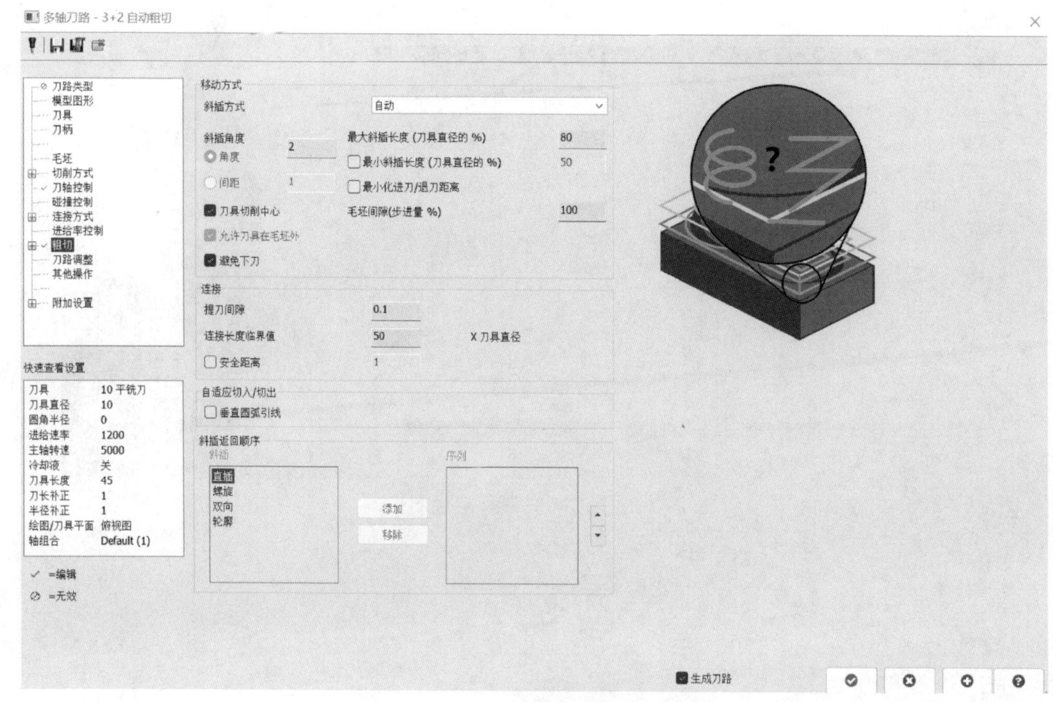

图 3-26　设置粗切参数

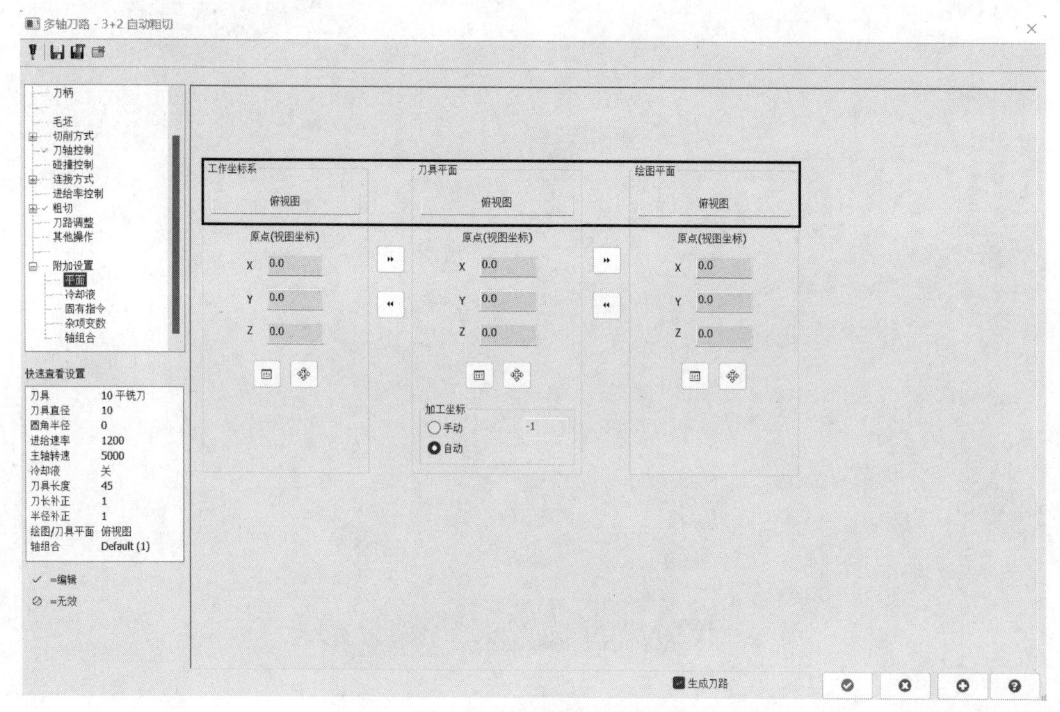

图 3-27　设置加工平面

图 3-28 刀路轨迹

3.4 精加工

（1）外形铣削策略应用

外形铣削是刀具沿着由一系列线段、圆弧或曲线等组成的轮廓移动来产生刀具路径。Mastercam 允许用二维曲线或三维曲线来产生外形铣削刀具路径。选择二维曲线进行外形铣削，生成的刀具路径的切削深度是不变的，由用户设定的深度决定，而用三维曲线进行外形铣削生成的刀具路径的切削深度是随着外形的位置深度变化而变化的。外形铣削策略应用见图 3-29。

- 设置加工平面，见图 3-30；

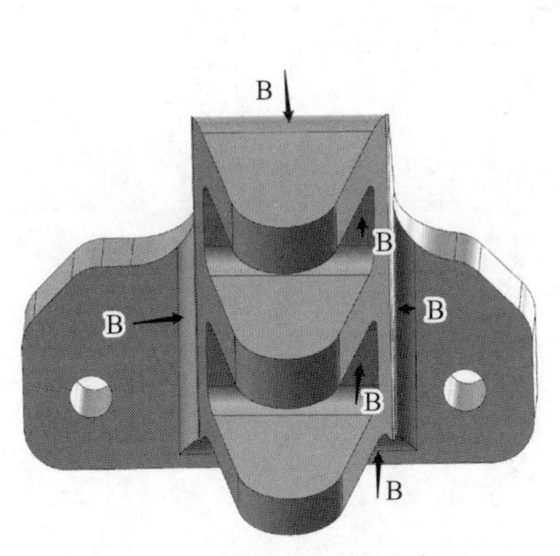

图 3-29 外形铣削策略应用

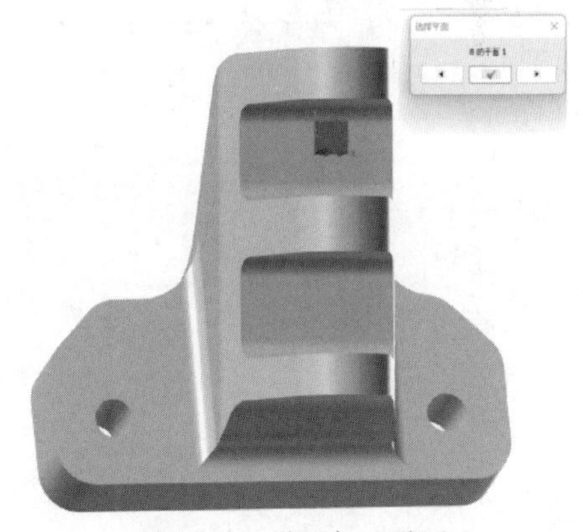

图 3-30 设置加工平面

- 点击“刀路”选项卡；
- 选择“外形”策略，见图 3-31；
- 按照加工需求选择图素，见图 3-32；
- 在左侧列框中选择“平面”选项，见图 3-33；

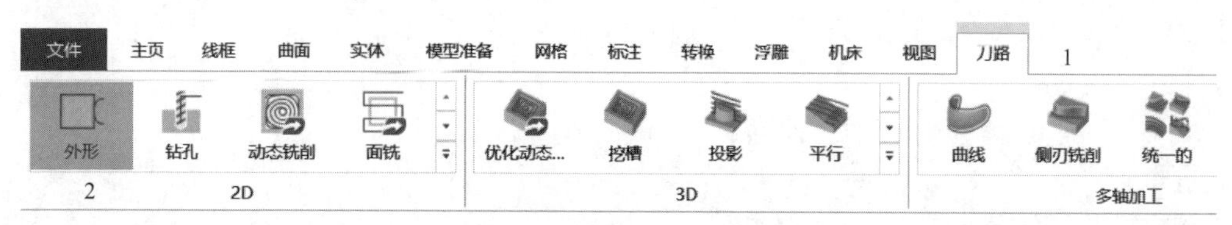

图 3-31 选择外形铣削策略

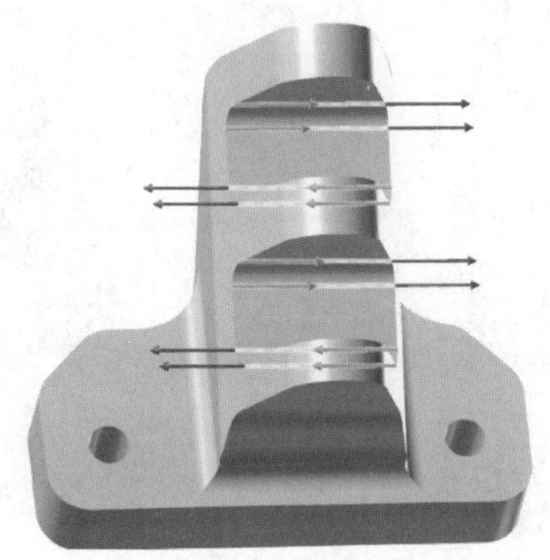

图 3-32 选择加工图素

• 确认“工作坐标系”“刀具平面”“绘图平面”的正确性；

• 点击“确定”按钮生成刀路轨迹，见图 3-34。

其余 B 处的加工也采用外形铣削方式，在对深度较深的部分加工时，应注意合理分层。

（2）2D 区域加工策略应用

此刀路专门为高速加工设计，具有非常稳定的刀具负载，减少了刀具路径切削方向的突然变化，从而降低了切削速度，但会产生较多的快速移动，对于高速加工而言这是完全可以接受的。正确地使用此加工策略，可以显著降低刀具与机床的磨损。此策略在加工时刀具会在指定的 Z 高度上沿毛坯外围进行轮廓切削加工，随后偏移一个距离，直到加工完成全部的区

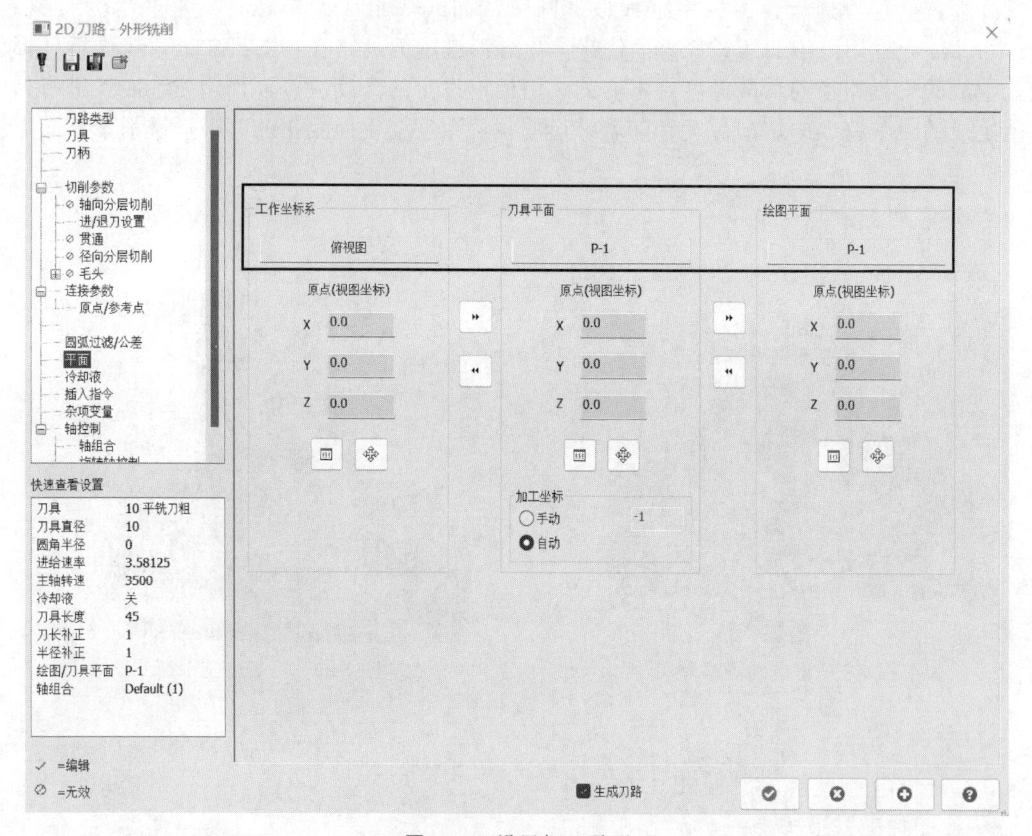

图 3-33 设置加工平面

域，再下切到下一个 Z 高度，重复上述过程，直至加工完成。在操作中尽量减小刀具伸出刀柄的长度，当刀具伸出长度超过直径 4 倍时，就会增加振动的问题。粗加工普通钢材，优先使用干切，防止刀具因为切削温度的变化造成额外损坏。此策略更适用于封闭式的凹型材料，是最常用的一种粗加工策略，加工部位为图 3-35 中的 C 部分。

- 设置加工平面，见图 3-36；

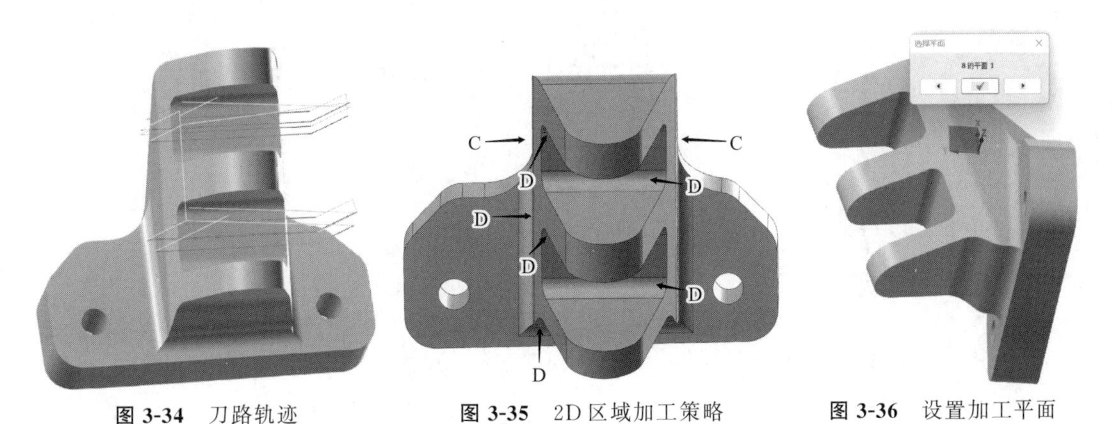

图 3-34　刀路轨迹　　图 3-35　2D 区域加工策略　　图 3-36　设置加工平面

- 点击“刀路”选项卡；
- 选择“区域”策略，见图 3-37；

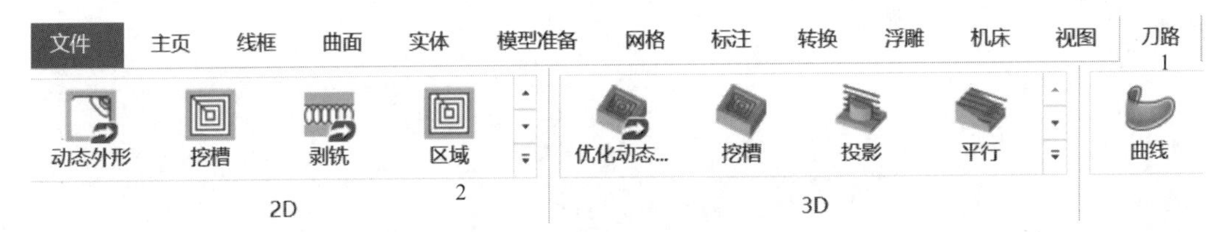

图 3-37　选择区域加工策略

- 设置“串连图形”方式，见图 3-38；
- 按照加工需求选择图素，见图 3-39；

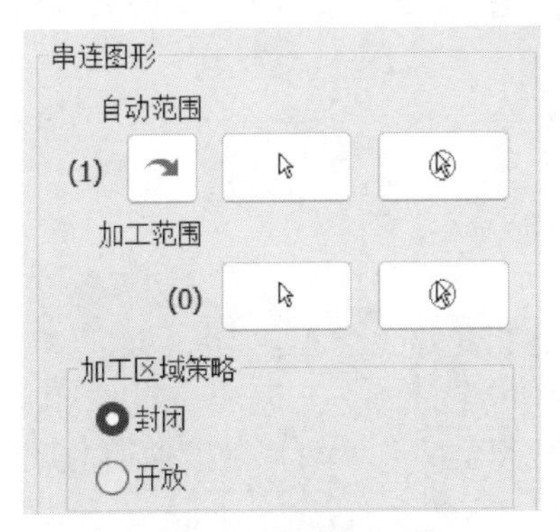

图 3-38　设置串连图形方式

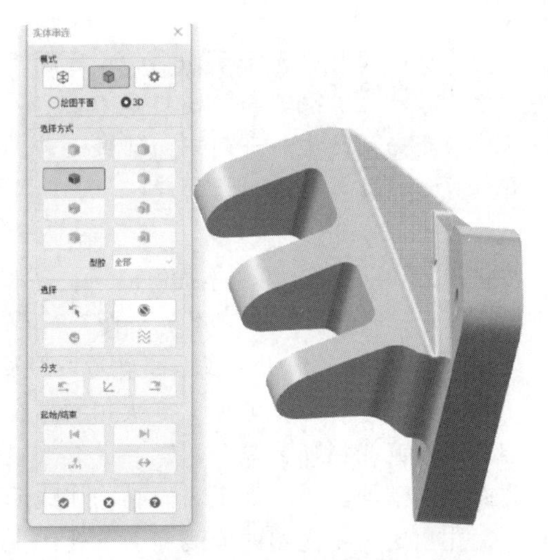

图 3-39　选择加工图素

• 在左侧列框中选择“刀具”选项，见图3-40；
• 选择8mm平铣刀，合理设置切削参数；

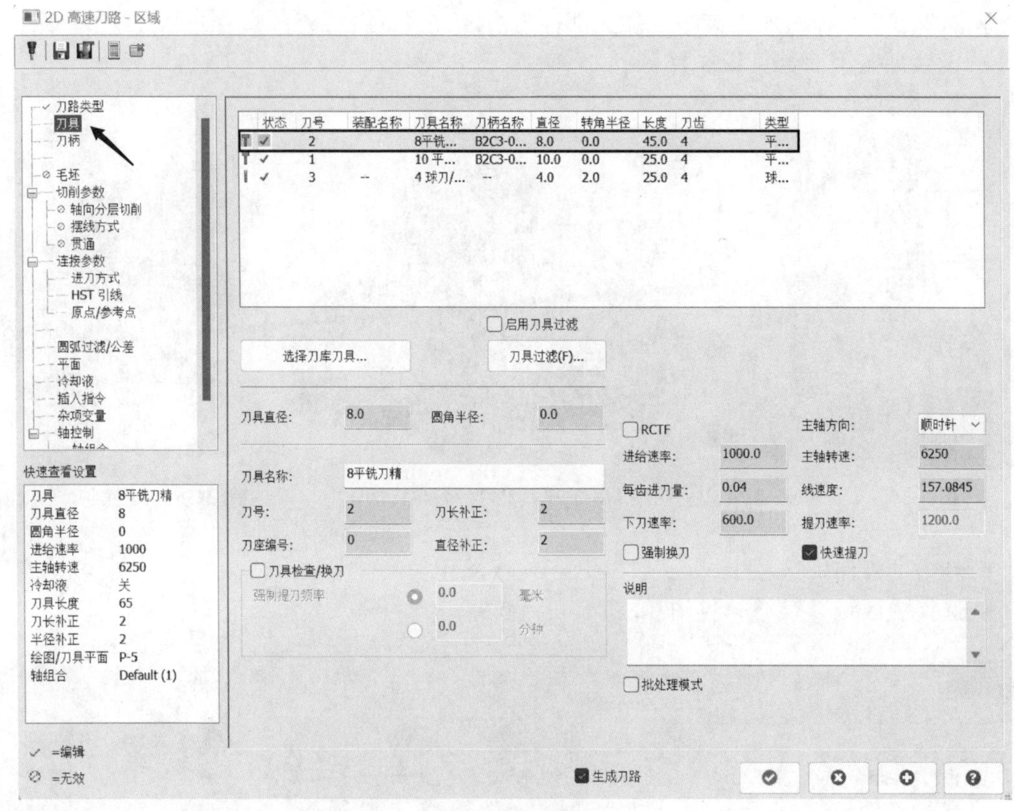

图 3-40　选择刀具

• 在左侧列框中选择“切削参数”选项；
• 结合加工工艺需求，填写相关参数如图3-41所示；
• 在左侧列框中选择“HST 引线”选项，设置相关参数，见图3-42；

在加工中，刀具首先会下切到指定的深度，然后突然改变方向，沿刀具路径进行切削，这样不但容易产生刀痕，而且还能使刀具产生振动，导致刀具的额外磨损。HST 引线可以在刀具路径开始处产生一个向下的圆弧运动，在刀具路径结束处产生一个向上的圆弧运动，可以有效避免刀具负载的突然转变。

• 在左侧列框中选择“平面”选项，见图3-43；
• 确认“工作坐标系”“刀具平面”“绘图平面”的正确性；
• 点击“确定”按钮生成刀路轨迹，见图3-44。

左侧对应的部分与右侧加工方式相同，在此不再描述相应加工过程。

(3) 曲面流线精加工策略

曲面流线精加工用于加工曲面结构流线明显的扫描成形类零件，可以随着曲面的形状和方向的变化生成一个光顺的流线型刀具轨迹。

• 设置加工平面，见图3-45；

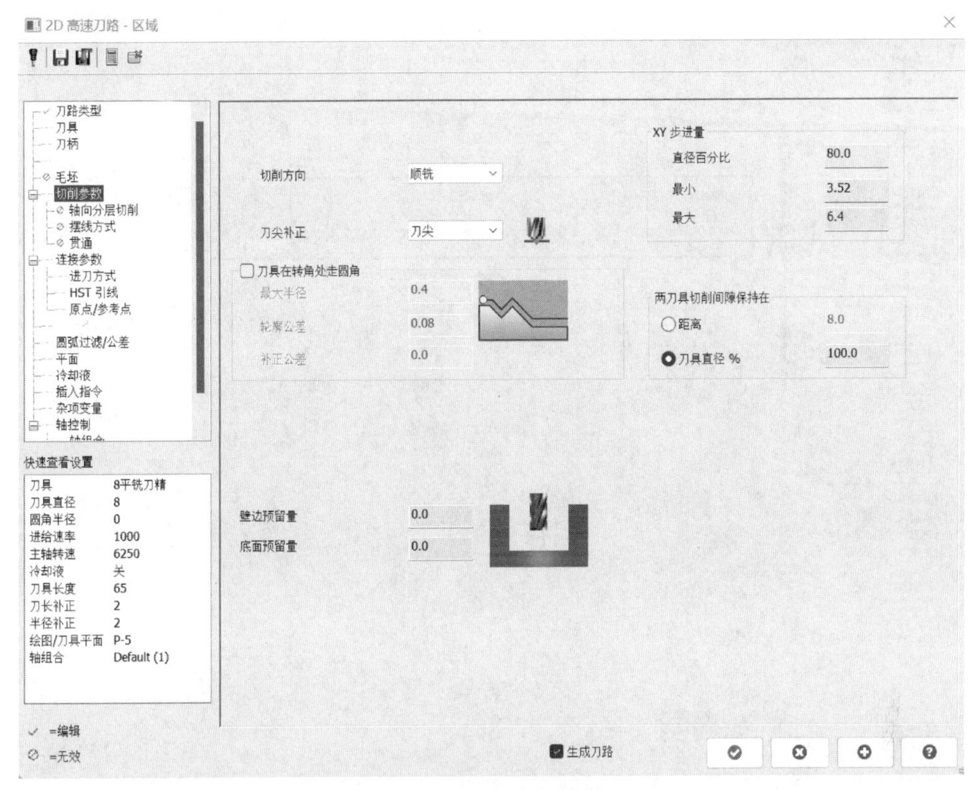

图 3-41　选择切削参数

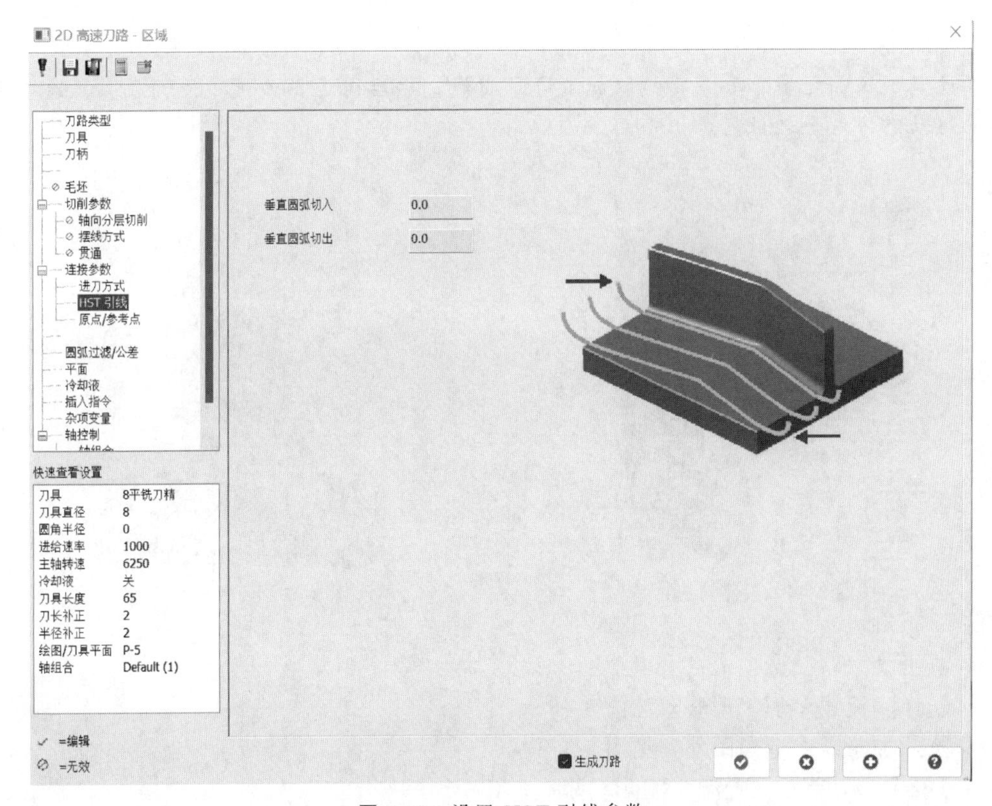

图 3-42　设置 HST 引线参数

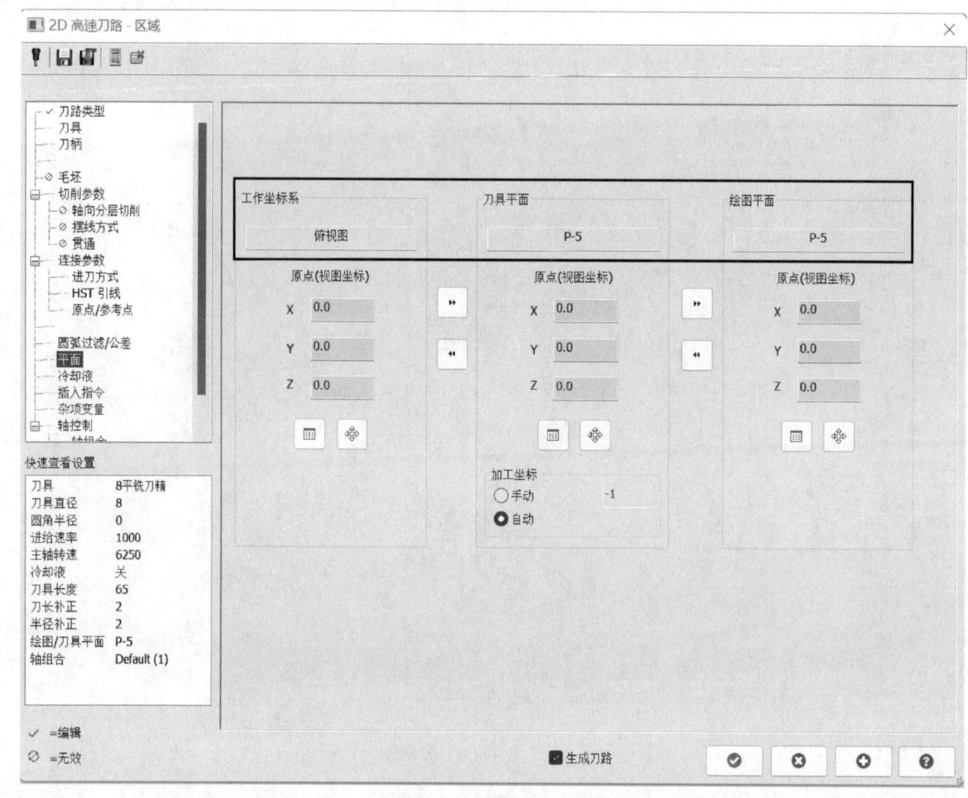

图 3-43 选择加工平面

在设置加工面之前，首先要提取加工边界曲线，然后以边界曲线中点为圆心绘制圆弧，最后采用动态方式合理设置加工平面。

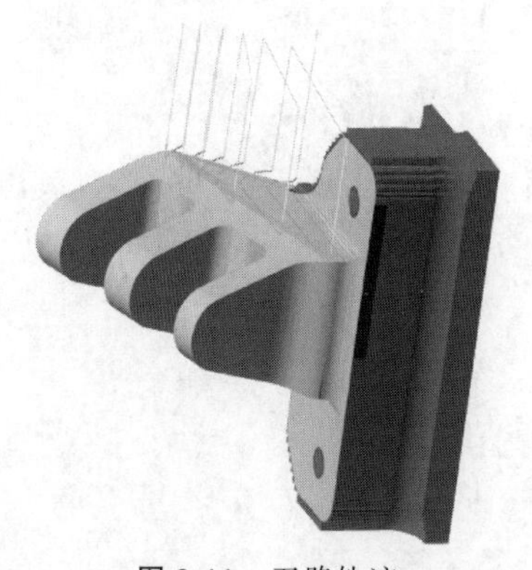

图 3-44 刀路轨迹

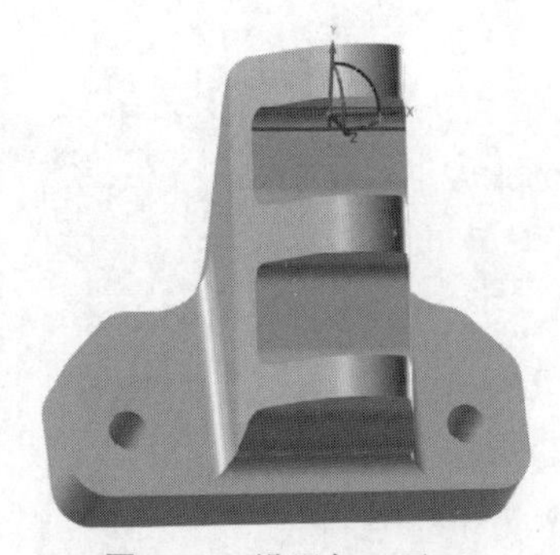

图 3-45 设置加工平面

- 点击“刀路”选项卡；
- 选择“流线”加工策略，见图 3-46；
- 按照加工需求选择图素，见图 3-47；
- 点击“流线”，设置流线数据，见图 3-48；
- 在左侧列框中选择“刀具”选项；

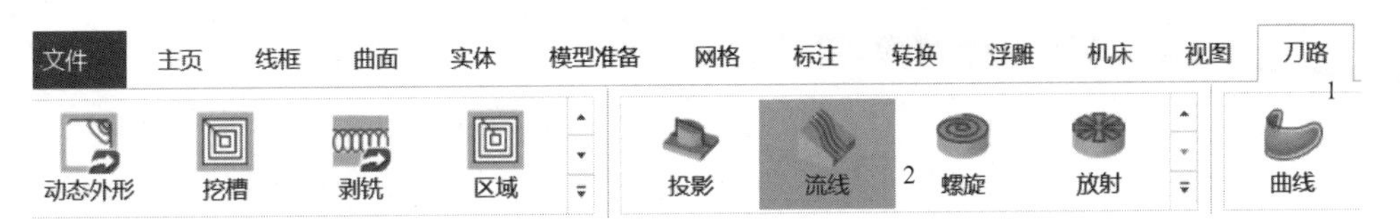

图 3-46　选择流线加工策略

图 3-47　选择加工图素

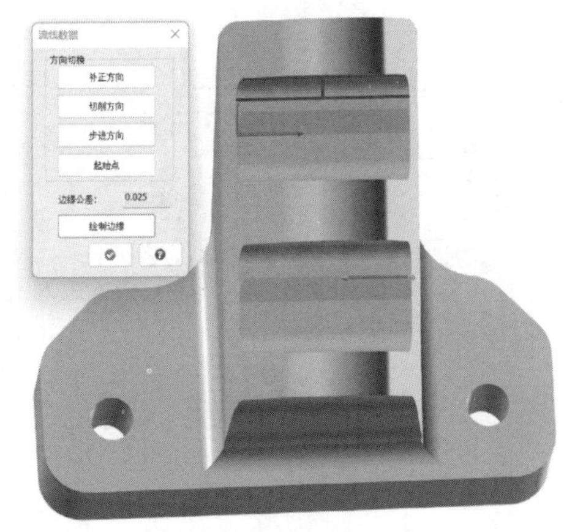

图 3-48　设置流线数据

• 选择 4mm 球头铣刀，合理设置切削参数，见图 3-49；

曲面精修流线

刀具参数　曲面参数　流线精修参数

状态	刀号	装配...	刀具...	刀柄...	直径	转角...	长度	刀齿	类型
✓	2		8平铣...	B2C3-...	8.0	0.0	45.0	4	平...
✓	1		10 平...	B2C3-...	10.0	0.0	25.0	4	平...
✓	3	--	4 球刀...	--	4.0	2.0	25.0	4	球...

选择刀库刀具...　刀具过滤　Coolant...

刀具直径: 4.0　圆角半径: 2.0　主轴方向: 顺时针

刀具名称: 4 球刀/圆鼻铣刀　进给速率: 1000.0　主轴转速: 6500

刀号: 3　刀长补正: 3　每齿进刀量: 0.0385　线速度: 81.6839

刀座编号: 0　直径补正: 3　下刀速率: 600.0　提刀速率: 1200.0

强制换刀　快速提刀

说明

轴组合(Default (1))　杂项变数...　显示刀具(D)...　参考点...

批处理模式　机床原点...　旋转轴...　刀具/绘图面...　固有指令(T)...

选取加工平面

生成刀路

图 3-49　选择加工刀具

- 选择“刀具/绘图面”，设置相关平面，见图 3-50；

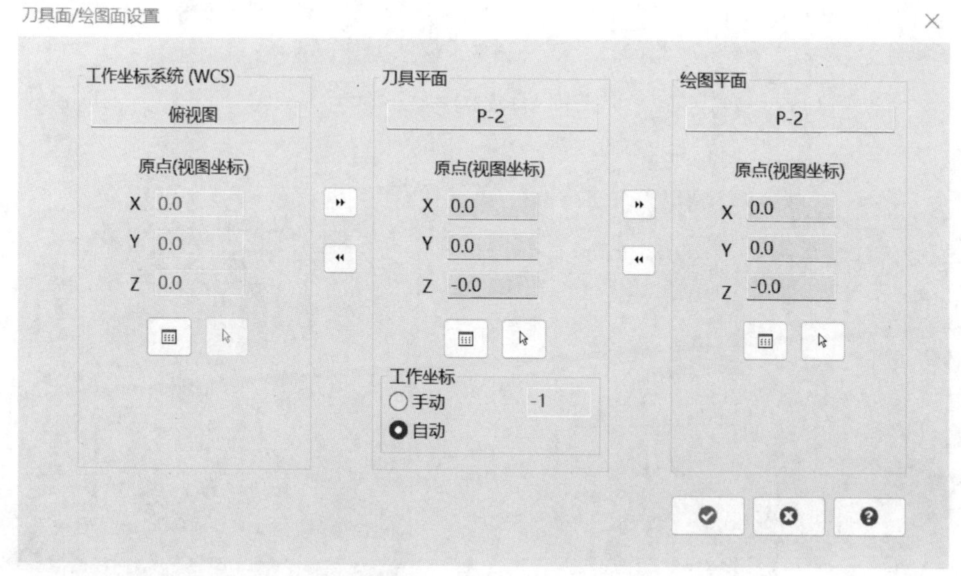

图 3-50 设置加工平面

- 选择“曲面参数”选项；
- 结合加工工艺需求，填写相关参数如图 3-51；

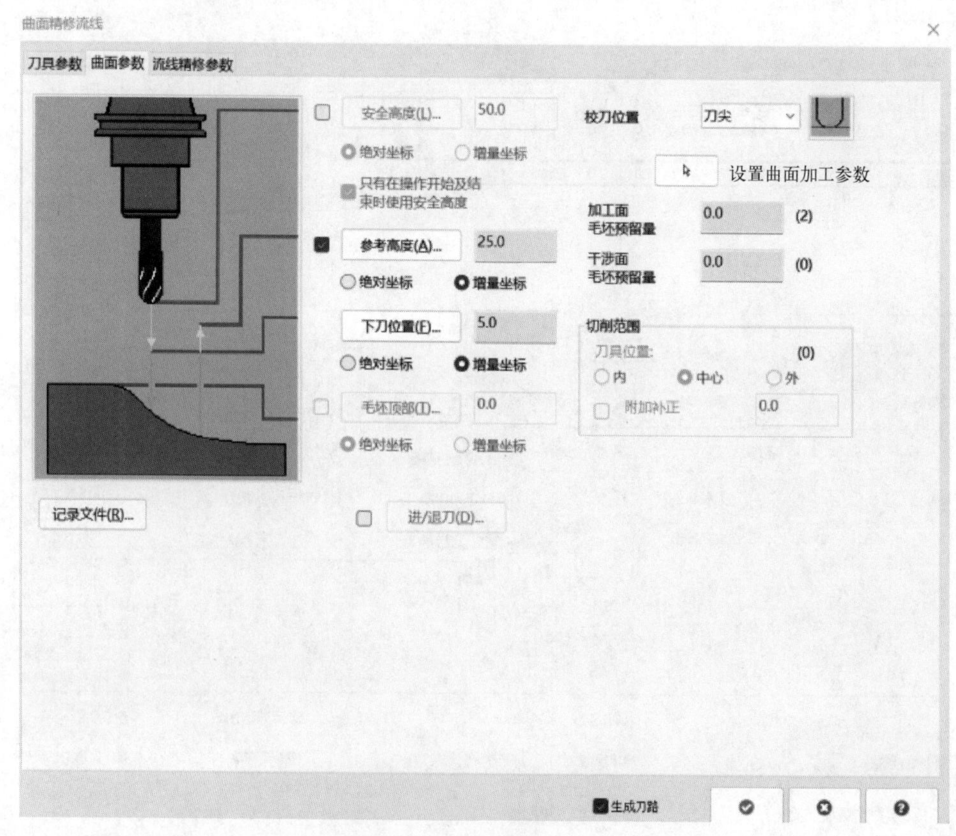

图 3-51 设置曲面参数

- 选择“流线精修参数”选项；
- 结合加工工艺需求，填写相关参数，见图 3-52；

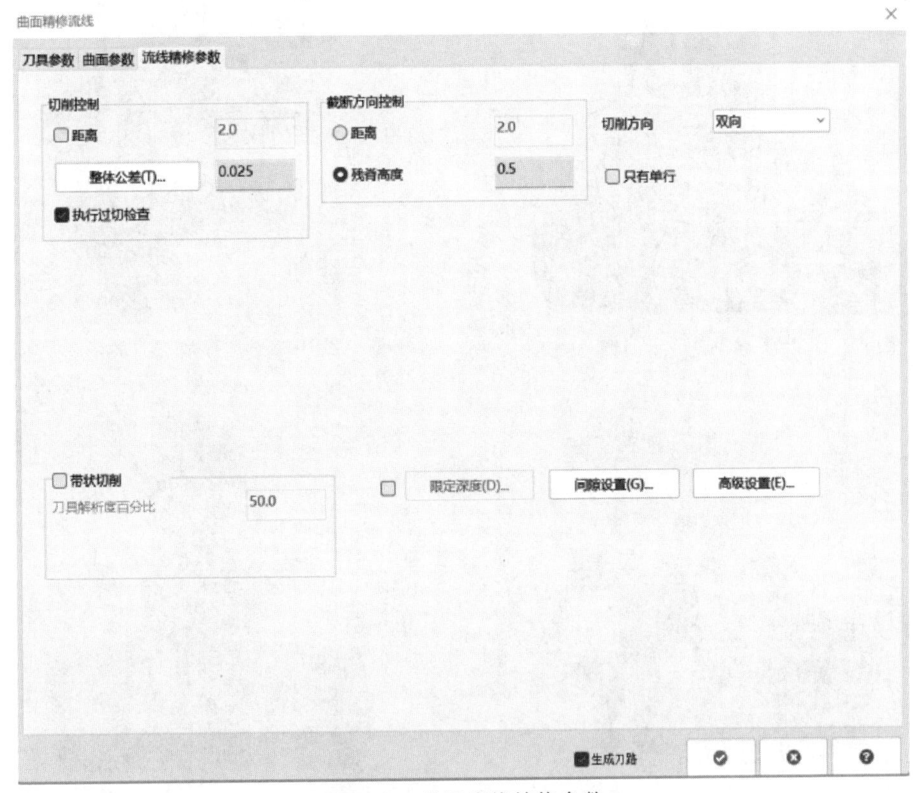

图 3-52　设置流线精修参数

- 选取“间隙设置”选项，设置相关参数，见图 3-53；
- 点击“确定”按钮生成刀路轨迹，见图 3-54。

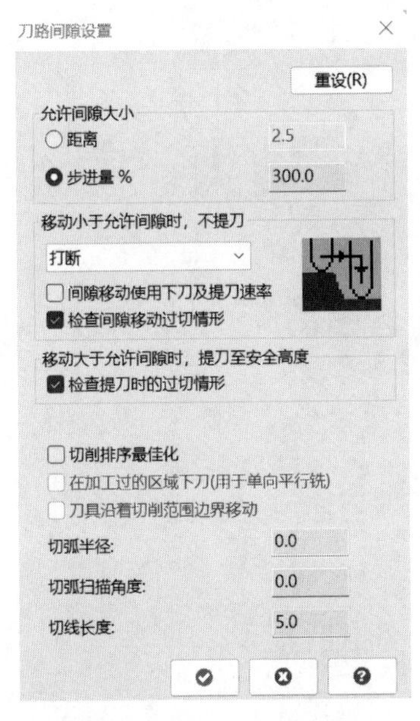

图 3-53　设置刀路间隙参数

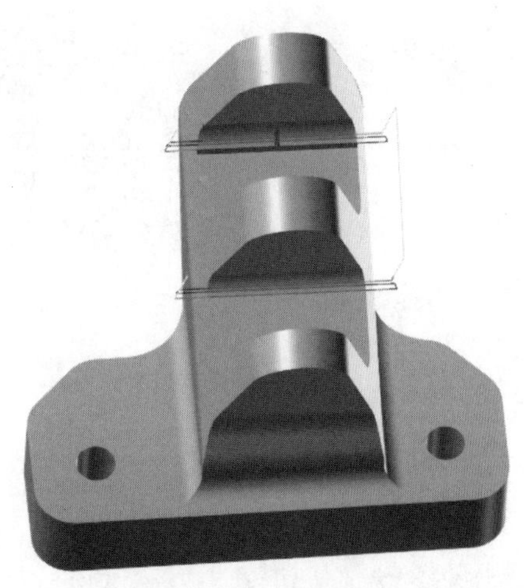

图 3-54　刀路轨迹

其余各面也可采用此种加工方式完成加工，见图3-55～图3-58。

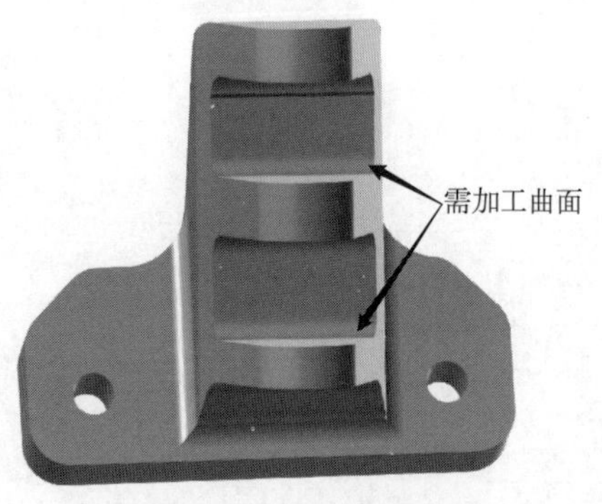

图3-55 选择加工曲面（一）

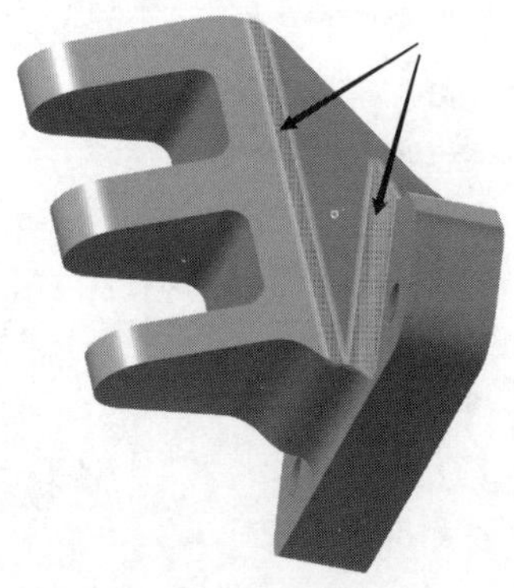

图3-56 选择加工曲面（二）

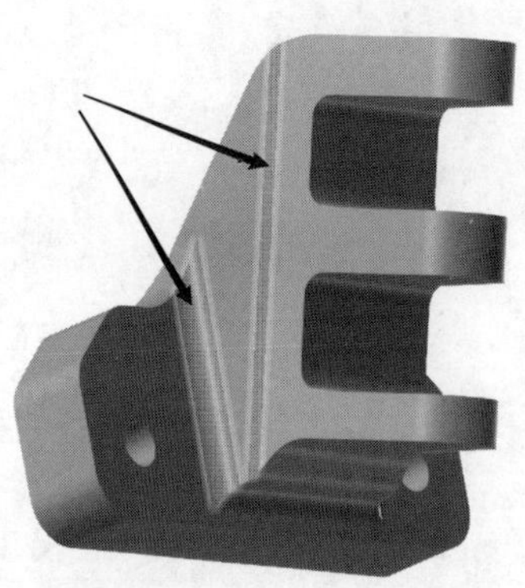

图3-57 选择加工曲面（三）

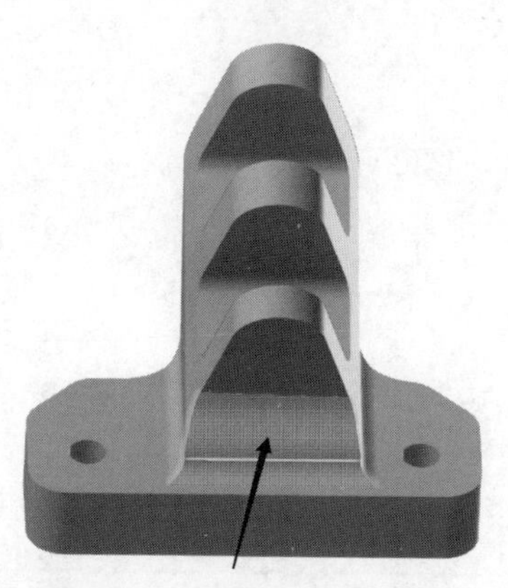

图3-58 选择加工曲面（四）

完成后的刀具路径见图3-59。

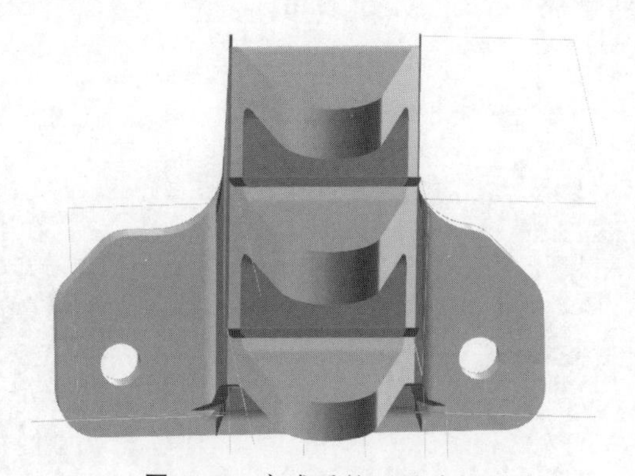

图3-59 完成后的刀具路径

3.5 模拟仿真

点击模拟器选项按钮，设置毛坯，见图3-60。

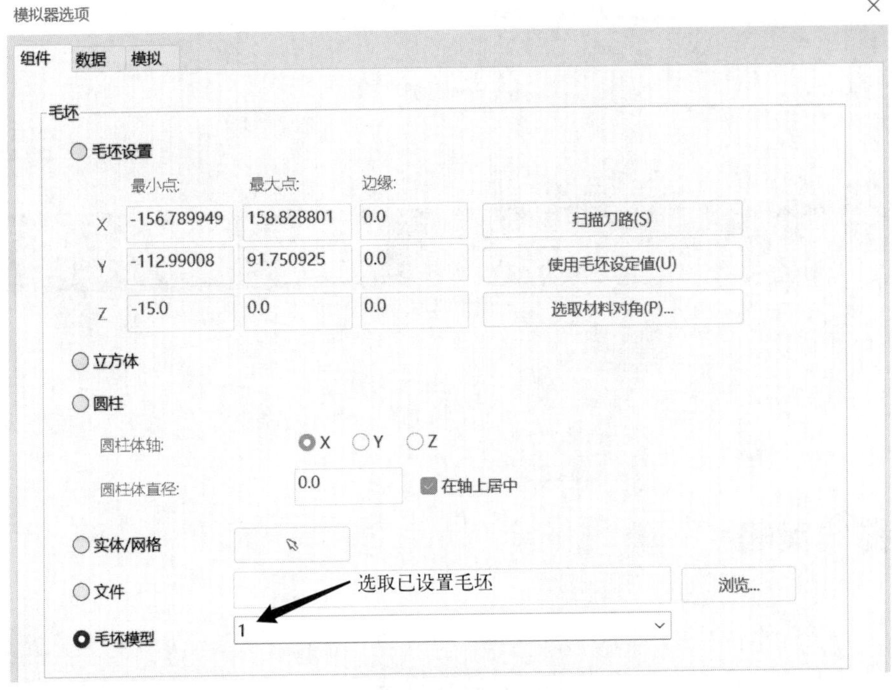

图 3-60 设置加工毛坯

- 点击验证已选择的操作按钮，进入模拟页面；
- 点击“播放”按钮开始进行模拟，模拟结果见图 3-61。

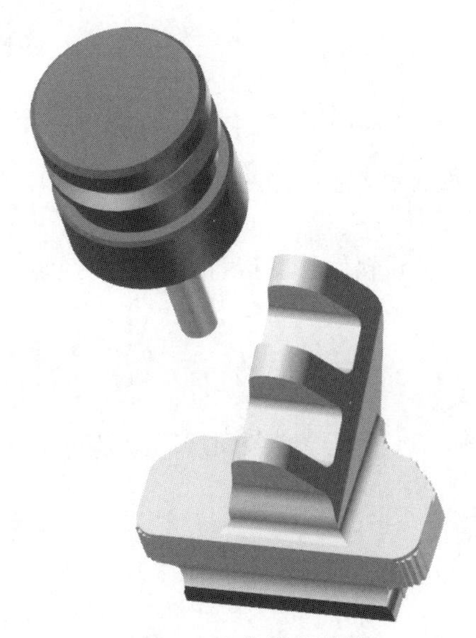

图 3-61 实体模拟结果

第4章 五轴联动策略应用

4.1 曲线策略

曲线策略是一种高度自动化的刀路策略。它可以轻松创建沿边缘切削的刀具路径。曲线策略中刀具相对于几何图形的位置可以通过各种选项进行定义，从只有三轴输出到更复杂的五轴输出均具有不同的刀轴选项。曲线策略的出现极大地方便了冲压薄壁零件修边加工。

曲线策略案例见图 4-1。

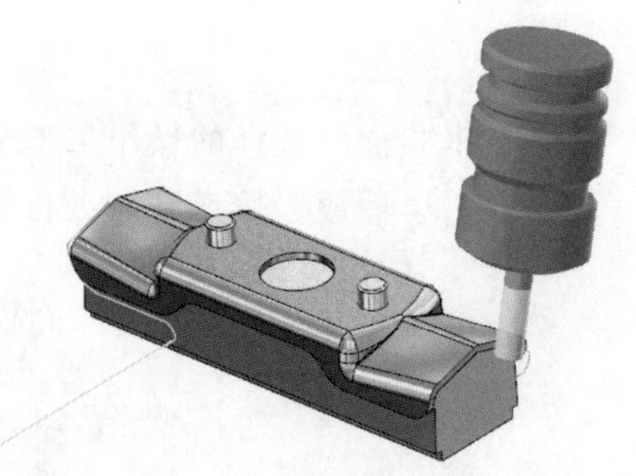

图 4-1 曲线策略案例

4.1.1 模型输入

打开随书附带电子文件夹（可扫描封底二维码下载），找到“曲线案例—原图档”文件，也可以使用鼠标左键直接拖动到 Mastercam 软件绘图区打开图档，见图 4-2。

4.1.2 案例说明

在管理器面板点击“层别”选项，检查各图层图素是否正常，见图 4-3。

层别 1：工装夹具。

层别 2：零件实体。

层别 3：曲线。

4.1.3 策略应用

- 点击“刀路”选项卡；
- 选择“曲线”策略，见图 4-4；
- 在左侧列框中选择“刀具”选项；
- 选择 10mm 平铣刀，合理设置切削参数，完成后见图 4-5；

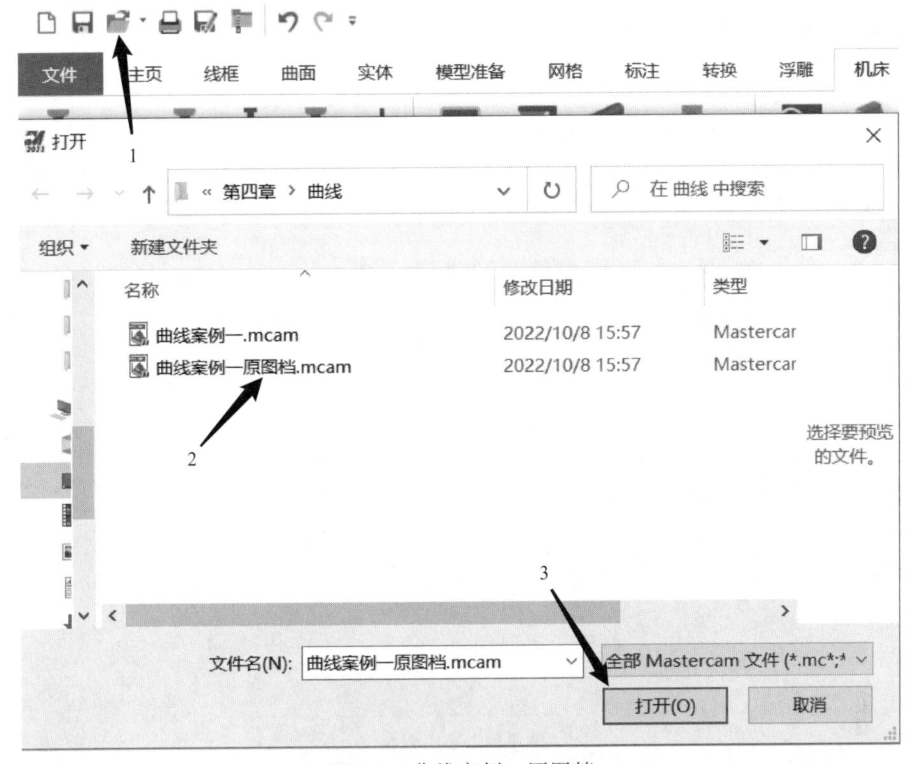

图 4-2　曲线案例一原图档

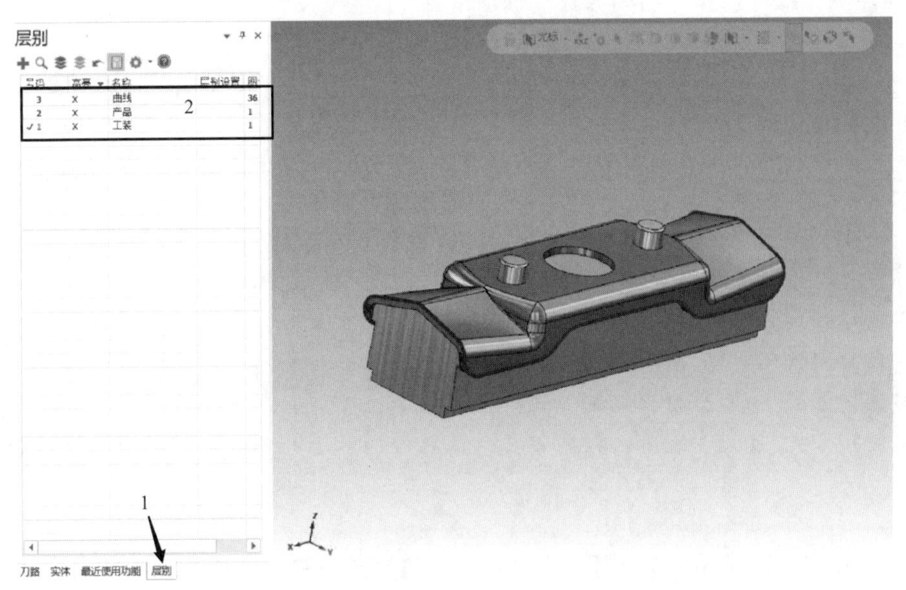

图 4-3　层别显示

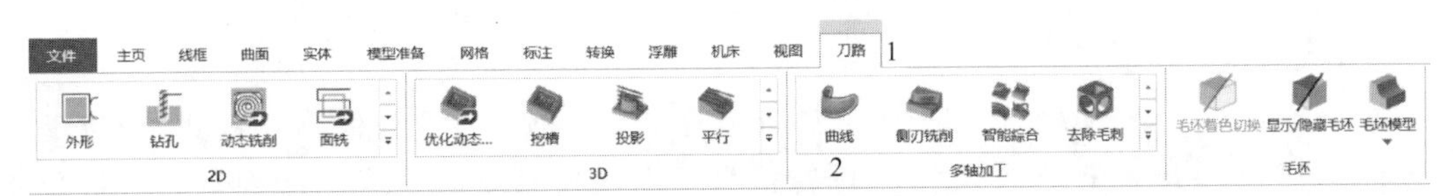

图 4-4　选择曲线策略

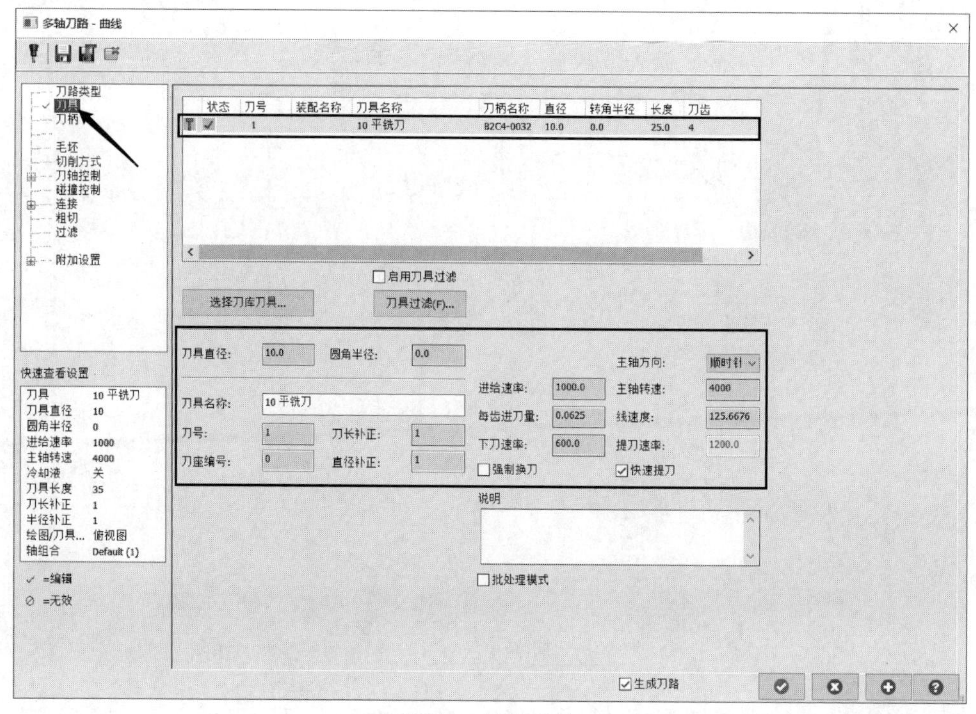

图 4-5　选择刀具

- 在左侧列框中选择“切削方式”选项设置相关参数，完成后见图 4-6；
- 结合加工工艺需求，填写相关参数；

部分参数含义如下：

曲线类型：选取用于驱动刀路的几何图素。3D 曲线可以是实体面边缘也可以是线框图素，当不适用 3D 曲线选项时，请参考使用曲面边缘选项。

径向偏移：根据补偿方向设置刀具中心（左或右）偏移的距离。

添加距离：当刀具路径中向量之间距离大于添加距离时，将向刀具路径添加向量。

刀路连接方式_距离：控制刀具路径中向量之间的距离。值越小，创建的刀具路径越精确，但生成时间较长，NC 程序较大。

刀路连接方式_切削公差：确定刀具路径的精度。值越小，创建的刀具路径越精确。

刀路连接方式_最大步进量：控制刀具向量之间的最大距离。当选择“距离”时此选项不可用。

- 在左侧列框中选择“刀轴控制”选项，设置相关参数，完成后见图 4-7；
- 结合加工工艺需求，填写相关参数；

部分参数含义如下：

刀轴控制_曲面：使刀具垂直于所选择的曲面。曲面是刀轴三轴输出时的唯一选项，对于三轴输出，Mastercam 将曲线投影到刀轴曲面上，投影后的曲线位置即成为刀具接触位置。

输出方式_3 轴：限制为单个平面输出。

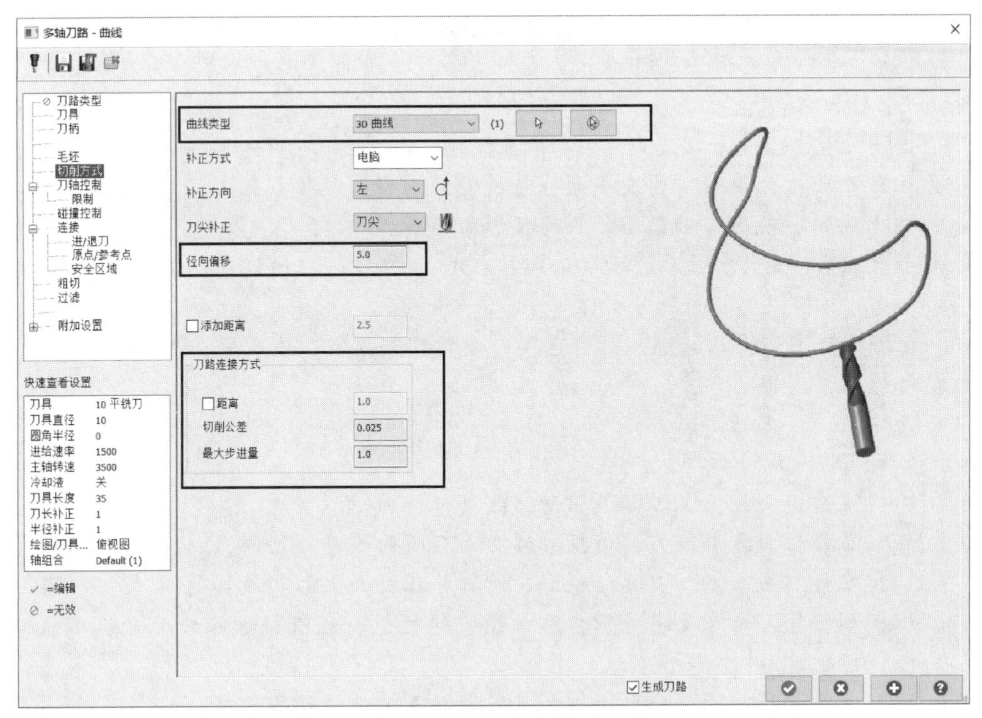

图 4-6　设置切削方式

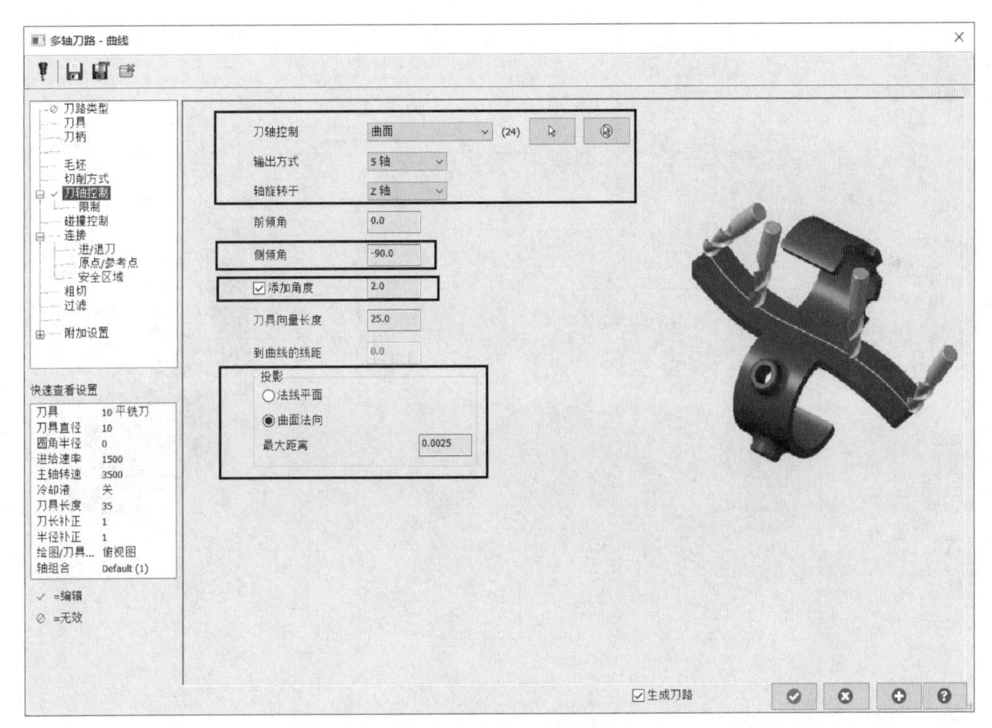

图 4-7　设置刀轴控制

输出方式_4 轴：允许在旋转轴下选择一个旋转平面。

输出方式_5 轴：允许在任何平面上旋转刀具轴。

前倾角：输入角度以沿刀具路径方向前后倾斜刀具。

侧倾角：输入角度以沿刀具路径方向左右倾斜刀具。

添加角度：相邻刀具向量之间的角度值，当向量之间的角度大于添加角度时，将向刀具路径添加一个附加向量。

刀具向量长度：确定每个刀具向量的长度来控制刀具路径，也用作 NCI 文件中的向量长度。

投影_法线平面：使用当前构造平面作为投影方向将曲线投影到刀轴曲面上。

投影_曲面法向：使用刀轴曲面的法向投影曲线。

投影_最大距离：选择“法线平面”选项时启用。控制从 3D 曲线到投影曲面的最大距离。

- 在左侧列框中选择“碰撞控制”选项，设置相关参数，完成后见图 4-8；
- 结合加工工艺需求，填写相关参数；

部分参数含义如下：

刀尖控制_在选择曲线上：刀具沿驱动曲线进行切削。

刀尖控制_在投影曲线上：刀具沿投影到曲面后的曲线进行切削。

刀尖控制_在补正曲面上：刀具沿投影在选取补正曲面上的曲线切削。

刀尖控制_预留量：输入要在补正曲面上预留的材料。负值将切入曲面，此功能仅当选择了“在补正曲面上”时才使用。

刀尖控制_向量深度：输入一个值控制刀尖沿刀具向量偏移的距离。

干涉曲面：使用干涉曲面以确保刀具不会切削到这些区域。

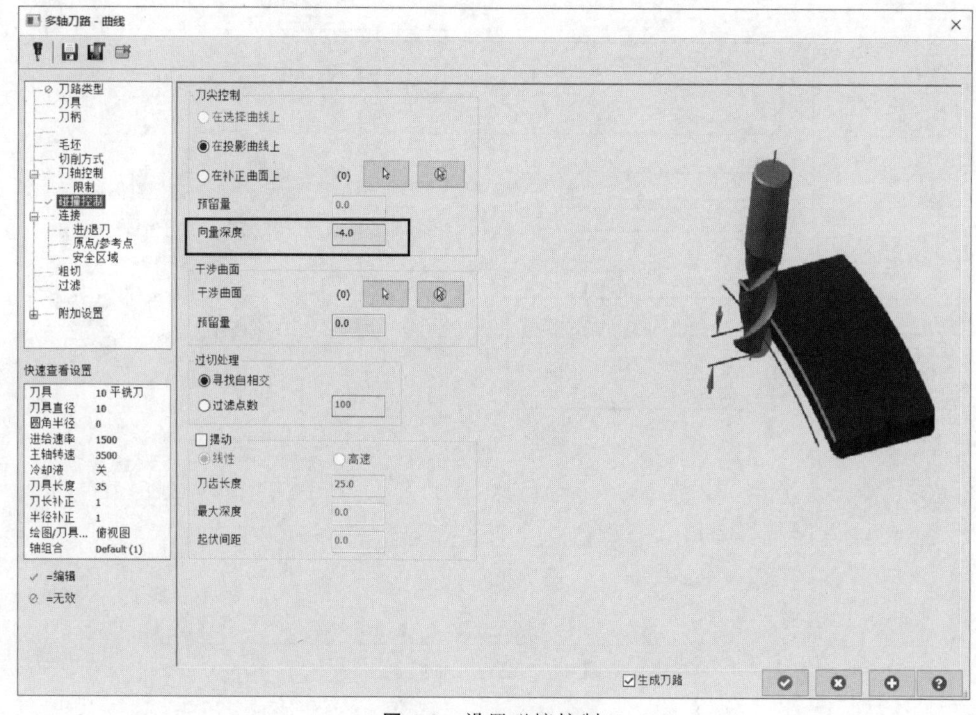

图 4-8　设置碰撞控制

- 在左侧列框中选择“连接”选项，使用此页面控制刀具在未进行切削材料时的移动方式；
- 结合加工工艺需求，填写相关参数，完成后见图 4-9；

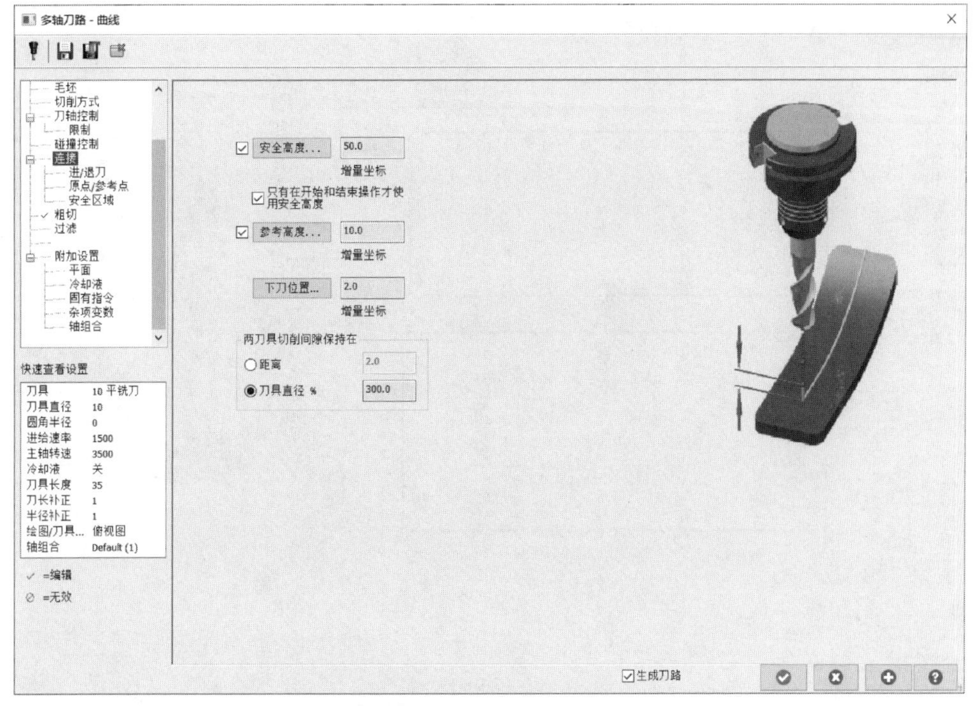

图 4-9　设置连接参数

- 在左侧列框中选择“进/退刀”选项，使用此页面控制刀具路径的进入和退出运动；
- 结合加工工艺需求，填写相关参数，完成后见图 4-10；
- 在左侧列框中选择“安全区域”选项，使用此页面可定义刀具在该边界外以快速进给速度安全移动，边界可以是立方体、圆柱体或球体，也可以将安全区域创建为紧密缠绕几何体的不规则形状，此功能仅适用于四轴或五轴操作；
- 结合加工工艺需求，填写相关参数，完成后见图 4-11；
- 在左侧列框中选择“粗切”选项。使用此页面可为曲线策略创建粗加工参数，主要控制刀路轨迹的 X、Y 及 Z 向分层加工方式；
- 结合加工工艺需求，填写相关参数，完成后见图 4-12；

部分参数含义如下：

粗切_次：创建粗加工刀路轨迹的分层次数。

粗切_间距：粗加工每刀切削的深度值，粗加工要去除的毛坯量按照粗切次数乘粗切间距来计算。

精修_次：创建精加工的次数。

精修_间距：精加工每刀切削的深度值，精加工要去除的毛坯量按照精修次数乘精修间距来计算。

轴向分层切削排序：控制刀具在移动到下一个几何图形之前在单个几何图形上创建所有深度的加工路径，或刀具在移动到下一个加工深度前完成所有几何图形当前深度的加工。

不提刀：是否在刀路之间产生进退刀。

执行精修时：选择仅在操作的最终深度处创建精加工刀路或在操作的每个深度处创建精加工刀具路径。

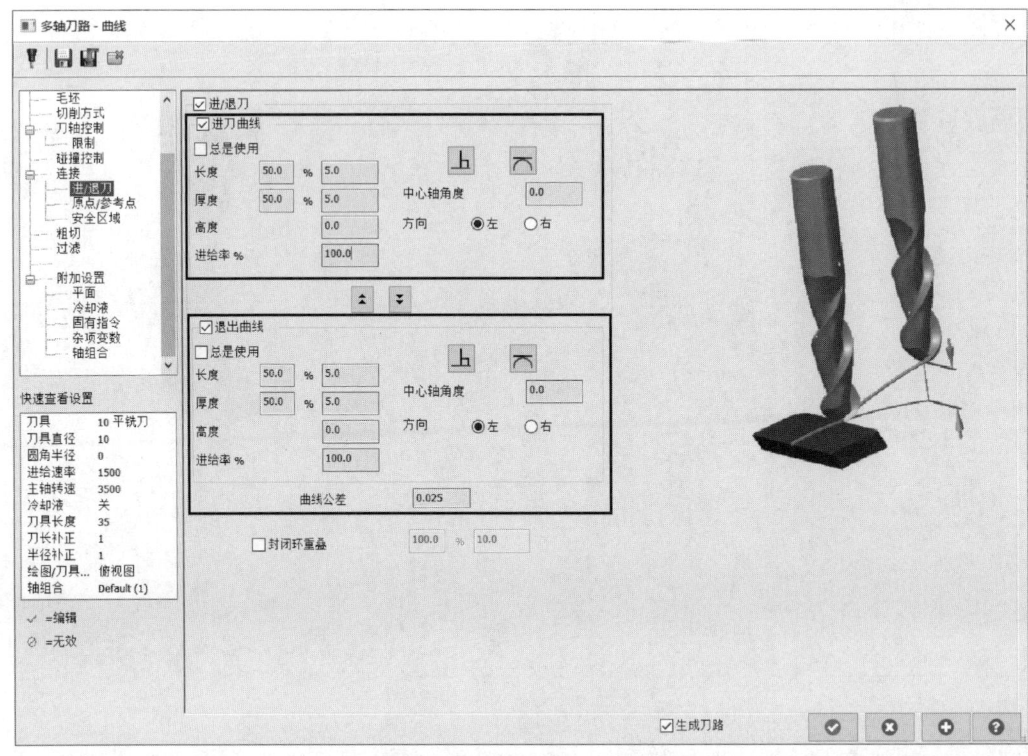

图 4-10 设置进/退刀方式

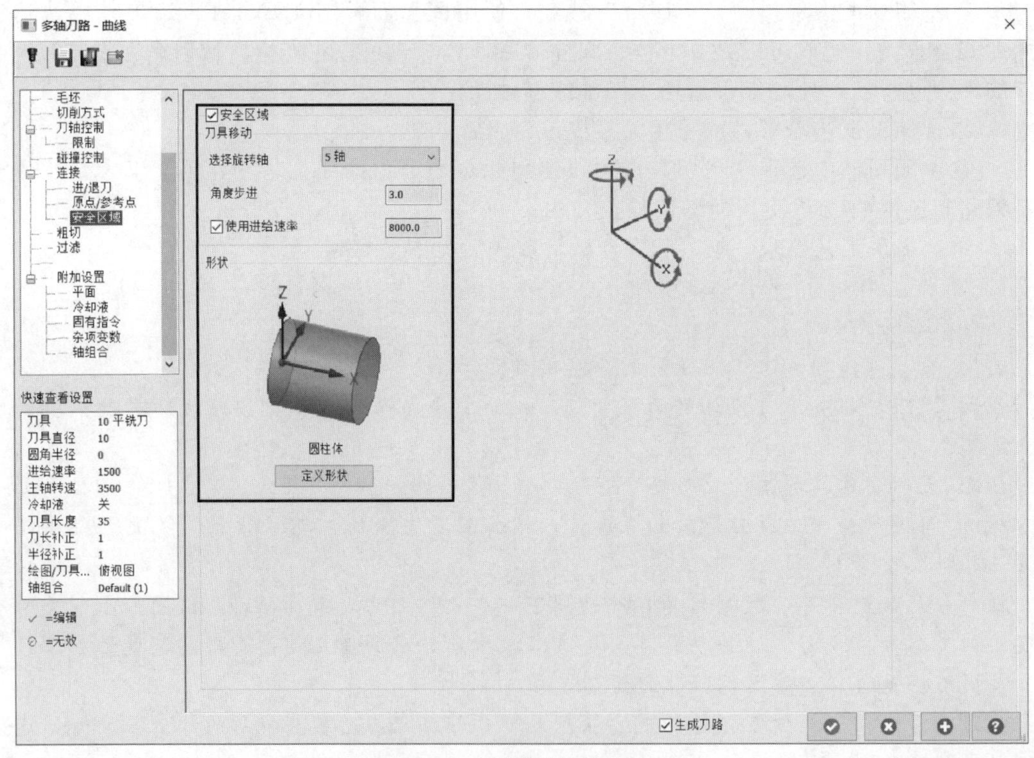

图 4-11 设置安全区域

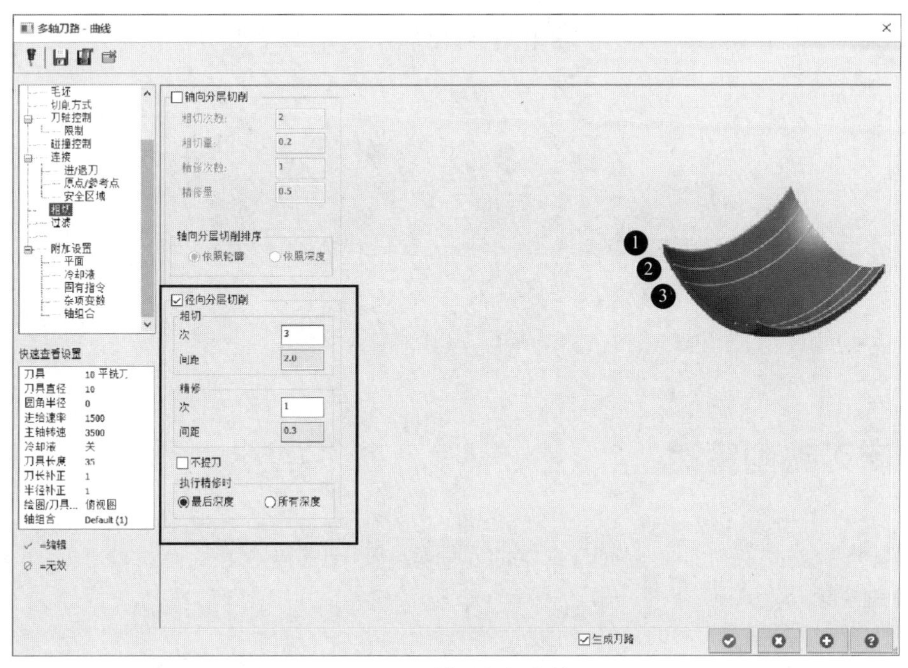

图 4-12　设置粗切参数

• 在左侧列框中选择“平面”选项；
• 结合加工工艺需求，填写相关参数，完成后见图 4-13；

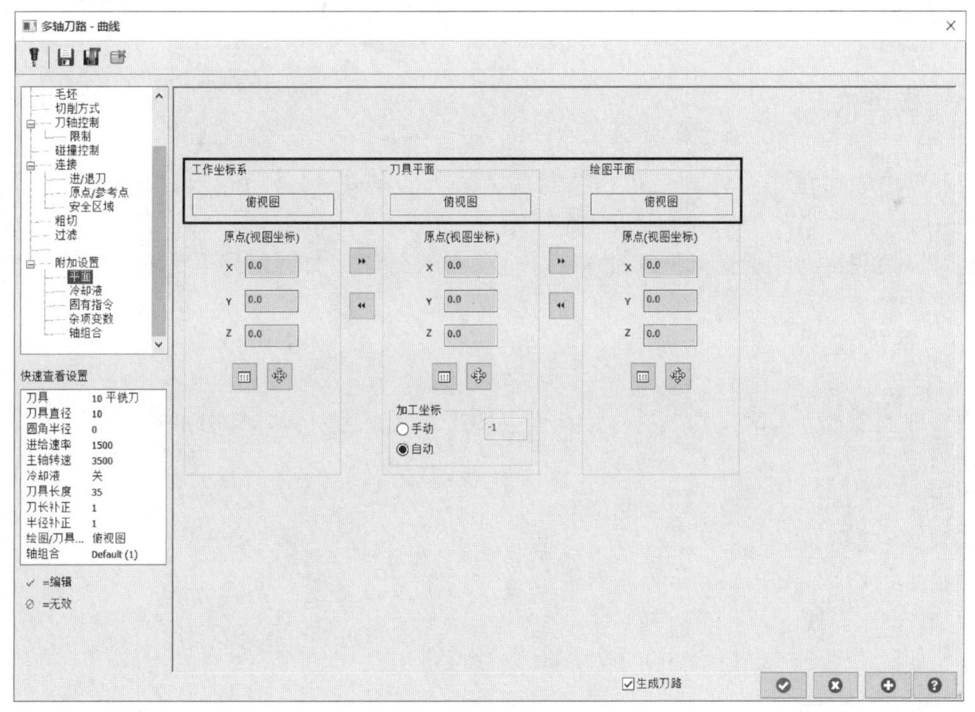

图 4-13　设置加工平面

• 点击“确定”按钮生成刀路轨迹，见图 4-14。

在左侧列表框还有其他参数可以进行设置，如“毛坯”“原点/参考点”“过滤”等参数选项，在一些特殊情况下，可以根据数控设备、加工要求等因素进行设置，此处不再拓展讲解。

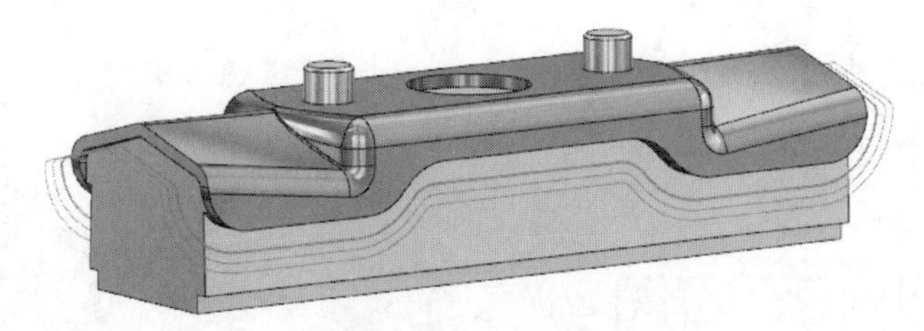

图 4-14　刀路轨迹

4.2　侧刃铣削策略

侧刃铣削策略是使刀具的侧面与选定的曲面或实体保持接触，从而获得更好的表面光洁度。侧刃铣削策略是一种智能刀具路径，它可以使用曲面形貌来计算刀具遵循的最佳接触角，并且可以检测与所选曲面或实体上的任何特征（如凸台）的碰撞。此刀具路径可用于三、四或五轴加工或用作三轴轮廓刀具路径，主要区别在于能够合理地选择加工面。

侧刃铣削策略应用案例见图 4-15。

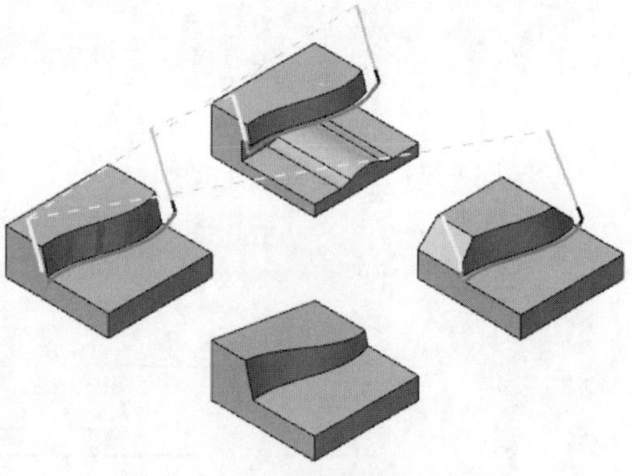

图 4-15　侧刃铣削策略应用案例

4.2.1　模型输入

打开随书附带电子文件夹（可扫描封底二维码下载），找到“侧刃铣削原图档”文件，也可以使用鼠标左键直接拖动到 Mastercam 软件绘图区打开图档，见图 4-16。

4.2.2　案例说明

在管理器面板点击“层别”选项，检查各图层图素是否正常，见图 4-17。

层别 1：实体 1。

层别 2：实体 2。

层别 3：实体 3。

层别 4：实体 4。

层别 5：倾斜线。

4.2.3　策略应用

- 点击“刀路”选项卡；
- 选择“侧刃铣削”策略，见图 4-18；

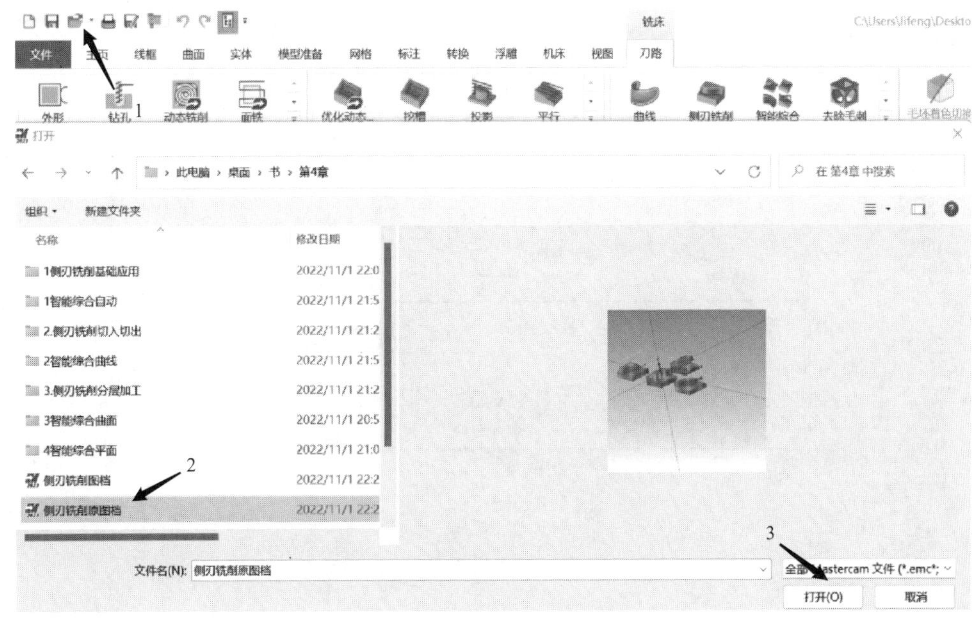

图 4-16　侧刃铣削原图档

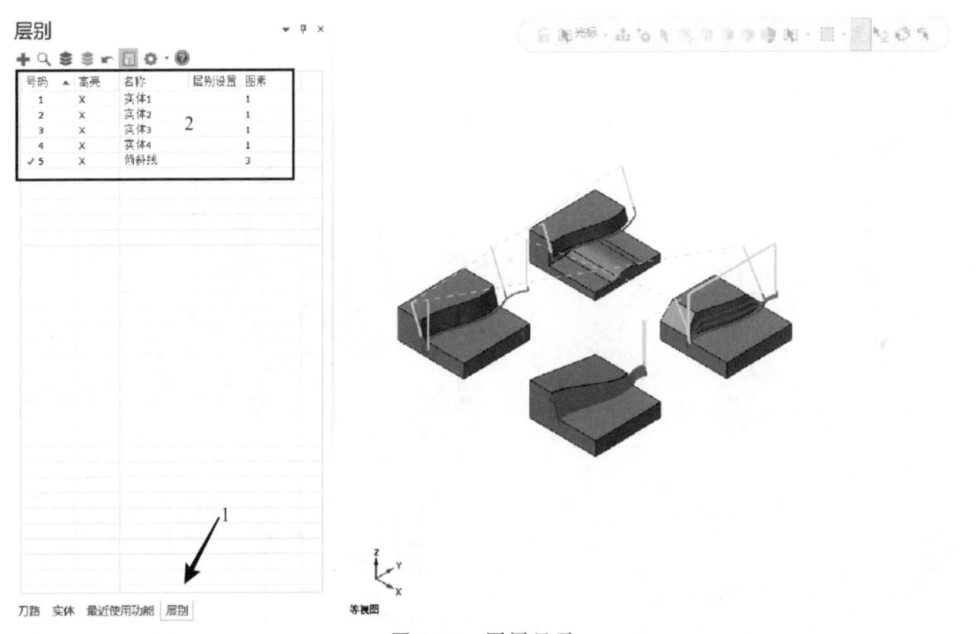

图 4-17　图层显示

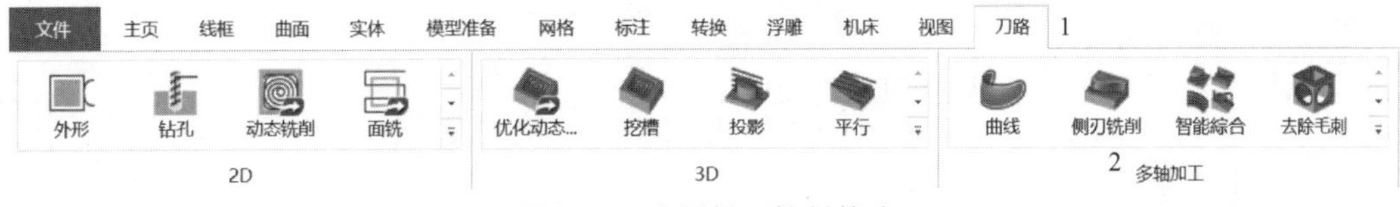

图 4-18　选择侧刃铣削策略

- 在左侧列框中选择“刀具”选项，见图 4-19；
- 选择 10mm 平铣刀，合理设置切削参数；
- 在左侧列框中选择“切削方式”选项，见图 4-20；

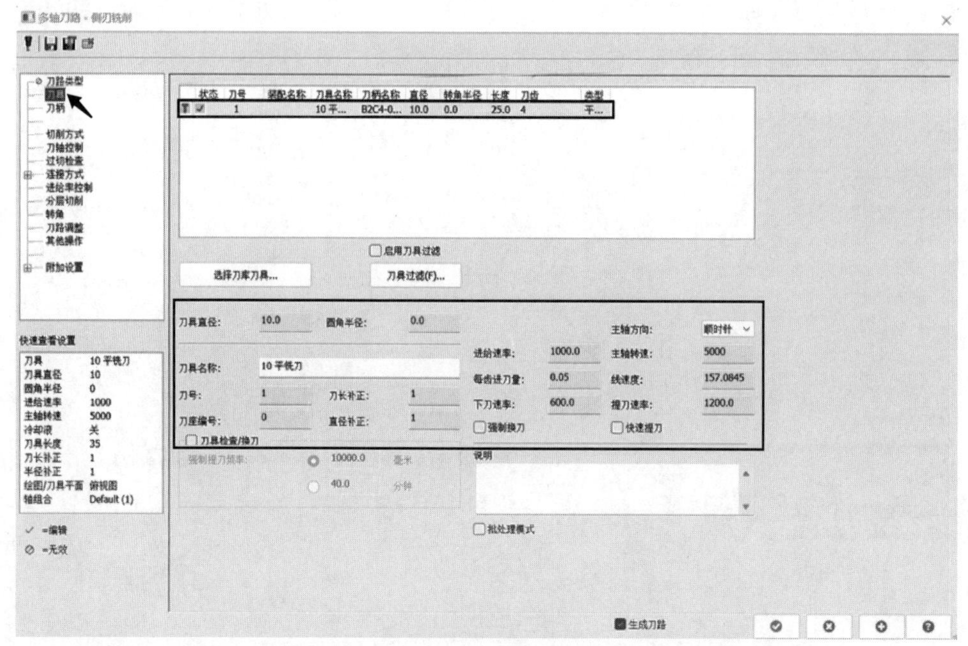

图 4-19　选择刀具

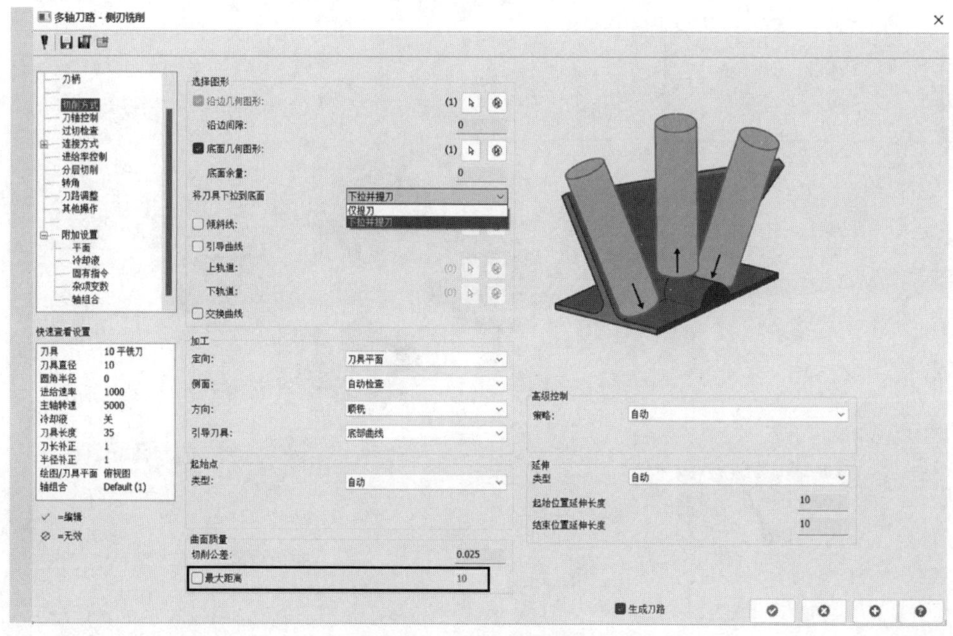

图 4-20　设置切削参数

- 结合加工工艺需求，填写相关参数；

部分参数含义如下：

仅提刀：刀具仅加工到下轨道线处。

下拉并提刀：刀具加工到底面几何图形处。

曲面质量_最大距离：指刀具在切削过程中移动的最大距离。

- 在左侧列框中选择“过切检查”选项，见图 4-21；
- 结合加工工艺需求，填写相关参数；

部分参数含义如下：
仅引导曲线：使用“切削方式”页面选择的引导曲线进行过切检查。
沿边几何图形：使用“切削方式”页面选择所要加工的曲面进行过切检查。
附加几何图形：使用“切削方式”页面选择底面几何图形进行过切检查。
沿边和附加几何图形：包含所要加工的曲面和底面几何图形。

- 在左侧列框中选择“连接方式”选项，连接方式见图 4-22；

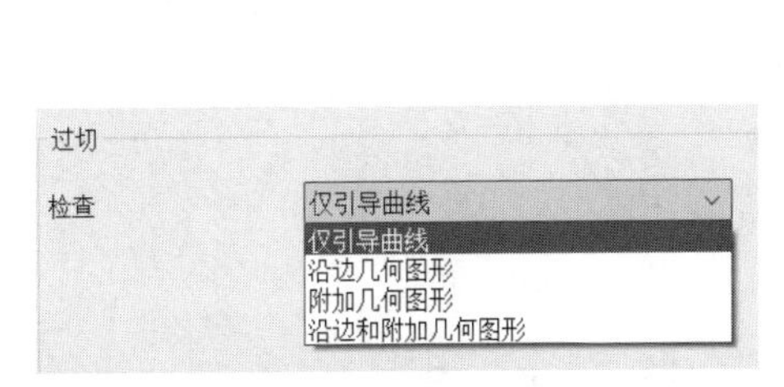

图 4-21　设置过切检查方式

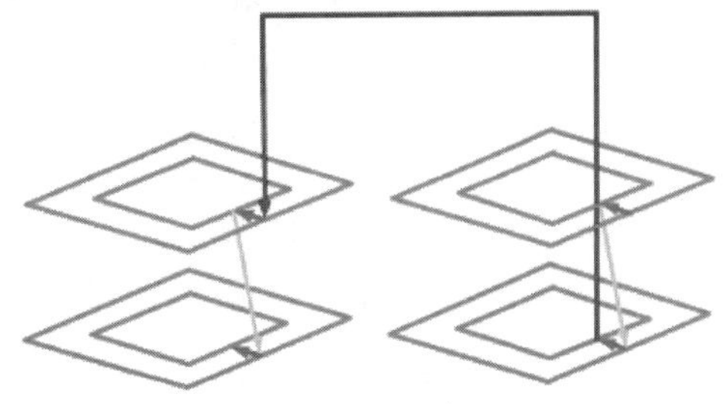

图 4-22　设置连接方式

绿色移动是层之间的连接。
红色移动是区域之间的连接。
黄色移动是切片之间的连接。

- 结合加工工艺需求，填写连接方式和切入切出相关参数，见图 4-23、图 4-24；

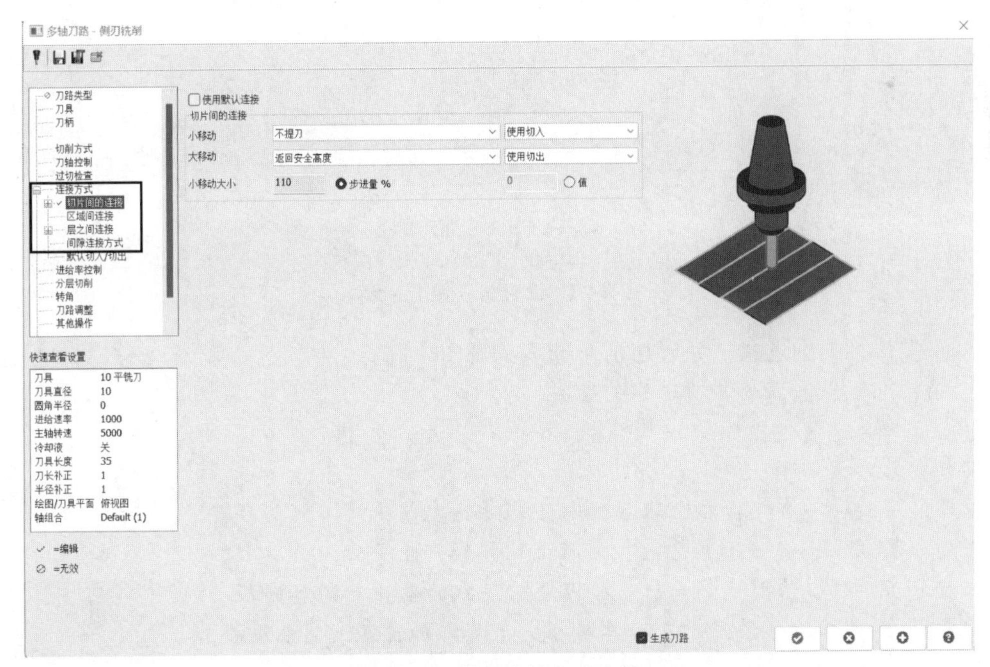

图 4-23　设置连接方式参数

部分参数含义如下：

使用默认连接：禁用此页面上的其他选项，并使用“连接”页面上定义的默认连接。

小动作：刀具切削移动较小时进行的运动类型。

大动作：刀具切削移动较大时进行的运动类型。

不提刀：在最短距离刀具路径之间创建一条直线，而不退刀。

沿曲面：沿着加工曲面形状产生刀路。

平滑曲线：在刀具路径之间创建切向弧。

返回提到高度/返回参考高度/返回安全高度/返回增量高度：在刀具路径之间创建一条直线，并将刀具退到指定位置。

间隙融接样条曲线：创建混合样条用于连接刀具路径并将刀具退刀到间隙区域。

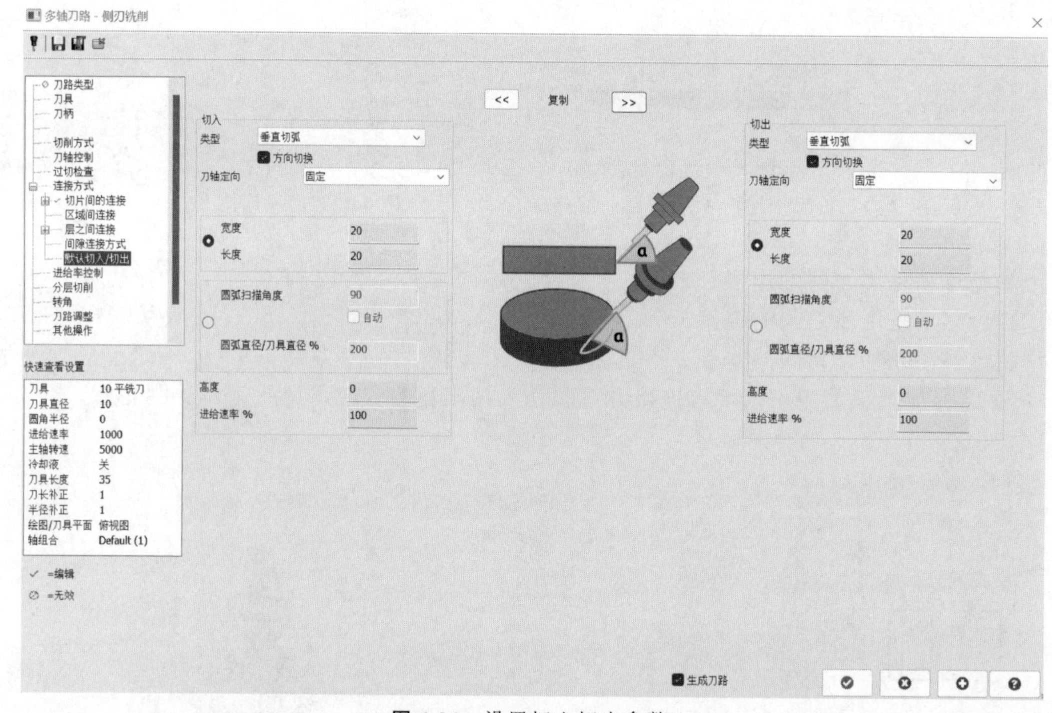

图 4-24　设置切入切出参数

- 在左侧列框中选择“分层切削”选项，见图 4-25；
- 结合加工工艺需求，填写相关参数；

部分参数含义如下：

深度分层_模式_渐变：在上轨导线与下轨导线之间产生刀具路径。

深度分层_模式_依照顶部平行：按照上轨导线产生平行刀具路径。

深度分层_模式_依照底部平行：按照下轨导线产生平行刀具路径。

刀具引导_刀路减震：用于在刀具路径尖角处添加自定义圆弧过渡。

- 在左侧列框中选择“平面”选项，见图 4-26；

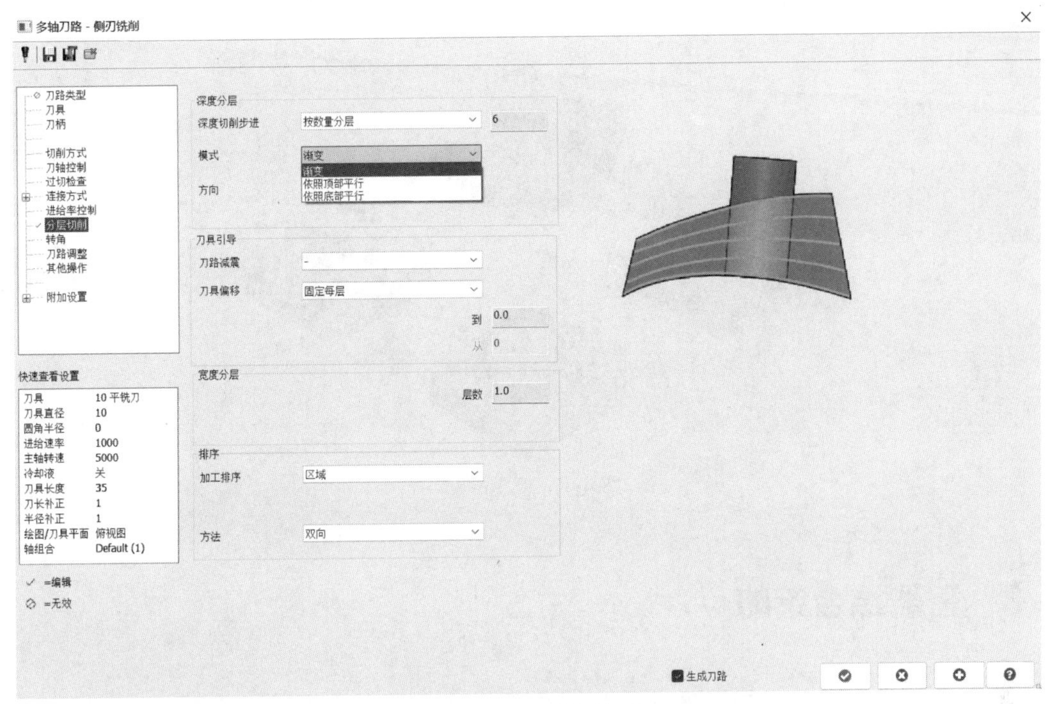

图 4-25　设置分层切削

- 结合加工工艺需求，填写相关参数；

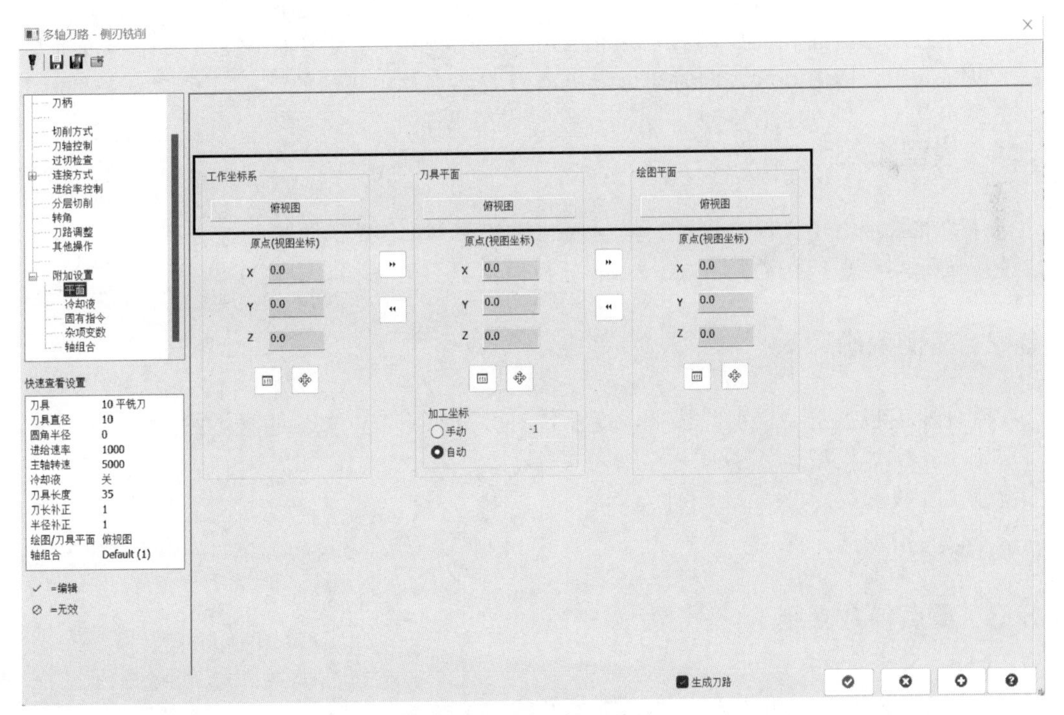

图 4-26　设置加工平面

- 点击“确定”按钮生成刀路轨迹，见图 4-27。

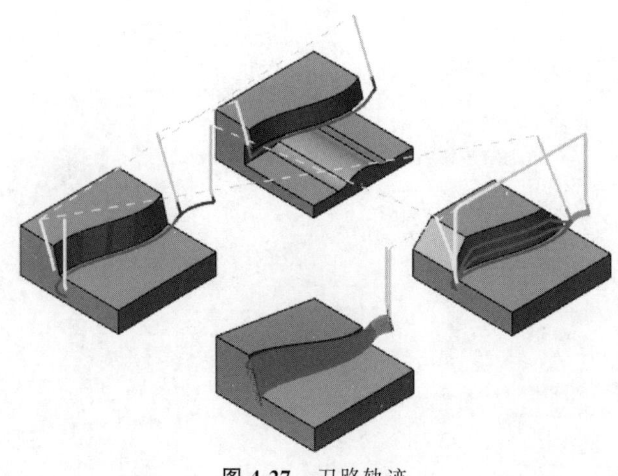

图 4-27 刀路轨迹

4.3 智能综合策略

在 Mastercam 中“渐变”“平行”“沿曲线”以及“投影曲线”不再作为独立的多轴刀路选项，它们被集合在 Mastercam2023 全新的“多轴智能综合刀路”中。

新的界面提供四种驱动模式选择（自动、曲线、曲面和平面），加工样式有流线、平行、渐变以及投影等。新的刀路策略可以实现不同的刀路样式切换，以满足各种不同的加工应用需求。另外曲线、曲面和平面模式与之前使用过的多轴平行或多轴渐变等刀路界面非常相似，可以降低用户学习难度，同时还可以提高刀路调整及优化的效率。

4.3.1 模型输入

打开随书附带电子文件夹（可扫描封底二维码下载），找到“智能综合图档”文件，也可以使用鼠标左键直接拖动到 Mastercam 软件绘图区打开图档，见图 4-28。

4.3.2 案例说明

在管理器面板点击“层别”选项，检查各图层图素是否正常，见图 4-29。

层别一：实体模型。

层别二：投影线。

层别三：沿曲线。

4.3.3 重点参数介绍

（1）切削方式

① 四种加工模式

自动 ：通过加工曲面自身的边界、中心生成渐变、平行刀路轨迹。

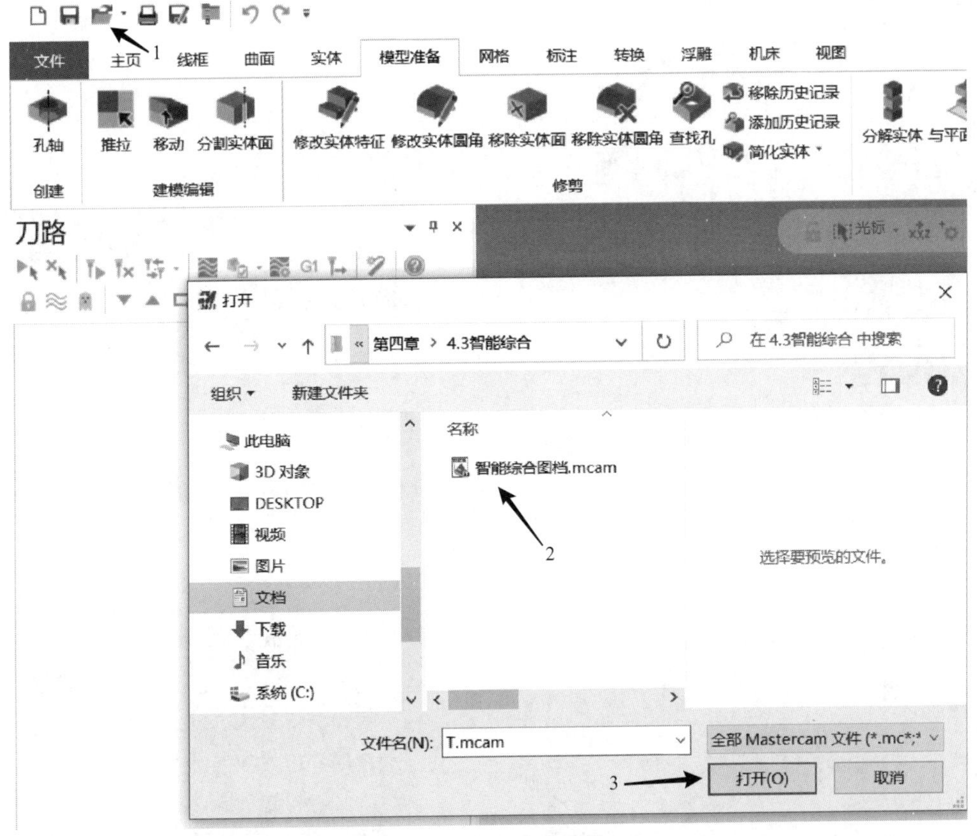

图 4-28　智能综合图档

曲线 ：通过选定的线框图素、实体边缘作为参照对象，生成平行、垂直、投影、导线、渐变刀路轨迹。

曲面 ：通过选定的辅助曲面作为参照对象，生成平行、导线、曲面流线 U、曲面流线 V、渐变刀路轨迹。

平面 ：选择平面坐标系，以平面坐标系的 *XY* 平面或 *Z* 向作为参考对象，生成相应的切片刀路。

图 4-29　层别显示

② 区域参数

类型：用于控制刀路是否避让于曲面边缘，或在一定区域内限制刀路的生成。分为完整精确避让切削边缘、完整精确开始与结束在曲面边缘上、自定义切削次数、依照一个或两个点限制切削等几种方式。

圆角：当加工特征存在尖角时，刀路轨迹形成圆角过渡，见图 4-30。

延伸/修剪：刀具路径按照设定的处理条件进行延伸/修剪，见图 4-31。

范围：刀路生成的范围，刀路超出的部分将被修剪，见图 4-32。

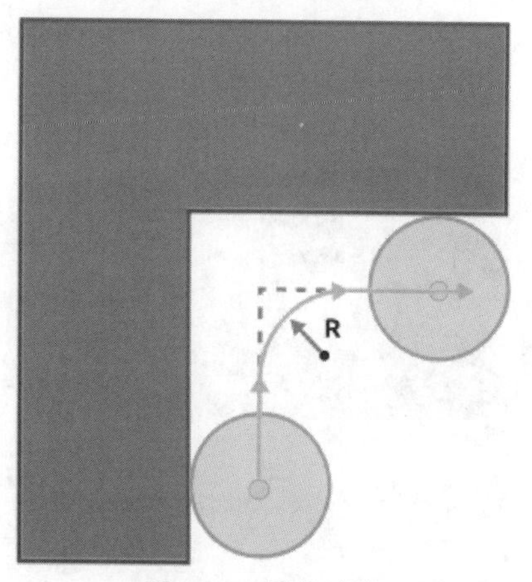

图 4-30 圆角过渡

图 4-31 延伸/修剪

角度范围：对加工对象进行角度扫描，基于某个视图使刀路限制于加工对象的某个角度区间内，见图 4-33。

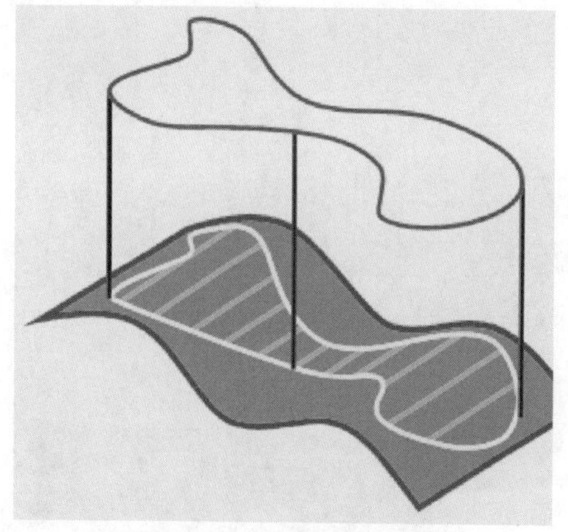

图 4-32 刀路加工范围

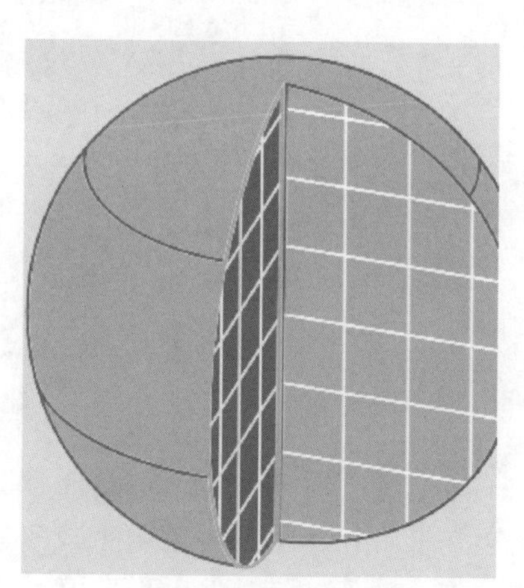

图 4-33 角度范围

③ 处理曲面边缘参数

根据所设定的距离决定在两曲面边缘处的刀轨计算方式，见图 4-34(a)。

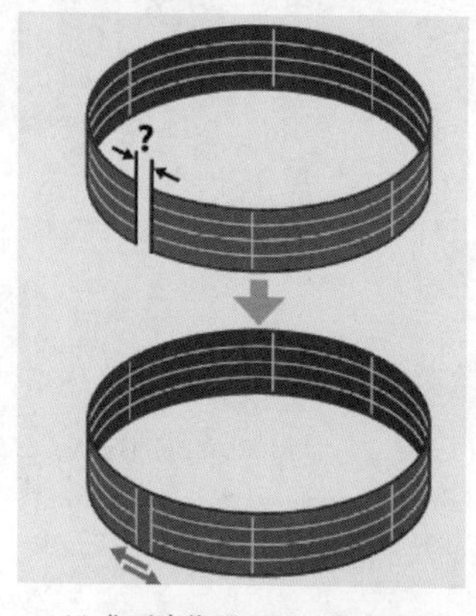

(a) 曲面边缘处刀轨计算方式

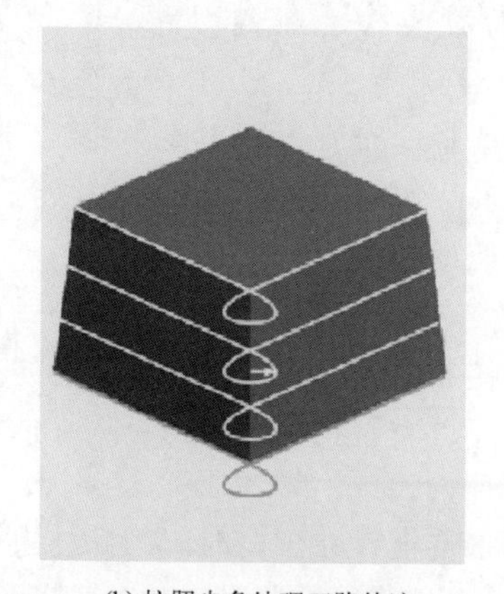

(b) 按照尖角处理刀路轨迹

图 4-34 处理曲面边缘参数

保持外部边缘尖角：当角度小于等于所设定的角度值时，将按照尖角处理刀路轨迹，见图 4-34(b)。

曲面质量高级选项：此页面用来规划刀路轨迹的节点分布及高级路径规划，便于得到更高质量的刀路轨迹。

缓慢并创建安全路径：使用比曲面法线更精准的网格进行曲面分析，以生成更安全精确的刀具路径，计算时间将增加。

刀路平滑：根据设定的条件进行刀路轨迹尖角的平滑处理。

点分布：设定刀具路径点之间的最大/最小距离。

顺铣和逆铣的高级选项：使用此选项可以确保在刀具接触点变化的情况下保证准确的顺/逆铣。

（2）碰撞控制

此页面可以为您的多轴刀具路径设定碰撞控制参数，当碰撞部件的间隙小于设定间隙大小时，刀具路径将会按照所设定的条件进行移动。可根据需求设定 1～4 个不同的避让策略。

检查部位：根据需求可以勾选刀齿、刀肩、刀杆、刀柄四个选项。

策略与参数：从上方下拉列表中选择提刀、倾斜刀具、修剪和重新连接刀路、停止刀路计算、碰撞报告等初始策略，再通过下方复选框辅助细化完成碰撞策略的优化。

间隙类型：设定刀具界面周围形成圆柱状或圆锥状安全区域。

安全高度：设定刀柄、刀杆、刀肩等部件与碰撞面的安全间隙。

连接：检查优化刀路连接之间的碰撞运动。

（3）连接方式

此页面用来设置路径开始与结束、路径之间、层与层之间、区域与区域之间的刀路连接样式，主要设置进退刀动作、安全区域等相关参数，实现刀具路径切入、切出、连接的动作优化。

（4）进给率控制

此页面用来控制在特殊区域及特殊条件下的进给率，包括首次切削进给率优化、基于刀具接触的进给率优化、特定区域的进给率优化、基于曲面半径的进给率优化、刀路连接的进给率控制等几个方面。

（5）粗切

此页面可用来为刀具路径建立粗加工选项，分为轴向分层、径向分层、加工排序方式等参数。

（6）刀路调整

此页面主要用于刀具路径的平移、旋转复制等操作。

定向：给定旋转轴或平移方向，并指定基准点及转换数量。

应用类型：设定旋转刀路轨迹的排序方式及刀路之间的连接方式。

沿刀轴调整刀具位置：控制刀具沿刀轴向量进行相应的位移。

切入切削：根据设定的步进量、进刀长度、进刀高度等参数进行插铣加工。

4.3.4 策略应用

（1）渐变模式应用

依照两条及以上引导线/面生成渐变状刀路轨迹。

- 点击“刀路”选项卡；

• 选择“智能综合”策略，见图 4-35；

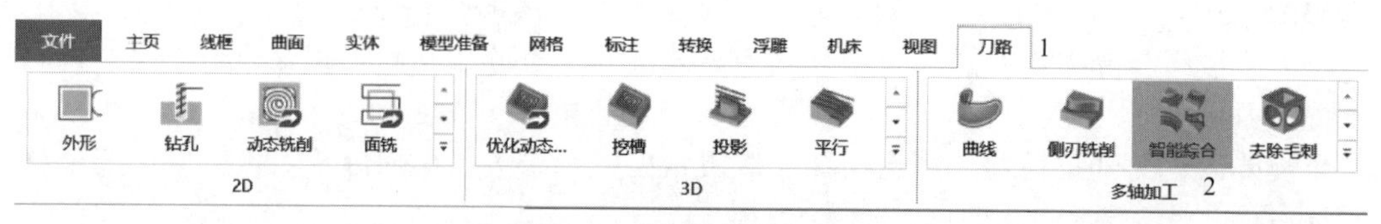

图 4-35 选择智能综合策略

• 在左侧列框中选择“刀具”选项；

• 选择 8mm 球头铣刀，合理设置切削参数，见图 4-36；

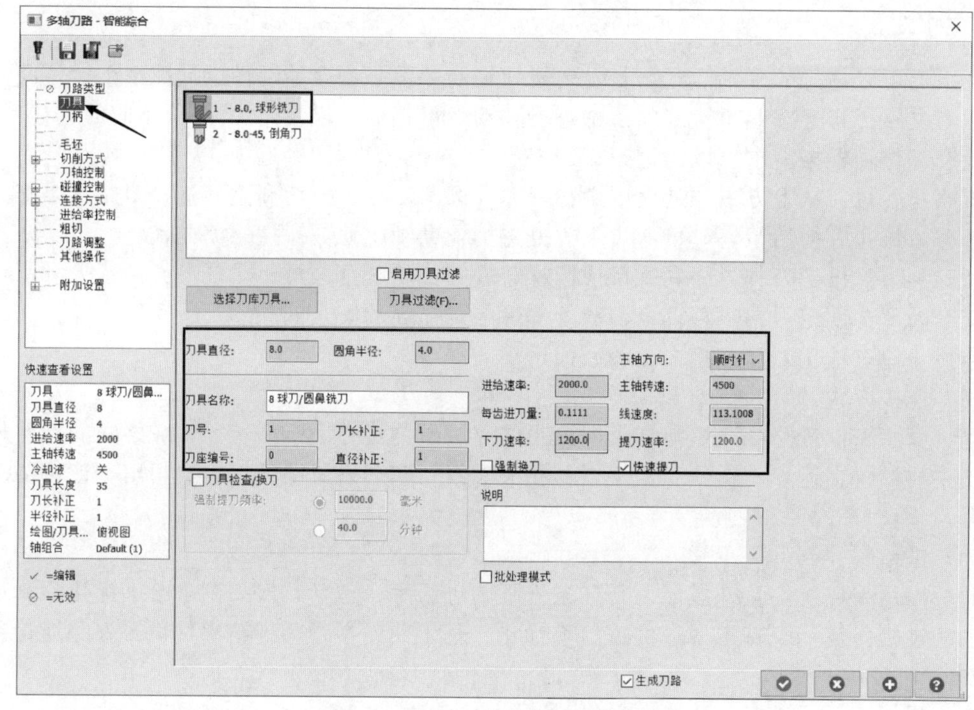

图 4-36 选择刀具并设置切削参数

• 在左侧列框中选择“切削方式”选项；设置切削方式如图 4-37 所示，渐变线选取与加工面选取见图 4-38 所示；

• 在左侧列框中选择“曲面质量高级选项”；

• 勾选“平滑刀路”选项，并合理设置“平滑距离”与“检查角度”，见图 4-39；

• 在左侧列框中选择“刀轴控制”选项，见图 4-40；

• 结合加工工艺需求，填写相关参数；

部分参数含义如下：

刀轴控制_固定轴角度：将摆轴角度固定到所设置的倾斜角度，进行刀路轨迹计算。

• 在左侧列框中选择“碰撞控制”选项，参数设置如图 4-41 所示；避让策略 2，将相邻面作为“避让几何图形”进行选择；

• 在左侧列框中选择“连接方式”选项，使用此页面控制刀具在未进行切削材料时的

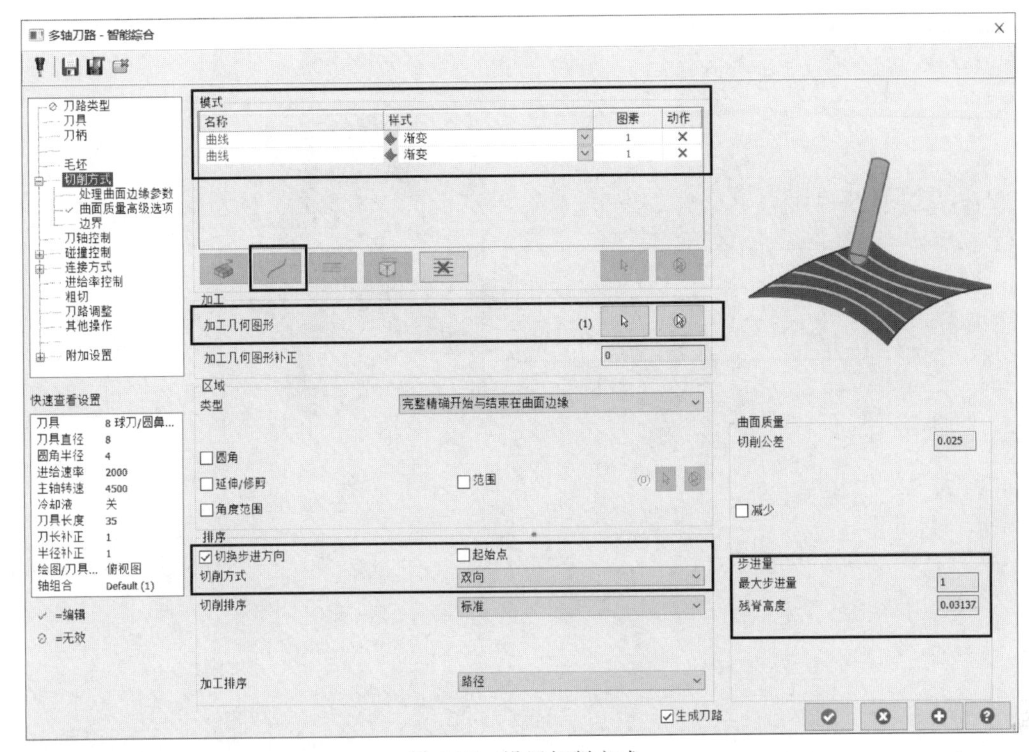

图 4-37　设置切削方式

移动方式；

• 结合加工工艺需求，填写相关参数，完成后见图 4-42；

• 在左侧列框中选择“平面”选项；

• 结合加工工艺需求，填写相关参数，完成后见图 4-43；

• 点击“确定”按钮生成刀路轨迹，见图 4-44。

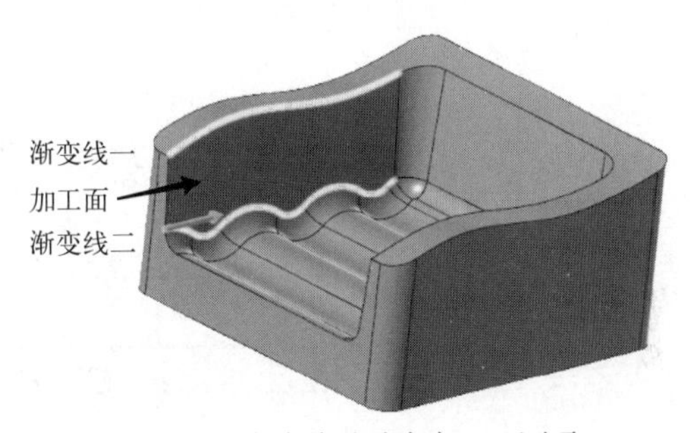

图 4-38　渐变线选取与加工面选取

（2）平行模式应用

依照选取的线/面平行偏执生成刀路轨迹。

• 点击“刀路”选项卡；
• 选择“智能综合”策略，见图 4-45；
• 在左侧列框中选择“刀具”选项；
• 选择 8mm 球头铣刀，合理设置切削参数，完成后见图 4-46；
• 在左侧列框中选择“切削方式”选项；
• 设置参数如图 4-47 所示，平行线选取与加工面选取如图 4-48 所示；
• 在左侧列框中选择“曲面质量高级选项”；
• 勾选“平滑刀路”选项，并合理设置“平滑距离”与“检查角度”，完成后见图 4-49；
• 在左侧列框中选择“刀轴控制”选项，见图 4-50；
• 结合加工工艺需求，填写相关参数；

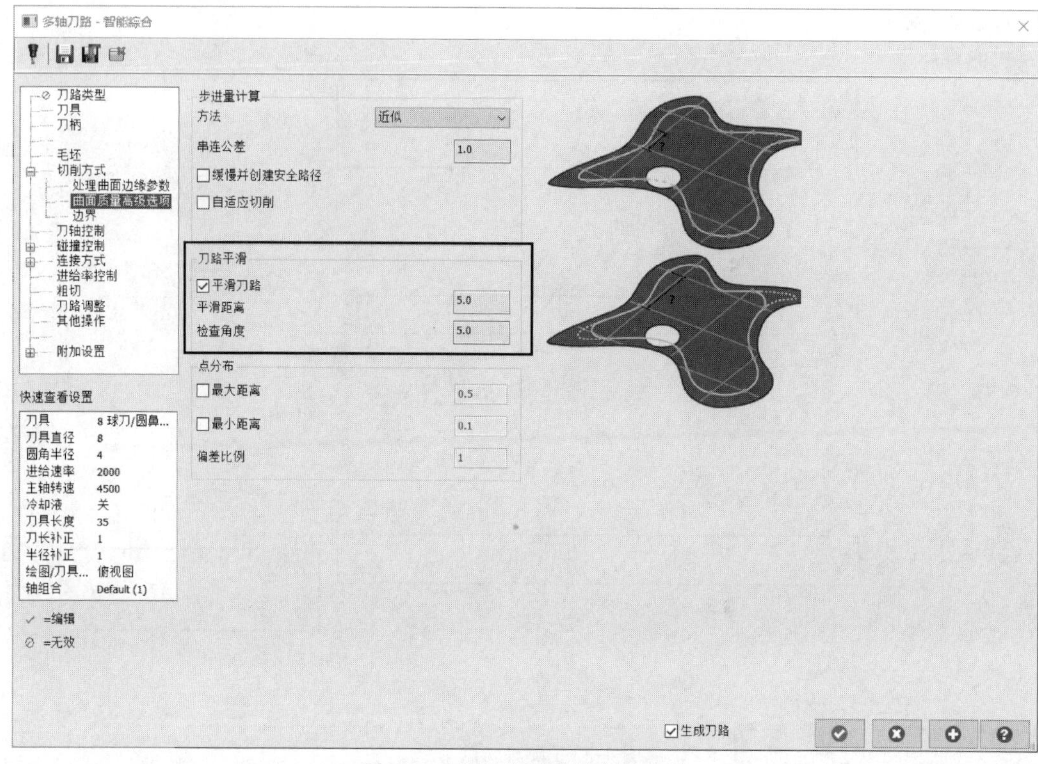

图 4-39　设置曲面质量高级选项

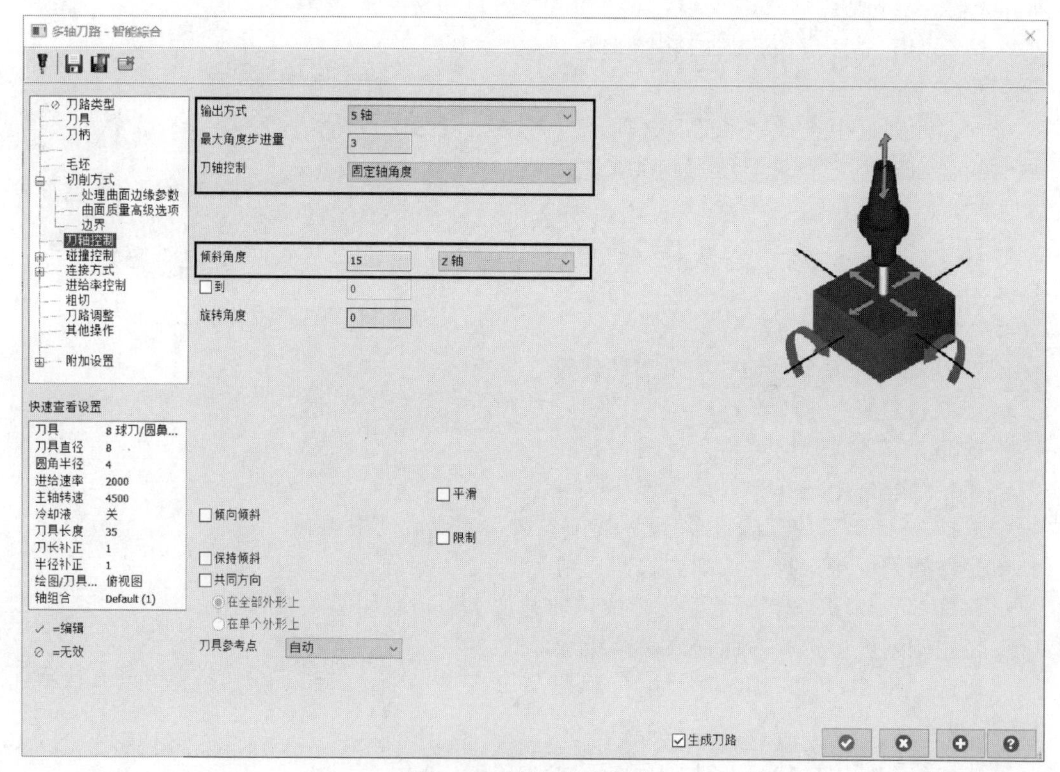

图 4-40　设置刀轴控制

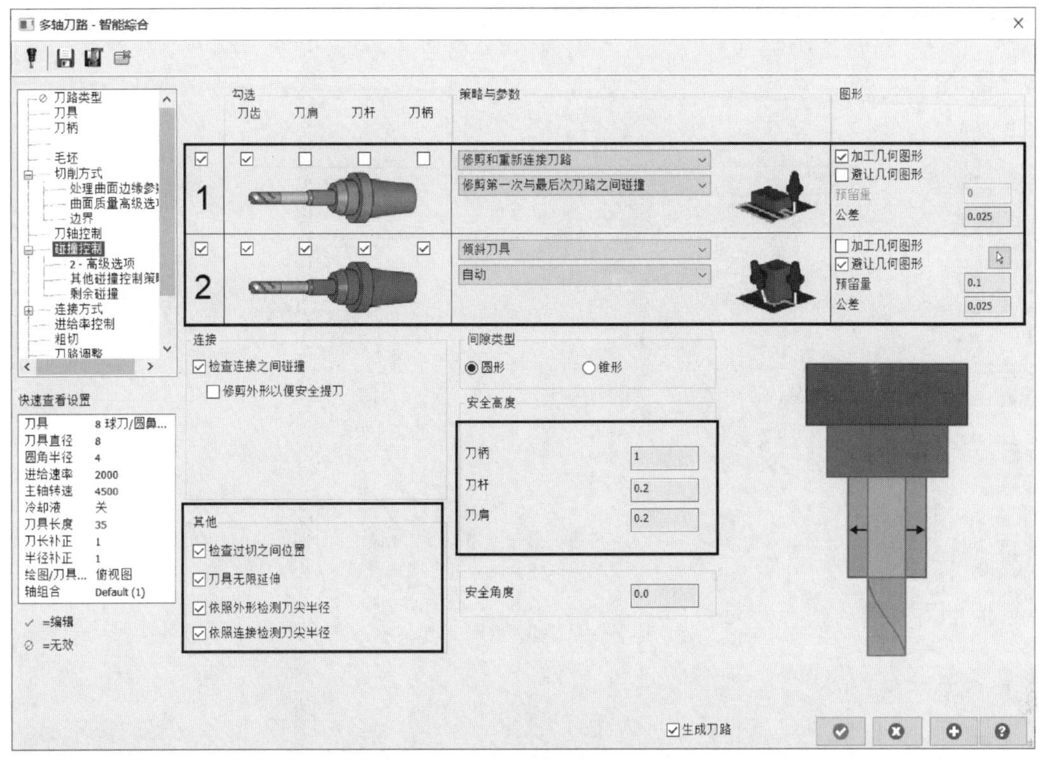

图 4-41　设置碰撞控制

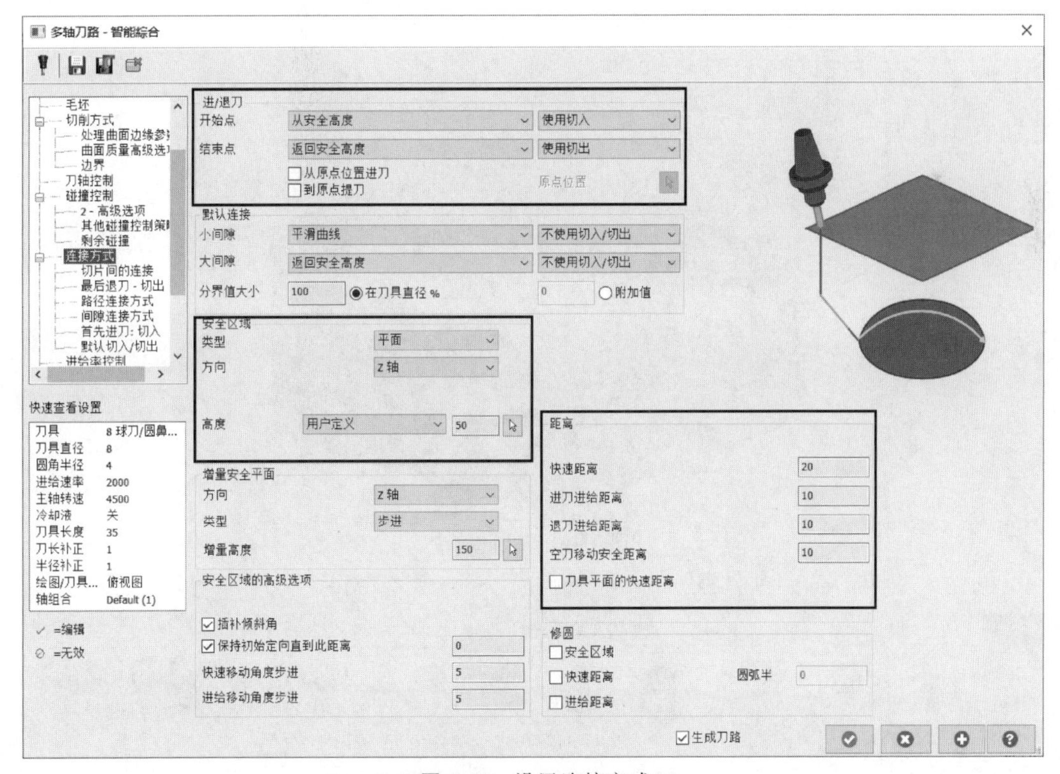

图 4-42　设置连接方式

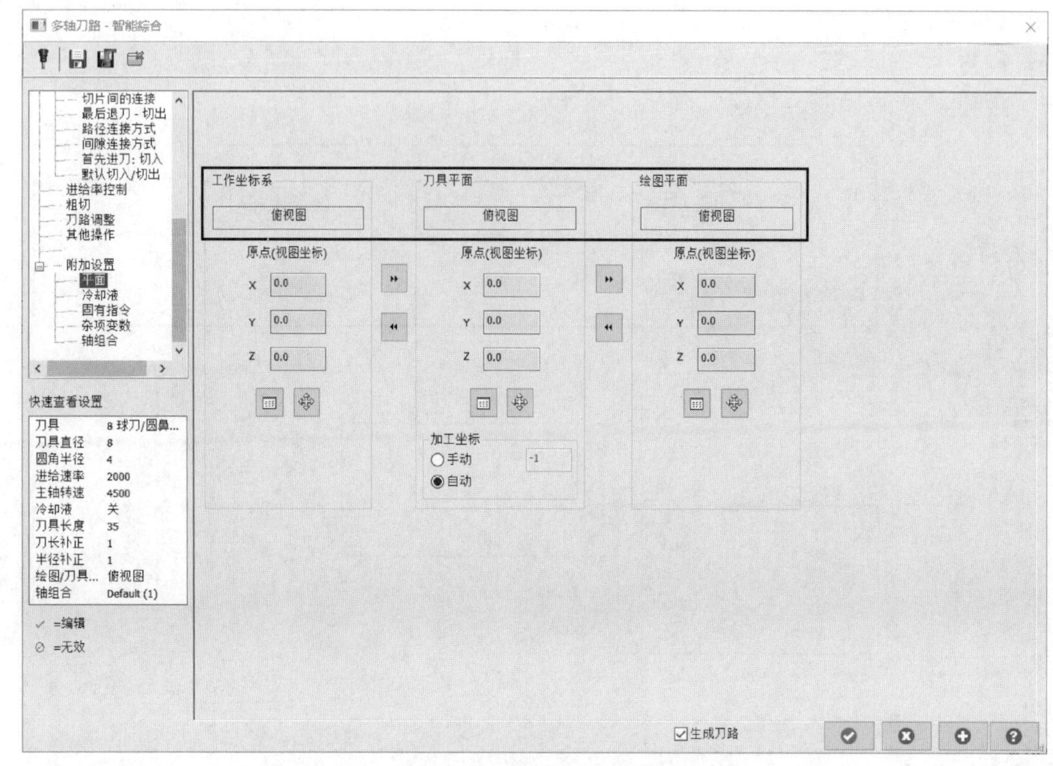

图 4-43 设置加工平面

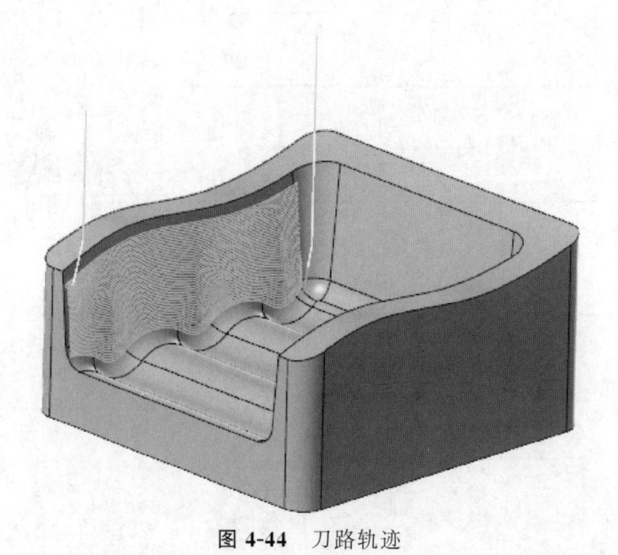

图 4-44 刀路轨迹

图 4-45 选择智能综合策略

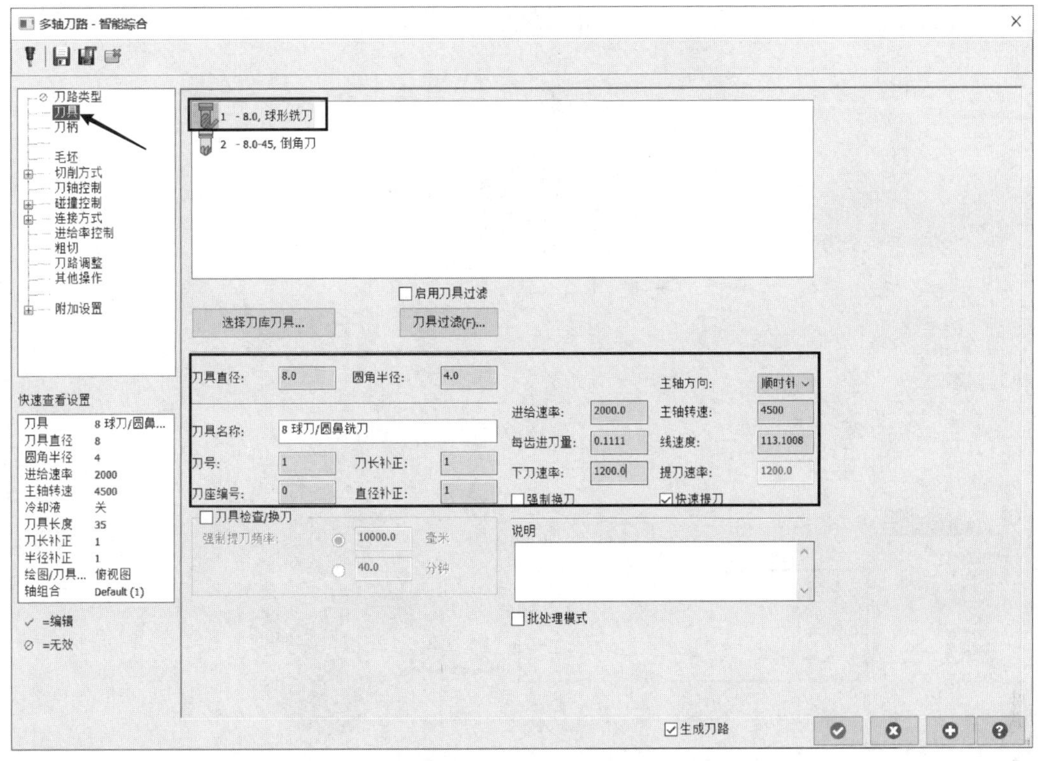

图 4-46　选择刀具

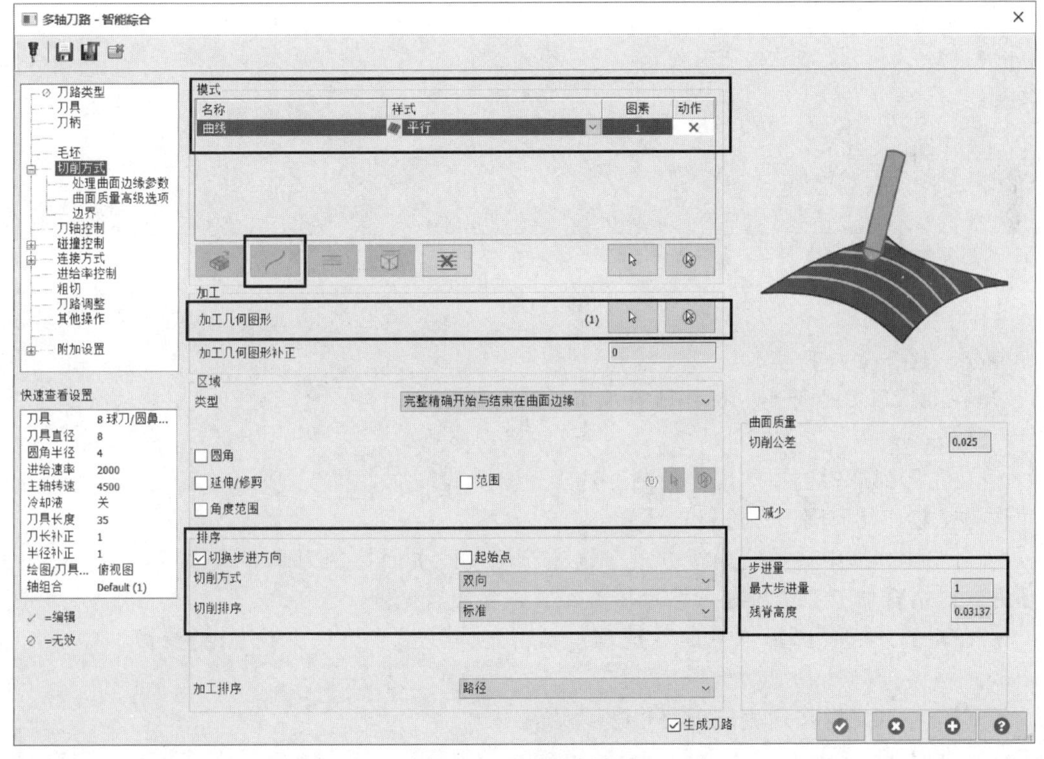

图 4-47　设置切削方式

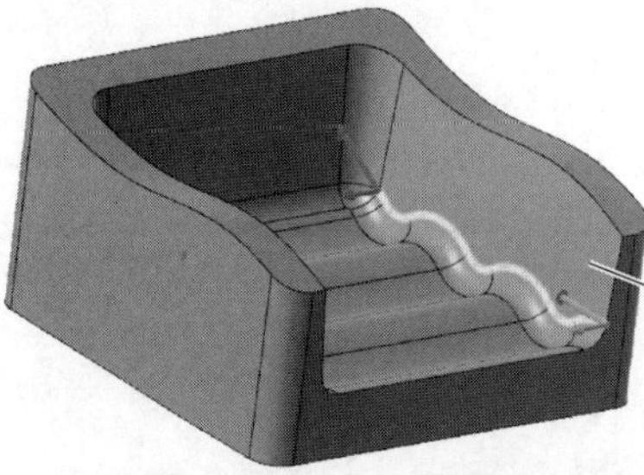

加工面
平行线

图 4-48　平行线选取与加工面选取

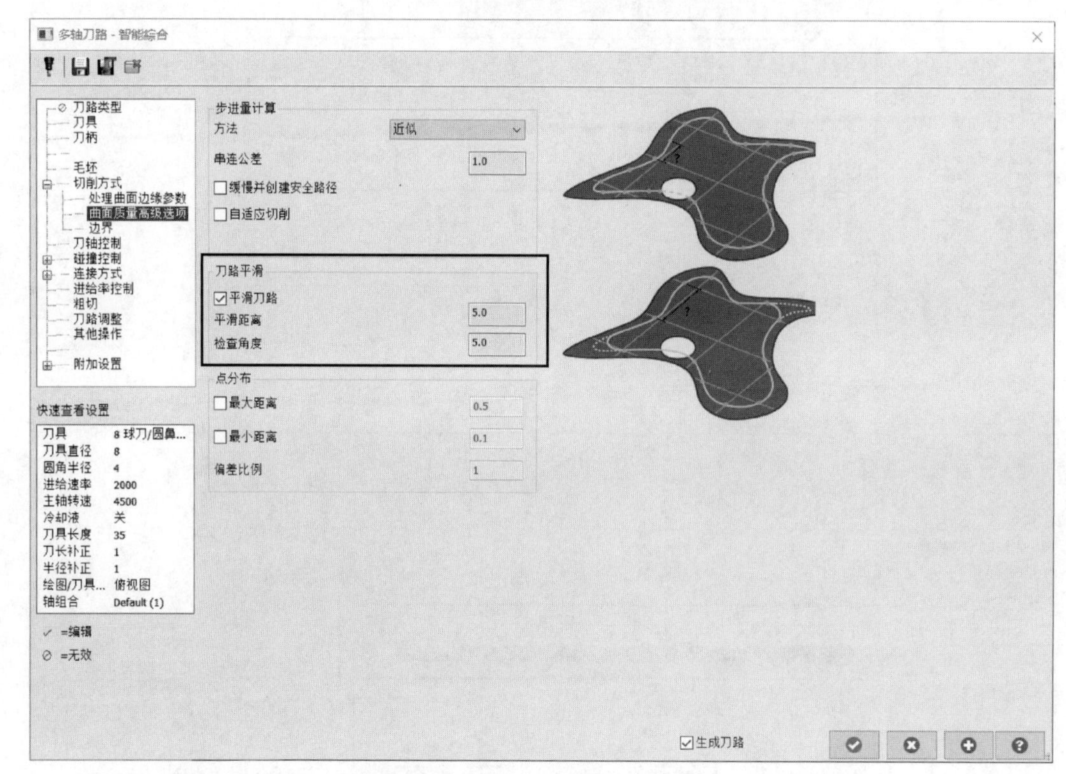

图 4-49　设置曲面质量高级选项

部分参数含义如下：

刀轴控制_固定轴角度：将摆轴角度固定到所设置的倾斜角度，进行刀路轨迹计算。

- 在左侧列框中选择“碰撞控制”选项；参数设置如图 4-51 所示；避让策略 2，将相邻面作为“避让几何图形”进行选择；
- 在左侧列框中选择“连接方式”选项，使用此页面控制刀具在未进行切削材料时的移动方式；结合加工工艺需求，填写相关参数，完成后见图 4-52；
- 在左侧列框中选择“平面”选项；结合加工工艺需求，填写相关参数，完成后见图 4-53；
- 点击“确定”按钮生成刀路轨迹，见图 4-54。

（3）沿曲线模式应用

依照选取的线生成垂直的刀路轨迹。

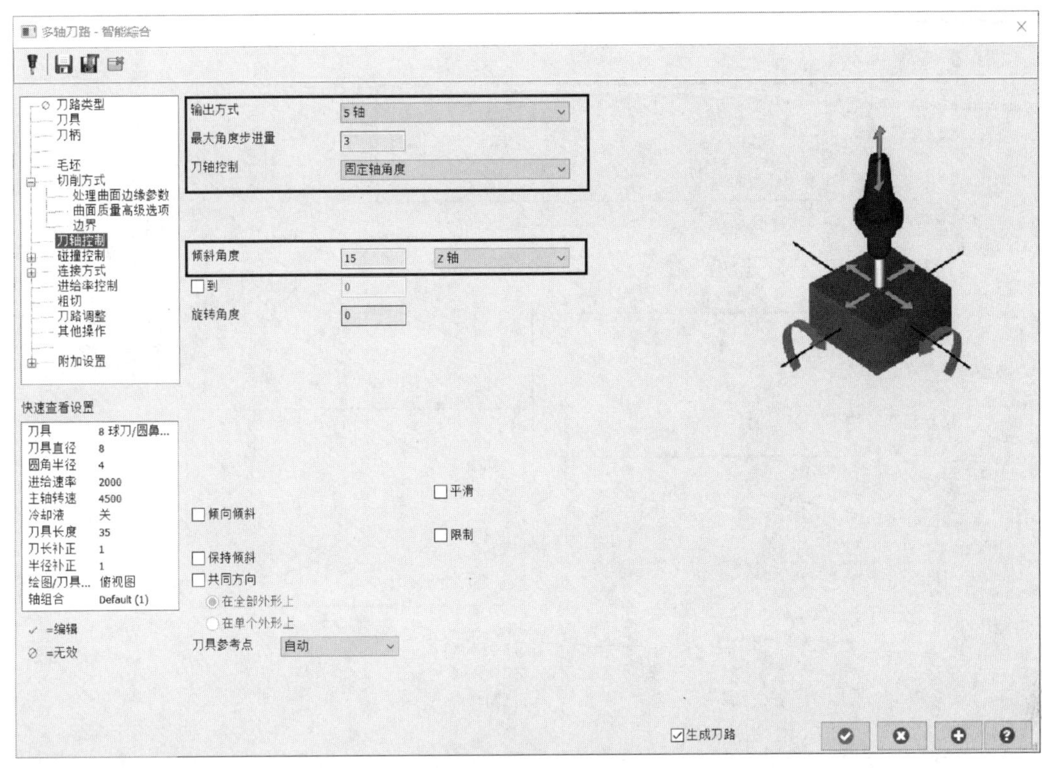

图 4-50　设置刀轴控制

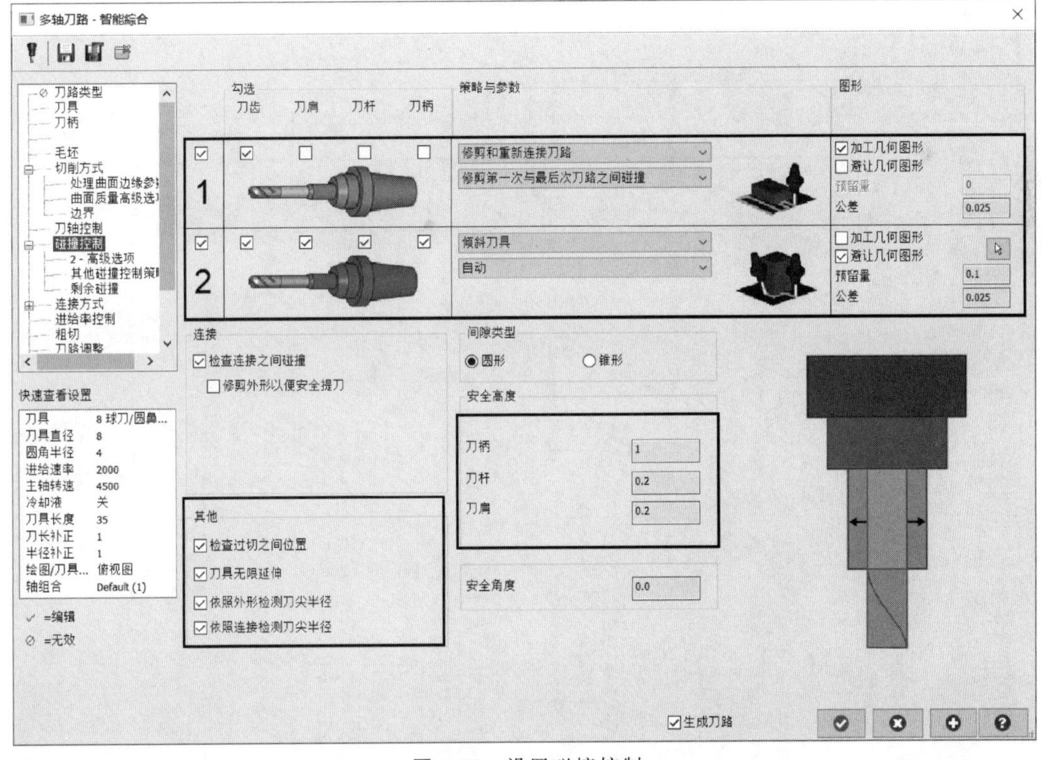

图 4-51　设置碰撞控制

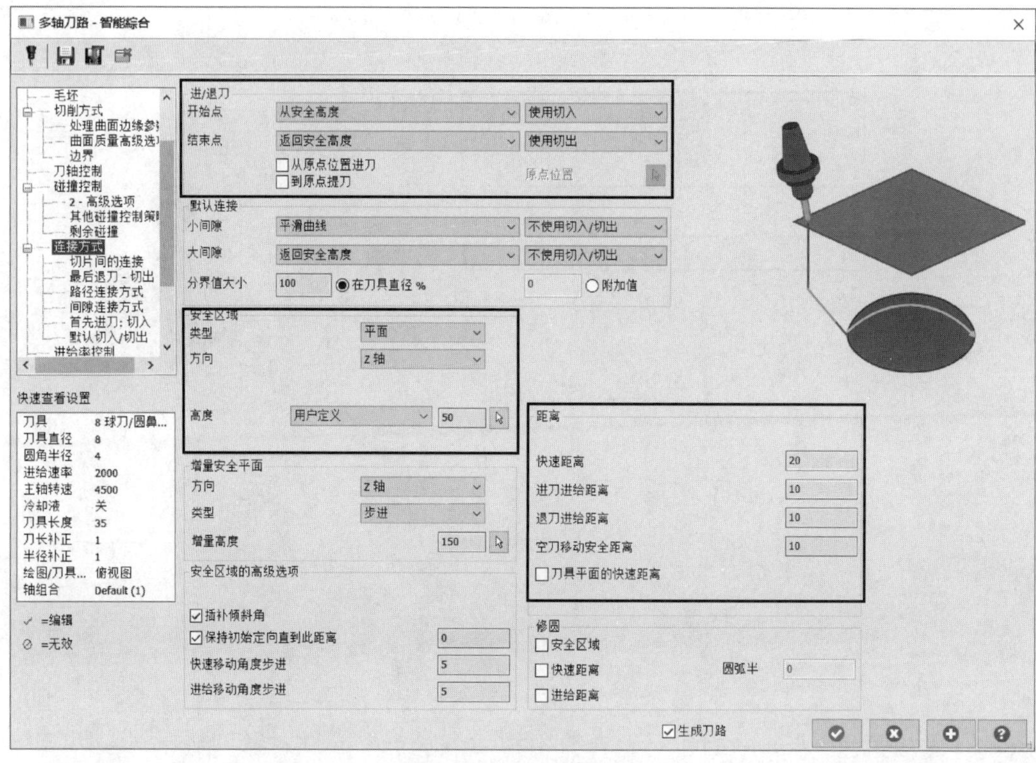

图 4-52 设置连接方式

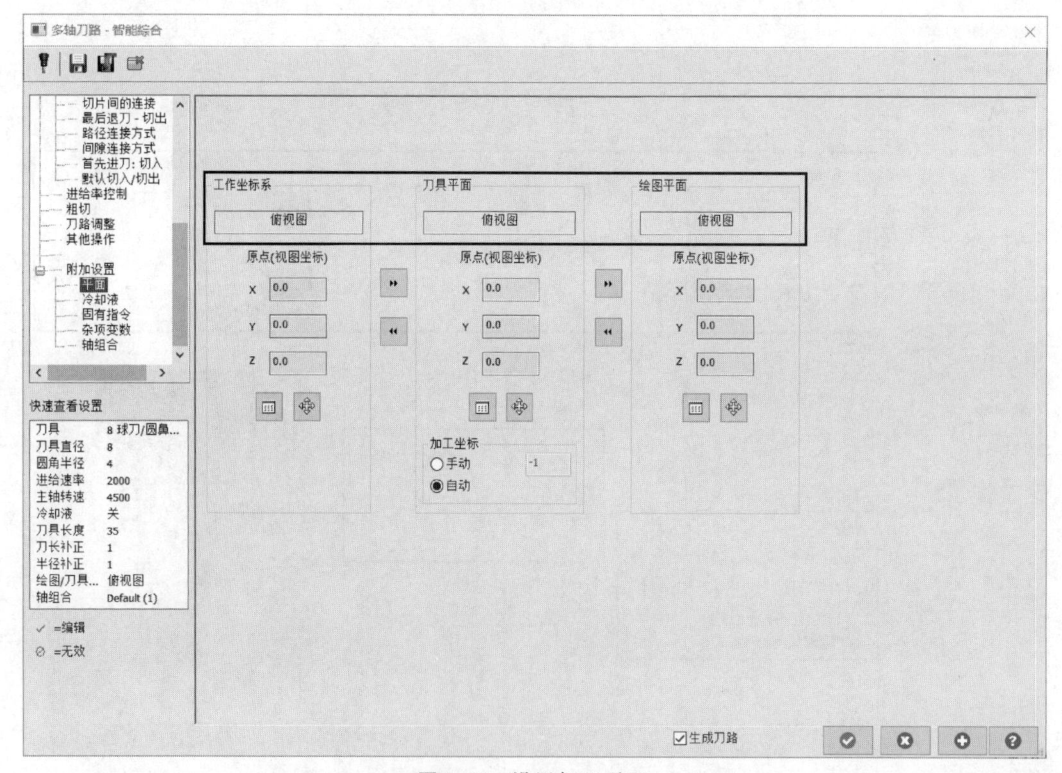

图 4-53 设置加工平面

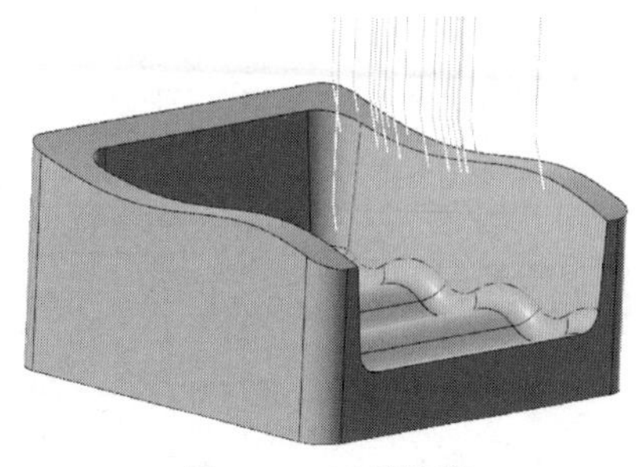

图 4-54　刀路轨迹

- 点击“刀路”选项卡；
- 选择“智能综合”策略，见图 4-55；
- 在左侧列框中选择“刀具”选项；
- 选择 8mm 球头铣刀，合理设置切削参数，完成后见图 4-56；
- 在左侧列框中选择“切削方式”选项；
- 设置参数如图 4-57 所示，引导线选取与加工面选取如图 4-58 所示；
- 在左侧列框中选择“曲面质量高级选项”；勾选“平滑刀路”选项，并合理设置“平滑距离”与“检查角度”，完成后见图 4-59；

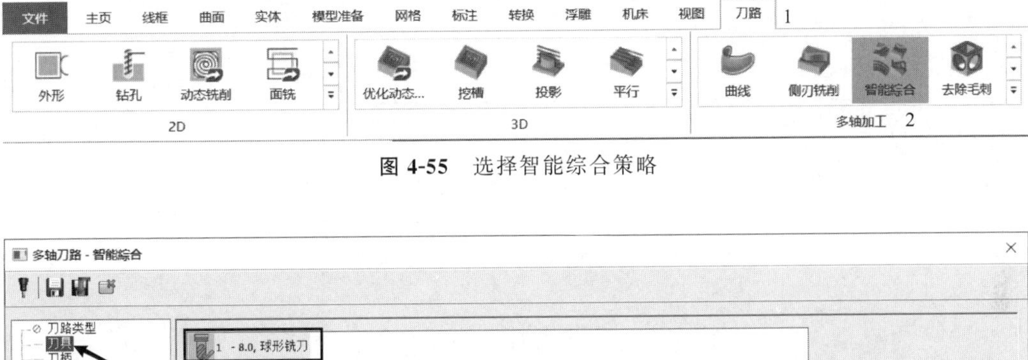

图 4-55　选择智能综合策略

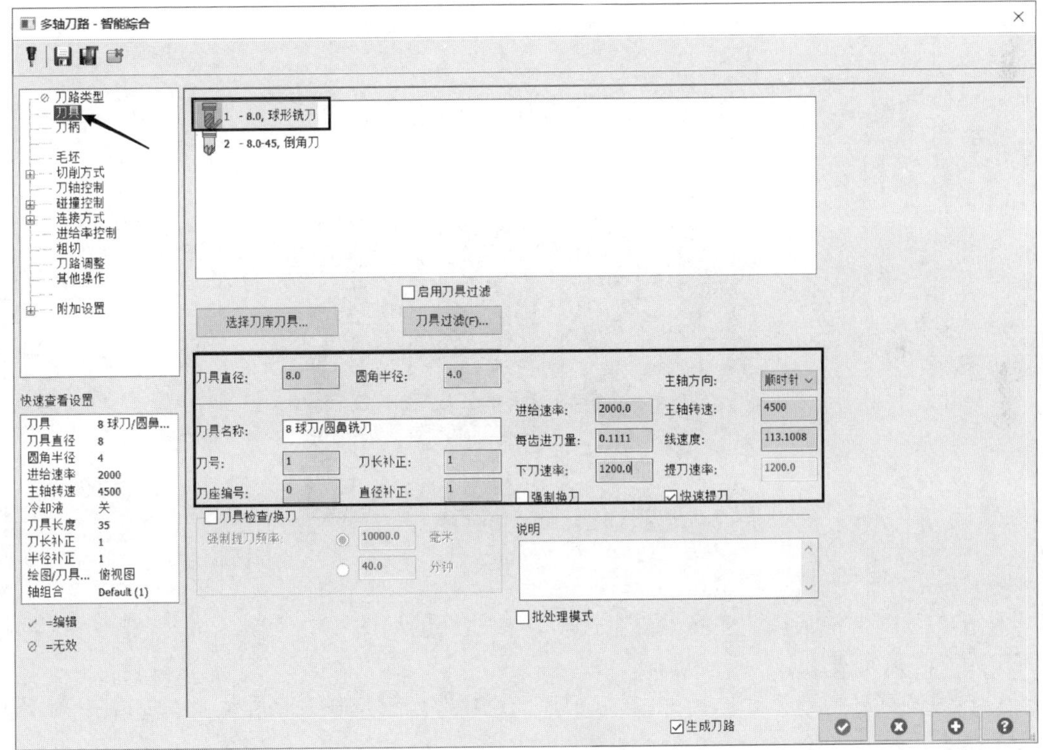

图 4-56　选择刀具

- 在左侧列框中选择“刀轴控制”选项；结合加工工艺需求，填写相关参数，完成后见图 4-60；

刀轴控制_固定轴角度：将摆轴角度固定到所设置的倾斜角度，进行刀路轨迹计算。

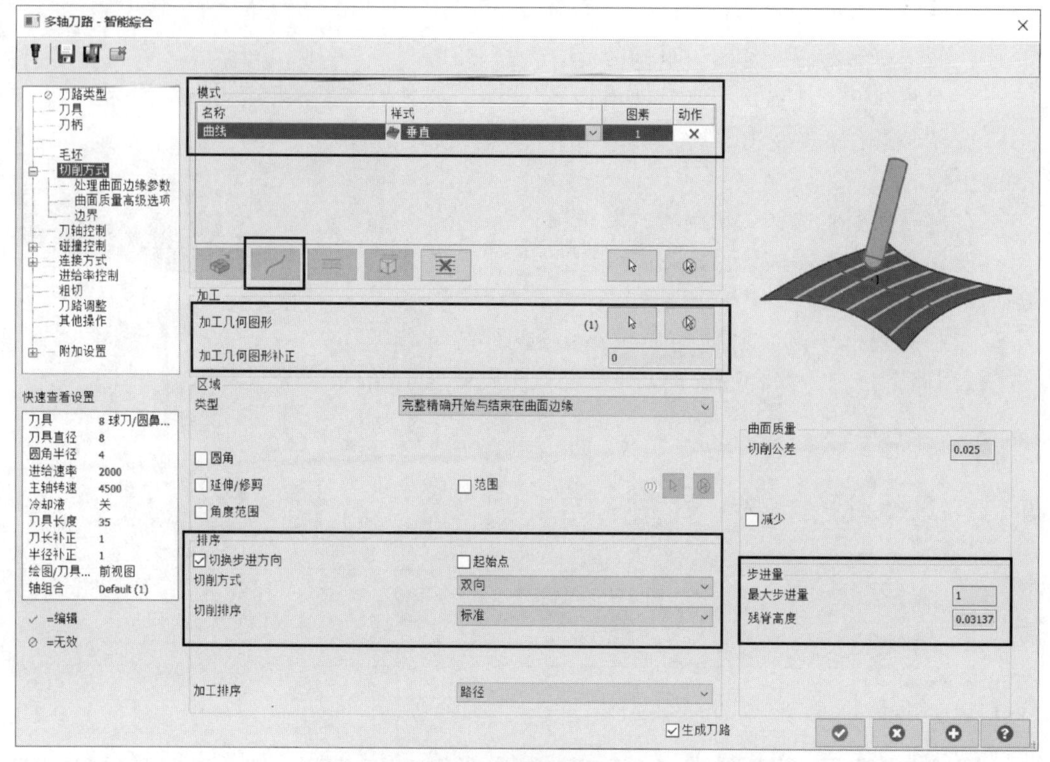

图 4-57 设置切削方式

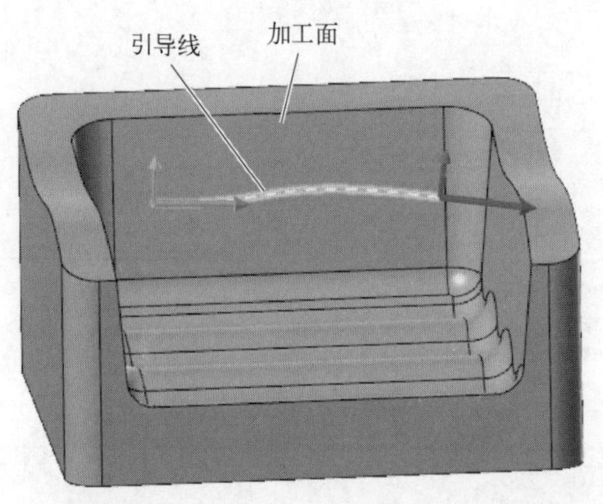

图 4-58 引导线选取与加工面选取

- 在左侧列框中选择“碰撞控制”选项，参数设置如图 4-61 所示；避让策略 2，将相邻面作为“避让几何图形”进行选择；
- 在左侧列框中选择“连接方式”选项，使用此页面控制刀具在未进行切削材料时的移动方式；
- 结合加工工艺需求，填写相关参数，完成后见图 4-62；
- 在左侧列框中选择“平面”选项；结合加工工艺需求，填写相关参数，完成后见图 4-63；
- 点击“确定”按钮生成刀路轨迹，见图 4-64。

（4）投影模式应用

依照选取的线投影至加工面并生成刀路轨迹。

- 点击“刀路”选项卡；

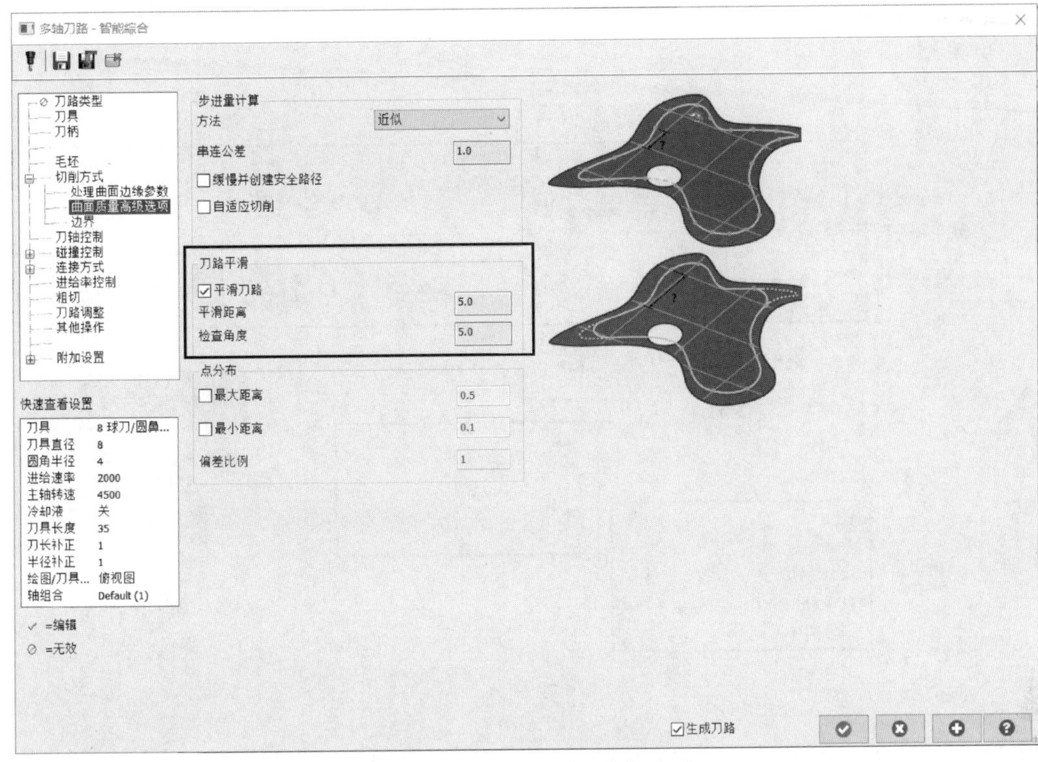

图 4-59　设置曲面质量高级选项

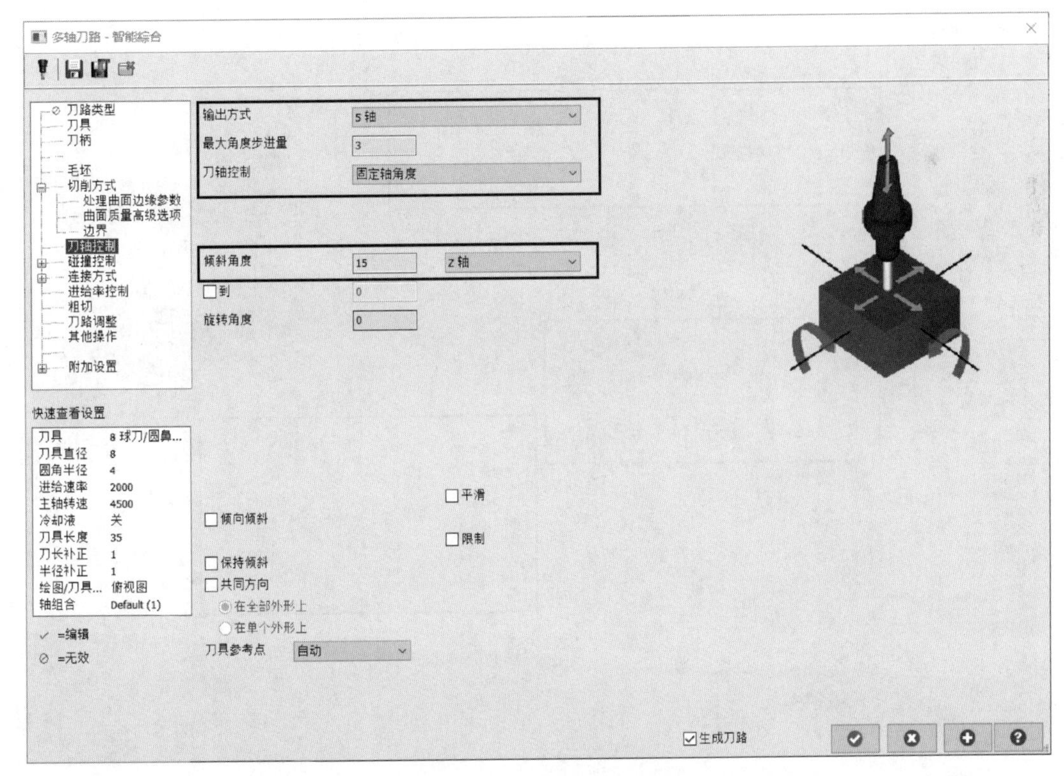

图 4-60　设置刀轴控制

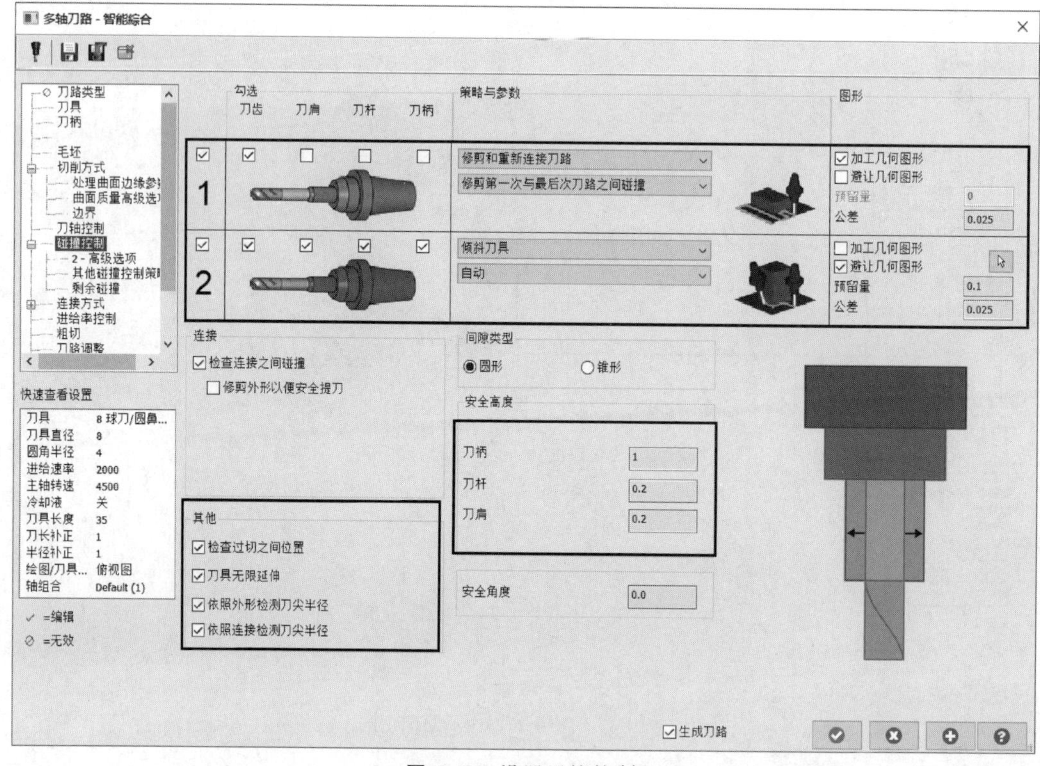

图 4-61　设置碰撞控制

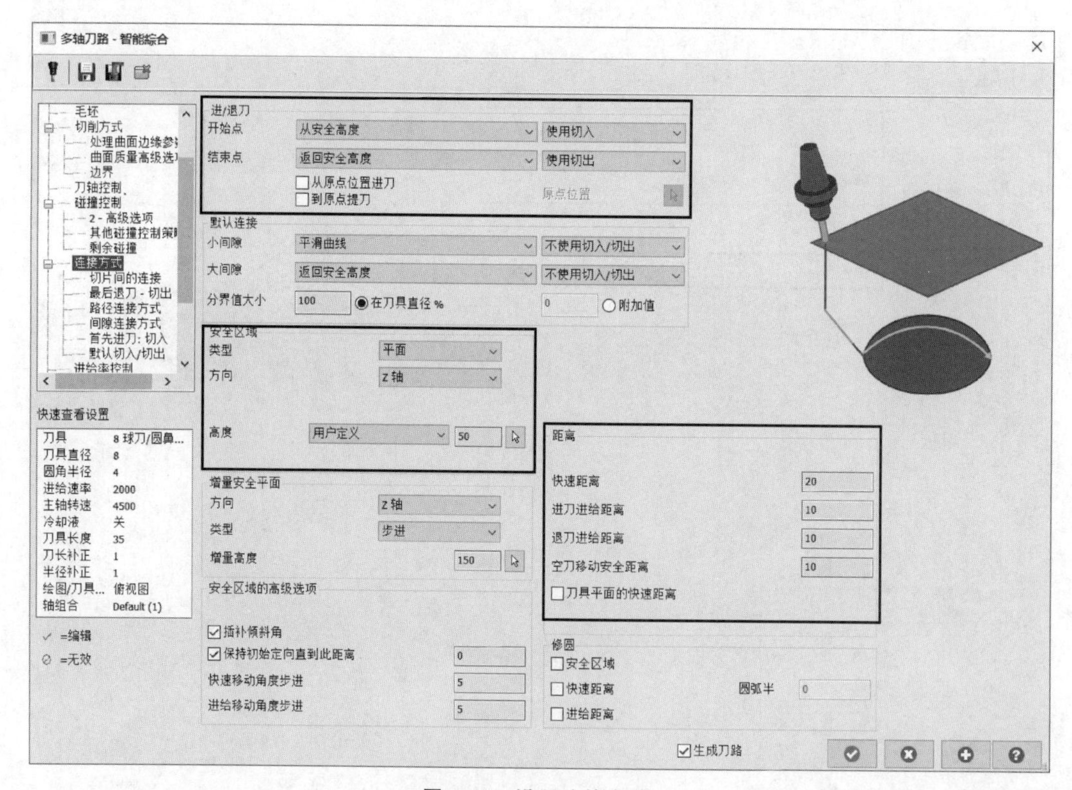

图 4-62　设置连接方式

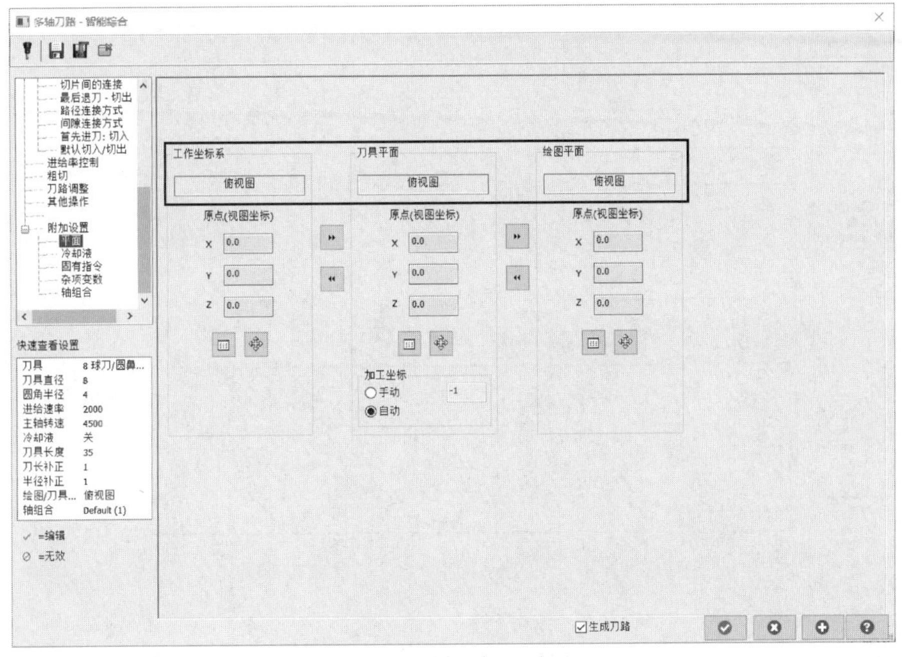

图 4-63　设置加工平面

- 选择“智能综合”策略，见图 4-65；
- 在左侧列框中选择“刀具”选项；
- 选择 8mm 倒角刀，合理设置切削参数，完成后见图 4-66；
- 在左侧列框中选择“切削方式”选项；设置参数如图 4-67 所示，投影线选取与加工面选取如图 4-68 所示；
- 在左侧列框中选择“投影曲线选项”，见图 4-69；

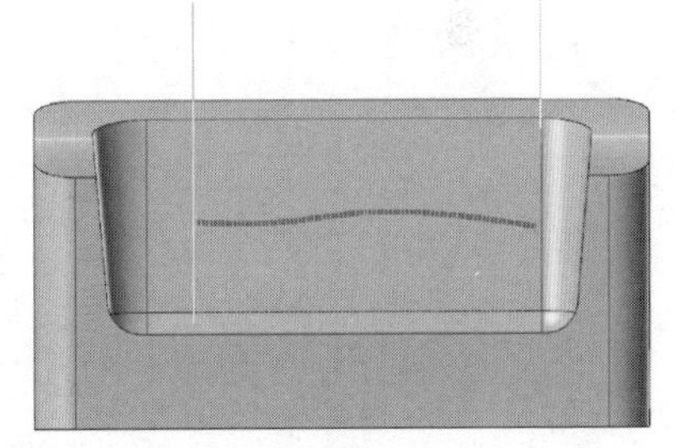

图 4-64　刀路轨迹

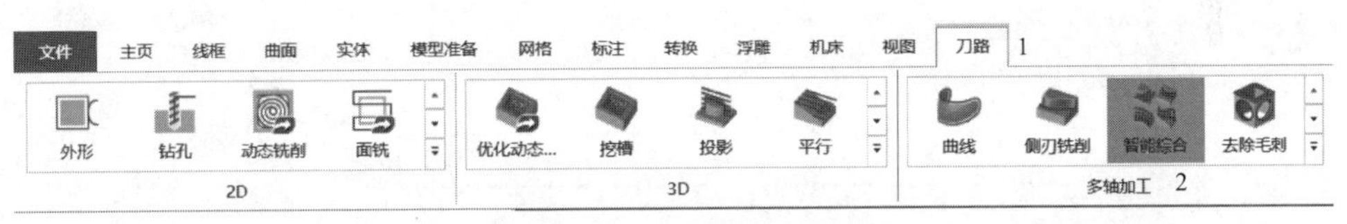

图 4-65　选择智能综合策略

部分参数含义如下：

类型：用户定义。

投影方向：Z 轴。

- 在左侧列框中选择“刀轴控制”选项；结合加工工艺需求，填写相关参数，完成后见图 4-70；

部分参数含义如下：

刀轴控制_曲面：刀具垂直于加工面法向，进行刀路轨迹计算。

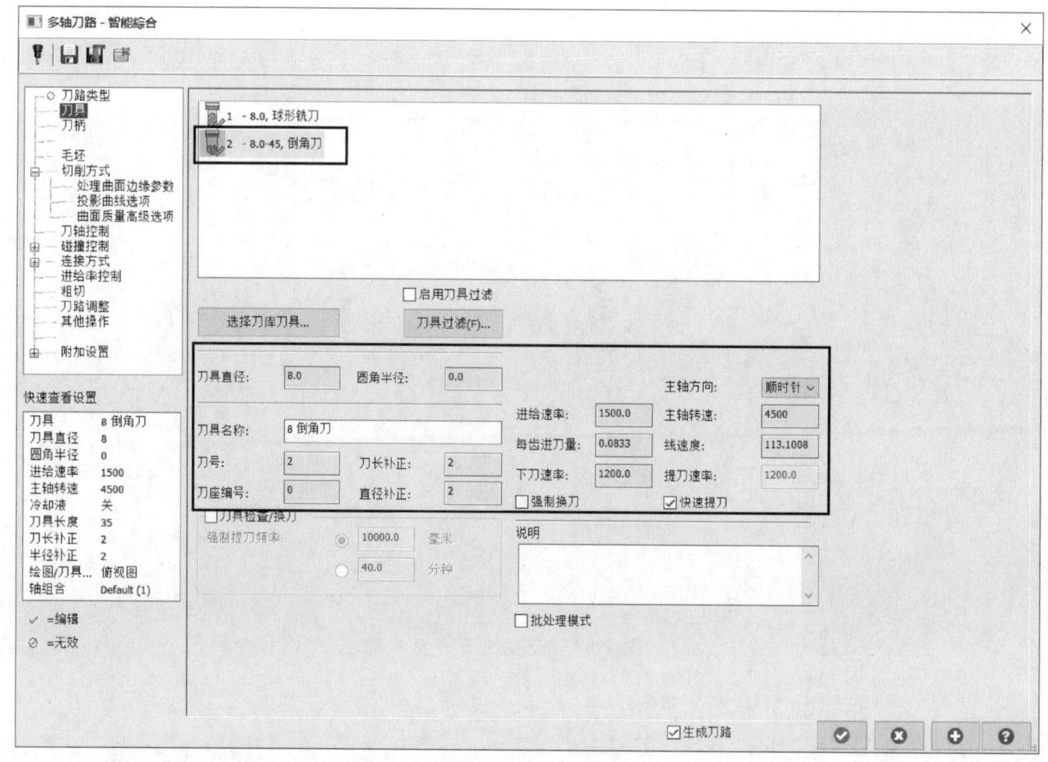

图 4-66　选择刀具

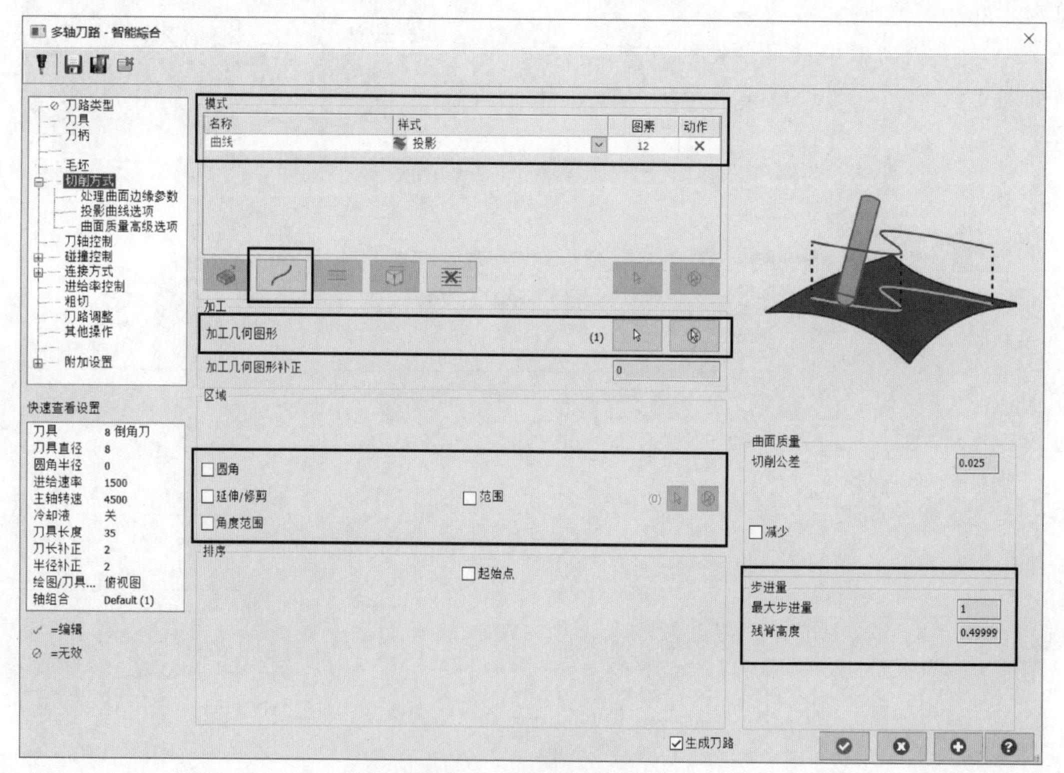

图 4-67　设置切削方式

图 4-68　投影线选取与加工面选取

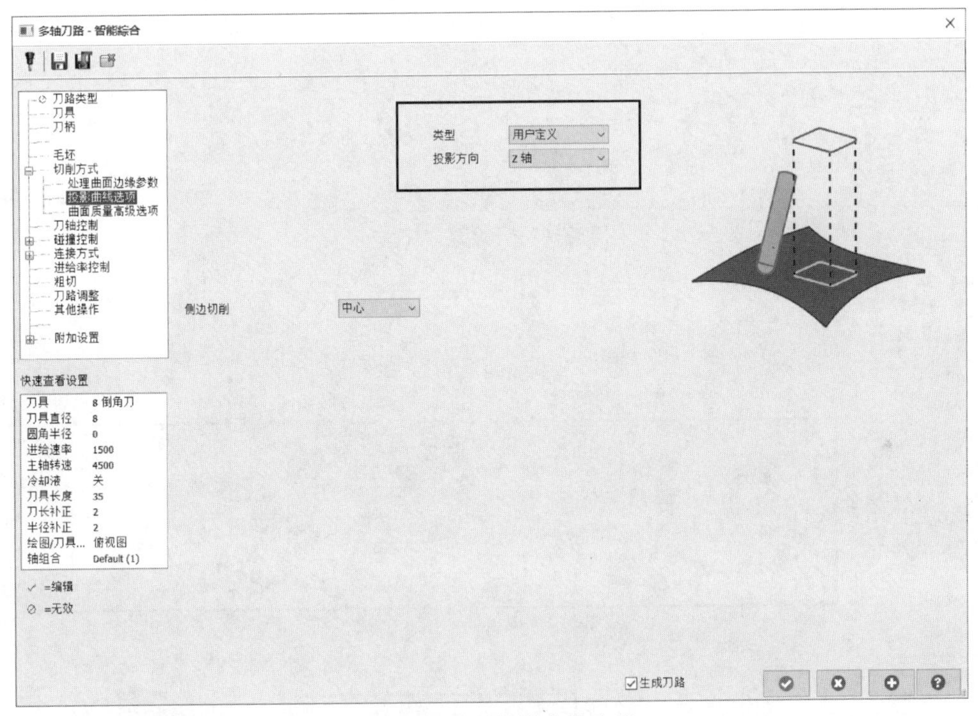

图 4-69　设置投影曲线选项

- 在左侧列框中选择“碰撞控制”选项，参数设置如图 4-71 所示；避让策略 2，将相邻面作为“避让几何图形”进行选择；
- 在左侧列框中选择“连接方式”选项，使用此页面控制刀具在未进行切削材料时的移动方式；
- 结合加工工艺需求，填写相关参数，完成后见图 4-72；
- 在左侧列框中选择“平面”选项；
- 结合加工工艺需求，填写相关参数，完成后见图 4-73；
- 点击“确定”按钮生成刀路轨迹，见图 4-74。

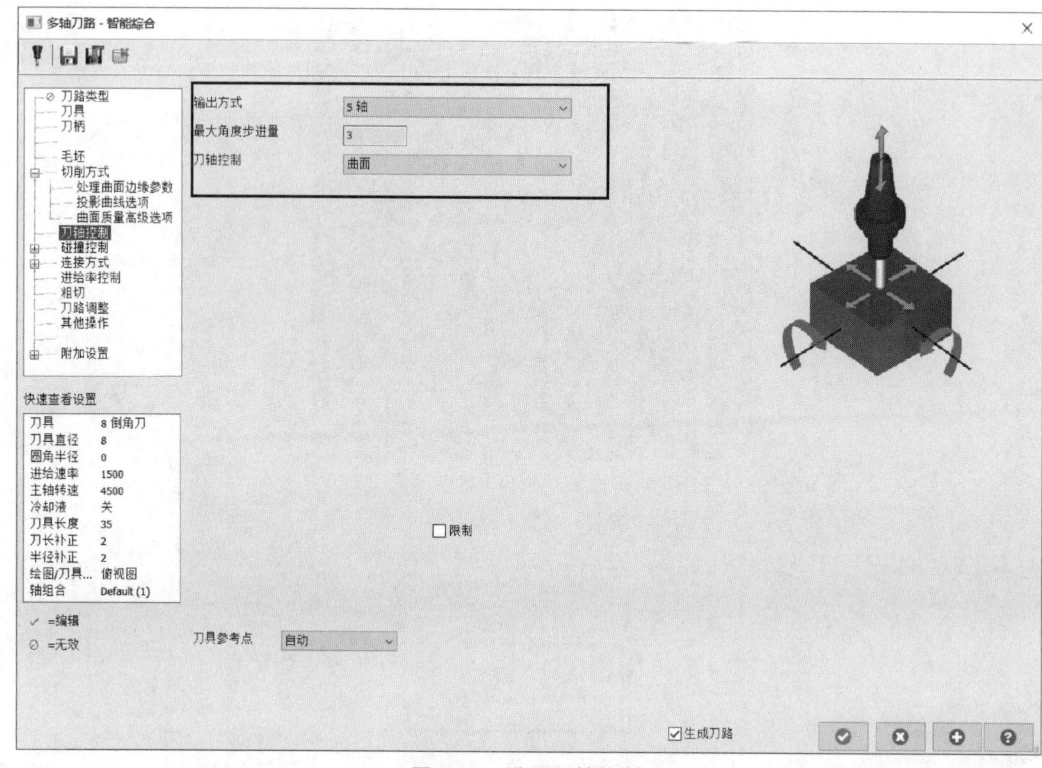

图 4-70　设置刀轴控制

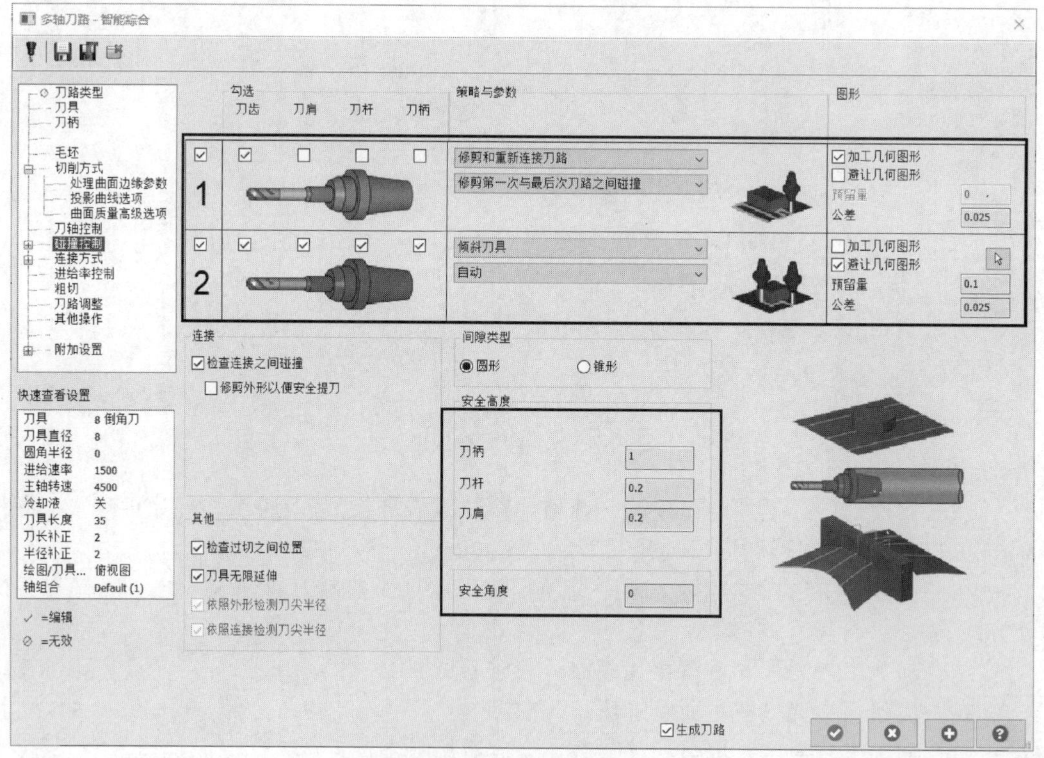

图 4-71　设置碰撞控制

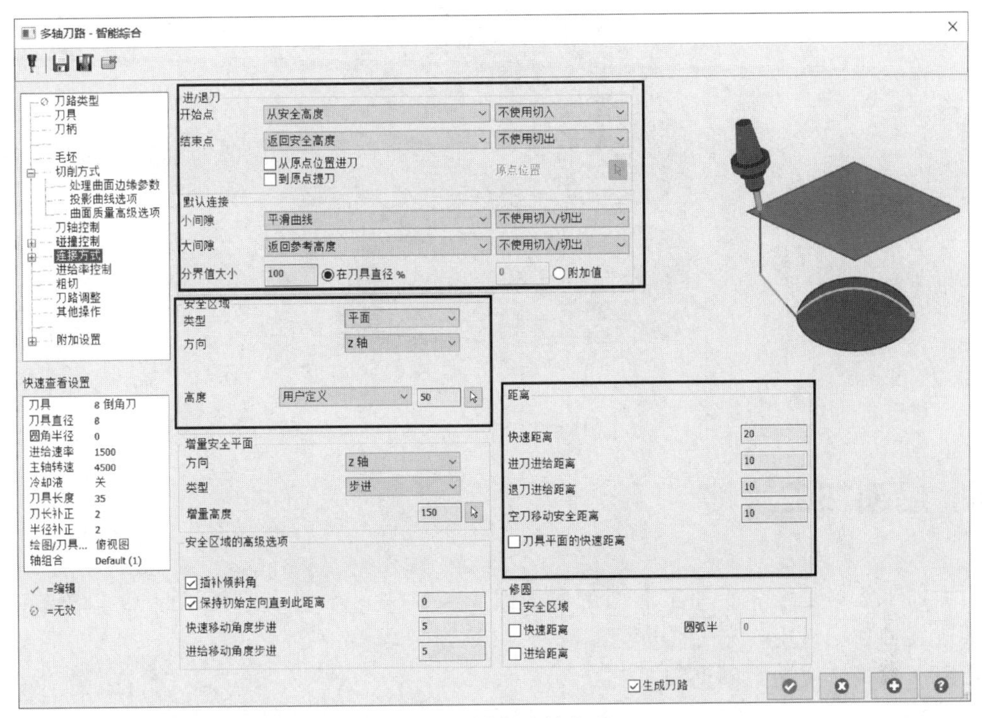

图 4-72　设置连接方式

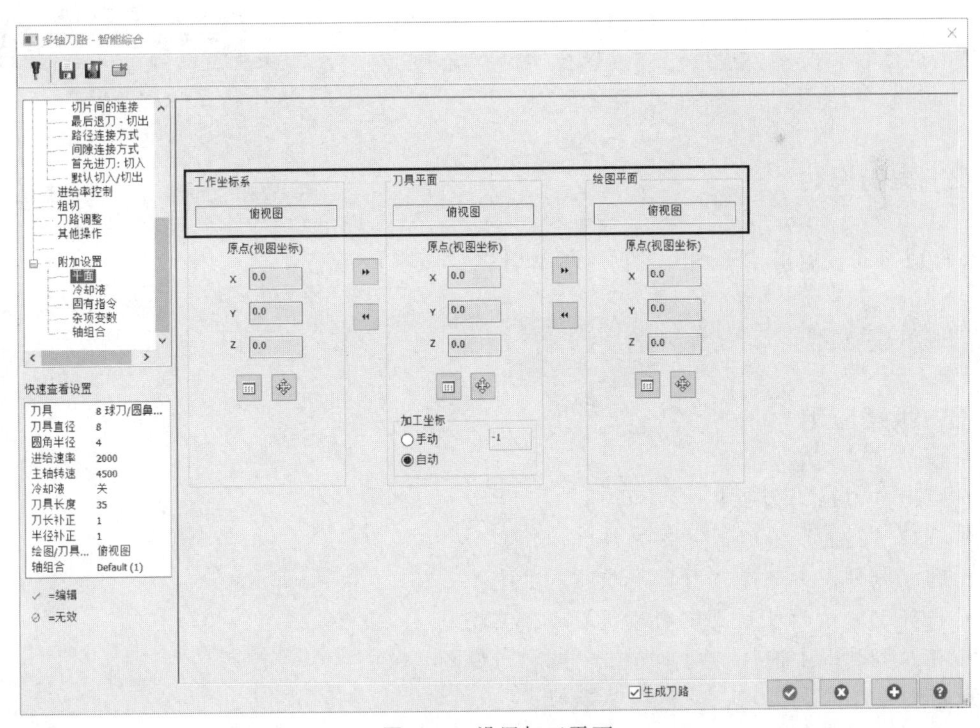

图 4-73　设置加工平面

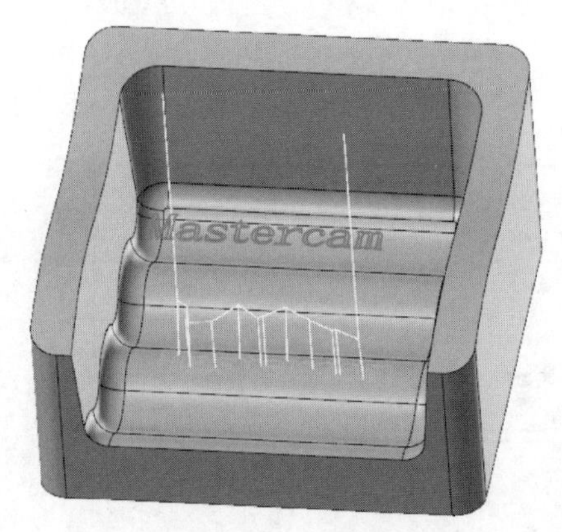

图 4-74　刀路轨迹

4.4　沿面加工策略

沿面加工策略是依靠所加工曲面的参数线 U、V 来产生切削路径，此刀具路径可用于三、四或五轴加工或用作三轴轮廓刀具路径。

沿面加工策略应用案例见图 4-75。

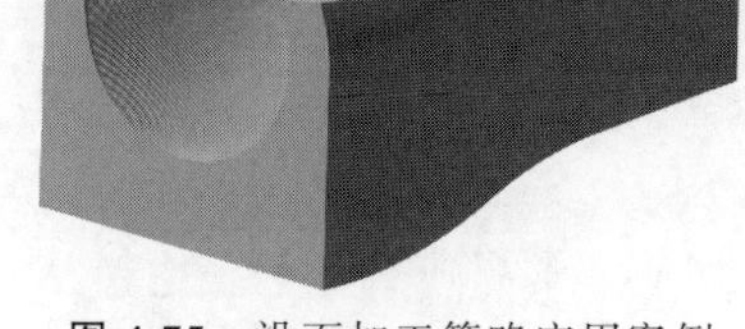

图 4-75　沿面加工策略应用案例

4.4.1　模型输入

打开随书附带电子文件夹（可扫描封底二维码下载），找到“沿面图档”文件，也可以使用鼠标左键直接拖动到 Mastercam 软件绘图区打开图档，见图 4-76。

4.4.2　案例说明

在管理器面板点击“层别”选项，检查各图层图素是否正常，见图 4-77。

层别 1：零件。

层别 2：刀轴线。

4.4.3　策略应用

- 点击“刀路”选项卡；
- 选择“沿面”策略，见图 4-78；
- 在左侧列框中选择“刀具”选项，见图 4-79；
- 选择 12mm 球头铣刀，合理设置切削参数；
- 在左侧列框中选择“切削方式”选项，见图 4-80；
- 结合加工工艺需求，填写相关参数；
- 点击“沿面参数”，根据加工要求，合理选择加工方式；

补正方向见图 4-81。

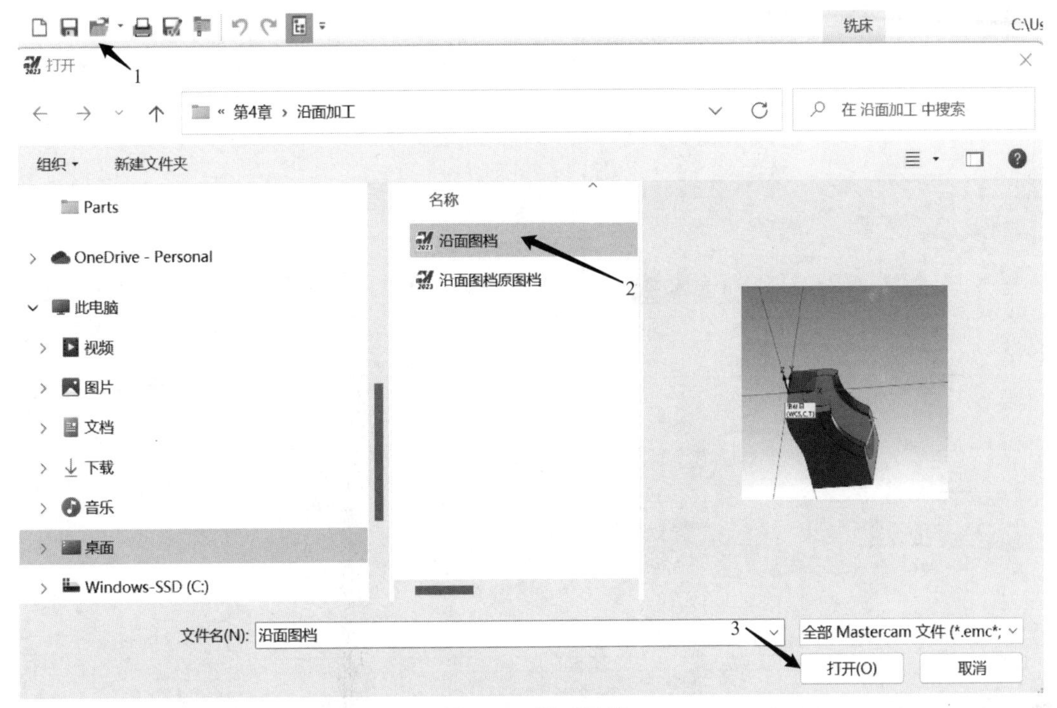

图 4-76　沿面图档

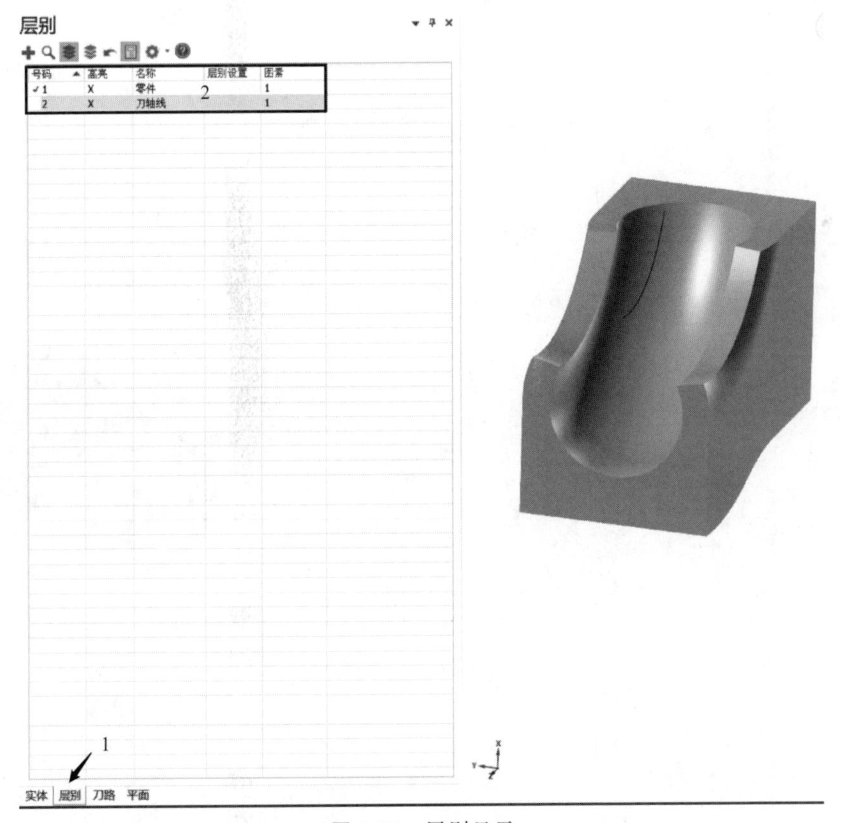

图 4-77　层别显示

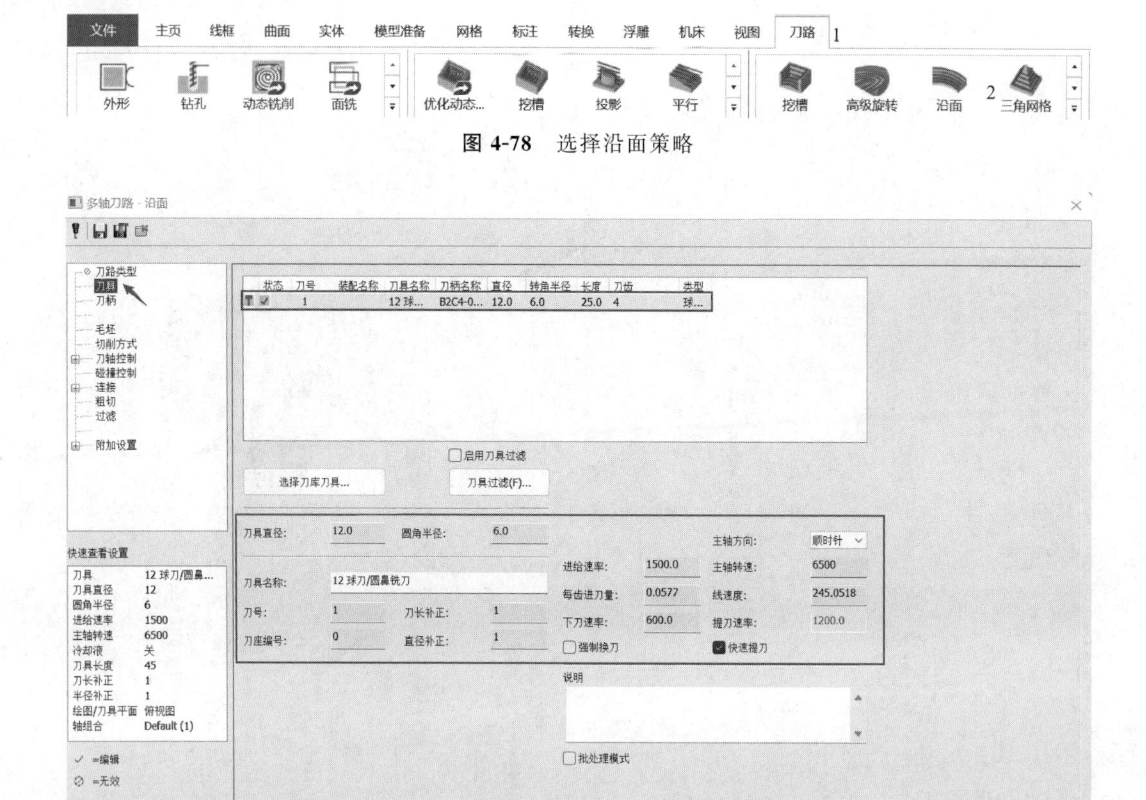

图 4-78　选择沿面策略

图 4-79　选择刀具

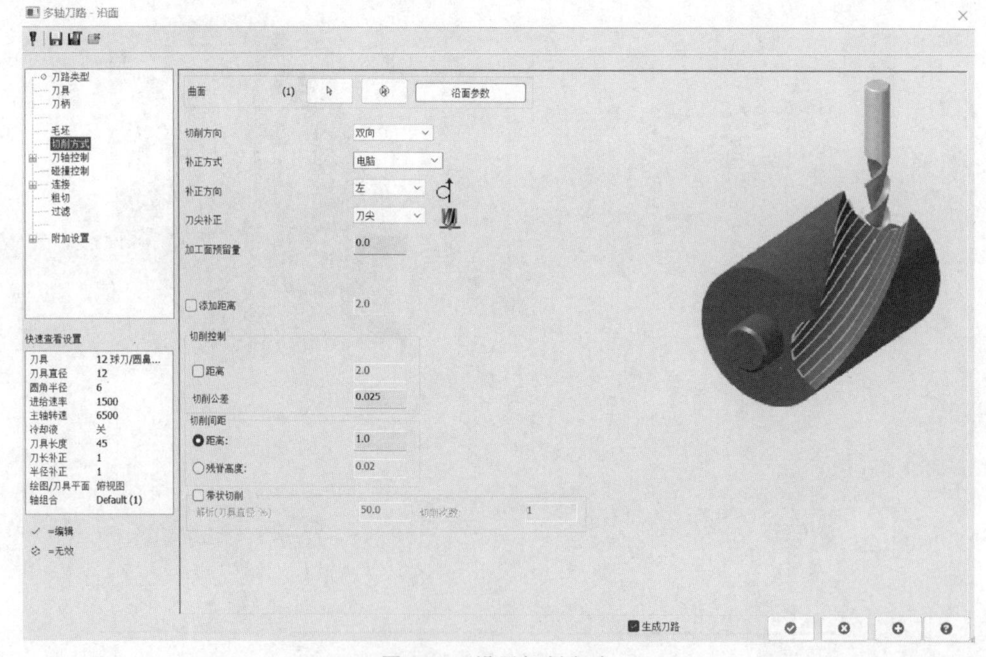

图 4-80　设置切削方式

切削方向见图 4-82。

步进方向见图 4-83。

起始点方向见图 4-84。

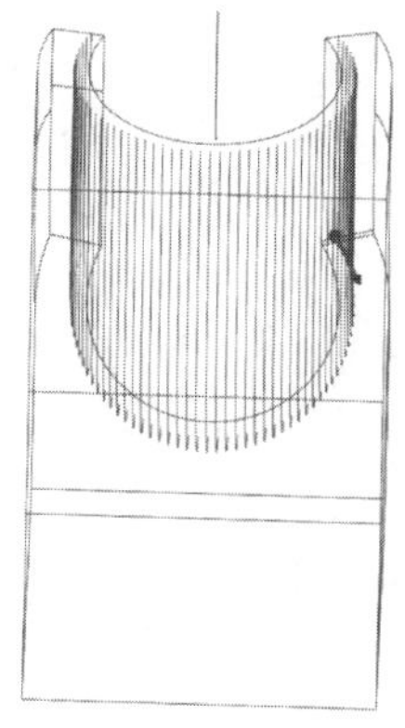
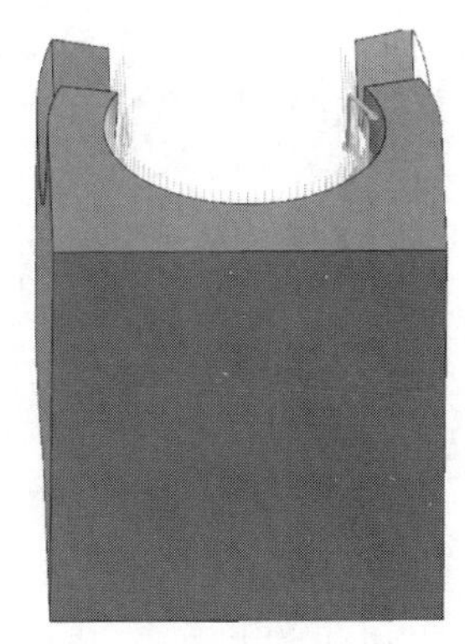

图 4-81　补正方向

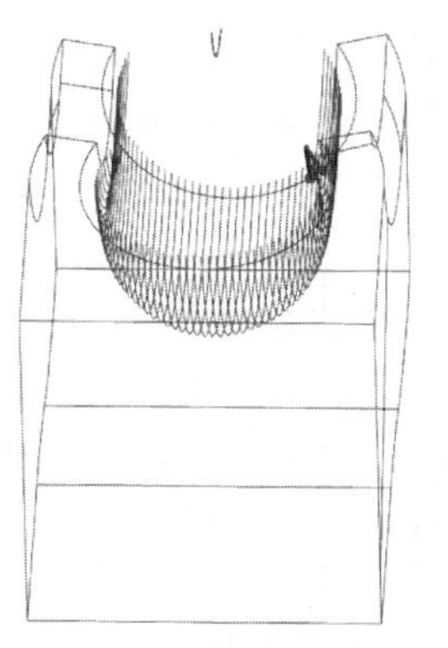
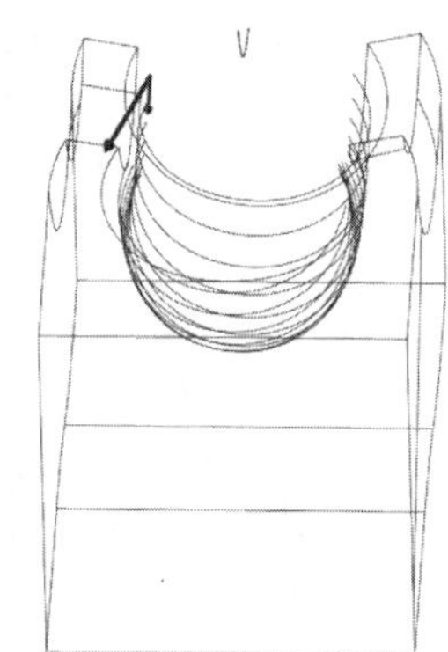

图 4-82　切削方向

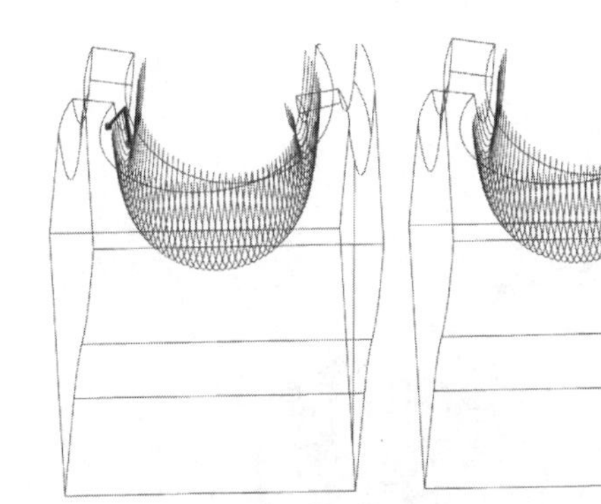

图 4-83　步进方向

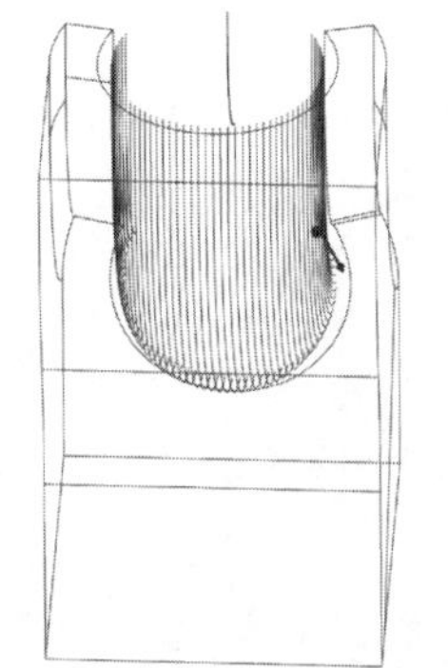
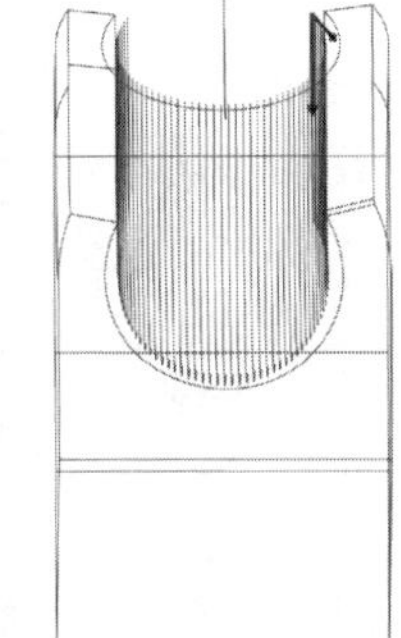

图 4-84　起始点方向

- 在左侧列框中选择“刀轴控制”选项，见图 4-85；
- 结合加工工艺需求，填写相关参数；

参数含义如下：

线条：沿所选直线对齐工具轴，刀具轴将针对所选线之间的区域进行插值，选取线的方式使链式箭头指向刀具主轴。

曲面：使刀具轴垂直于选定曲面。图案表面是可用于三轴输出的唯一选项。对于三轴输出，Mastercam 将曲线投影到刀具轴曲面上。投影曲线成为刀具接触位置。

平面：使刀具轴垂直于选定平面。

从点：将刀具轴限制为源自选定点。

到点：将刀具轴限制为终止到选定点。

曲线：沿直线、圆弧、样条或连接几何对齐刀具轴。

边界：在闭合边界内或闭合边界上对齐刀具轴。如果切削阵列曲面法线在边界内，则刀具轴与切削图案曲面法线保持对齐。

输出格式：

4 轴：允许在旋转轴下选择一个旋转平面。

5 轴：允许在任何平面上旋转刀具轴。

轴旋转于：选择要在背景图中使用的 X、Y 或 Z 轴来表示旋转轴。将此设置与机床的旋转轴功能相匹配，以实现四轴输出。

前倾角：沿刀具路径方向向前倾斜刀具。

侧倾角：输入倾斜工具的角度。沿刀具路径方向行进时向右或向左倾斜刀具。

添加角度：选中该复选框并输入一个值。该值是相邻刀具向量之间的角度测量值。当计算的向量之间的角度大于角度增量值时，将向刀具路径添加一个附加向量。

刀具向量长度：输入一个值，该值通过确定每个刀具位置处刀具轴的长度来控制刀具路径显示。也用作 NCI 文件中的向量长度。对于大多数刀具，请使用 1 英寸[1]或 25.4mm 作为刀具向量长度。输入较小的值可减少刀具路径的屏幕显示。如果对刀具路径显示感到满意，请将刀具向量长度更改为较大的值，以创建更精确的 NCI 文件。

最小倾斜：选择启用最小倾斜度选项。最小倾斜度可调整刀具向量，以防止与零件发生潜在碰撞。

最大角度（增量）：输入允许刀具在相邻移动之间的最大角度。

刀杆及刀柄间隙：输入要用作刀柄和刀柄间隙的值，当需要额外的间隙以避免零件或夹具碰撞时使用。

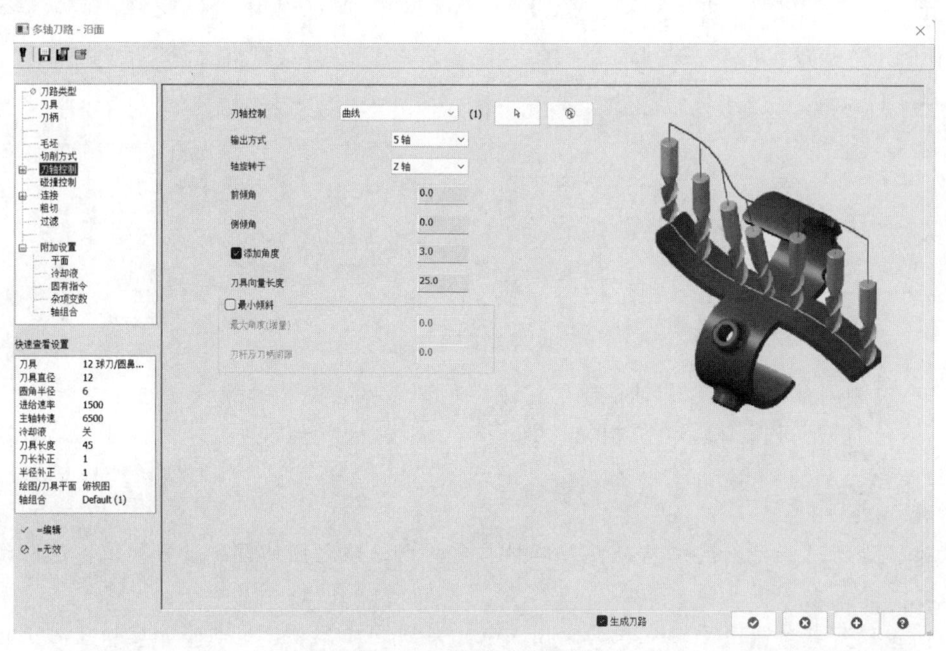

图 4-85　设置刀轴控制

- 在左侧列框中选择“碰撞控制”选项，见图 4-86；
- 结合加工工艺需求，填写相关参数；

部分参数含义如下：

补正曲面：单击“选取”键返回到图形窗口进行曲面选取。补偿曲面用于驱动刀尖位

---

[1] 英寸（in），1in=25.4mm。

置。所选曲面的数量显示在按钮的右侧。

预留量：输入要留在补偿曲面上的材料量。负值会将刀具路径切入曲面或曲面下方。仅在选取补偿曲面时适用。

忽略曲面法线：选择此选项可在生成刀具路径时忽略曲面法线信息。在选择了多个曲面且不确定法线方向时使用。在加工面背面切削时也很有用。通常选择用于流动和多曲面操作。

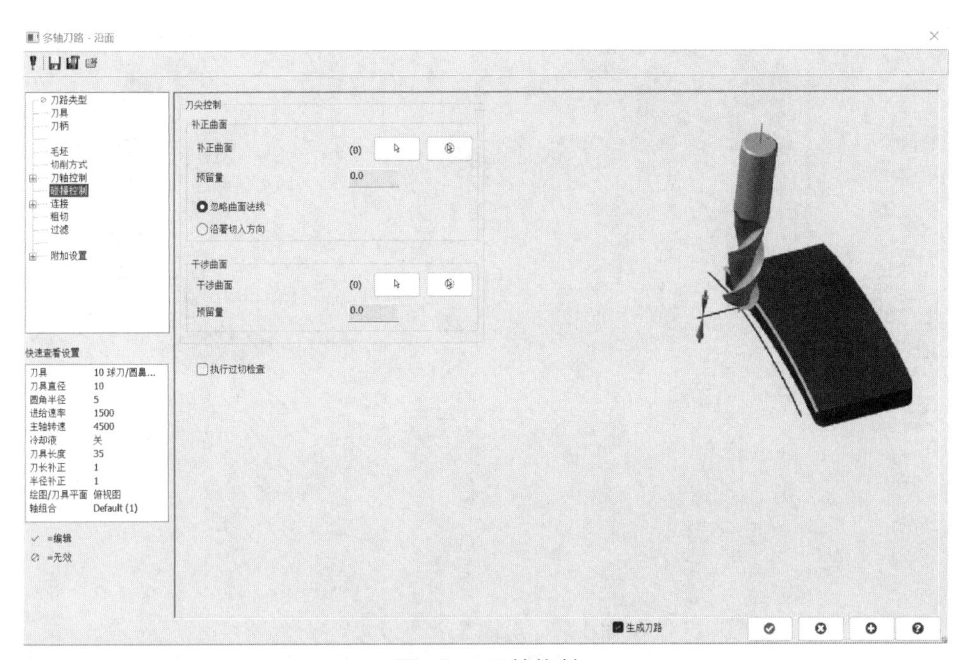

图 4-86　刀轴控制

- 在左侧列框中选择“连接”“进/退刀”选项，见图 4-87；
- 结合加工工艺需求，填写相关参数；

部分参数含义如下：

总是使用：选择此选项可强制进入/退出由于刀路中间的检查曲面而移除向量的情况。即使间隙小于保持工具中的值，也会发生进入/退出运动。

长度：在第一个字段中输入刀具直径的百分比，或在第二个字段中输入数值以用于设定曲线的长度。这些字段是链接的，因此在一个字段中输入值将自动更新另一个字段。该值是平行于刀具运动测量的。

厚度：在第一个字段中输入刀具直径的百分比，或在第二个字段中输入数值，以用于设定曲线的厚度。这些字段是链接的，因此在一个字段中输入值将自动更新另一个字段。该值垂直于刀具运动进行测量。

高度：输入用于曲线高度的值。该值沿刀具轴测量，因此在零件上方生成运动。

进给率%：输入要用作进给率百分比值的数字。在此处输入百分比乘以刀具路径进给率，以确定导程移动的进给率。可以使用此值降低或增加导程移动的进给速率。

垂直：单击以将枢轴角设置为 90°。

切线：单击此项可将枢轴角设置为 0°。

中心轴角度：输入一个以“°”为单位的值以旋转曲线。角度值以刀具与零件的接触点开始测量，计量的数值就是指刀具与零件间的夹角。

方向：选择向左或向右作为应用厚度值的方向。

曲线公差：输入距离以控制曲线的线性近似。较低的值将更紧密地遵循理论曲线，但也可能在 NCI 文件中创建更多的代码行。

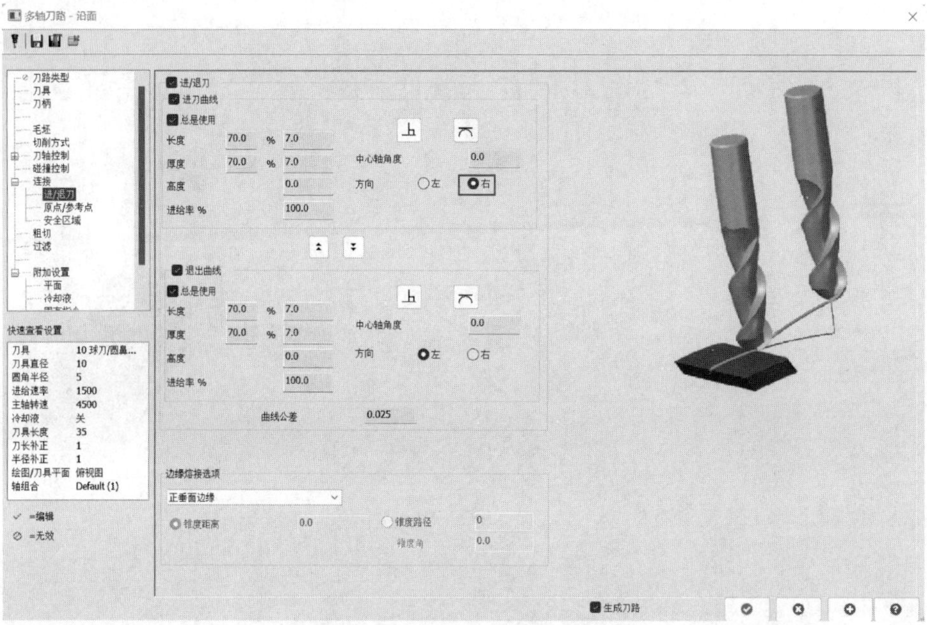

图 4-87　设置进/退刀方式

• 在左侧列框中选择“平面”选项，见图 4-88；

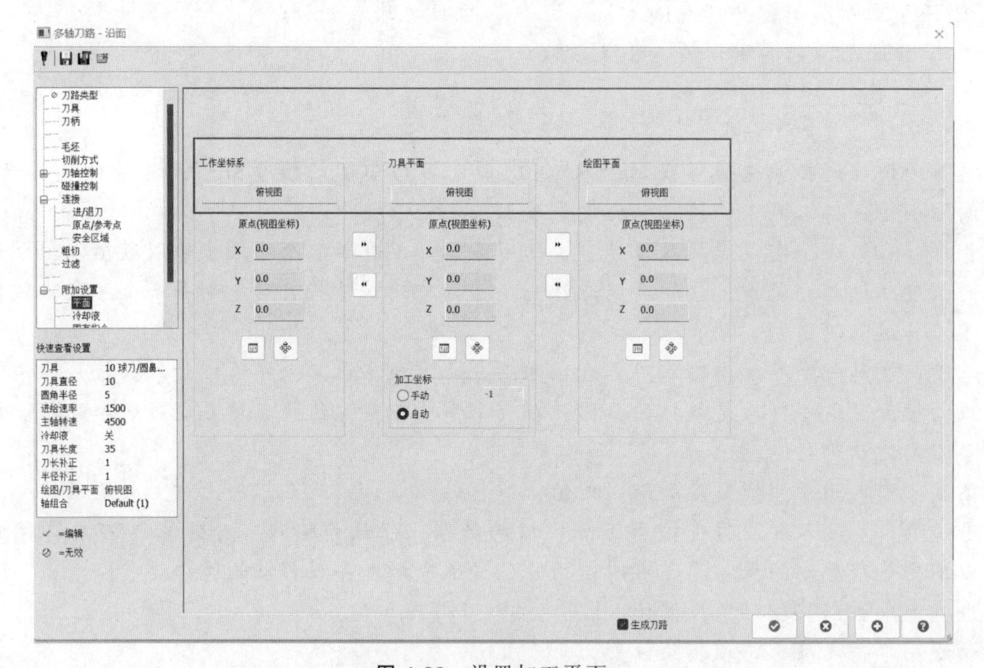

图 4-88　设置加工平面

- 结合加工工艺需求，填写相关参数；
- 点击“确定”按钮生成刀路轨迹，见图4-89。

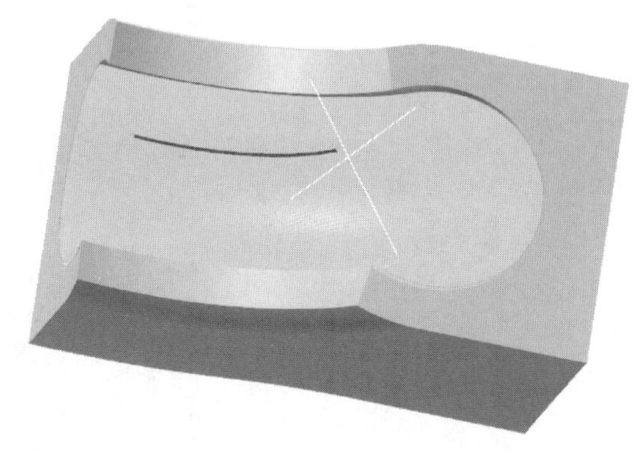

图4-89 刀路轨迹

4.5 多曲面加工策略

多曲面加工策略依靠所加工零件构建相应曲面（圆柱体、球体、立方体等）作为刀轴控制方向，然后在所加工零件面上产生相应刀具路径。

多曲面加工策略应用案例见图4-90。

图4-90 多曲面加工案例

4.5.1 模型输入

打开随书附带电子文件夹（可扫描封底二维码下载），找到“多曲面案例原图档”文件，也可以使用鼠标左键直接拖动到Mastercam软件绘图区打开图档，见图4-91。

4.5.2 案例说明

在管理器面板点击“层别”选项，检查各图层图素是否正常，见图4-92。

层别1：零件。

层别2：模型曲面。

4.5.3 策略应用

- 点击“刀路”选项卡；
- 选择“沿面”加工策略，见图4-93；
- 在左侧列框中选择“刀具”选项，见图4-94；
- 选择6mm球头铣刀，合理设置切削参数；
- 在左侧列框中选择“切削方式”选项；
- 构建模型选项，见图4-95。在构建中，首先根据零件图提取曲面边界，然后根据曲面最低端构建模型；

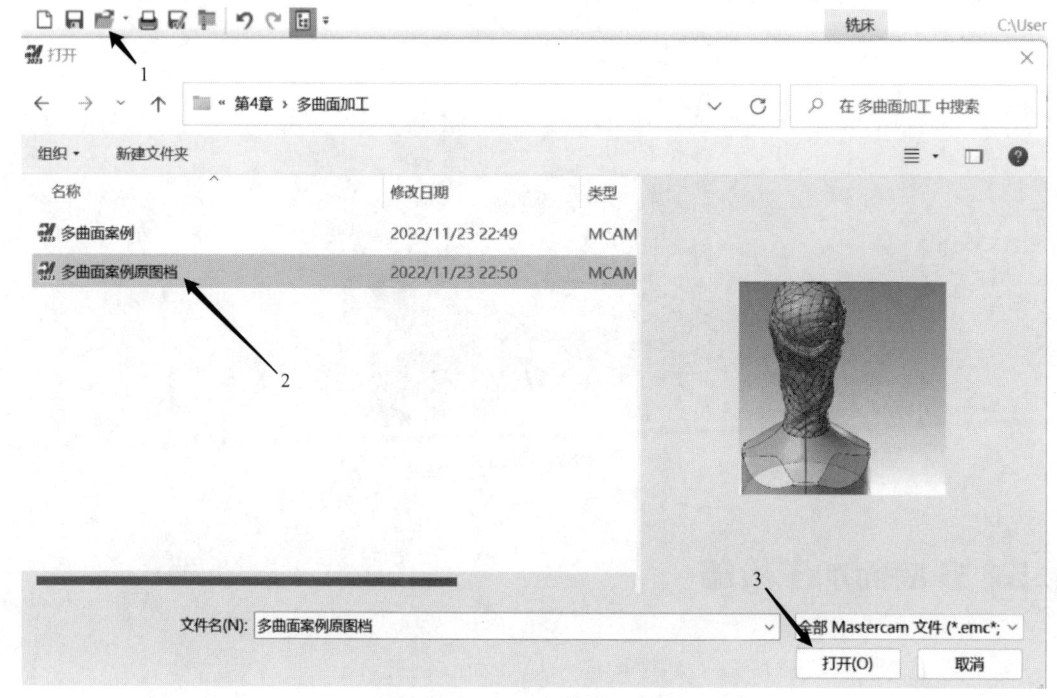

图 4-91　多曲面案例原图档

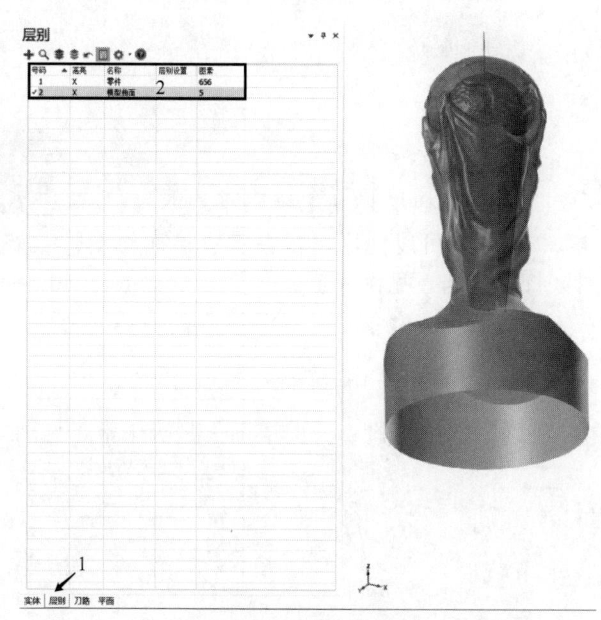

图 4-92　层别显示

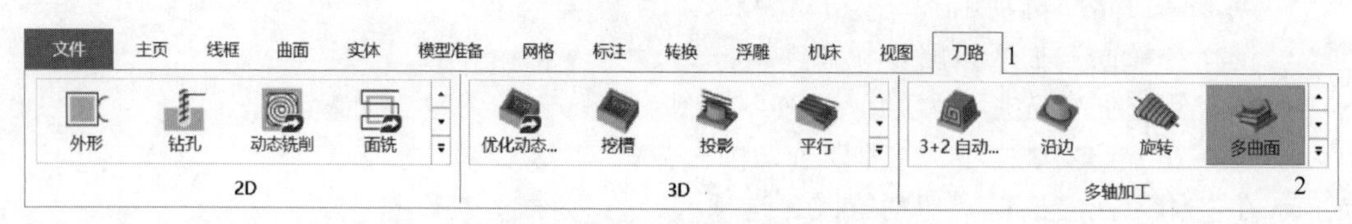

图 4-93　选择沿面加工策略

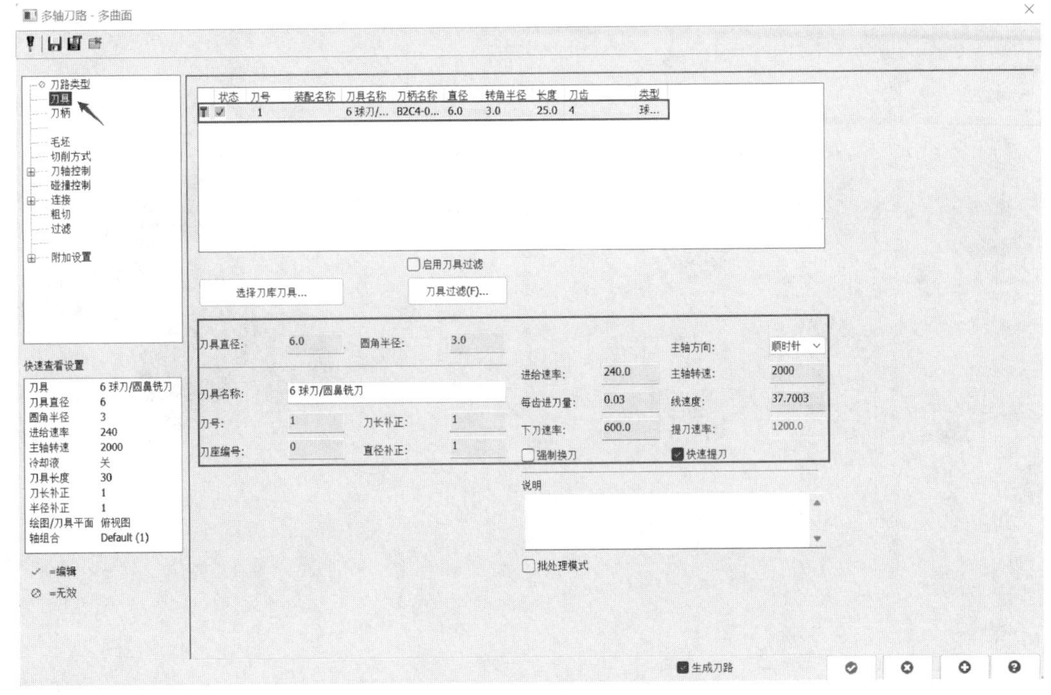

图 4-94　选择刀具

图 4-95　构建模型

- 结合加工工艺需求，填写相关参数，见图 4-96；

部分参数含义如下：

模型选项：

曲面：单击“选取”返回到图形窗口进行曲面选取，所选曲面的数量显示在“选择”按钮的右侧。

圆柱/球体/立方体：单击“选择”以打开相应的对话框，使用该对话框输入所选形状的参数。

添加距离：选中该复选框并输入一个值，该值是指沿刀具所采用路径的线性距离。当计算的向量之间的距离大于距离增量值时，将向刀具路径添加一个附加向量。

- 在左侧列框中选择“刀轴控制”选项；
- 结合加工工艺需求，填写相关参数，见图 4-97；
- 在左侧列框中选择“碰撞控制”选项；结合加工工艺需求，填写碰撞控制、进退刀方式相关参数，见图 4-98、图 4-99；

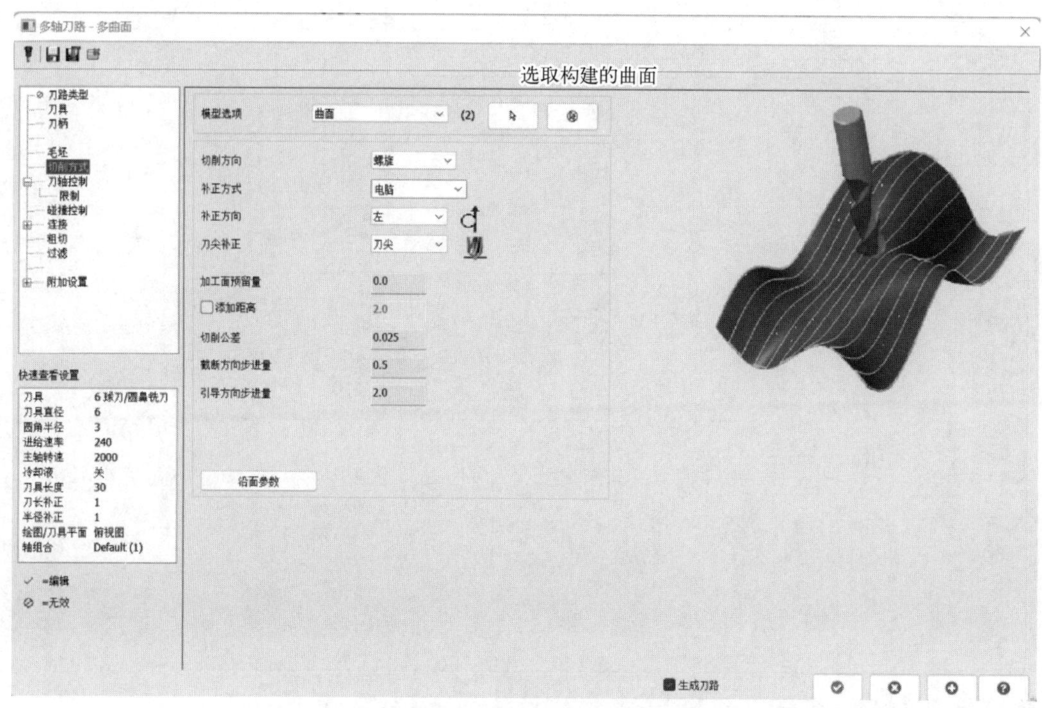

图 4-96　设置切削方式参数

图 4-97　设置刀轴控制

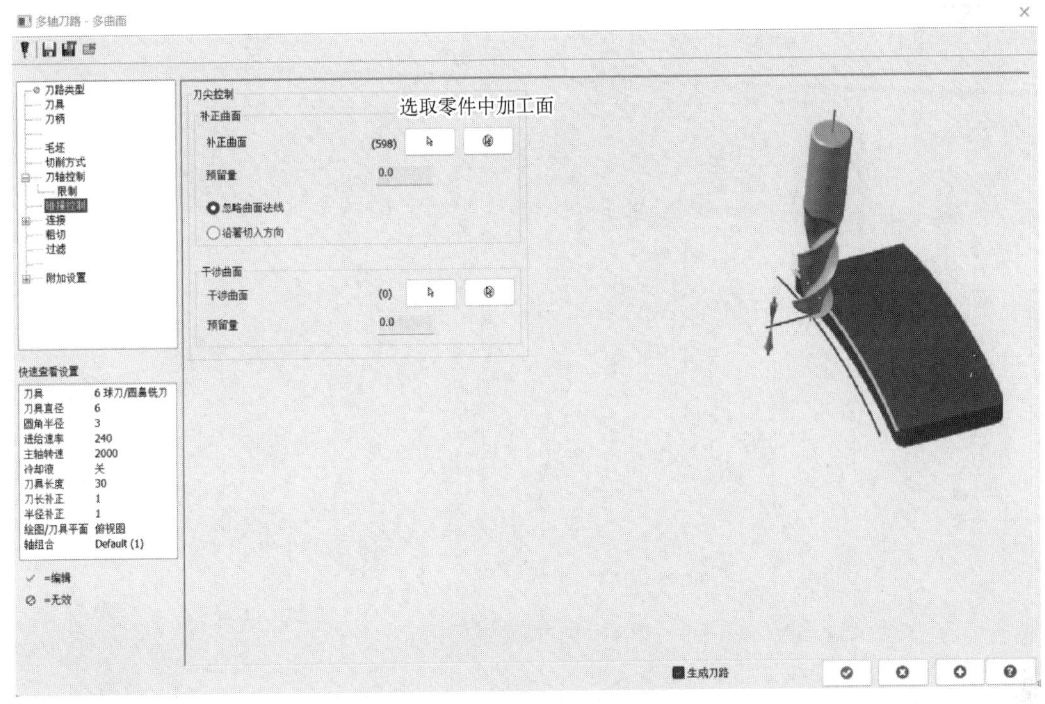

图 4-98　设置碰撞控制

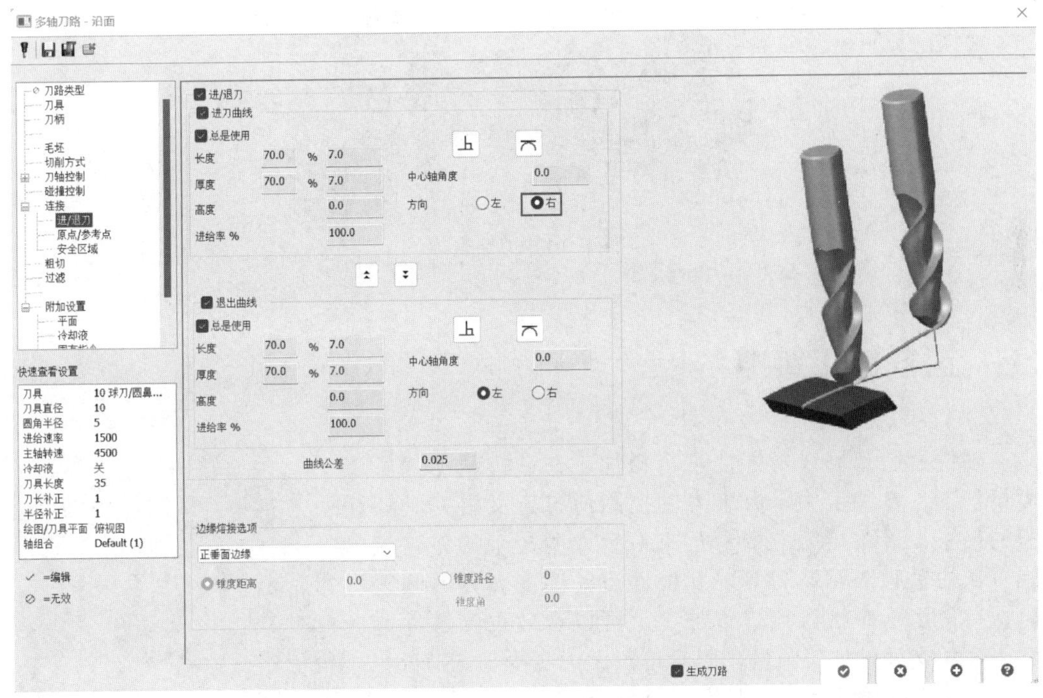

图 4-99　设置进退刀方式

- 在左侧列框中选择“平面”选项，见图 4-100；
- 结合加工工艺需求，填写相关参数；
- 点击“确定”按钮生成刀路轨迹，见图 4-101。

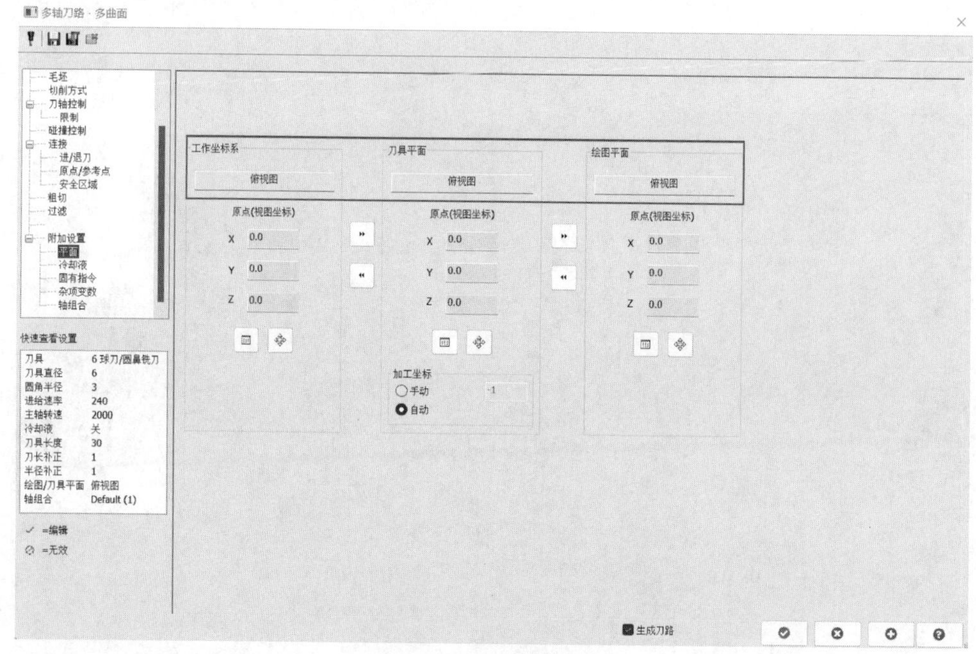

图 4-100　设置加工平面

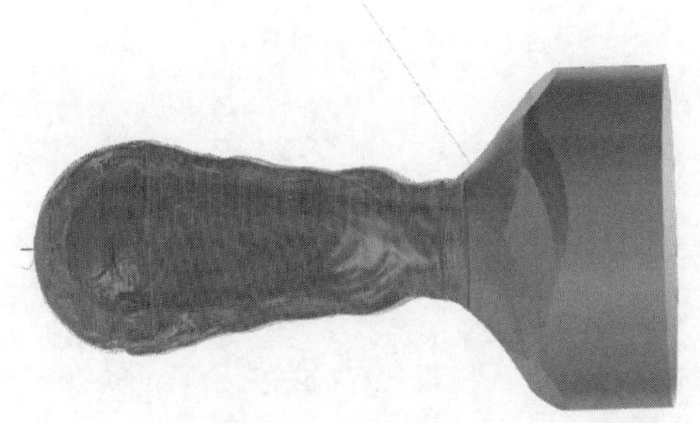

图 4-101　刀路轨迹

4.6　挖槽加工策略

多轴挖槽加工可以对零件进行粗加工、壁边精加工及底面精加工。在加工中，由于刀轴控制通过定义沿刀具切削刃的最小、最大接触点的参数来设置，所产生的刀路就会在首选的接触点驱动刀具，并根据需要改变刀具的倾斜角以保持使用这个接触点进行加工，可以有效去除零件壁边和底面相交处的加工余量，同时可以大大减少加工时间。

挖槽加工策略应用案例见图 4-102。

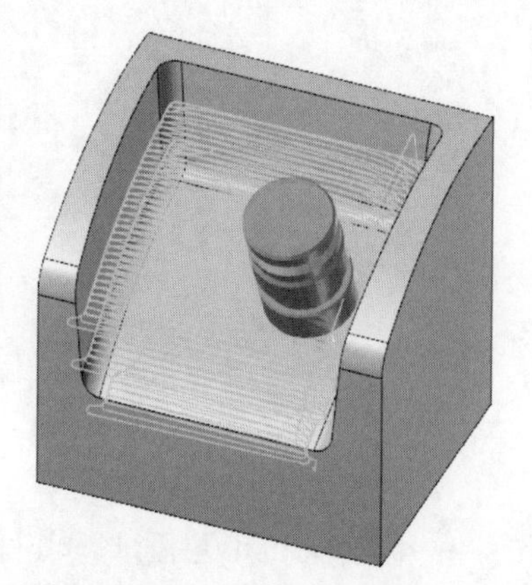

图 4-102　挖槽加工案例

4.6.1　模型输入

打开随书附带电子文件夹（扫描封底二维码下载），找到“挖槽原图档”文件，也可以使用鼠标左键直接拖动到 Mastercam 软件绘图区打开图档，见图 4-103。

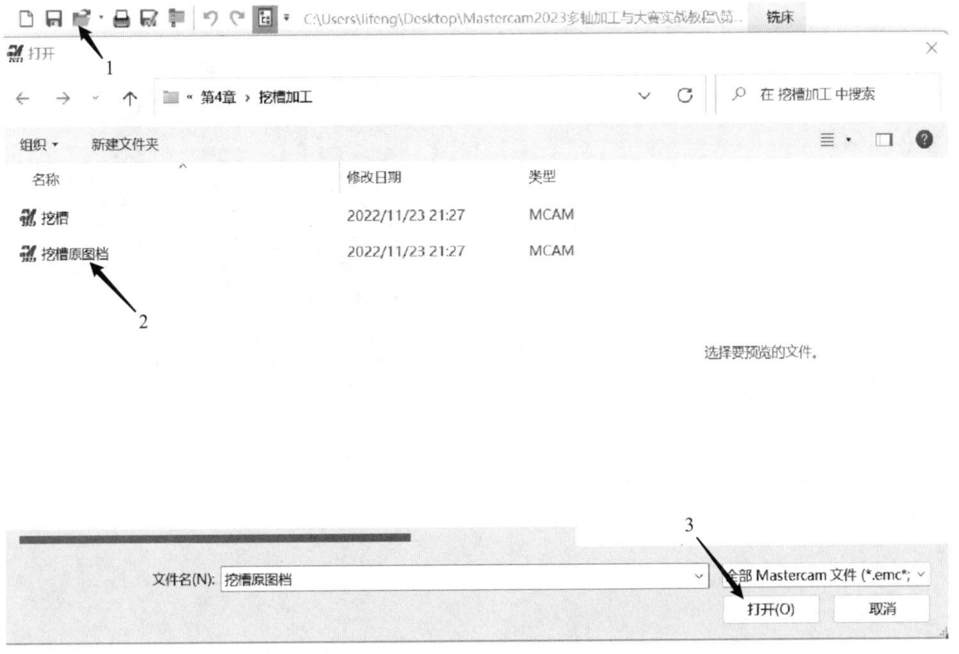

图 4-103　挖槽原图档

4.6.2　案例说明

在管理器面板点击“层别”选项，检查各图层图素是否正常，见图 4-104、图 4-105。

层别 1：实体。

层别 2：毛坯。

4.6.3　策略应用

（1）挖槽粗切

- 点击“刀路”选项卡；
- 选择“挖槽”策略，见图 4-106；
- 在左侧列框中选择“刀具”选项，见图 4-107；
- 选择直径 10mm 的圆鼻铣刀，合理设置切削参数；
- 在左侧列框中选择“毛坯”选项；
- 结合加工工艺需求，填写相关参数，见图 4-108；

部分参数含义如下：

毛坯_依照选择图形：选择如图所示模型作为毛坯模型，确定加工范围。

碰撞控制：检查刀肩、刀杆、刀柄是否与毛坯模型接触，如接触则运动被移除。

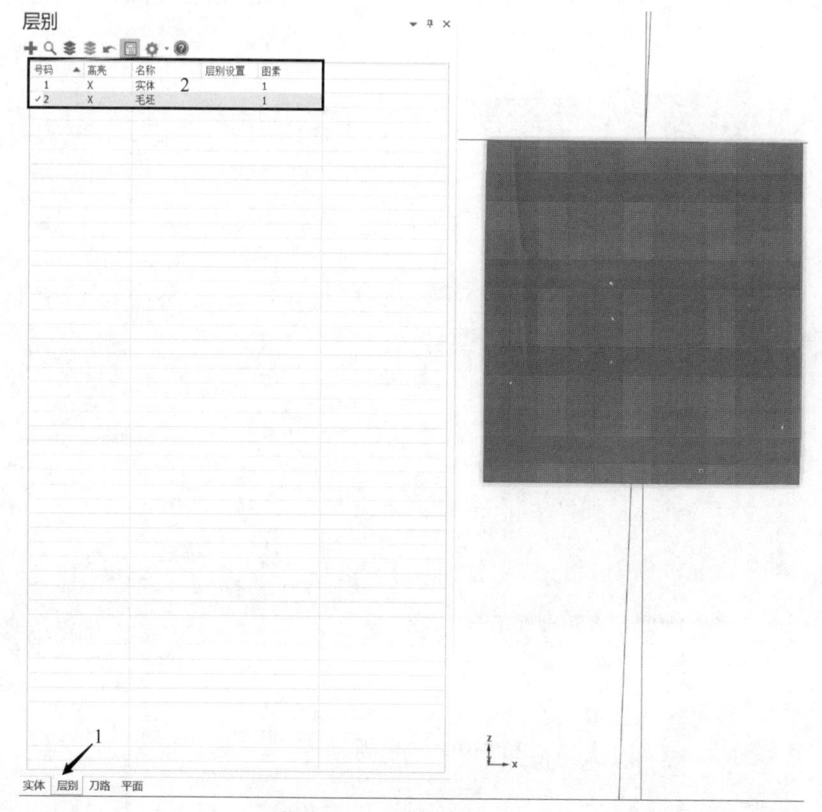

图 4-104　层别显示（一）

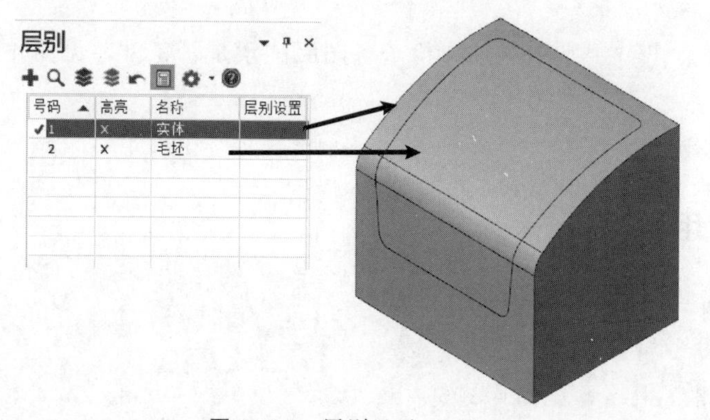

图 4-105　层别显示（二）

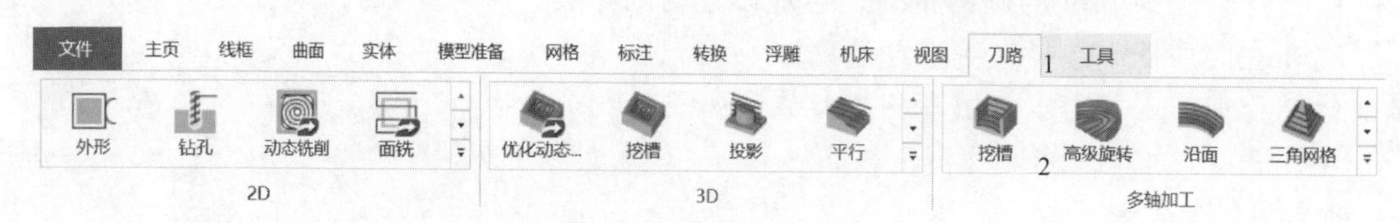

图 4-106　选择挖槽策略

• 在左侧列框中选择“切削方式”选项；
• 结合加工工艺需求，填写相关参数，见图 4-109、图 4-110；

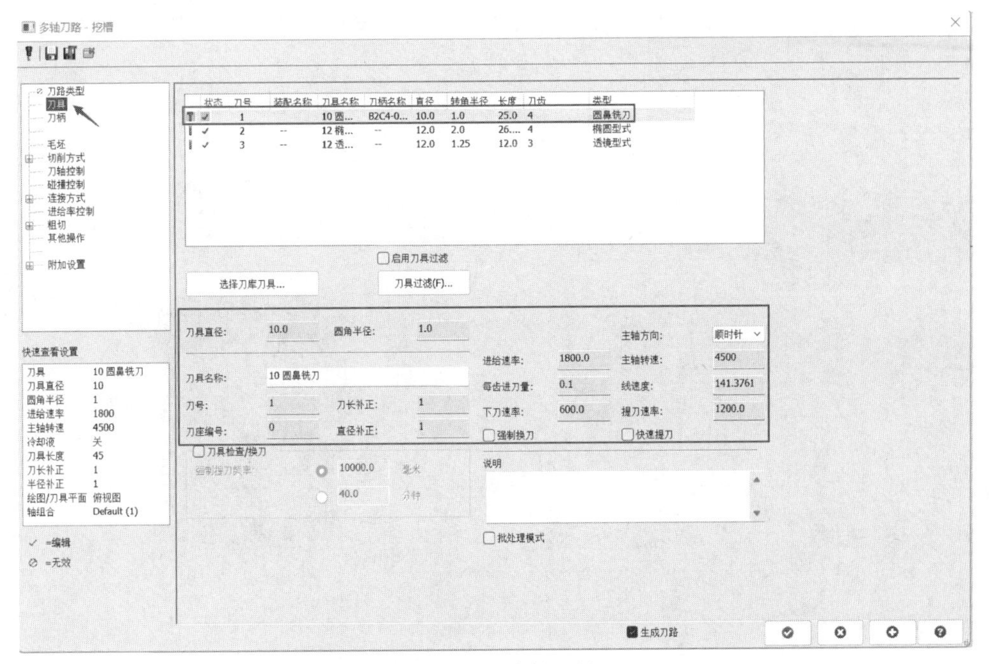

图 4-107　选择刀具

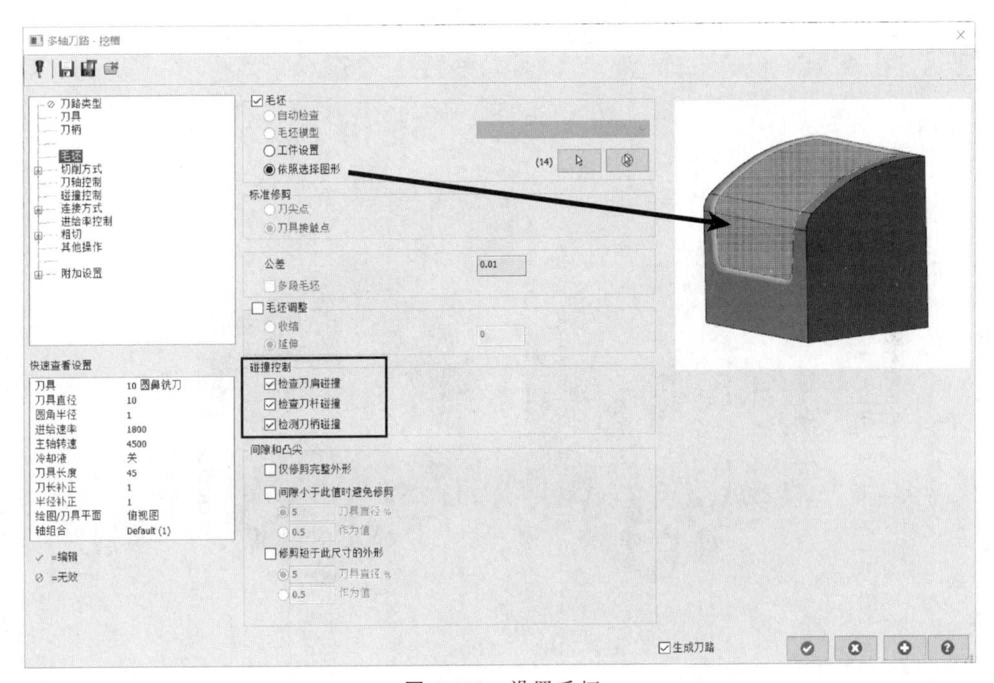

图 4-108　设置毛坯

部分参数含义如下：

加工几何图形：形成加工特征的壁边曲面，可包含壁面与壁面之间的圆角曲面、壁面与底面之间的圆角曲面。

底面几何图形：加工区域的底面图形。在粗加工中选择多个底面几何图形时曲率不能相差较大。

策略_与底面平行：刀路轨迹平行于底面特征。

策略_与顶面平行：刀路轨迹平行于顶面特征。

策略_与底面及顶面之间变化：刀路轨迹在底面特征和顶面特征之间融合。

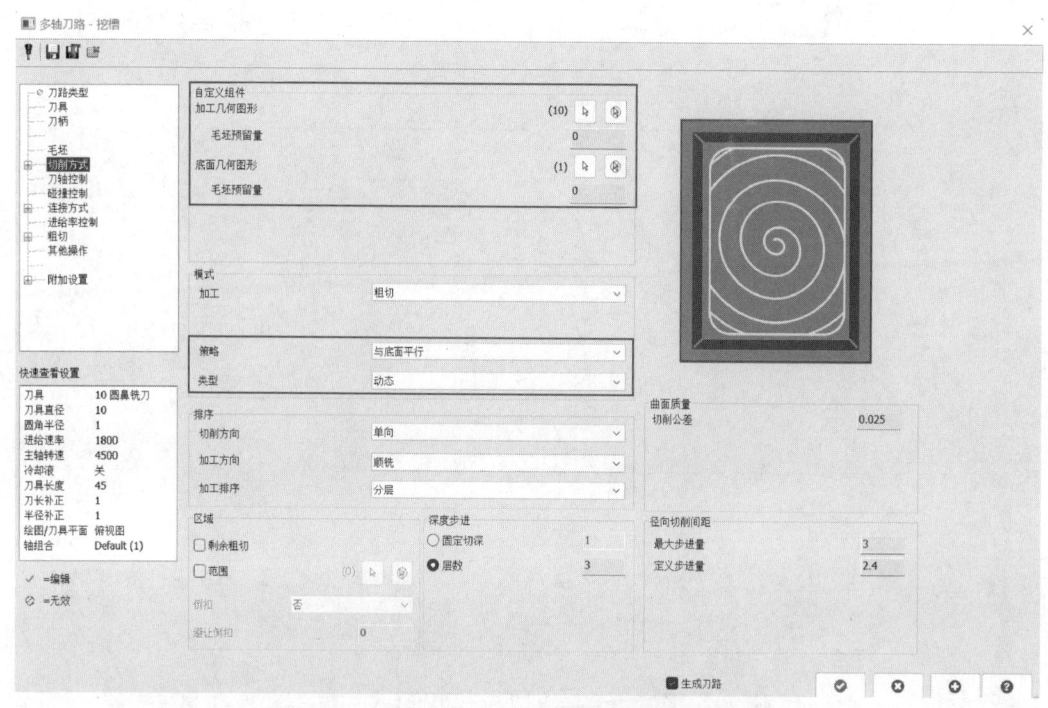

图 4-109　设置切削方式

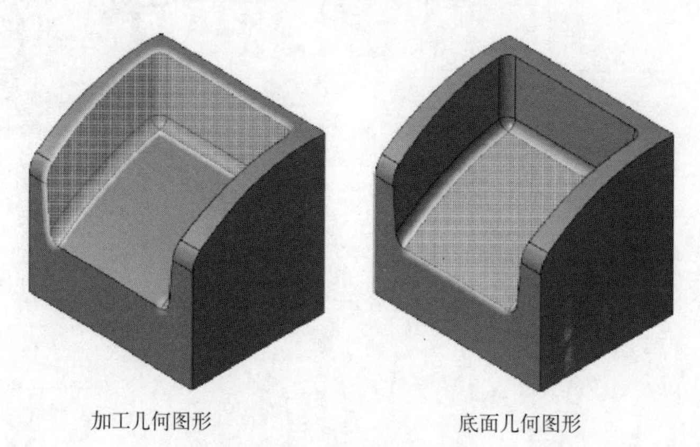

图 4-110　选取加工图素

• 在左侧列框中选择“碰撞控制”选项；

• 结合加工工艺需求，填写相关参数，见图 4-111；

部分参数含义如下：

检查加工几何形状：对选定的加工面或零件模型执行碰撞检查。

检查加工中的毛坯：对设置的毛坯模型执行碰撞检查。

• 设置完成后，碰撞让刀状态见图 4-112；

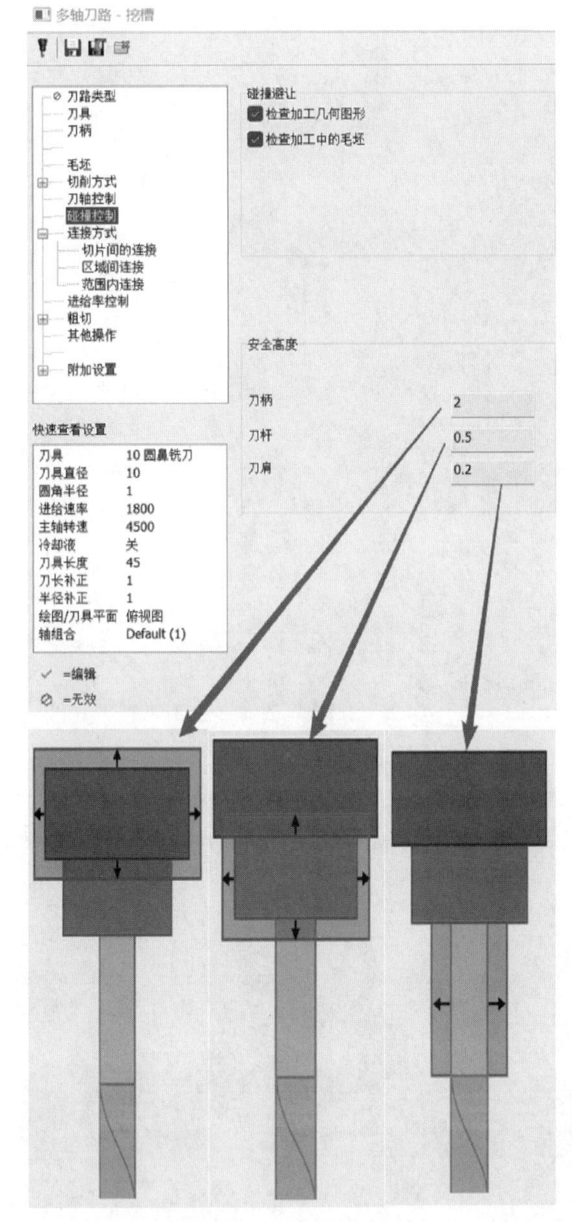

图 4-111　设置碰撞控制

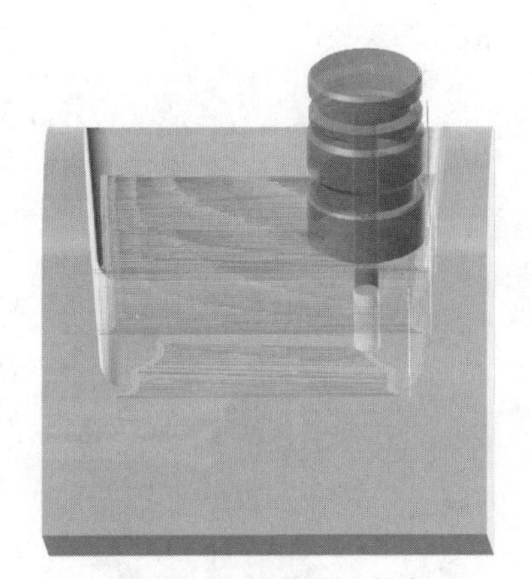

图 4-112　碰撞让刀状态

• 在左侧列框中选择“连接方式”选项，见图 4-113；具体连接内容在“4.2 侧刃铣削策略”中已讲解；

• 在左侧列框中选择“粗切”选项；

• 结合加工工艺需求，填写粗切相关参数，见图 4-114；

• 在左侧列框中选择“平面”选项，见图 4-115；

• 结合加工工艺需求，填写相关参数；

• 点击“确定”按钮生成刀路轨迹，见图 4-116。

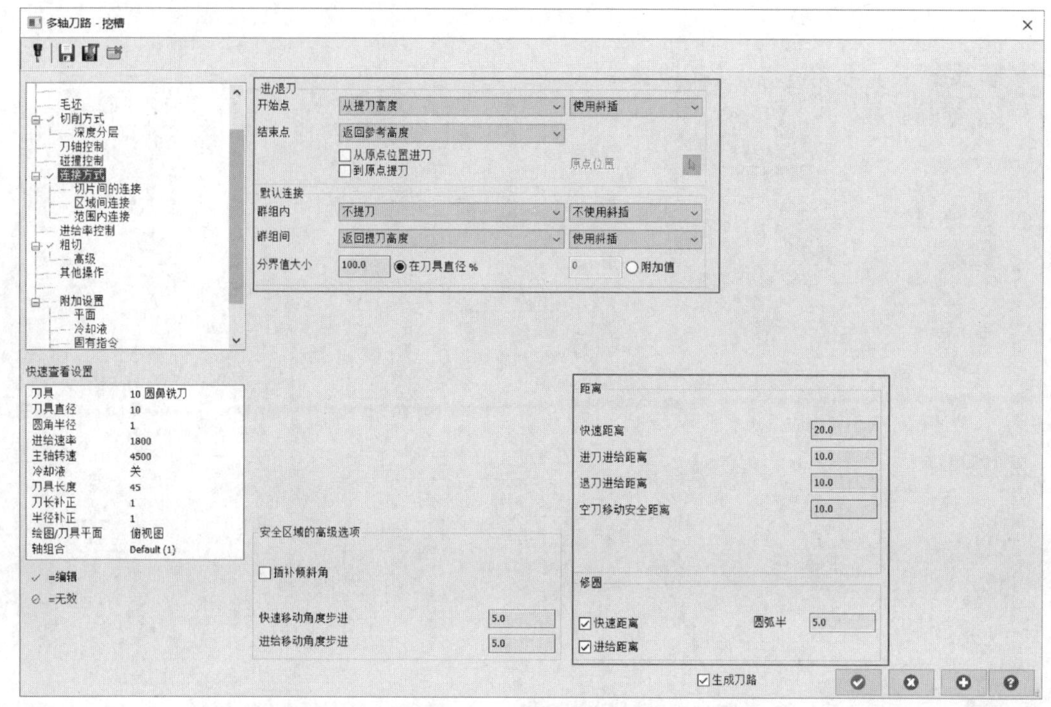

图 4-113　设置连接方式

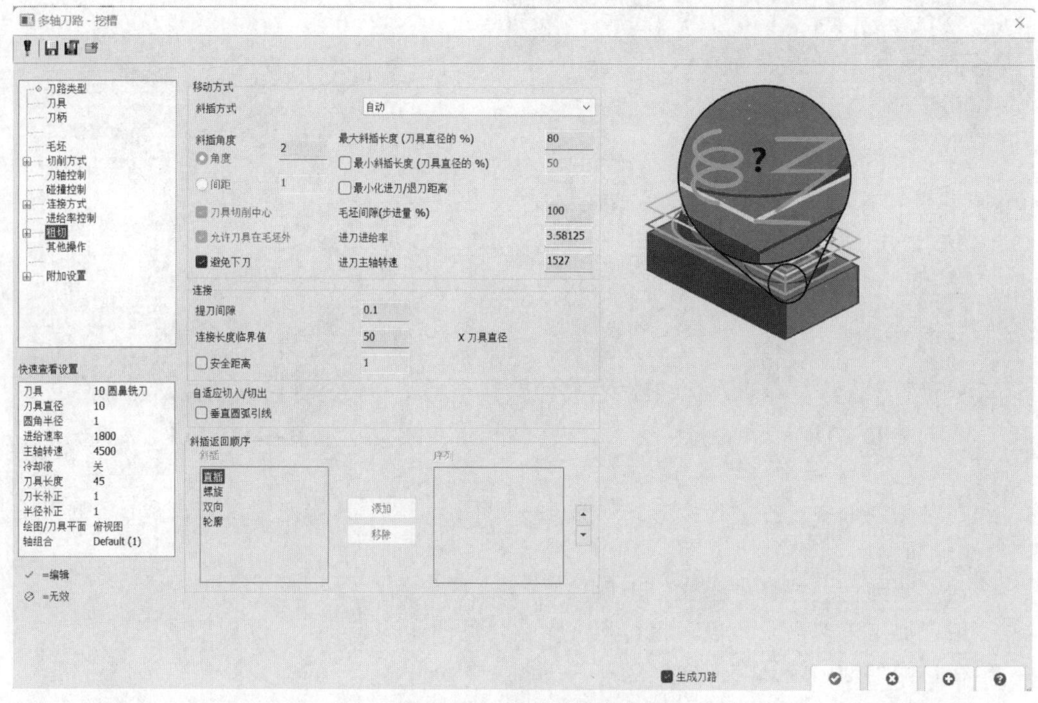

图 4-114　设置粗切参数

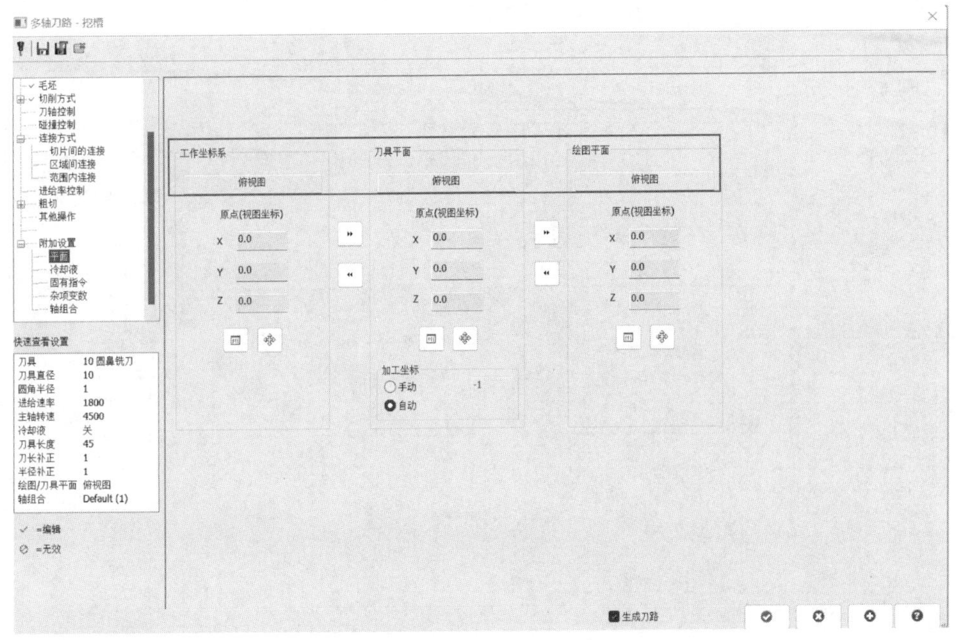

图 4-115　设置加工平面

（2）挖槽-壁边精修

• 点击“刀路”选项卡；

• 选择“挖槽”策略，见图 4-117；

• 在左侧列框中选择“刀具”选项，见图 4-118；

• 选择直径 12mm 的椭圆形式刀具，合理设置切削参数；

• 在左侧列框中选择“切削方式”选项；

• 结合加工工艺需求，填写相关参数，设置切削方式见图 4-119，选取壁边几何图形见图 4-120；

图 4-116　刀路轨迹

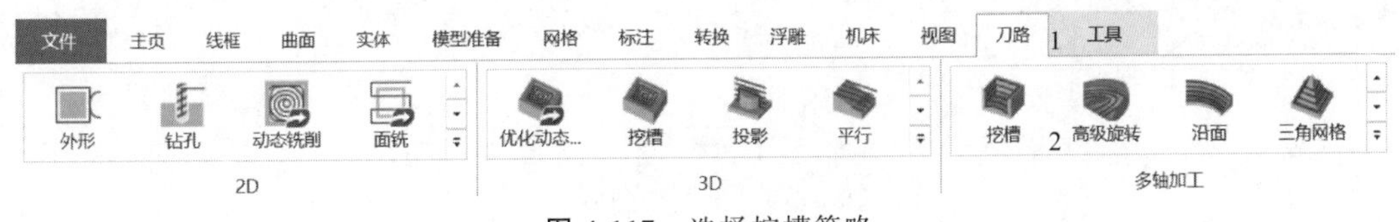

图 4-117　选择挖槽策略

部分参数含义如下：

壁边几何图形：用于形成加工特征的壁边曲面，只有“加工”设置为“底面精修”或“壁边精修”时，才会显示“壁边几何图形”选项。

引导曲线_用户定义曲线：允许用户定义一条或多条驱动曲线，刀路轨迹将依照引导曲线生成。单击选取箭头将返回到图形窗口用于选取曲线。

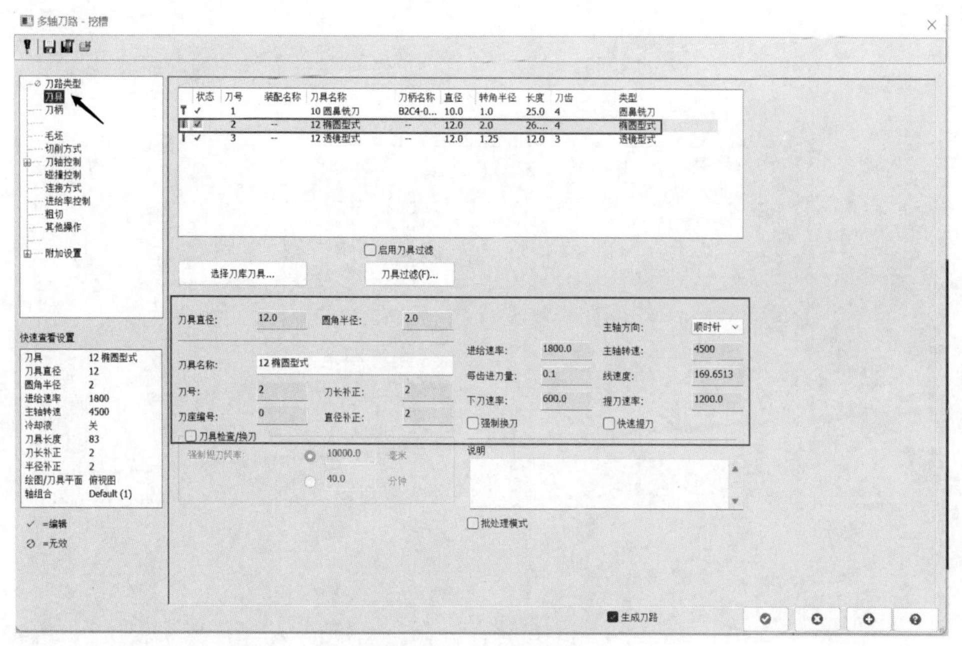

图 4-118　选择刀具

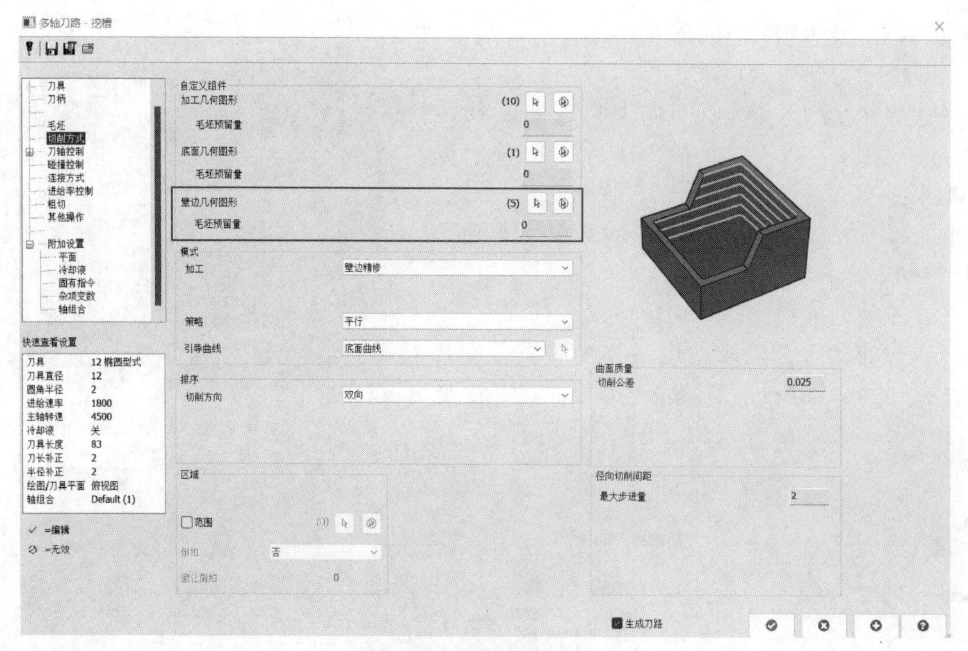

图 4-119　设置切削方式

- 在左侧列框中选择“刀轴控制”选项；
- 结合加工工艺需求，填写相关参数，见图 4-121；

部分参数含义如下：

首选接触点（切削长度%）：在刀具上输入首选切削点。设置刀具首选切削接触点。

最小接触点（切削长度%）：输入刀具上的最小切削点。这是刀具上允许参与切削的底部位置。

最大接触点（切削长度%）：输入刀具上的最大切削点。这是刀具上允许参与切削的顶部位置。

首选前倾角：根据加工零件输入相应数值。使用动态策略时，前倾角度可能会有所不同，但会尽可能尝试返回到首选前倾角度。

最小前倾角：输入要应用于刀具的最小前倾角度。当几何图形需要滞后切削角度时，输入负值。

最大前倾角：输入要应用于刀具的最大前倾角度。工具的倾斜角度不会超过此值。

图 4-120　选取壁边几何图形

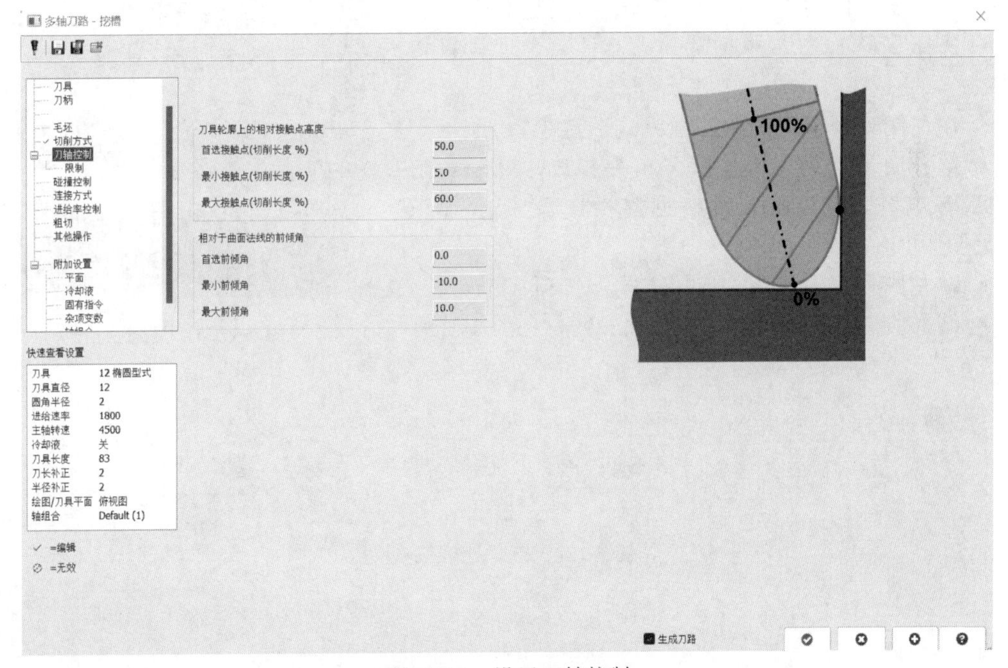

图 4-121　设置刀轴控制

- 在左侧列框中选择“平面”选项，见图 4-122；
- 结合加工工艺需求，填写相关参数；

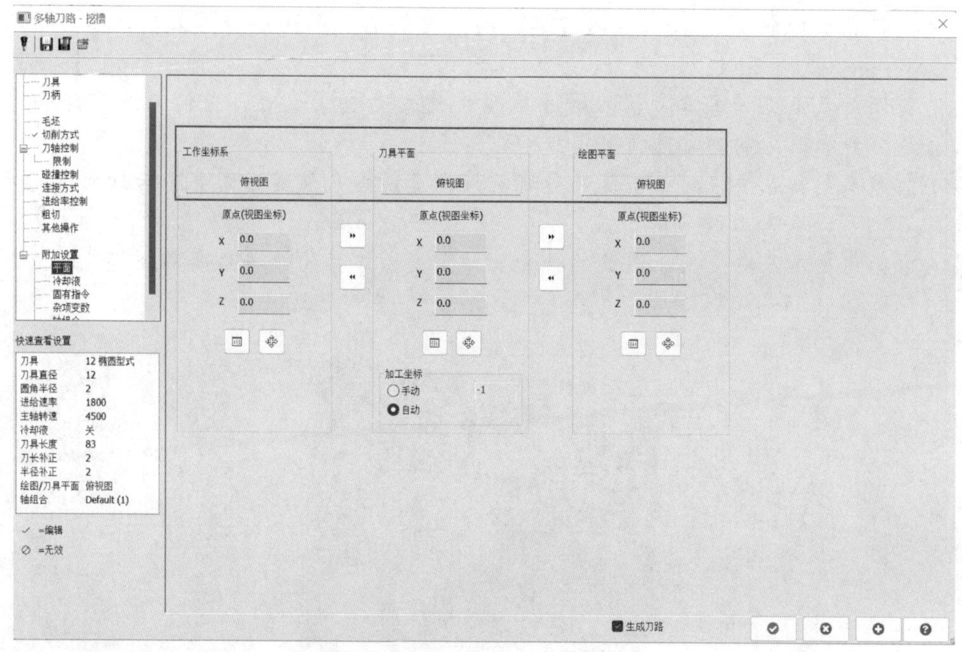

图 4-122　设置加工平面

• 点击“确定”按钮生成刀路轨迹，见图 4-123。

(3) 挖槽-底面精修

• 点击“刀路”选项卡；

• 选择“挖槽”策略，见图 4-124；

• 在左侧列框中选择“刀具”选项，见图 4-125；

• 选择直径 12mm 的透镜型式刀具，合理设置切削参数；

• 在左侧列框中选择“切削方式”选项；

• 结合加工工艺需求，填写相关参数，设置切削方式见图 4-126，选取加工策略见图 4-127，选取加工图素见图 4-128；

• 在左侧列框中选择“连接方式”选项；

• 结合加工工艺需求，填写相关参数，见图 4-129；

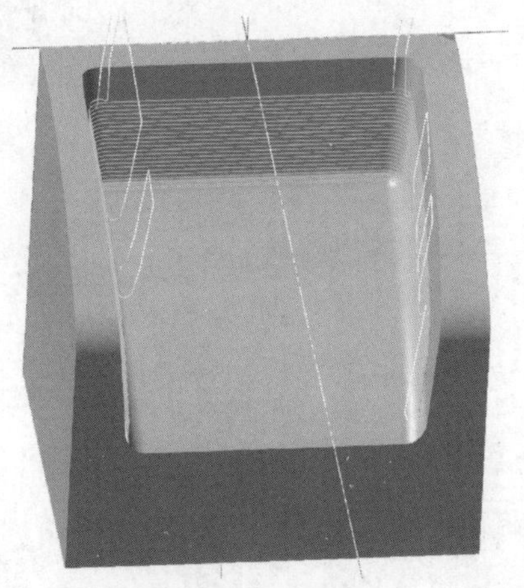

图 4-123　刀路轨迹

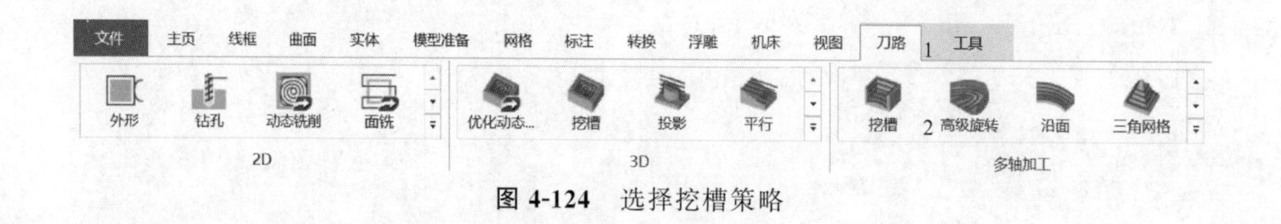

图 4-124　选择挖槽策略

部分参数含义如下：

安全高度_类型：选项包括自动、圆柱、平面或球体。

安全高度_方向：选项中包括自动、*X* 轴、*Y* 轴、*Z* 轴、直线五种。

安全高度_高度：选项中包括自动和用户定义两种，设置工具移入和移出零件的高度。

快速距离：刀轴摆正到合适位置时距离零件接触的距离。

进给距离：用于设置零件上方的高度，使刀具从快速运动切换到进给运动。

空刀移动安全距离：用于设置在零件上方移动的最小距离。

平滑转角：选中该复选框并输入一个值，用于在刀具路径连接的尖角处创建圆角。

连接类型：选择遇到较大间隙时将使用的连接类型。

应用于大于（以刀具直径的百分比）的间隙：以刀具直径的百分比形式输入数值。一旦间隙长度大于这个数值，将使用为大间隙指定的连接类型。

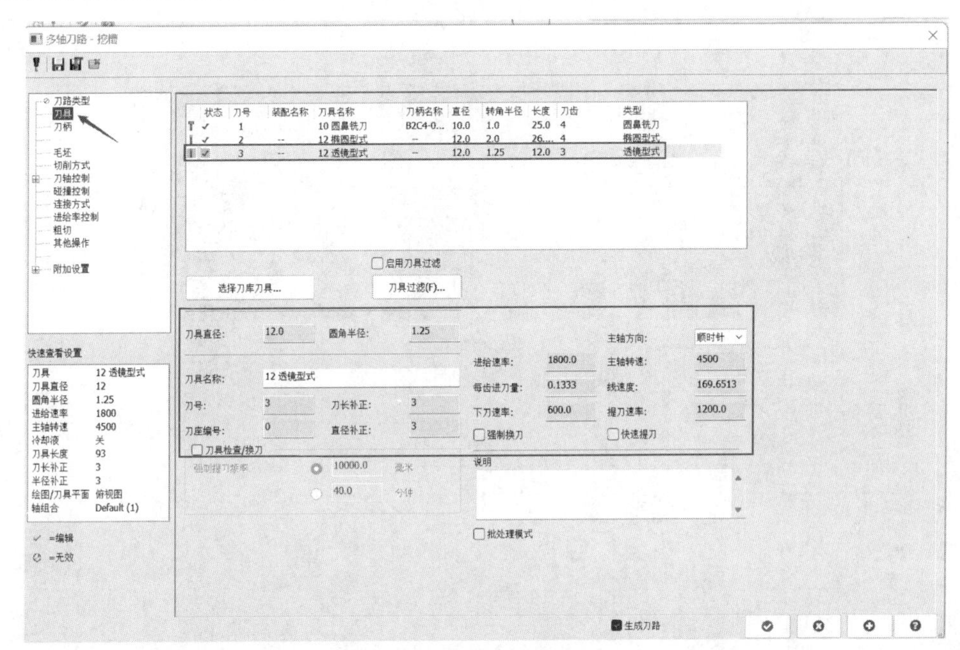

图 4-125　选择刀具

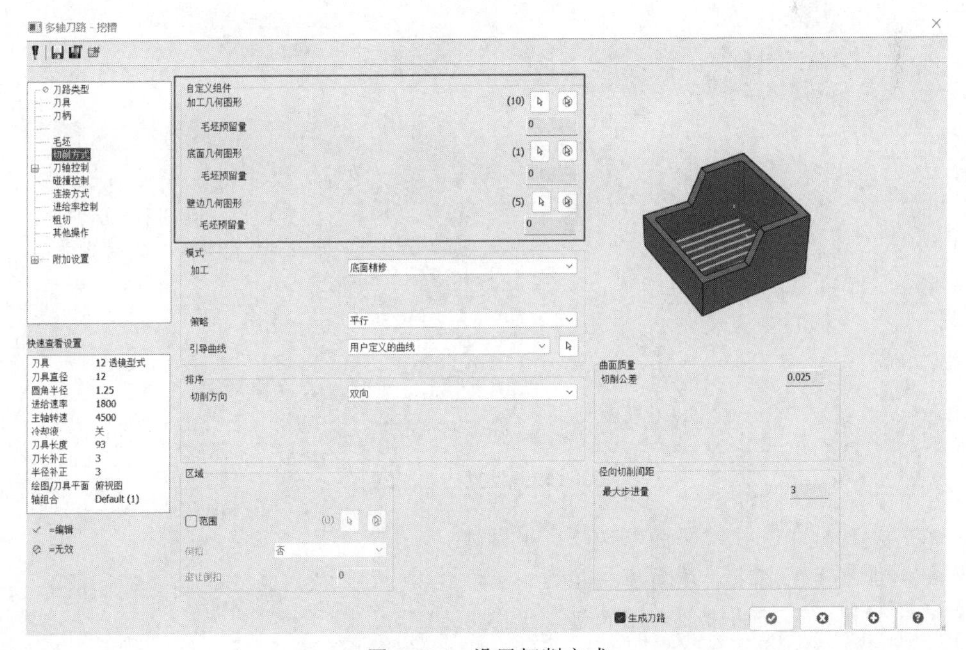

图 4-126　设置切削方式

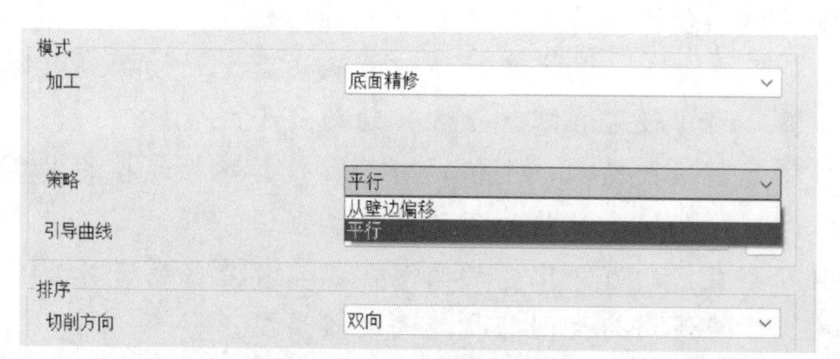

图 4-127　选取加工策略

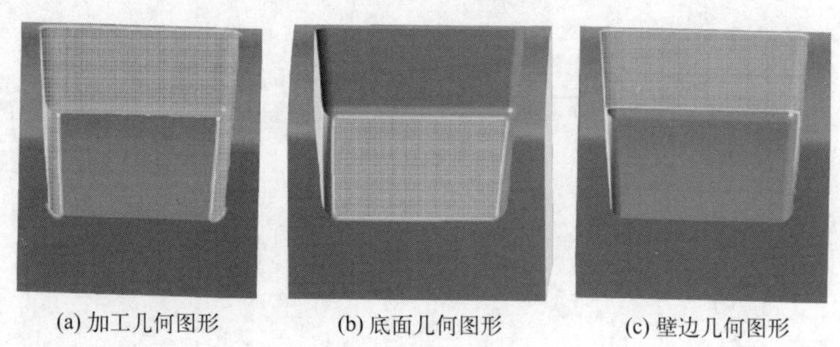

(a) 加工几何图形　　(b) 底面几何图形　　(c) 壁边几何图形

图 4-128　选取加工图素

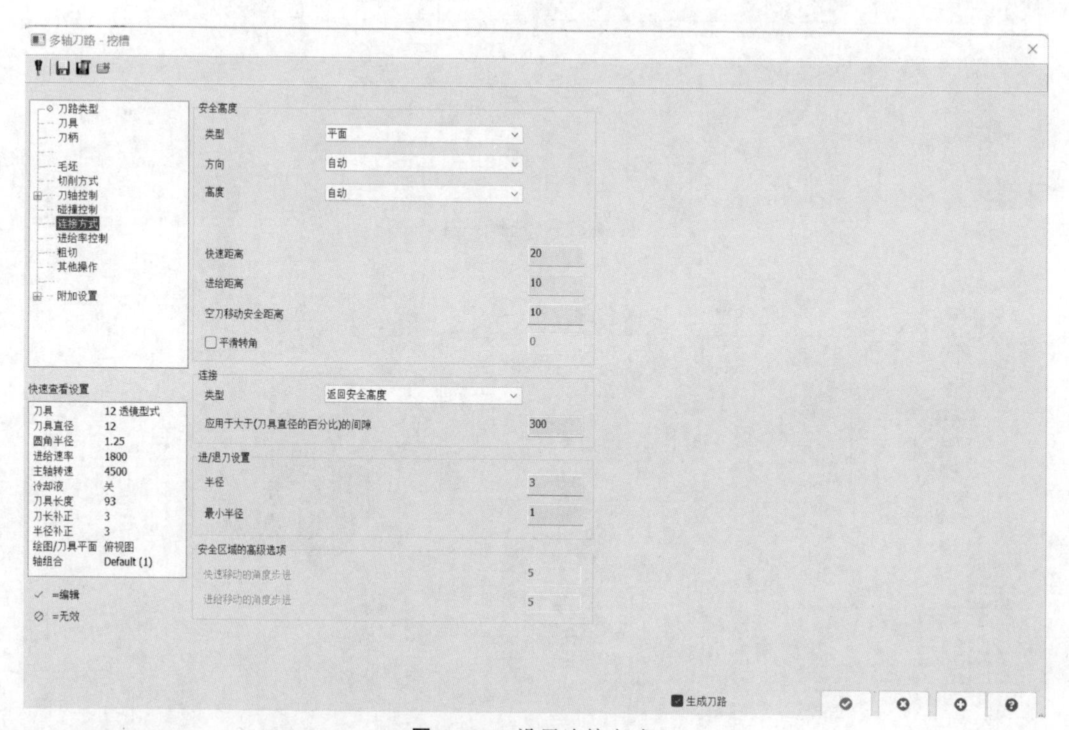

图 4-129　设置连接方式

- 在左侧列框中选择“平面”选项，见图 4-130；
- 结合加工工艺需求，填写相关参数；
- 点击“确定”按钮生成刀路轨迹，见图 4-131。

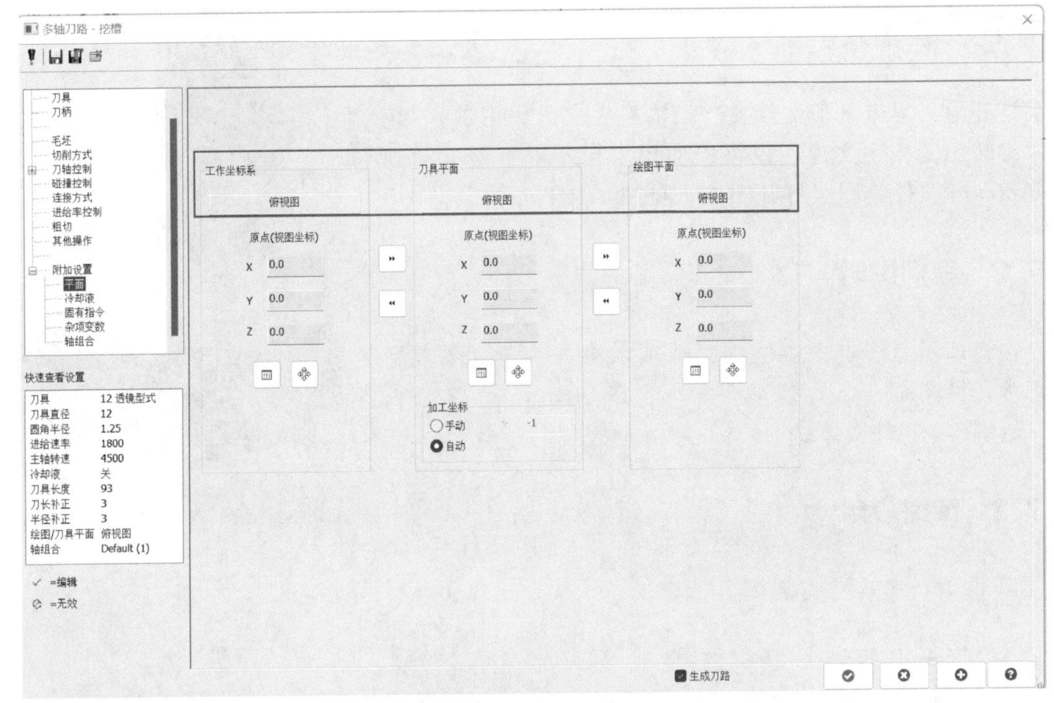

图 4-130　设置加工平面

图 4-131　刀路轨迹

4.7　旋转加工策略

旋转加工策略是一种高度自动化的刀路策略。刀具可以在 X、Y、Z 方向运动，工件毛坯绕着一个固定的旋转轴运动，并且加工刀具始终与一个旋转轴的平面垂直，使它可以围绕选定的旋转轴来生成相应刀具路径，常用于加工鼓风机类型的叶轮、叶片。

旋转加工策略应用案例见图 4-132。

4.7.1 模型输入

打开随书附带电子文件夹（扫描封底二维码下载），找到“旋转原图档”文件，也可以使用鼠标左键直接拖动到Mastercam软件绘图区打开图档，见图4-133。

4.7.2 案例说明

在管理器面板点击“层别”选项，检查各图层图素是否正常，见图4-134。

层别1：零件实体。

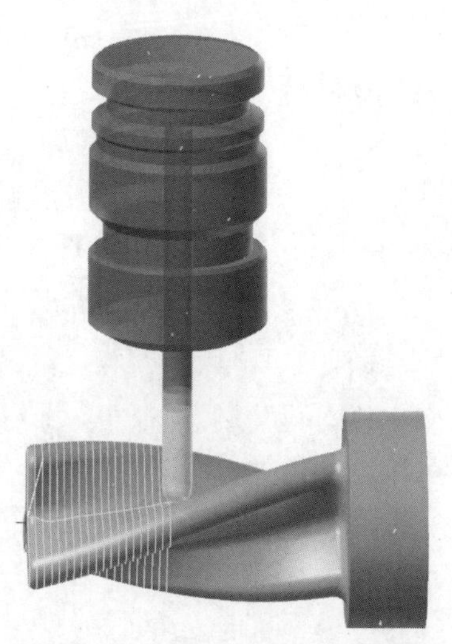

图4-132　旋转加工策略应用案例

4.7.3 策略应用

- 点击“刀路”选项卡；

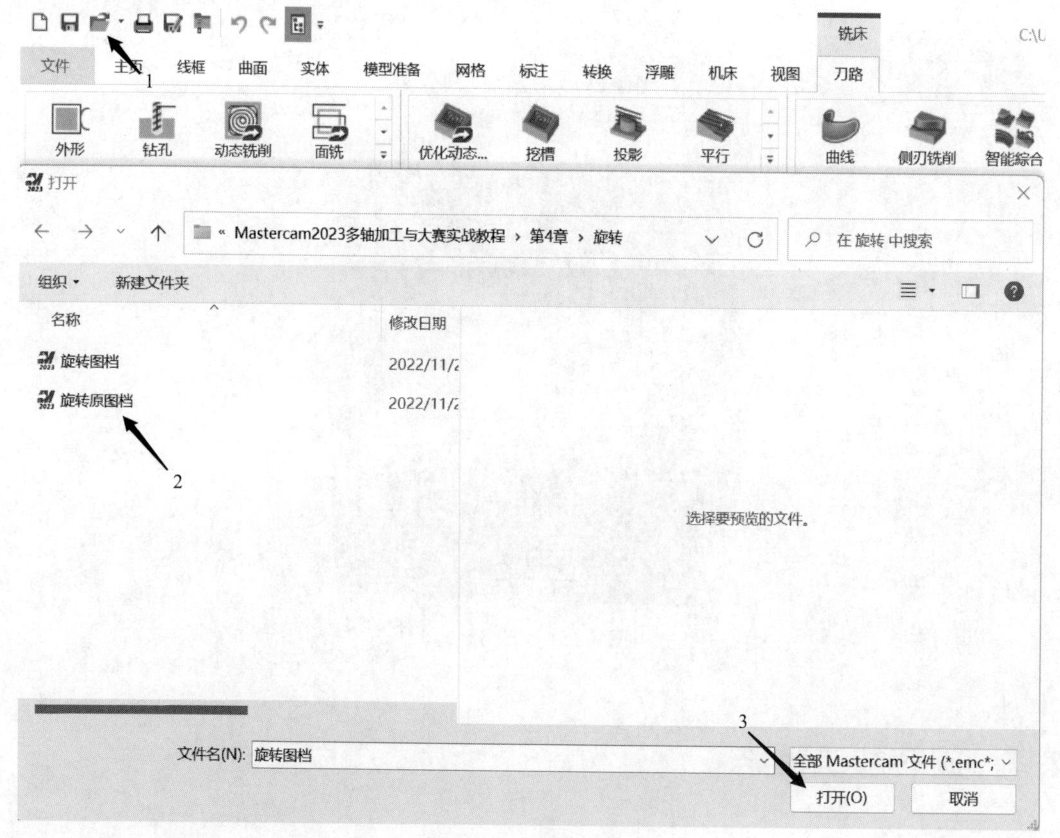

图4-133　旋转原图档

- 选择“旋转”加工策略，见图4-135；
- 在左侧列框中选择“刀具”选项，见图4-136；
- 选择直径8mm球刀，合理设置切削参数；

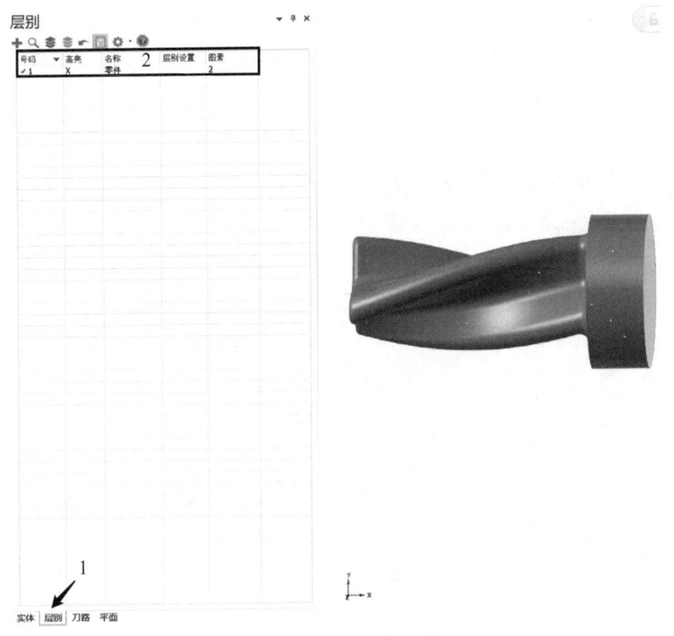

图 4-134　层别显示

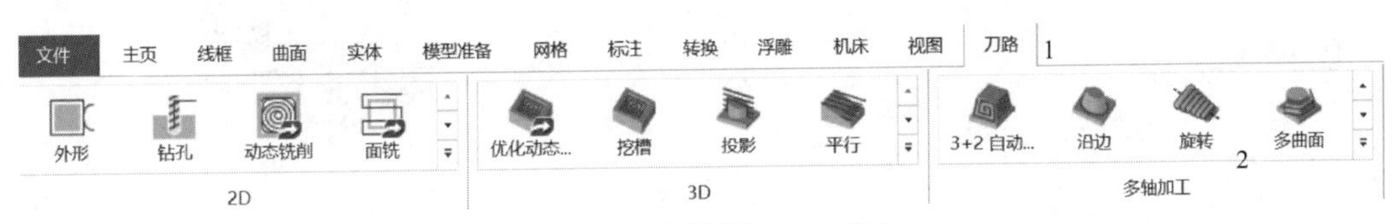

图 4-135　选择旋转加工策略

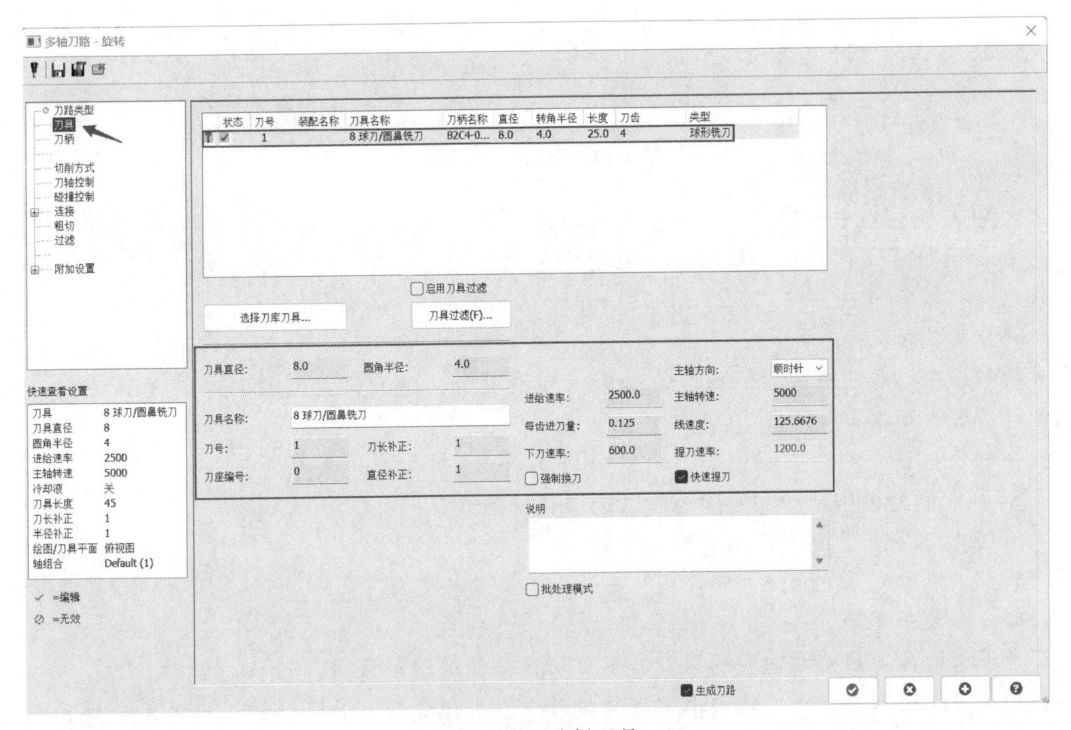

图 4-136　选择刀具

- 在左侧列框中选择“切削方式”选项，见图 4-137；
- 结合加工工艺需求，填写相关参数；

部分参数含义如下：

曲面：单击“选取”键返回到图形窗口进行曲面选取。所选曲面的数量显示在按钮的右侧。

切削方向_绕着旋转轴切削：刀具绕零件圆周移动产生刀具路径。

切削方向_沿着旋转轴切削：刀具平行于旋转轴产生刀具路径。

反转切削方向：勾选此选项刀具路径从默认的一端转为另一端。

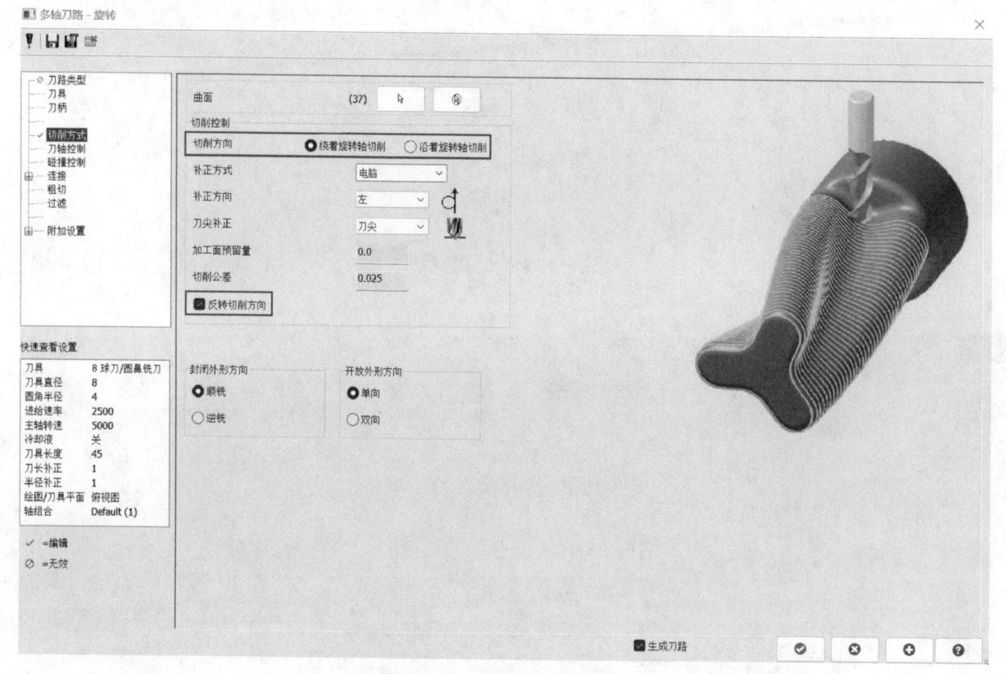

图 4-137　设置切削方式

- 在左侧列框中选择“刀轴控制”选项，见图 4-138；
- 结合加工工艺需求，填写相关参数；

部分参数含义如下：

旋转轴：选择使用的 X、Y 或 Z 轴来表示旋转轴，使此设置与机器的旋转轴功能相匹配，以实现四轴输出。

- 在左侧列框中选择“碰撞控制”选项，见图 4-139；
- 结合加工工艺需求，填写相关参数；

部分参数含义如下：

干涉曲面：使用干涉曲面确保刀具不会切割零件的这些区域。

预留量：输入要在干涉曲面上留下的材料量。负值会将刀具路径切入曲面或曲面下方。

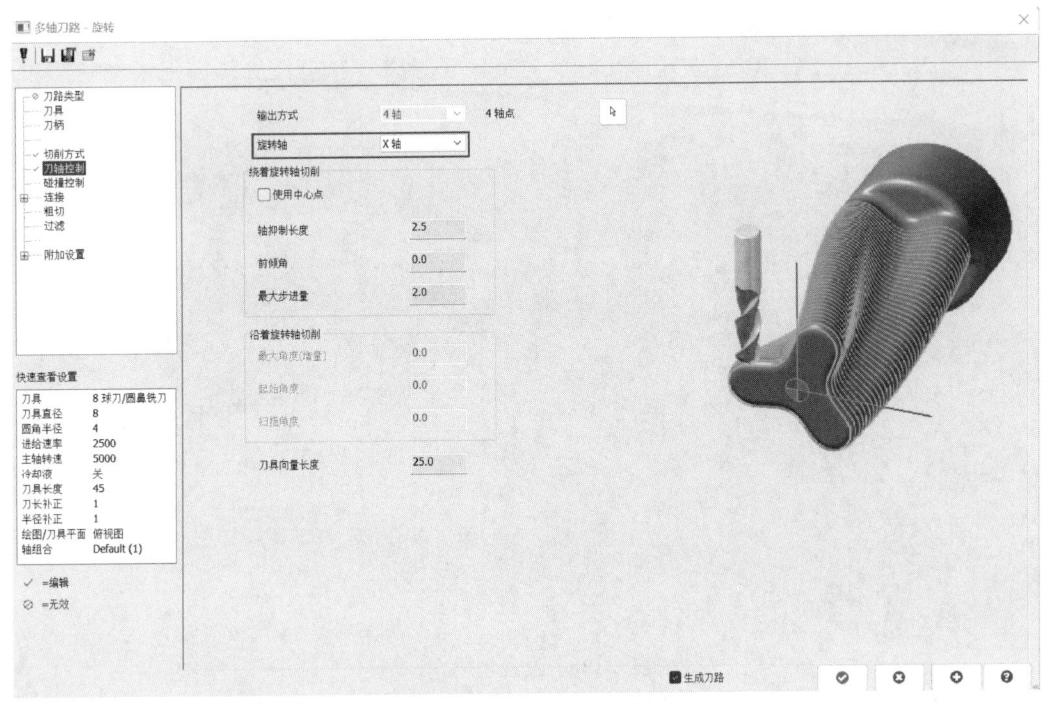

图 4-138　设置刀轴控制

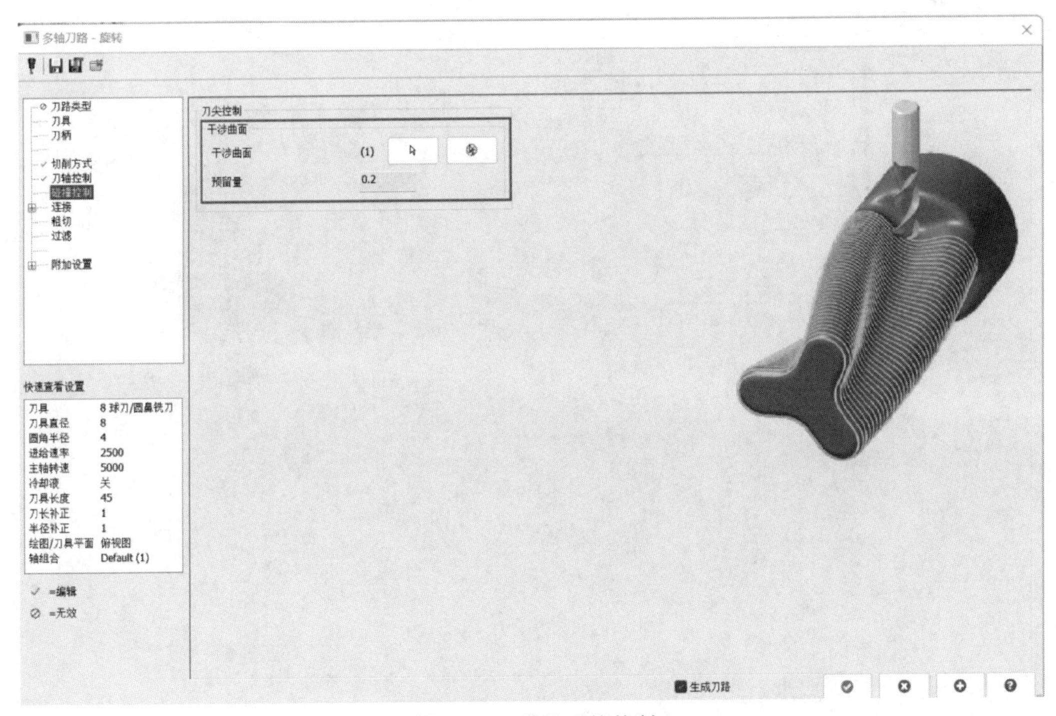

图 4-139　设置碰撞控制

- 在左侧列框中选择“连接”选项，见图 4-140，使用此页面控制刀具在未进行切削材料时的移动方式；
- 结合加工工艺需求，填写相关参数；
- 在左侧列框中选择“粗切”选项，见图 4-141；

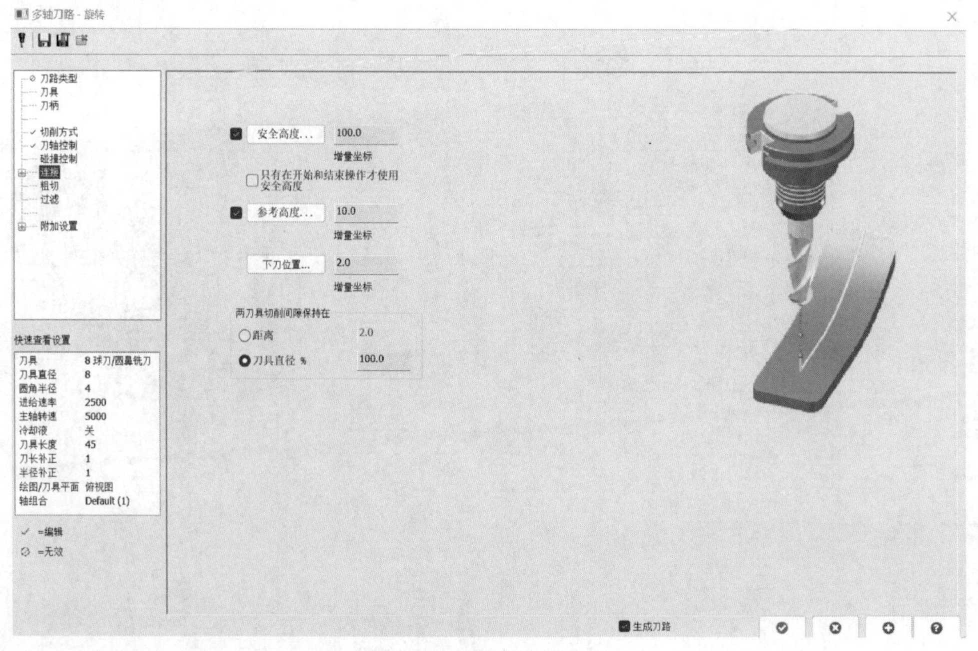

图 4-140 设置连接方式

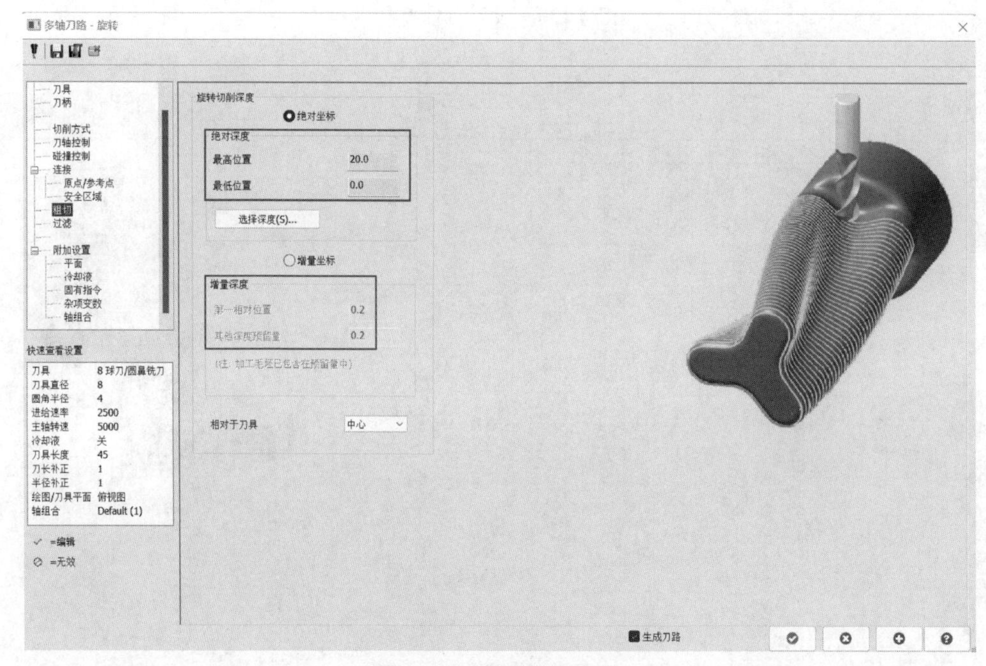

图 4-141 设置粗切方式

• 结合加工工艺需求，填写相关参数；

部分参数含义如下：

绝对坐标：选择此选项可对旋转深度切削使用绝对值。设置相对于加工面的深度。所有切削都将在最小和最大深度值之间进行。

最低位置：输入刀具路径最低点的值，加工不会低于此值进行切削。

最高位置：输入刀具路径最高点的值，加工不会高于此值进行切削。

增量坐标：选择此选项可对旋转深度切削使用增量值。设置相对于加工面的深度。

第一相对位置：该值设置最小计算深度与刀具路径第一次切削发生位置之间的距离。正值下移此调整，负值上移此调整。

其他深度预留量：输入一个值以调整刀具路径其他深度部分的计算值。正值上移此调整，负值下移此调整。

- 在左侧列框中选择“平面”选项，见图 4-142；
- 结合加工工艺需求，填写相关参数；

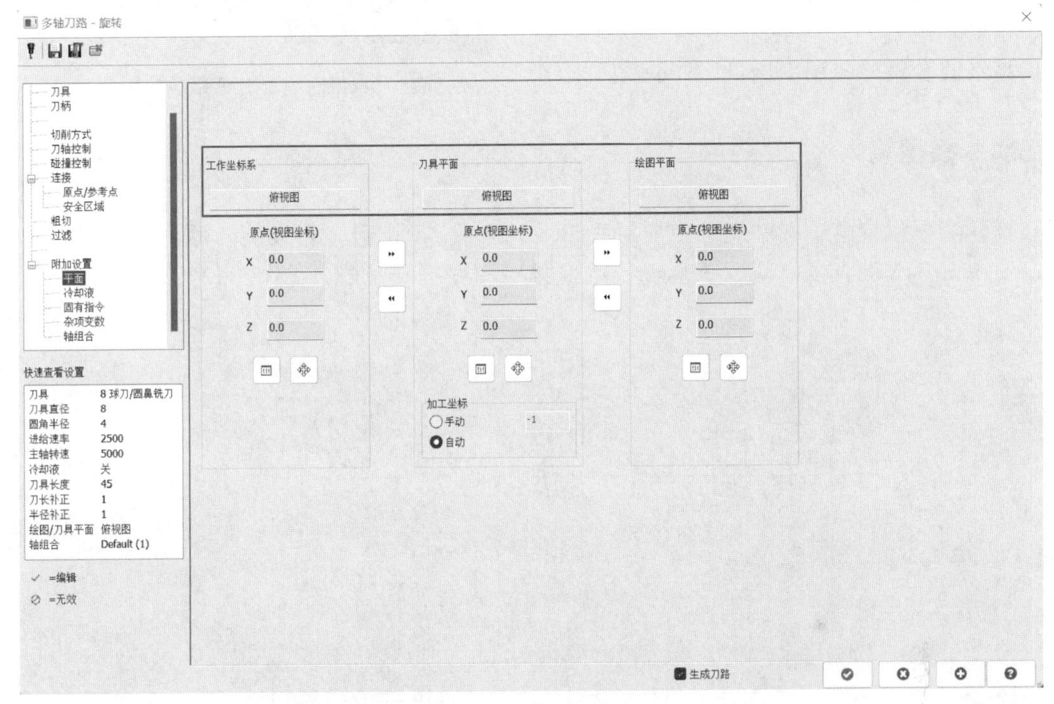

图 4-142　设置加工平面

- 点击“确定”按钮生成刀路轨迹，见图 4-143。

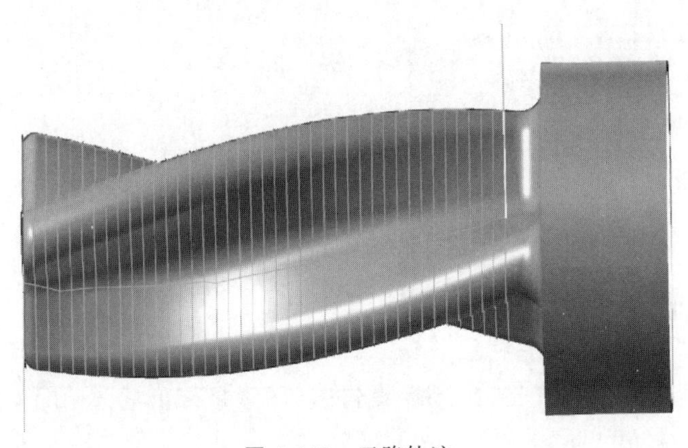

图 4-143　刀路轨迹

4.8　高级旋转策略

高级旋转策略可以创建四轴旋转刀具路径，此策略主要通过选择特定零件中壁、轮毂和护罩等表面，并对壁和型腔等图素进行分析，用于更好地控制刀具运动、创建高效的加工刀路，用于提高加工效率。此刀路同时可以在轴向及径向设定相应数值，使刀具在此数值之间对零件进行加工，也可以完成零件的粗、精加工。

高级旋转策略应用案例见图 4-144。

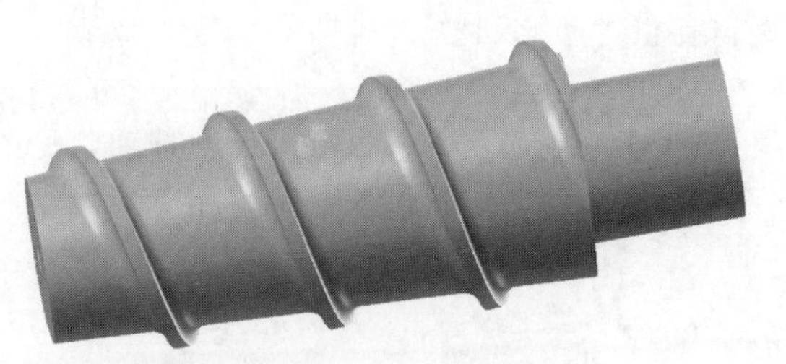

图 4-144　高级旋转策略应用案例

4.8.1　模型输入

打开随书附带电子文件夹（扫描封底二维码下载），找到“高级旋转原图档”文件，也可以使用鼠标左键直接拖动到 Mastercam 软件绘图区打开图档，见图 4-145。

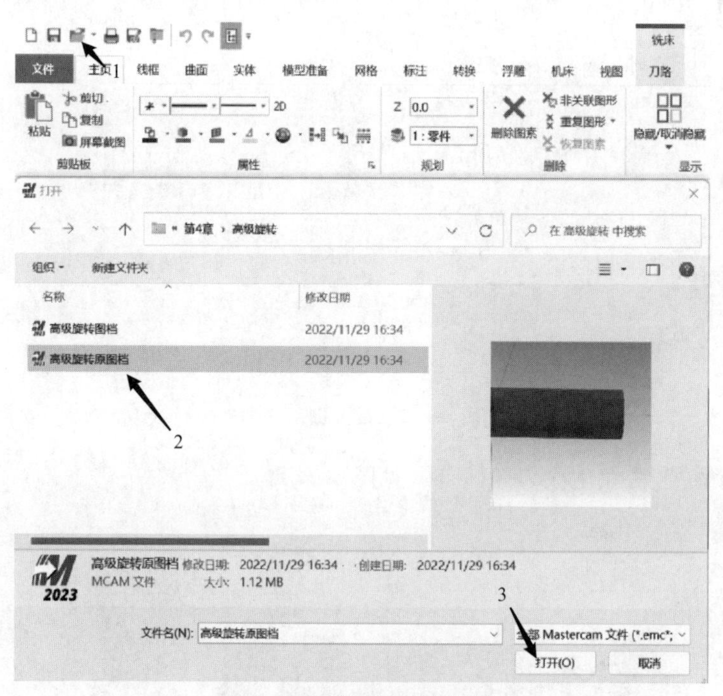

图 4-145　高级旋转原图档

4.8.2　案例说明

在管理器面板点击“层别”选项，检查各图层图素是否正常，见图 4-146。

层别 1：零件。

层别 2：毛坯。

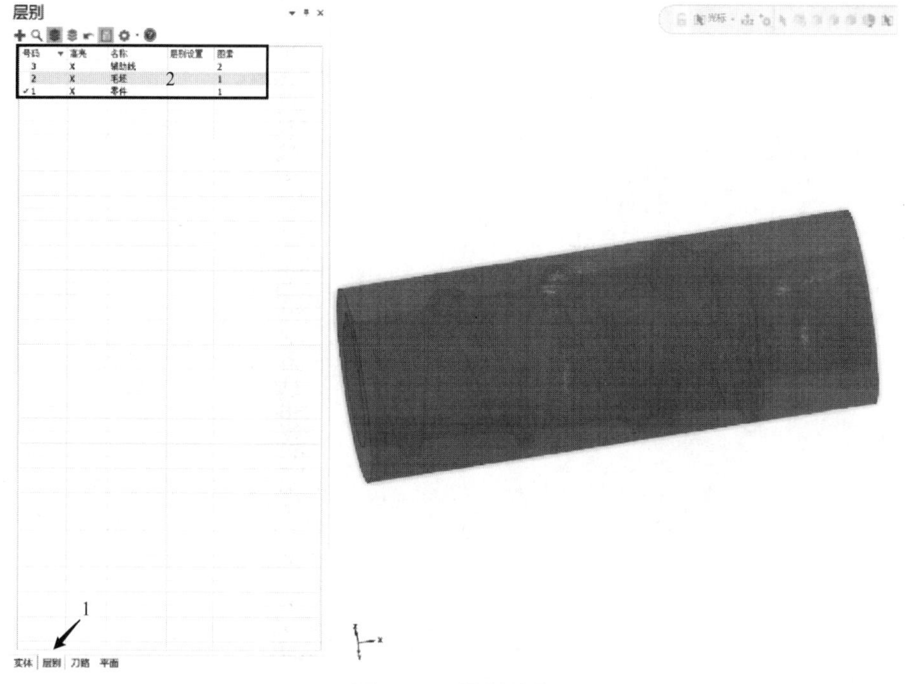

图 4-146　层别显示

层别 3：辅助线。

4.8.3　策略应用

- 点击“刀路”选项卡；
- 选择“高级旋转”策略，见图 4-147；

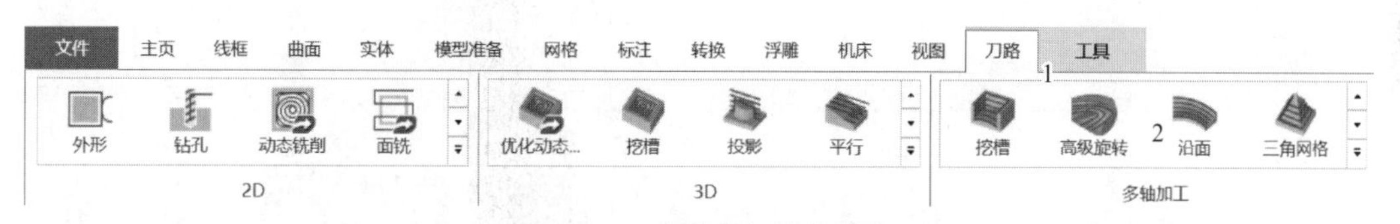

图 4-147　选择高级旋转策略

- 在左侧列框中选择“刀具”选项，见图 4-148；
- 选择直径 8mm 圆鼻铣刀，合理设置切削参数；
- 在左侧列框中选择“切削方式”选项，见图 4-149；
- 结合加工工艺需求，填写相关参数；

部分参数含义如下：

操作_加工：用于创建粗加工或精加工工序。

操作_分层模式_固定半径：此参数只能设置为“半径常量”，无论加工的形状如何，刀具都会在相应半径的图层进行切削。

类型_偏移：用于定义沿旋转轴偏移的平行距离。

类型_偏移和平面螺旋：当刀具路径可以安全地创建螺旋切削，将会自动选择螺旋切削，

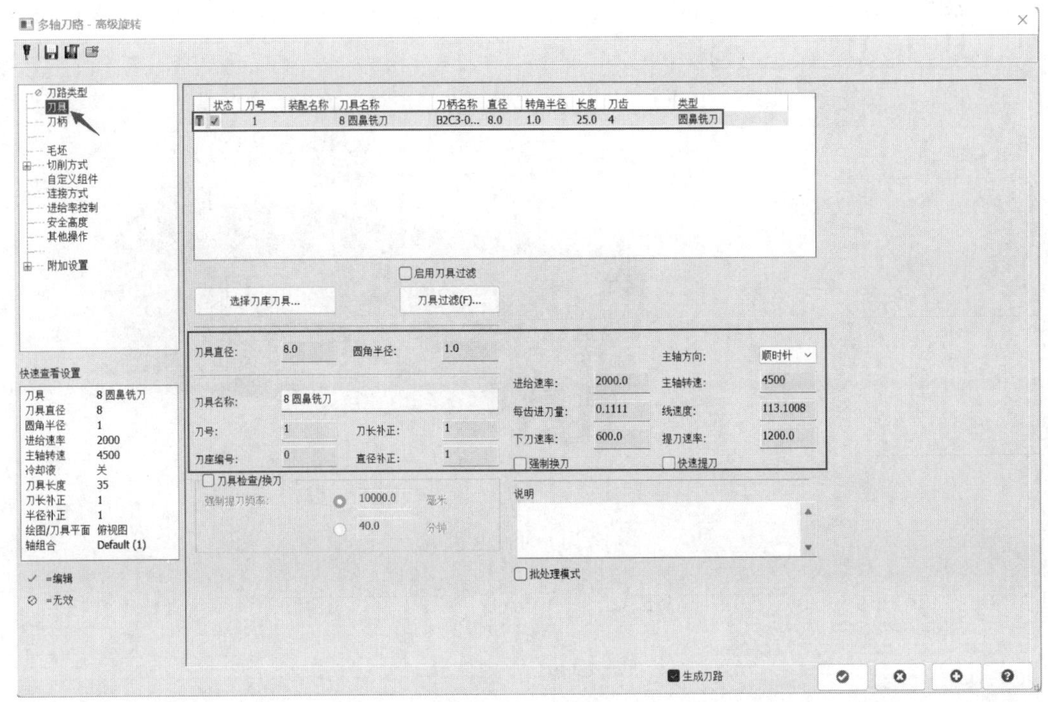

图 4-148　选择刀具

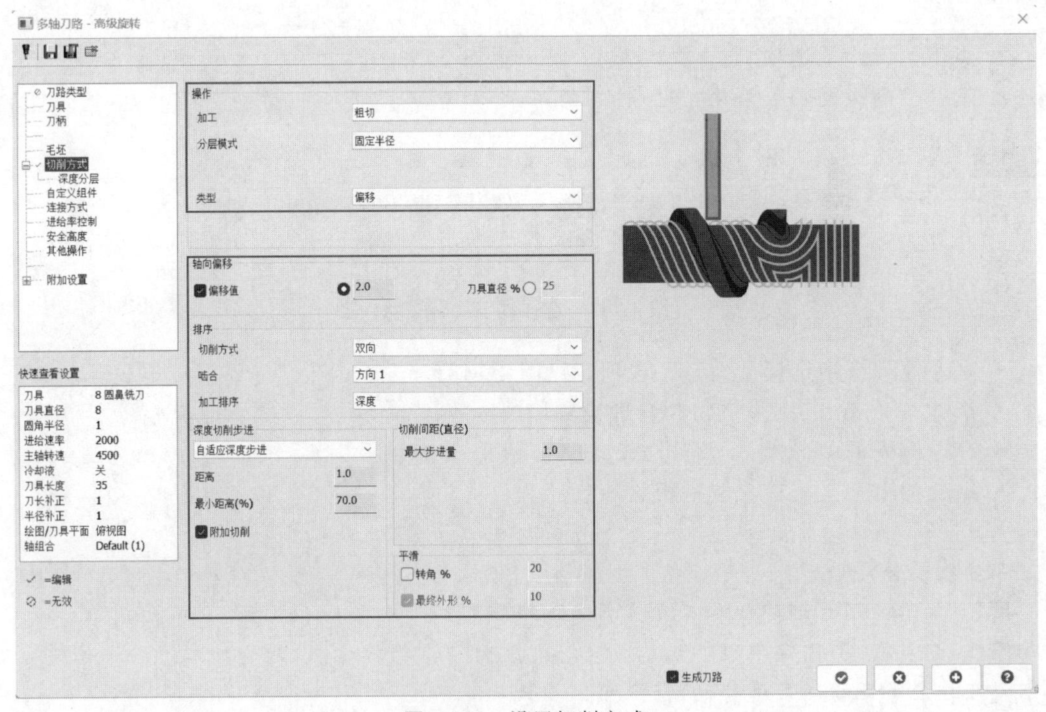

图 4-149　设置切削方式

其余部分则会创建沿旋转轴偏移的刀具路径。

轴向偏移_偏移值：当“加工”设置为“粗加工”时可用。将刀具中心进行偏移，以保持更好的接触点，可以延长刀具寿命并提高加工质量。此选项可以设置为绝对距离或刀具直径的百分比，见图 4-150。

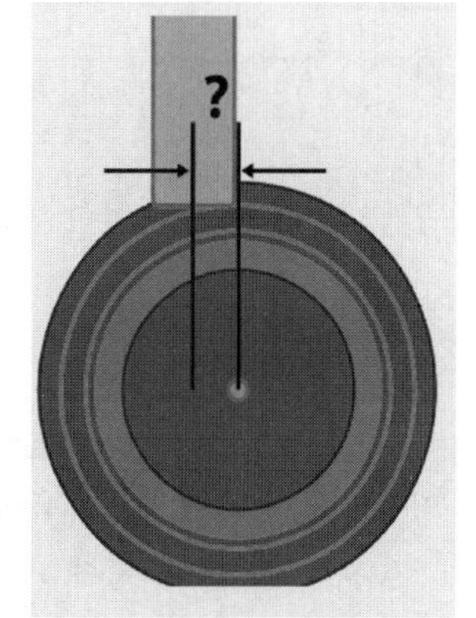

图 4-150　轴向偏移_偏移值设定

深度切削步进_自适应深度步进：在定义的最大距离和最小距离内，根据加工形状创建相应切削深度。

深度切削步进_固定深度步进：在定义的最大距离和最小距离内，创建恒定的切削深度。

距离：设置每个切削深度步长之间的距离。

最小距离：当深度步长设置为自适应深度步长时可用，此值以距离为基准，用百分数设置。

切削间距（直径）_最大步进量：设置刀具路径中相邻刀路之间的距离。

平滑_转角%：用于在内轮廓的尖角创建圆角，以相邻距离间的百分比形式输入圆角的半径。

平滑_最终外形%：在外部轮廓的尖角创建圆角。以相邻距离间的百分比形式输入圆角的半径。

- 在左侧列框中选择“深度分层”选项；
- 结合加工工艺需求，填写相关参数，见图 4-151；

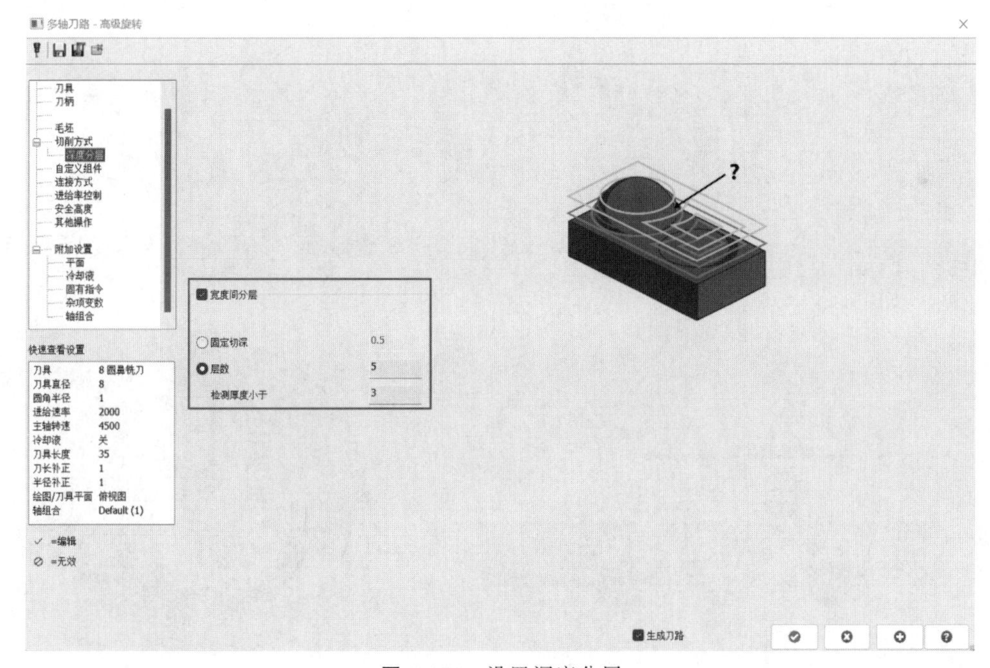

图 4-151　设置深度分层

部分参数含义如下：

宽度间分层_固定切深：设置此参数后，在整个刀具路径中，加工深度具有相同的数值。

宽度间分层_层数：设置此参数后，有利于减小切削面之间的深度。

宽度间分层_检测厚度小于：设置此参数后，用于检测加工后厚度相应数值，再次进行分层加工，以减小切削面之间的深度。

- 在左侧列框中选择“自定义组件”选项；
- 结合加工工艺需求，填写相关参数；

部分参数含义如下：

自定义组件_加工几何形状：使用“选取”按钮返回到图形窗口，选取曲面、实体或网格用于定义要加工的几何形状。

自定义组件_毛坯余量：用于设置加工完成后需要在零件上留下的加工余量。

切削公差：用于确定加工零件的精度。切削公差值越小，刀具路径越精确，但生成刀具路径和创建较长的NC程序可能需要更长的时间。

最大点距离：用于设置两个连续点之间的最大距离。

最大角度步长：用于设置允许工具在相邻移动之间移动的最大角度。

旋转轴：通过指定基点和方向向量来定义旋转轴。默认情况下，旋转轴设置为 Z 轴。

旋转轴_方向：使用“选取”按钮返回到图形窗口，选取一条或多条线用来定义旋转轴方向。

旋转轴_基准点：使用“选取”按钮返回到图形窗口，选取一个点用来定义旋转的基准点。

用户限制_轴向：设置“开始”和“结束”值以定义轴向加工区域。刀具路径仅在这些值之间计算，见图4-152。

用户限制_径向：设置“开始”和“结束”值以定义径向加工区域。刀具路径仅在这些值之间计算，见图4-153。

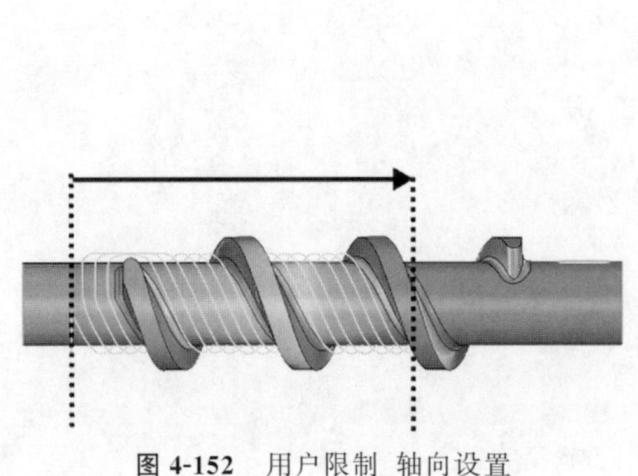

图4-152 用户限制_轴向设置

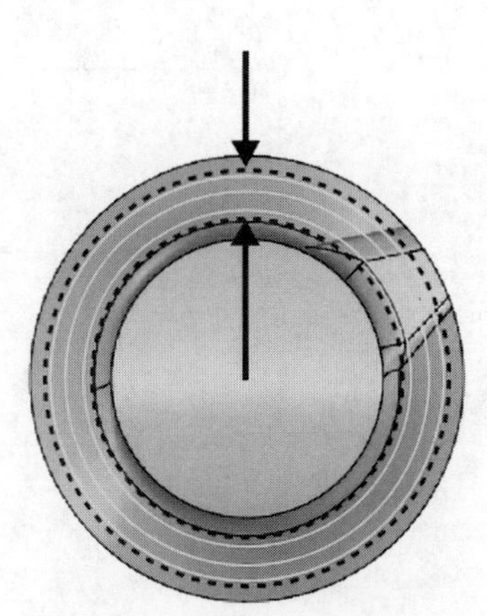

图4-153 用户限制_径向设置

- 在左侧列框中选择“平面”选项，见图4-154；
- 结合加工工艺需求，填写相关参数；

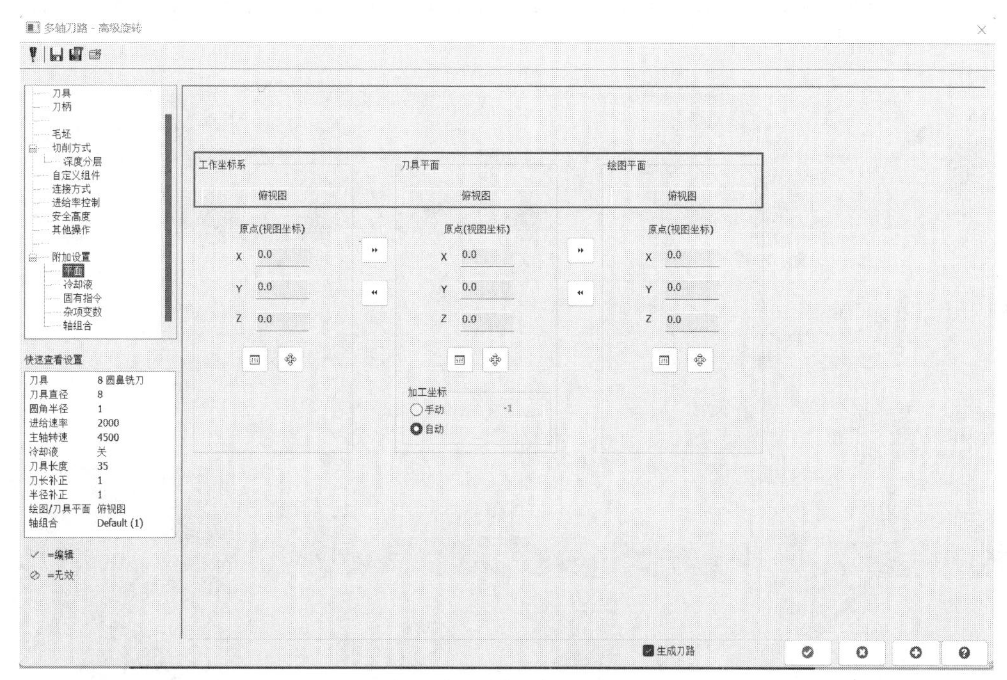

图 4-154　设置加工平面

• 点击“确定”按钮生成刀路轨迹，见图 4-155。

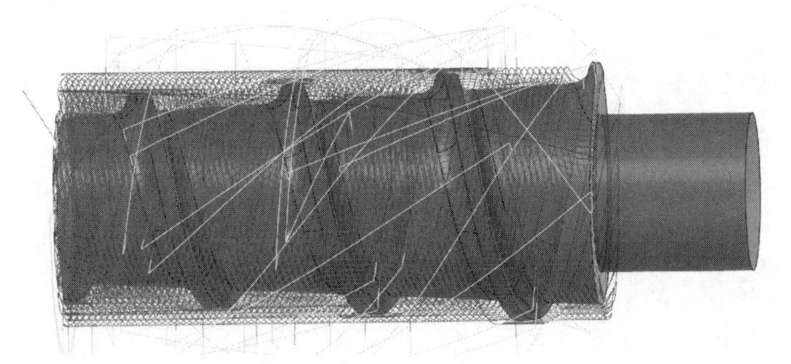

图 4-155　刀路轨迹

4.9　去除毛刺策略

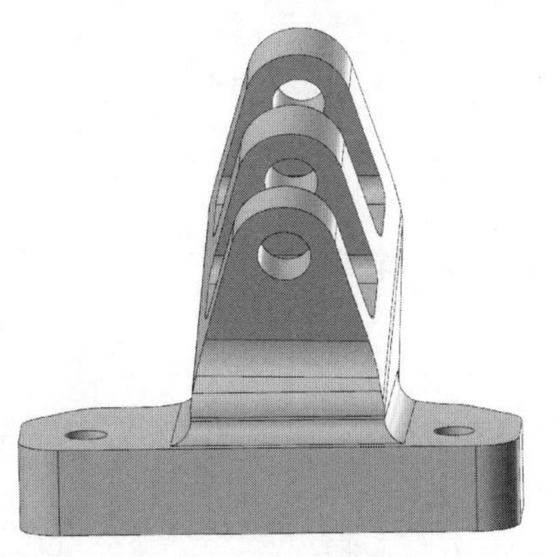

图 4-156　去除毛刺策略应用案例

去除毛刺策略是 Mastercam 中新添加的一项功能，是适用于在三、四、五轴中采用球头铣刀或糖球刀进行倒角或去除毛刺的一种加工策略。

去除毛刺策略应用案例见图 4-156。

4.9.1　模型输入

打开随书附带电子文件夹（扫描封底二维码下载），

找到“去除毛刺原图档”文件，也可以使用鼠标左键直接拖动到 Mastercam 软件绘图区打开图档，见图 4-157。

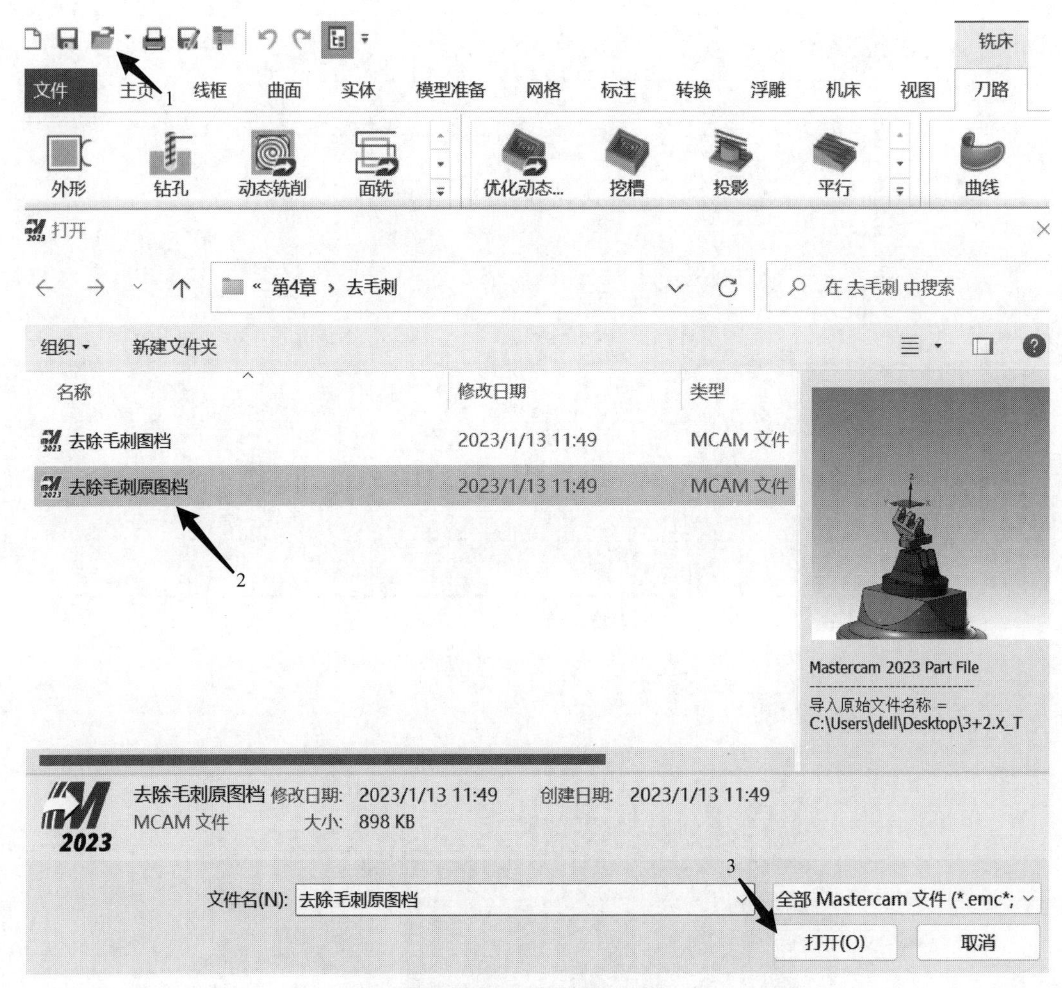

图 4-157 去除毛刺原图档

4.9.2 案例说明

在管理器面板点击“层别”选项，检查各图层图素是否正常，见图 4-158。

层别 1：零件。

层别 100：夹具。

4.9.3 策略应用

- 点击“刀路”选项卡；
- 选择“去除毛刺”策略，见图 4-159；
- 在左侧列框中选择“刀具”选项，见图 4-160；
- 选择直径 6mm 球头铣刀，合理设置切削参数；
- 在左侧列框中选择“切削方式”选项；

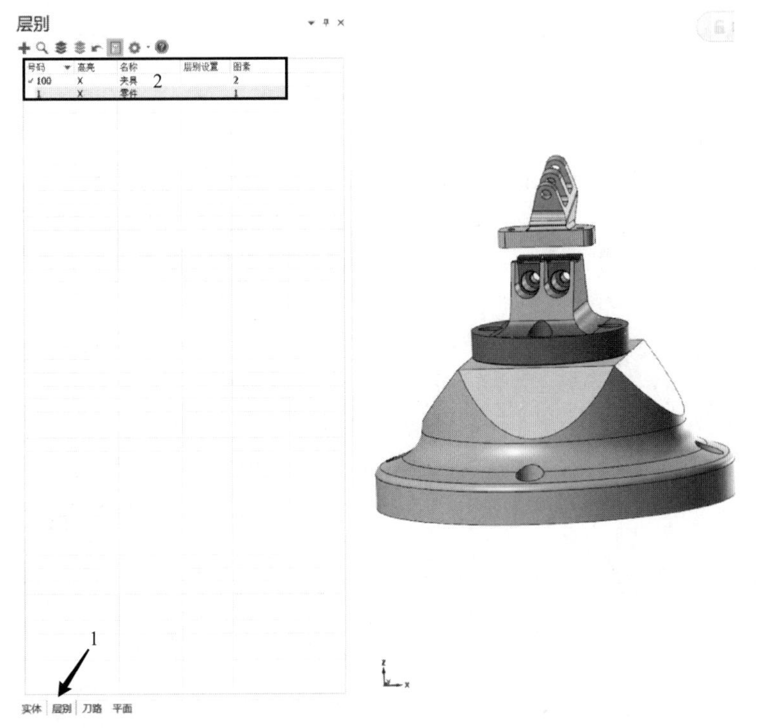

图 4-158　层别显示

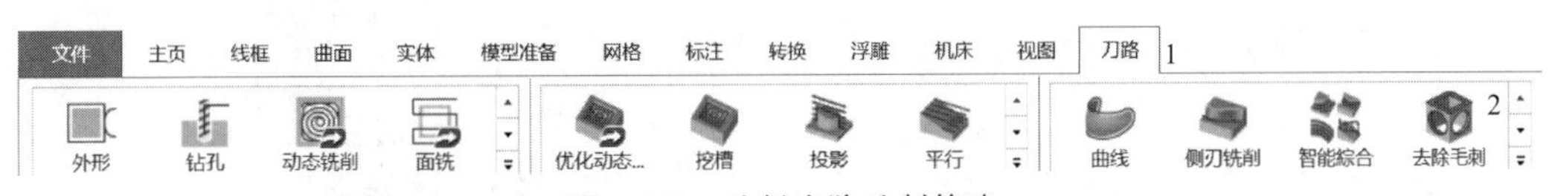

图 4-159　选择去除毛刺策略

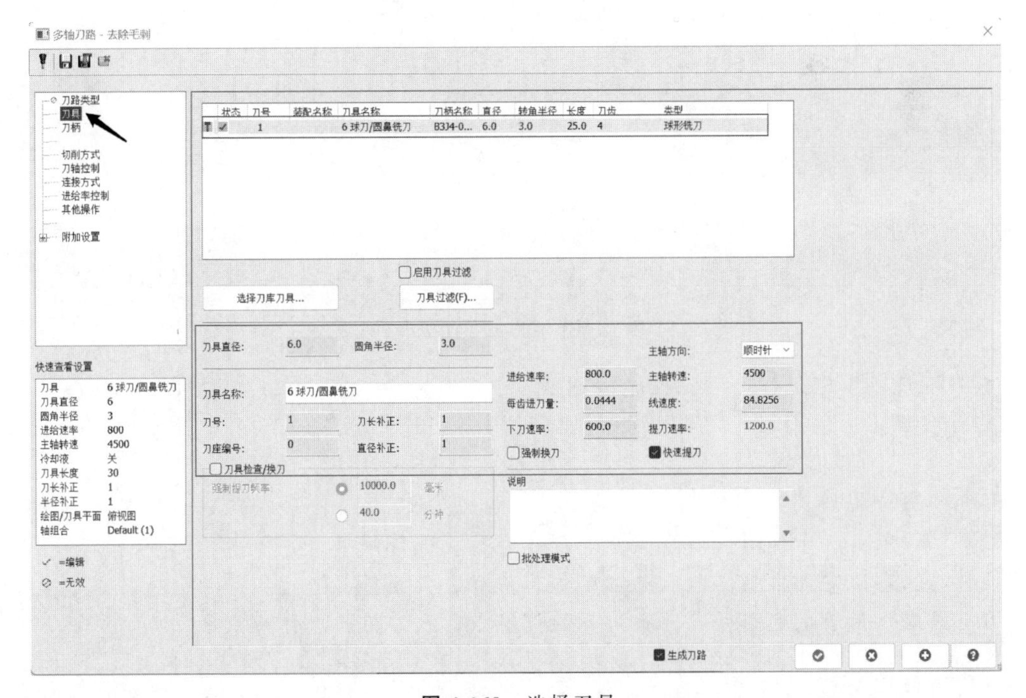

图 4-160　选择刀具

- 结合加工工艺需求，填写相关参数，见图 4-161；

部分参数含义如下：

图形输入_加工几何形状：单击“选取”选择键返回图形窗口，选取要加工的曲面。单击全部清除箭头按钮以取消选择所有以前的选择。

图形输入_边缘定义_自动检测：软件根据所选择的零件表面检测边缘。

图形输入_边缘定义_用户定义：用于选择所需要去除毛刺的图素。

路径参数_边缘形状_固定宽度：输入边缘形状的宽度。

路径参数_边缘形状_固定深度：输入边缘的深度。

路径参数_沿边缘切削次数_平面：输入平边切割的次数。

路径参数_沿边缘切削次数_圆形：输入圆角边切割的次数。

延伸/重叠_长度：以刀具路径的起点和终点指定延长的长度。

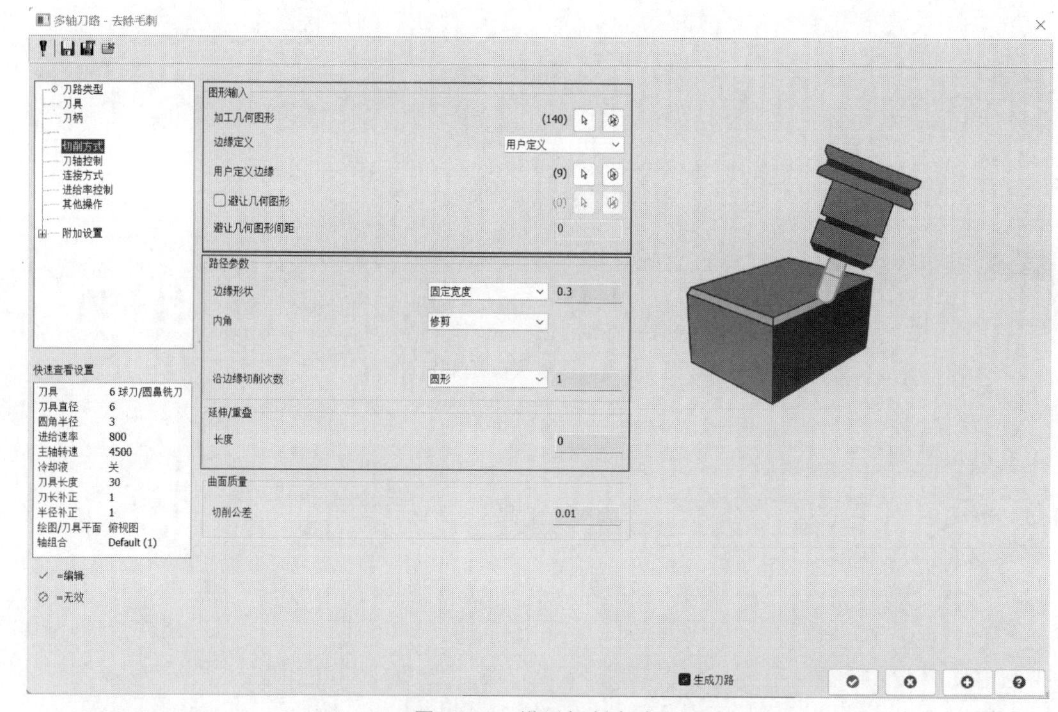

图 4-161 设置切削方式

- 在左侧列框中选择“刀轴控制”选项；
- 结合加工工艺需求，填写相关参数，见图 4-162；

部分参数含义如下：

倾斜_策略_垂直于外形：以垂直于外形作为基准进行倾斜。

倾斜_策略_固定到主轴：以所选主轴作为基准进行倾斜。

刀具接触：用于确定圆柱或圆锥刀具的接触点，以刀刃长度作为基准。

- 在左侧列框中选择“平面”选项，见图 4-163；

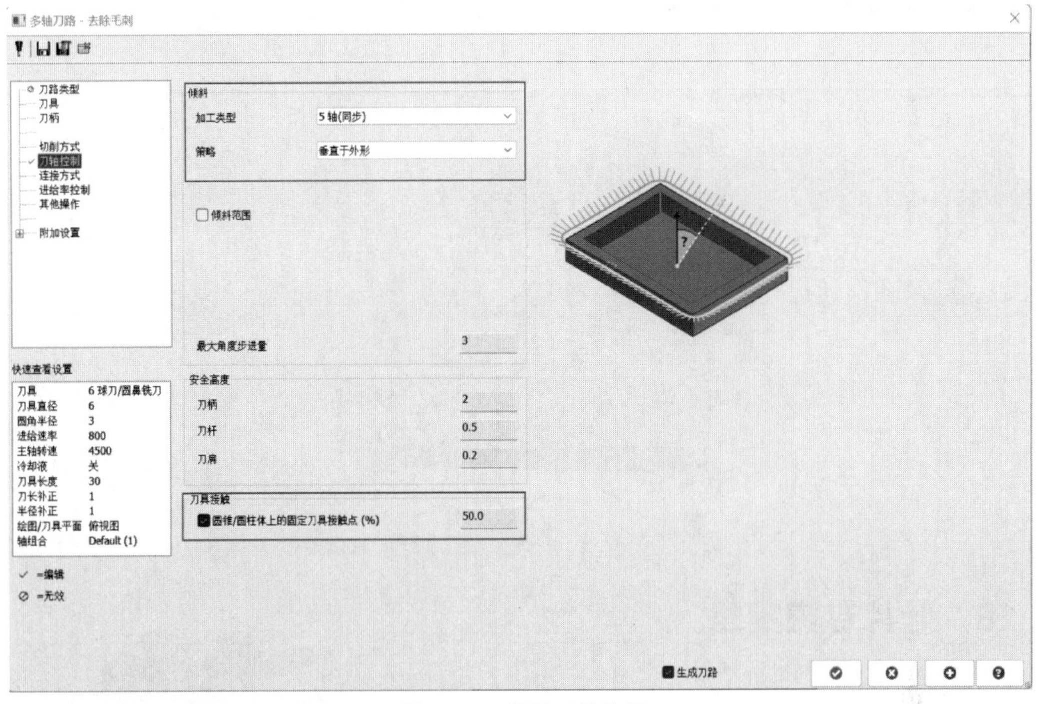

图 4-162　设置刀轴控制

- 结合加工工艺需求，填写相关参数；

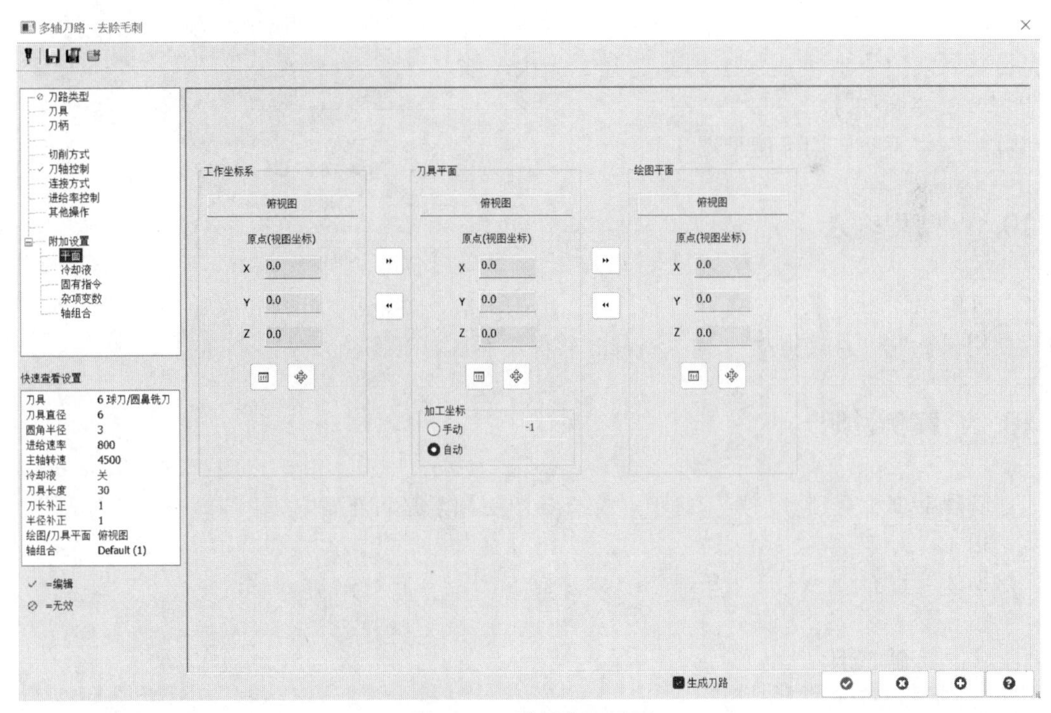

图 4-163　设置加工平面

- 点击“确定”按钮生成刀路轨迹，见图 4-164。

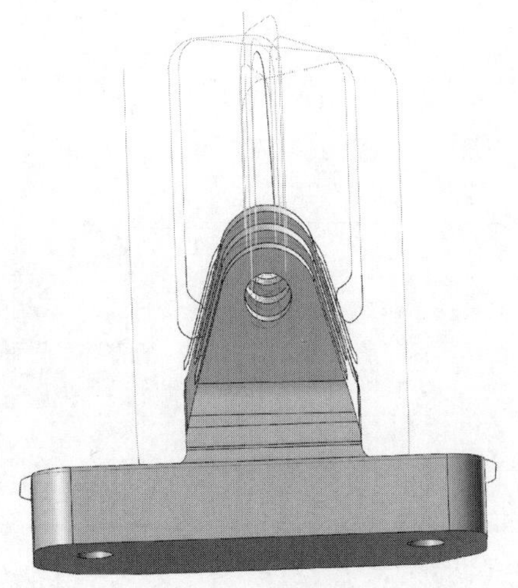

图 4-164　刀路轨迹

4.10　叶片专家策略

使用多轴叶片专家刀具策略进行五轴加工，特别适合加工叶轮或风扇等多叶片零件。叶片专家策略最适合加工具有重复段的零件（段是叶轮的一部分），在此策略中只需要根据相关参数选取零件中相应部分，就能很快地生成加工刀具路径，大大节省了相应参数的调整时间。

叶片专家策略应用案例见图 4-165。

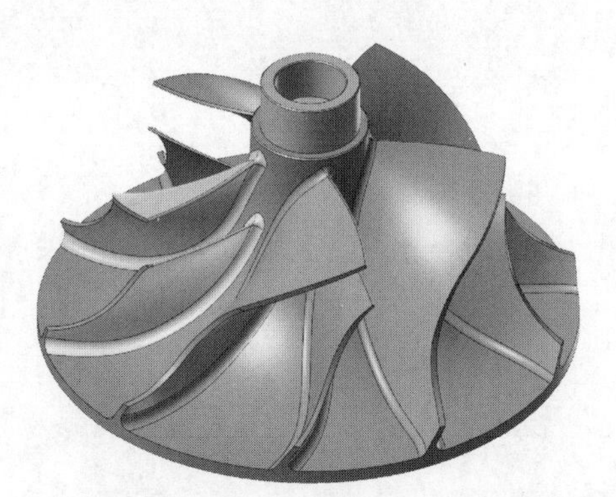

图 4-165　叶片专家策略应用案例

4.10.1　模型输入

打开随书附带电子文件夹（扫描封底二维码下载），找到“叶片专家原图档”文件，也可以使用鼠标左键直接拖动到 Mastercam 软件绘图区打开图档，见图 4-166。

4.10.2　案例说明

在管理器面板点击“层别”选项，检查各图层图素是否正常，见图 4-167。

层别 1：实体。

层别 2：毛坯。

4.10.3　策略应用

（1）叶片粗切

- 点击“刀路”选项卡；
- 选择“叶片专家”策略，见图 4-168；

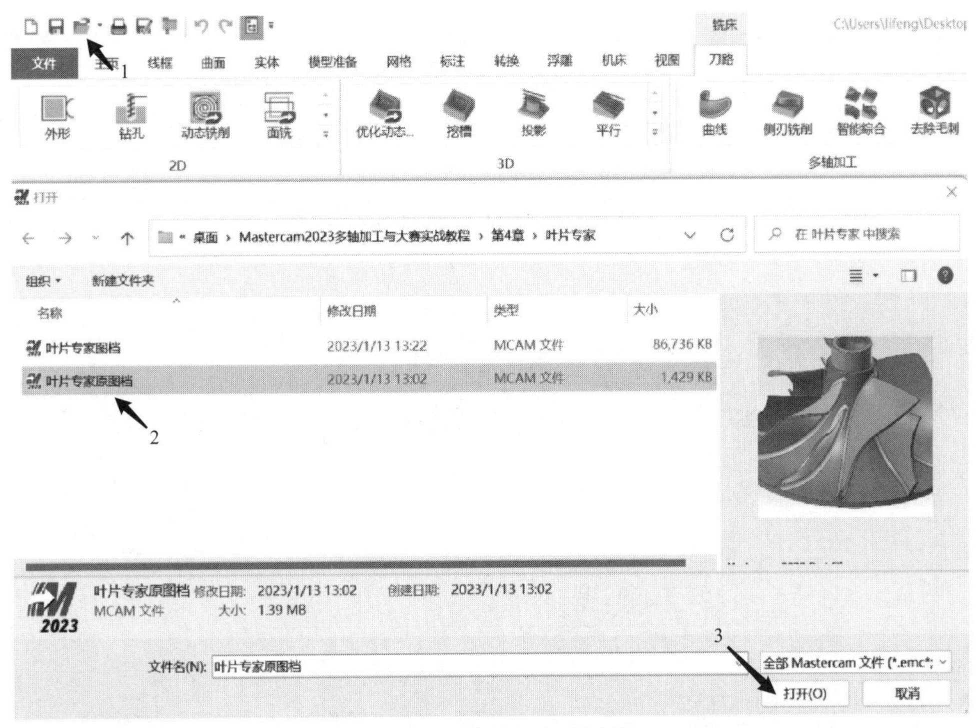

图 4-166　叶片专家原图档

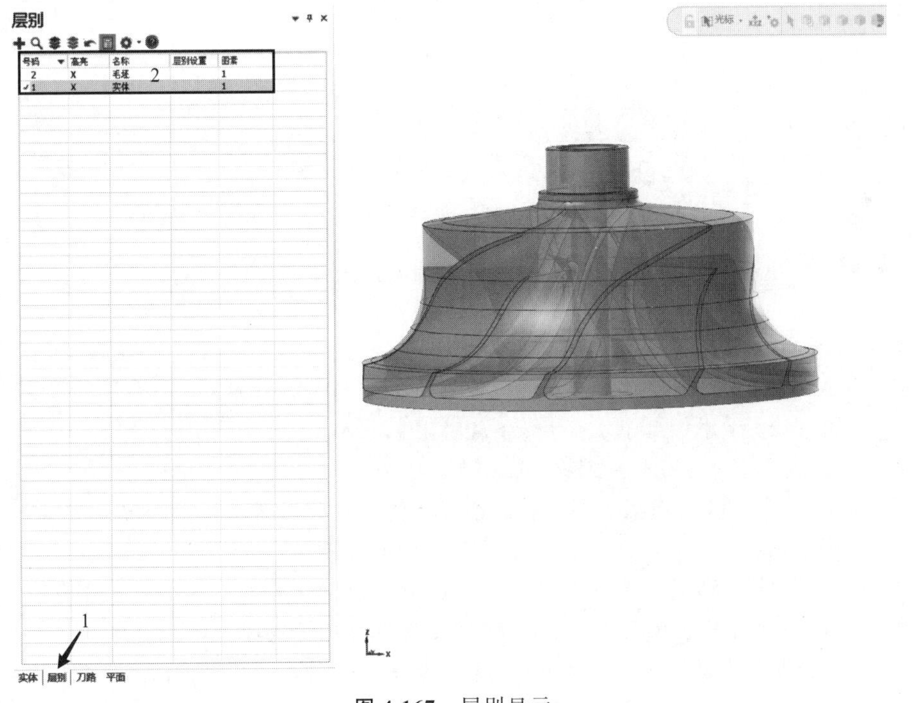

图 4-167　层别显示

- 在左侧列框中选择“刀具”选项，见图 4-169；
- 选择直径 6mm 球刀，合理设置切削参数；
- 在左侧列框中选择“切削方式”选项；

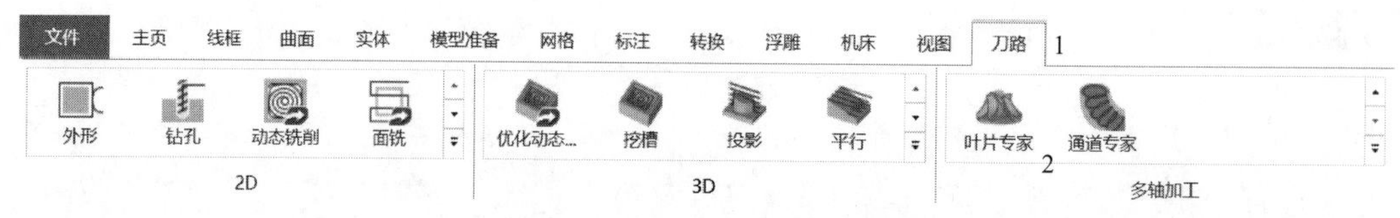

图 4-168 选择叶片专家策略

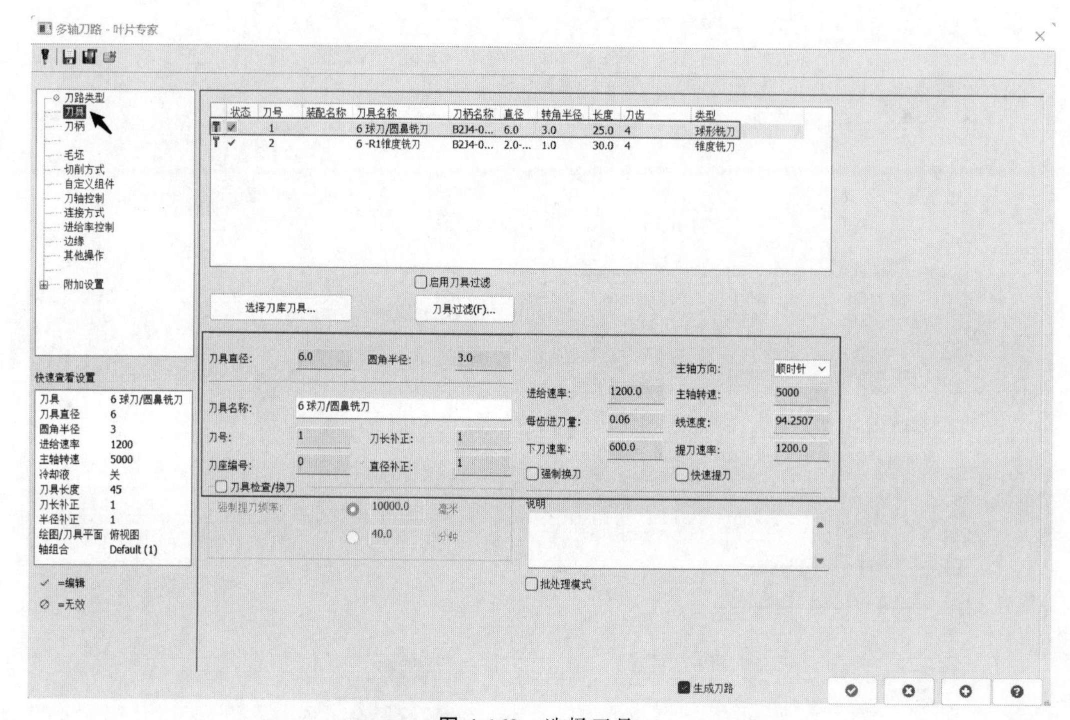

图 4-169 选择刀具

- 结合加工工艺需求，填写相关参数，见图 4-170；

部分参数含义如下：

模式_加工_粗切：用于创建叶片/分离器之间粗切加工刀具路径。

模式_加工_精修叶片：用于在叶片/分离器上创建加工刀具路径。

模式_加工_精修轮毂：用于在轮毂上创建加工刀具路径。

模式_加工_精修圆角：仅在叶片/分离器和轮毂之间的圆角上创建刀具路径。

模式_策略_与轮毂平行：所有刀具路径都平行于轮毂。

模式_策略_与叶片外缘平行：所有刀具路径都平行于叶片外缘。

模式_策略_与叶片轮毂之间渐变：所有刀具路径都在轮毂间进行融合加工。

排序_方式：从下拉列表中选择排序方法。选项因所选加工模式而异。通常，前缘最靠近轮毂的中心，后缘最靠近轮毂的圆周。

- 在左侧列框中选择“自定义组件”选项；
- 结合加工工艺需求，填写相关参数，见图 4-171；

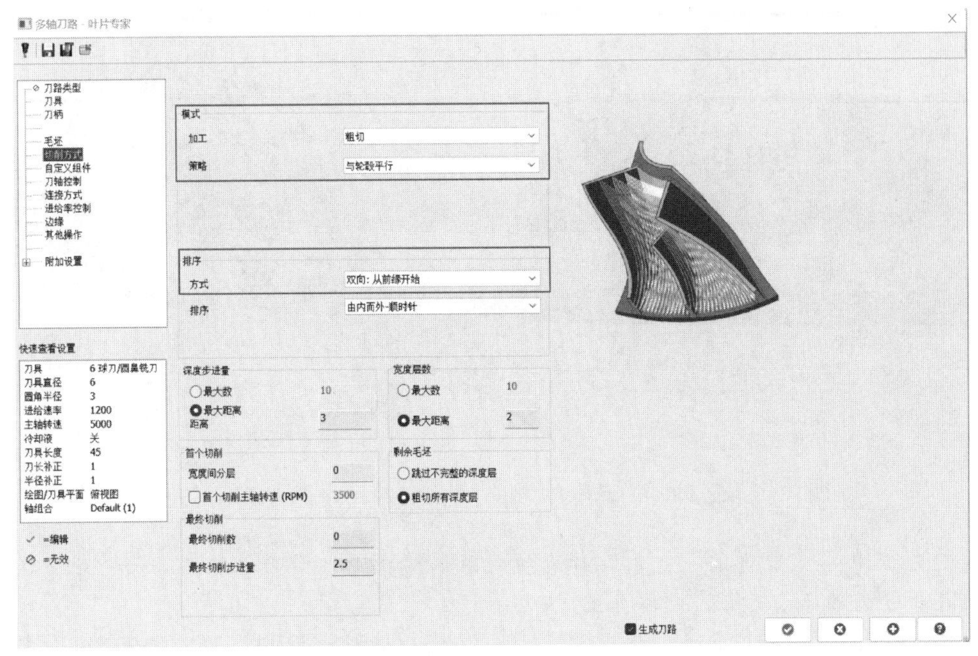

图 4-170　设置切削方式

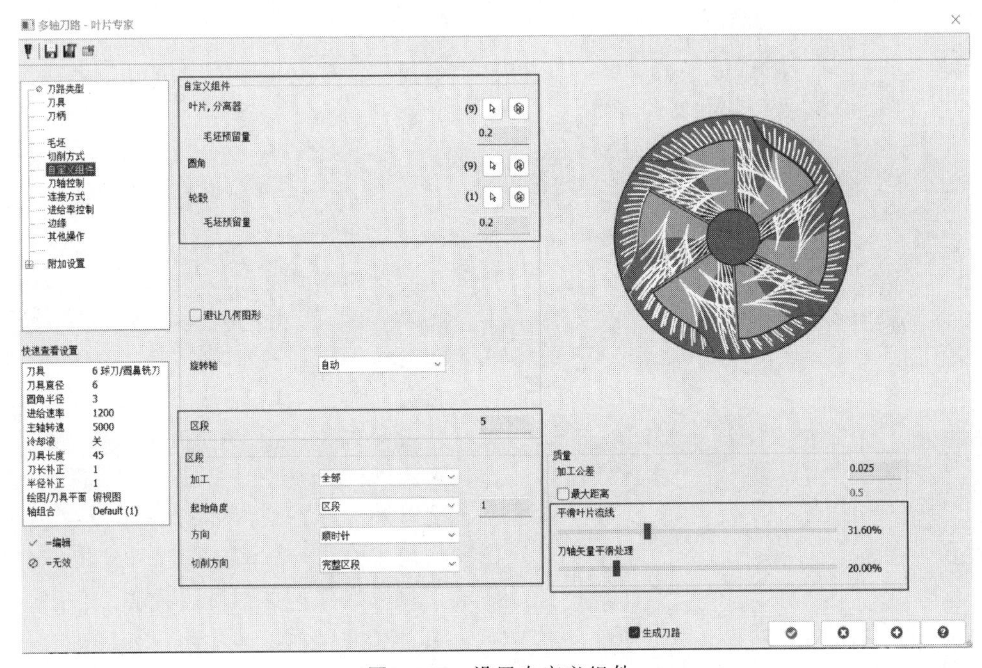

图 4-171　设置自定义组件

部分参数含义如下：

自定义组件_叶片、分离器、圆角：单击“选取”键返回到图形窗口进行曲面选取。选取包含段的所有叶片、分离器和圆角曲面。圆角是叶轮的一部分，包含两个相邻的主叶片、叶片之间的分离器以及作为主叶片和分离器一部分的所有圆角。选取见图 4-172、图 4-173。

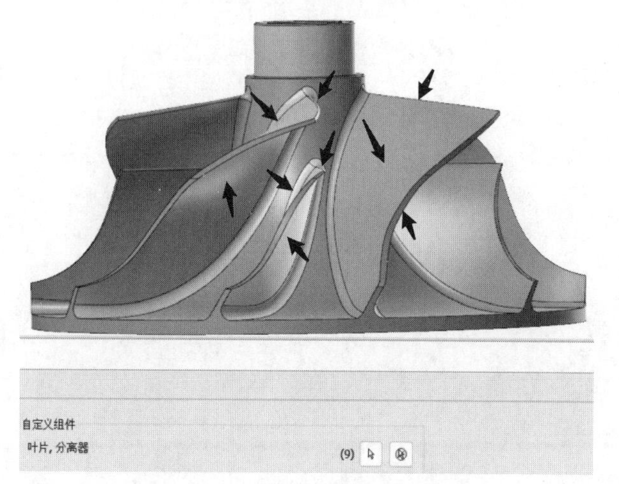

图 4-172　叶片、分离器选取示意图

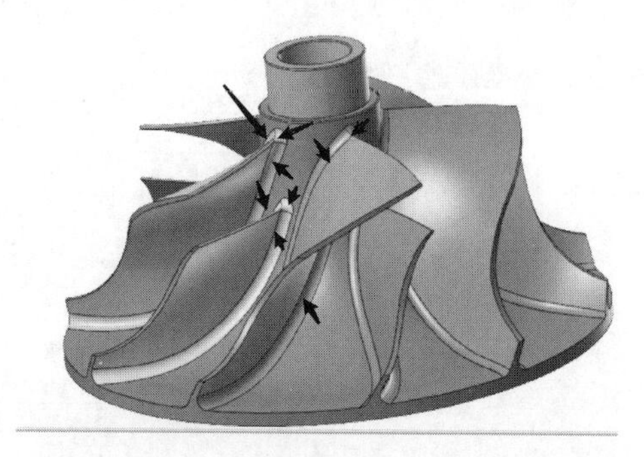

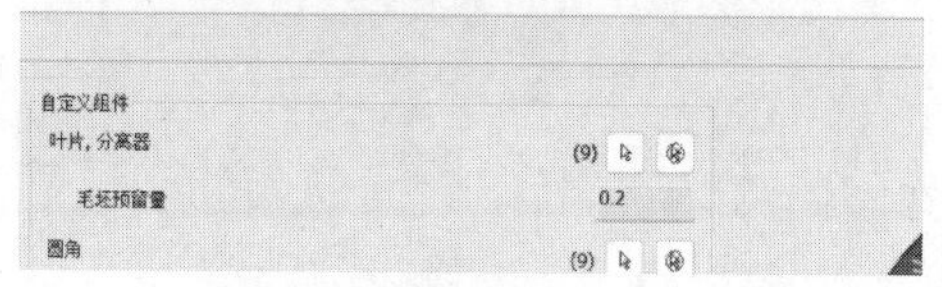

图 4-173　圆角选取示意图

自定义组件_轮毂：单击“选取”键返回到图形窗口进行曲面选取。轮毂是一个旋转地板，叶片和分离器位于其上，选取见图 4-174。

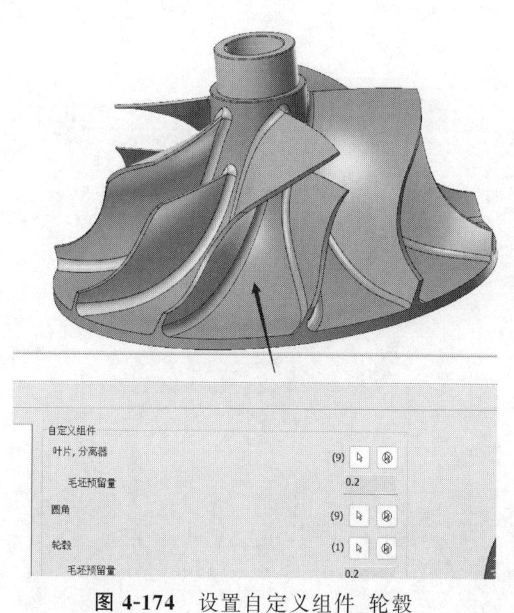

图 4-174　设置自定义组件_轮毂

区段：输入叶轮中的区段数。区段是叶轮的一部分，包含两个相邻的主叶片、叶片之间的分离器以及作为主叶片和分离器一部分的所有圆角。

区段_加工_全部：计算在模型中的段数。

区段_加工_指定数量：输入要加工的段数。

区段_加工_由几何图形确定：基于已添加到零件定义中的所有段几何图形（而不是单个阵列段）加工零件。

区段_起始角度：输入要加工的初始段的角度位置。

区段_方向：从下拉列表中选择顺时针或逆时针旋转零件。

区段_切削方向_完整区段：在移动到下一个段之前加工整个段。

区段_切削方向_深度：在继续下一个深度之前，为所有段加工相同的深度。

区段_切削方向_切割：在进行下一次切割之前，对所有段加工相同的切割。

质量_平滑叶片流线：移动滑块以平滑分离器周围的工具运动。刀具路径在设置为 0% 的分离器周围没有平滑。

质量_刀具矢量平滑处理：移动滑块以平滑工具轴运动。设置为 0% 时，不会更改刀具轴位置。移动滑块允许刀具路径更改刀具轴，以在位置之间创建更平滑的过渡。

- 在左侧列框中选择“连接方式”选项，见图 4-175；
- 结合加工工艺需求，填写相关参数；

部分参数含义如下：

切割之间的连接_直接熔接：直接将样条曲线和混合样条曲线组合，使其靠近零件。

切割之间的连接_直插：从起点到终点都以直线移动。

切割之间的连接_平滑曲线：从终点到起点都以切线移动。

切割之间的连接_进给距离：沿刀具轴的退刀移动距离以进给距离值指定。刀具以进给速度移动。

间隙：沿刀具轴线快速退刀移动到安全圆柱体或球体外。

自动检查尺寸和位置：自动检测间隙球体或圆柱体的尺寸和位置。

平滑连接：创建平滑的连接移动。在连接运动中输出一个从退刀的顶部到横向连接运动起点的弧。在数值处输入弧的半径值。

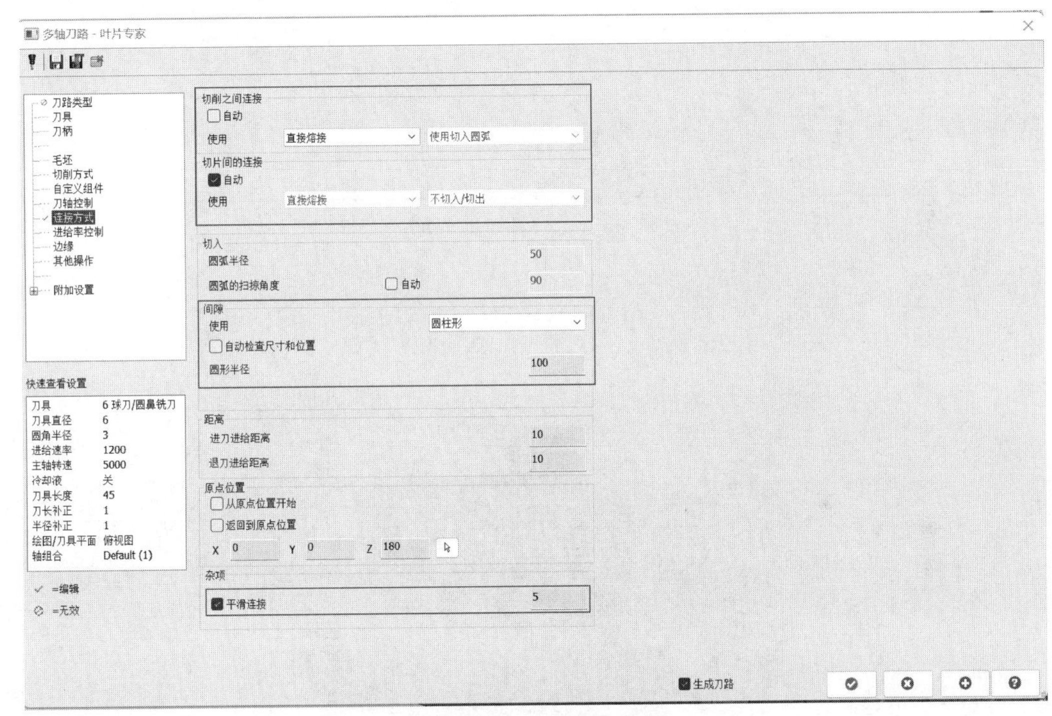

图 4-175　设置连接方式

- 在左侧列框中选择“平面”选项；
- 结合加工工艺需求，填写相关参数，完成后见图 4-176；
- 点击“确定”按钮生成刀路轨迹，见图 4-177。

（2）精修叶片

- 点击“刀路”选项卡；
- 选择“叶片专家”策略，见图 4-178；
- 在左侧列框中选择“刀具”选项，见图 4-179；
- 选择直径 6mm 倒角 $R1$ 锥度铣刀，合理设置切削参数；
- 在左侧列框中选择“切削方式”选项；
- 结合加工工艺需求，填写相关参数，见图 4-180；

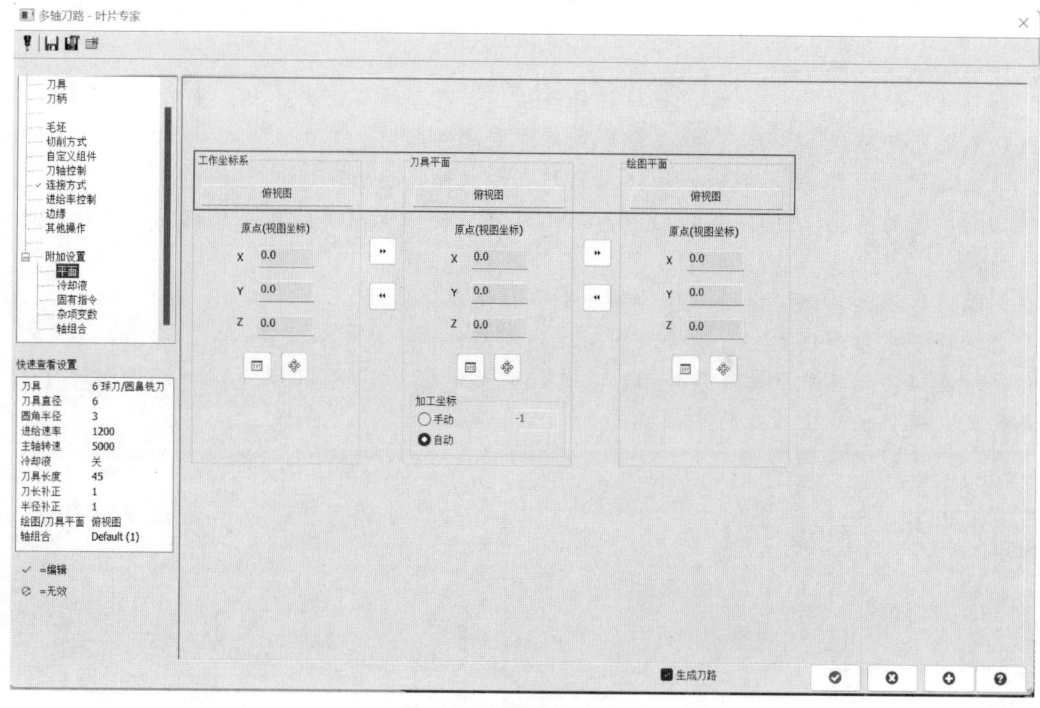

图 4-176　设置加工平面

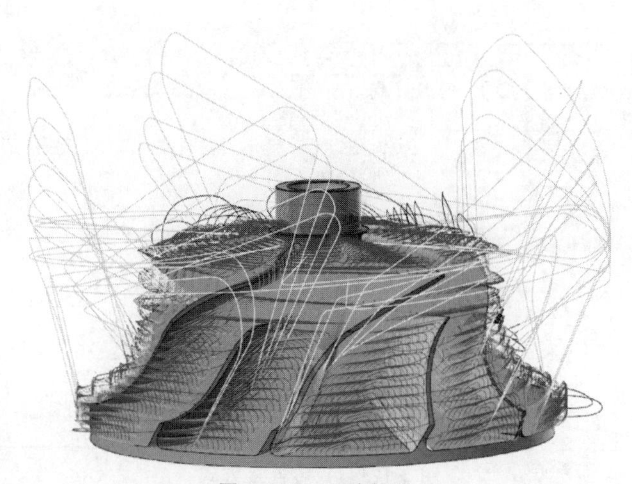

图 4-177　刀路轨迹

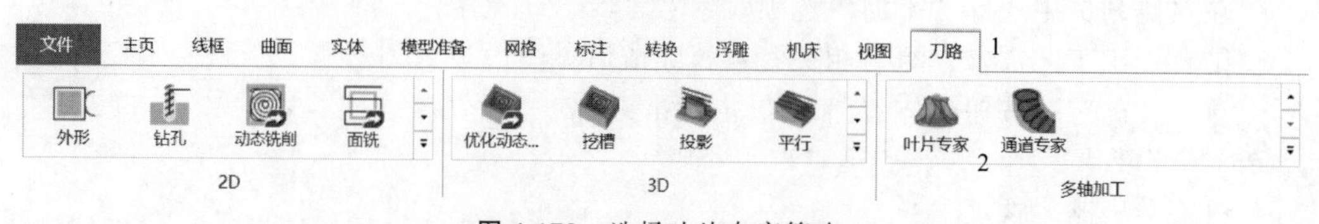

图 4-178　选择叶片专家策略

- 在左侧列框中选择“自定义组件”选项，见图 4-181；
- 结合加工工艺需求，选取叶片、分离器、圆角、避让几何图形，见图 4-182～图 4-184；
- 在左侧列框中选择“平面”选项；
- 结合加工工艺需求，填写相关参数，完成后见图 4-185；

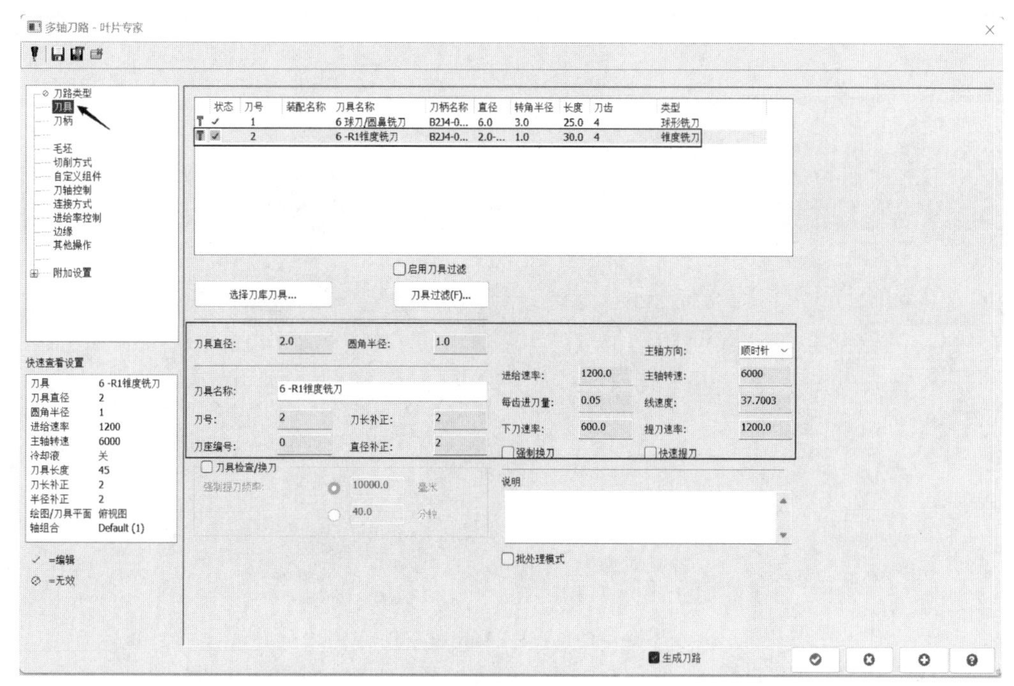

图 4-179　选择刀具

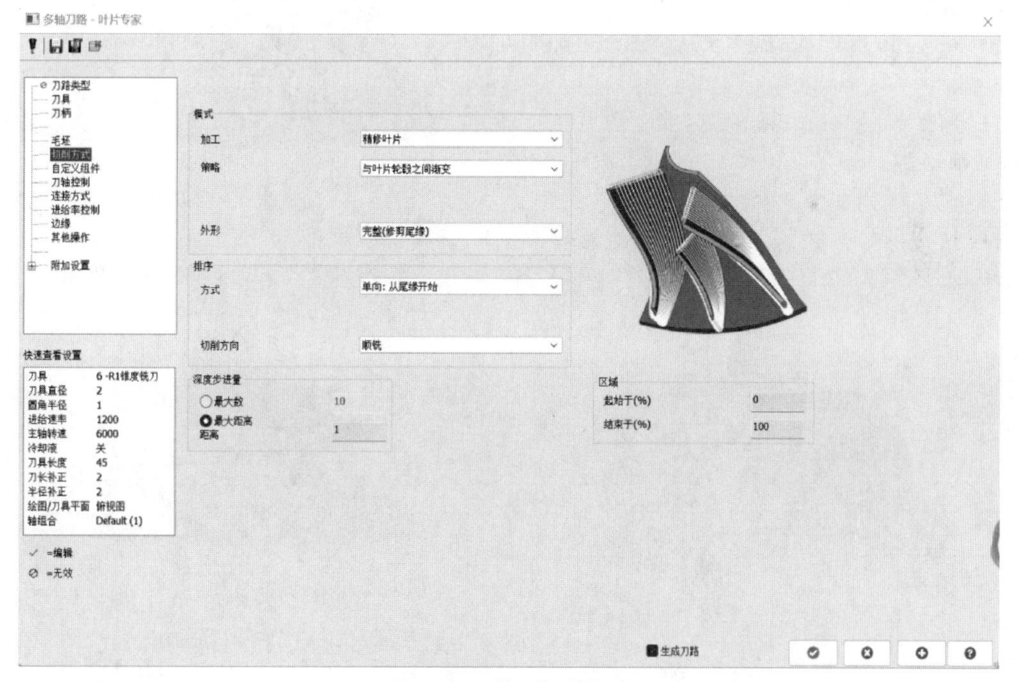

图 4-180　设置切削方式

• 点击“确定”按钮生成刀路轨迹，见图 4-186。

精修叶片分离器的过程与精修叶片的过程相同，在此不做描述，叶片分离器精修完成的刀路见图 4-187。

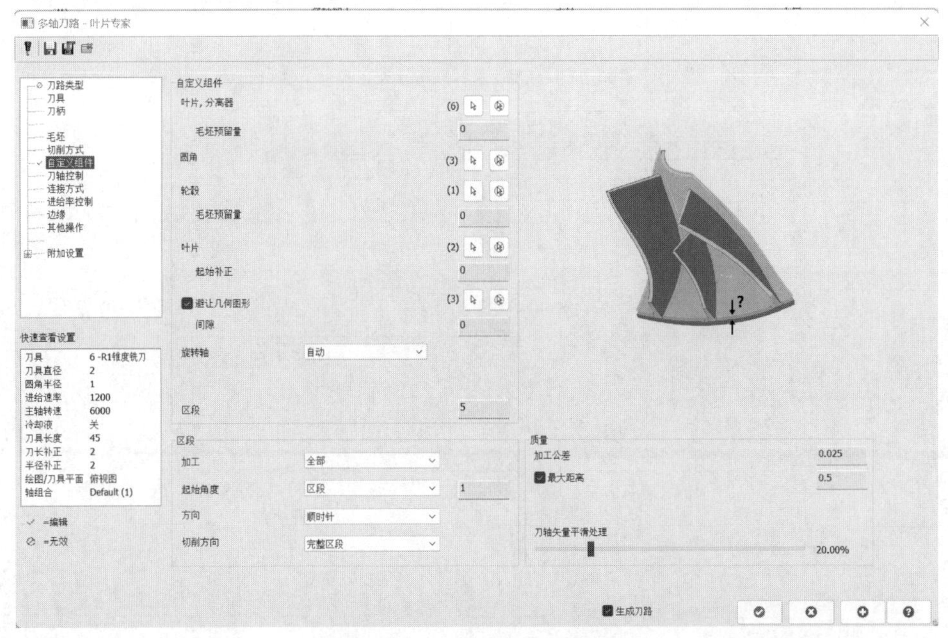

图 4-181　设置自定义组件

（3）精修叶片圆角

- 点击“刀路”选项卡；
- 选择“叶片专家”策略，见图 4-188；
- 在左侧列框中选择“刀具”选项，见图 4-189；
- 选择直径 6mm 倒角 $R1$ 锥度铣刀，合理设置切削参数；
- 在左侧列框中选择“切削方式”选项；
- 结合加工工艺需求，填写相关参数，见图 4-190；

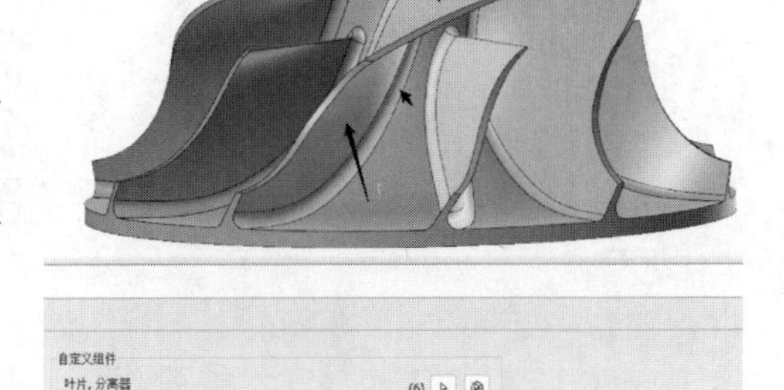

图 4-182　叶片、分离器选取示意图

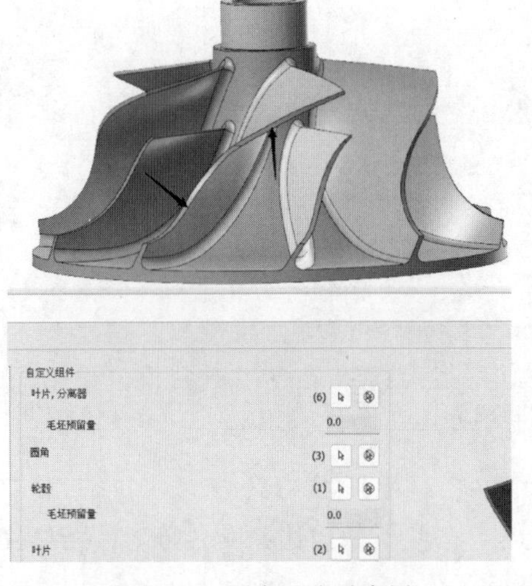

图 4-183　圆角选取示意图

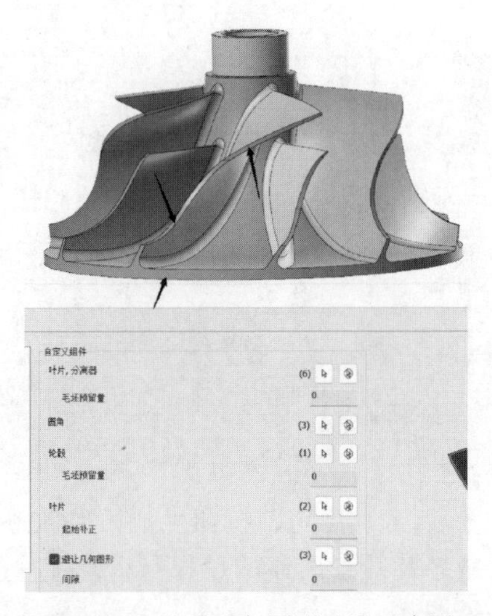

图 4-184　避让几何图形选取示意图

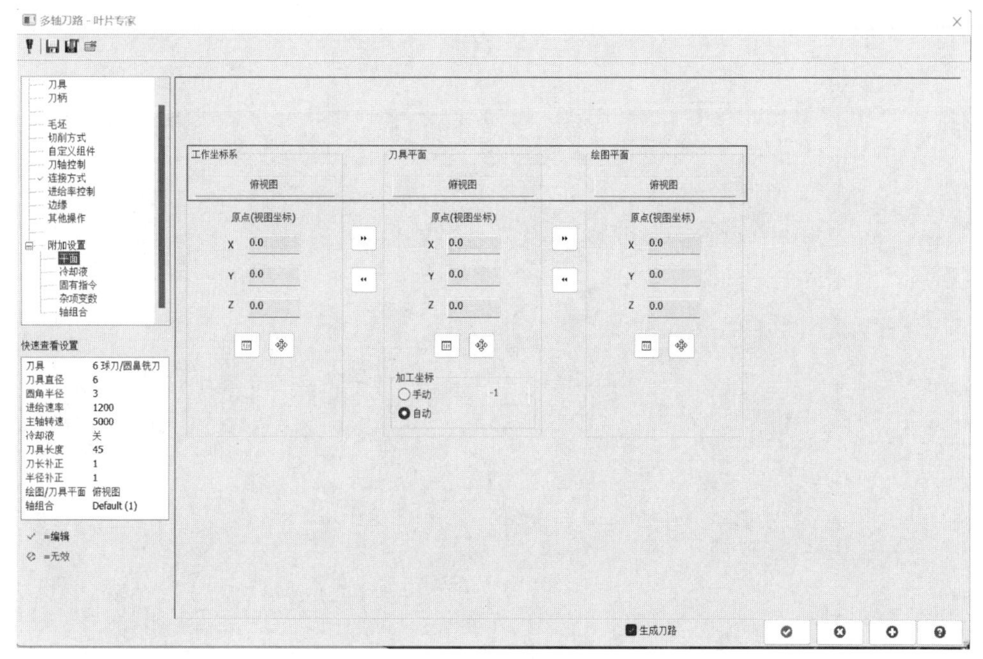

图 4-185　设置加工平面

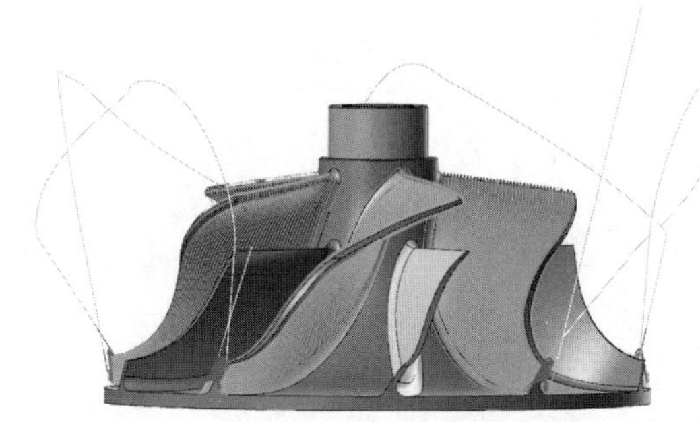

图 4-186　刀路轨迹

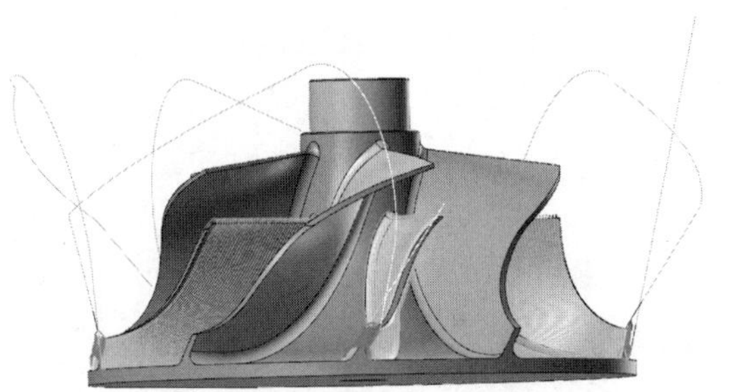

图 4-187　叶片分离器精修刀路轨迹

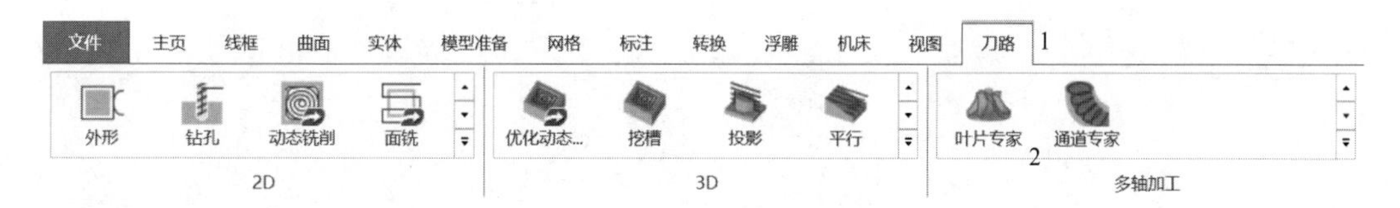

图 4-188　选择叶片专家策略

部分参数含义如下：

模式_外形_完整：在叶片边缘周围创建完整刀路。

模式_外形_完整（修剪尾缘）：删除后缘周围的切削刀具路径。

模式_外形_完整（修剪前/后边缘）：删除前后边缘周围的切削刀具路径。

模式_外形_左侧：仅切割叶片的左侧。

模式_外形_右侧：仅切割叶片的右侧。

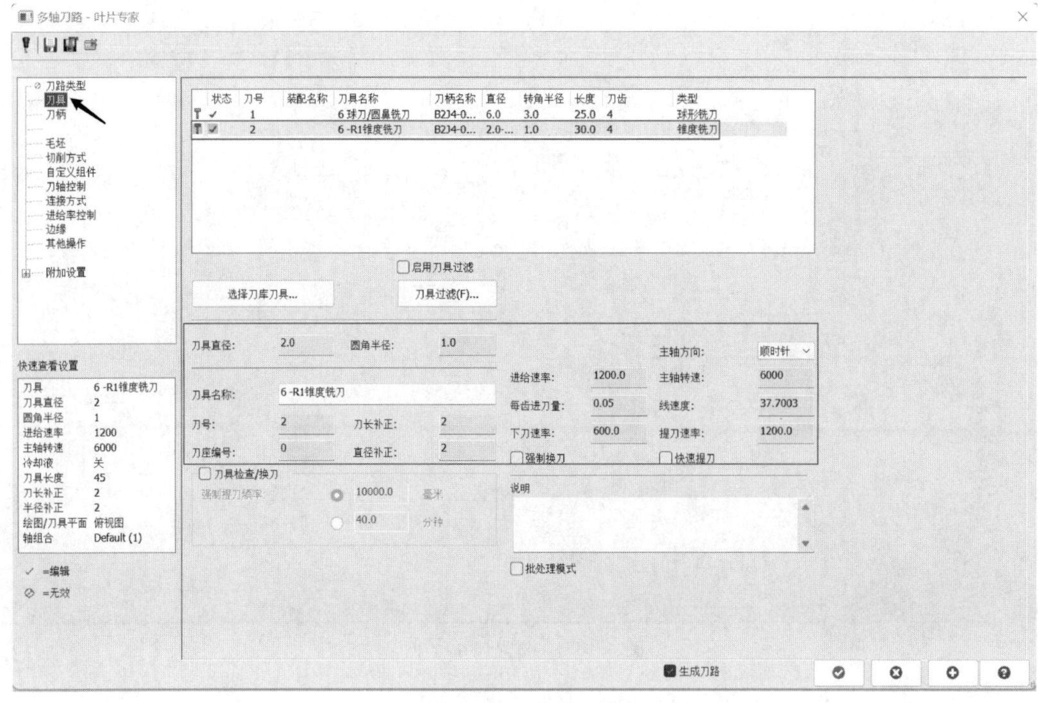

图 4-189　选择刀具

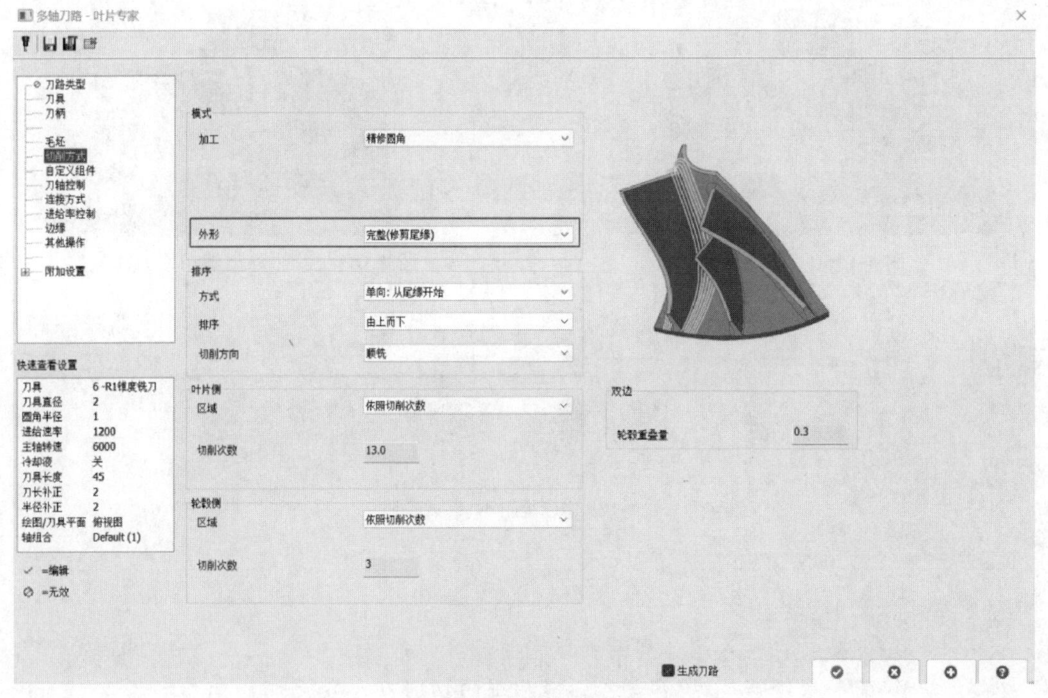

图 4-190　设置切削方式

- 在左侧列框中选择“自定义组件”选项；
- 结合加工工艺需求，填写相关参数，见图 4-191；
- 在左侧列框中选择“刀轴控制”选项；

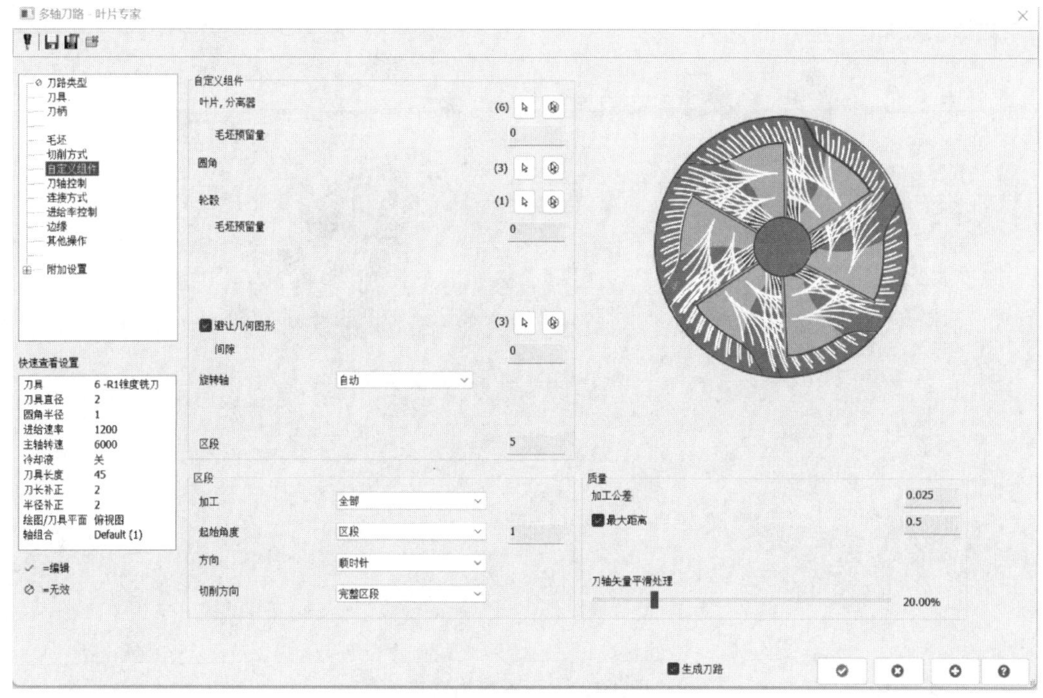

图 4-191 设置自定义组件

• 结合加工工艺需求，填写相关参数，见图 4-192；

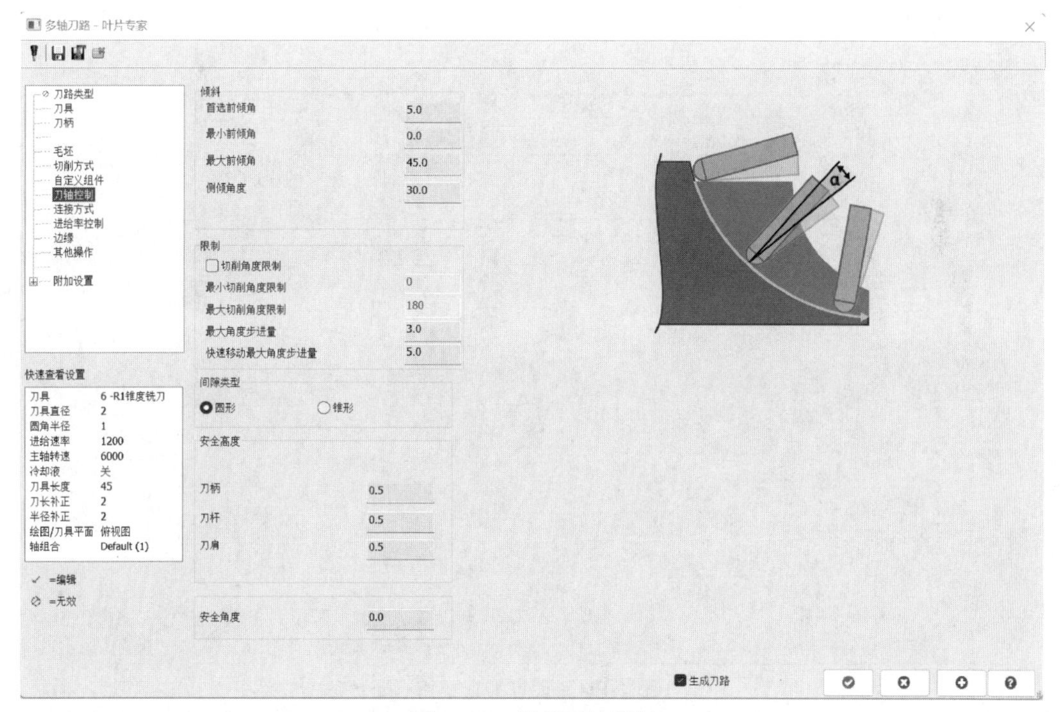

图 4-192 设置刀轴控制

• 在左侧列框中选择“连接方式”选项；
• 结合加工工艺需求，填写相关参数，见图 4-193；

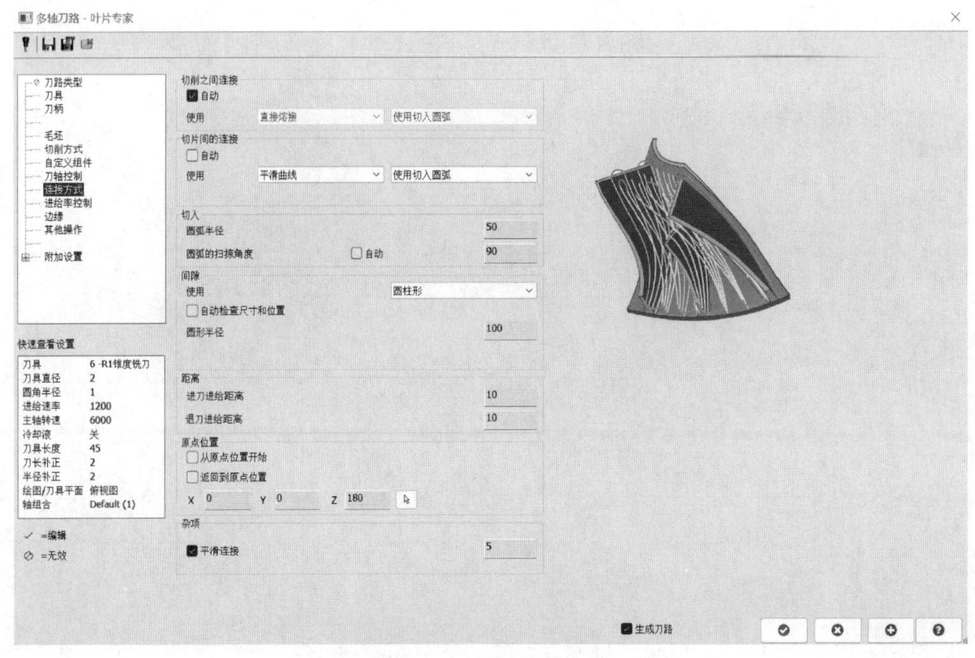

图 4-193　设置连接方式

- 在左侧列框中选择“平面”选项；
- 结合加工工艺需求，填写相关参数，完成后见图 4-194；

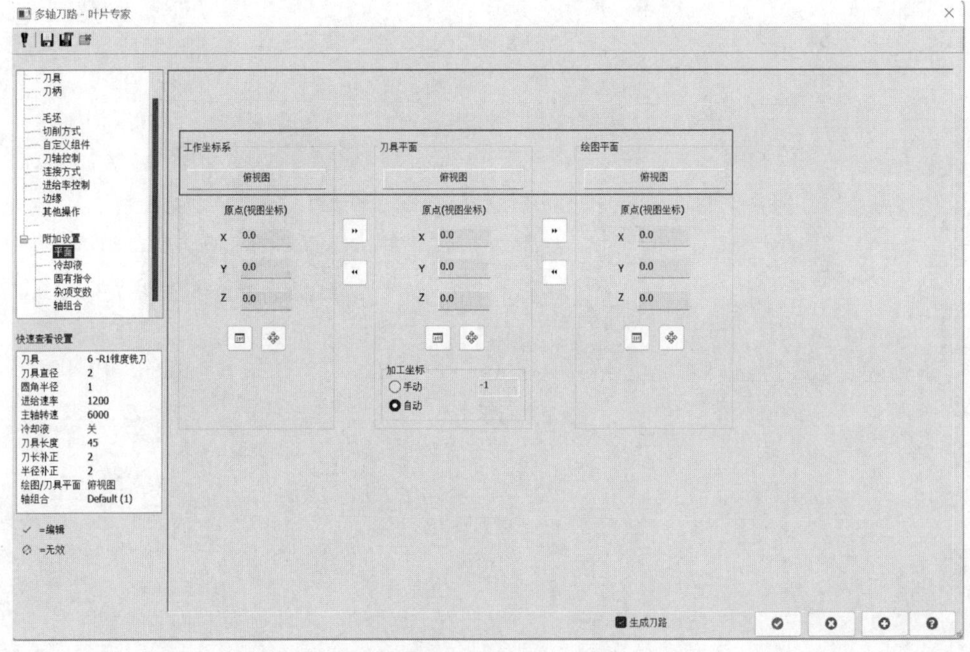

图 4-194　设置加工平面

- 点击“确定”按钮生成刀路轨迹，见图 4-195。

精修叶片分离器圆角的过程与精修叶片圆角的过程相同，在此不做描述，叶片分离器精修圆角完成的刀路见图 4-196。

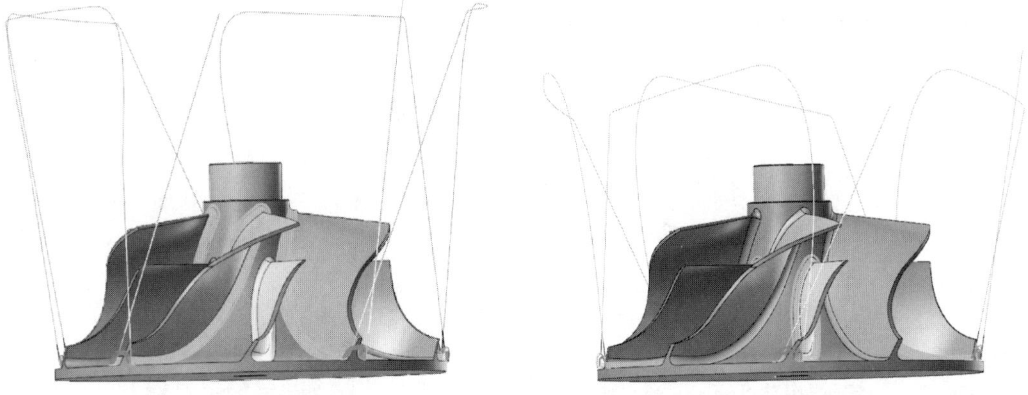

图 4-195　刀路轨迹　　　　图 4-196　叶片分离器精修圆角刀路轨迹

（4）精修轮毂

- 点击“刀路”选项卡；
- 选择“叶片专家”策略，见图 4-197；

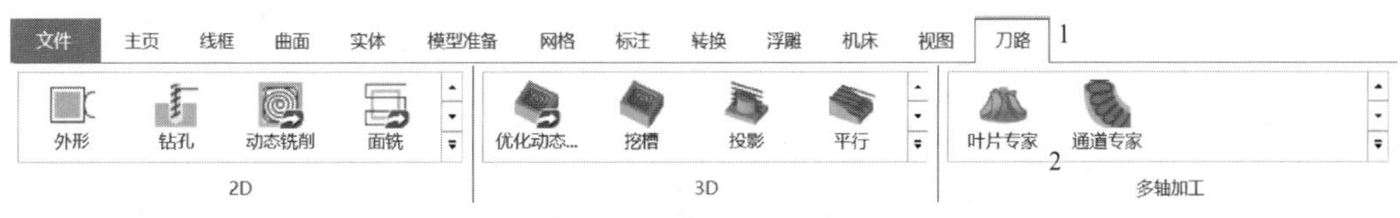

图 4-197　选择叶片专家策略

- 在左侧列框中选择“刀具”选项，见图 4-198；
- 选择直径 6mm 倒角 $R1$ 锥度铣刀，合理设置切削参数；

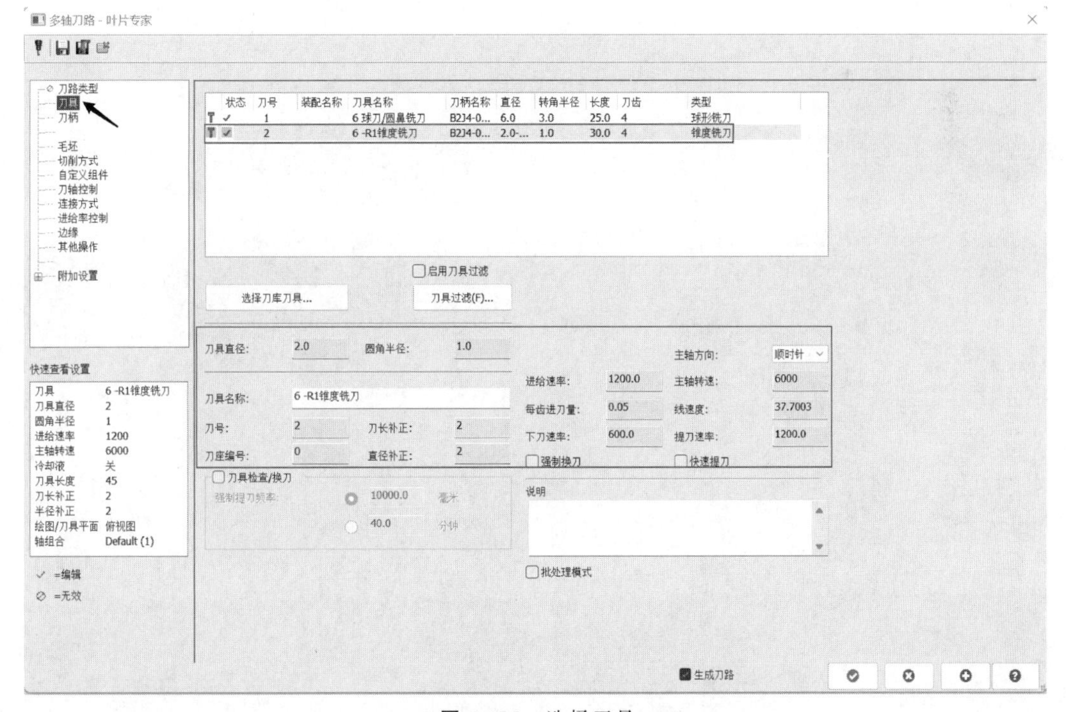

图 4-198　选择刀具

- 在左侧列框中选择“切削方式”选项；
- 结合加工工艺需求，填写相关参数，见图 4-199；

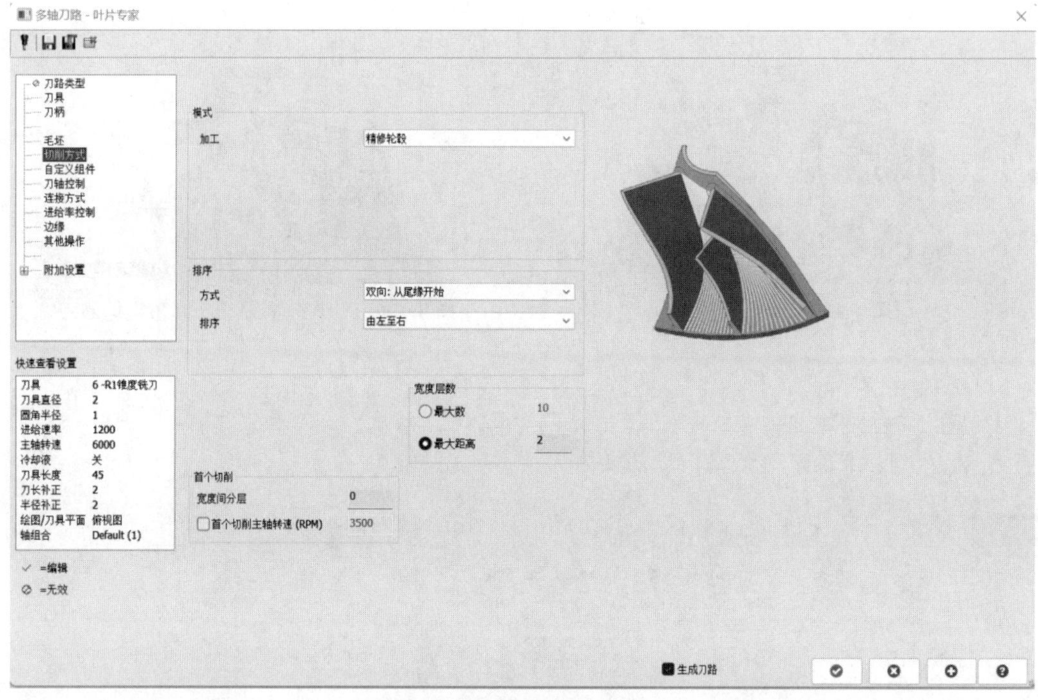

图 4-199　设置切削方式

- 在左侧列框中选择“自定义组件”选项，见图 4-200；

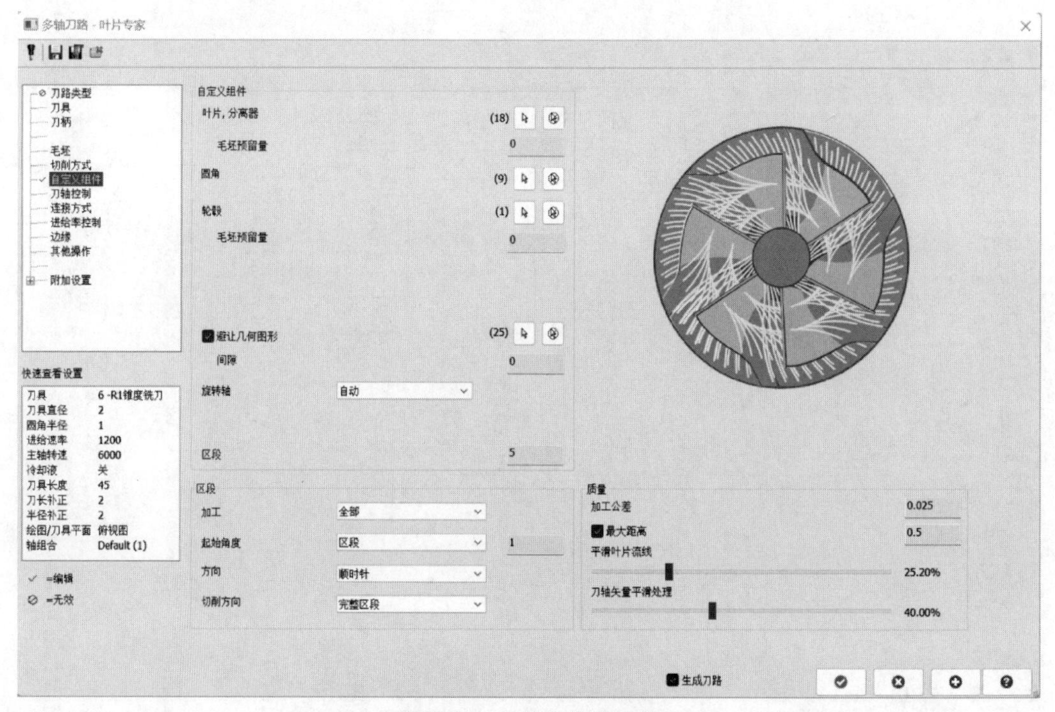

图 4-200　设置自定义组件

• 结合加工工艺需求，填写相关参数，叶片分离器选取见图 4-201，避让几何图形选择见图 4-202；

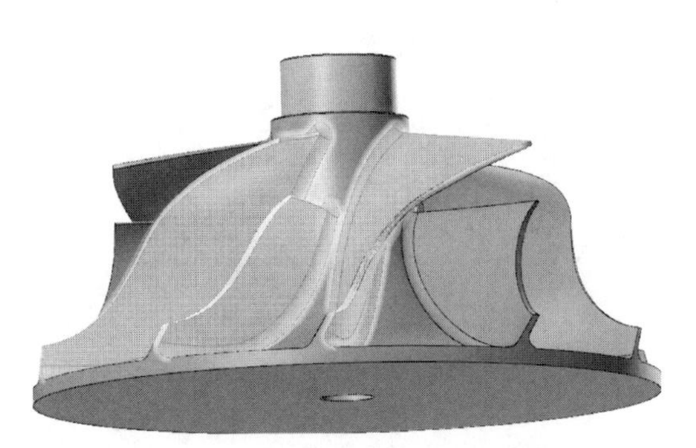

图 4-201　叶片分离器选取示意图

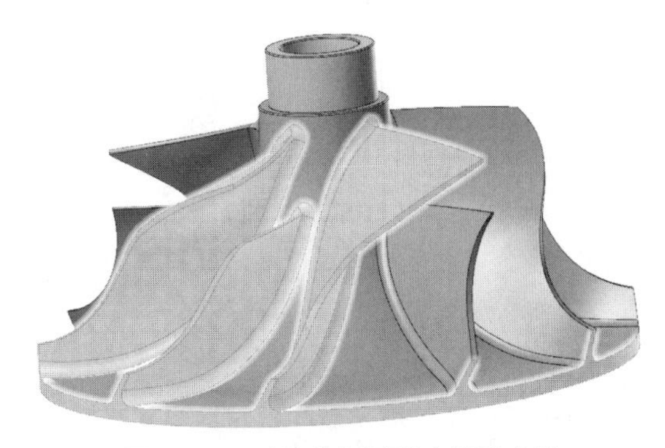

图 4-202　避让几何图形选择示意图

• 在左侧列框中选择“刀轴控制”选项；
• 结合加工工艺需求，填写相关参数，见图 4-203；
• 在左侧列框中选择“连接方式”选项；

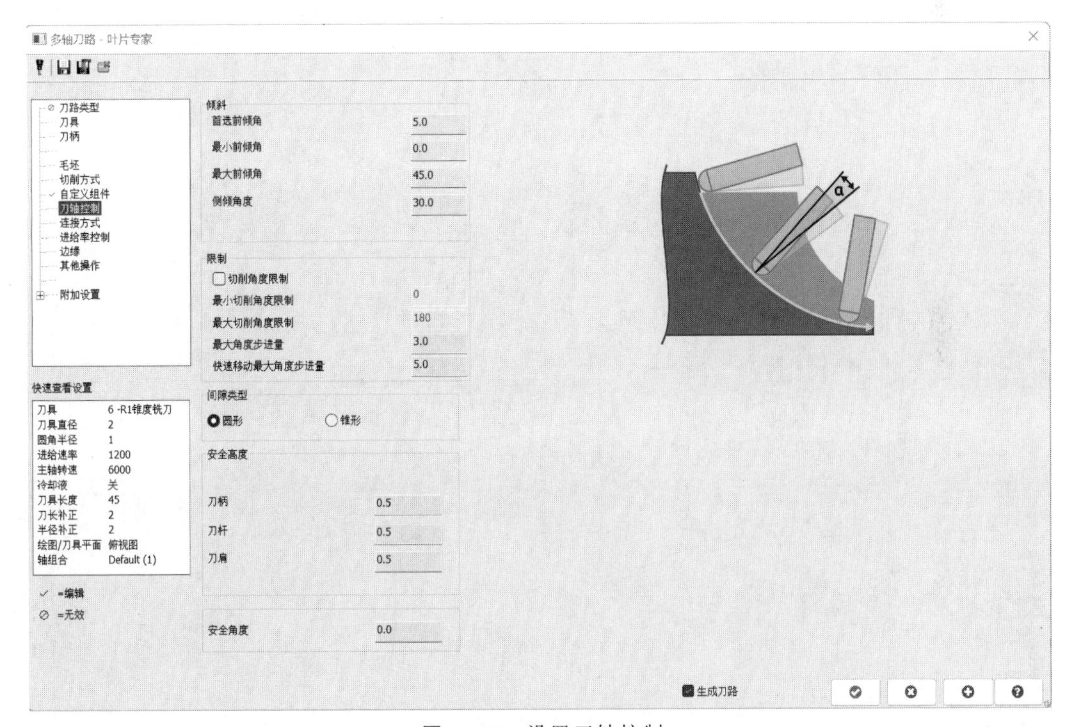

图 4-203　设置刀轴控制

• 结合加工工艺需求，填写相关参数，见图 4-204；
• 在左侧列框中选择“平面”选项；
• 结合加工工艺需求，填写相关参数，完成后见图 4-205；
• 点击“确定”按钮生成刀路轨迹，见图 4-206。

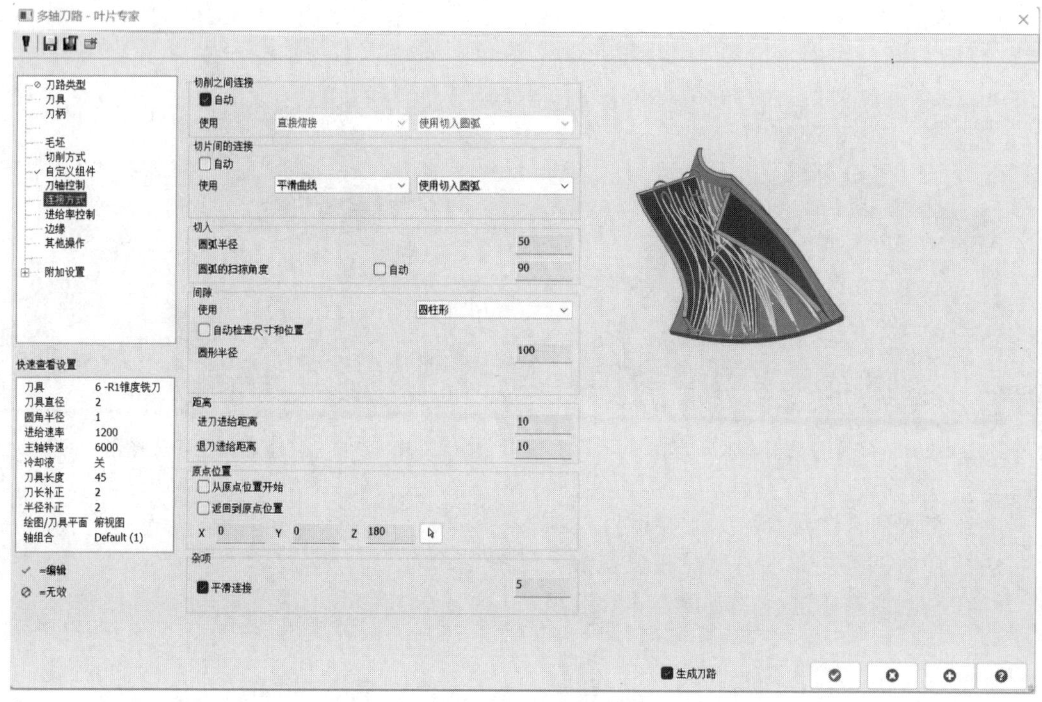

图 4-204　设置连接方式

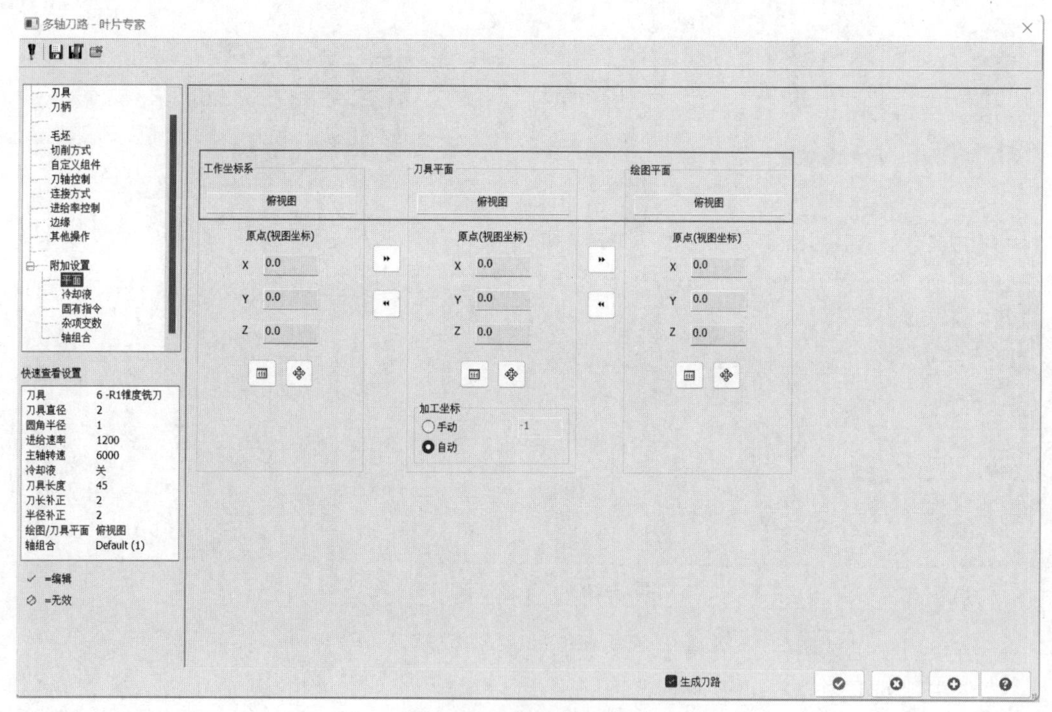

图 4-205　设置加工平面

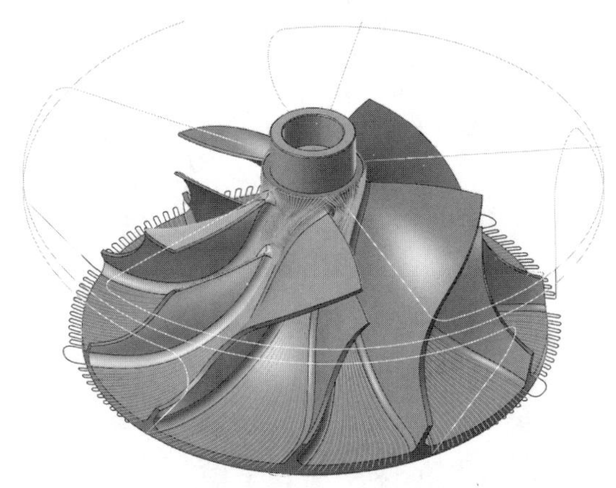

图 4-206　刀路轨迹

4.11　通道专家策略

通道专家策略主要针对管道、管状型腔、封闭型腔提供的专门加工策略。此策略不受通道形状限制，对于截面形状不复杂的曲面，只需指定加工面即可，若截面为较复杂的曲面，还须指定中轴线，刀轴根据中轴线自动倾斜避开干涉。

通道专家策略应用案例见图 4-207。

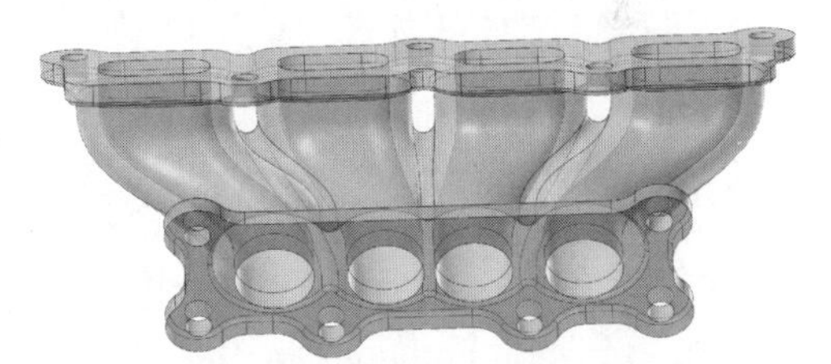

图 4-207　通道专家策略应用案例

4.11.1　模型输入

打开随书附带电子文件夹（扫描封底二维码下载），找到“通道专家图档”文件，也可以使用鼠标左键直接拖动到 Mastercam 软件绘图区打开图档，见图 4-208。

4.11.2　案例说明

在管理器面板点击“层别”选项，检查各图层图素是否正常，见图 4-209。

层别 1：实体。

4.11.3　策略应用

- 点击“刀路”选项卡；
- 选择“通道专家”策略，见图 4-210；
- 在左侧列框中选择“刀具”选项，见图 4-211；
- 选择 10mm 立铣刀，合理设置切削参数；
- 在左侧列框中选择“切削方式”选项，见图 4-212；
- 结合加工工艺需求，填写相关参数；

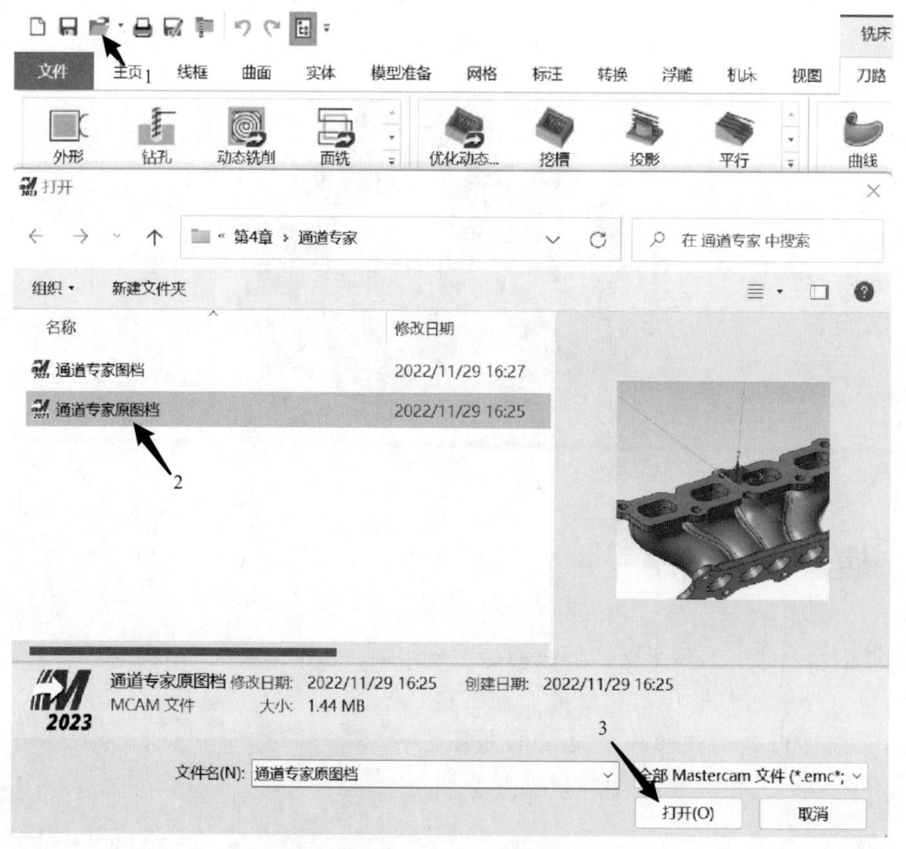

图 4-208　通道专家图档

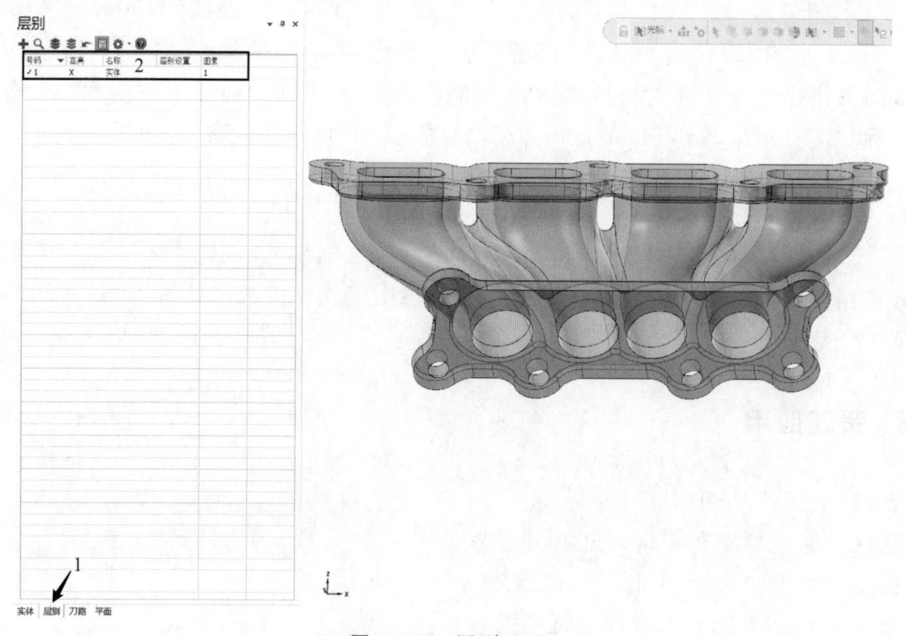

图 4-209　层别显示

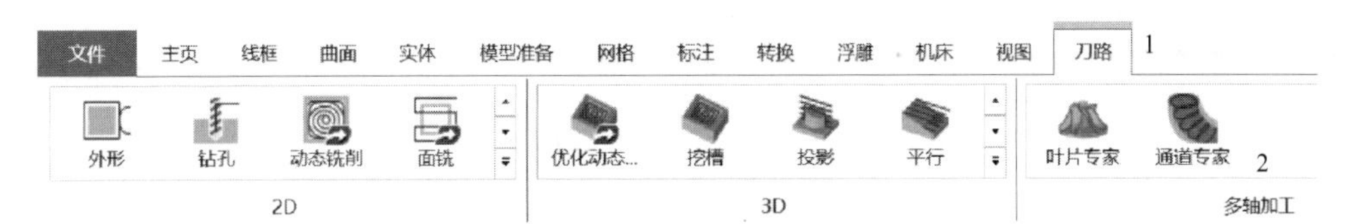

图 4-210 选择通道专家策略

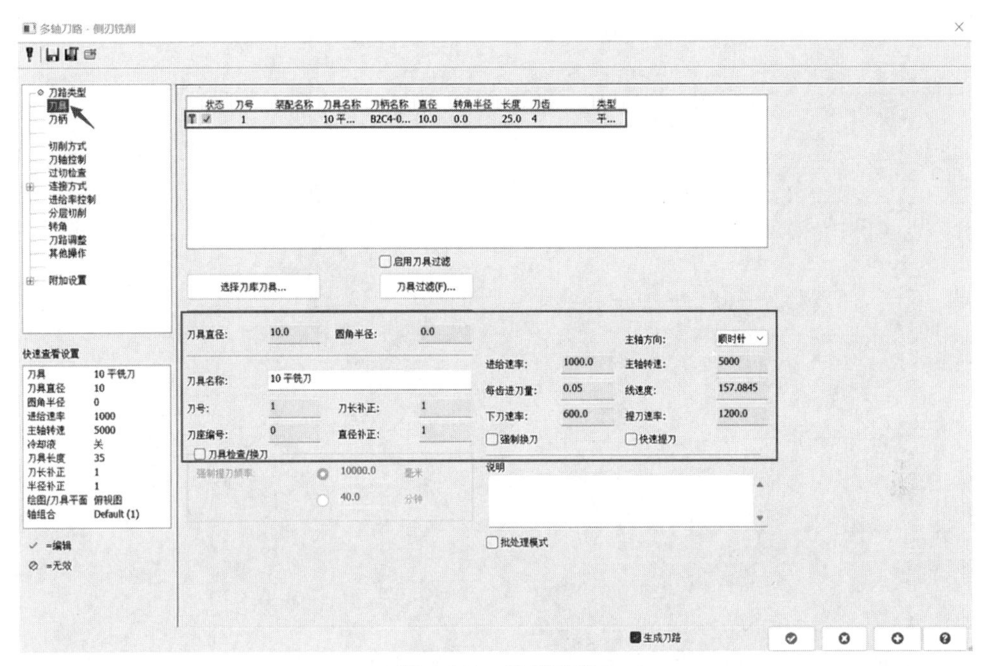

图 4-211 选择刀具

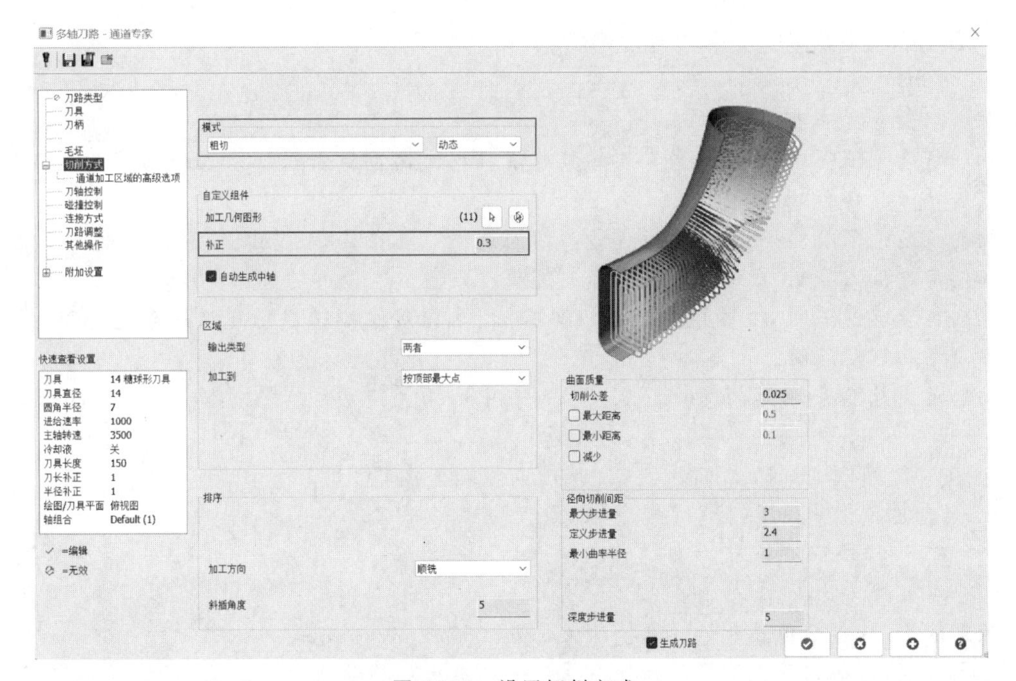

图 4-212 设置切削方式

部分参数含义如下：

模式_粗切_偏移：用于创建从零件或模型偏移的传统粗加工刀路。

模式_粗切_动态：用于创建 Mastercam 的动态粗加工刀具路径。

补正：设置加工时要留下的余量。

- 在左侧列框中选择“刀轴控制”选项，见图 4-213；

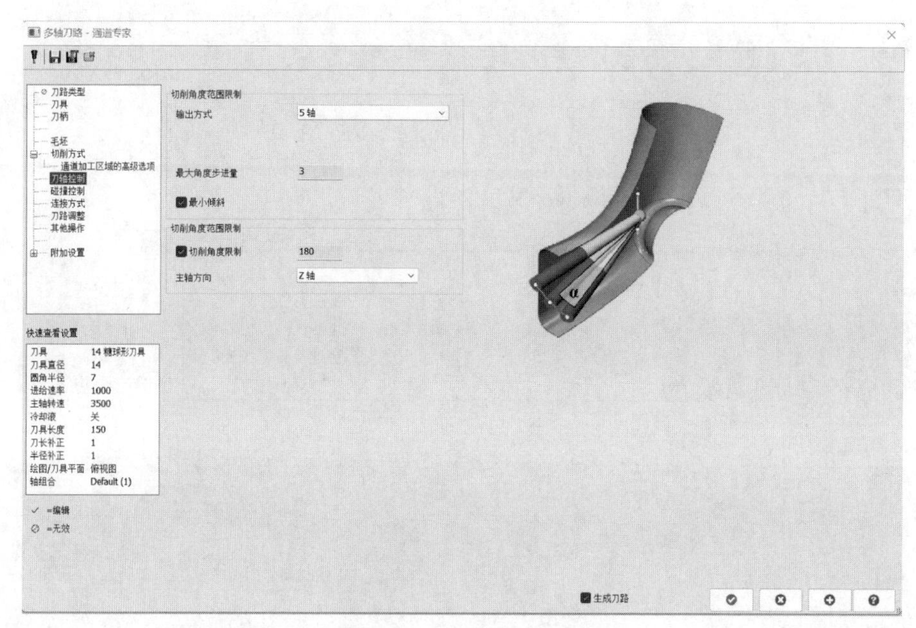

图 4-213 设置刀轴控制

- 结合加工工艺需求，填写相关参数；

部分参数含义如下：

切削角度范围限制_输出格式：在四轴或五轴格式之间进行选择。五轴格式允许在任何平面上旋转刀具轴。

切削角度范围限制_最大角度步进量：输入允许刀具在相邻运动之间移动的最大角度值。

切削角度范围限制_最小倾斜：选择此选项可设置刀具最小的倾斜角度。

切削角度范围限制_切削角度限制：选择并输入角度限制值。角度值用于定义围绕选定主轴方向轴的摆动范围。

切削角度范围限制_主轴方向：从下拉列表中选择主轴方向，或选择已定义好的直线。

- 在左侧列框中选择“连接方式”选项，见图 4-214；
- 结合加工工艺需求，填写相关参数；

部分参数含义如下：

原点位置_从起始位置开始：选择从主位置开始的第一个刀路。

原点位置_返回到原点位置：选择在最后一次退出后移动到初始位置。

连接圆柱_半径：输入连接圆柱的半径值。

连接圆柱_进给距离：输入沿刀具轴退刀的距离，移动是在进给速率下进行的。

连接圆柱_快速移动的角度步进：输入角度值以定义当刀具处于间隙区域时围绕圆柱体采取的最大快速移动步长。

连接圆柱_圆角：选择圆角以处理刀具路径的连接移动，而不是尖角。

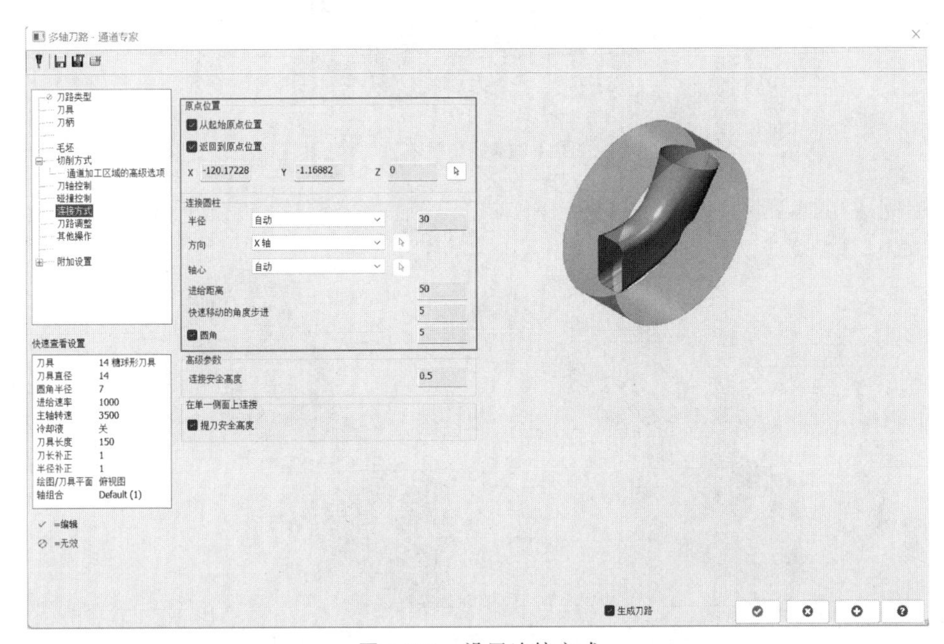

图 4-214　设置连接方式

- 在左侧列框中选择“平面”选项，见图 4-215；

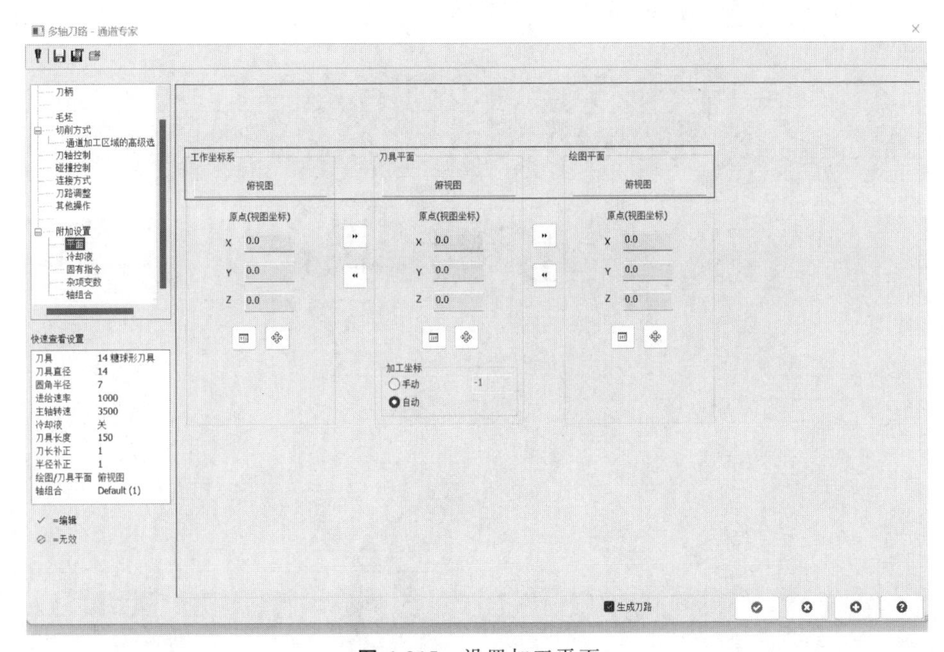

图 4-215　设置加工平面

- 结合加工工艺需求，填写相关参数；

• 点击“确定”按钮生成刀路轨迹，见图 4-216；

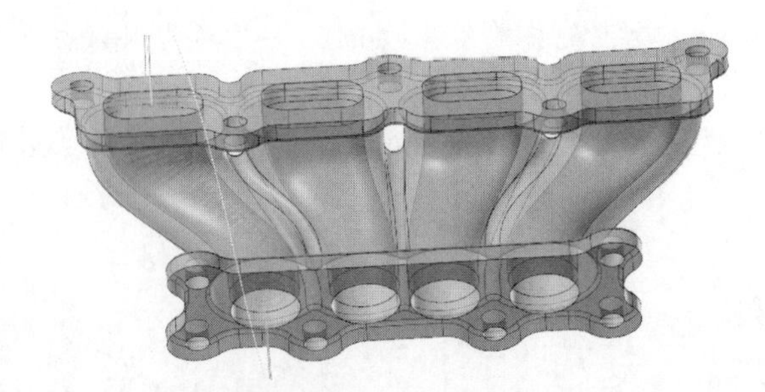

图 4-216　刀路轨迹

• 当完成粗加工后，需对零件进行精加工。设置相关参数，完成后见图 4-217；

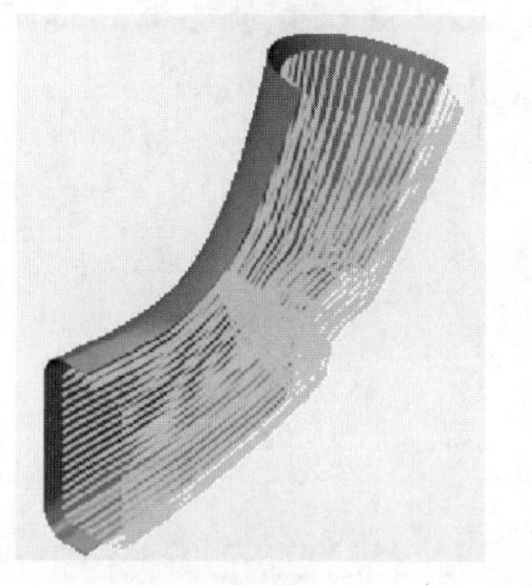

(a) 顺沿精修

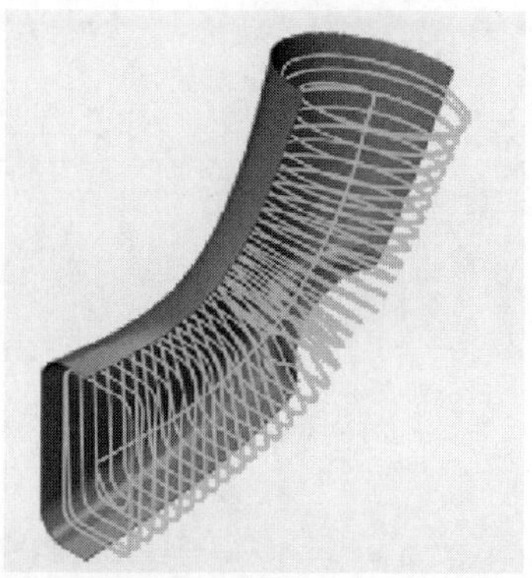

(b) 环绕精修

图 4-217　精加工

• 点击“确定”按钮生成刀路轨迹，见图 4-218。

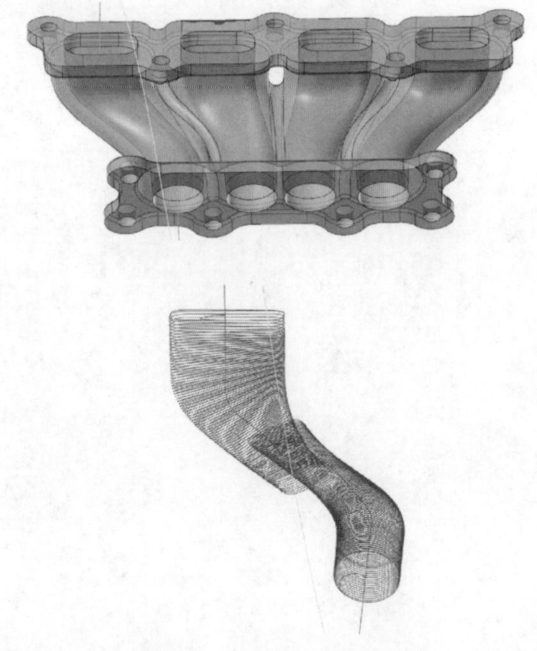

图 4-218　精加工刀路轨迹

第3部分 多轴加工实战演练

Mastercam

第5章 大赛经典零件加工案例精讲

5.1 大赛零件总体分析

某省复杂部件数控多轴联动加工技术赛项要求选手在规定时间内完成下列产品的加工，装配图见图 5-1。

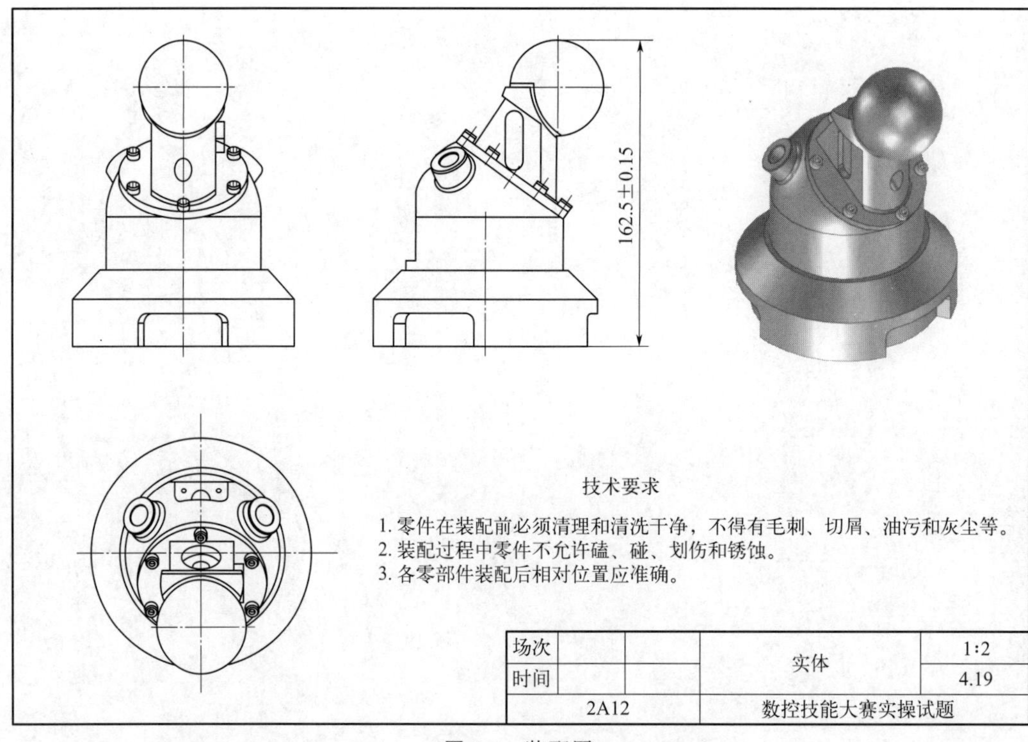

图 5-1 装配图

通过对装配图的分析可知，在产品装配时应注意以下事项：

① 底座与叶轮轴装配后总高度为：162.5mm±0.15mm；

② 装配时注意底座与叶轮轴的相对角度位置；

③ 此产品由 2 个零件组成，零件图见图 5-2、图 5-3。

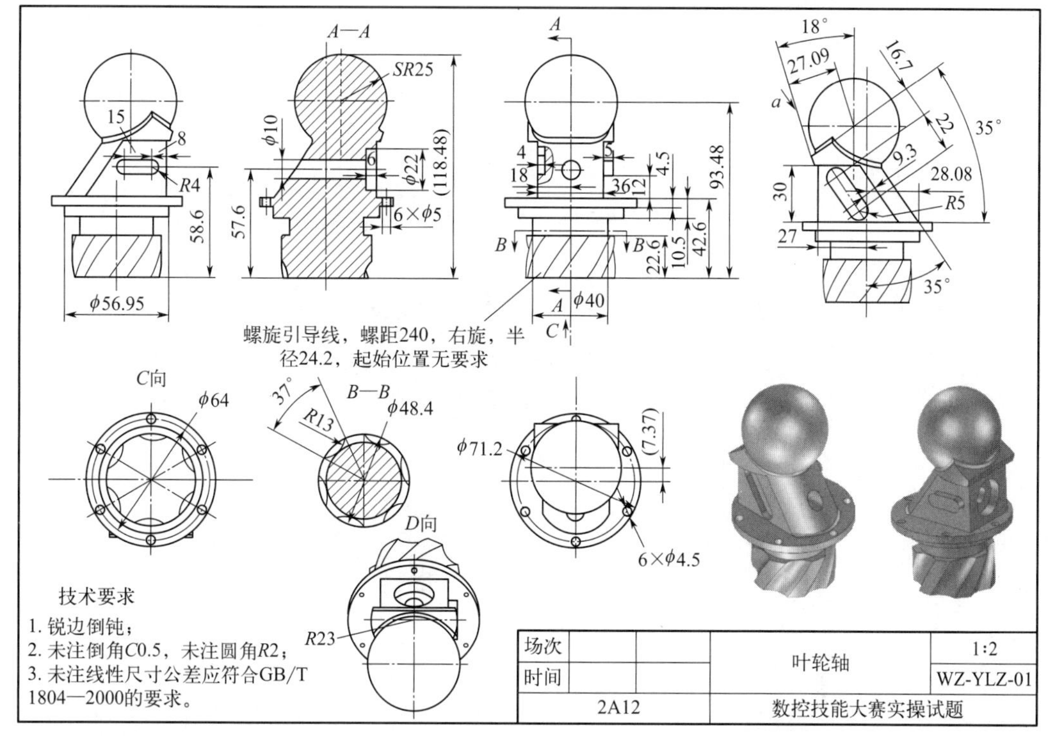

图 5-2 叶轮轴

通过对叶轮轴零件（图 5-2）分析可知，应选用 ϕ80mm×125mm 棒料作为毛坯。此零件为多面加工特征类零件，加工中主要涉及定平面加工的设置方法、球体联动加工刀轴的设定、零件翻面基准铣削几项内容。在零件加工中通过以下工艺步骤完成零件加工：

工艺步骤一：采用三爪卡盘夹持 ϕ80mm 圆柱毛坯，完成叶轮轴第一面加工，并铣削基准台，见图 5-4。

工艺步骤二：采用三爪卡盘夹持 ϕ56.95mm 圆柱，并贴紧，防止夹伤（可考虑铜皮或软爪），根据基准台设定 C 轴角度，见图 5-5。

通过对底座零件（图 5-3）分析可知，应选用 ϕ130mm×115mm 棒料作为毛坯。依此零件为多面加工特征类零件，主要包括 ϕ122mm 圆柱尺寸、3mm×40mm 六边形尺寸、3 处 8mm 开口槽、ϕ57mm、ϕ49mm 圆孔直径、4×M3、6×M5 螺纹底孔特征。加工中主要涉及定平面加工的设置方法、球体联动加工刀轴的设定、零件翻面基准铣削等内容。在零件加工中通过以下工艺步骤完成零件加工：

工艺步骤一：采用三爪卡盘夹持 ϕ130mm 圆柱毛坯，完成底座第一面加工，并铣削基准台，见图 5-6。

工艺步骤二：采用三爪卡盘夹持 ϕ122mm 圆柱，并贴紧，防止夹伤（可考虑铜皮或软爪），根据基准台设定 C 轴角度，见图 5-7。

通过零件图 5-3 可知，加工此产品的材料均为 2A12。此材料为典型高强度硬铝合金，综合性能较好，可以进行热处理强化；点焊焊接性良好，用气焊和氩弧焊时有形成晶间裂纹的倾向；在冷作硬化后可切削性能尚好；耐蚀性不高，常采用阳极氧化处理与涂漆方法或表面加包铝层以提高抗腐蚀能力。主要用于制作各种高负荷的零件和构件（但不包括冲压件锻件），如飞机上的骨架零件、蒙皮、隔框、翼肋、翼梁、铆钉等在 150℃以下工作的零件。

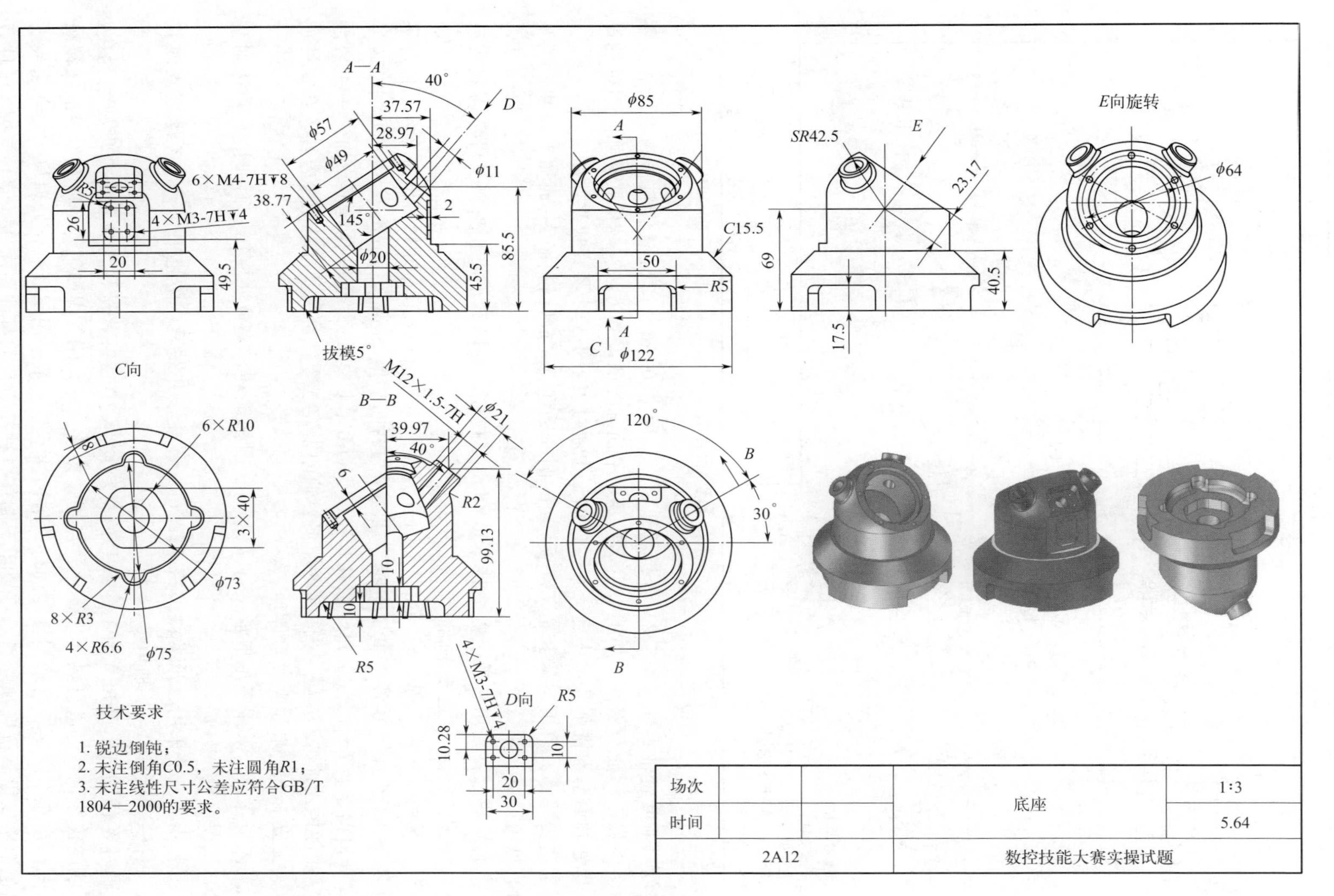
A—A
40°
D
37.57
28.97
ϕ57
ϕ49
ϕ11
6×M4-7H▾8
38.77
2
R5
4×M3-7H▾4
145°
26
ϕ20
20
49.5
45.5
85.5
拔模5°
ϕ85
A
C15.5
50
R5
A
C
ϕ122
69
SR42.5
E
23.17
40.5
17.5
E向旋转
ϕ64
C向
6×R10
3×40
ϕ73
8×R3
4×R6.6
ϕ75
B—B
M12×1.5-7H
ϕ21
39.97
40°
6
R2
99.13
10
10
R5
120°
B
30°
B
4×M3-7H▾4
D向
R5
10.28
10
20
30
技术要求
1. 锐边倒钝；
2. 未注倒角C0.5，未注圆角R1；
3. 未注线性尺寸公差应符合GB/T 1804—2000的要求。
场次
时间
底座
1:3
5.64
2A12
数控技能大赛实操试题

图 5-3 底座

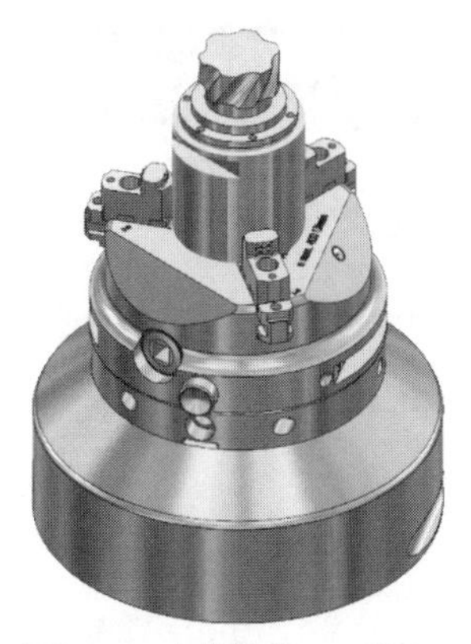

图 5-4　叶轮轴第一面加工

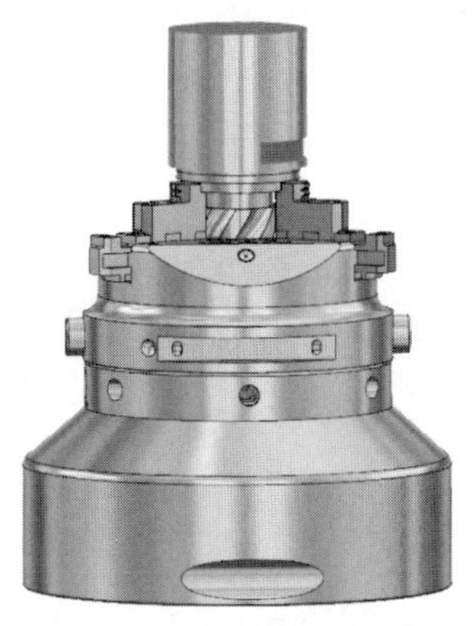

图 5-5　叶轮轴第二面加工

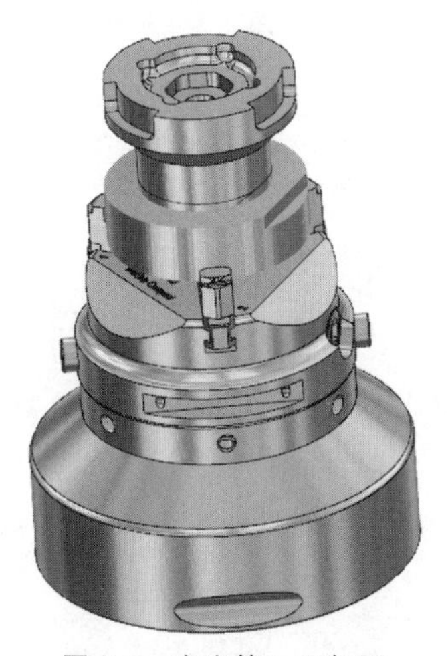

图 5-6　底座第一面加工

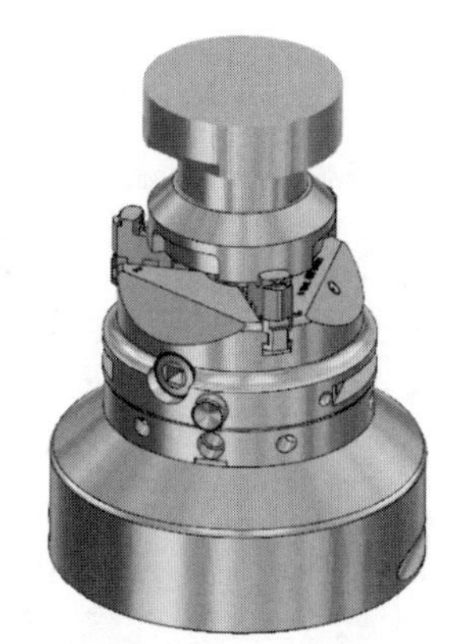

图 5-7　底座第二面加工

5.2　叶轮轴的建模及加工

在完成零件加工之前，首先依据零件图纸进行实体建模，叶轮轴建模如下。

5.2.1　分析叶轮轴零件图纸，完成下半部分建模

① 依据零件图纸绘制 $B—B$ 剖视图，完成后见图 5-8。

② 依据主视图，旋转引导线，螺距 240mm，右旋，半径 24.2mm，进行相应引导线的绘制，点击矩形、螺旋线，设置相关参数，见图 5-9。

③ 基准点选为圆心，绘制完成后见图 5-10。

④ 点击 实体 、扫描，根据扫描对话框选项选择相应图素，构建实体造型，见图 5-11。

⑤ 完成后，实体造型见图 5-12。

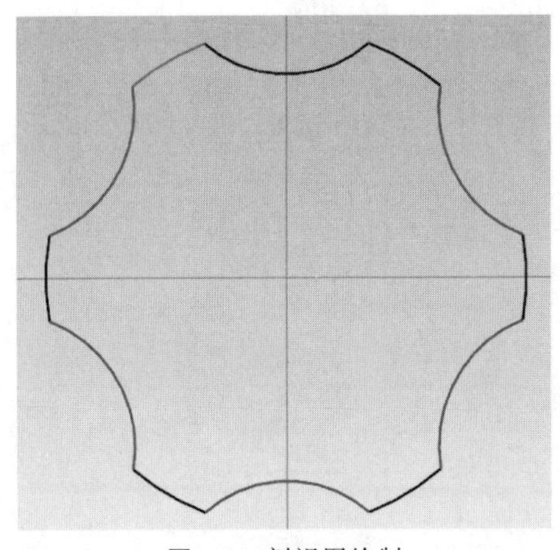

图 5-8 剖视图绘制

图 5-9 主视图参数设置

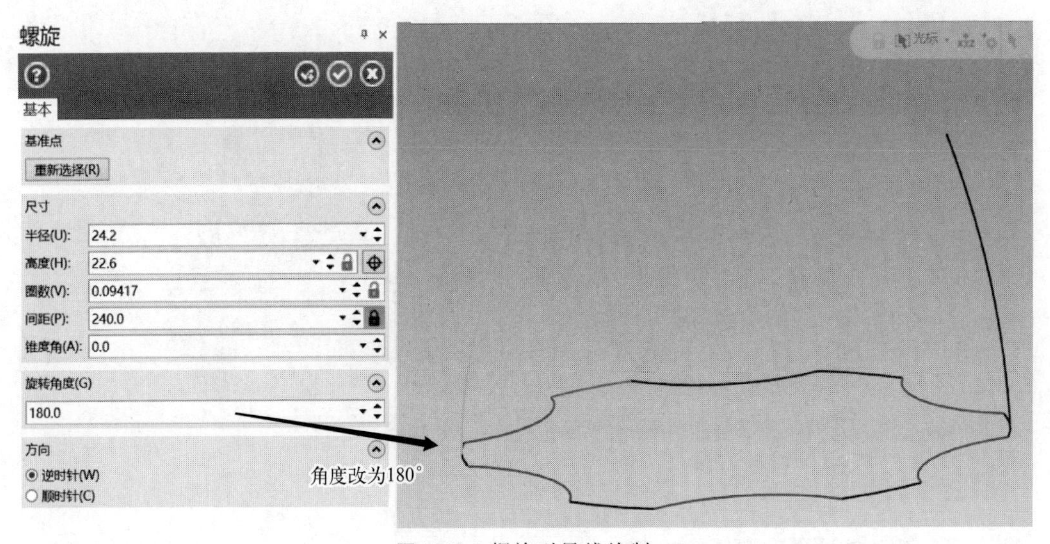

图 5-10 螺旋引导线绘制

⑥ 依据零件图纸中俯视图、B—B 剖视图、主视图，设置 Z 向深度 42.6mm，绘制 ϕ71.2mm、ϕ48.4mm、ϕ40mm 圆弧，完成后见图 5-13。

⑦ 利用拉伸功能中创建主体、添加凸台功能，依据主视图中的深度，对相应图素进行拉伸，最后利用布尔运算中的结合功能把图与图结合，完成后实体造型见图 5-14。

⑧ 依据 C 向视图、A—A 剖视图，利用圆周点功能绘制 6 个 ϕ5mm 孔，完成后见图 5-15。

⑨ 利用实体拉伸功能中相关选项拉伸实体造型，完成后见图 5-16。

5.2.2 分析图纸，完成叶轮轴上半部分的建模

① 依据 D 向视图绘制 ϕ23mm 圆，在左视图方向旋转 35°，完成后见图 5-17。

② 点击 实体 ，利用实体拉伸功能中“创建主体”功能创建主体，完成后见图 5-18。

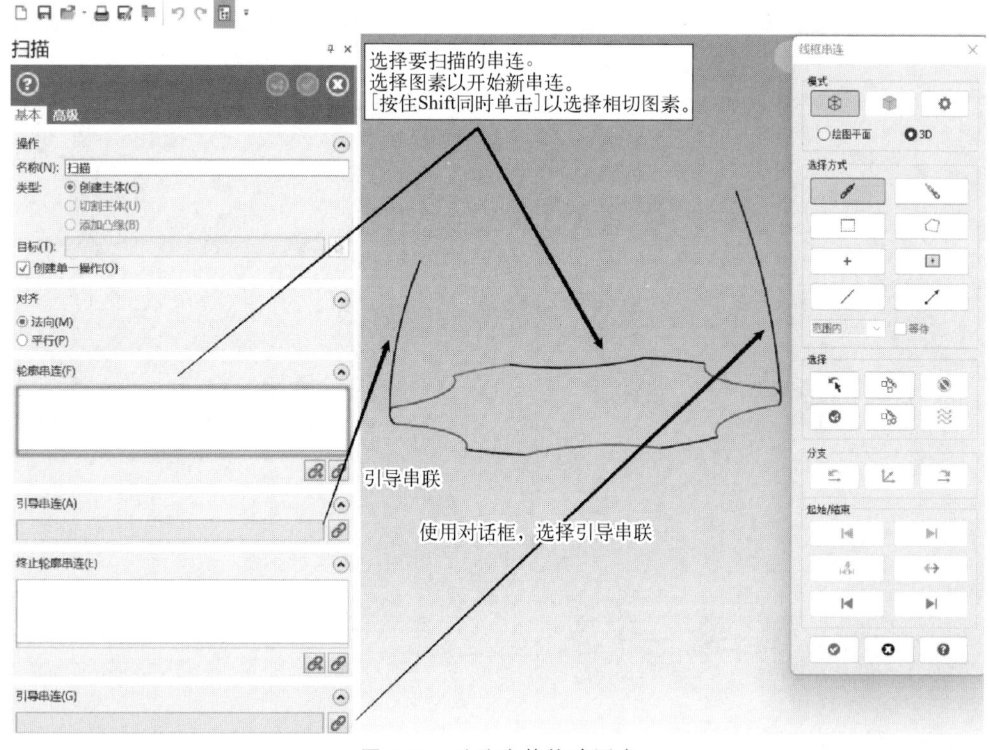

图 5-11　选取实体构建图素

③ 设置绘图面为俯视图，绘制曲面，点击 实体、修剪到曲面/薄片，利用所建曲面完成实体切割，见图 5-19。

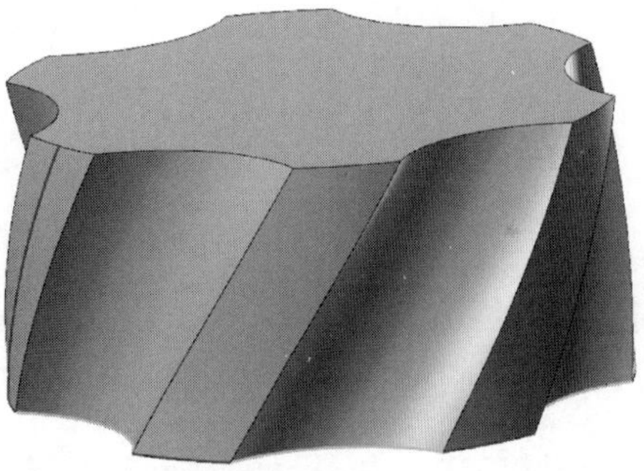

④ 设置绘图面为前视图，依据主视图尺寸 36mm、左侧视图尺寸 30mm，利用 偏移图素 功能绘制矩形，利用拉伸功能中“切割主体”功能，完成主视图实体形状绘制，见图 5-20。

图 5-12　实体造型

⑤ 设置绘图面为左视图，依据左侧视图尺寸 27mm、30mm，利用 偏移图素 功能绘制矩形，利用拉伸功能中“切割主体”功能完成主体切割，见图 5-21。

⑥ 点击 模型准备、修改实体特征，移除实体圆角，完成后见图 5-22。

⑦ 设置绘图面为左视图，依据主视图尺寸 93.48mm，左视图尺寸 27.09mm、18°，俯视图尺寸 7.37mm，绘制相应图素，然后采用 偏移图素 创建矩形，完成后见图 5-23。

⑧ 点击 拉伸，选取所创建的矩形，利用实体拉伸中“切割主体”选项进行实体切割，完成后见图 5-24。

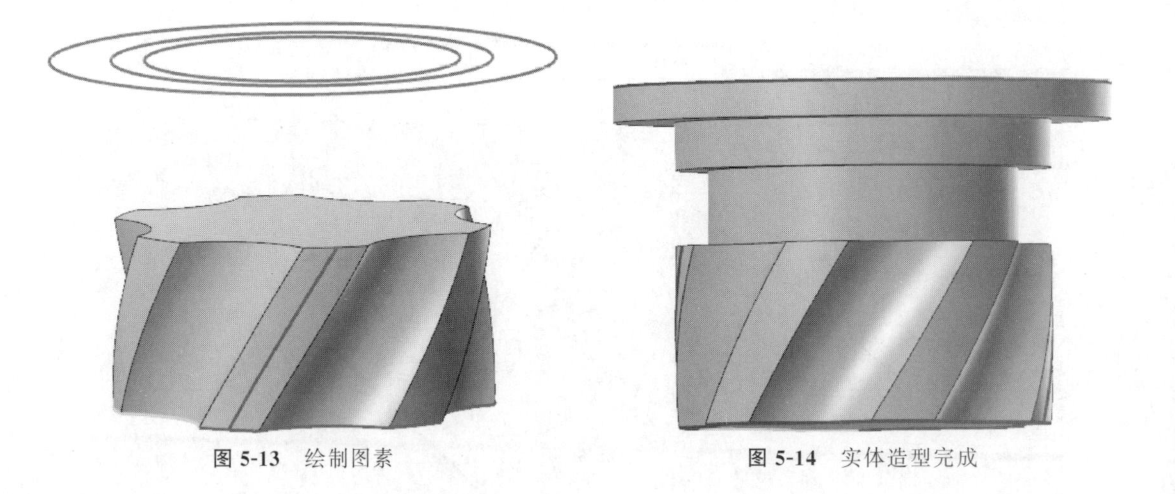

图 5-13 绘制图素　　图 5-14 实体造型完成

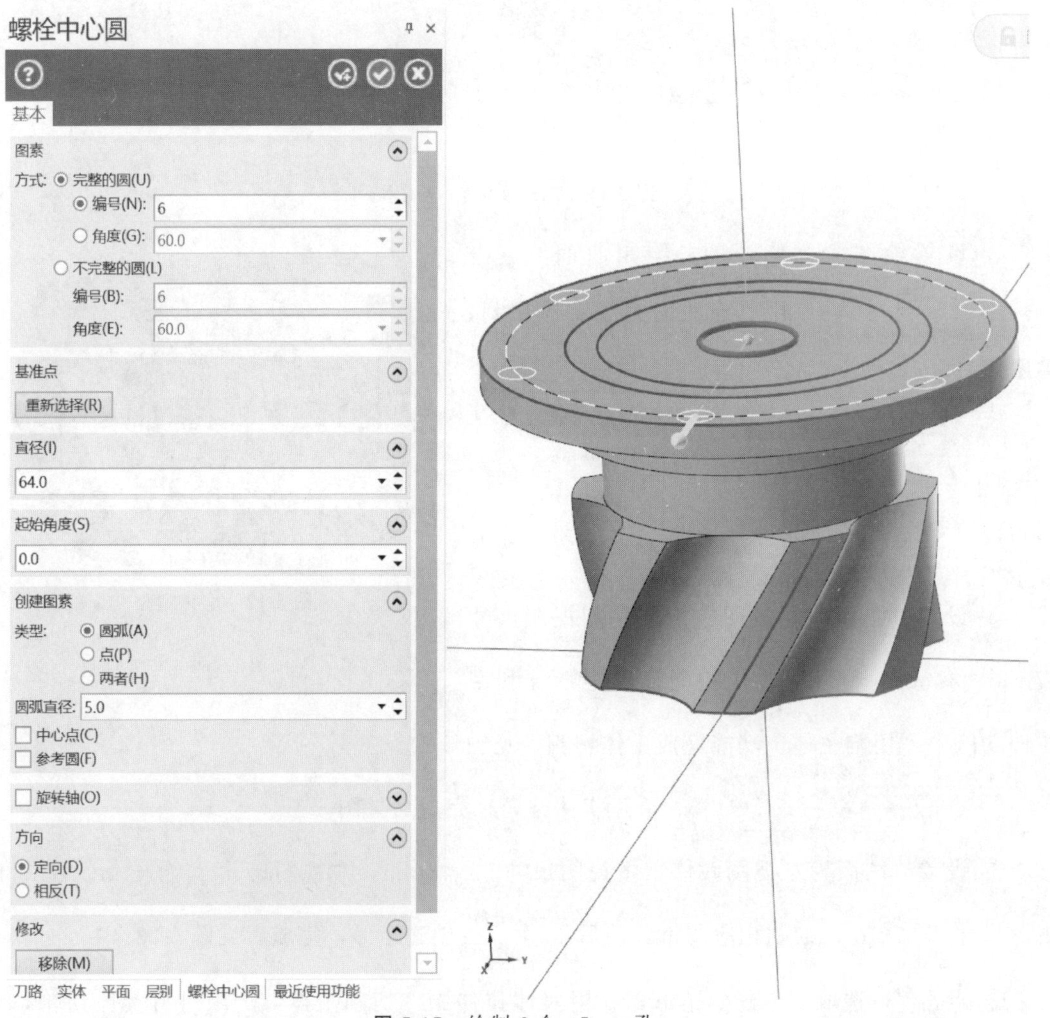

图 5-15 绘制 6 个 ϕ5mm 孔

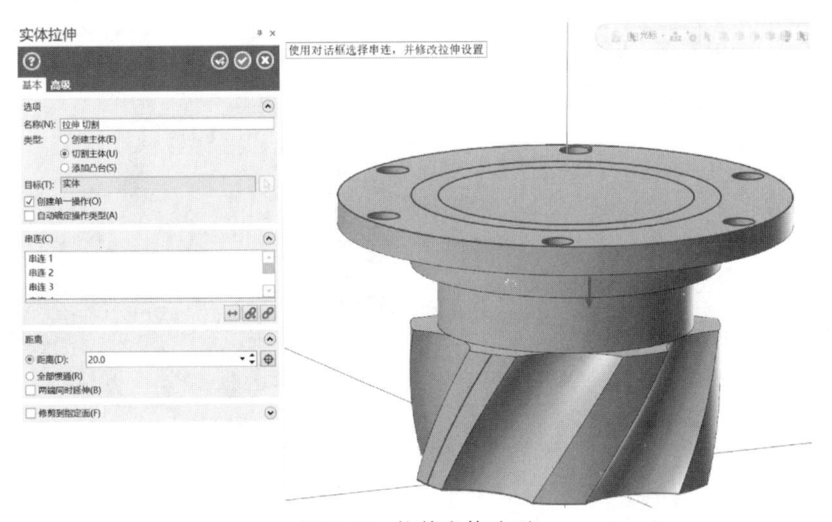

图 5-16　拉伸实体造型

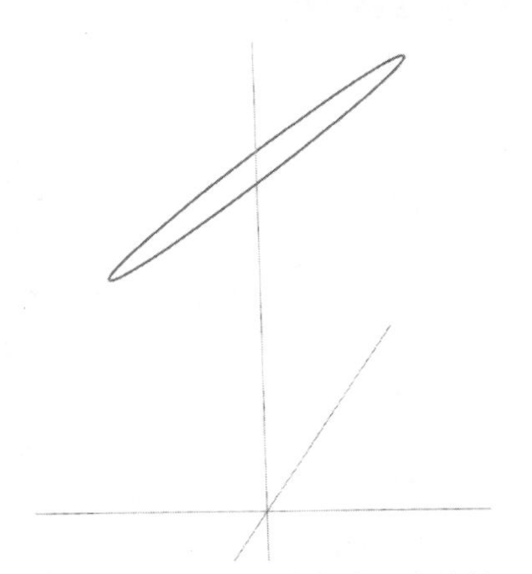

图 5-17　叶轮轴上半部分图素绘制

图 5-18　叶轮轴上半部分实体造型

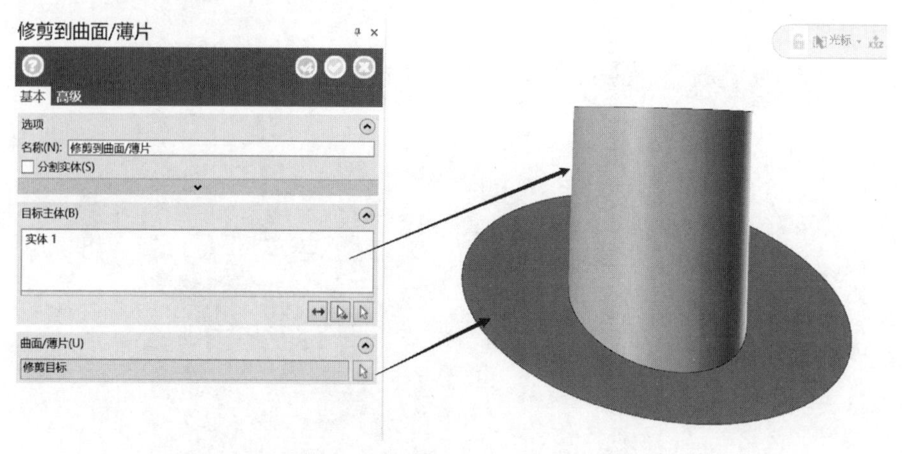

图 5-19　叶轮轴上半部分实体修剪

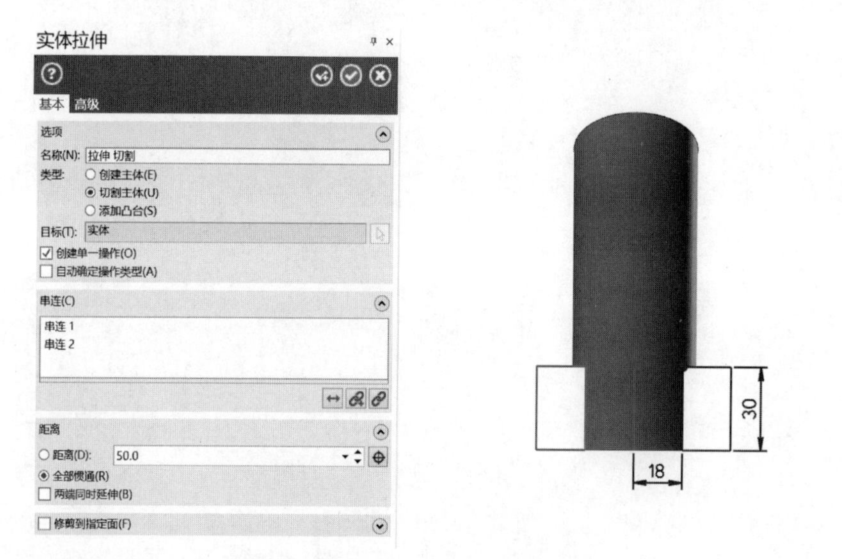

图 5-20　主视图实体形状图素绘制

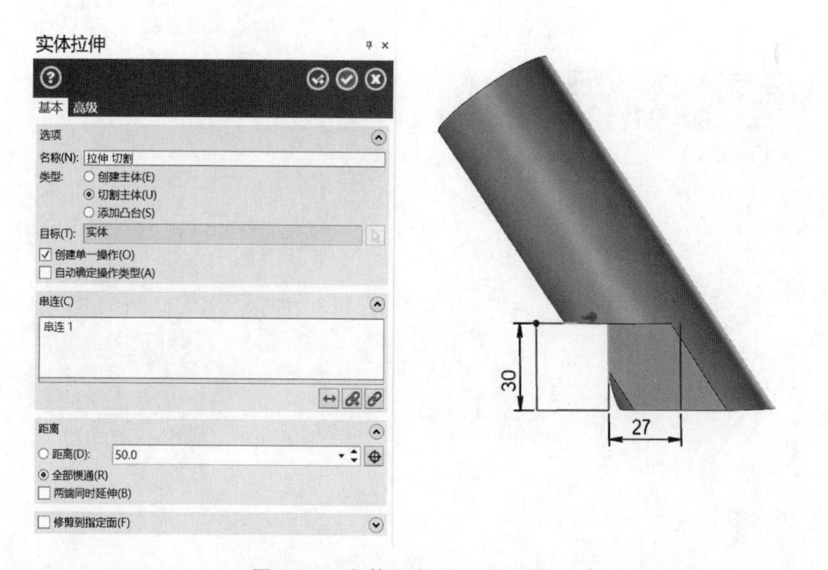

图 5-21　主体切割后图素绘制

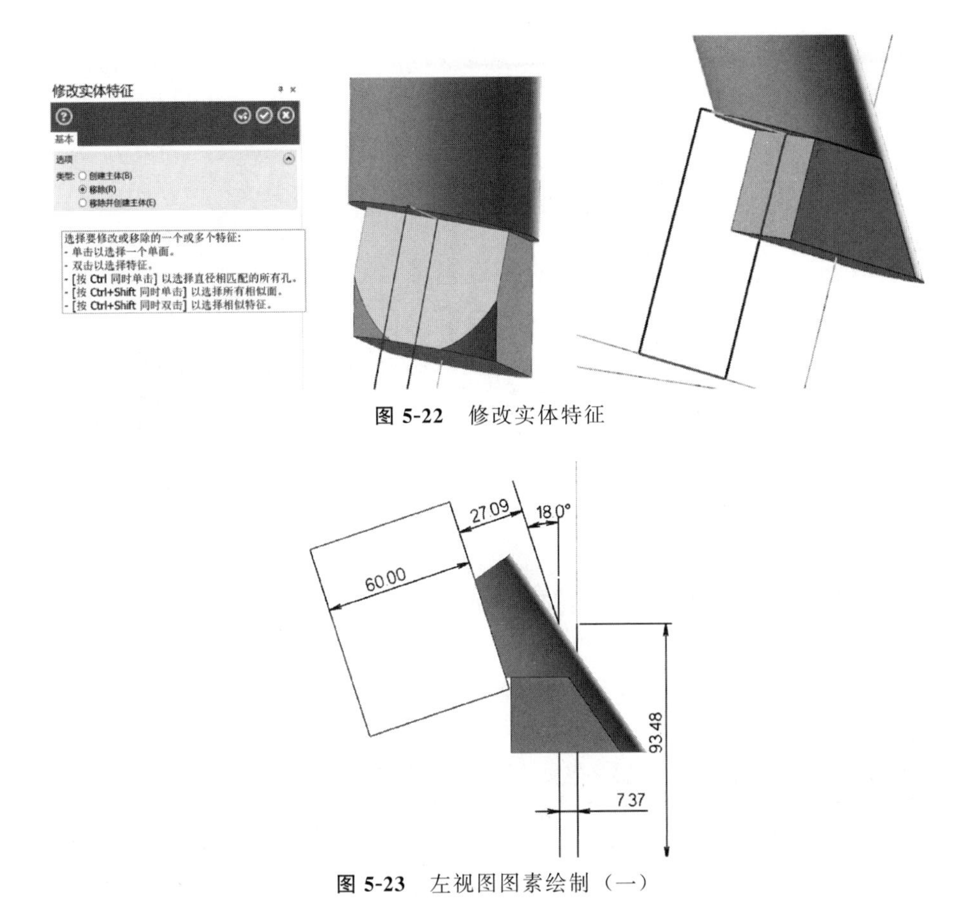

图 5-22　修改实体特征

图 5-23　左视图图素绘制（一）

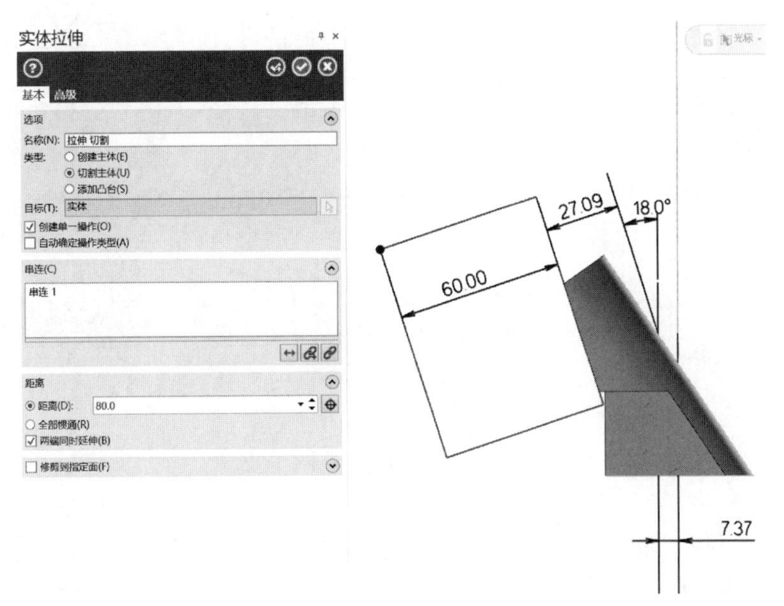

图 5-24　左视图实体切割（一）

⑨ 设置绘图面为左视图，依据主视图尺寸 93.48mm、左视图尺寸 35mm、俯视图尺寸 7.37mm，绘制相应图素，然后采用偏移图素创建矩形，完成后见图 5-25。

⑩ 点击 拉伸，选取所创建的矩形，利用实体拉伸中“切割主体”选项进行实体切割，完成后见图 5-26。

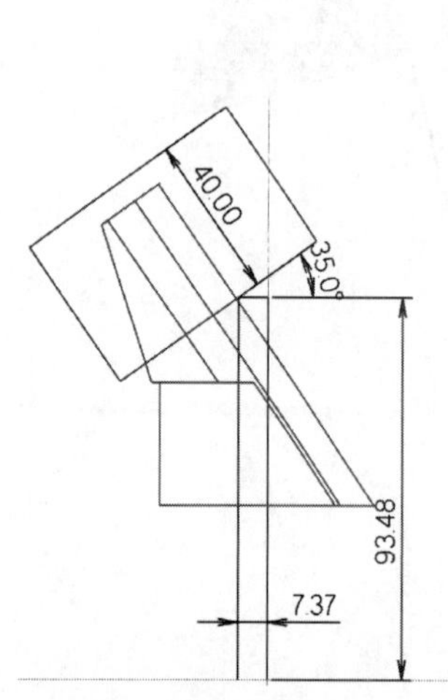

图 5-25　左视图图素绘制（二）

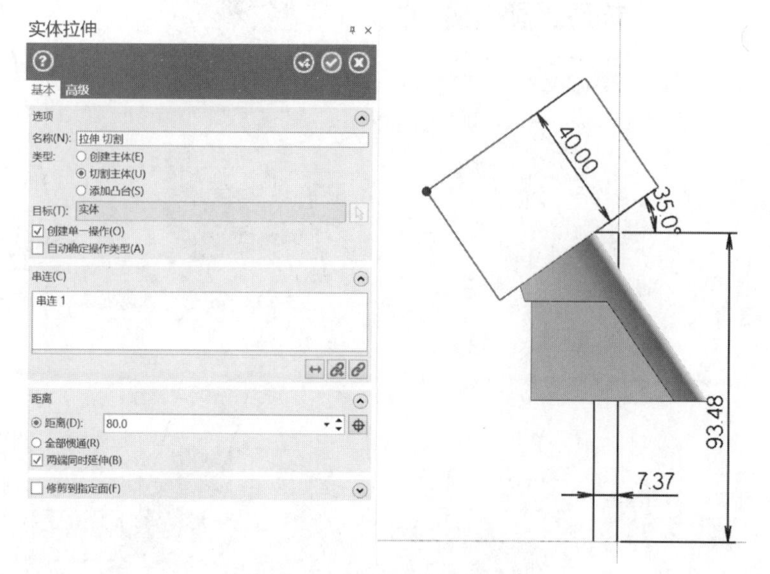

图 5-26　左视图实体切割（二）

⑪ 依据左视图，点击 实体 、 球体，创建 $SR25$ 圆球实体，完成后见图 5-27。

⑫ 利用 布尔运算 功能，结合两个实体，采用 固定半倒圆角 功能，依据技术要求进行 $R2$ 圆角倒角，完成后见图 5-28。

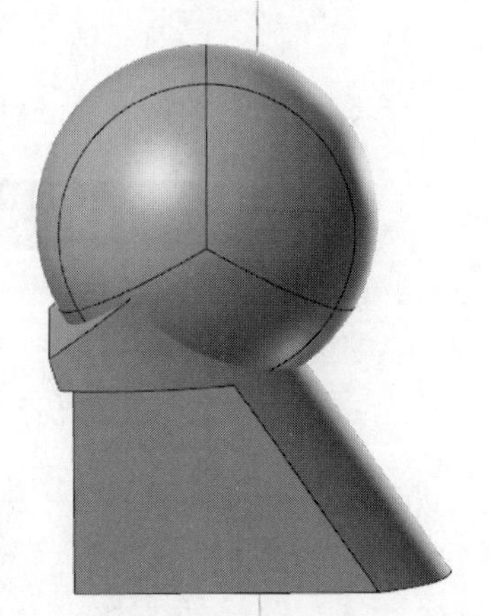

图 5-27　创建圆球实体

⑬ 依据左视图相关尺寸绘制 $R5$ 键槽，依据主视图深度尺寸 4mm 完成键槽切割，完成后见图 5-29。

⑭ 依据右视图相关尺寸绘制 $R4$ 键槽，依据主视图高度尺寸 5mm，完成凸台，完成后见图 5-30。

⑮ 依据 $A—A$ 剖视图中尺寸 57.6mm、ϕ22mm、ϕ10mm 以及深度尺寸 6mm，绘制相关图素，进行切割，完成后见图 5-31。

⑯ 点击 主页 、 隐藏/取消隐藏 ，使所绘制图形全部显示在绘图界面，见图 5-32。

⑰ 采用 布尔运算 功能把所有实体结合在一起，依据技术要求进行 $R2$ 圆角倒角，利用 隐藏/取消隐藏 ，选取所需图素，完成后见图 5-33。

5.2.3　叶轮轴的加工

（1）加工前的准备

① 毛坯的准备。

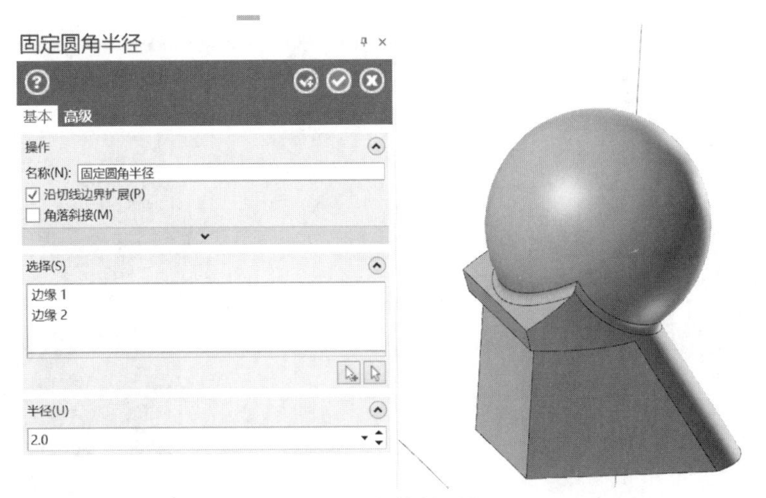

图 5-28　实体倒圆角

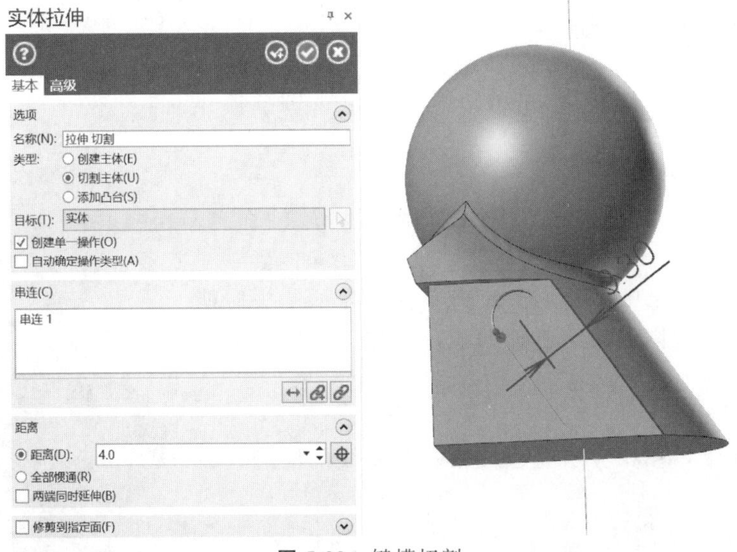

图 5-29　键槽切割

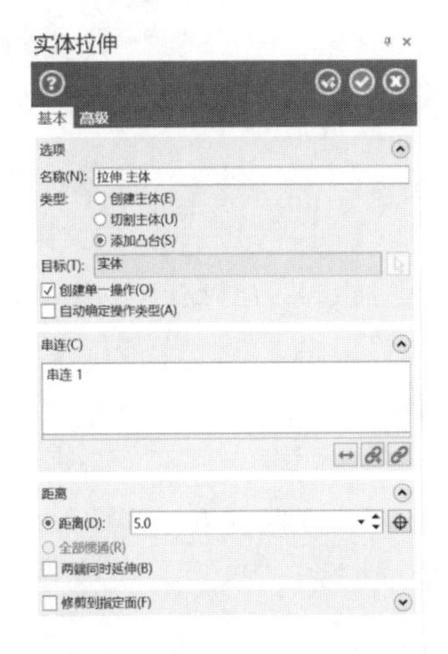

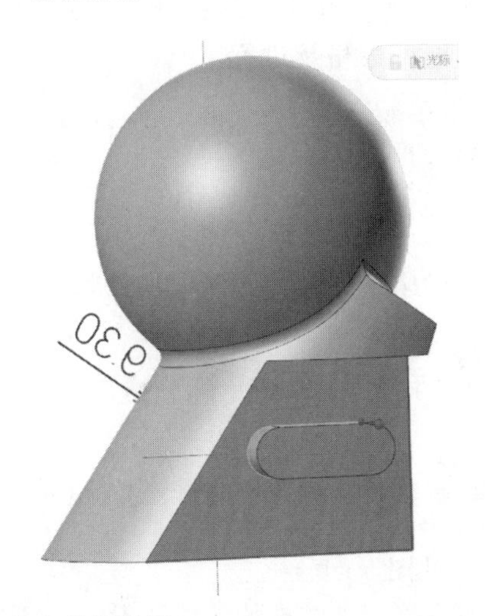

图 5-30　凸台实体创建

图 5-31　实体切割

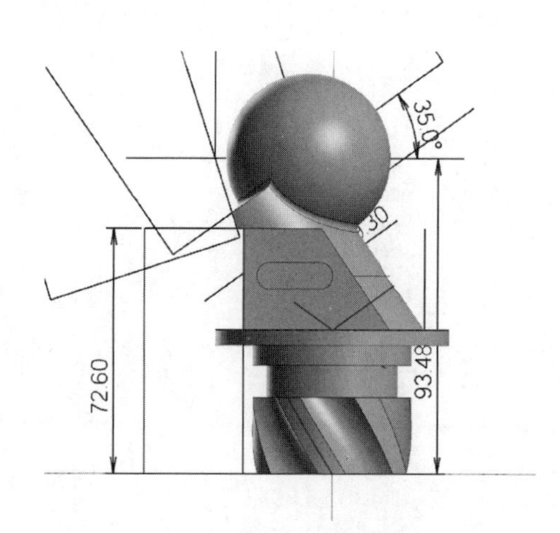

图 5-32　图素显示

依据主视图、俯视图建立 ϕ80mm×120mm 的圆柱体作为毛坯，建立过程见图 5-34。

② 工艺路线分析。

分析零件图纸，采用 A、B 两个工序完成叶轮轴加工，加工示意见图 5-35。

因 A、B 工序加工中需要调头装夹零件，为了调头后能区分各视图，在主视图方向绘制辅助线，并加工出槽用于调头后零件找正。

③ 层别设置说明。

根据加工要求，在相应层完成夹具、辅助线的绘制，完成后见图 5-36。

④ 加工刀具的创建。

根据零件图纸，完成相应刀具的创建，完成后见图 5-37。

图 5-33　实体显示

（2）A 工序加工策略及过程

① 利用 优化动态... 设置相关参数，对零件进行粗切，完成后刀具路径见图 5-38。

② 利用 外形 功能，在主视图绘制辅助线处完成槽加工，刀具路径见图 5-39。

③ 利用 外形 功能，完成图示部分精加工，刀具路径见图 5-40。

④ 利用 智能综合 功能完成 ϕ40mm×9.5mm 槽粗加工，过程如下：

a. 刀具选择见图 5-41。

b. 点击“切削方式”，选择相应图素，完成后见图 5-42。

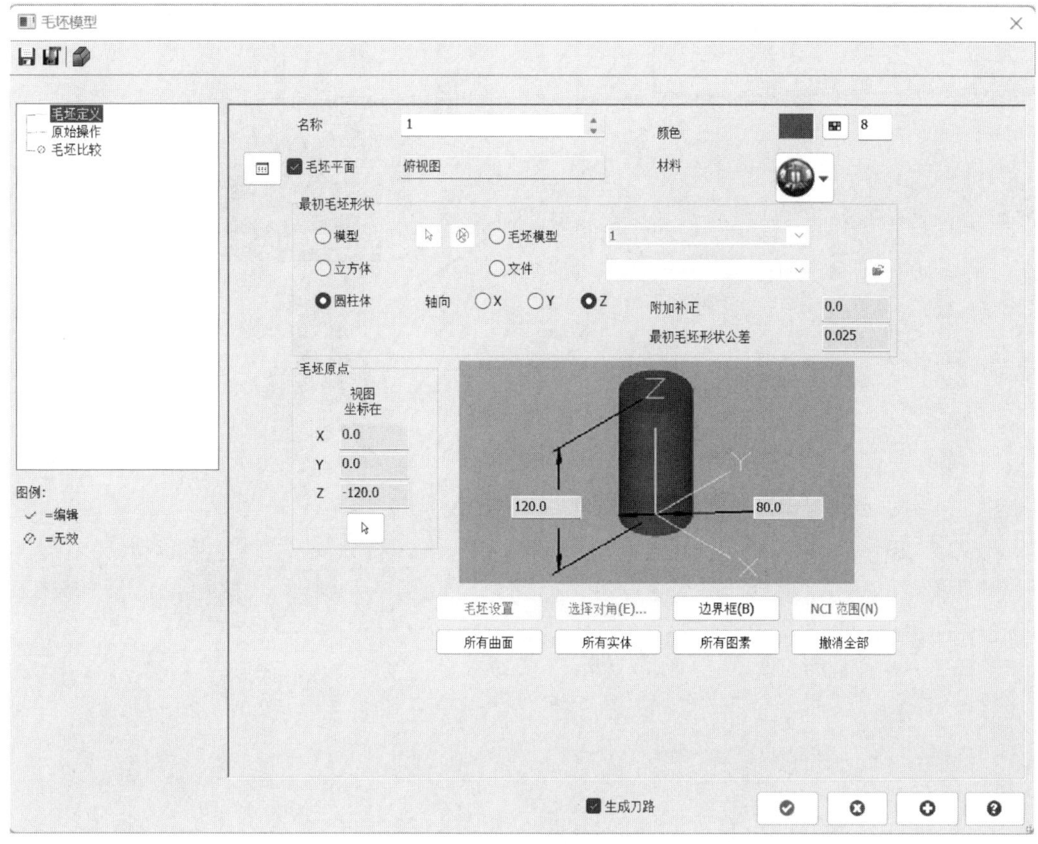

图 5-34　定义叶轮轴毛坯

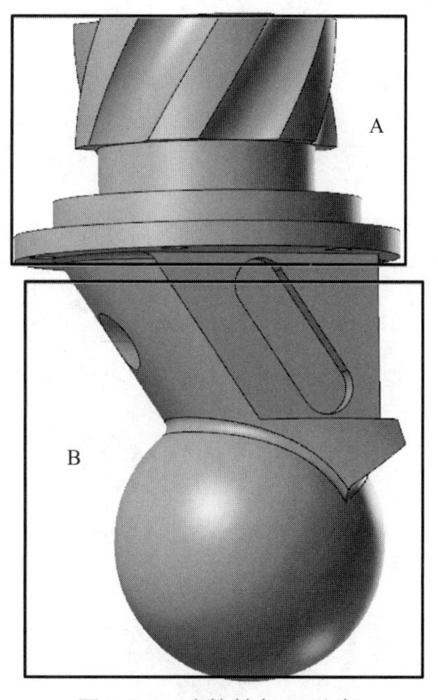

图 5-35　叶轮轴加工示意

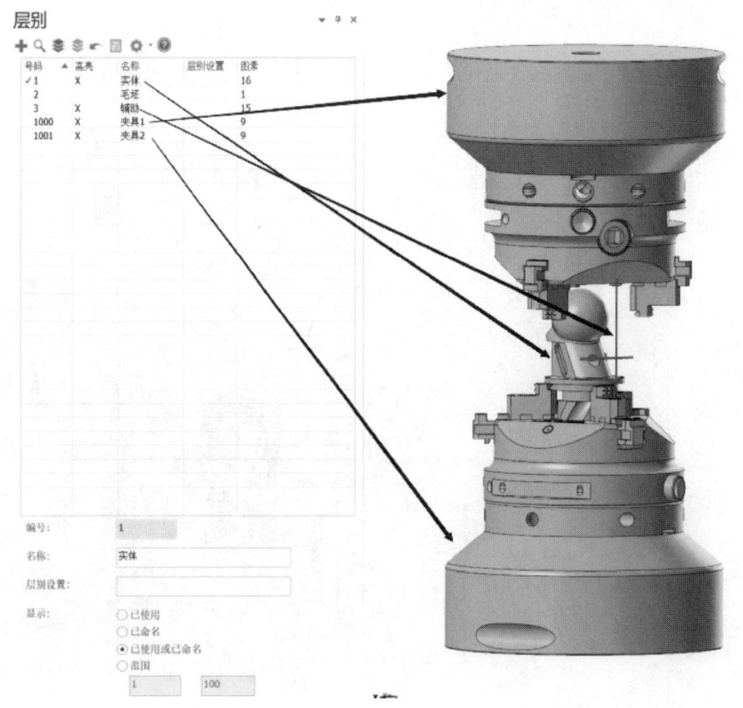

图 5-36　层别显示

刀具管理

机床群组-1

刀号	状态	装配名称	刀具名称	刀柄名称	直径	圆角半径	长度	刀齿数	类型	半径类型	刀具伸出长度
1	✓		12 平铣刀	BT40-TE14...	12.0	0.0	25.0	4	平铣刀	无	40.0
2	✓		12 平铣刀精	BT40-TE08...	12.0	0.0	25.0	4	平铣刀	无	45.0
3	✓		8 平铣刀	BT40-TE12...	8.0	0.0	25.0	4	平铣刀	无	45.0
4	✓		8 平铣刀精	BT40-TE08...	8.0	0.0	25.0	4	平铣刀	无	45.0
5	✓		4 球刀/圆...	BT40-TE04...	4.0	2.0	25.0	4	球形铣刀	全部	35.0
6	✓		5 钻头	BT40-TE08...	5.0	0.0	25.0	2	钻头/钻孔	无	50.0
7	✓		3 球刀/圆...	BT40-TE04...	3.0	1.5	25.0	4	球形铣刀	全部	30.0
8	✓		10 钻头	BT40-TE08...	10.0	0.0	50.0	2	钻头/钻孔	无	60.0

图 5-37　创建刀具

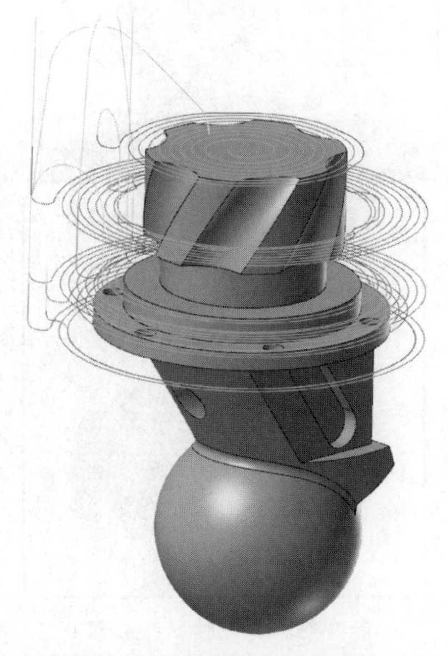

图 5-38　优化动态刀具路径

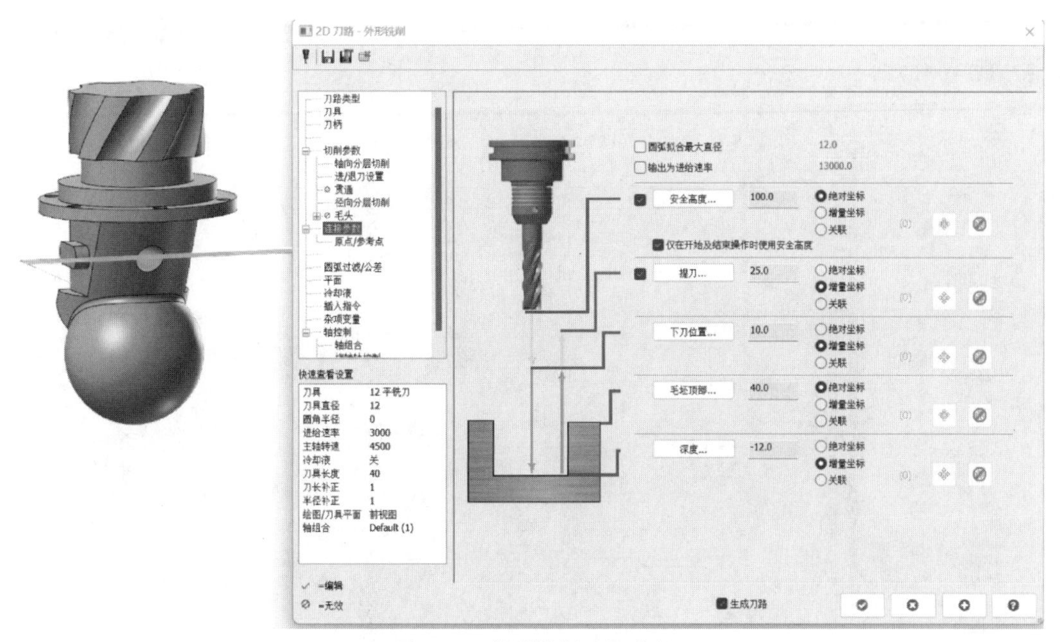

图 5-39　外形铣削刀具路径

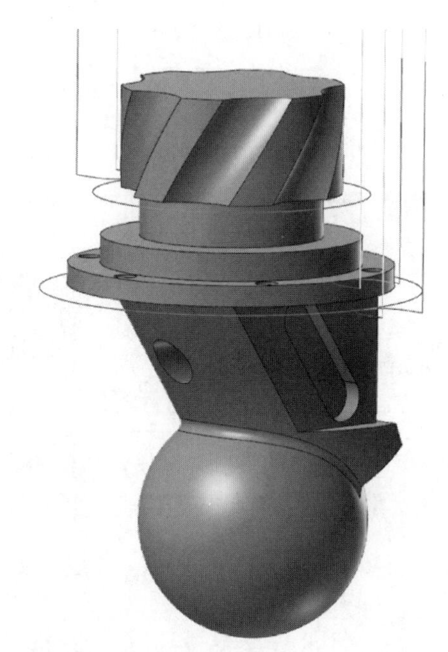

图 5-40　外形铣削精加工刀具路径

c. 点击“加工几何图形 - 高级参数”，设置相关参数，完成后见图 5-43。

d. 点击“刀轴控制”，设置相关参数，完成后见图 5-44。

e. 点击“第四轴”，设置相关参数，完成后见图 5-45。

f. 点击“连接方式”“最后退刀 - 切出”，设置进退刀方式相关参数，完成后见图 5-46。

注：“首先进刀：切入”方式与“最后退刀-切出”方式相同，请按以上方式完成相应参数设置。

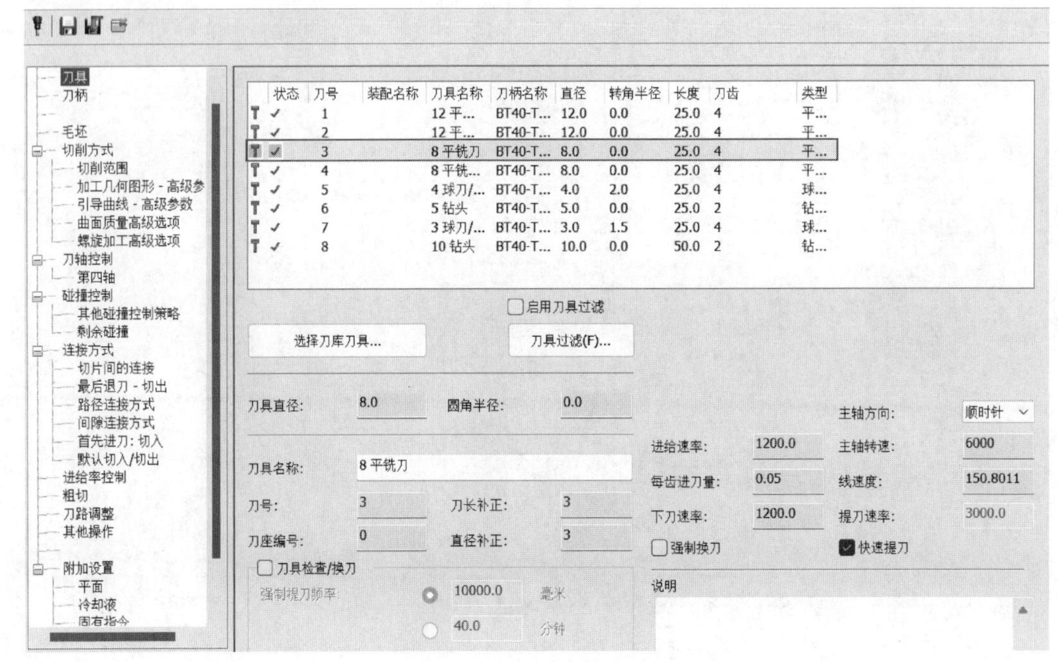

图 5-41　选择刀具

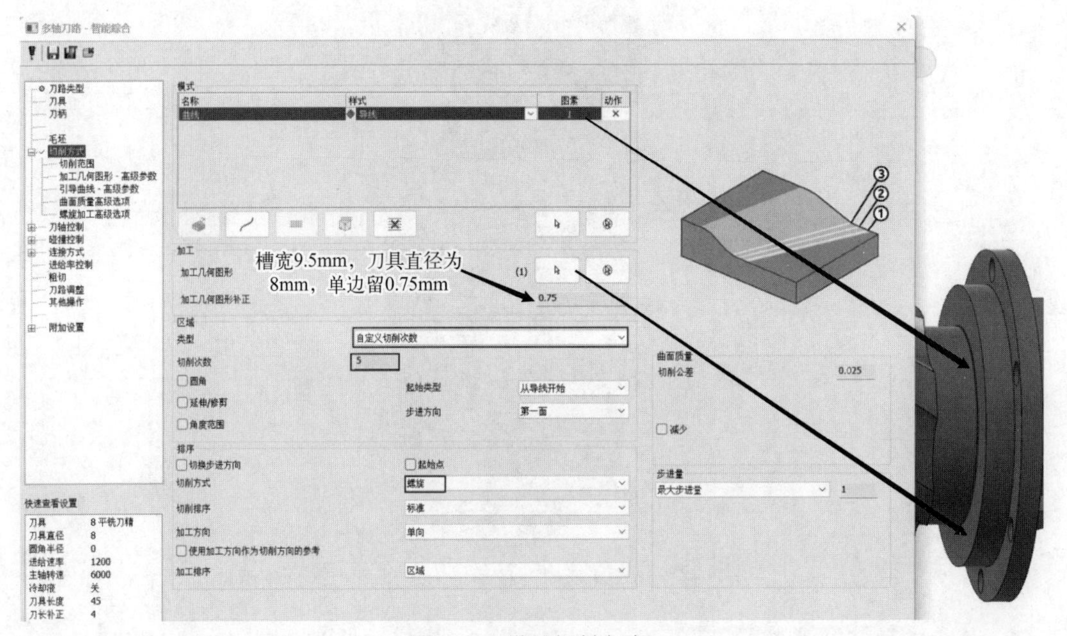

图 5-42　设置切削方式

g. 点击“平面”，设置相关参数，完成后见图 5-47。

h. 完成后，刀具路径见图 5-48。

⑤ 利用 侧刃铣削 功能，完成槽两侧 0.75mm 余量的精加工，过程如下：

a. 刀具选择见图 5-49。

图 5-43　设置高级参数

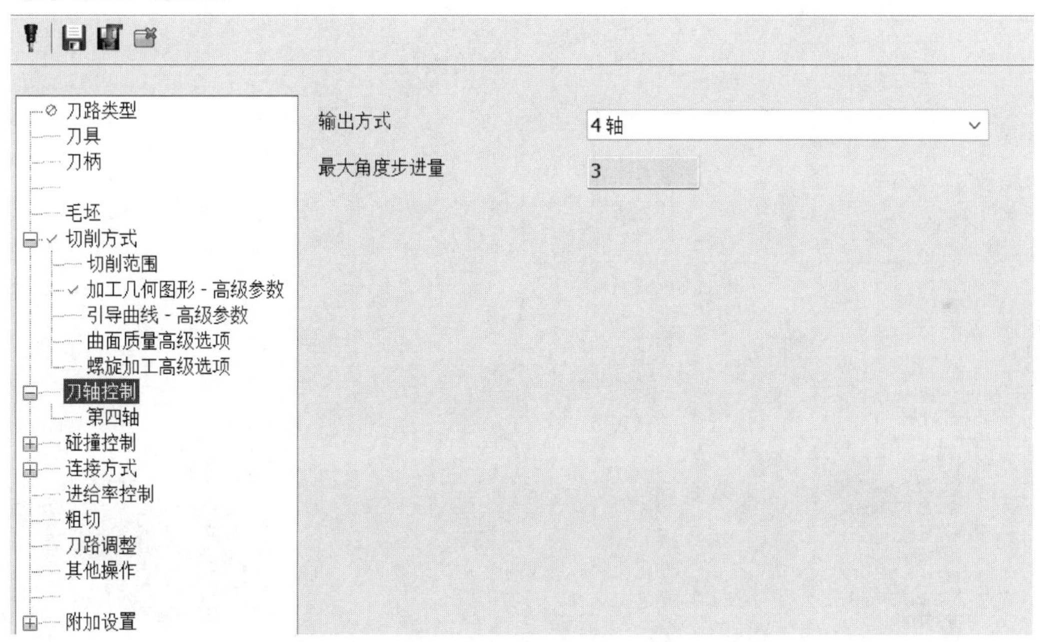

图 5-44　设置刀轴控制

b. 点击“切削方式”，选择相应图素，完成后见图 5-50。

c. 点击“平面”，设置相关参数，完成后见图 5-51。

d. 完成后，刀具路径见图 5-52。

⑥ 采用 智能综合 功能完成 6 个叶轮槽的粗加工，过程如下：

a. 刀具选择见图 5-53。

b. 点击“切削方式”，选择相应图素，完成后见图 5-54。

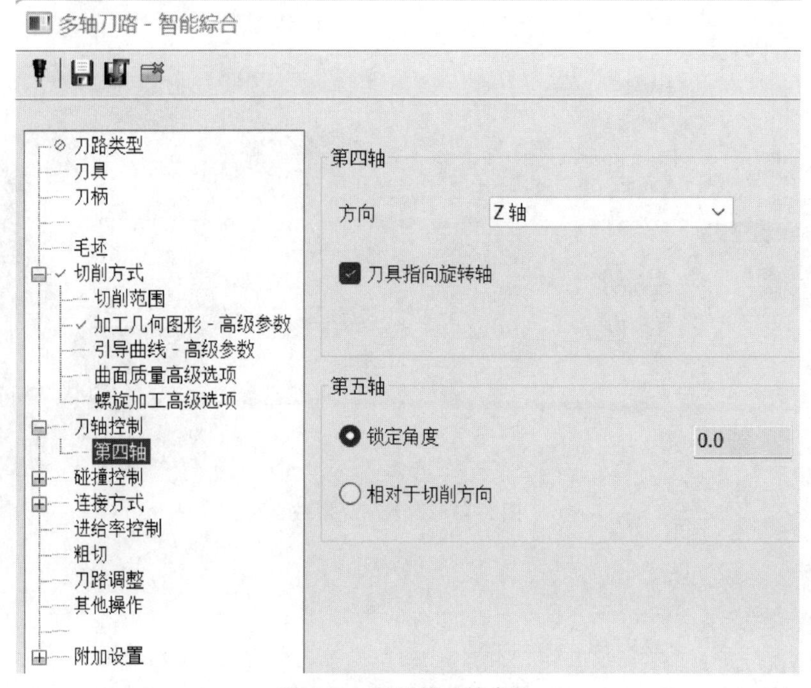

图 5-45 设置第四轴参数

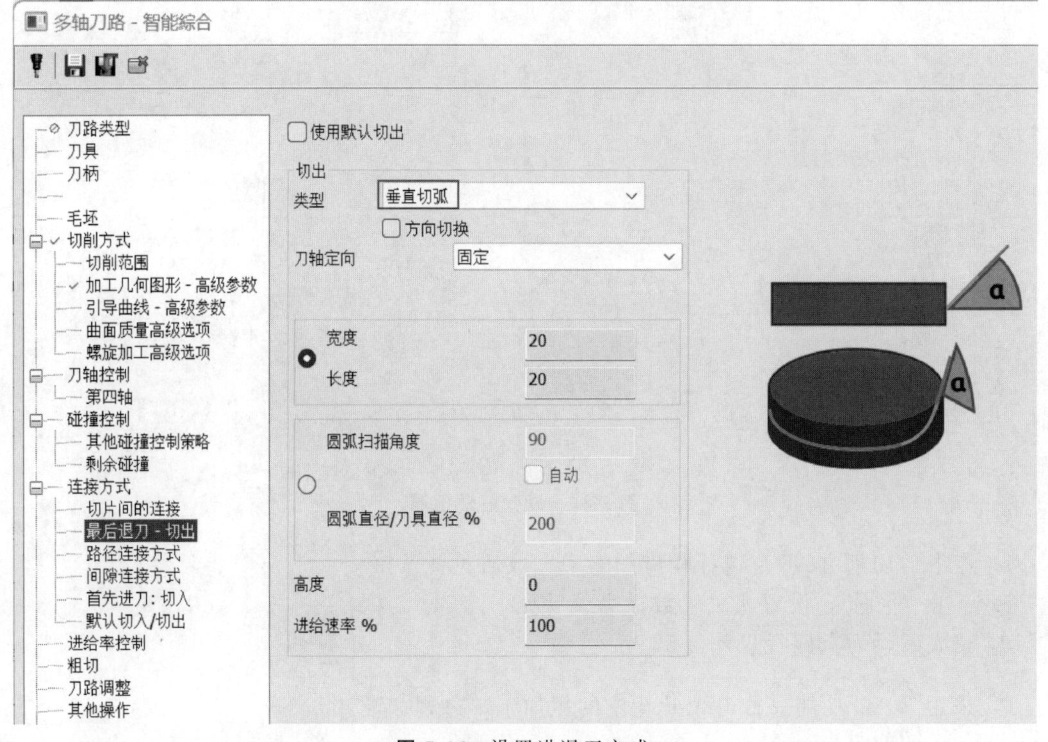

图 5-46 设置进退刀方式

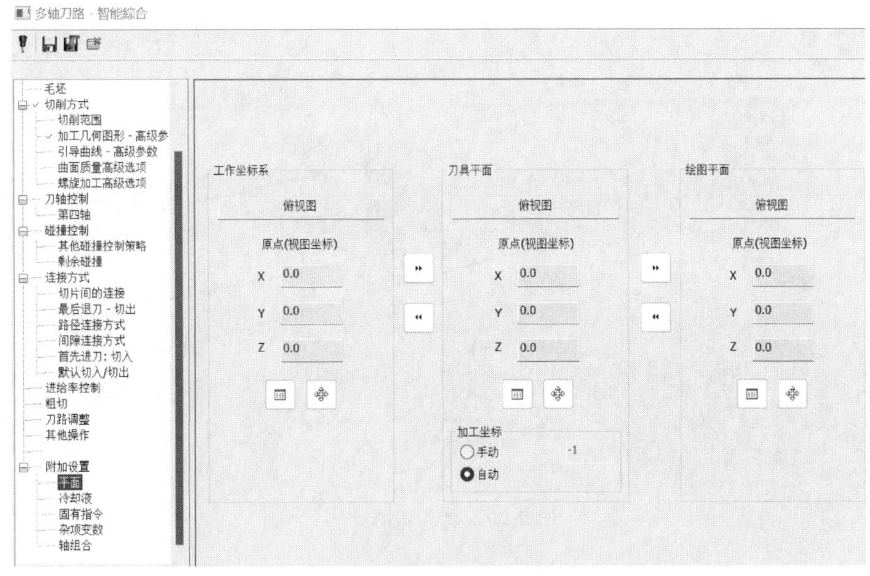

图 5-47　设置加工平面

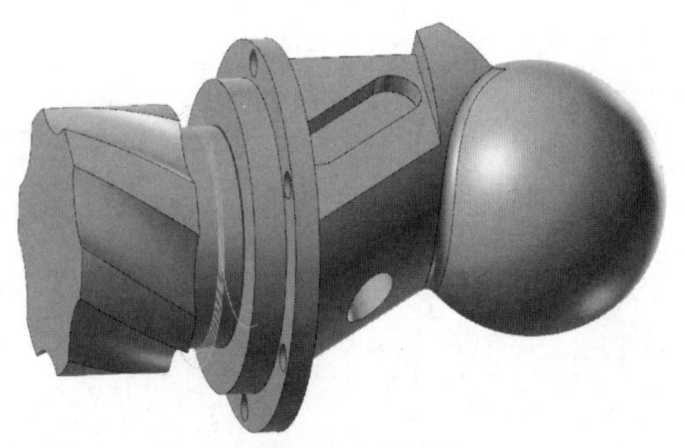

图 5-48　刀具路径

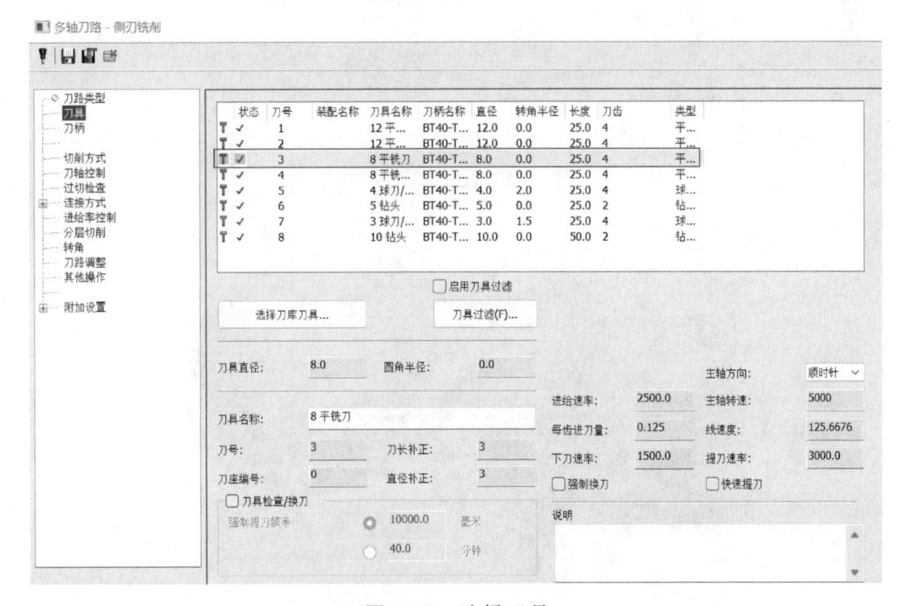

图 5-49　选择刀具

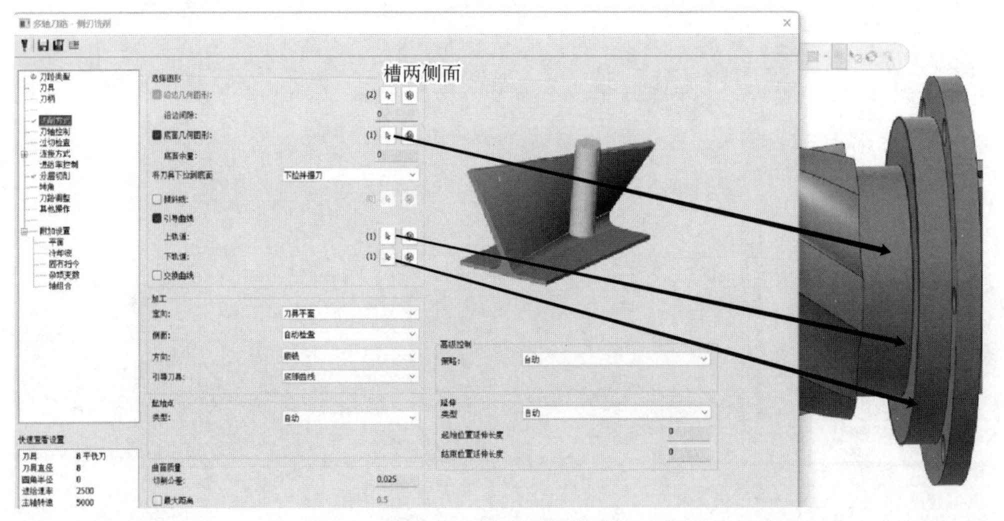

图 5-50　设置切削方式

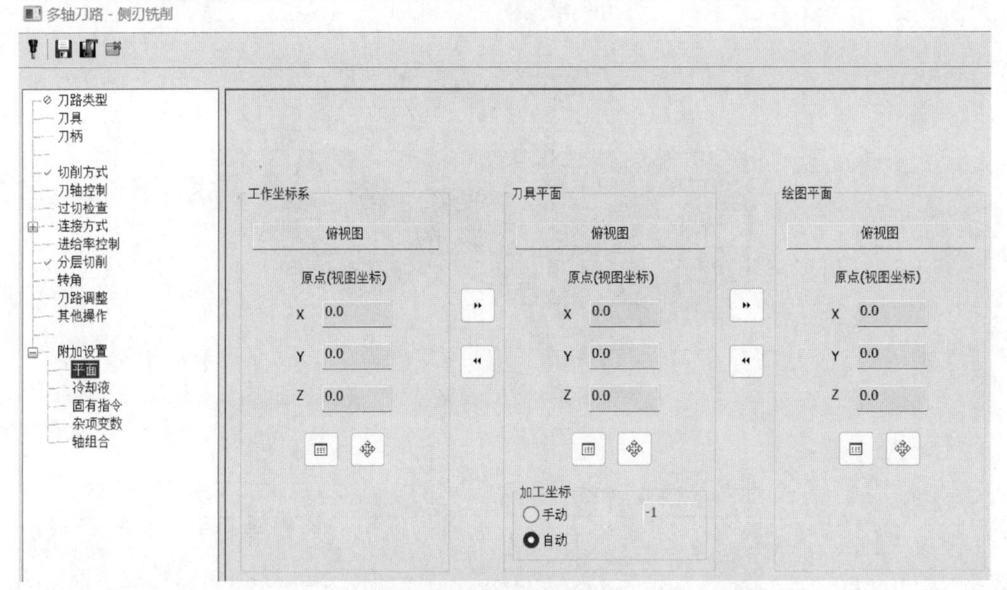

图 5-51　设置加工平面

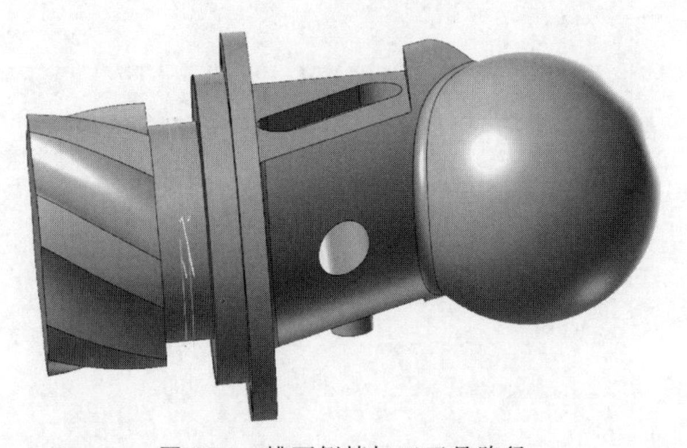

图 5-52　槽两侧精加工刀具路径

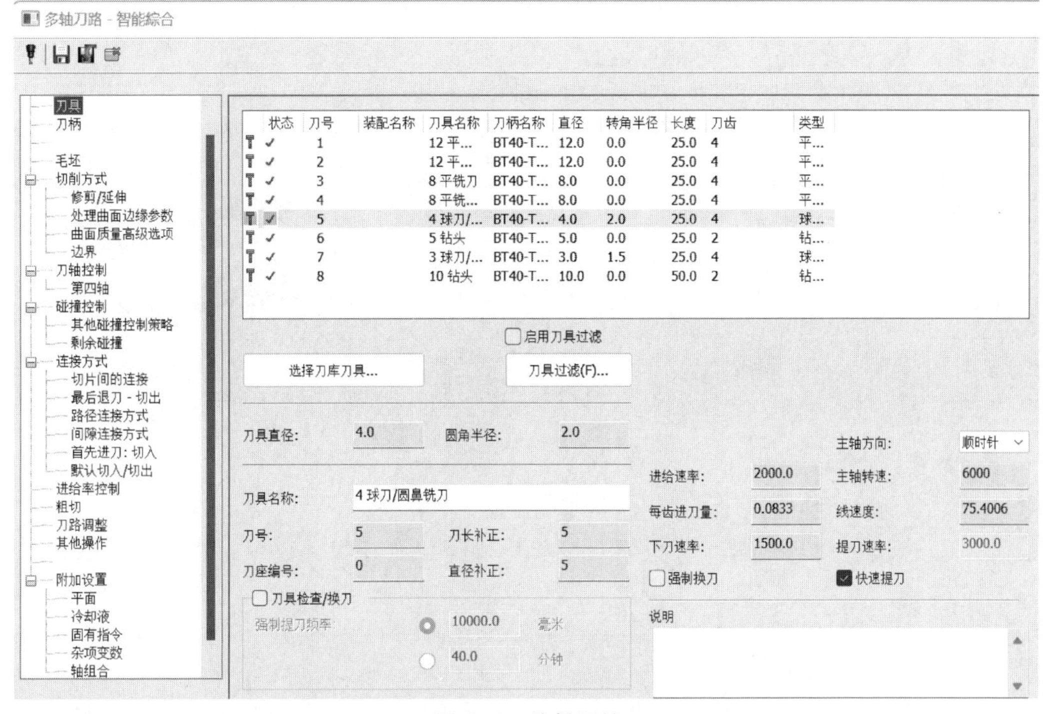

图 5-53　选择刀具

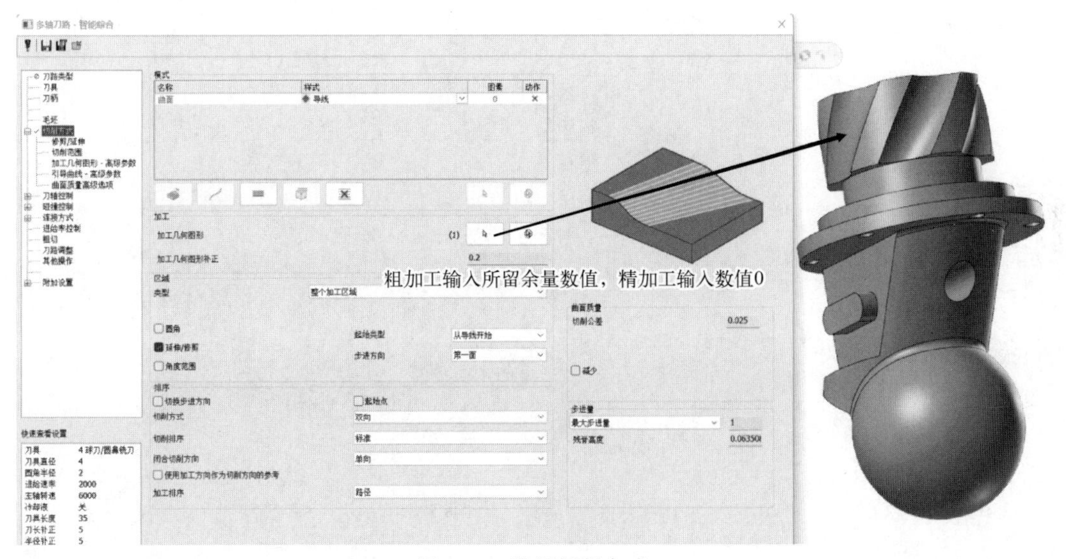

图 5-54　设置切削方式

c. 点击“修剪/延伸”，设置相关参数，完成后见图 5-55。

d. 点击“刀轴控制”，设置相关参数，完成后见图 5-56。

e. 点击“第四轴”，设置相关参数，完成后见图 5-57。

f. 点击“连接方式”，设置相关参数，完成后见图 5-58。

g. 点击“刀路调整”，设置相关参数，完成后见图 5-59。

h. 点击“平面”，设置相关参数，完成后见图 5-60。

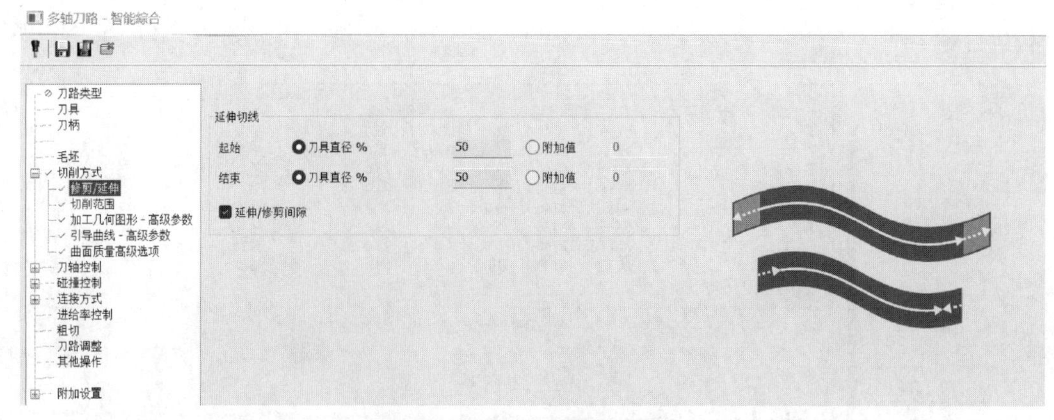

图 5-55　设置修剪/延伸参数

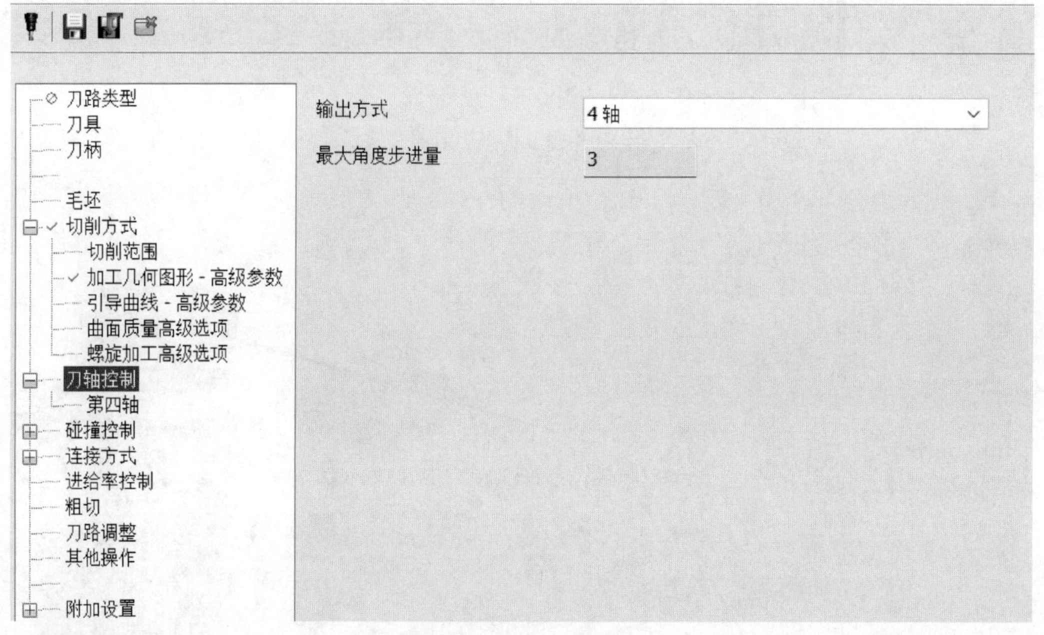

图 5-56　设置刀轴控制

i. 完成后，刀具路径见图 5-61。

⑦ 采用 智能综合 功能完成 6 个叶轮槽的精加工，过程如下：

a. 点击“刀轴控制”，设置相关参数，完成后见图 5-62。

b. 完成后，刀具路径见图 5-63。

注：与粗加工中相同的参数设置在此不再描述。

⑧ 利用 去除毛刺 功能去除已加工部分的毛刺，过程如下：

a. 刀具选择见图 5-64。

图 5-57　设置第四轴参数

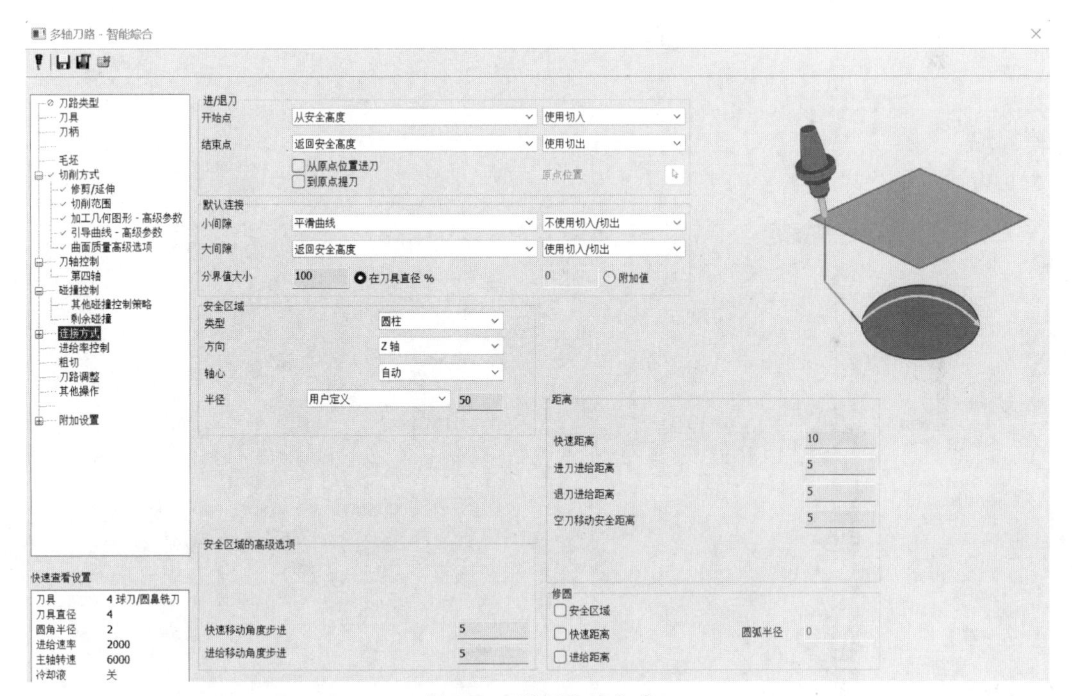

图 5-58　设置连接方式

b. 点击“切削方式”，选择相应图素，完成后见图 5-65。

c. 点击“刀轴控制”，设置相关参数，完成后见图 5-66。

d. 点击“连接方式”，设置相关参数，完成后见图 5-67。

e. 完成后，刀具路径见图 5-68。

⑨ 利用钻孔功能，完成 C 向视图中 6 个孔加工，过程如下：

图 5-59　设置刀路调整参数

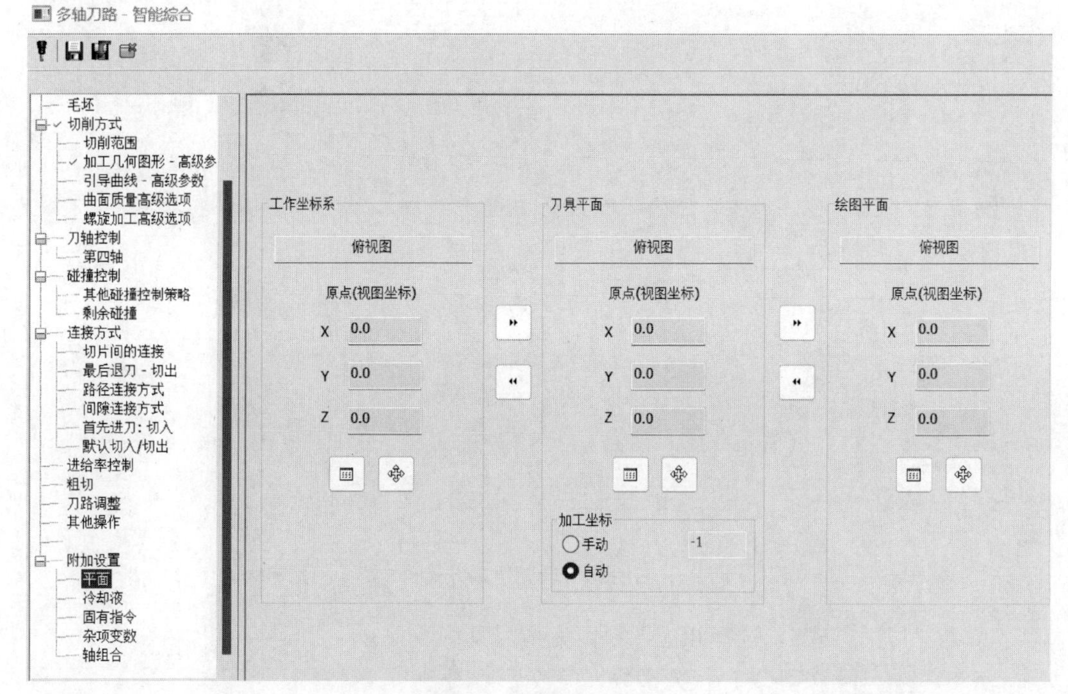

图 5-60　设置加工平面

a. 点击“钻孔”，选择需要加工的孔，完成后见图 5-69。

b. 选择加工刀具，完成后见图 5-70。

c. 点击“连接参数”，设置相关参数，完成后见图 5-71。

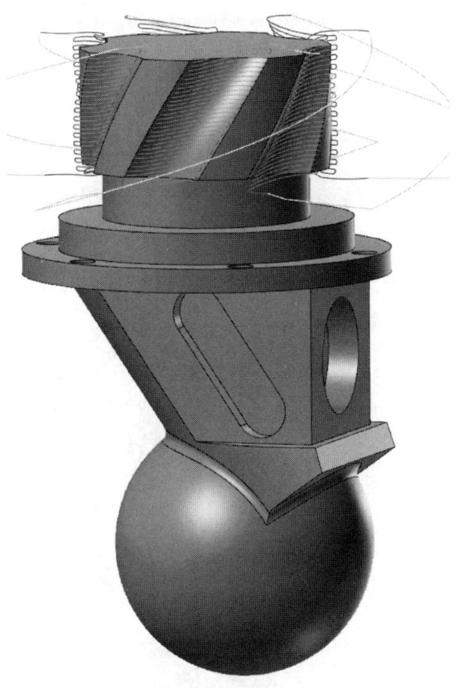

图 5-61　叶轮槽粗加工刀具路径

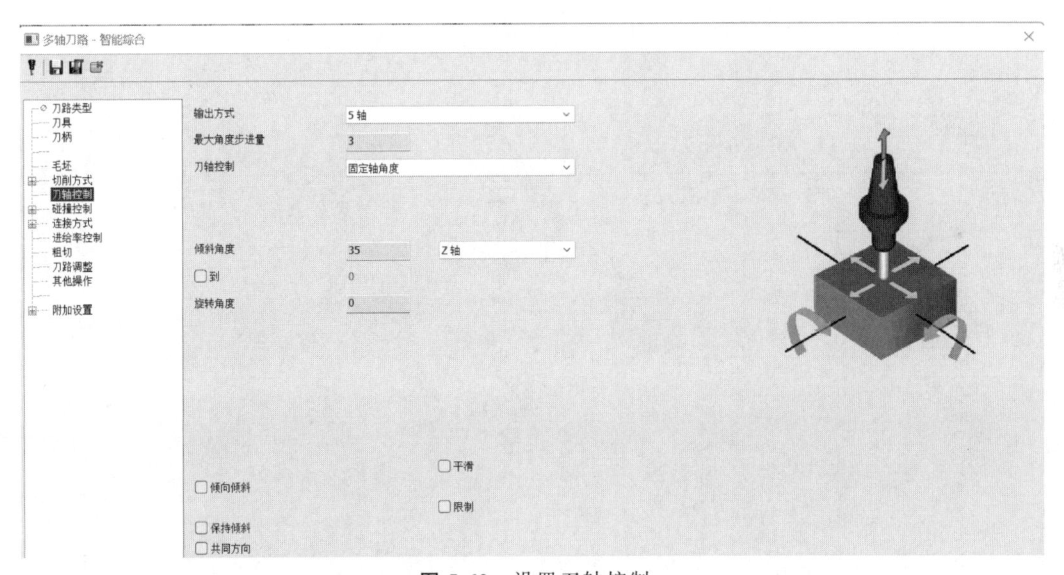

图 5-62　设置刀轴控制

d. 完成后，刀具路径见图 5-72。

⑩ 将“刀具群组-1”重新命名为“A”，过程见图 5-73。

(3) B 工序加工策略及过程

① 以 A 工序完成后剩余部分毛坯创建 B 工序加工毛坯，过程如下：

a. 点击 毛坯模型，设置相关参数，完成后见图 5-74。

b. 点击“原始操作”，选取 A 工序加工中所有加工刀具路径，完成后见图 5-75。

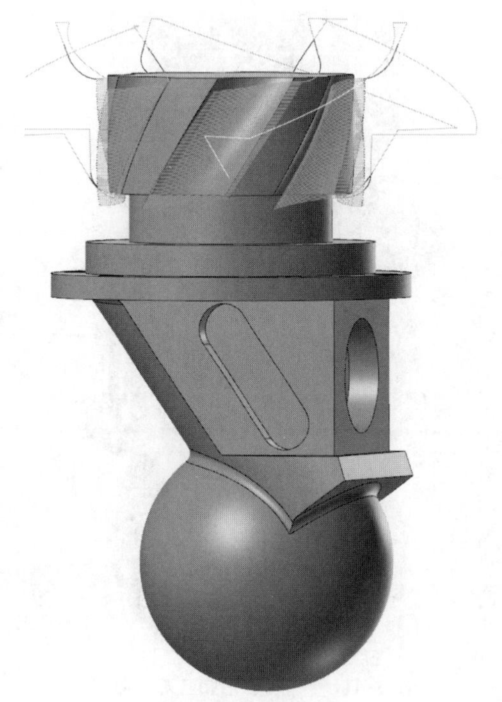

图 5-63　刀具路径

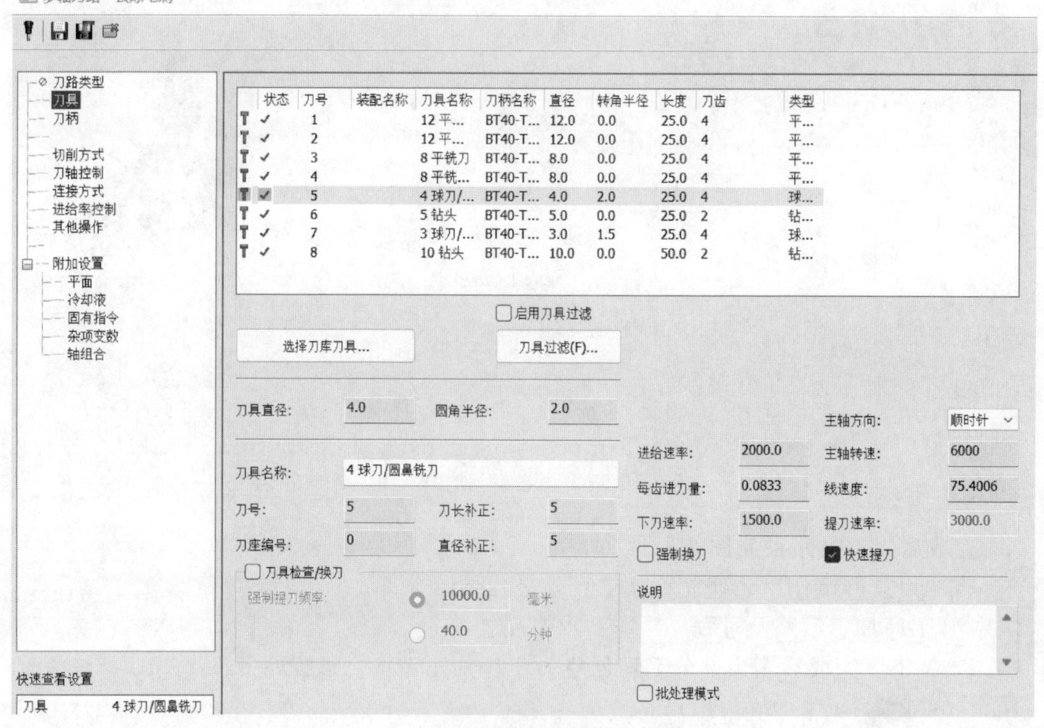

图 5-64　选择刀具

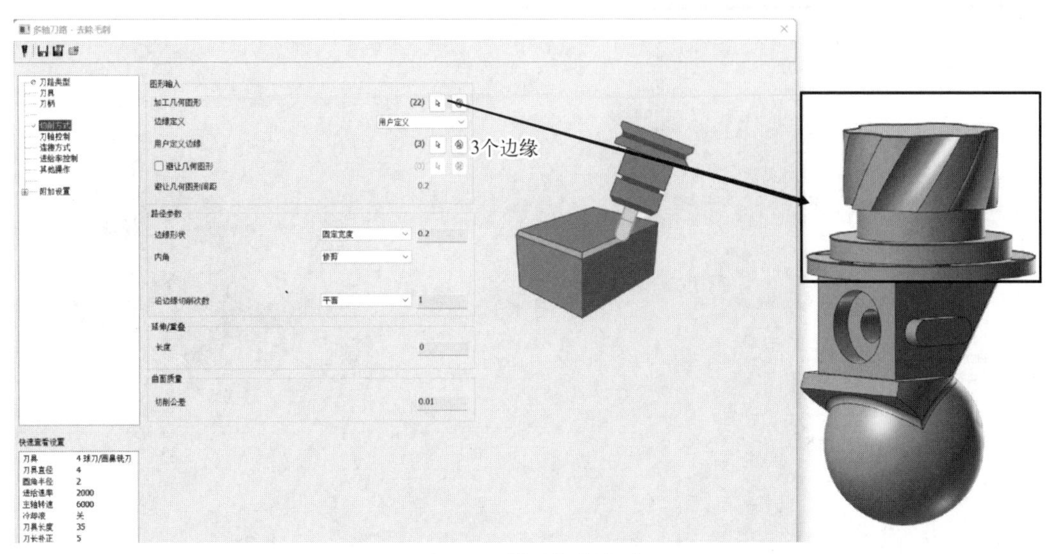

图 5-65　设置切削方式

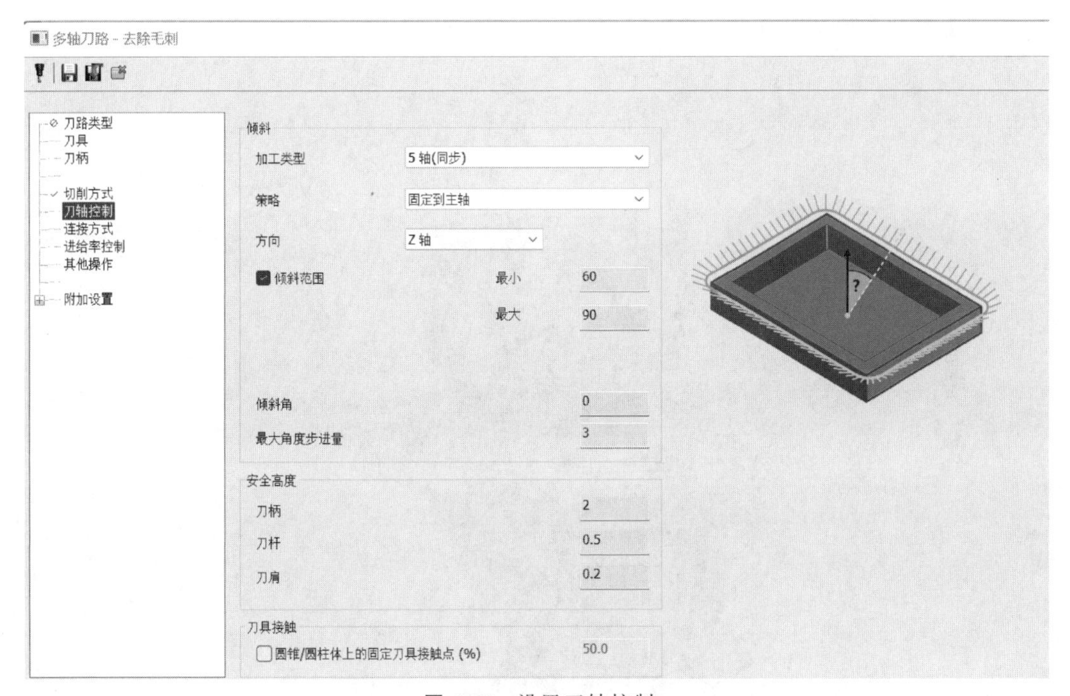

图 5-66　设置刀轴控制

c. 完成后，创建的毛坯见图 5-76。

② 通过图层切换可见性、调头装夹工件，完成后见图 5-77。

③ 创建平面 P-2，利用 优化动态.. 功能完成 B 工序的粗加工，完成后刀具路径见图 5-78。

④ 创建平面 P-3，利用 优化动态.. 功能完成 B 工序的粗加工，完成后刀具路径见图 5-79。

多轴刀路 - 去除毛刺

刀路类型
刀具
刀柄
切削方式
刀轴控制
连接方式
进给率控制
其他操作
附加设置
平面
冷却液
固有指令
杂项变数
轴组合

快速查看设置

刀具	4 球刀/圆鼻铣刀
刀具直径	4
圆角半径	2

安全高度

类型	圆柱体
方向	Z 轴
半径	用户定义　50
轴心	自动
快速距离	10
进给距离	5
空刀移动安全距离	5
平滑转角	5

连接

类型	返回安全高度

进/退刀设置

半径	3
最小半径	1

安全区域的高级选项

快速移动的角度步进	5
进给移动的角度步进	5

Z

图 5-67　设置连接方式

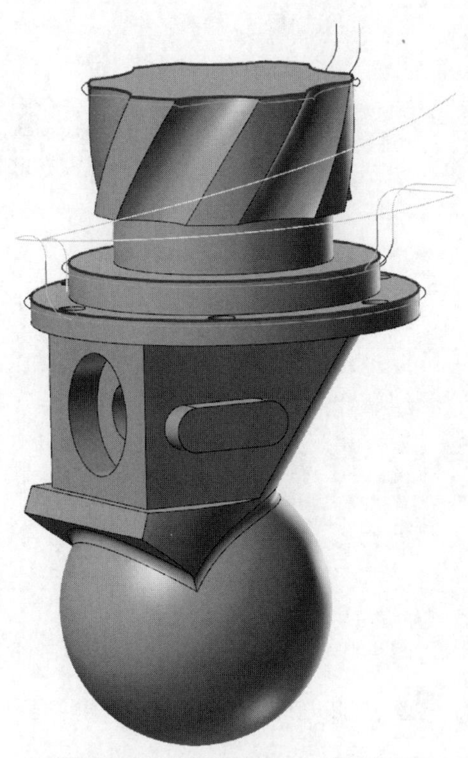

图 5-68　叶轮槽精加工刀具路径

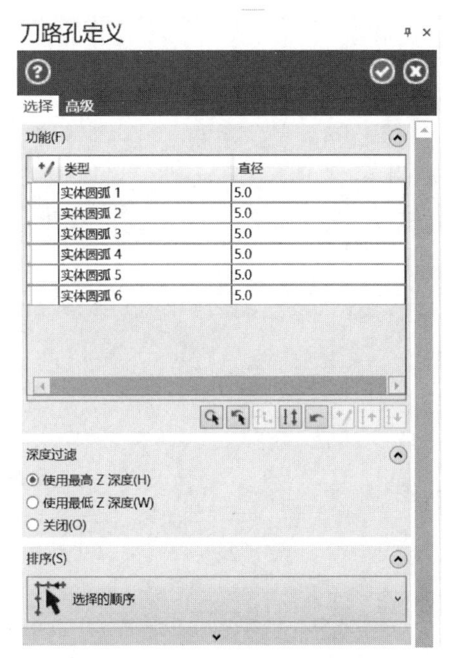

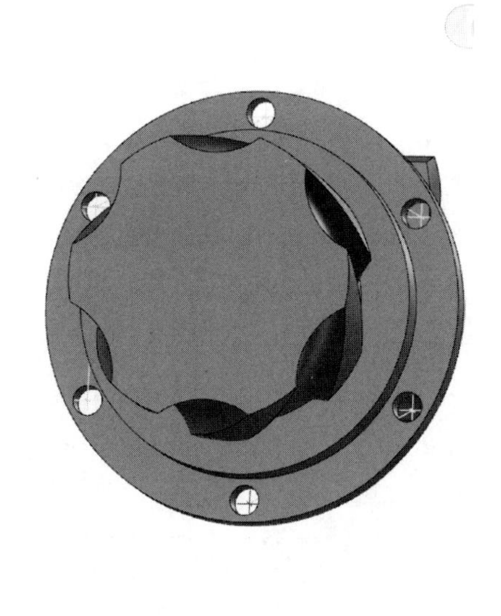

图 5-69　选择孔加工图素

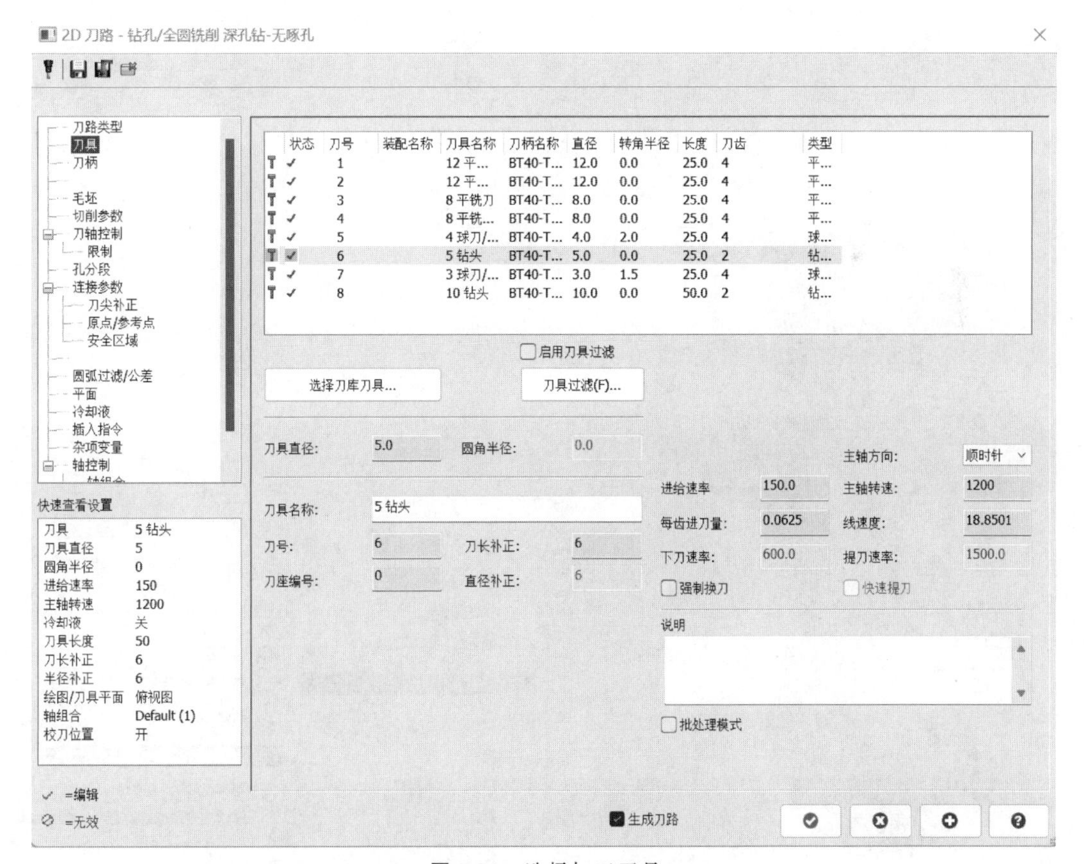

图 5-70　选择加工刀具

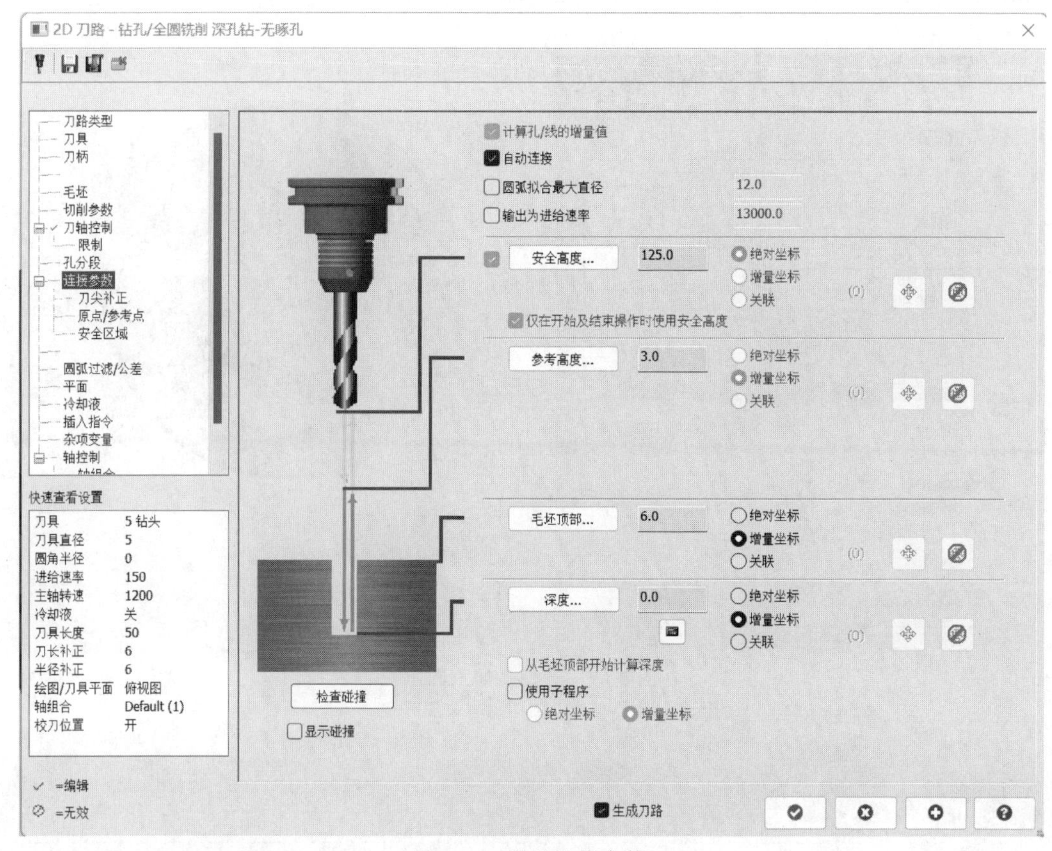

图 5-71　设置连接参数

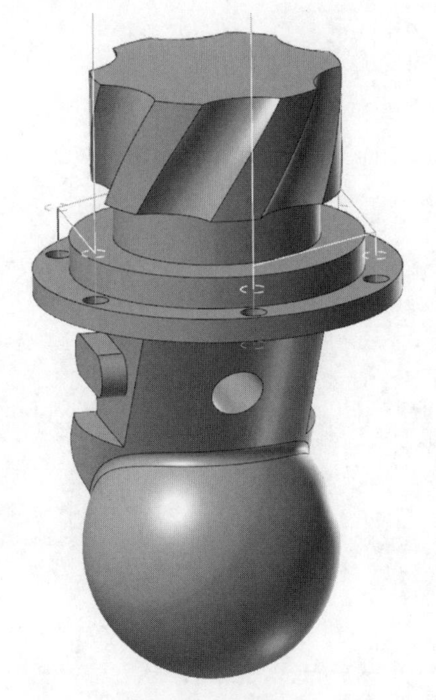

图 5-72　刀具路径

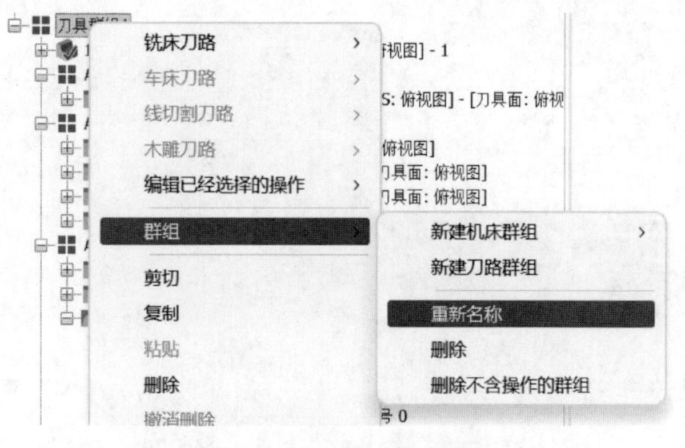

图 5-73　重新命名刀具群组

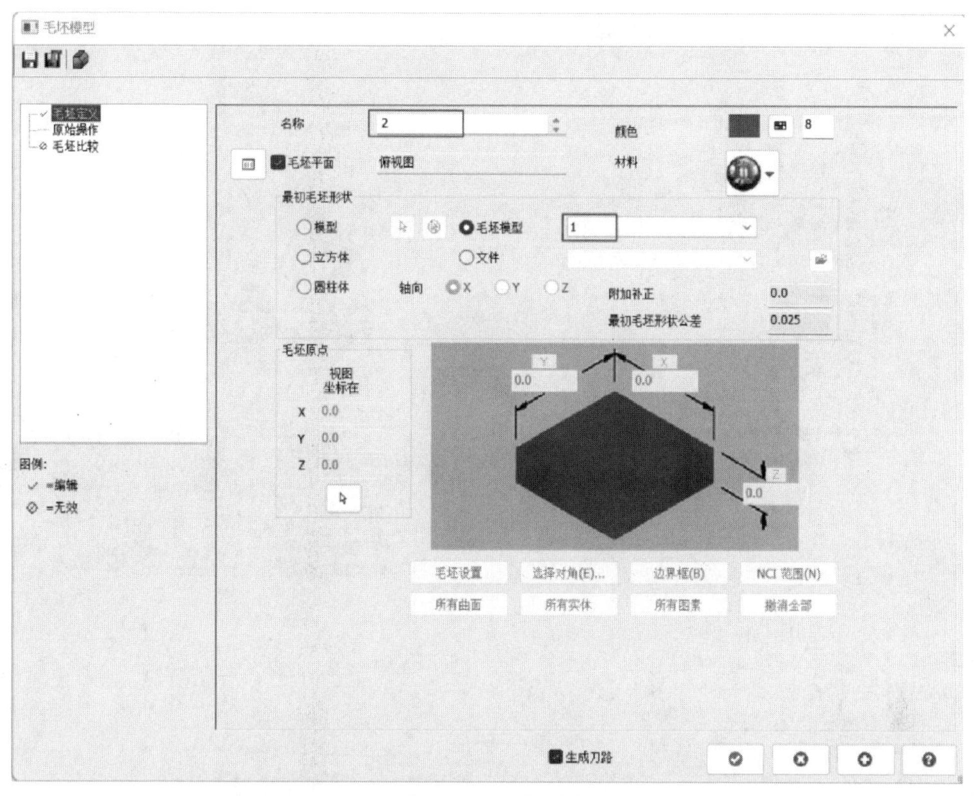

图 5-74　定义毛坯

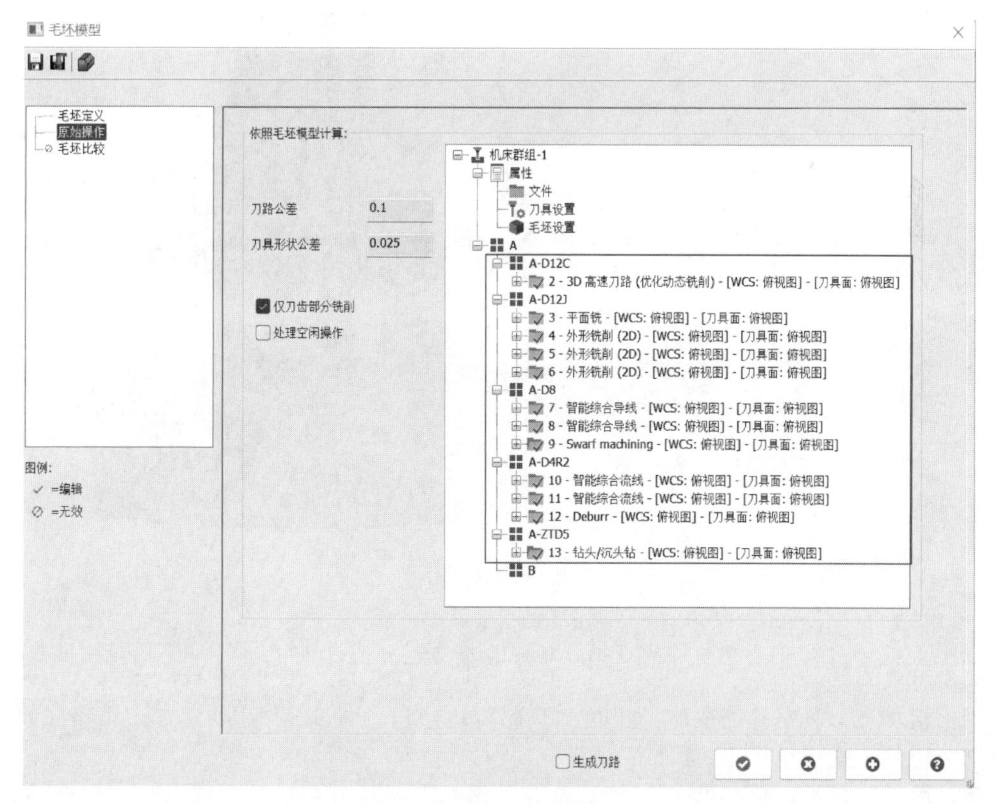

图 5-75　选择原始操作

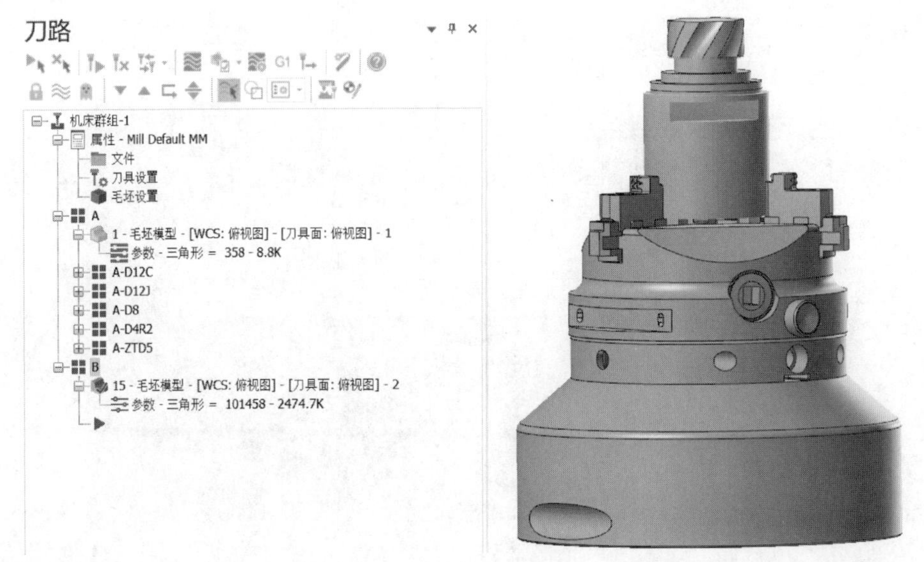

图 5-76　创建毛坯

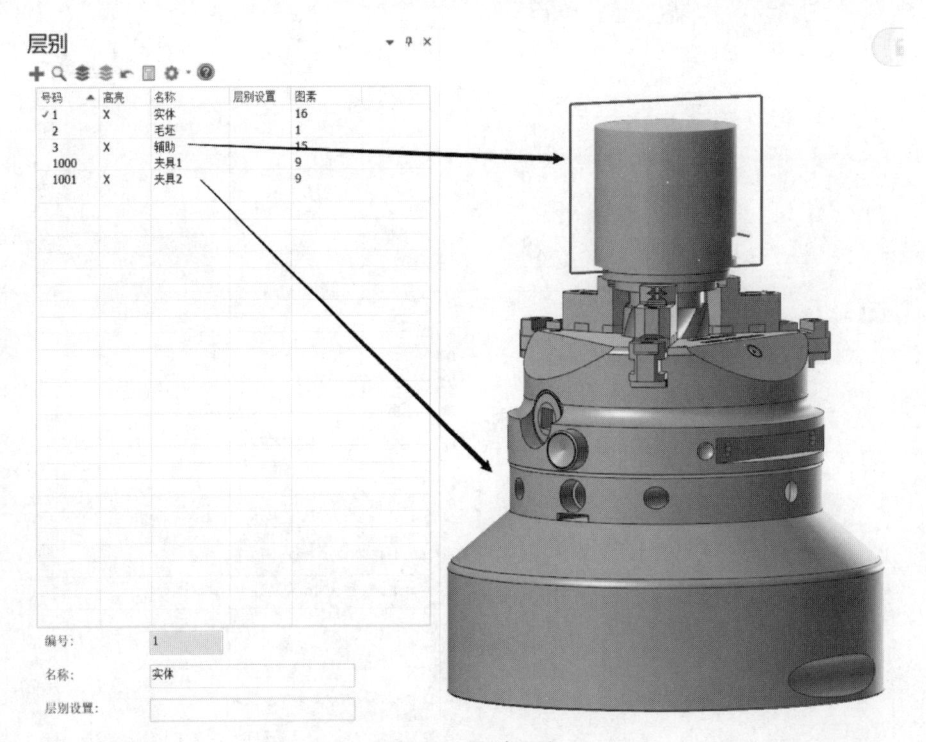

号码	高亮	名称	层别设置	图素
✓1	X	实体		16
2		毛坯		1
3	X	辅助		15
1000		夹具1		9
1001	X	夹具2		9

图 5-77　层别显示

⑤ 以 ϕ10mm 孔中心建立平面 P-3，利用钻孔功能完成孔加工，刀具路径见图 5-80。

以上粗加工刀具路径完成后，建立 B-D8 刀具群组，通过图 5-81 所示加工策略完成零件剩余部分粗加工或半精加工。

注：以上刀具策略选择的刀具为 ϕ8mm 平底刀。

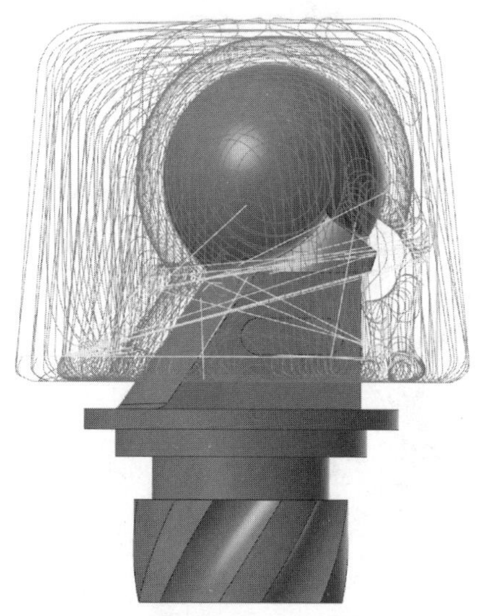

图 5-78　优化动态铣削刀具路径（一）

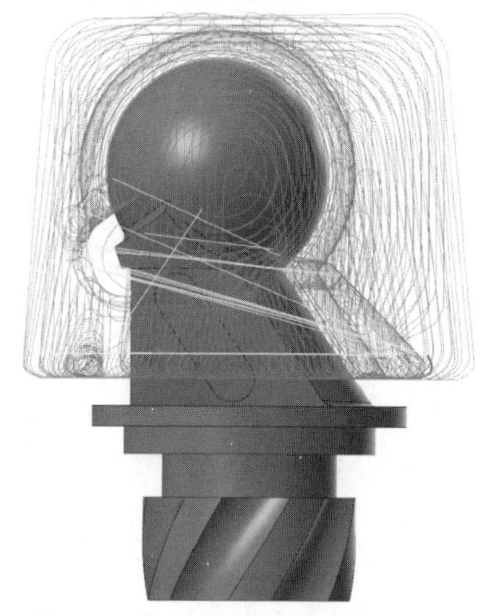

图 5-79　优化动态铣削刀具路径（二）

⑥ 利用 动态铣削 功能，在 P-2 平面内完成键槽台加工，过程如下：

a. 点击 动态铣削 功能，选取加工范围，完成后见图 5-82。

b. 点击“毛坯”，设置相关参数，完成后见图 5-83。

c. 点击“平面”，设置相关参数，完成后见图 5-84。

d. 完成后，刀具路径见图 5-85。

⑦ 利用 外形 功能，加工后视图方向粗加工所留余量，刀具路径见图 5-86。

⑧ 利用 动态铣削 功能，在 P-4 平面内完成 ϕ22mm 孔加工，过程如下：

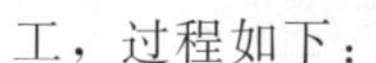

图 5-80　孔加工刀具路径

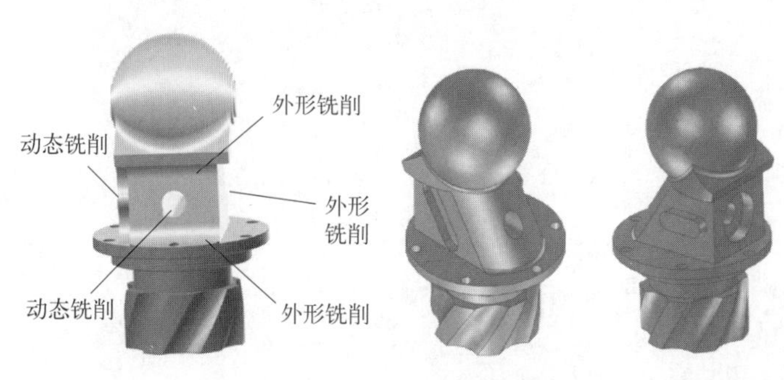

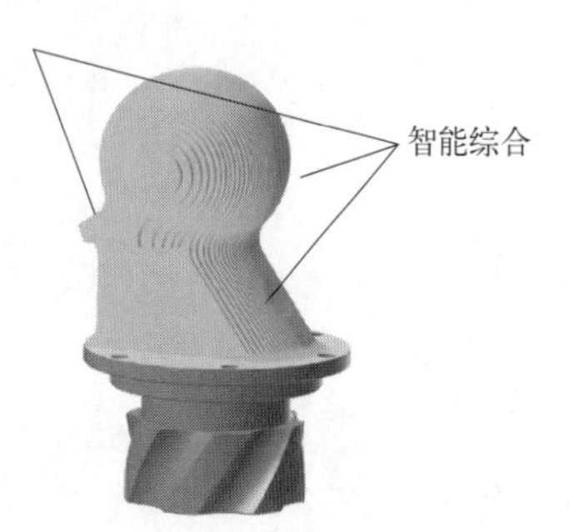

图 5-81　分析刀具加工策略

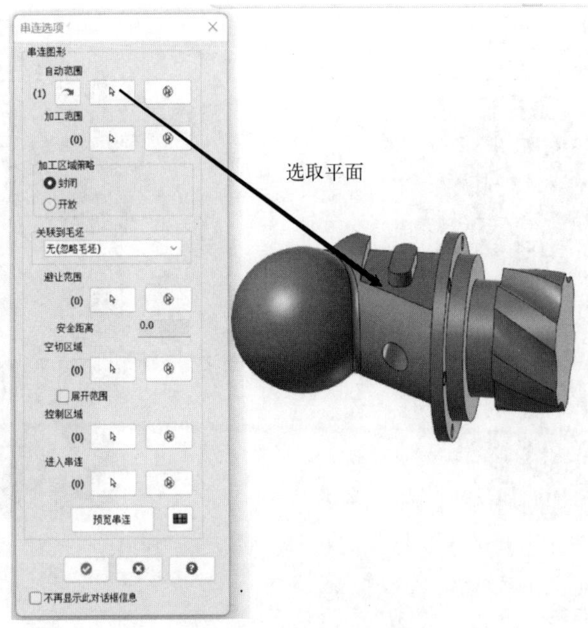

图 5-82　选取加工范围

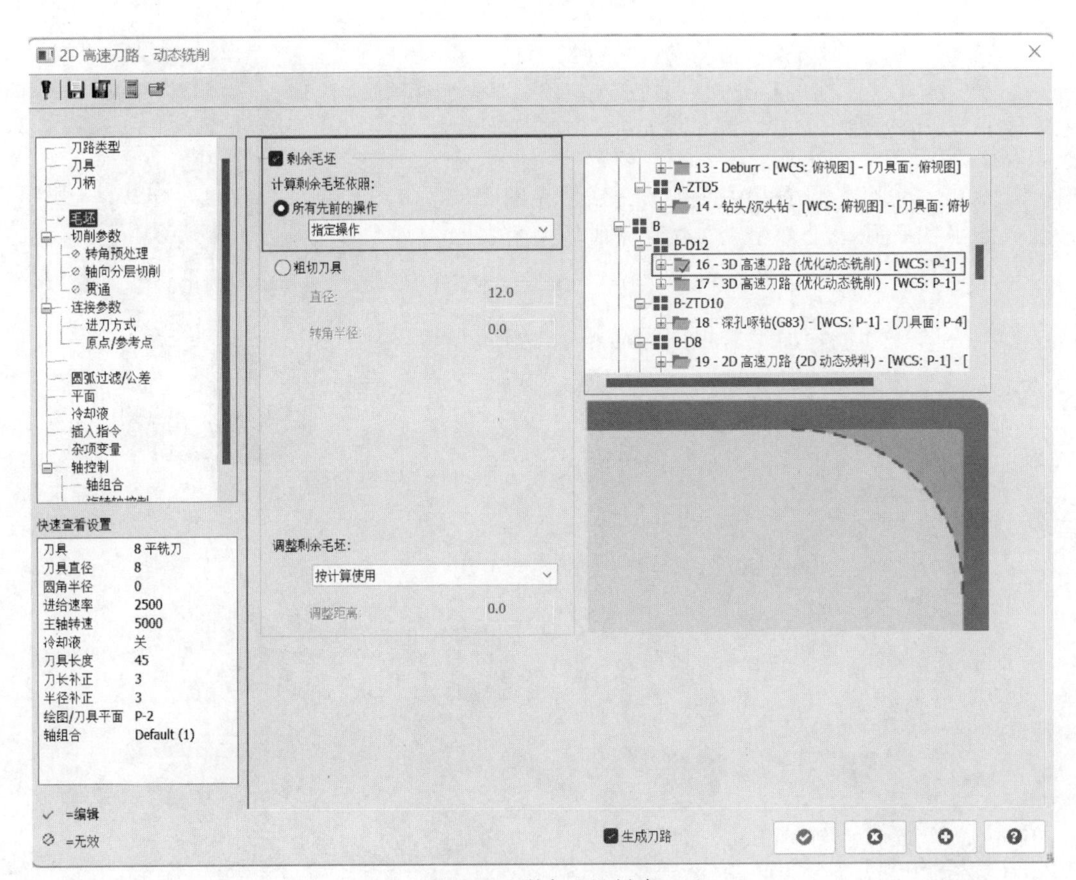

图 5-83　剩余毛坯创建

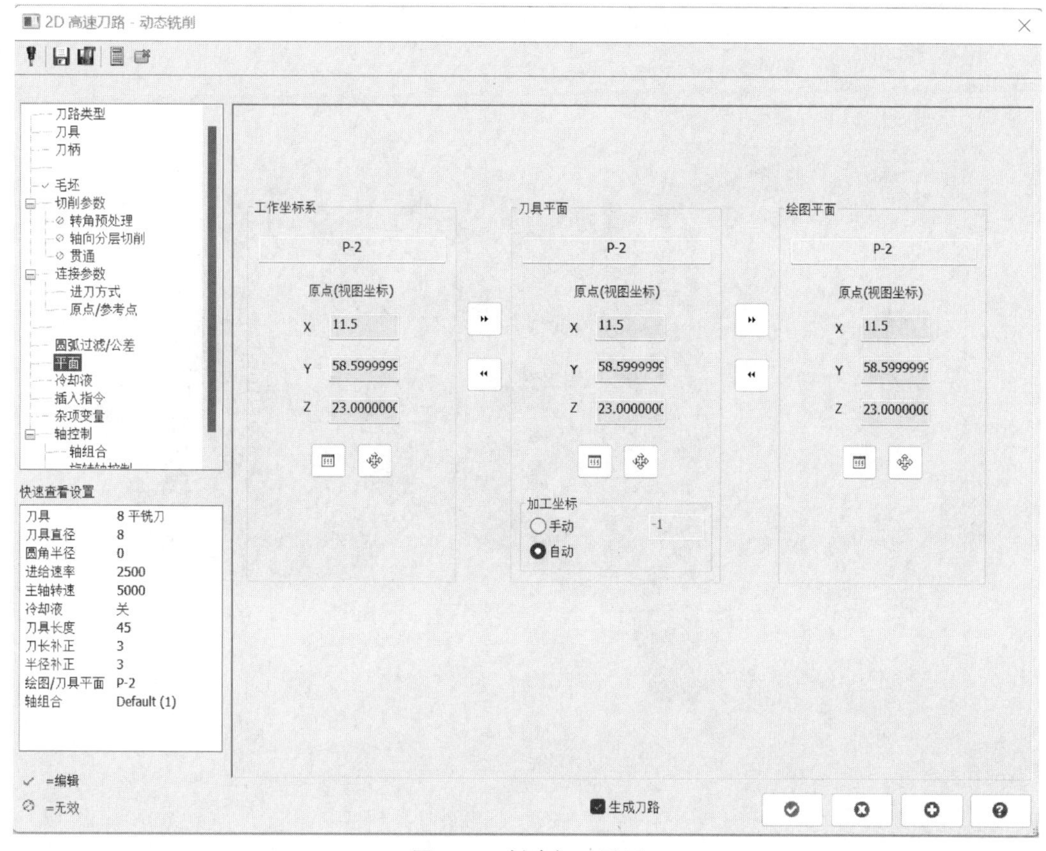

图 5-84　创建加工平面

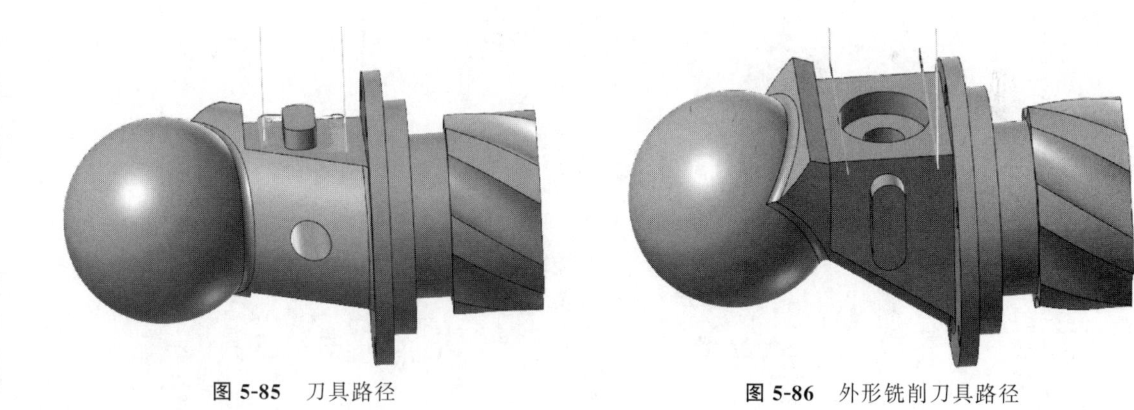

图 5-85　刀具路径　　图 5-86　外形铣削刀具路径

a. 点击 动态铣削 功能，选取加工范围，完成后见图 5-87。

b. 点击“连接参数”，设置相关参数，完成后见图 5-88。

c. 完成后，刀具路径见图 5-89。

⑨ 利用 外形 功能完成左视图键槽加工，过程如下：

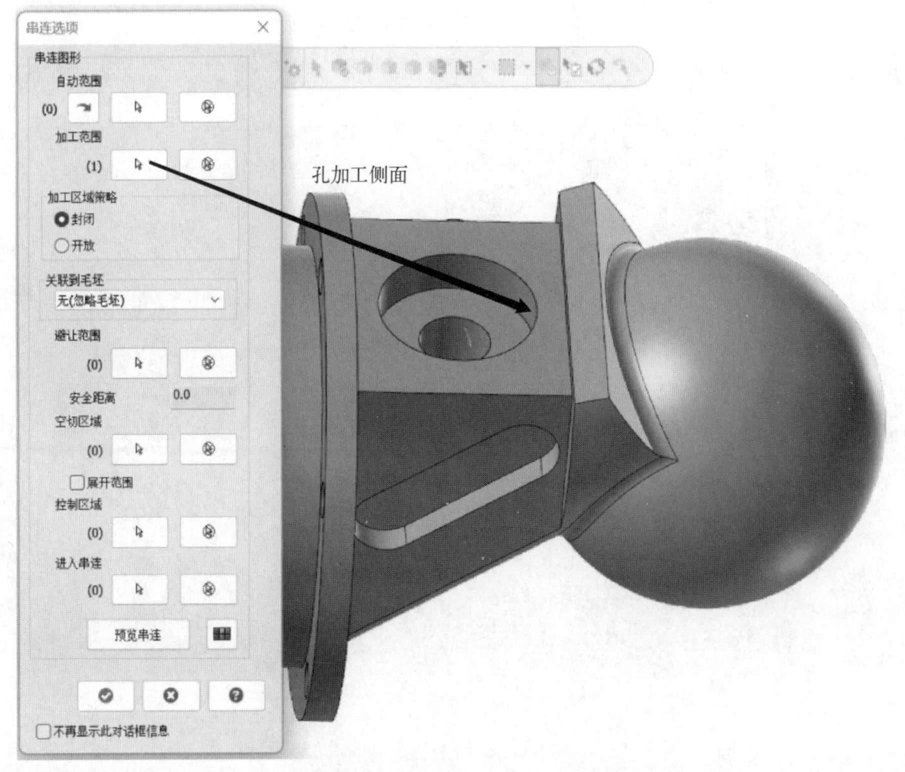

图 5-87　选取加工范围

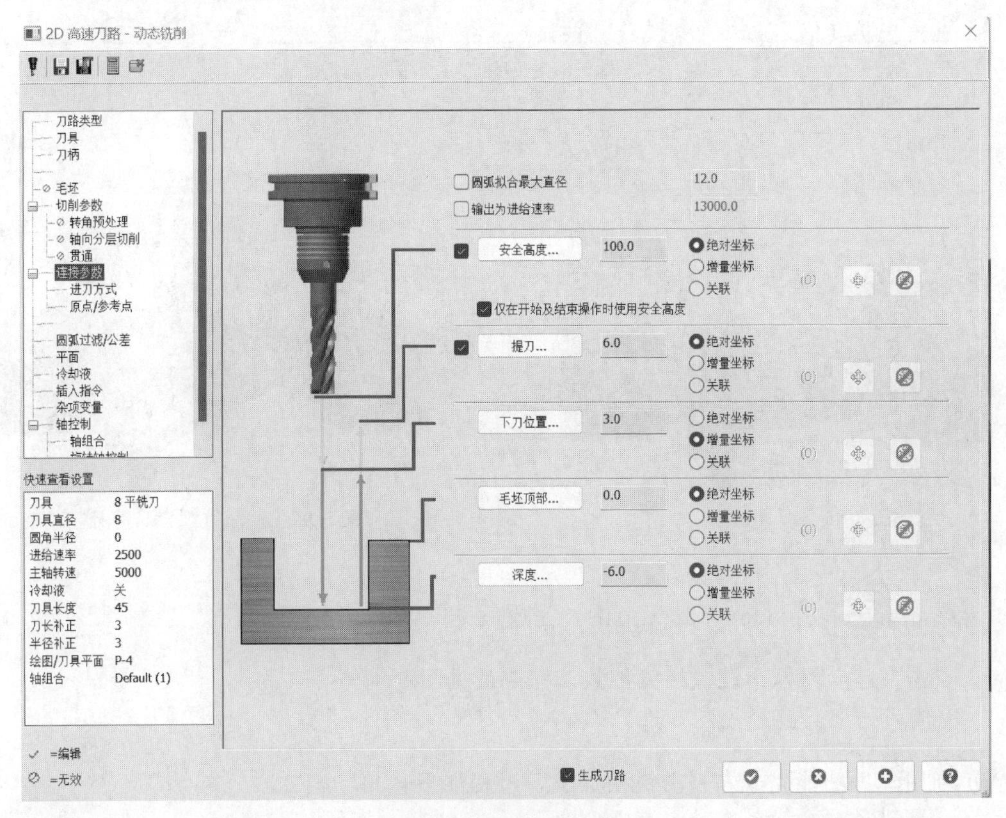

图 5-88　设置连接参数

a. 点击 外形 功能，选取加工范围，完成后见图 5-90。

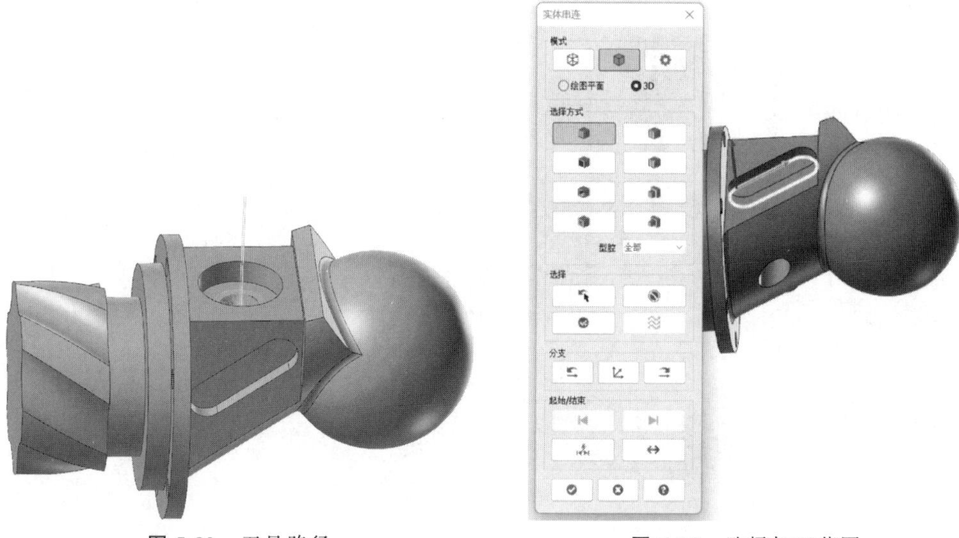

图 5-89 刀具路径

图 5-90 选择加工范围

b. 点击“切削参数”，设置相关参数，完成后见图 5-91。

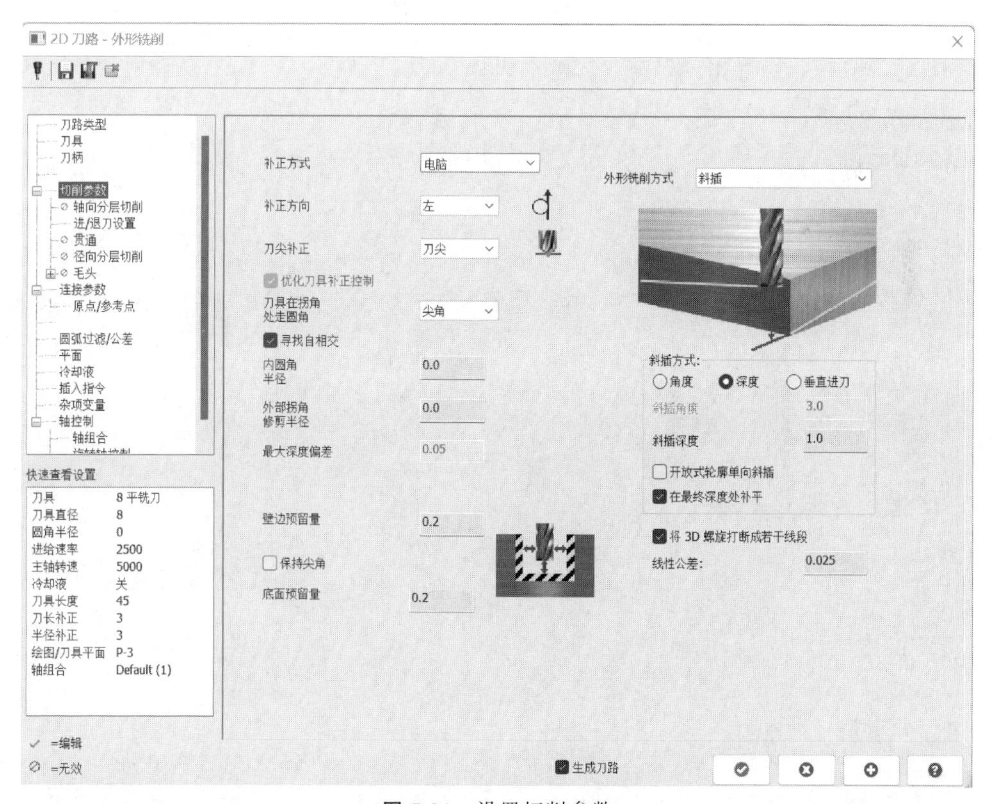

图 5-91 设置切削参数

c. 点击“连接参数”，设置相关参数，完成后见图 5-92。

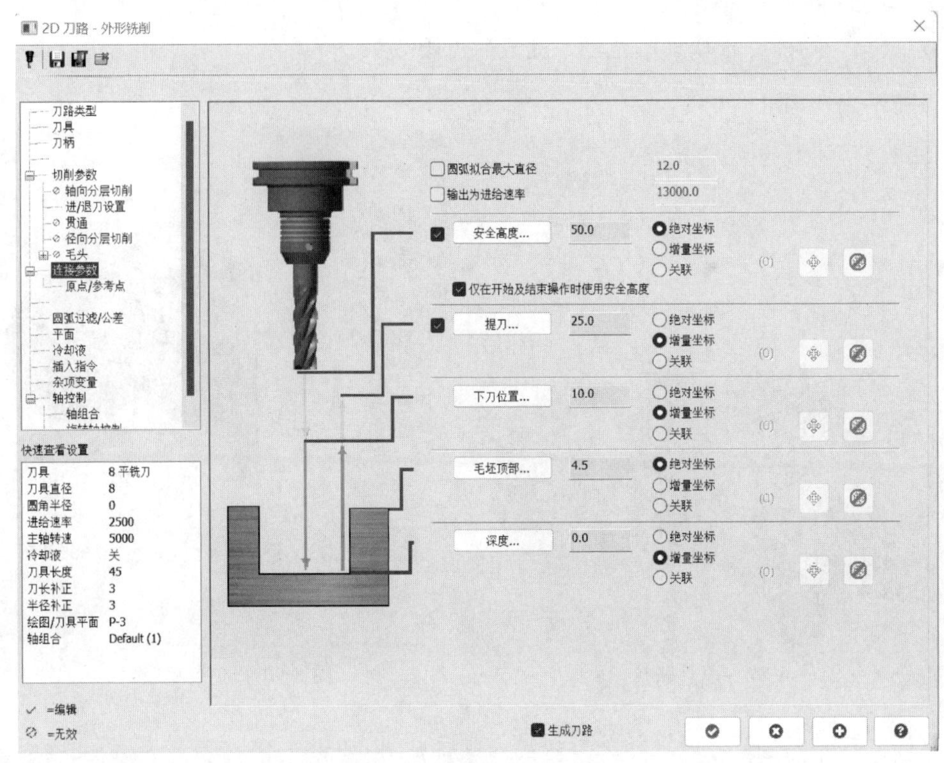

图 5-92　设置连接参数

d. 点击“平面”，设置相关参数，完成后见图 5-93。

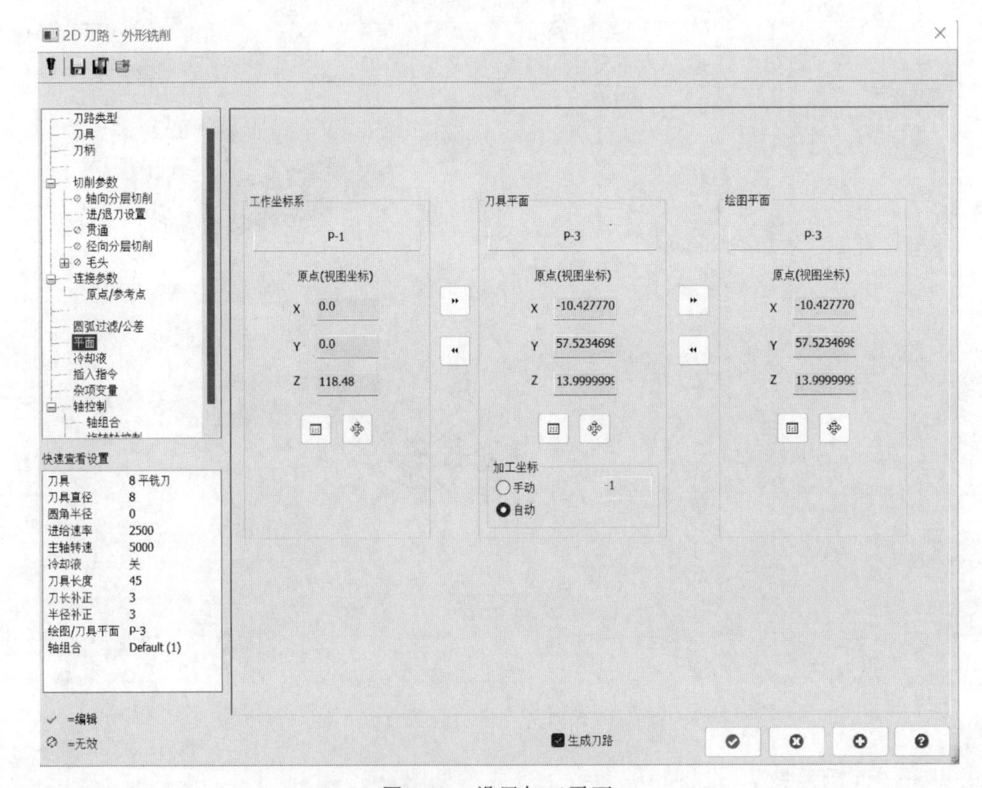

图 5-93　设置加工平面

e. 完成后，刀具路径见图 5-94。

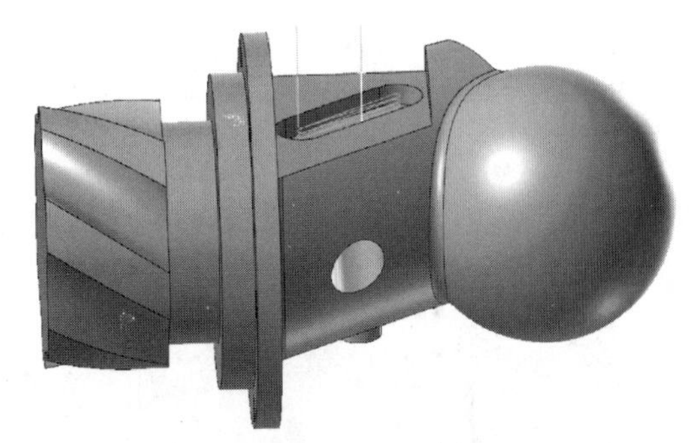

图 5-94　刀具路径

⑩ 创建平面 P-1，利用智能综合功能，完成相应部分的半精加工，过程如下：

a. 点击“切削方式”，设置相关参数，选择相应图素，完成后见图 5-95。

b. 点击“刀轴控制”，设置相关参数，完成后见图 5-96。

c. 完成后，刀具路径见图 5-97。

d. 利用去除毛刺功能，去除已加工部分毛刺，完成后见图 5-98。

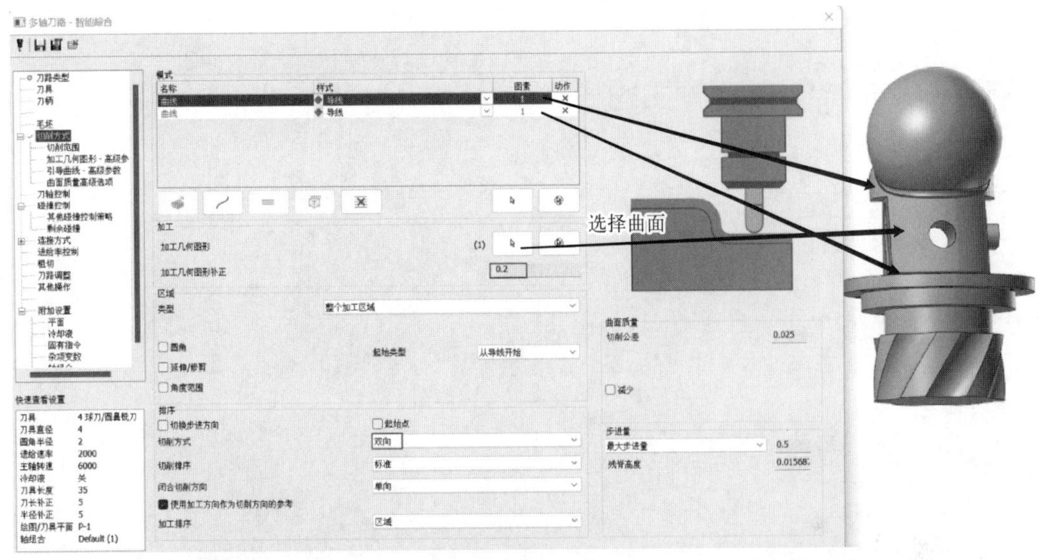

图 5-95　设置切削方式

以上部分为 B 工序的半精加工。

（4）精加工策略及过程

创建 B-1 刀具群组，完成 B 工序零件精加工。

① 利用区域功能，在 P-2 平面完成相应区域精加工，刀具路径见图 5-99。

② 利用面铣、外形功能，在 P-2 平面完成相应区域精加工，见图 5-100。

③ 利用熔接功能，在 P-3 平面完成平面精加工，过程如下：

a. 选择相应图素，见图 5-101。

b. 完成后，加工刀具路径见图 5-102。

④ 利用外形功能，在 P-3 平面完成键槽精加工，刀具路径见图 5-103。

多轴刀路 - 智能综合

刀路类型
刀具
刀柄
毛坯
切削方式
切削范围
加工几何图形 - 高级参
引导曲线 - 高级参数
曲面质量高级选项
刀轴控制
碰撞控制
其他碰撞控制策略
剩余碰撞
连接方式
进给率控制
粗切
刀路调整
其他操作
附加设置
平面
冷却液
固有指令
杂项变数

输出方式 5 轴
最大角度步进量 3
刀轴控制 固定轴角度
倾斜角度 0 Z 轴
到 60
旋转角度 0
平滑
倾向倾斜
限制
保持倾斜
共同方向
在全部外形上
在单个外形上
刀具参考点 自动

快速查看设置

刀具	4 球刀/圆鼻铣刀
刀具直径	4
圆角半径	2
进给速率	2000
主轴转速	6000
冷却液	关
刀具长度	35
刀长补正	5
半径补正	5
绘图/刀具平面	P-1
轴组合	Default (1)

✓ =编辑
⊘ =无效

生成刀路

图 5-96 设置刀轴控制

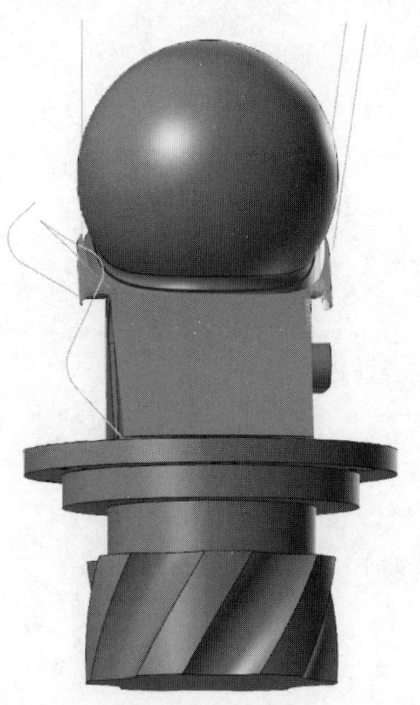

图 5-97 刀具路径

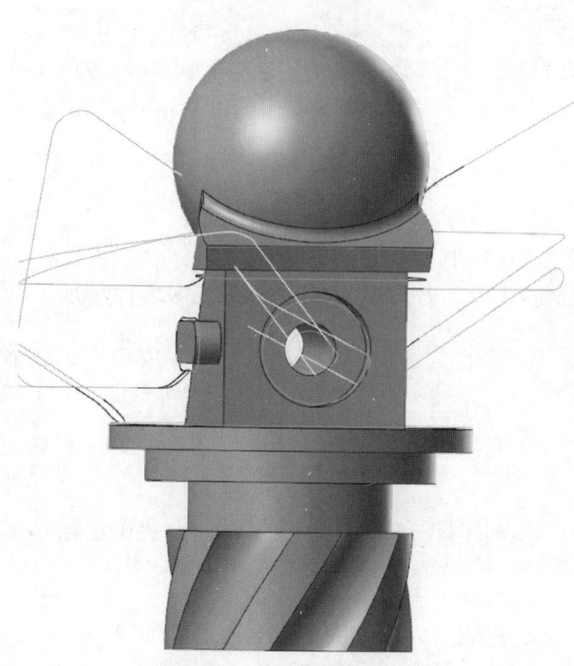

图 5-98 去除毛刺刀具路径

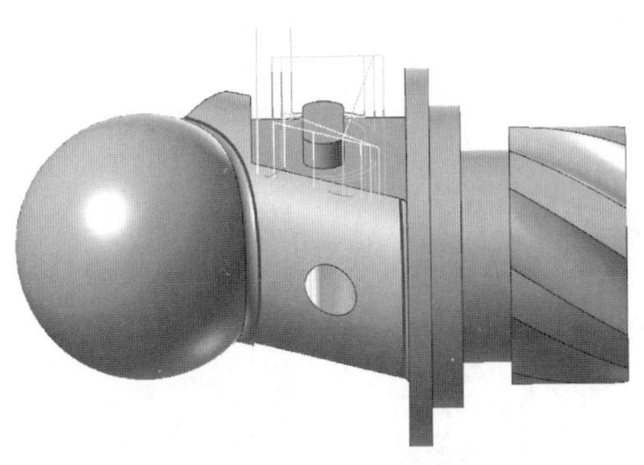

图 5-99　区域精加工刀具路径（一）

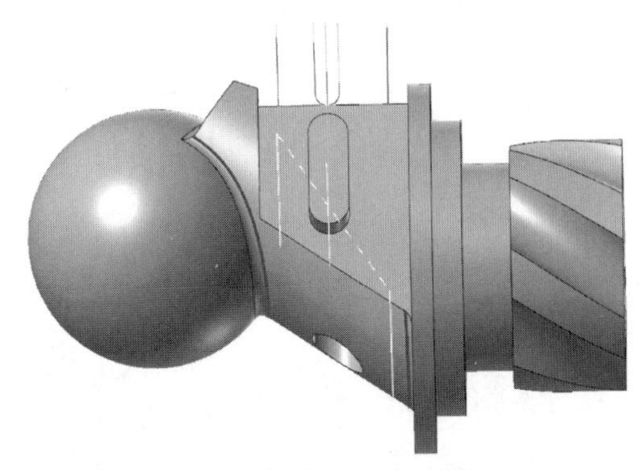

图 5-100　区域精加工刀具路径（二）

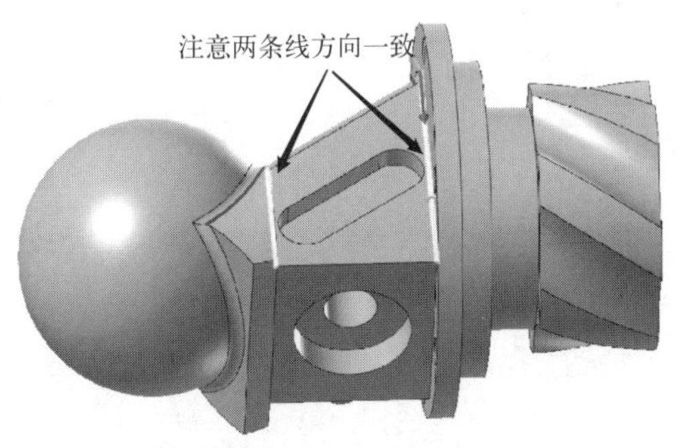

图 5-101　选择图素

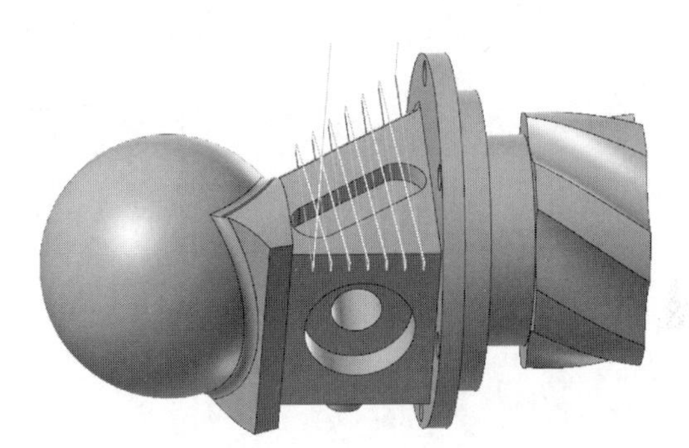

图 5-102　加工刀具路径

⑤ 利用熔接、外形功能，在 P-4 平面完成相应区域精加工，刀具路径见图 5-104。

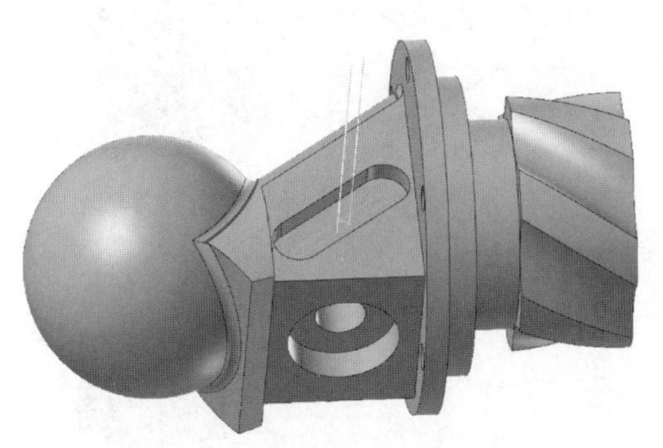

图 5-103　键槽精加工刀具路径（一）

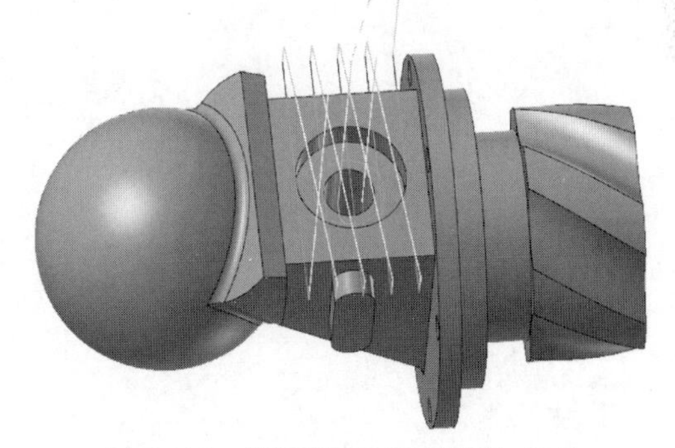

图 5-104　键槽精加工刀具路径（二）

⑥ 利用曲线功能，在 P-1 平面完成相应区域精加工，过程如下：

a. 绘制 ϕ71.2mm 圆弧圆心用于创建刀轴控制点，完成后见图 5-105。

b. 点击“切削方式”，设置相关参数，完成后见图 5-106。

c. 点击“刀轴控制”，设置相关参数，完成后见图 5-107。

d. 点击“平面”，设置相关参数，完成后见图 5-108。

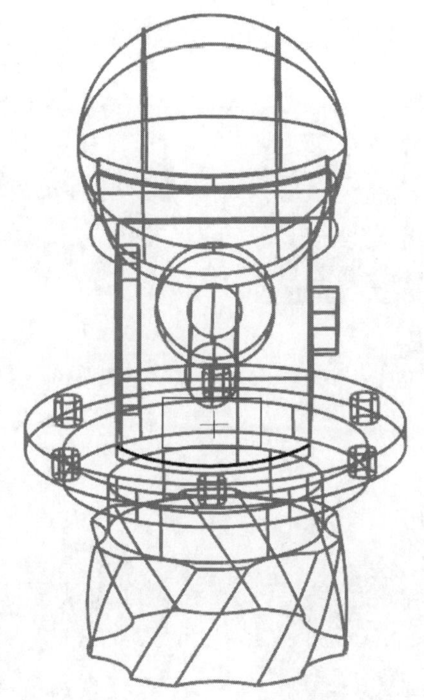

图 5-105　创建刀轴控制点

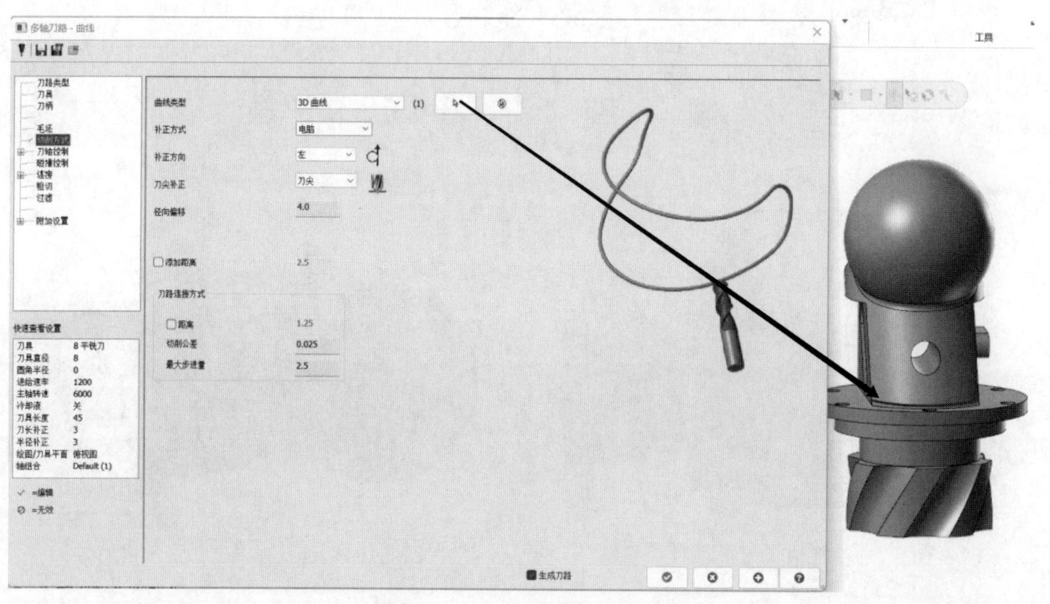

图 5-106　设置切削方式

e. 完成后，刀具路径见图 5-109。

⑦ 利用 智能综合 功能完成 P-1 平面精加工，相关参数设置与粗加工相同，只需将加工余量修改为零，在此不再描述。加工刀具路径见图 5-110。

图 5-107　设置刀轴控制

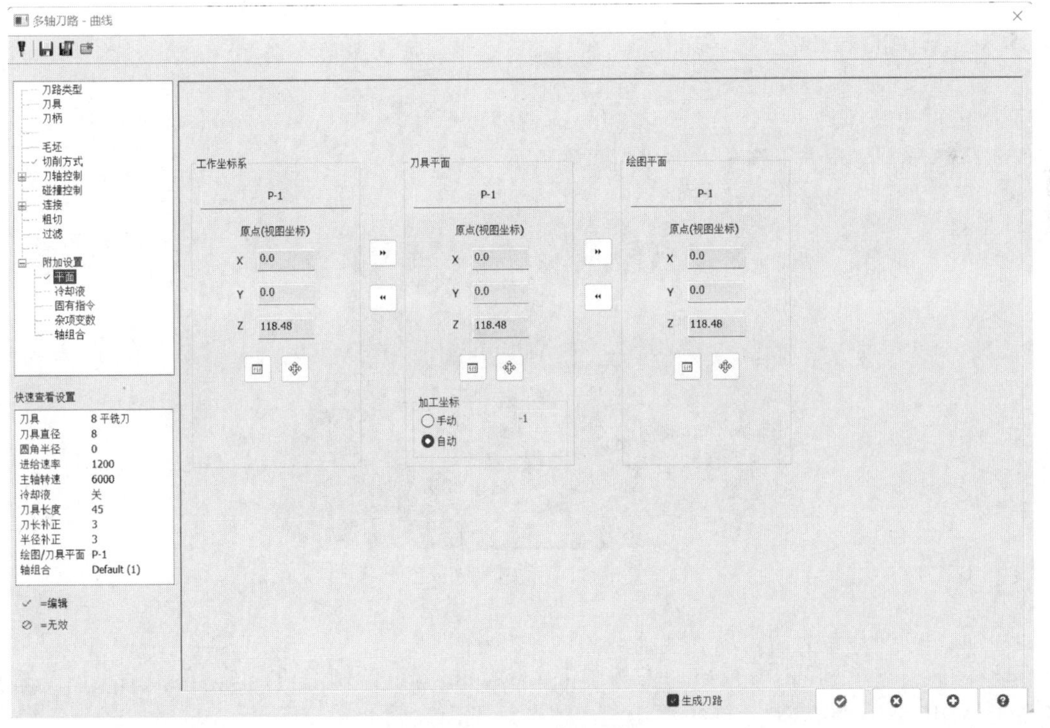

图 5-108　设置加工平面

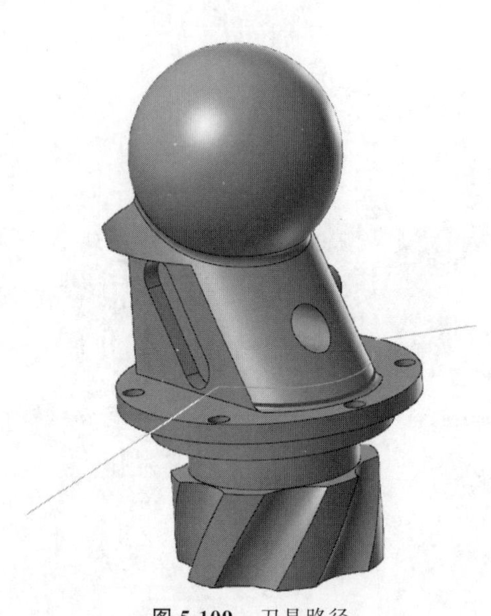

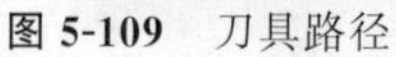

图 5-109　刀具路径

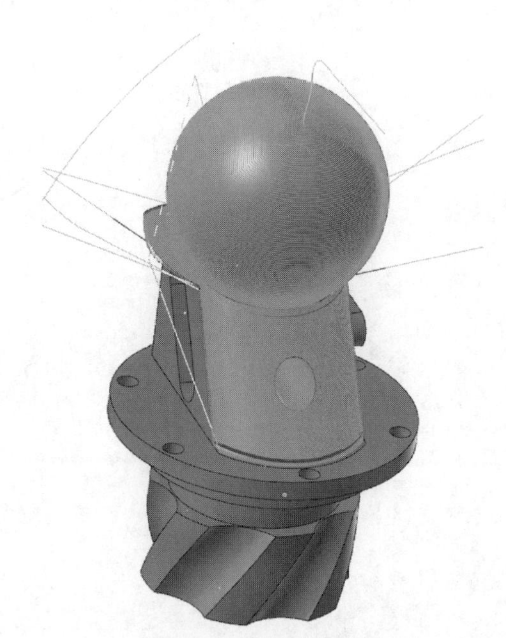

图 5-110　加工刀具路径

5.3　底座的建模及加工

5.3.1　底座的建模

① 依据主视图尺寸 ϕ122mm、ϕ85mm，高度尺寸 40.5mm、69mm，绘制台阶轴，并依据 C15.5mm 尺寸进行倒角，完成后见图 5-111。

图 5-111　底座实体造型

② 依据 SR42.5 绘制半球，完成后见图 5-112。

③ 依据 A—A 剖视图中 145°，左视图中 23.17mm 尺寸绘制剖切视图，完成后见图 5-113。

④ 利用实体拉伸功能，选择“切割主体”后见图 5-114。

⑤ 点击平面下✚ ▾，选择“依照实体面”，点击切割平面，以切削面建立平面 P-1，见图 5-115。

图 5-112　绘制半球

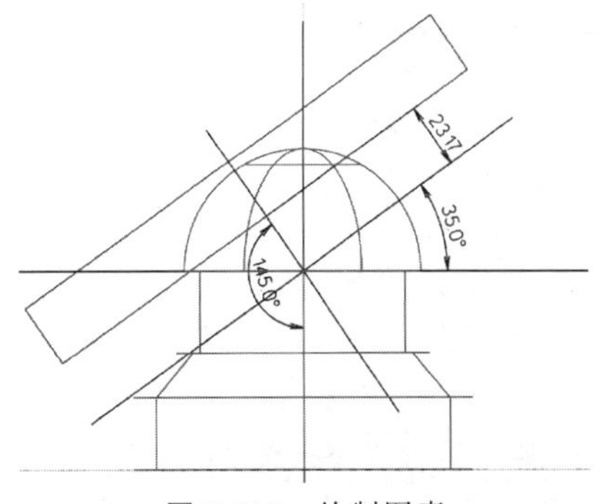

图 5-113　绘制图素

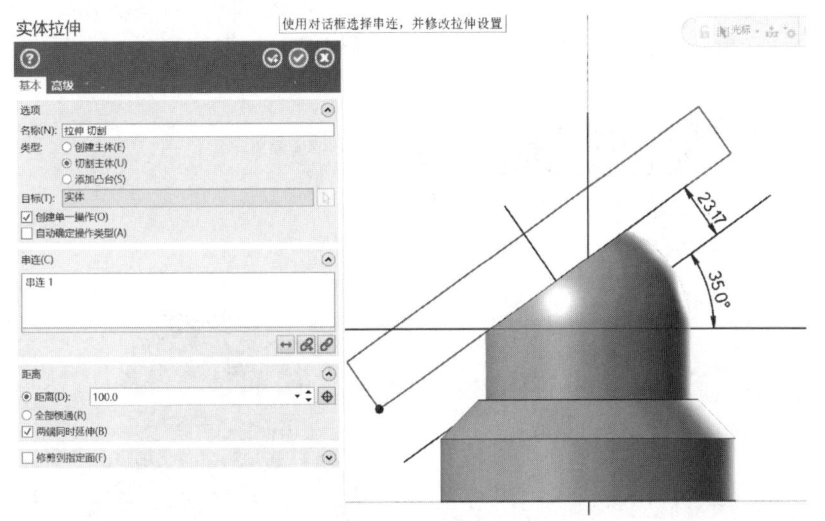

图 5-114　切割主体

图 5-115　创建加工平面

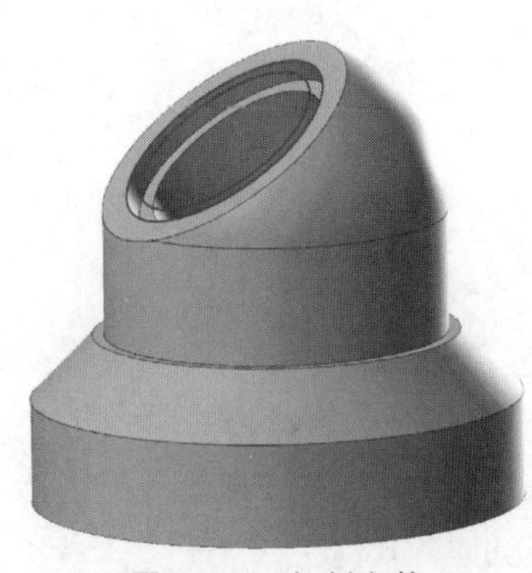

图 5-116　切割主体

⑥ 依据 A—A 剖视图中 ϕ57mm、ϕ49mm 尺寸，在平面 P-1 绘制相关圆弧，并依据 A—A 剖视图中尺寸 38.77mm、B—B 剖视图中尺寸 6mm，利用实体拉伸功能中“切割主体”类型完成实体切削，完成后见图 5-116。

⑦ 依据 A—A 剖视图中 6×M4、E 向旋转 ϕ64mm 尺寸，利用圆周点功能，绘制 M4 螺纹孔，完成后见图 5-117。

⑧ 依据 A—A 剖视图中 6×M4 中孔深 8mm，利用实体拉伸功能中“切割主体”类型完成实体切削，完成后见图 5-118。

⑨ 依据 B—B 剖视图中尺寸 99.13mm、39.97mm，利用动态绘图功能，通过拖拽移动相应轴绘制 M12 螺纹孔轴线起点，完成后见图 5-119。

图 5-117　绘制螺纹孔

⑩ 以 M12 螺纹孔轴线起点为基准，依据 B—B 剖视图中尺寸 40°，绘制 M12 螺纹孔轴线，完成后见图 5-120。

⑪ 点击动态转换，选取图素，设置相关参数完成 2 个 M12 螺纹孔轴线绘制，完成后见图 5-121。

⑫ 点击平面下✚▾，选择“依照图素法向”，点击 M12 螺纹孔轴线端点，以端点建立平面 P-2，完成后见图 5-122。

⑬ 依据 B—B 剖视图中尺寸 ϕ21mm，利用实体拉伸功能中“添加凸台”类型绘制凸台，完成后见图 5-123。

⑭ 依据 B—B 剖视图中尺寸 M12，利用实体拉伸功能中“切割主体”类型绘制螺纹孔，完成后见图 5-124。

图 5-118　切割主体

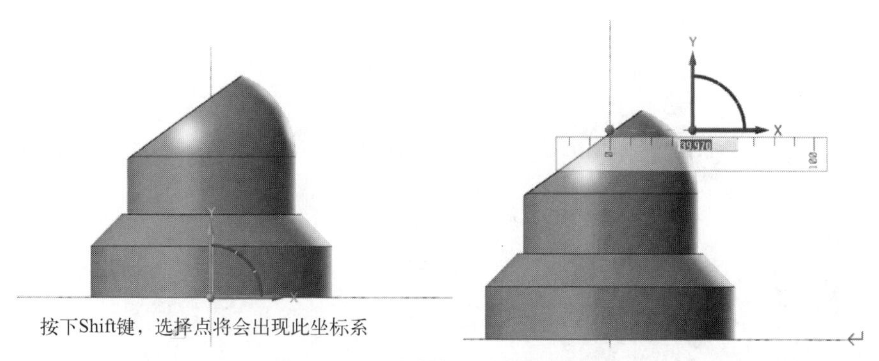

图 5-119　绘制螺纹孔轴线起点

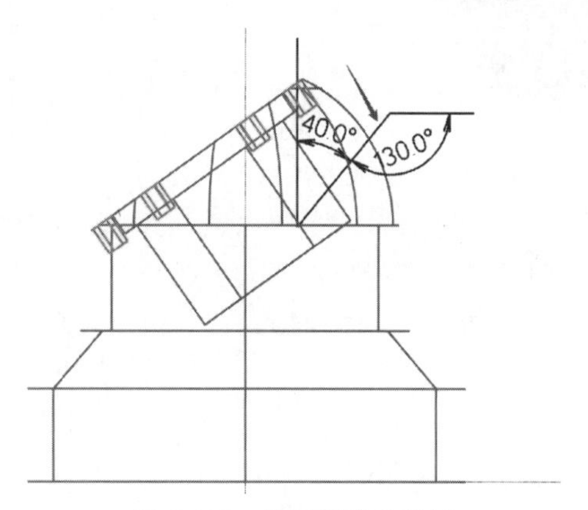

图 5-120　绘制螺纹孔轴线

⑮ 在俯视图状态下，点击**实体**、**旋转阵列**，选取需要阵列图素，设置相关参数，完成后见图 5-125。

⑯ 点击**实体**、固定半倒圆角，依据 $B—B$ 剖视图中尺寸 $R2$，完成凸台倒圆角，见图 5-126。

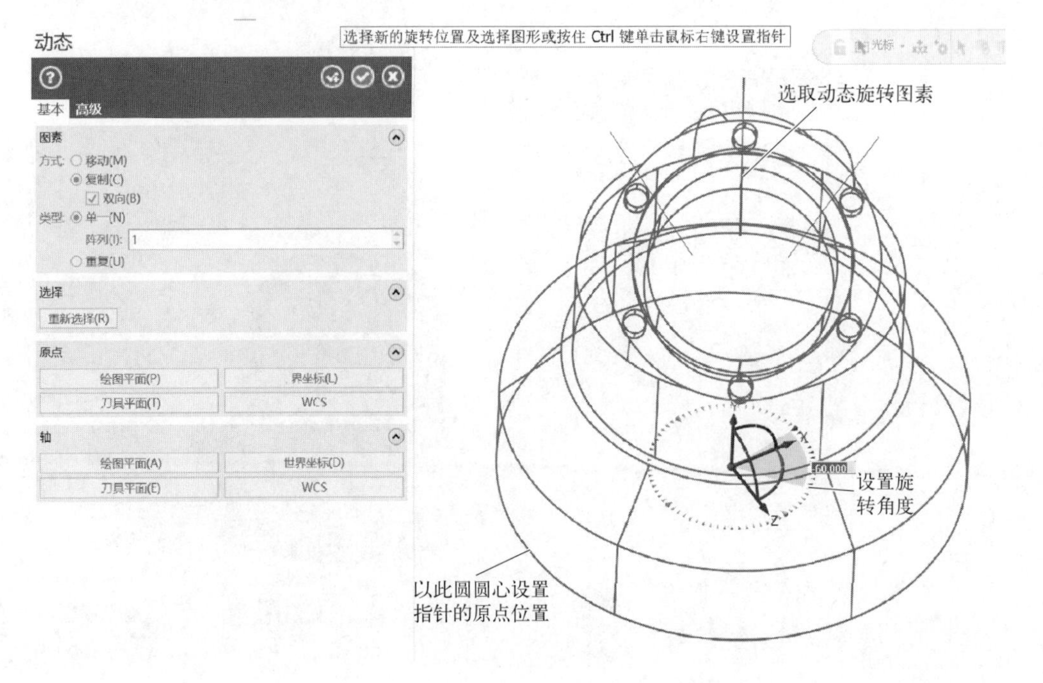

图 5-121　绘制孔轴线

图 5-122　创建平面

⑰ 点击**实体**、单一距离倒角，依据技术要求中未注倒角 $C0.5$mm，完成凸台倒角，见图 5-127。

⑱ 设定绘图面为右视图，依据 $A—A$ 剖视图中尺寸 85.5mm、28.97mm，绘制 ϕ11mm 孔端点，完成后见图 5-128。

⑲ 以 ϕ11mm 孔端点为基准设置相关参数，绘制 ϕ11mm 孔轴线，完成后见图 5-129。

⑳ 点击平面下✚，选择“依照图素法向”，点击 ϕ11mm 孔轴线端点，以端点建立平面 P-3，完成后见图 5-130。

㉑ 依据 $A—A$ 剖视图中尺寸 ϕ11mm，利用实体拉伸功能中切割主体类型绘制孔，完成后见图 5-131。

㉒ 设定绘图面为 P-3 平面，依据 D 向视图，以 ϕ11mm 孔端点为矩形中心绘制相关图素，完成后见图 5-132。

㉓ 点击**实体**，利用实体拉伸功能中“切割主体”类型切割主体，完成后见图 5-133。

㉔ 在 P-3 平面，依据 D 向视图绘制 4 个 M3 孔，完成后利用实体拉伸功能中“切割主体”类型切割主体，完成后见图 5-134。

㉕ 设定绘图面为右视图，依据 $A—A$ 剖视图中尺寸 45.5mm、37.57mm，绘制矩形底边中点，完成后见图 5-135。

㉖ 设定绘图面为后视图，依据 $A—A$ 剖视图中尺寸 85.5mm，利用偏移图素功能完成矩形绘制，见图 5-136。

图 5-123　绘制凸台

图 5-124　绘制螺纹孔

㉗ 点击**实体**，利用实体拉伸功能中“切割主体”类型切割主体，完成后见图 5-137。

㉘ 设定绘图面为后视图，依据后视图尺寸 49.5mm 绘制矩形中点，并绘制 26mm×20mm 矩形、4 个 M3 孔，点击**实体**，利用实体拉伸功能中“切割主体”类型切割主体，完成后见图 5-138。

㉙ 依据主视图，采用**转换**、动态转换功能，将实体旋转至主视图旋向，完成后见图 5-139。

㉚ 设定绘图面为仰视图，依据 C 向视图尺寸 8mm 绘制 ϕ106mm 圆，根据主视图尺寸

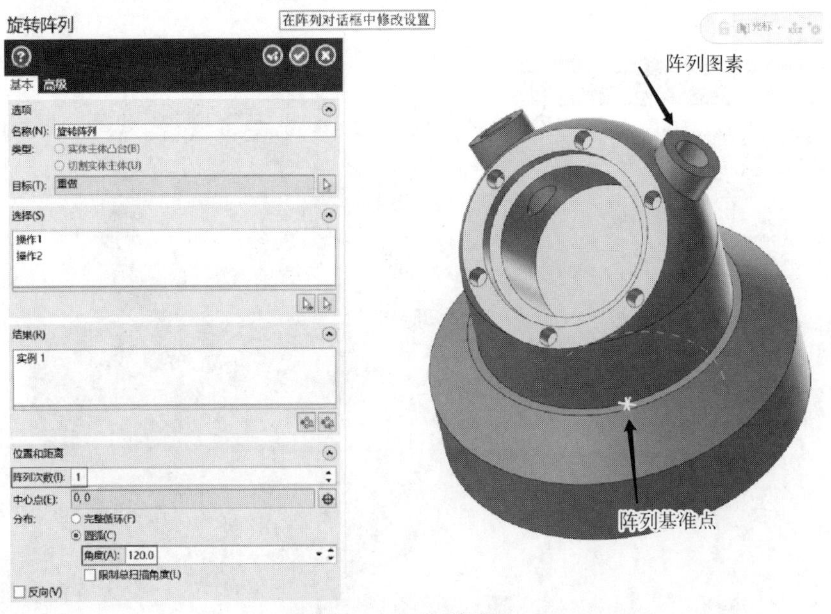

图 5-125　阵列图素

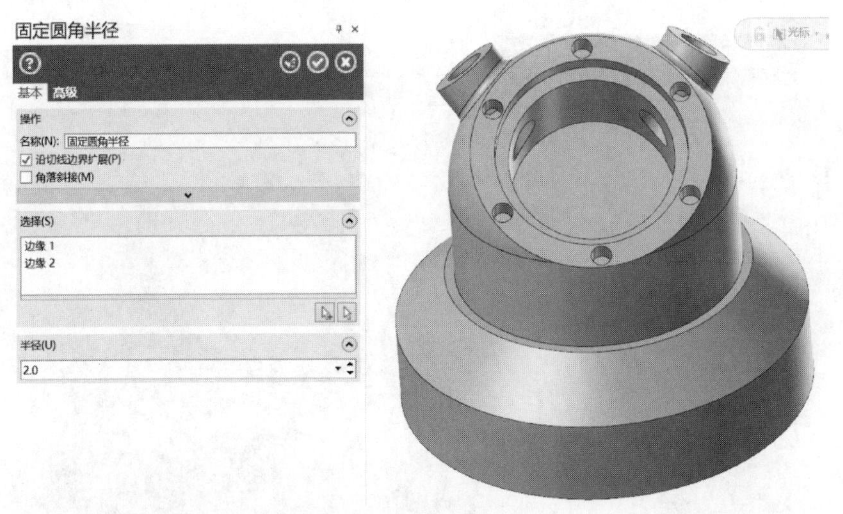

图 5-126　倒圆角（一）

50mm 偏移绘制槽，并利用**转换**、旋转功能设置相关参数，完成其余 2 个槽的绘制，完成后见图 5-140。

㉛ 依据左侧视图尺寸 17.5mm，点击**实体**，利用实体拉伸功能中“切割主体”类型切割主体，完成后见图 5-141。

㉜ 依据主视图 $R5$，利用固定半倒圆角功能完成相关倒角，见图 5-142。

㉝ 设定绘图面为仰视图，依据 C 向视图尺寸 $\phi 73$mm、$\phi 75$mm、$4\times R6.6$、$8\times R3$ 绘制相关图素；依据 $B—B$ 剖视图中尺寸 10mm，点击**实体**，利用实体拉伸功能中“切割主体”类型切割主体，完成后见图 5-143。

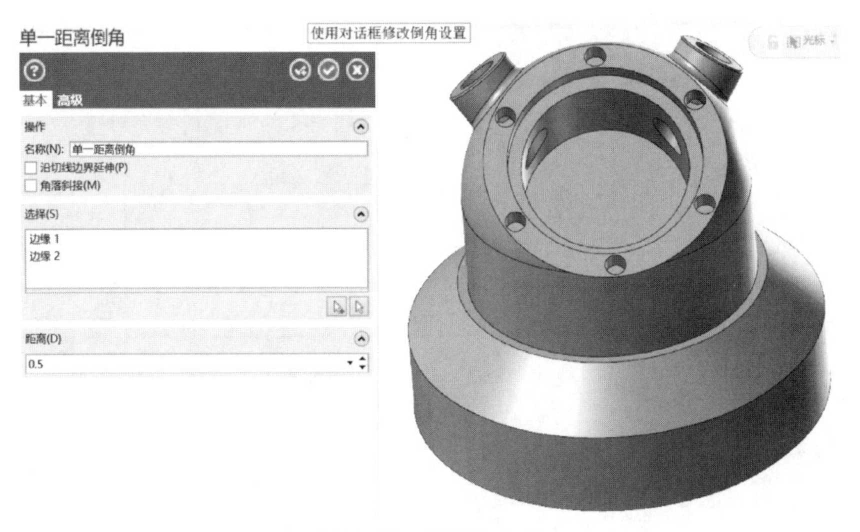

图 5-127　倒圆角（二）

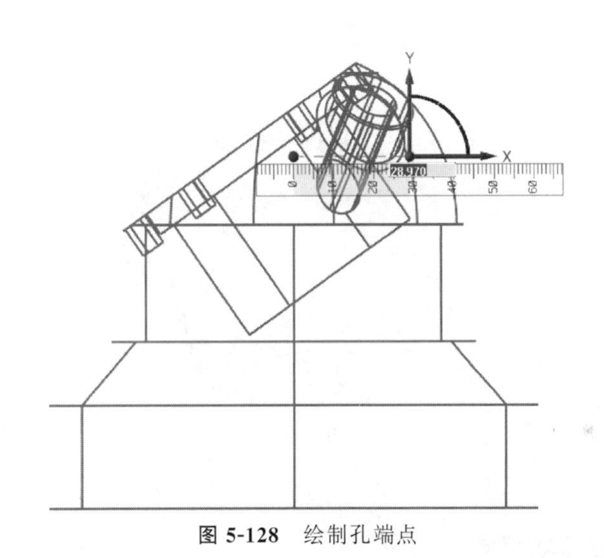

图 5-128　绘制孔端点

㉞ 依据 $B—B$ 剖视图中尺寸 $R5$，利用 固定半倒圆角 功能完成相关倒角，见图 5-144。

㉟ 设定绘图面为仰视图，调整 Z 向深度值为 -10.0mm，依据 C 向视图尺寸 3×40mm、6×$R10$，绘制六边形，完成后见图 5-145。

㊱ 点击**实体**，利用实体拉伸功能中“切割主体”类型切割主体，完成后见图 5-146。

㊲ 设定绘图面为仰视图，调整 Z 向深度值为 -20.0mm，依据 $A—A$ 剖视图中尺寸 ϕ20mm 绘制圆弧；利用实体拉伸功能中“切割主体”类型切割主体，完成后见图 5-147。

5.3.2 底座的加工

（1）加工前的准备

① 毛坯的准备。

依据主视图、俯视图建立 ϕ130mm×115mm 的圆柱体作为毛坯，建立过程见图 5-148。

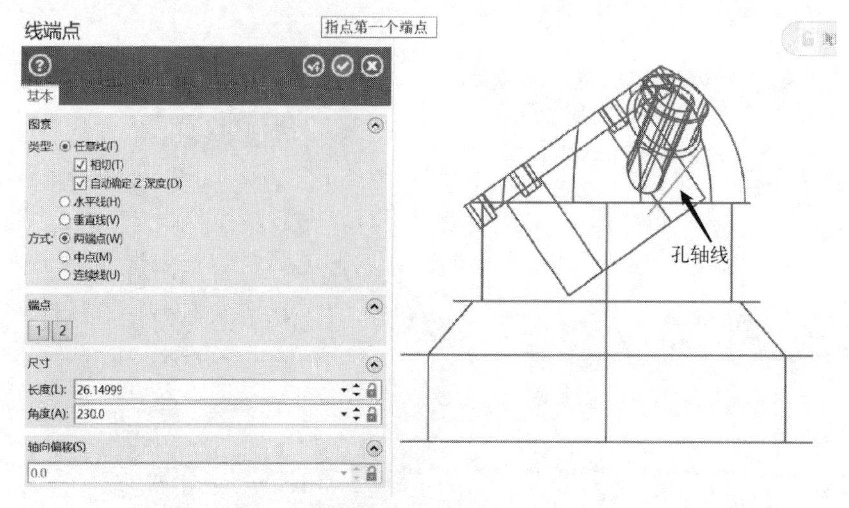

图 5-129 绘制孔轴线

图 5-130 创建平面

图 5-131 绘制孔

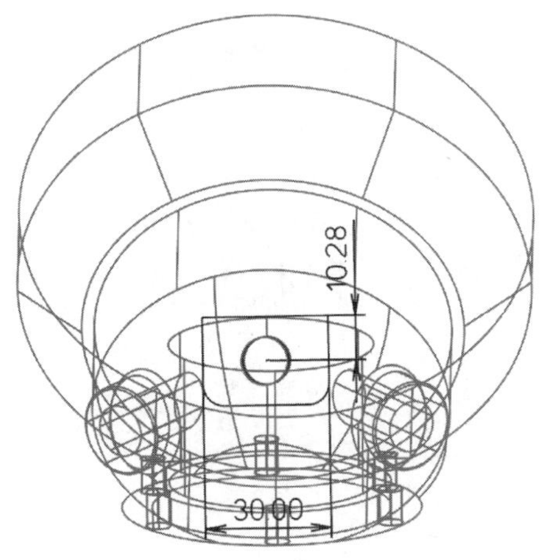

图 5-132　绘制图素

图 5-133　切割主体（一）

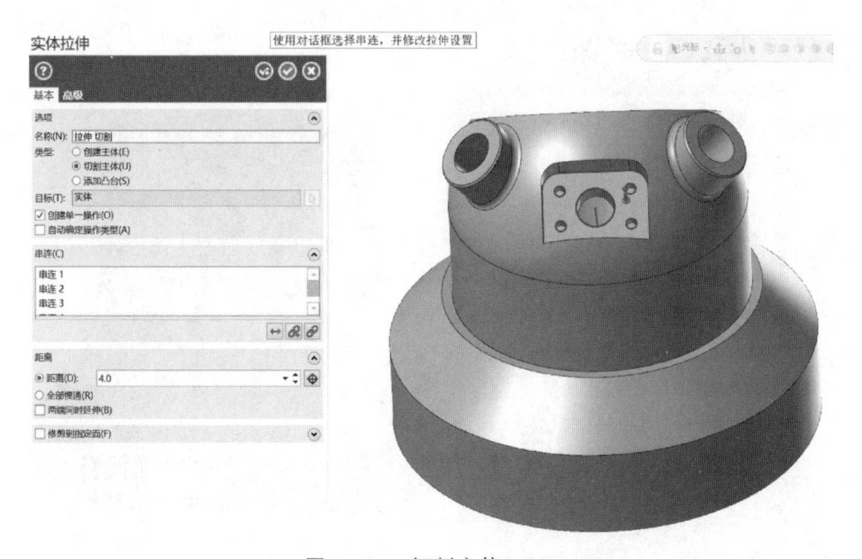

图 5-134　切割主体（二）

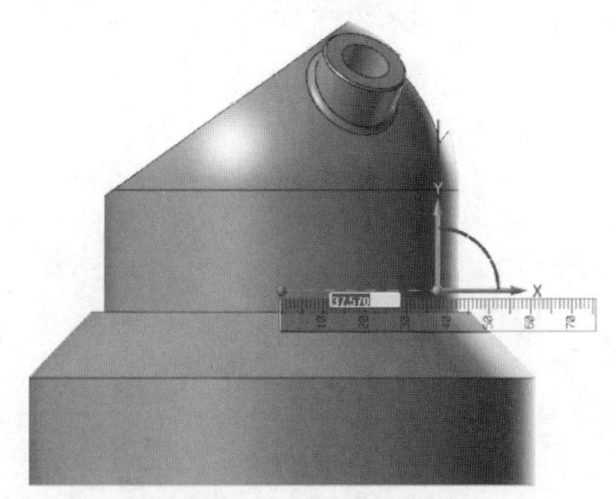

图 5-135　绘制矩形底边中点

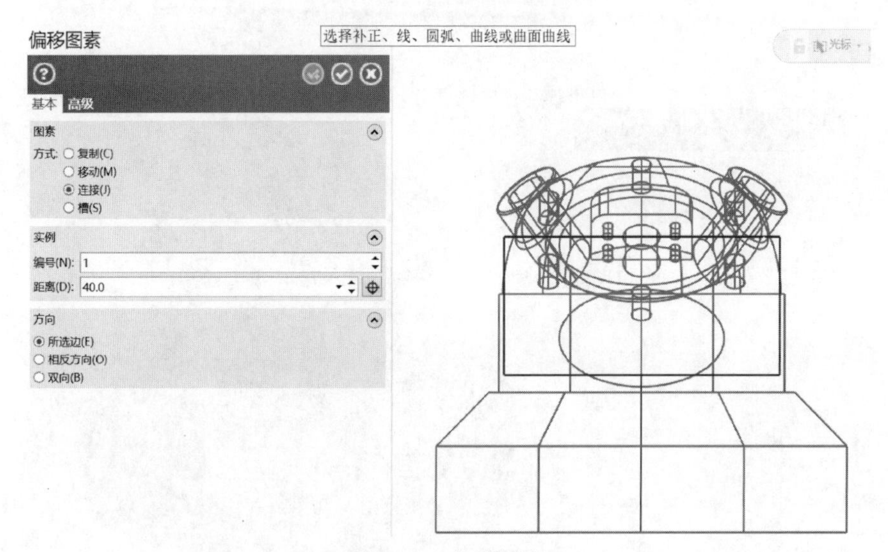

图 5-136　绘制矩形

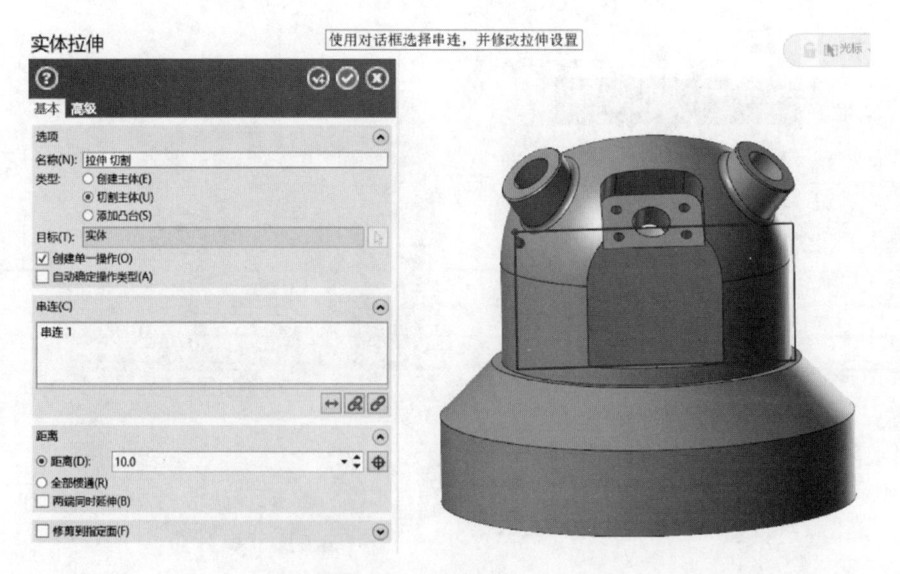

图 5-137　切割主体（一）

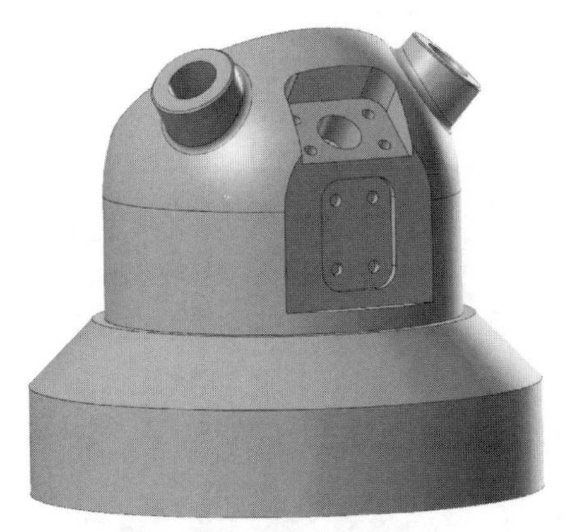

图 5-138 切割主体（二）

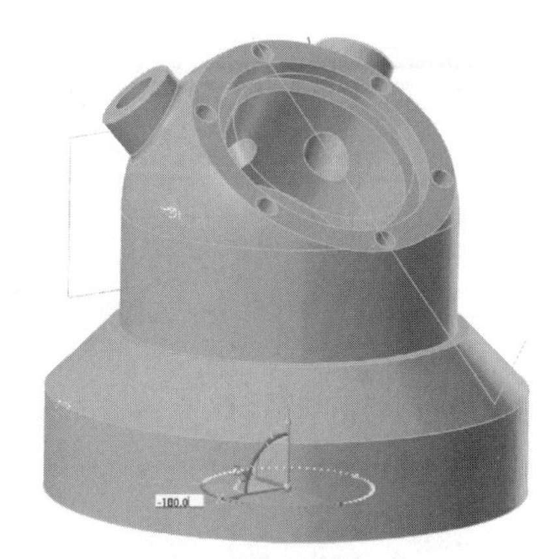

图 5-139 旋转实体

旋转
基本 高级
图素
方式: 复制(C)
移动(M)
连接(J)
选择
重新选择(R)
旋转中心点
重新选择(T)
实例
编号(N): 2
角度(G): 120.0
距离: 两者之间的角度(W)
总扫描角度(S)
方式: 旋转(O)
平移(L)
移除(V)
重置(F)
循环起始位置
平移(A)
方向
定向(D)
相反(P)
两者(B)

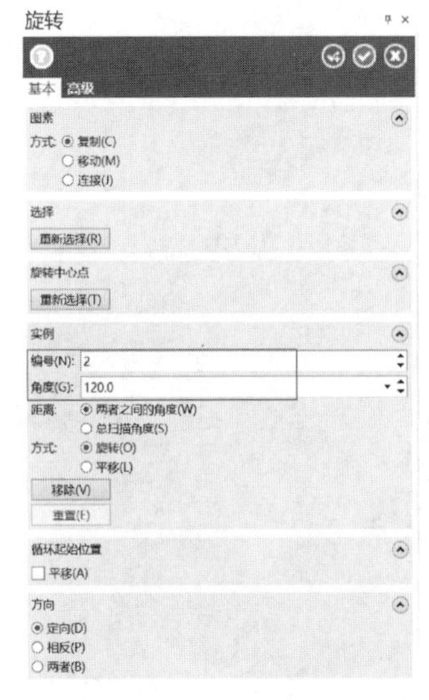

图 5-140 绘制图素

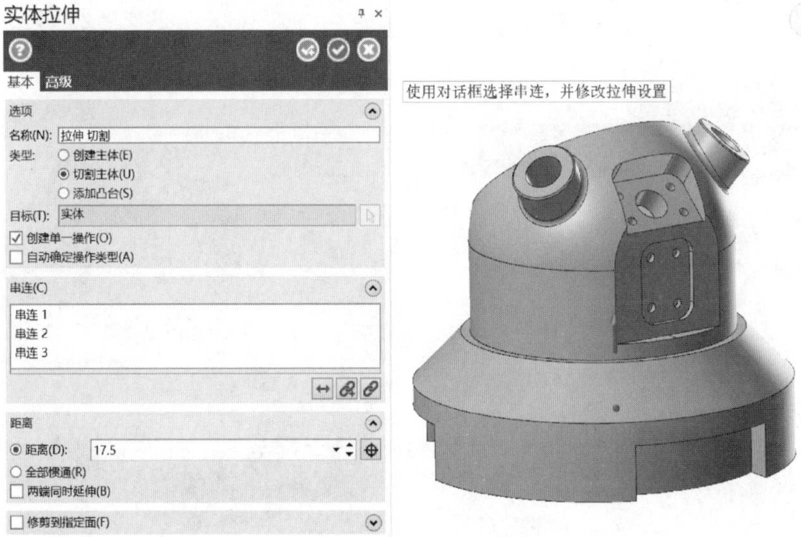

实体拉伸
基本 高级
选项
名称(N): 拉伸 切割
类型: 创建主体(E)
切割主体(U)
添加凸台(S)
目标(T): 实体
创建单一操作(O)
自动确定操作类型(A)
串连(C)
串连 1
串连 2
串连 3
距离
距离(D): 17.5
全部贯通(R)
两端同时延伸(B)
修剪到指定面(F)
使用对话框选择串连，并修改拉伸设置

图 5-141 切割主体

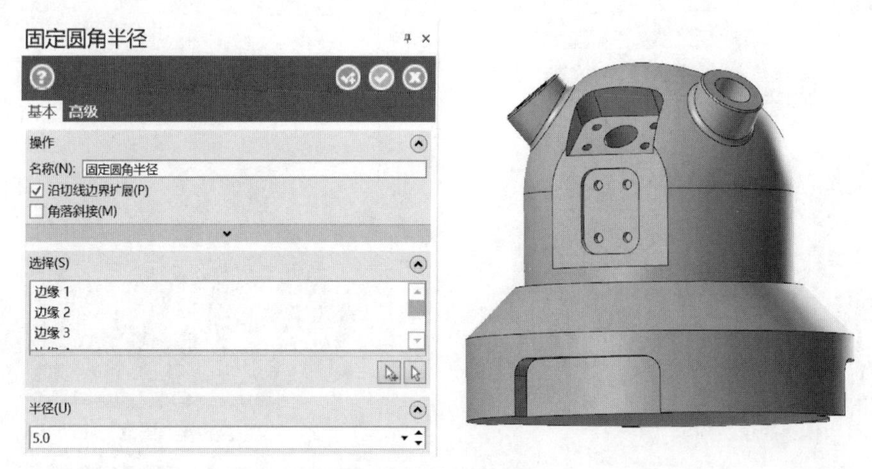

图 5-142 实体倒角

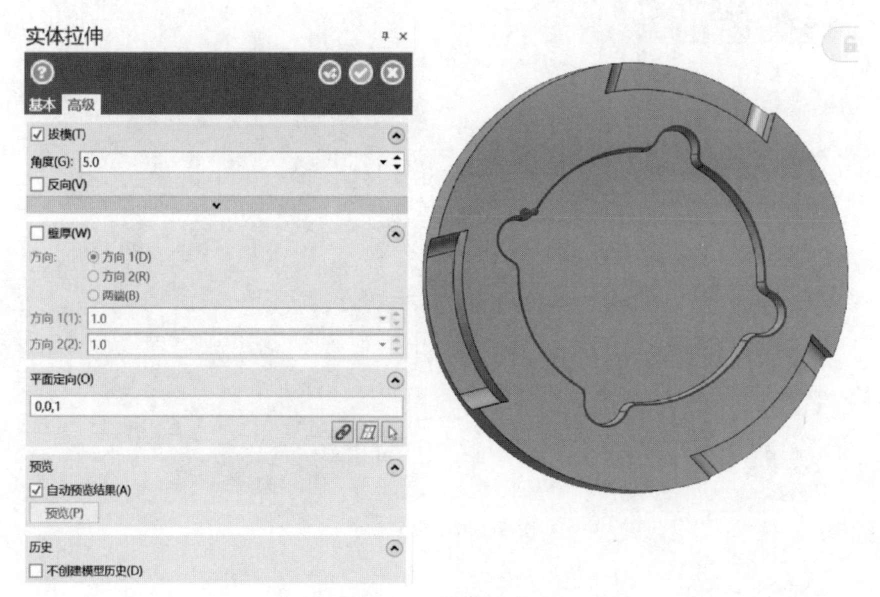

图 5-143 切割主体

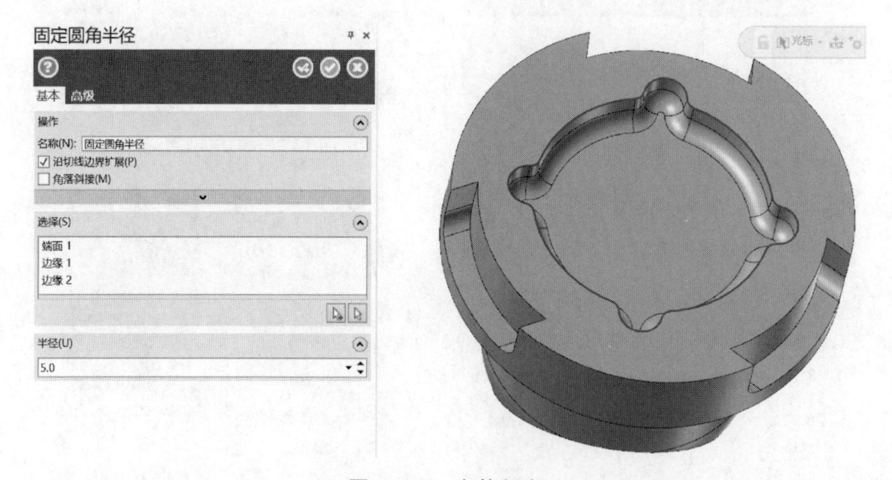

图 5-144 实体倒角

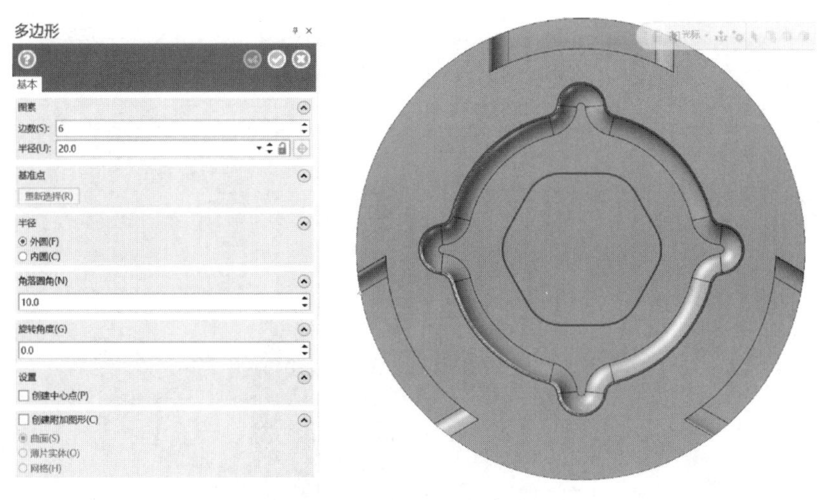

图 5-145　绘制六边形图素

图 5-146　切割主体（一）

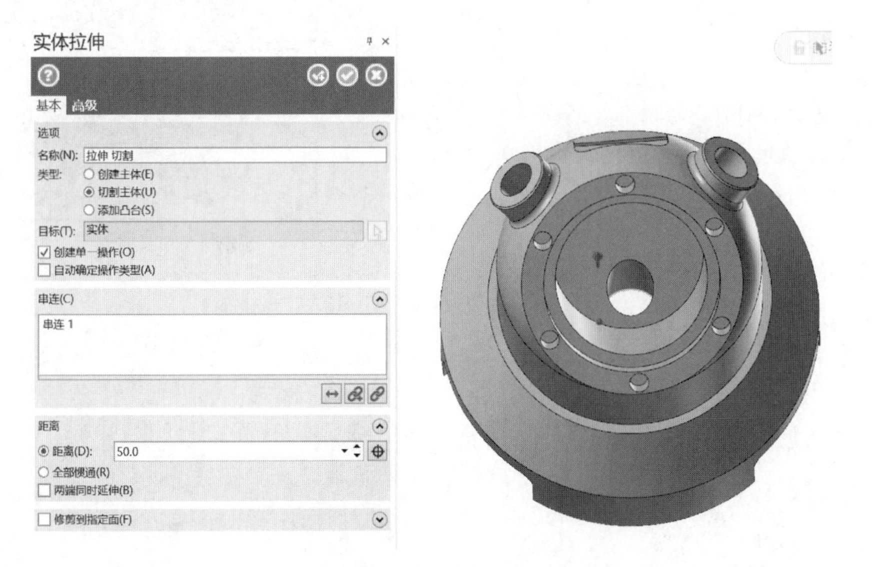

图 5-147　切割主体（二）

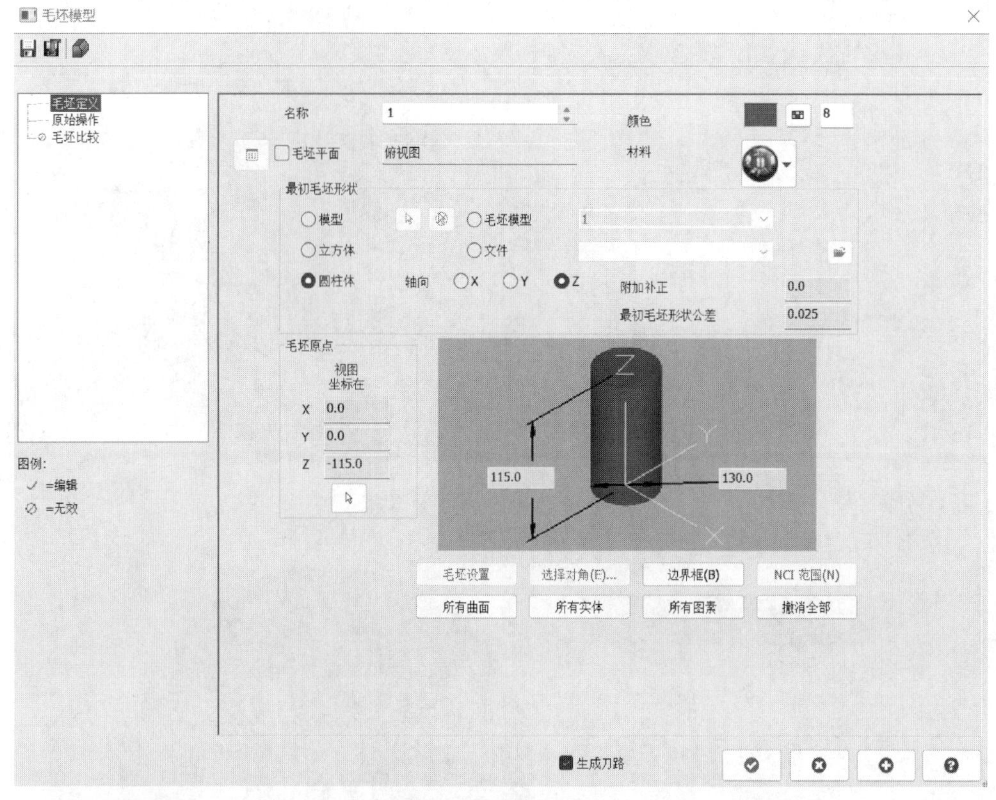

图 5-148　定义毛坯

② 工艺路线分析。

分析零件图纸，采用 A、B 两个工序完成底座加工，加工示意见图 5-149。

因 A、B 工序加工中需要调头装夹零件，为了调头后能区分各视图，在主视图方向绘制辅助线并加工出槽，用于调头后零件找正。

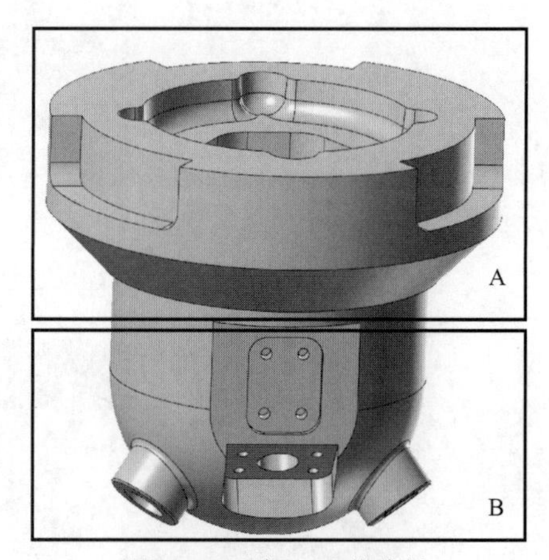

图 5-149　加工工艺分析

③ 层别设置说明。

根据加工要求，在相应层完成夹具、辅助线的绘制，完成后见图 5-150。

④ 加工刀具的创建。

根据零件图纸，完成相应刀具的创建，完成后见图 5-151。

(2) A 工序加工策略及过程

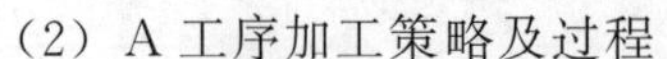

① 利用 钻孔 功能选取 ϕ20mm 孔，设置相关参数，完成后刀具路径见图 5-152。

② 利用 动态铣削 功能选取顶面轮廓，设置相关参数，完成后刀具路径见图 5-153。

③ 利用 动态铣削 功能完成 ϕ130mm×115mm 的圆柱体粗加工，过程如下：

a. 选取加工范围、避让范围，见图 5-154。

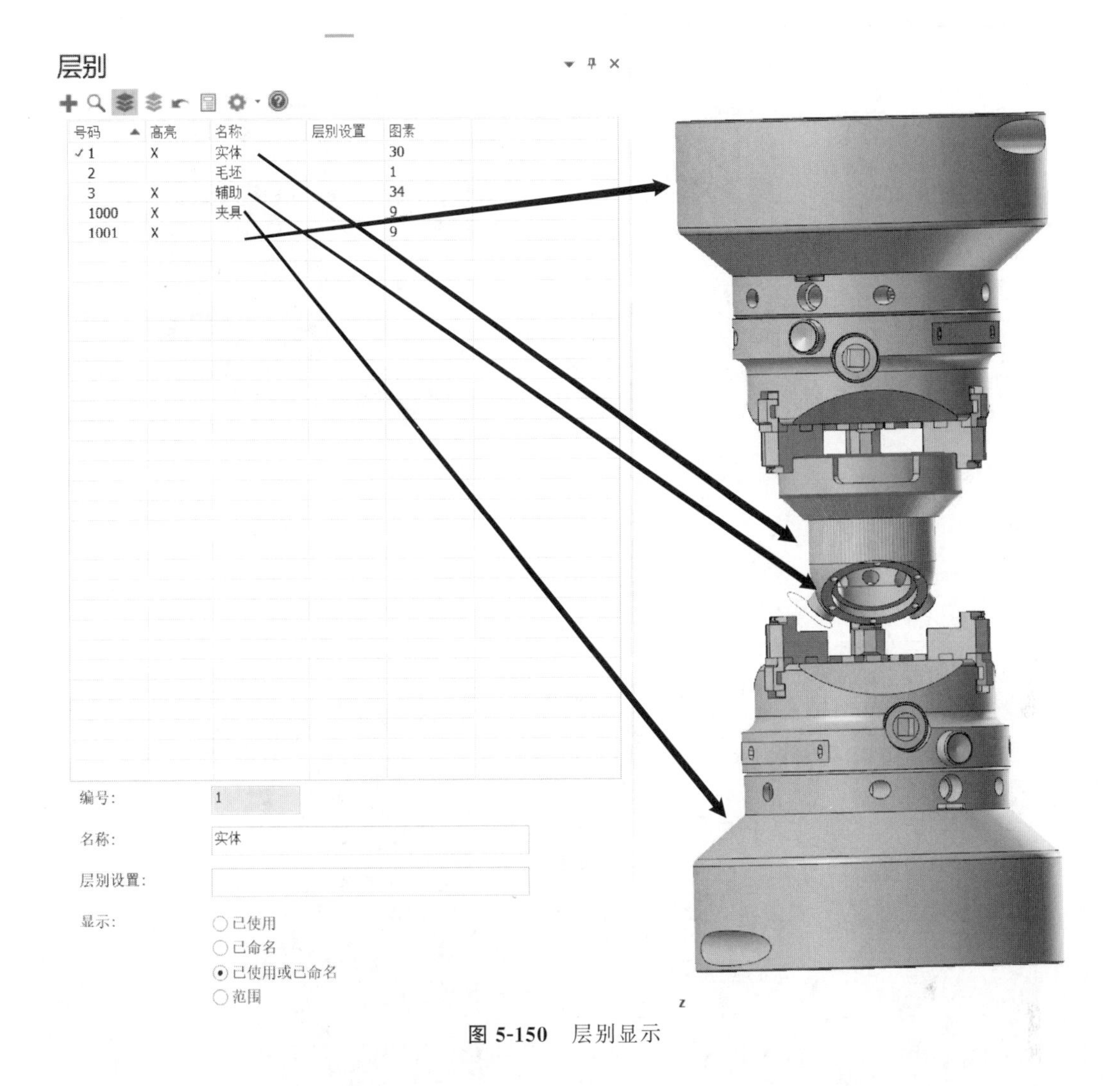

图 5-150　层别显示

刀号	状态	装配名称	刀具名称	刀柄名称	直径	圆角半径	长度	刀齿数	类型	半径类型	刀具伸出长度
1	✓		12 平铣刀	BT40-TE14...	12.0	0.0	25.0	4	平铣刀	无	45.0
2	✓		12 平铣刀精	BT40-TE08...	12.0	0.0	25.0	4	平铣刀	无	45.0
3	✓		8 平铣刀	BT40-TE12...	8.0	0.0	25.0	4	平铣刀	无	45.0
4	✓		8 平铣刀精	BT40-TE08...	8.0	0.0	25.0	4	平铣刀	无	45.0
5	✓		4 球刀/圆...	BT40-TE04...	4.0	2.0	25.0	4	球形铣刀	全部	35.0
6			5 钻头	BT40-TE08...	5.0	0.0	25.0	2	钻头/钻孔	无	50.0
7			3 球刀/圆...	BT40-TE04...	3.0	1.5	25.0	4	球形铣刀	全部	30.0
8			10 钻头	BT40-TE08...	10.0	0.0	50.0	2	钻头/钻孔	无	60.0
9	✓		20 钻头	BT40-TE16...	20.0	0.0	10...	2	钻头/钻孔	无	120.0
10	✓		4.2 钻头	BT40-TE04...	4.2	0.0	15.0	2	钻头/钻孔	无	25.0
11	✓		10.5 钻头	BT40-TE04...	10.5	0.0	25.0	2	钻头/钻孔	无	40.0
12	✓		2.5 钻头	BT40-TE04...	2.5	0.0	10.0	2	钻头/钻孔	无	20.0

图 5-151　创建刀具

b. 刀具选择见图 5-155。

c. 点击“连接参数”，设置相关参数，完成后见图 5-156。

d. 点击“平面”，设置相关参数，完成后见图 5-157。

e. 完成后，刀具路径见图 5-158。

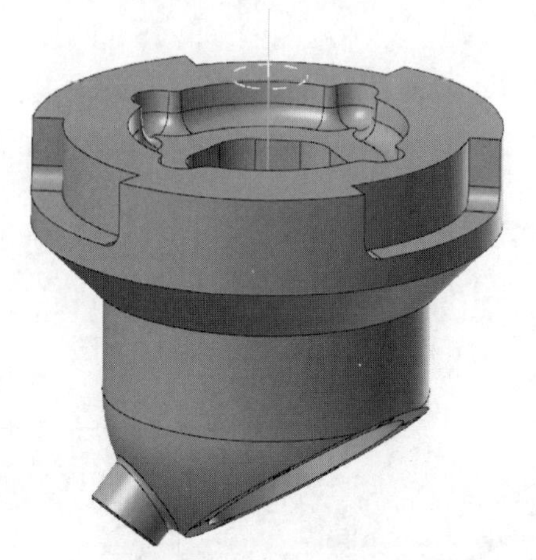

图 5-152 钻孔刀具路径

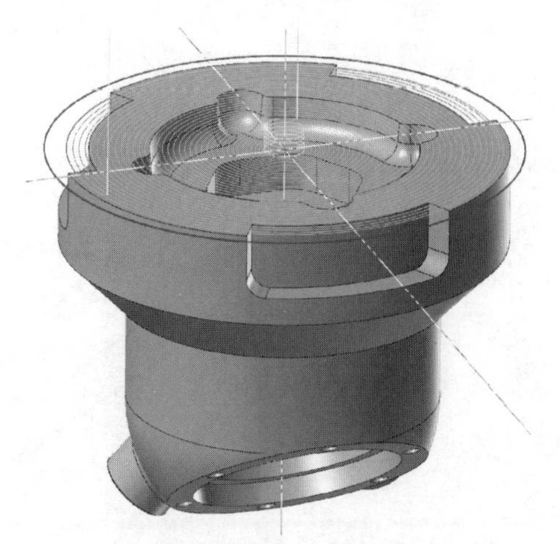

图 5-153 动态铣削刀具路径

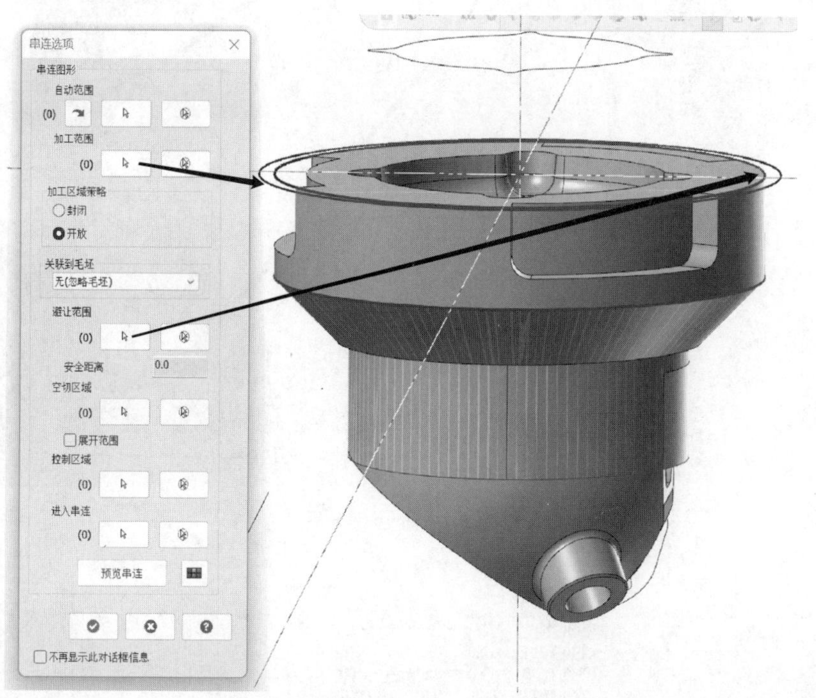

图 5-154 选取加工范围、避让范围

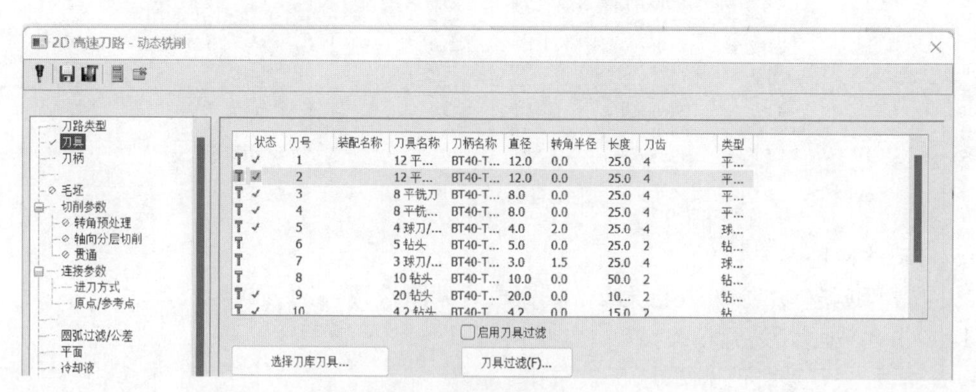

图 5-155 创建刀具

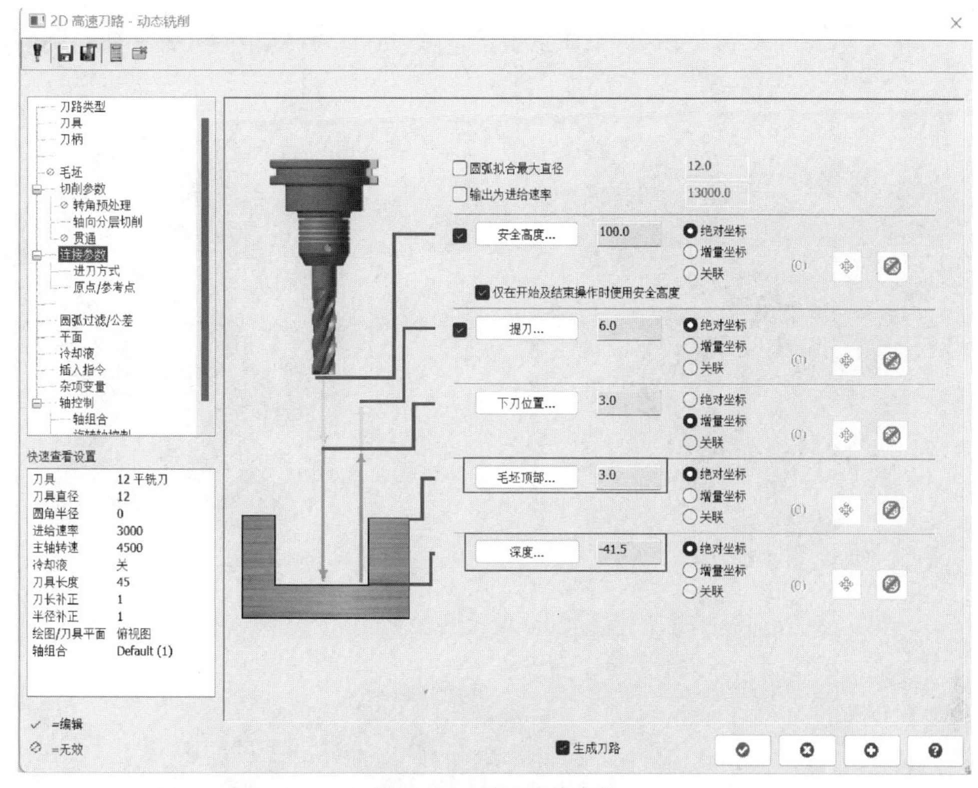

图 5-156　设置连接参数

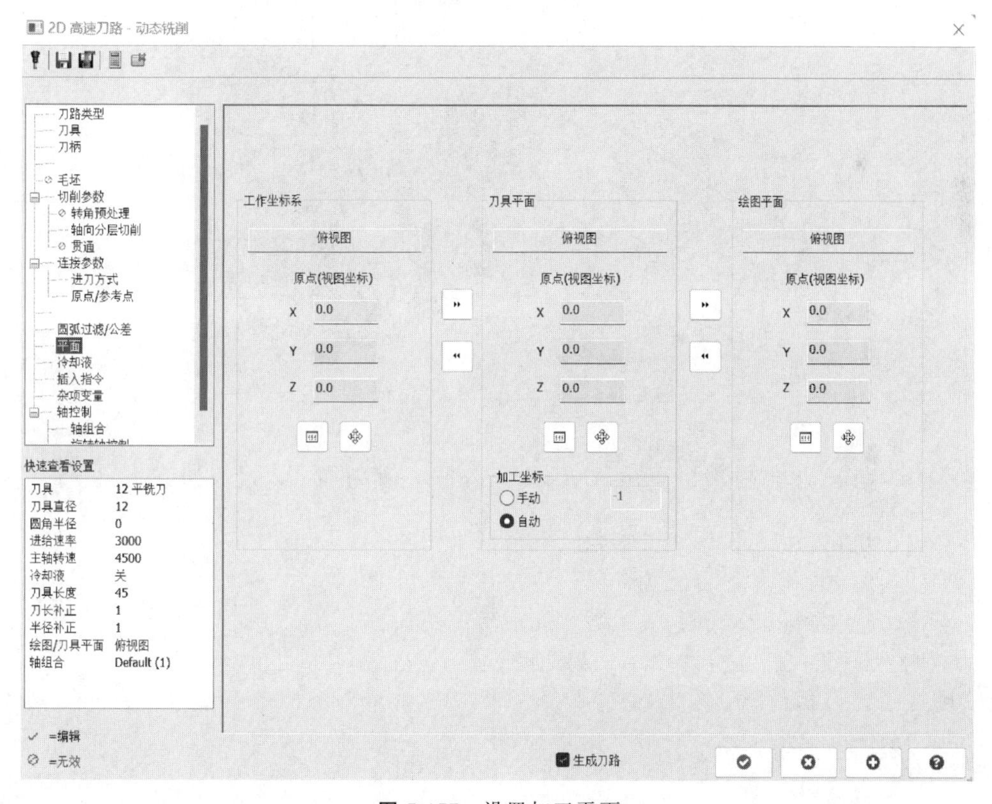

图 5-157　设置加工平面

④ 利用 动态铣削 功能完成 6×R10 槽粗加工，完成后刀具路径见图 5-159、图 5-160。

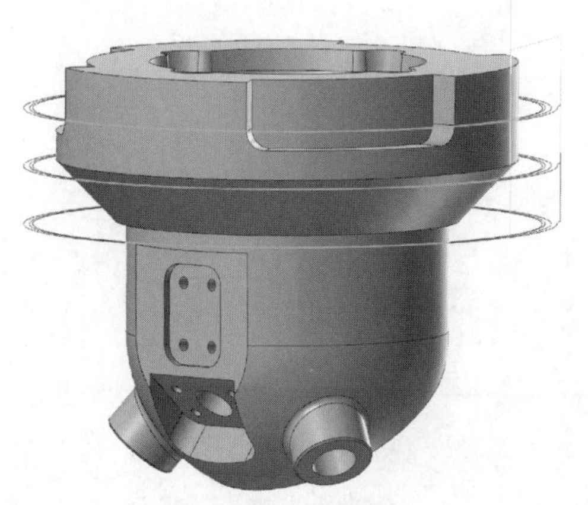

图 5-158　刀具路径

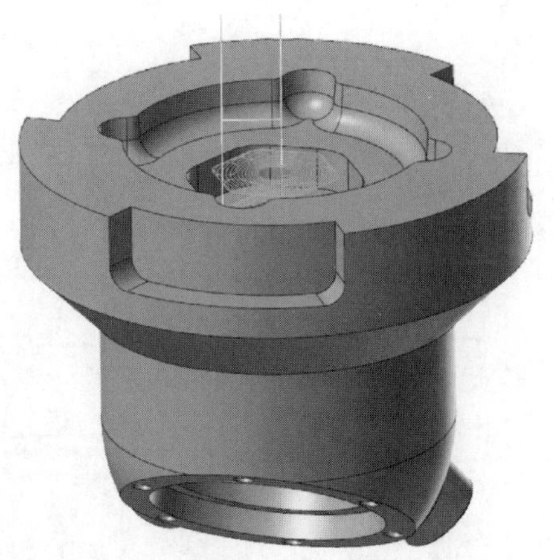

图 5-159　动态铣削刀具路径（一）

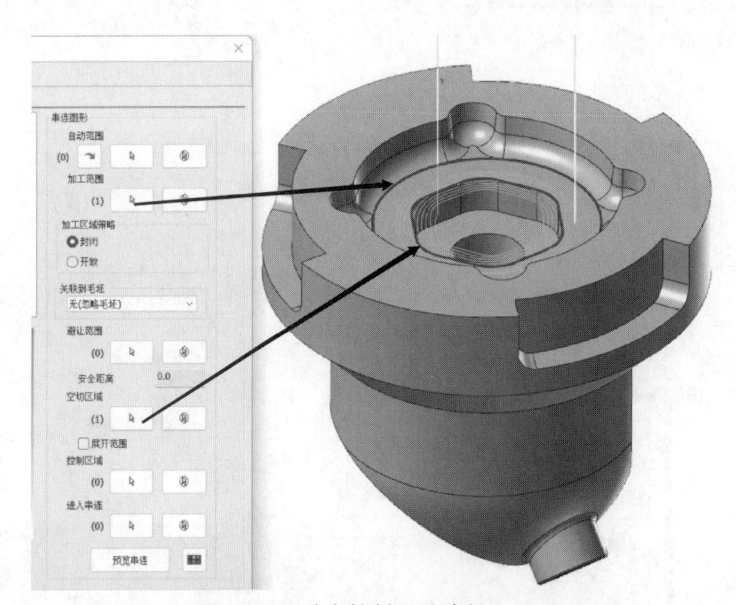

图 5-160　动态铣削刀具路径（二）

⑤ 利用 智能综合 功能完成 C15.5mm 及 ϕ85mm 圆柱面粗加工，过程如下：

a. 点击“切削方式”，设置相关参数，完成后见图 5-161。

b. 点击“刀轴控制”，设置相关参数，完成后见图 5-162。

c. 点击“碰撞控制”，设置相关参数，完成后见图 5-163。

d. 点击“平面”，设置相关参数，完成后见图 5-164。

e. 完成后，刀具路径见图 5-165。

⑥ 利用 挖槽 、 侧刃铣削 功能，完成主视图 3 个 50mm×17.5mm 槽加工，过程如下：

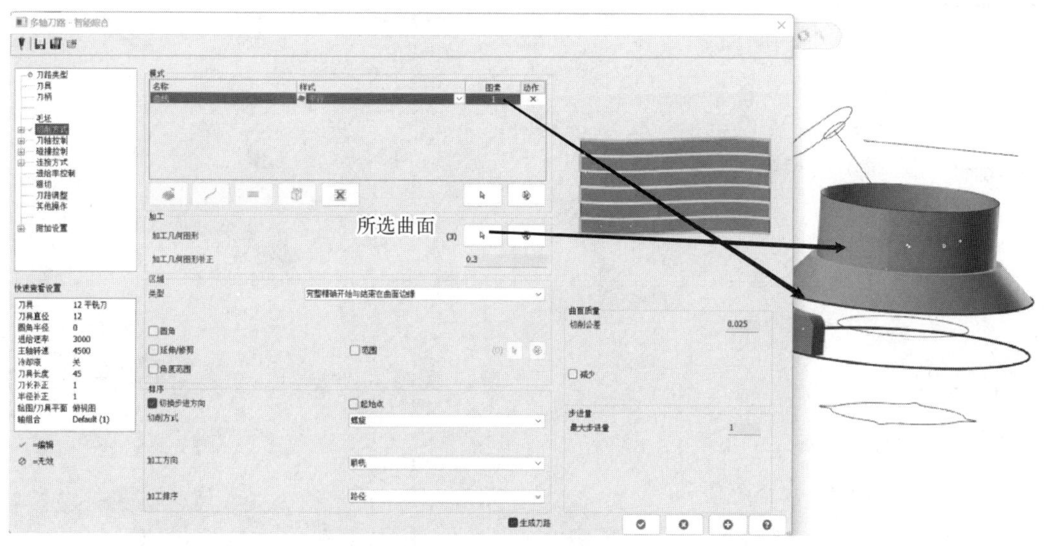

图 5-161　设置切削方式

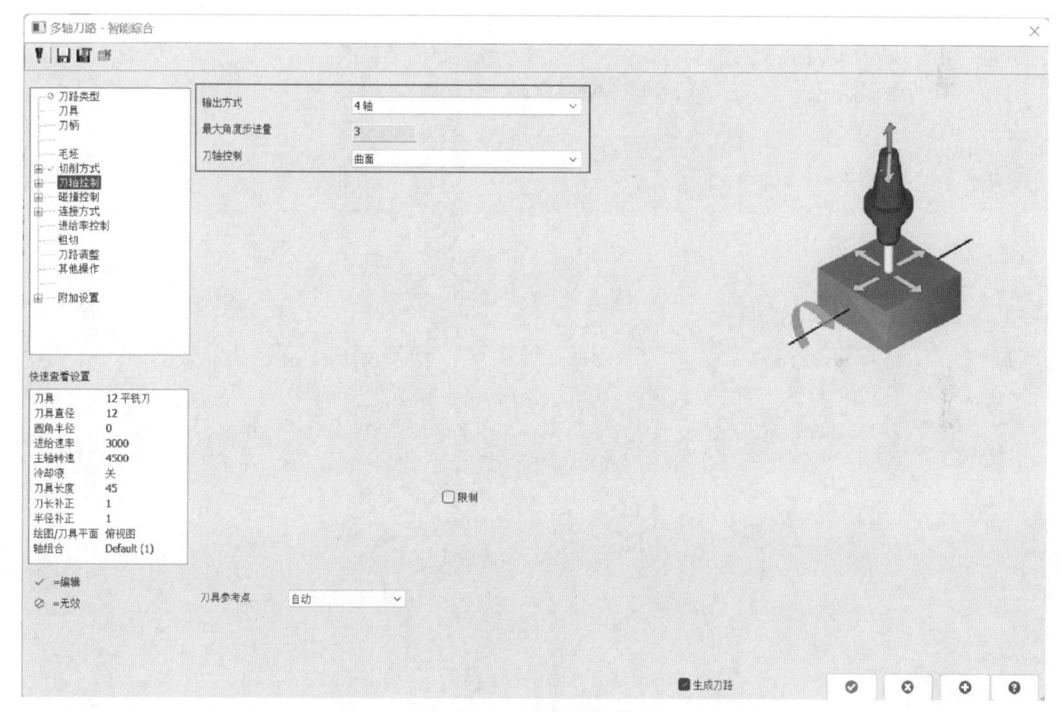

图 5-162　设置刀轴控制

a. 点击 模型准备 、 修改实体特征 ，选择槽内所有面，创建实体，完成后见图 5-166。

b. 依据主视图 $R5$ 圆角，选择 $\phi 8$mm 平铣刀，完成后见图 5-167。

c. 点击“毛坯”，选择所创建的主体，完成后见图 5-168。

d. 点击“切削方式”，设置相关参数，完成后见图 5-169。

e. 完成后，刀具路径见图 5-170。

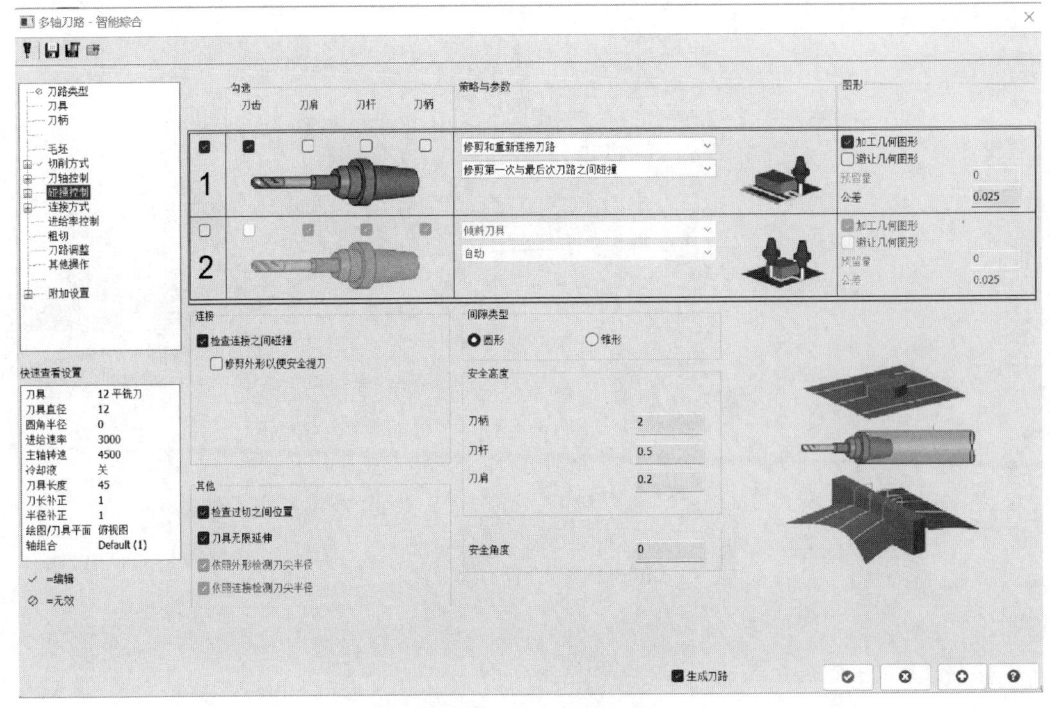

图 5-163　设置碰撞控制

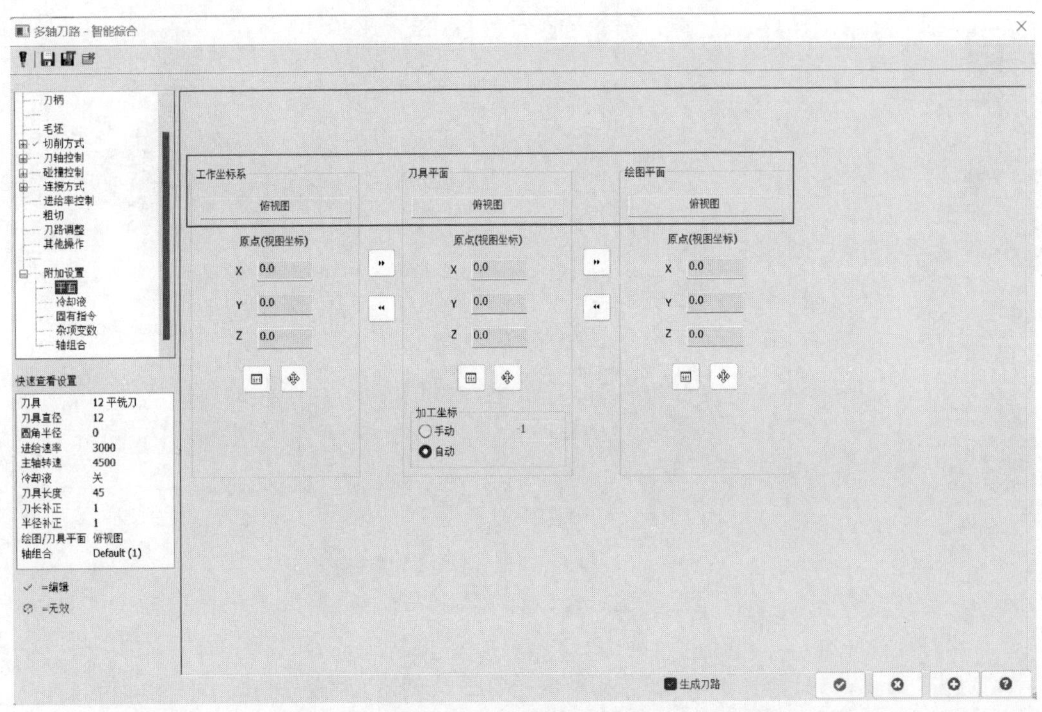

图 5-164　设置加工平面

f. 利用挖槽功能，完成精槽加工，点击“切削方式”，设置相关参数，完成后见图 5-171。

图 5-165　刀具路径

图 5-166　创建实体

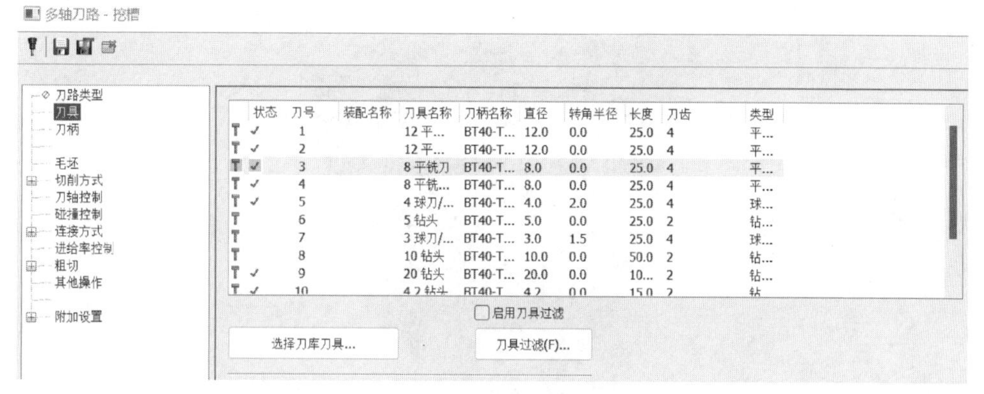

图 5-167　选择刀具

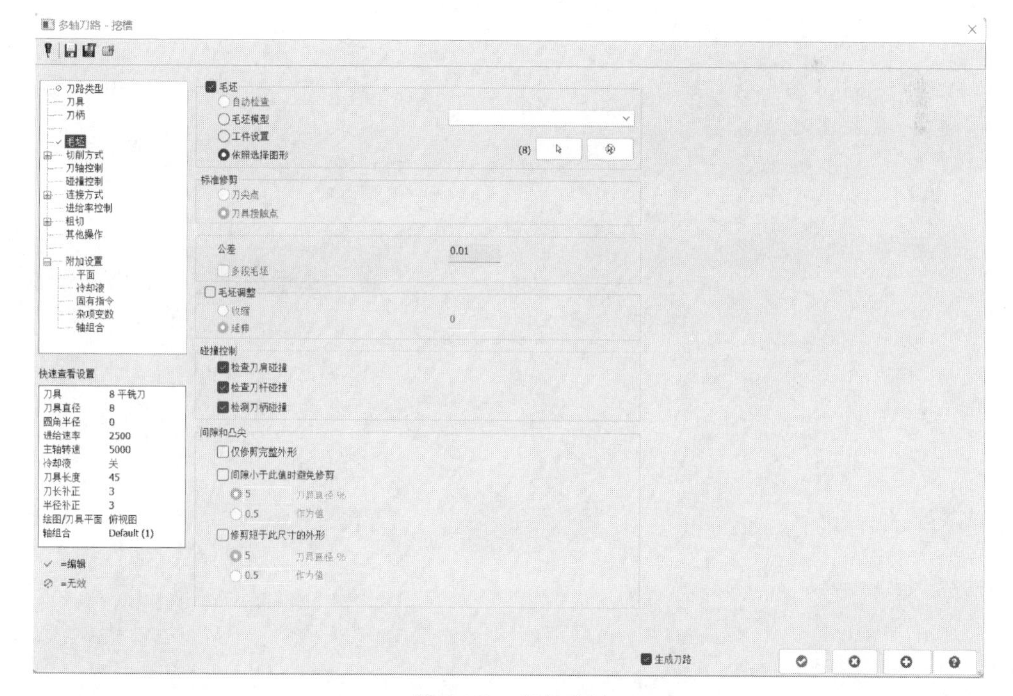

图 5-168　定义毛坯

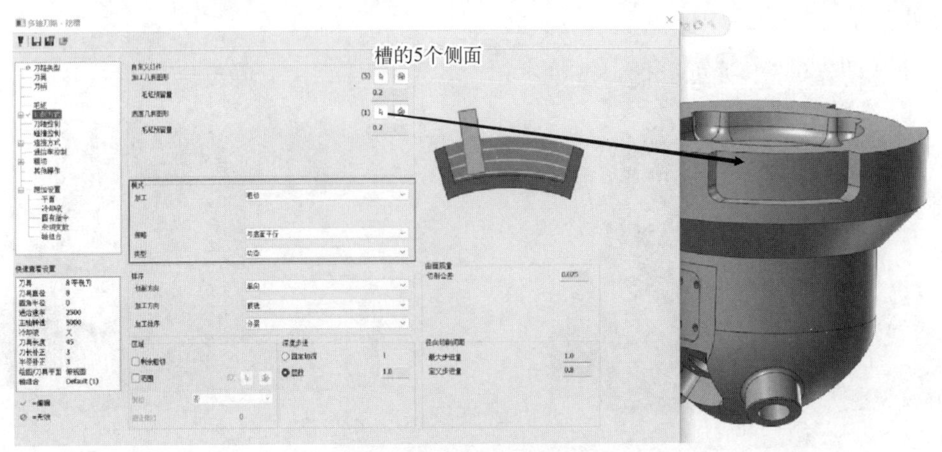

图 5-169　设置切削方式

图 5-170　刀具路径

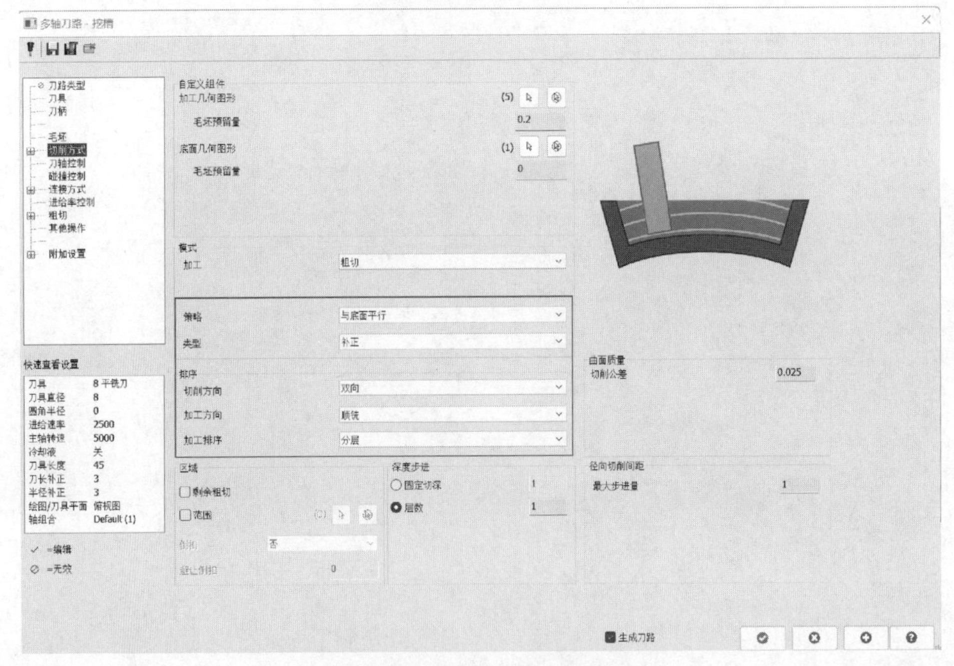

图 5-171　设置切削方式参数

其余部分设置与粗加工相同，在此不再描述。

g. 完成后，刀具路径见图 5-172。

图 5-172　刀具路径

⑦ 利用 刀路转换 功能，完成其余 2 个槽的粗精加工，过程如下：

a. 设置刀具路径转换类型与方式，完成后见图 5-173。

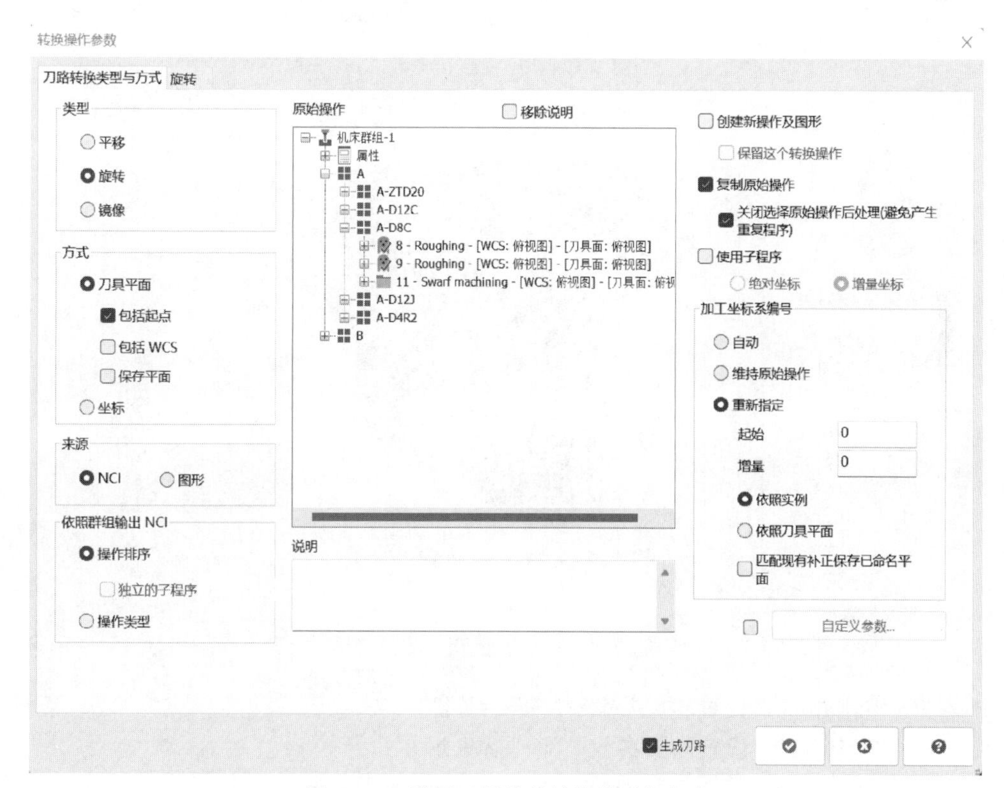

图 5-173　设置刀具路径转换类型与方式

b. 设置旋转相应参数，完成后见图 5-174。

c. 完成后，刀具路径见图 5-175。

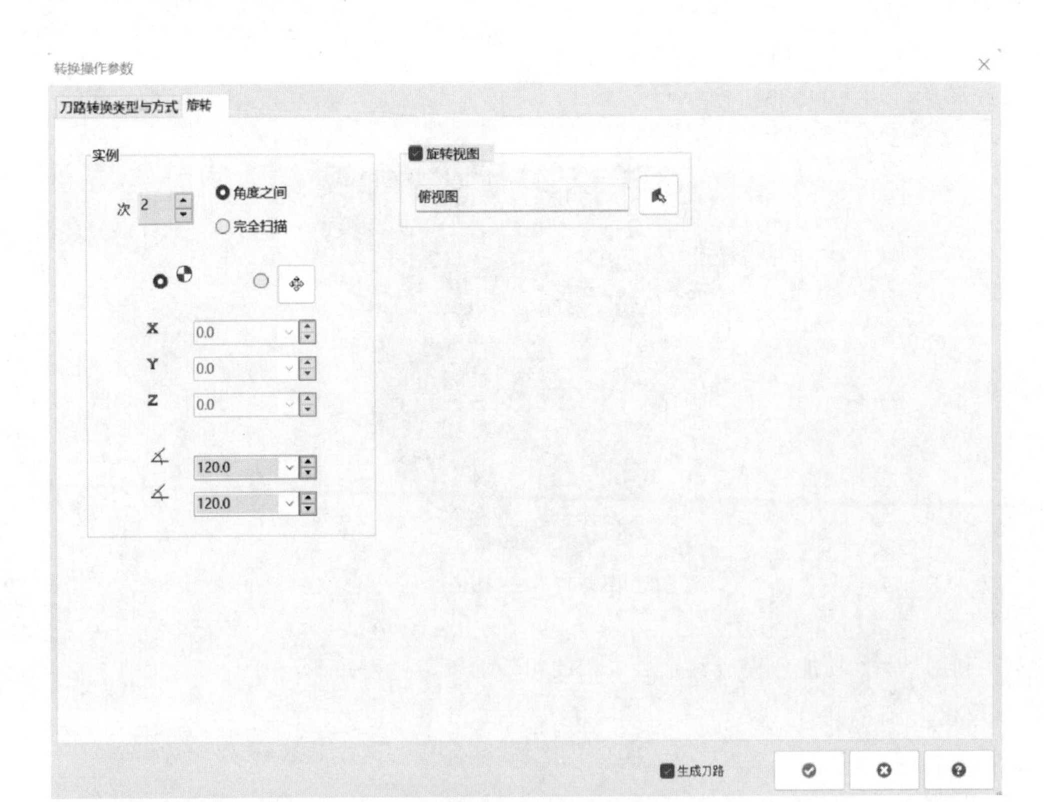

图 5-174　设置旋转参数

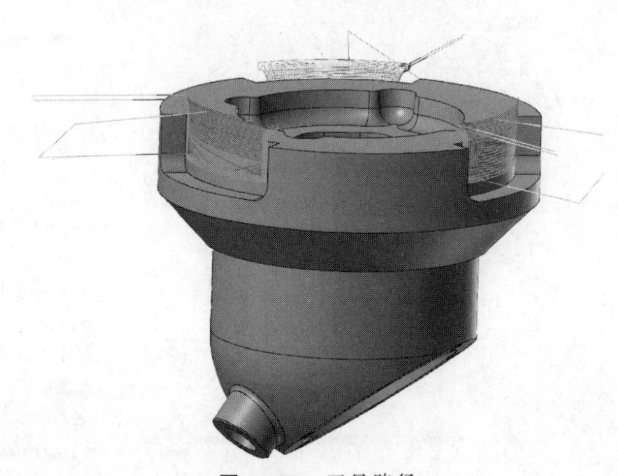

图 5-175　刀具路径

⑧ 利用侧刃铣削功能，完成槽侧边加工，过程如下：

a. 点击“切削方式”，设置相关参数，完成后见图 5-176。

b. 点击“刀路调整”，设置相关参数，完成后见图 5-177。

c. 完成后，刀具路径见图 5-178。

⑨ 点击区域功能设置相关参数，完成 C 向视图 ϕ73mm 槽加工，完成后刀具路径见图 5-179。

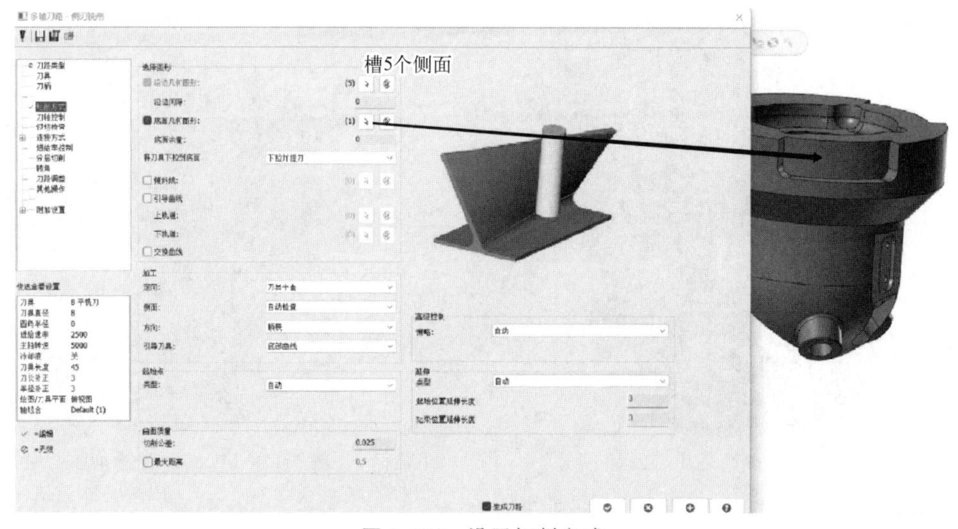

图 5-176　设置切削方式

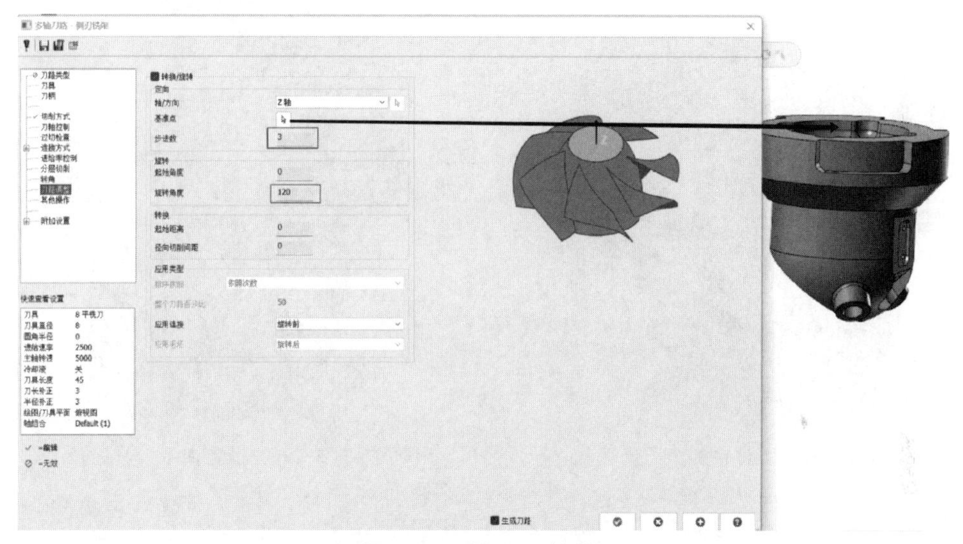

图 5-177　设置刀路调整

⑩ 点击区域功能，设置相关参数，完成 C 向视图 $6\times R10$ 槽粗加工，完成后刀具路径见图 5-180。

⑪ 点击外形功能，设置相关参数，完成 C 向视图 $6\times R10$ 槽精加工，完成后刀具路径见图 5-181。

⑫ 点击面铣功能，设置相关参数，完成主视图 ϕ122mm 平面加工，完成后刀具路径见图 5-182。

⑬ 点击外形功能，设置相关参数，完成主视图 $\phi122\text{mm}\times25\text{mm}$ 圆柱面精加工，完成后刀具路径见图 5-183。

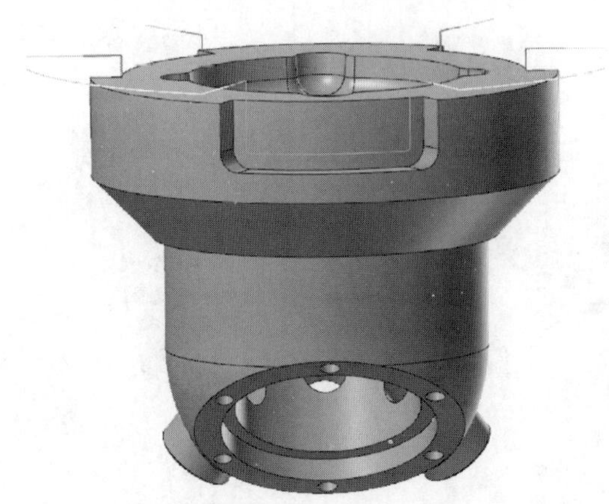

图 5-178　槽侧边加工刀具路径

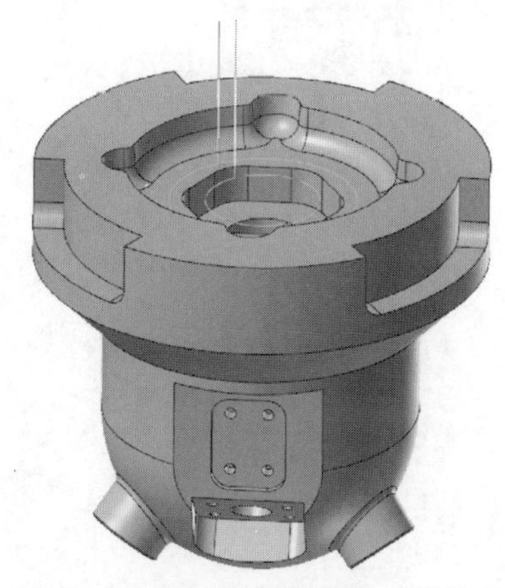

图 5-179　*C* 向视图槽加工刀具路径

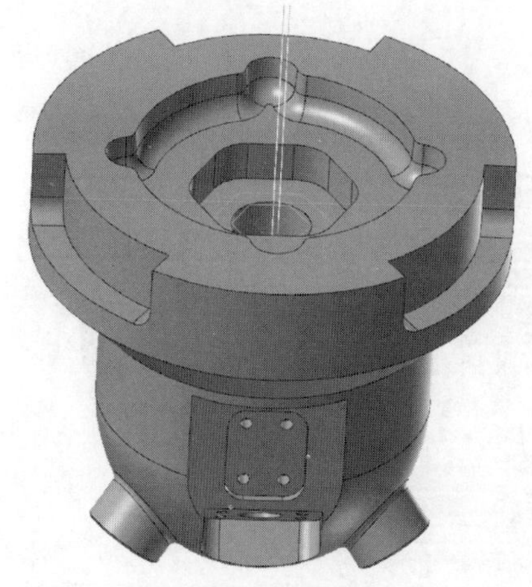

图 5-180　*C* 向视图槽粗加工刀具路径

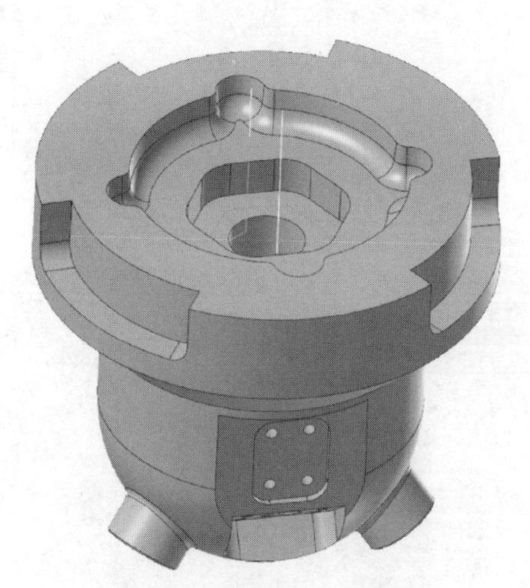

图 5-181　槽精加工刀具路径

图 5-182　平面加工刀具路径

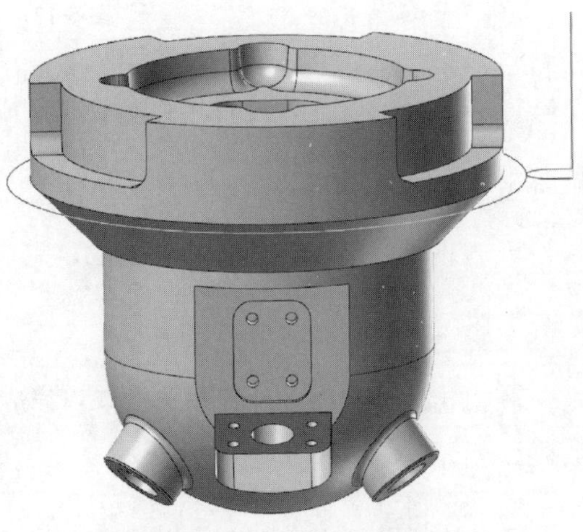

图 5-183　圆柱面精加工刀具路径

⑭ 点击 侧刃铣削 功能，设置相关参数，完成主视图锥面加工，过程如下：

a. 根据加工要求，进行刀具选择，完成后见图 5-184。

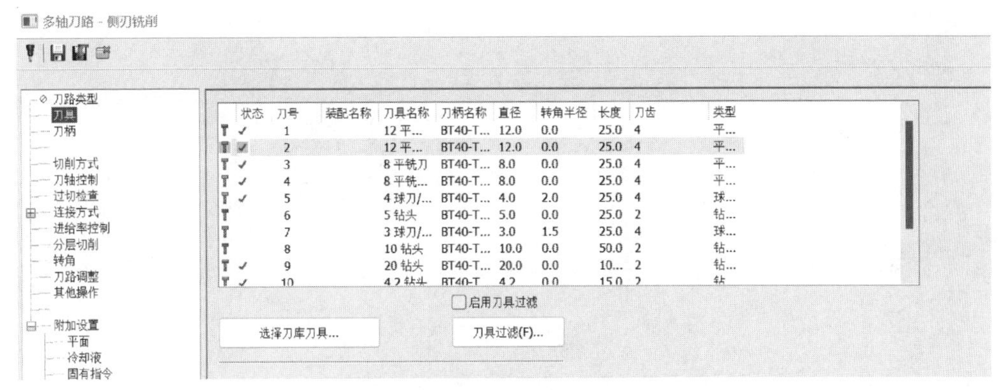

图 5-184　选择刀具

b. 点击“切削方式”，设置相关参数，完成后见图 5-185。

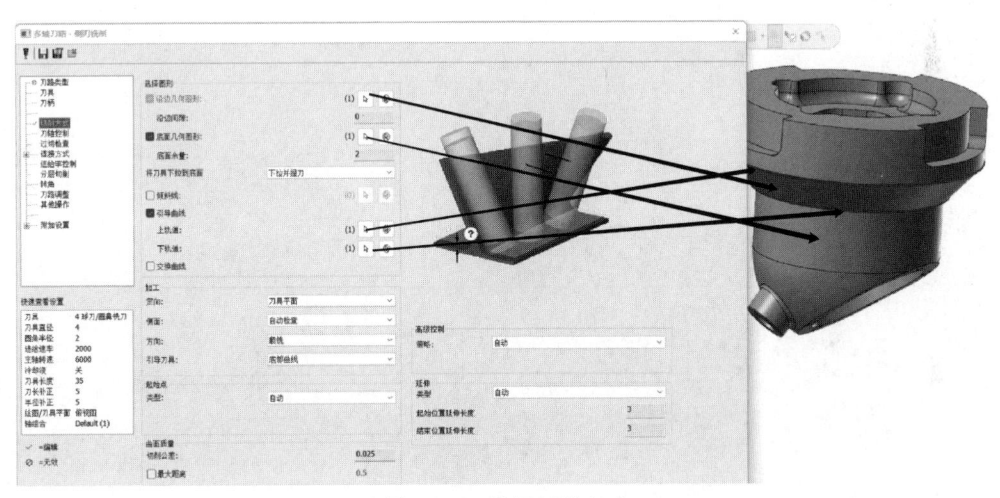

图 5-185　设置切削方式

c. 点击“刀轴控制”，设置相关参数，完成后见图 5-186。

d. 点击“平面”，设置相关参数，完成后见图 5-187。

e. 完成后，刀具路径见图 5-188。

f. 点击 外形 功能，在主视图绘制辅助线处完成槽加工（用于调头装夹找正），刀具路径见图 5-189。

⑮ 点击 智能综合 功能，完成 C 向视图 $\phi75$mm 内腔加工，过程如下：

a. 根据加工要求，合理选择刀具，完成后见图 5-190。

b. 点击“切削方式”，设置相关参数，完成后见图 5-191。

c. 点击“刀轴控制”，设置相关参数，完成后见图 5-192。

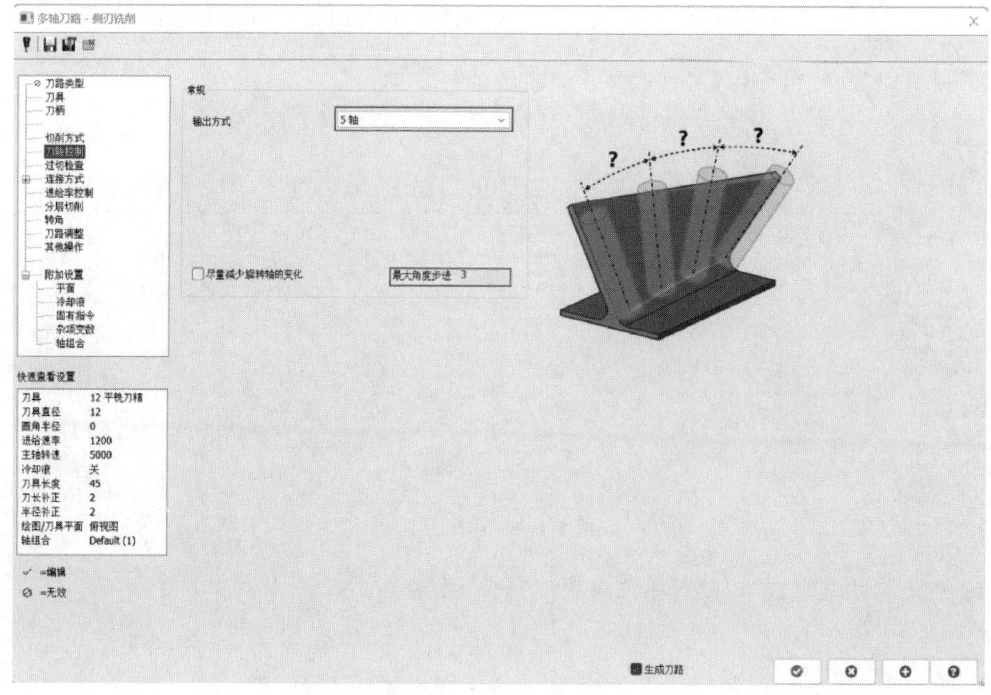

图 5-186 设置刀轴控制

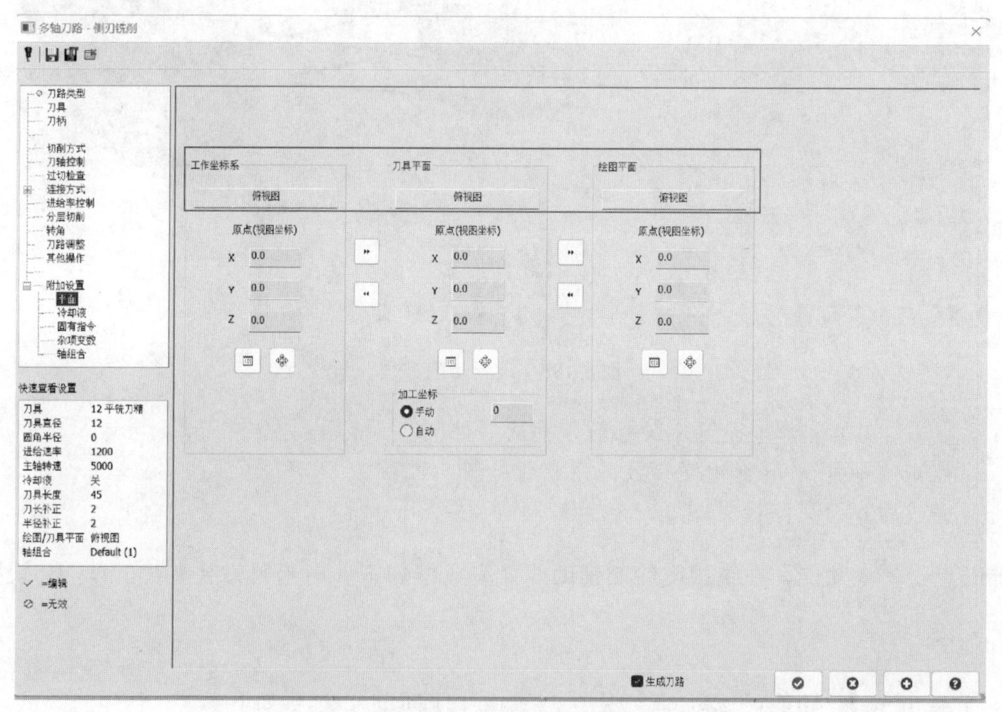

图 5-187 设置加工平面

d. 点击“平面”，设置相关参数，完成后见图 5-193。

e. 完成后，刀具路径见图 5-194。

f. 精加工与粗加工设置基本相同，不同之处见图 5-195、图 5-196。

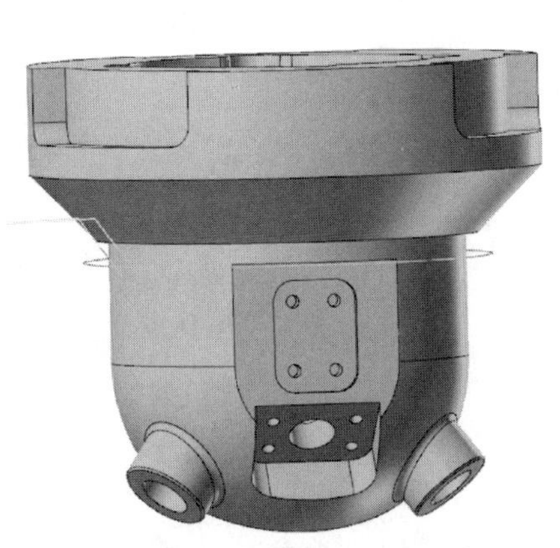

图 5-188　主视图锥面加工刀具路径

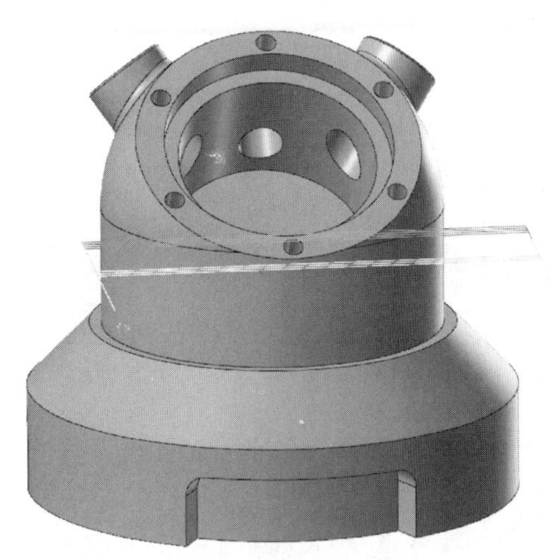

图 5-189　槽加工刀具路径

多轴刀路 - 智能综合

刀路类型
刀具
刀柄
毛坯
切削方式
刀轴控制
碰撞控制
连接方式
进给率控制
粗切
刀路调整
其他操作

状态	刀号	装配名称	刀具名称	刀柄名称	直径	转角半径	长度	刀齿	类型
✓	1		12 平...	BT40-T...	12.0	0.0	25.0	4	平...
✓	2		12 平...	BT40-T...	12.0	0.0	25.0	4	平...
✓	3		8 平铣刀	BT40-T...	8.0	0.0	25.0	4	平...
✓	4		8 平铣...	BT40-T...	8.0	0.0	25.0	4	平...
✓	5		4 球刀/...	BT40-T...	4.0	2.0	25.0	4	球...
	6		5 钻头	BT40-T...	5.0	0.0	25.0	2	钻...
	7		3 球刀/...	BT40-T...	3.0	1.5	25.0	4	球...
	8		10 钻头	BT40-T...	10.0	0.0	50.0	2	钻...
✓	9		20 钻头	BT40-T...	20.0	0.0	10...	2	钻...
✓	10		4.2 钻头	BT40-T...	4.2	0.0	15.0	2	钻...

☐启用刀具过滤

图 5-190　选择刀具

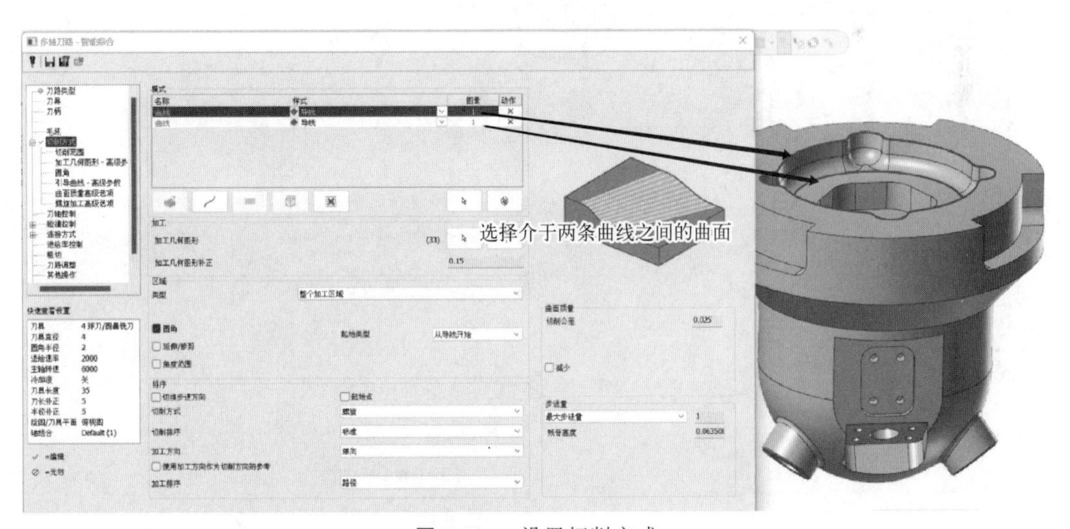

图 5-191　设置切削方式

g. 完成后，刀具路径见图 5-197。

⑯ 点击 去除毛刺 功能，对已加工区域相关边缘进行去毛刺，过程如下：

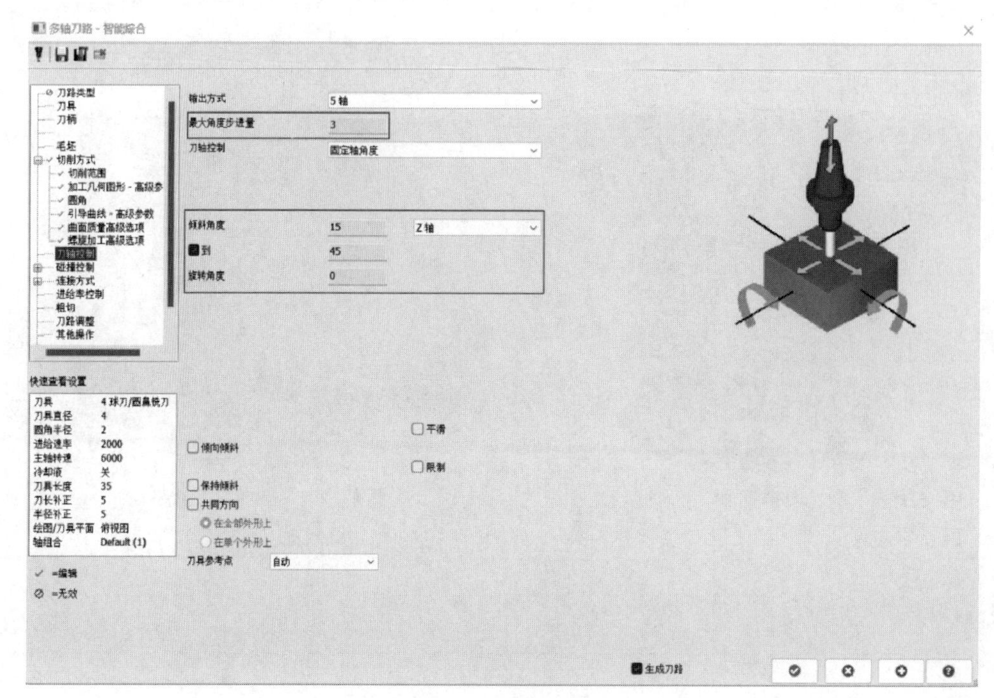

图 5-192　设置刀轴控制

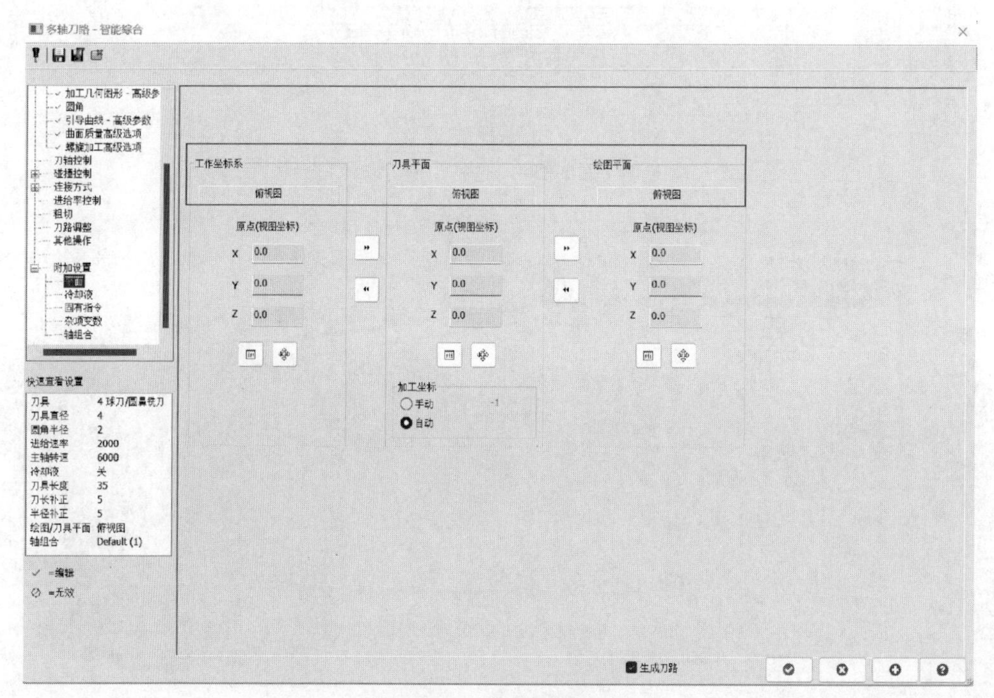

图 5-193　设置加工平面

a. 根据加工要求合理选择刀具，完成后见图 5-198。

b. 点击“切削方式”，设置相关参数，完成后见图 5-199。

c. 点击“刀轴控制”，设置相关参数，完成后见图 5-200。

图 5-194　刀具路径

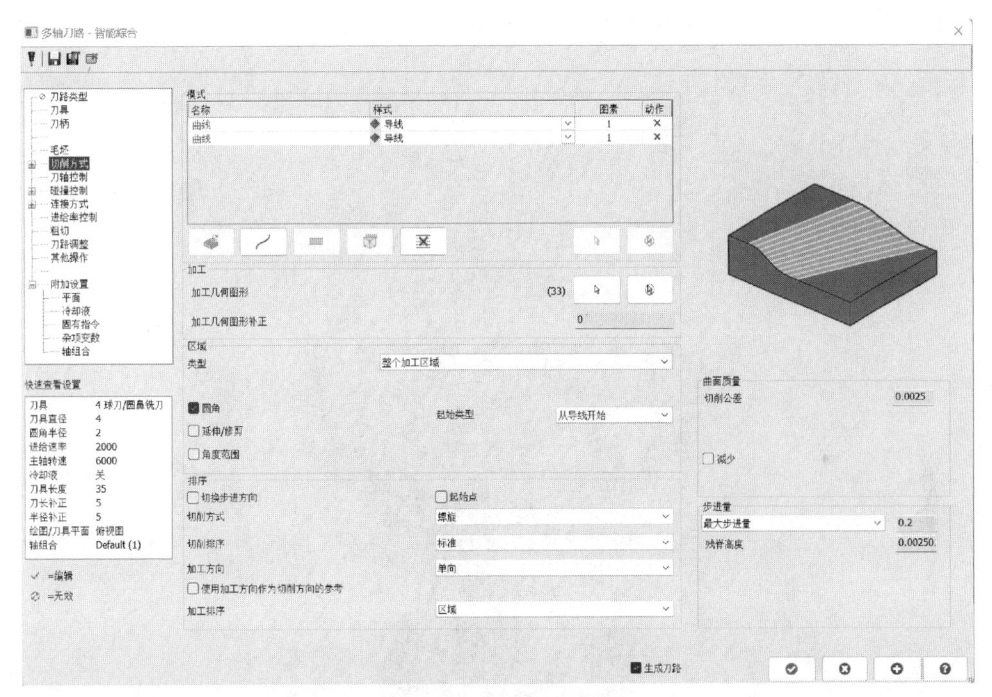

图 5-195　设置切削方式

d. 点击“平面”，设置相关参数，完成后见图 5-201。

e. 完成后，刀具路径见图 5-202。

（3）B 工序的加工过程

① 以 A 工序完成后剩余部分毛坯创建 B 工序加工毛坯，过程如下：

a. 点击 毛坯模型，设置相关参数，完成后见图 5-203。

b. 点击“原始操作”，选取 A 工序加工中所有加工刀具路径，完成后见图 5-204。

c. 完成后，创建的毛坯见图 5-205。

② 通过图层切换可见性，调头装夹工件，完成后见图 5-206。

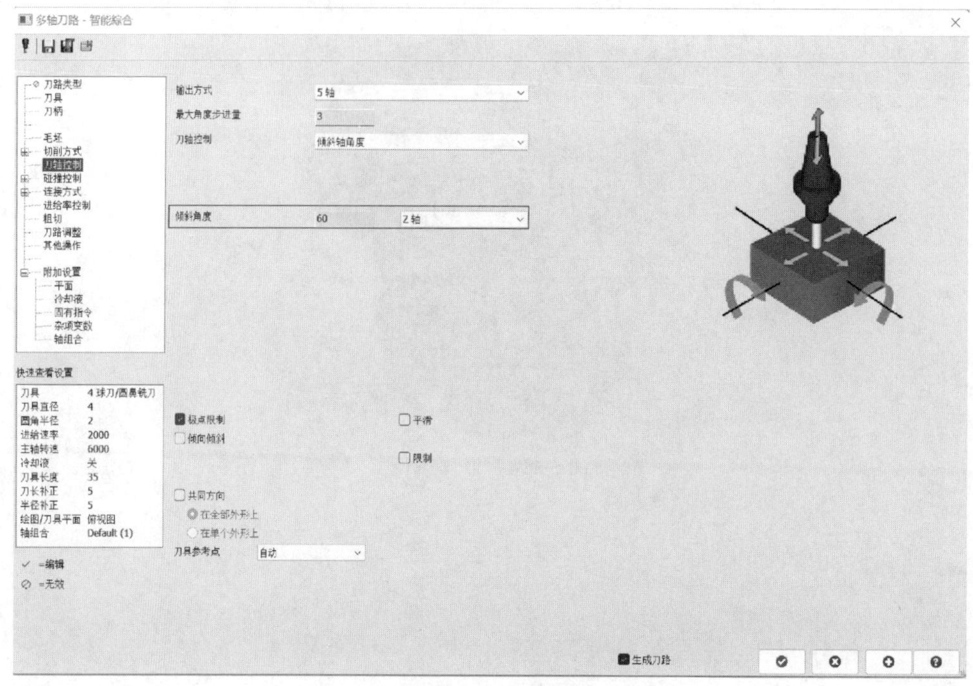

图 5-196 设置刀轴控制

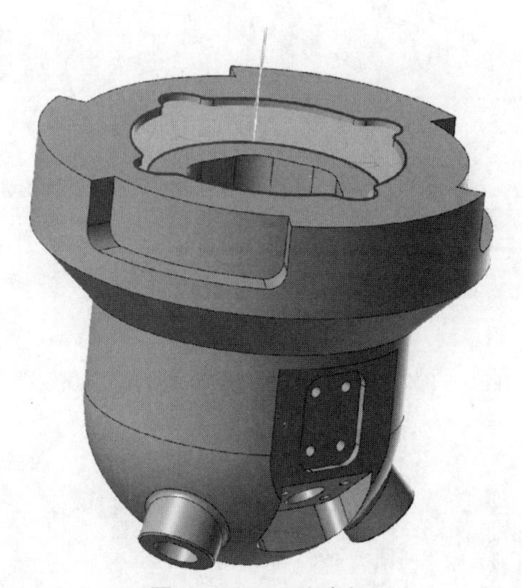

图 5-197 刀具路径

③ 点击 优化动态... 功能，设置加工面为 P-1 平面，完成主视图 ϕ85mm 圆柱体粗加工，完成后刀具路径见图 5-207。

④ 点击 毛坯模型，设置毛坯为 3，完成后见图 5-208。

⑤ 点击 优化动态... 功能，设置加工面为 P-3 平面，完成主视图两个 ϕ21mm 圆台粗加工，过程如下：

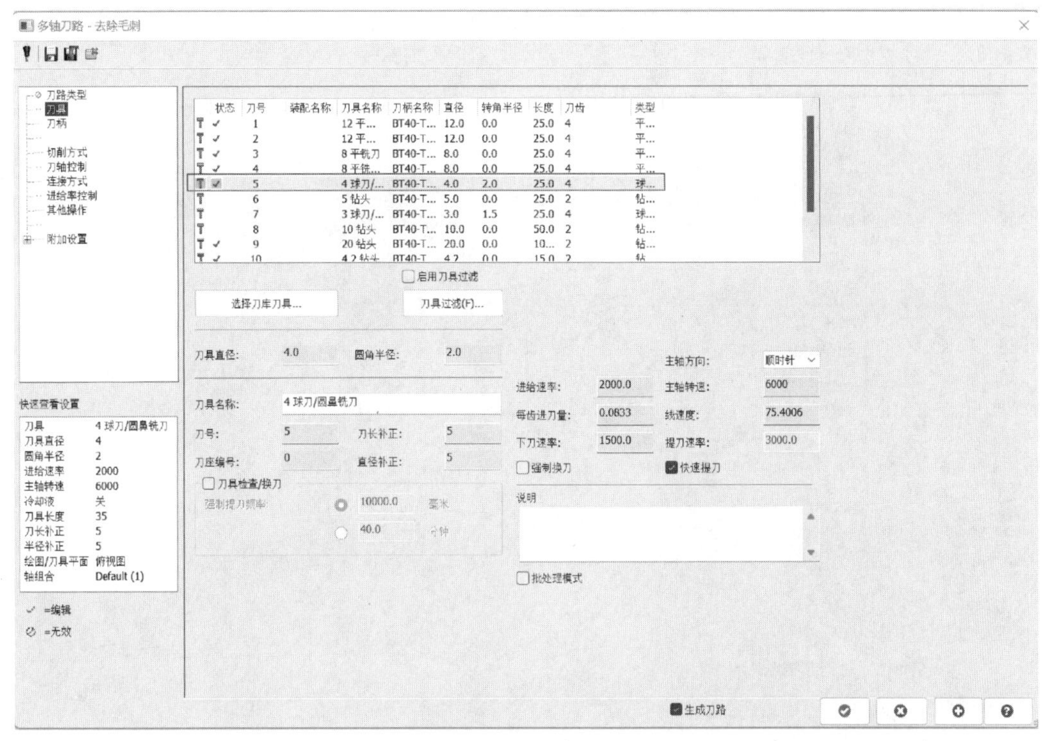

图 5-198　选择刀具

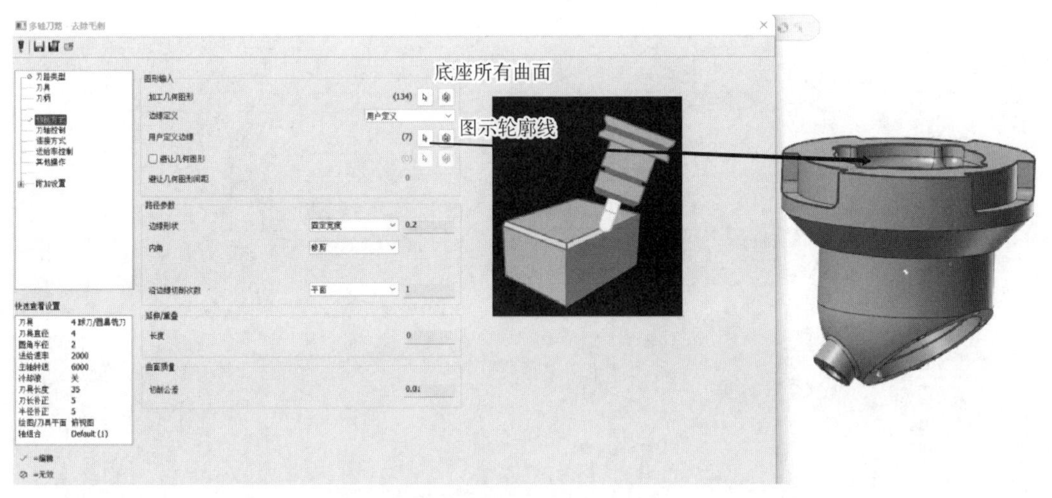

图 5-199　设置切削方式

a. 点击“刀路控制”，选择相应辅助线，见图 5-209。

b. 点击“平面”，设置相关参数，完成后见图 5-210。

c. 完成后，刀具路径见图 5-211。

d. 点击 刀路转换 功能，设置相关参数，对另一个凸台进行粗加工，相关参数见图 5-212、图 5-213。

e. 完成后，刀具路径见图 5-214。

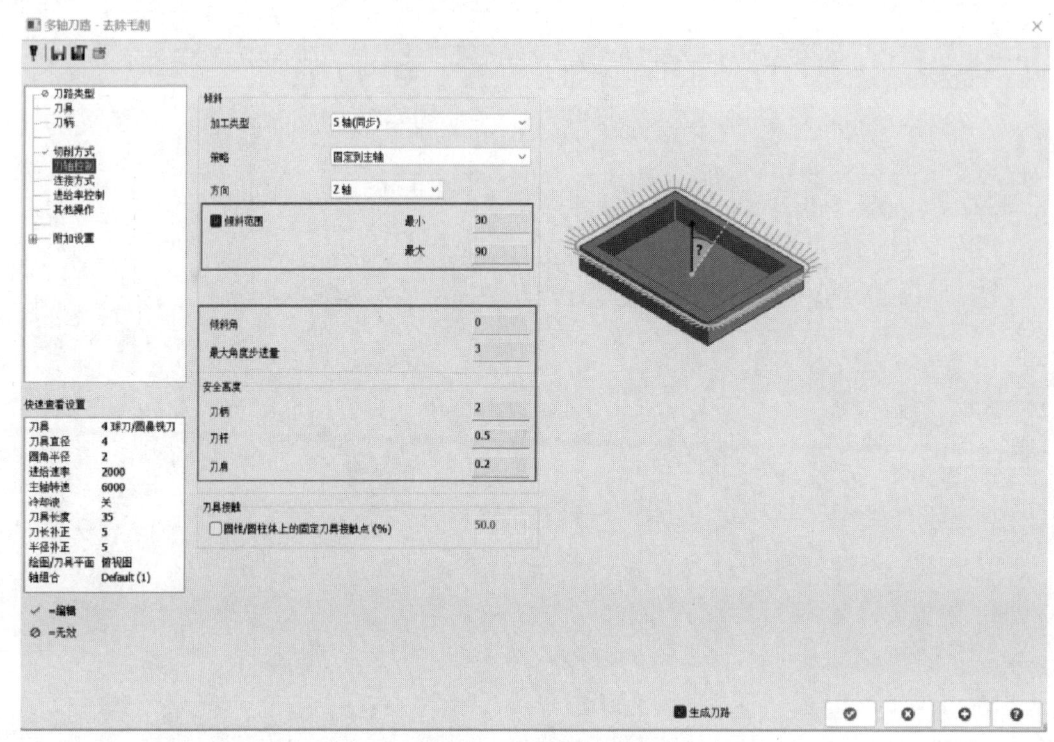

图 5-200　设置刀轴控制

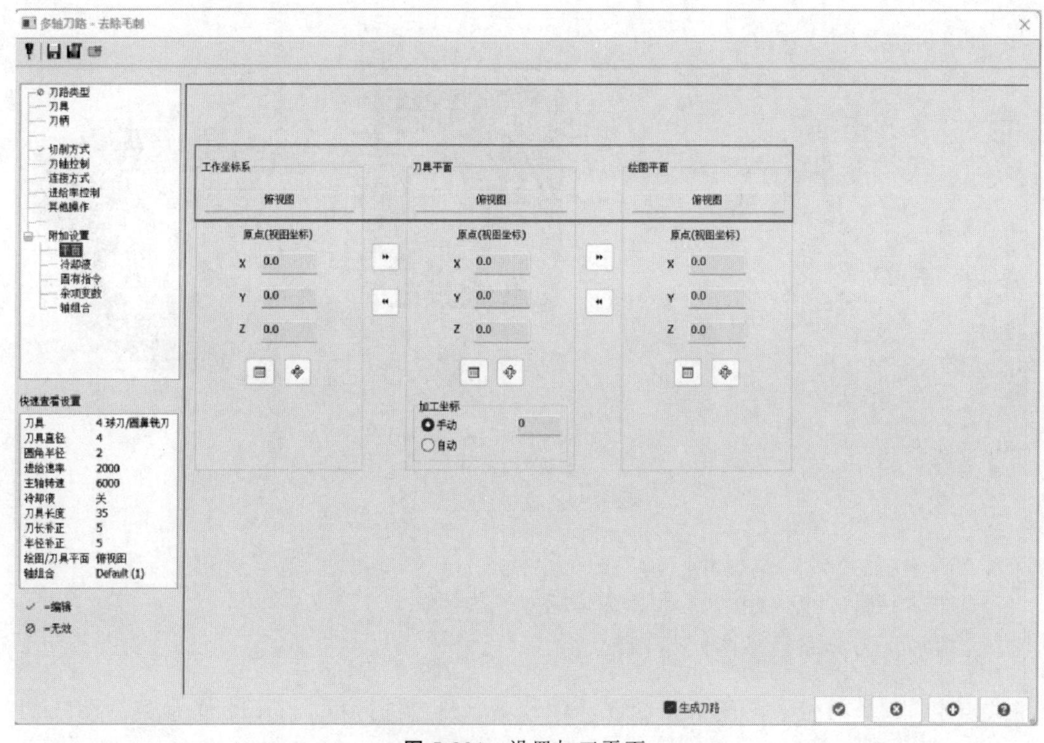

图 5-201　设置加工平面

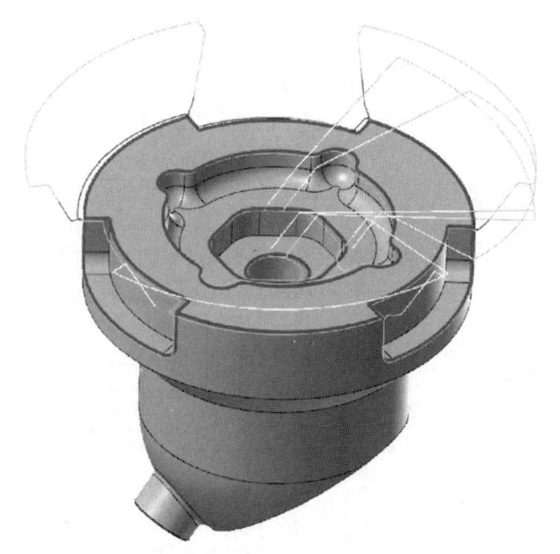

图 5-202　刀具路径

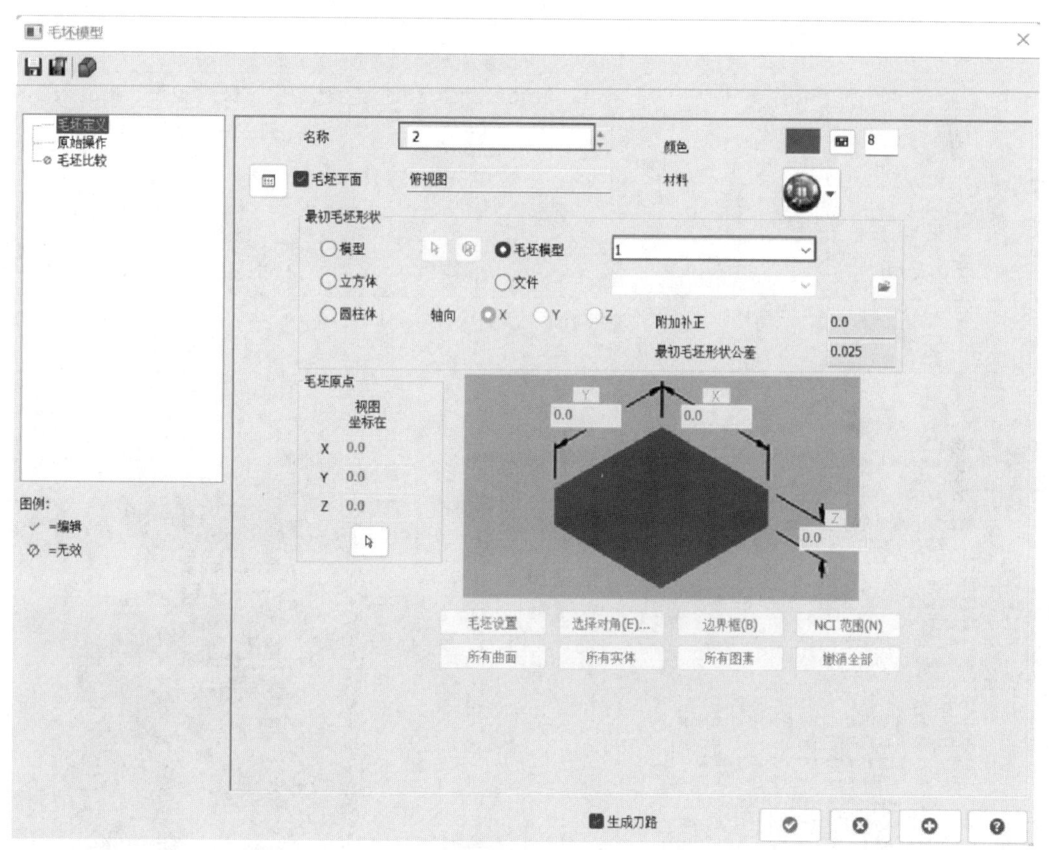

图 5-203　定义毛坯

⑥ 点击 毛坯模型，设置毛坯为 4，完成后见图 5-215。

⑦ 点击 优化动态... 功能，设置加工面为 P-2 平面，完成 A—A 剖视图 ϕ49mm、ϕ57mm 内腔粗加工，过程如下：

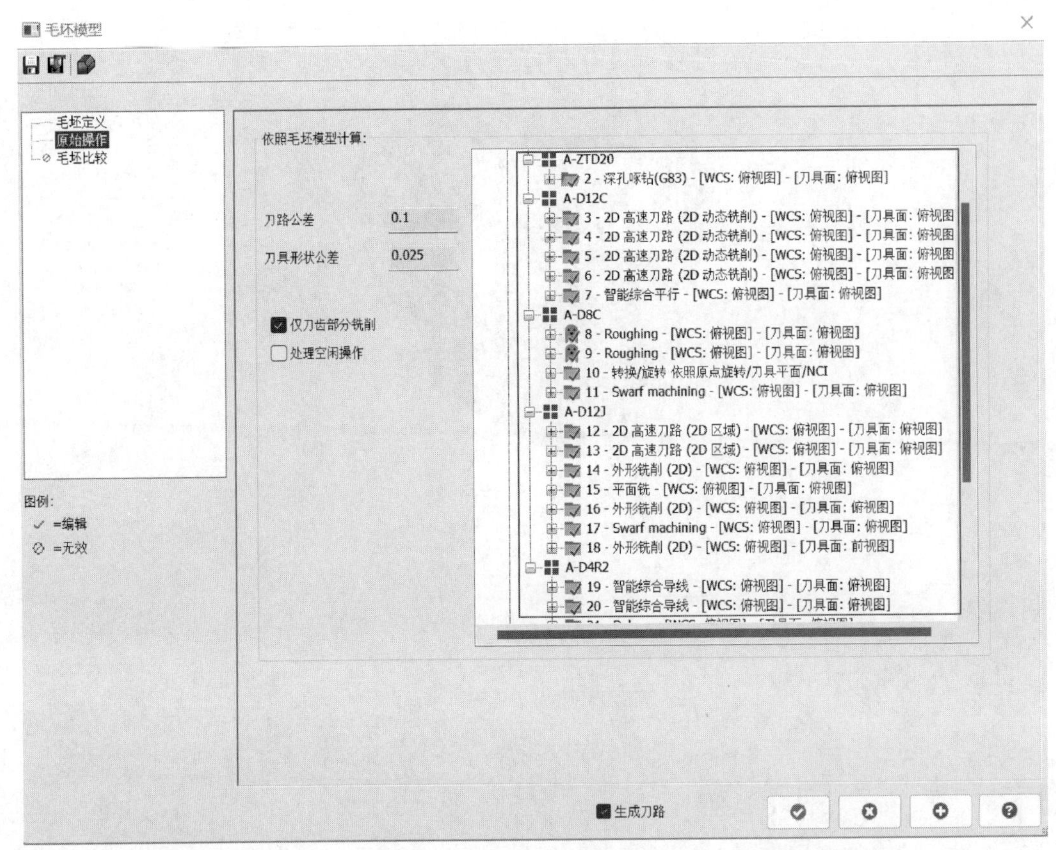

图 5-204　原始操作

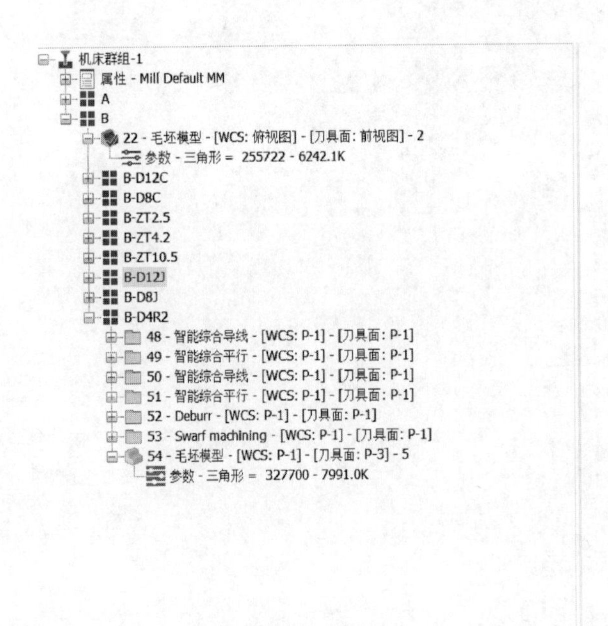

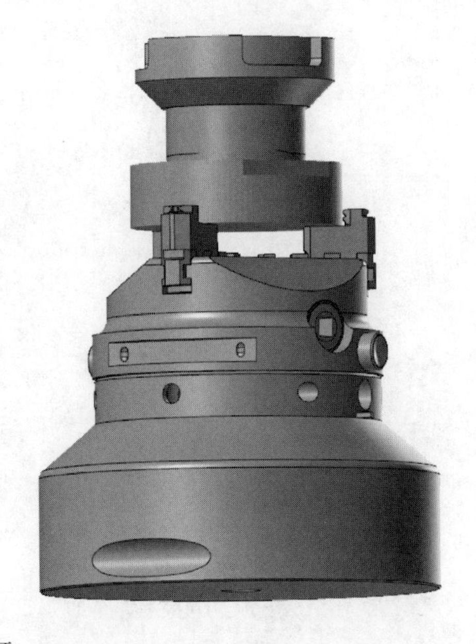

图 5-205　创建毛坯

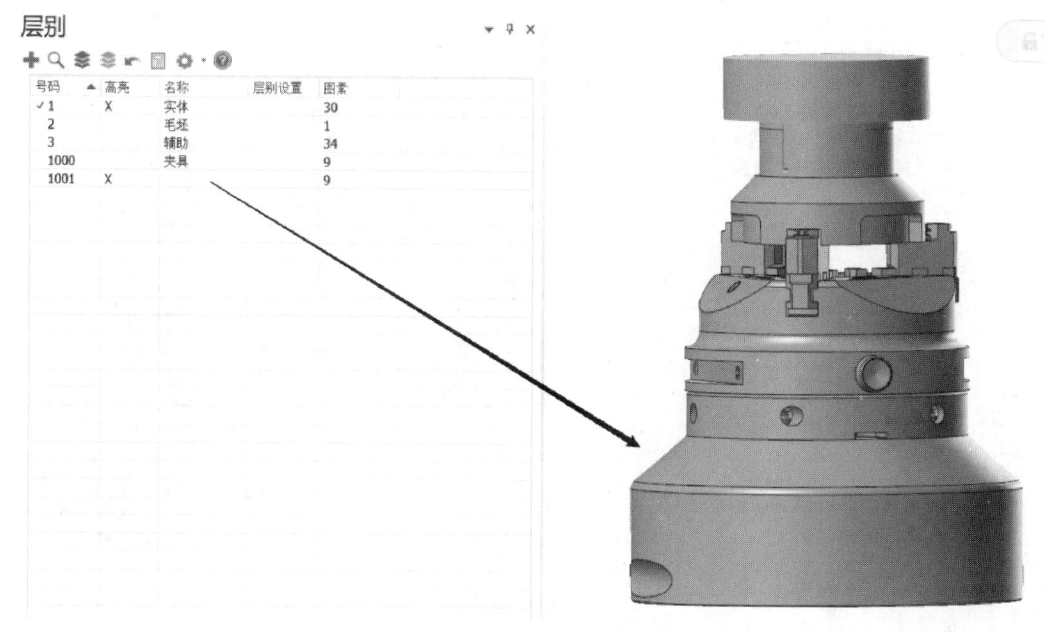

图 5-206　层别显示

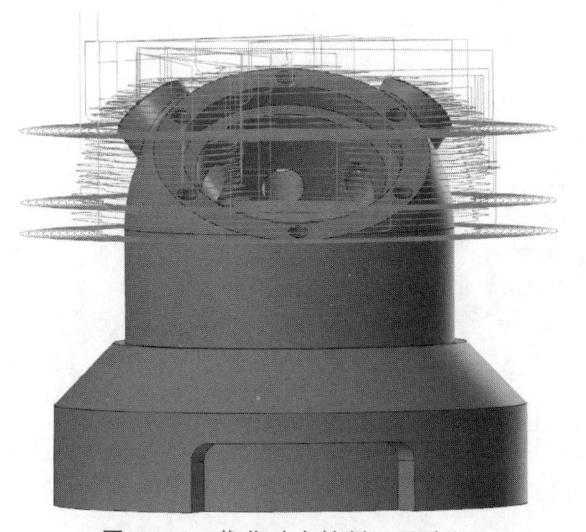

图 5-207　优化动态铣削刀具路径

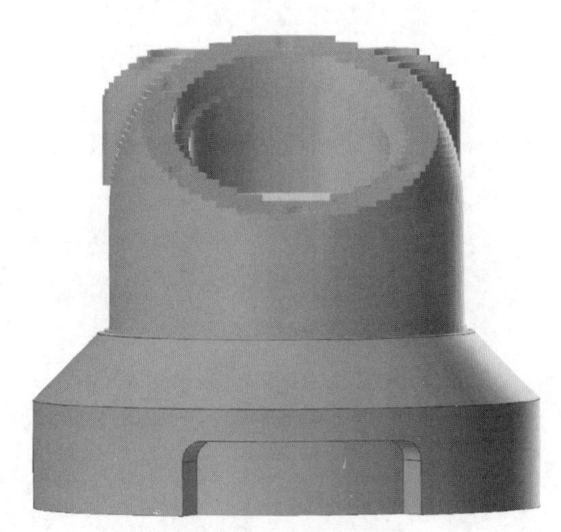

图 5-208　创建毛坯

a. 点击“模型图形”，选择加工面，完成后见图 5-216。

b. 点击“切削参数”“陡斜/浅滩”，选取加工最高位置、最低位置，完成后见图 5-217。

c. 点击“平面”，设置相关参数，完成后见图 5-218。

d. 完成后，刀具路径见图 5-219。

⑧ 点击外形功能，设置加工面为 P-4 平面，完成后视图平面粗加工，刀具路径见图 5-220。

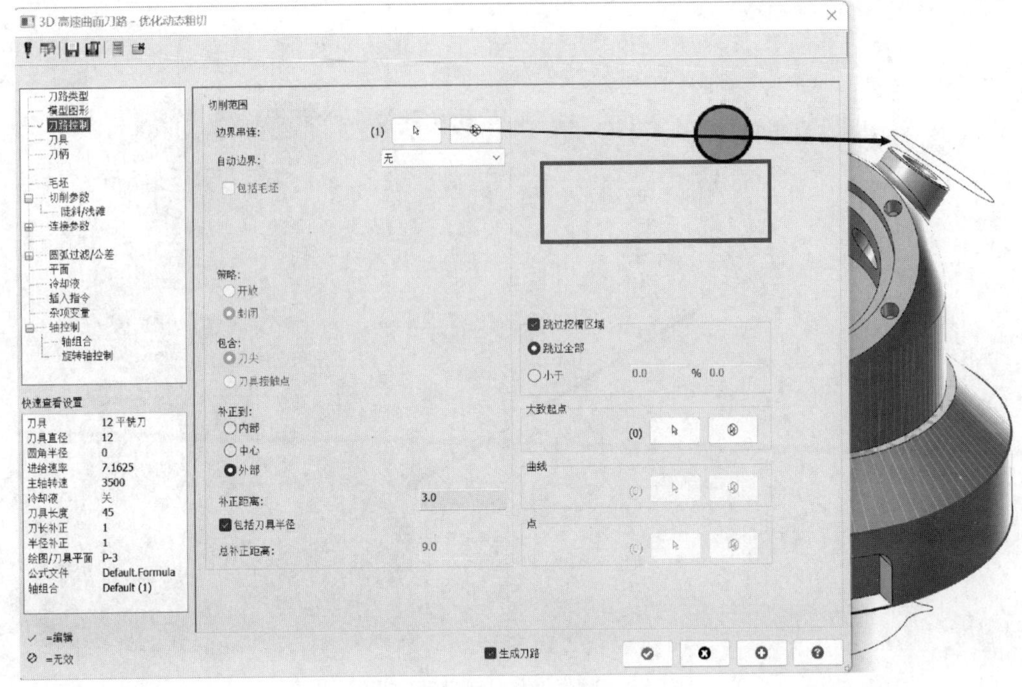

图 5-209　设置刀路控制

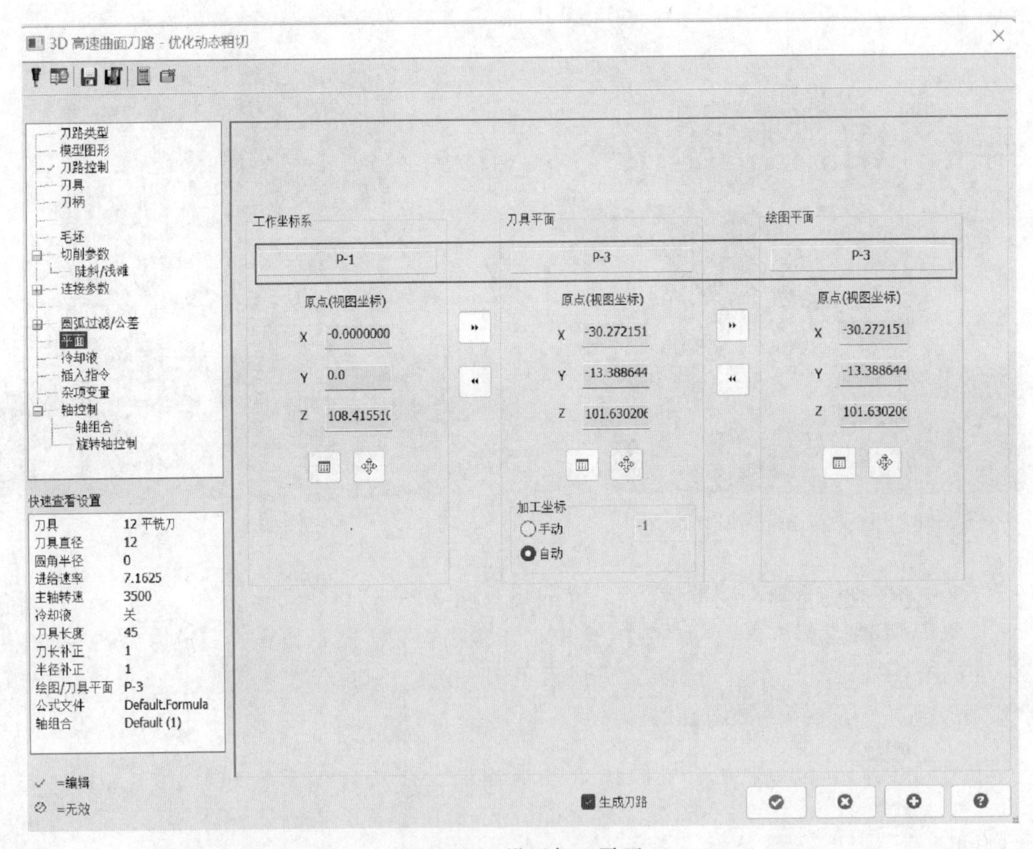

图 5-210　设置加工平面

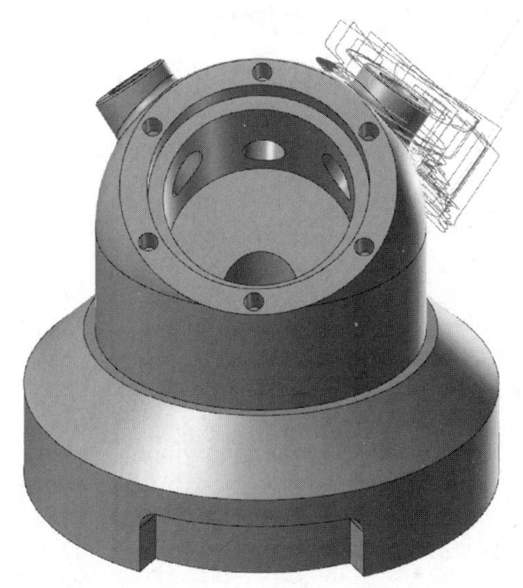

图 5-211　刀具路径

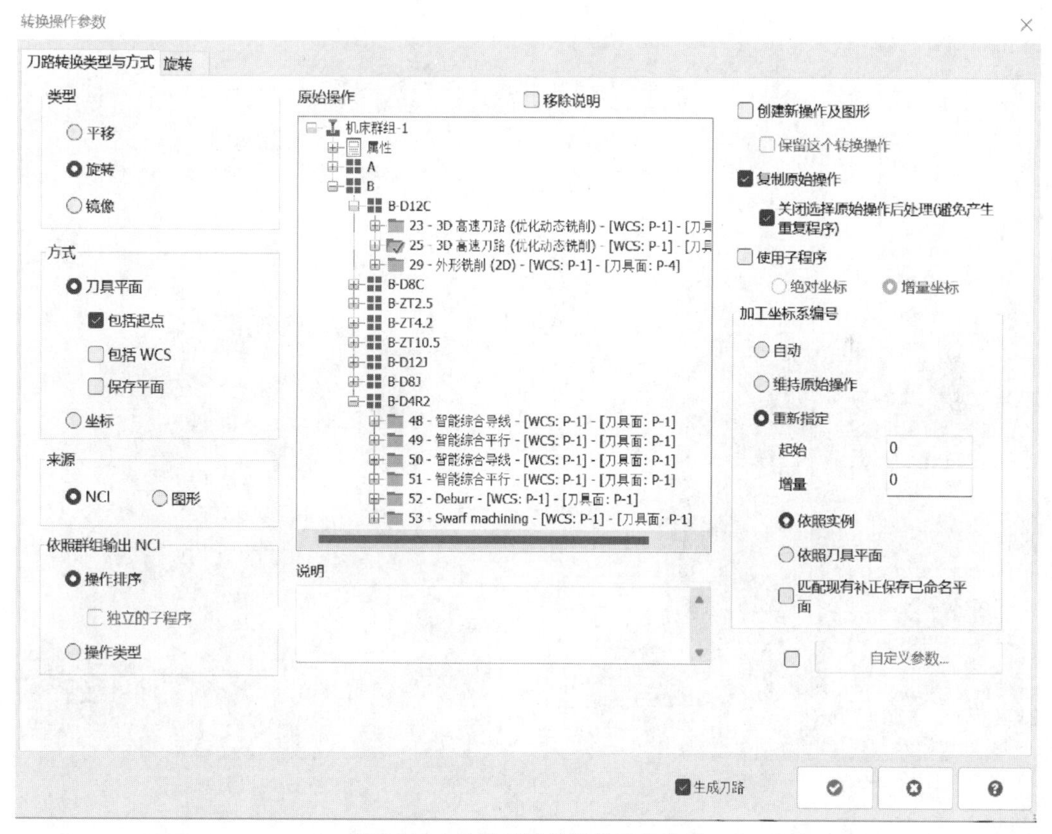

图 5-212　设置刀路转换类型与方式

⑨ 点击 动态铣削 功能，设置加工面为 P-4 平面，完成后视图 26mm×20mm 槽加工，过程如下：

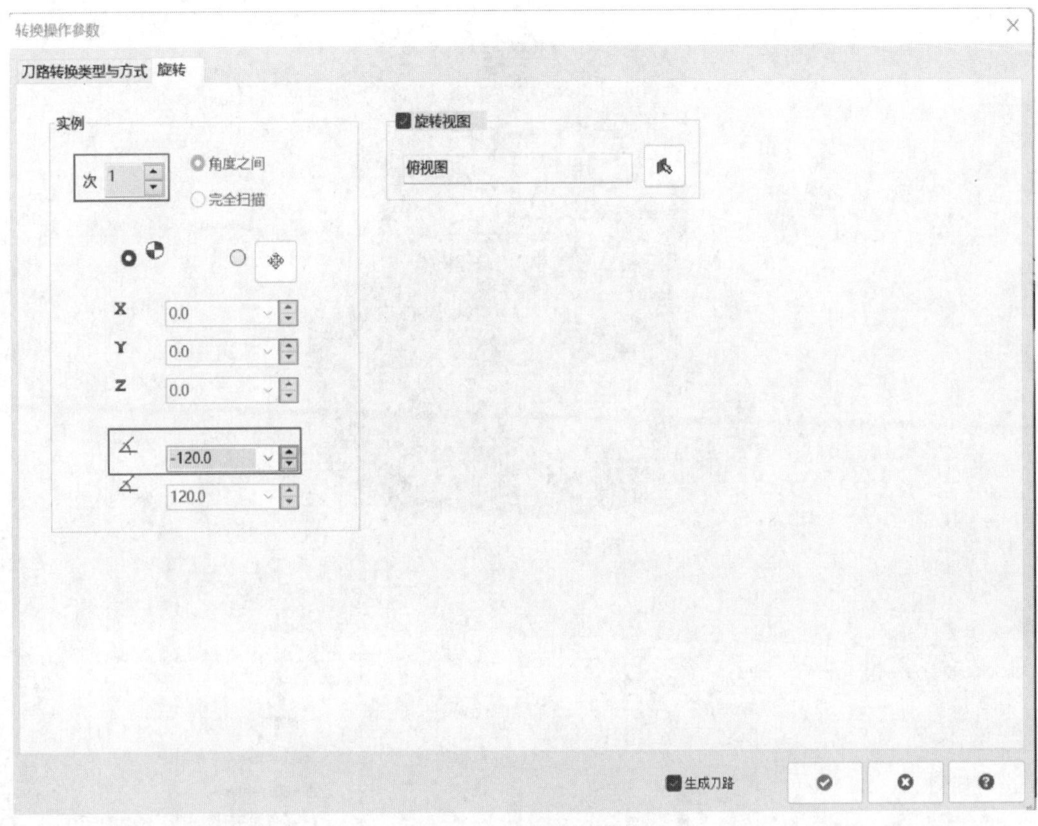

图 5-213 设置旋转参数

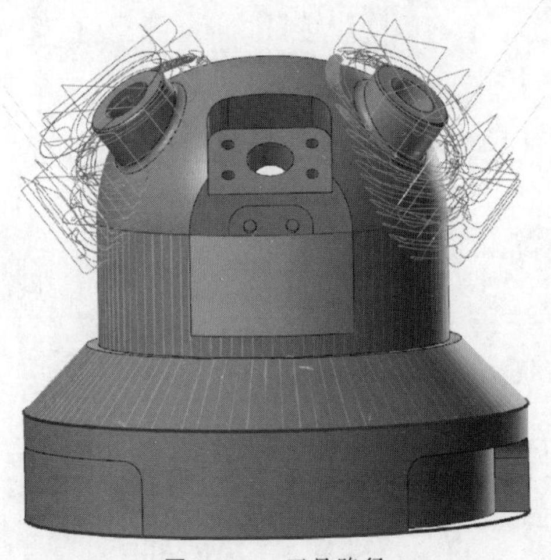

图 5-214 刀具路径

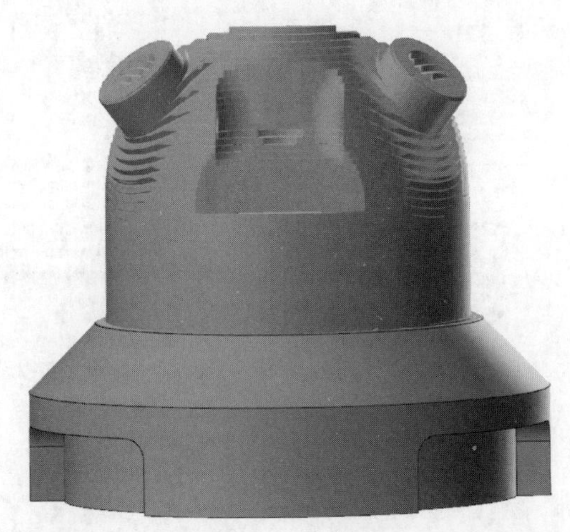

图 5-215 创建毛坯

a. 依据槽内 $R5$ 圆弧合理选择刀具，见图 5-221。

b. 点击“连接参数”，设置相关参数，完成后见图 5-222。

c. 点击“平面”，设置相关参数，完成后见图 5-223。

d. 完成后，刀具路径见图 5-224。

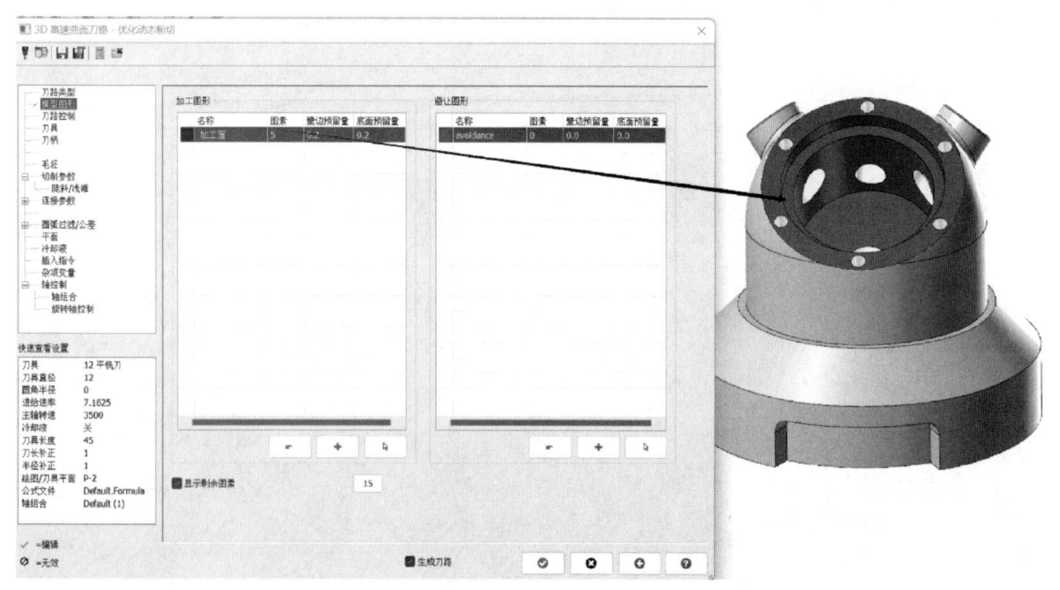

图 5-216　选择加工面

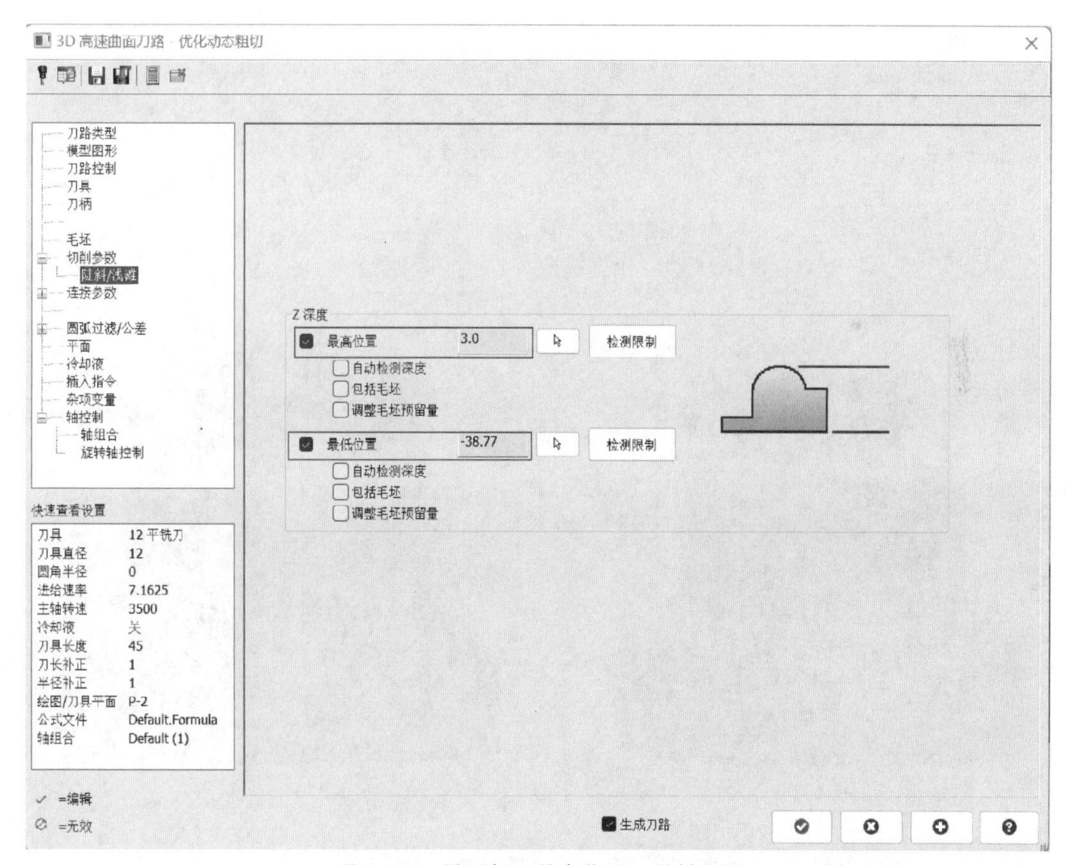

图 5-217　设置加工最高位置、最低位置

⑩ 点击 动态铣削 功能，设置加工面为 P-5 平面，完成 *D* 向视图槽加工，过程如下：

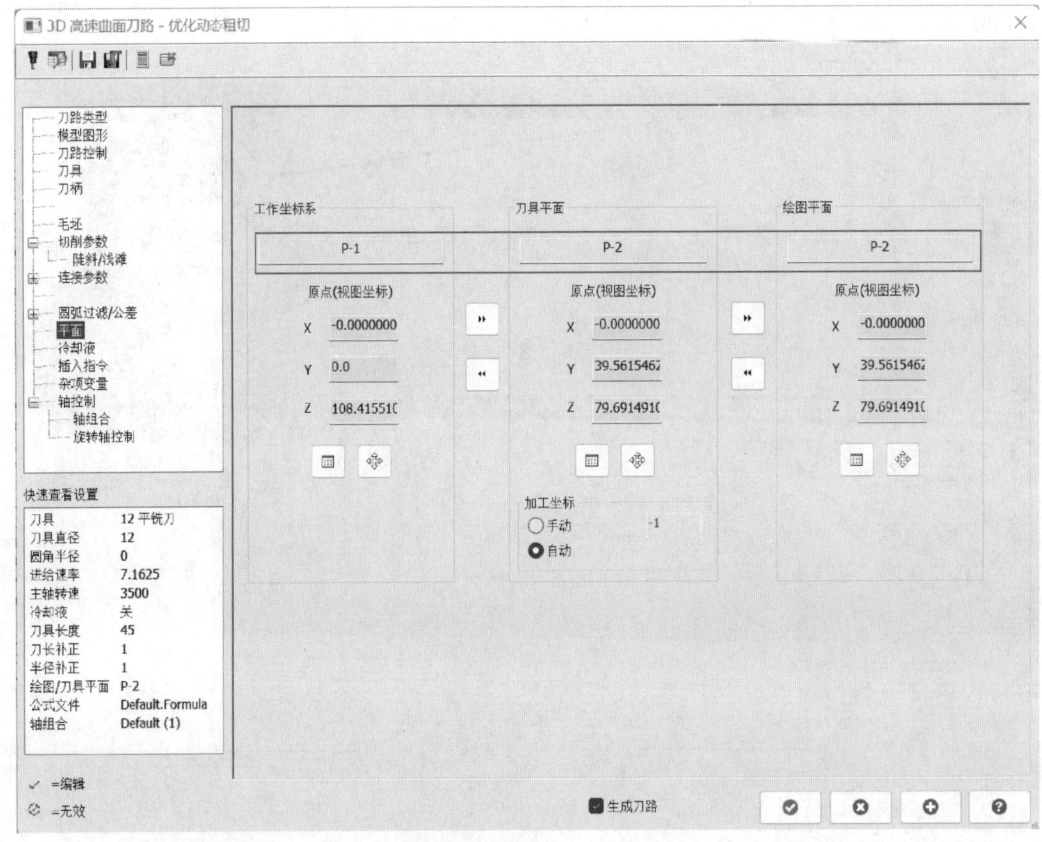

图 5-218　设置加工平面

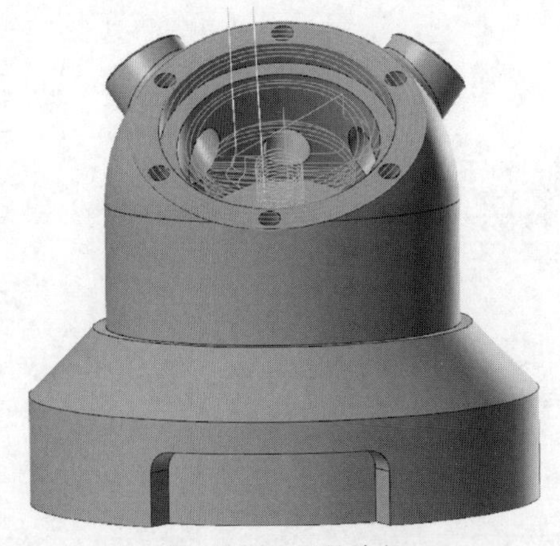

图 5-219　刀具路径

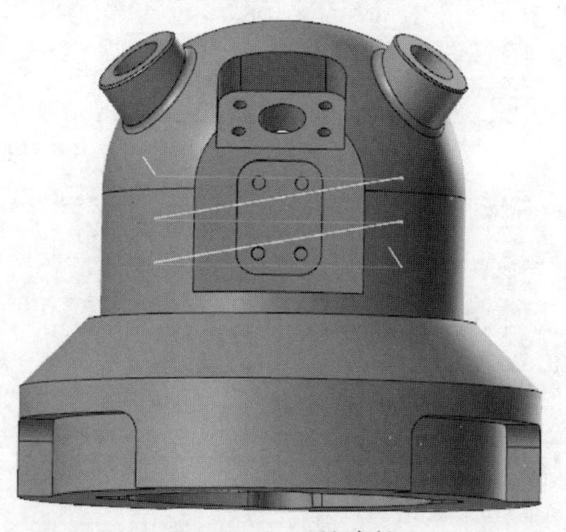

图 5-220　刀具路径

a. 点击“刀路类型”，选取加工范围，完成后见图 5-225。

b. 点击“连接参数”，设置相关参数，完成后见图 5-226。

c. 点击“平面”，设置相关参数，完成后见图 5-227。

d. 完成后，刀具路径见图 5-228。

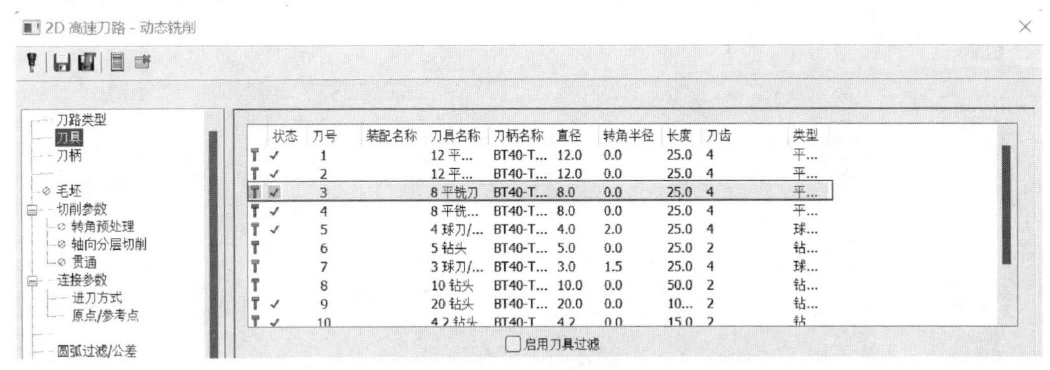

图 5-221　选择刀具

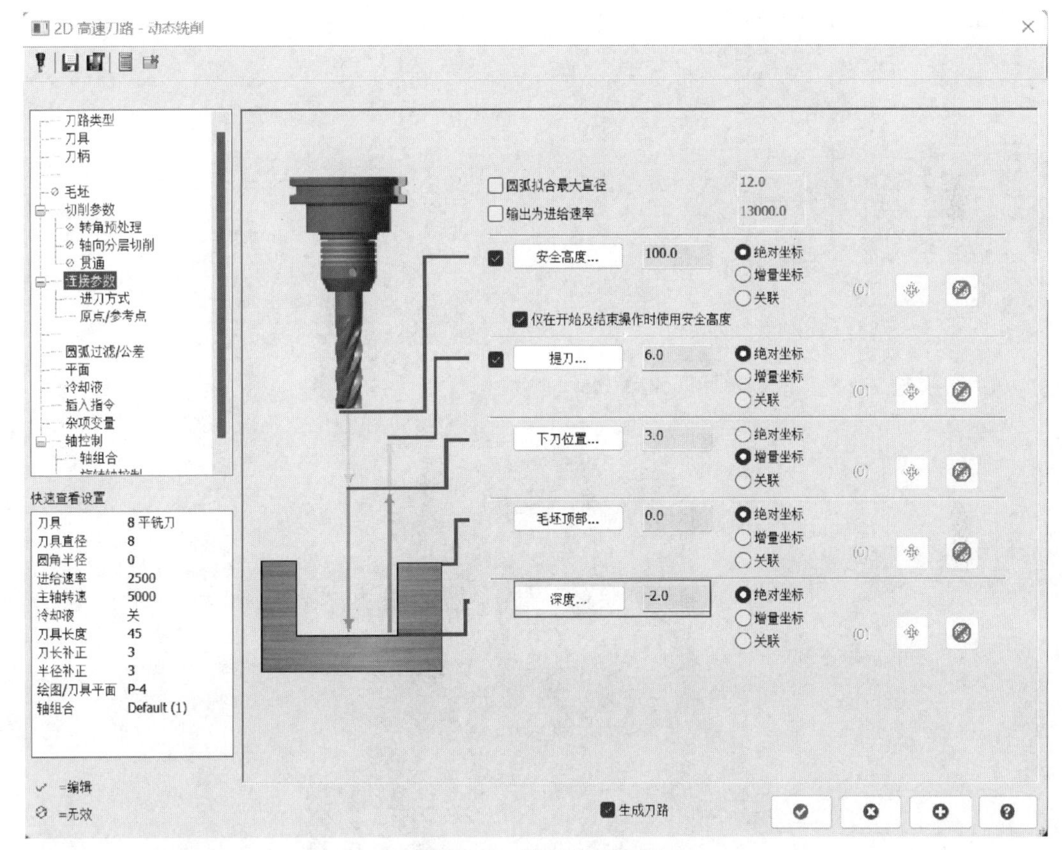

图 5-222　设置连接参数

⑪ 利用 螺旋铣孔 功能，设置加工面为 P-5 平面，完成 *D* 向视图孔加工，过程如下：

a. 依据孔加工直径 ϕ11mm，合理选择刀具，见图 5-229。

b. 点击“切削参数”，设置相关参数，完成后见图 5-230。

c. 点击“连接参数”，设置相关参数，完成后见图 5-231。

d. 完成后，刀具路径见图 5-232。

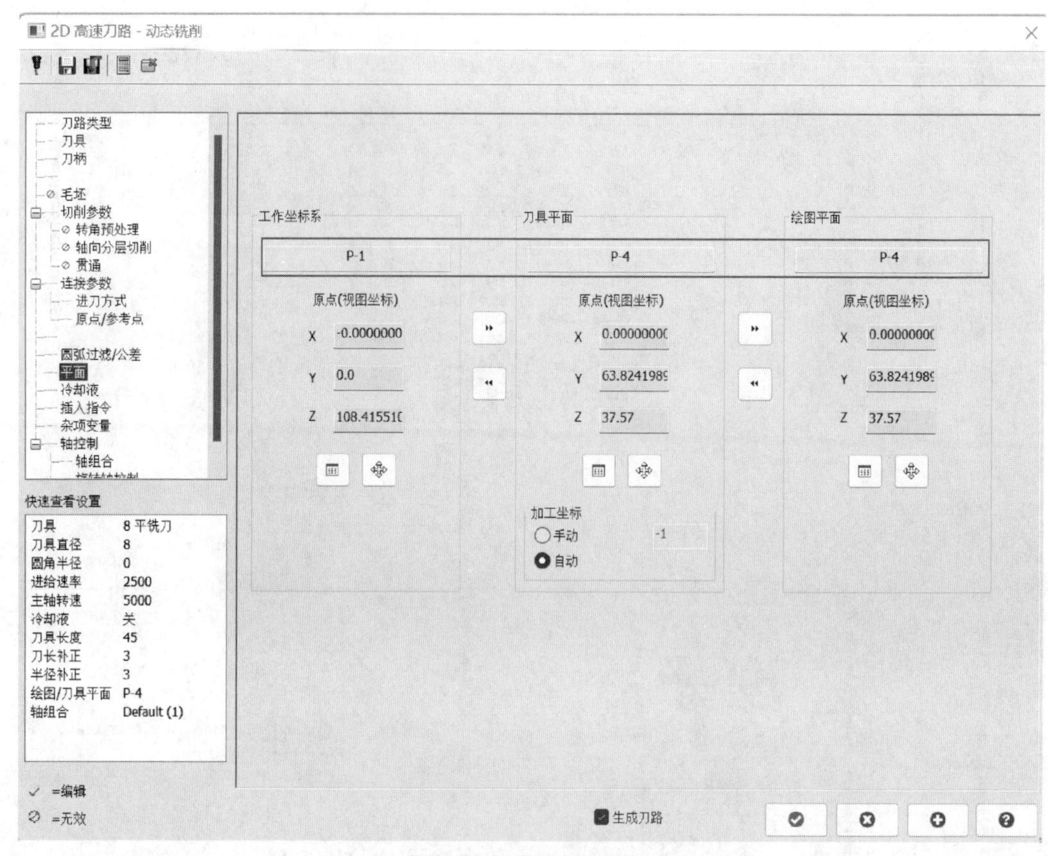

图 5-223 设置加工平面

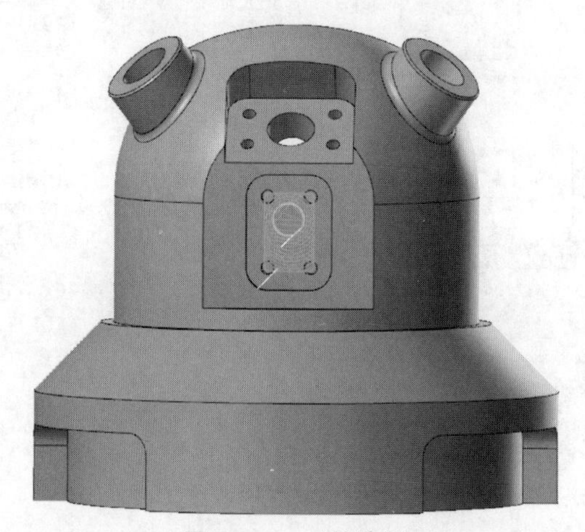
图 5-224 刀具路径

⑫ 点击 钻孔 功能，完成后视图及 D 向视图 M3 螺纹底孔，过程如下：

a. 点击“刀路类型”，选取所加工孔，完成后见图 5-233。

b. 根据加工要求合理选择刀具，见图 5-234。

c. 点击“切削参数”，设置相关参数，完成后见图 5-235。

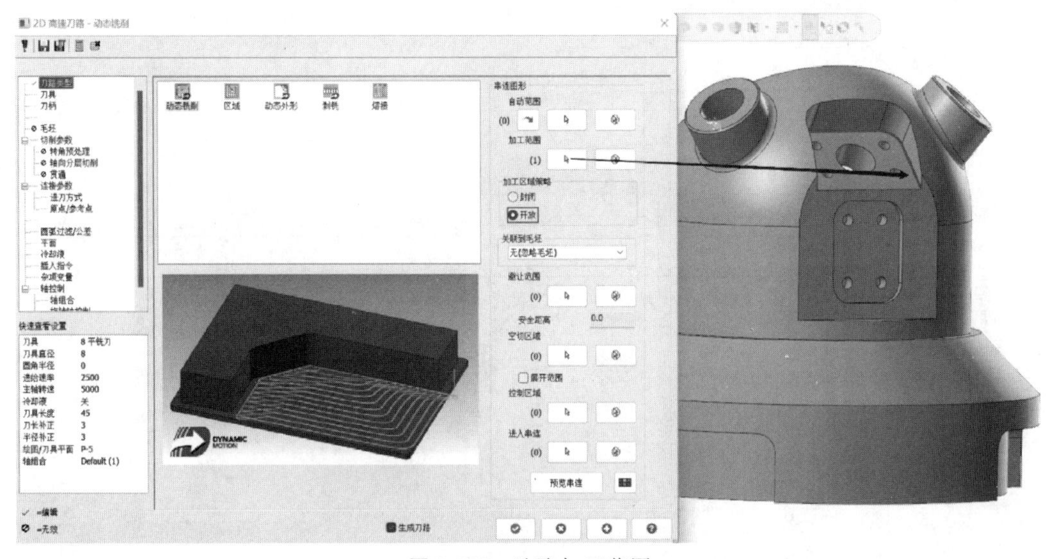

图 5-225　选取加工范围

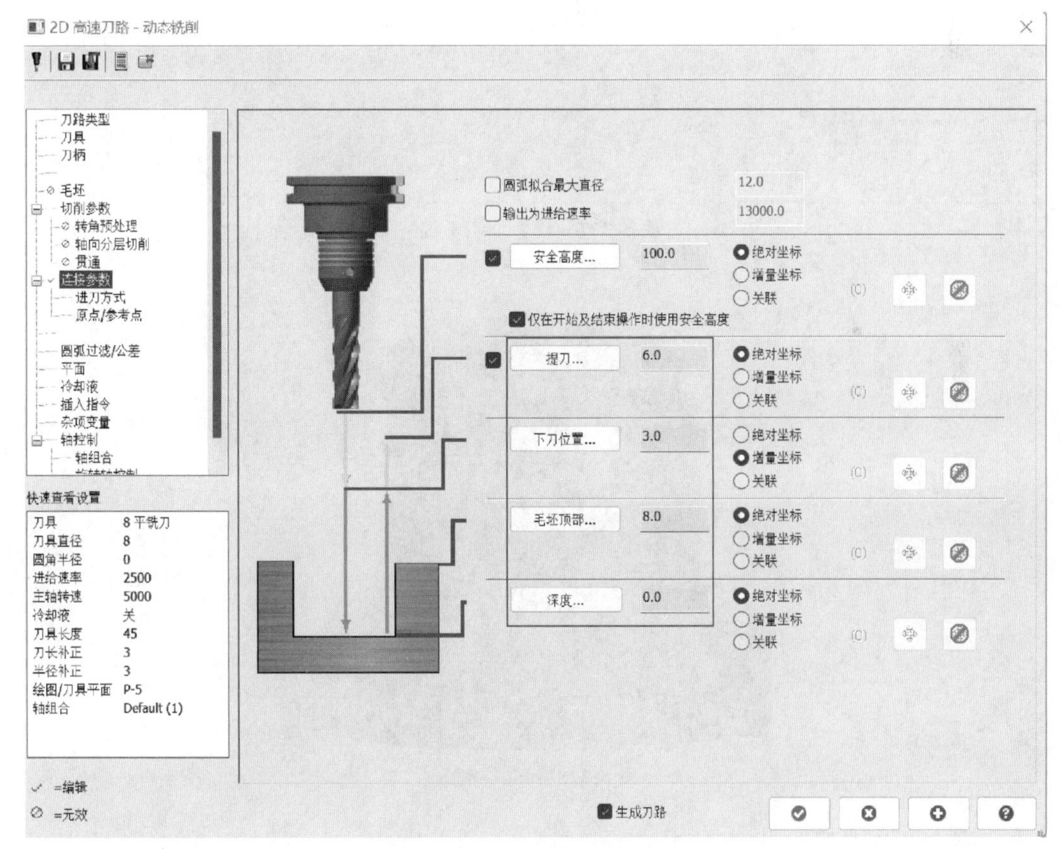

图 5-226　设置连接参数

d. 点击“连接参数”，设置相关参数，完成后见图 5-236。

e. 点击“平面”，设置相关参数，完成后见图 5-237。

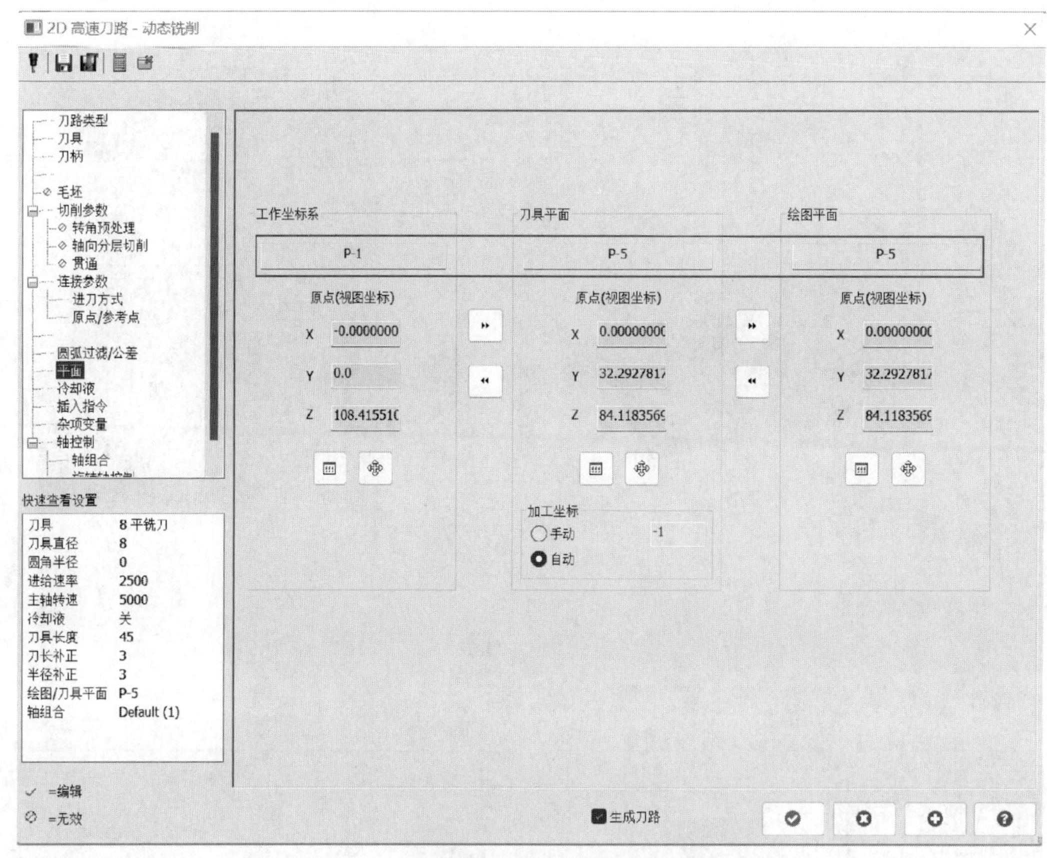

图 5-227　设置加工平面

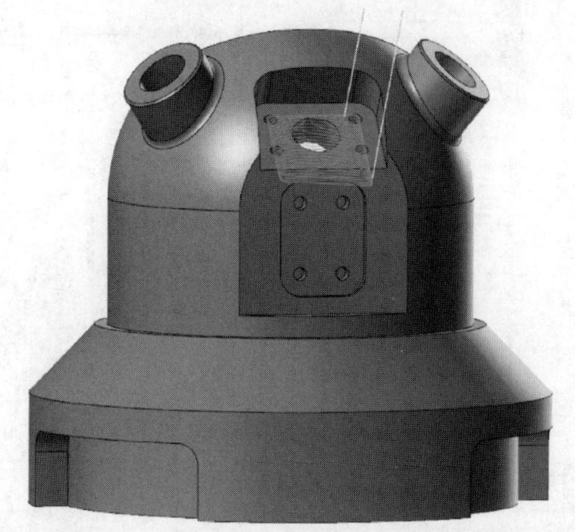

图 5-228　刀具路径

f. 完成后，刀具路径见图 5-238。

⑬ 点击钻孔功能，设置加工面为 P-1，完成主视图 6×M4 底孔加工，过程同⑫，完成后刀具路径见图 5-239。

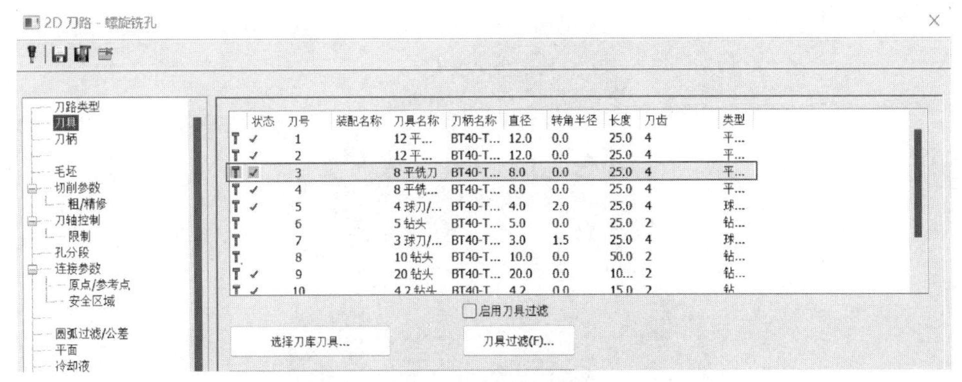

图 5-229　选择刀具

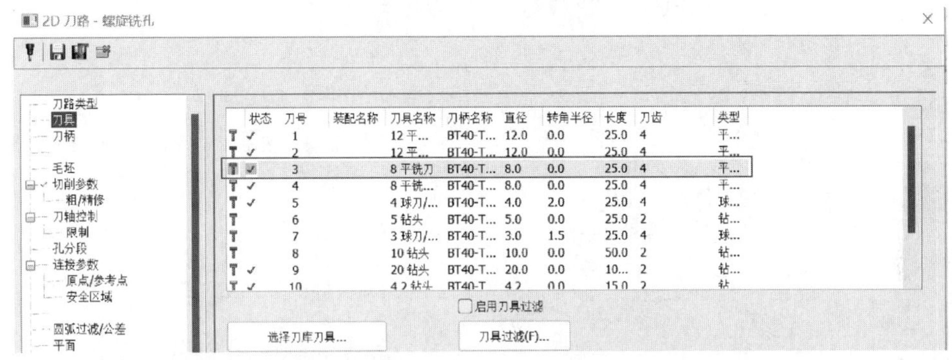

图 5-230　设置切削参数

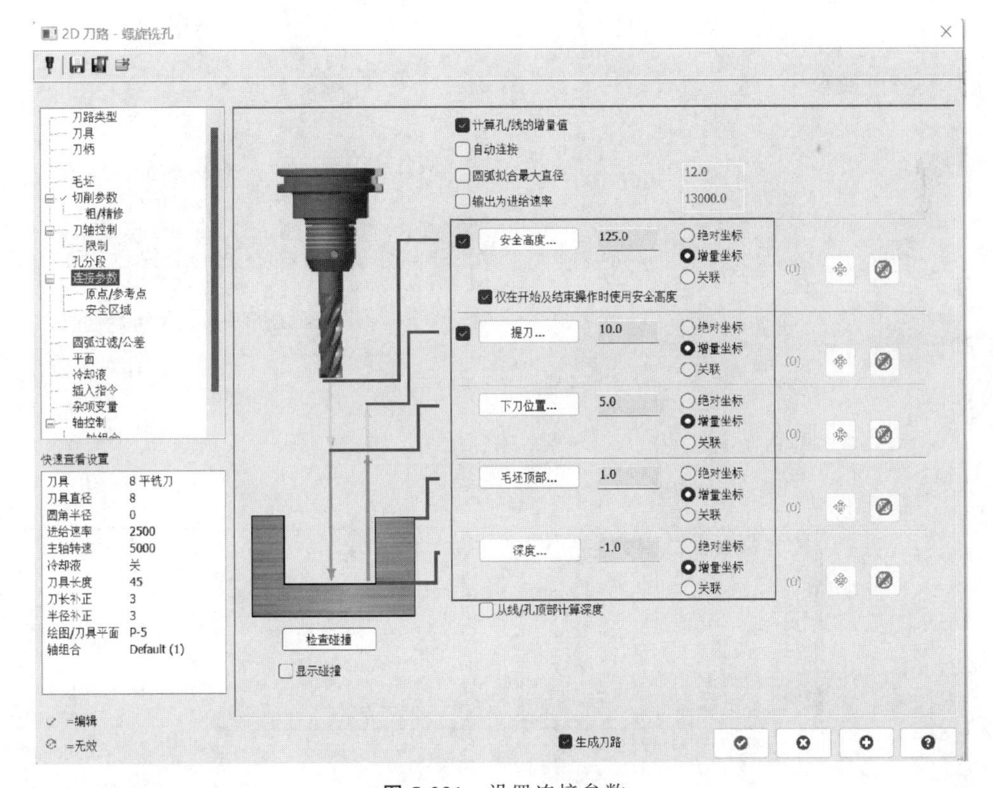

图 5-231　设置连接参数

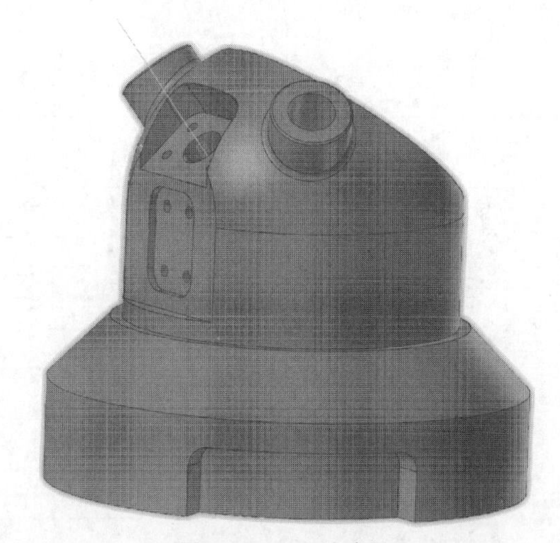

图 5-232　刀具路径

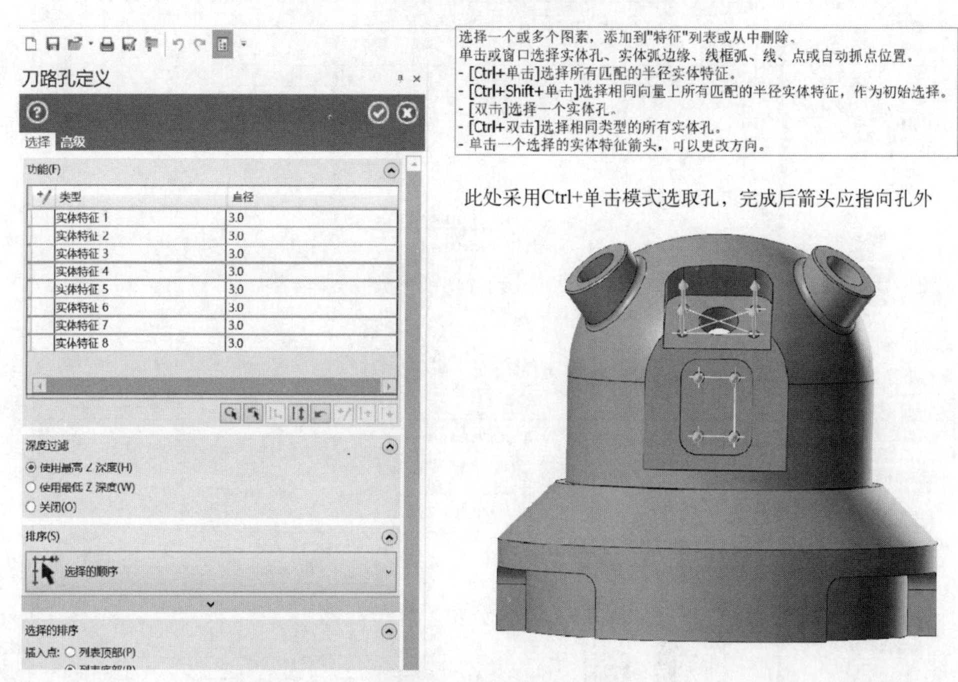

图 5-233　选取加工图素

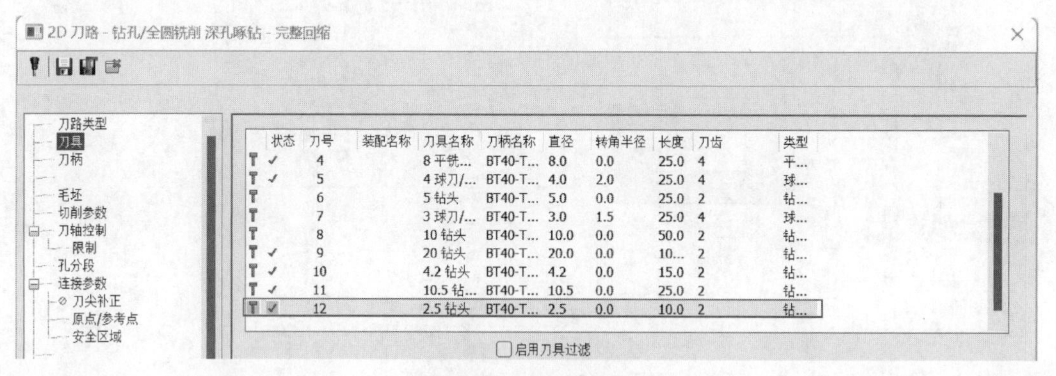

图 5-234　选择刀具

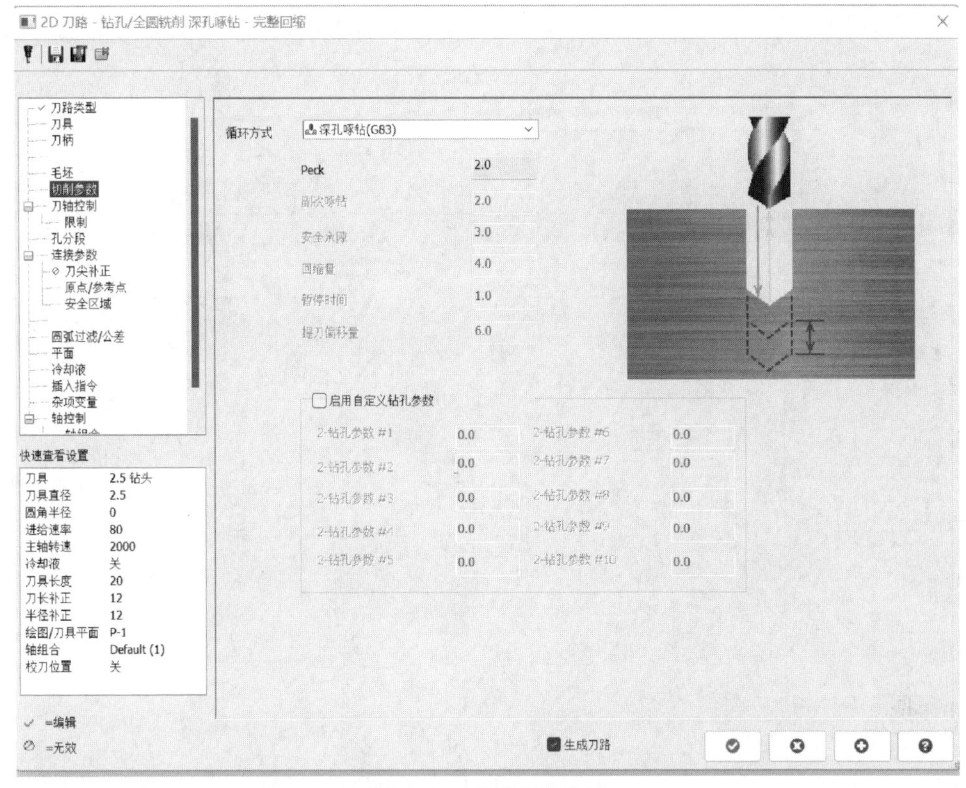

图 5-235　设置切削参数

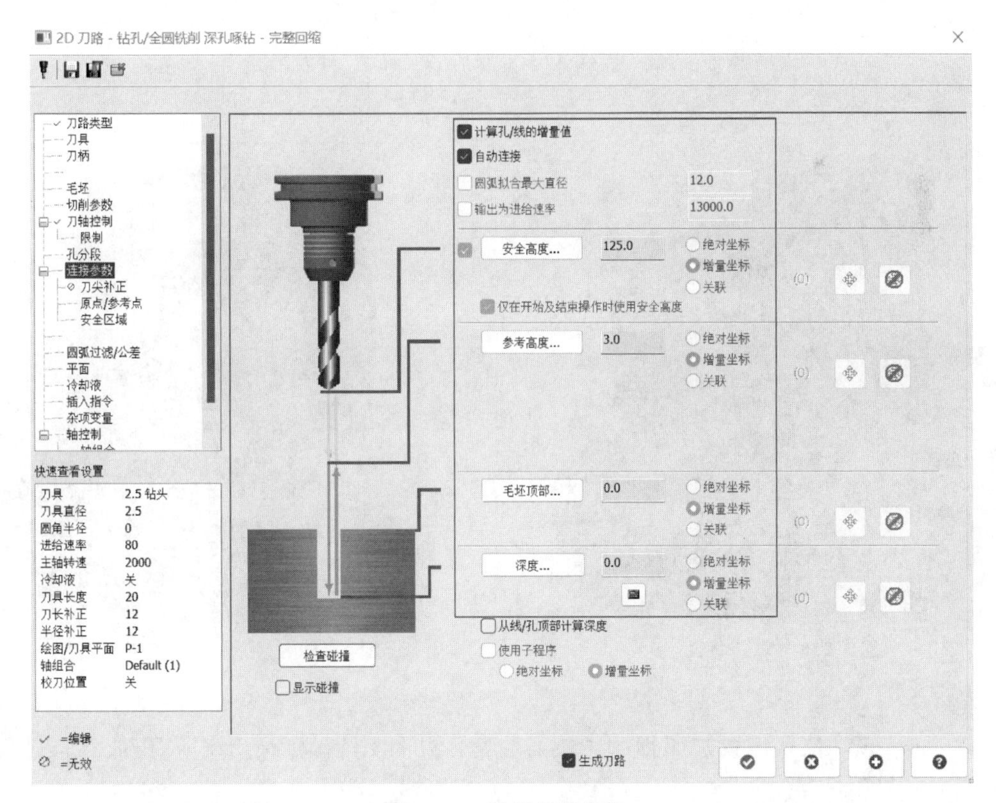

图 5-236　设置连接参数

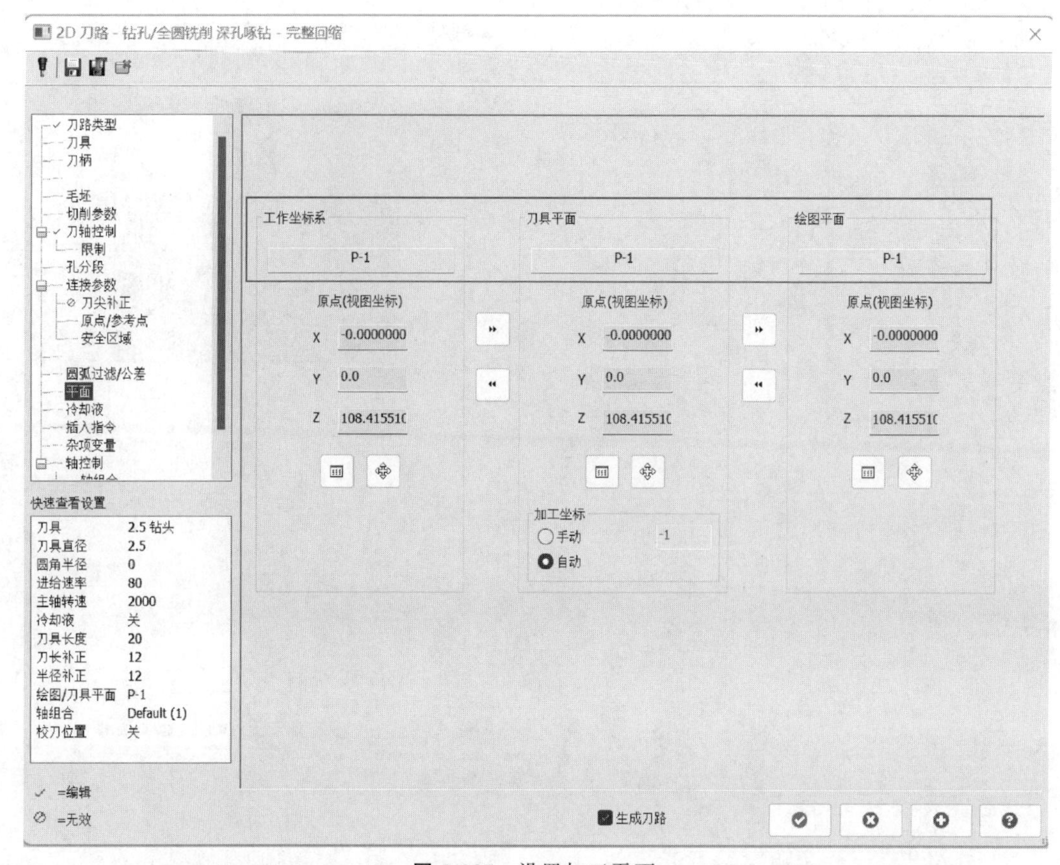

图 5-237　设置加工平面

图 5-238　刀具路径

图 5-239　M4 底孔加工刀具路径

⑭ 点击钻孔功能，设置加工面为 P-1，完成后视图 2 个 M12×1.5 底孔加工，过程同⑫，完成后刀具路径见图 5-240。

⑮ 点击外形功能，设置加工面为P-2，完成E向旋转视图ϕ64mm平面及A—A剖视图ϕ57mm内孔面精加工，刀具路径见图5-241。

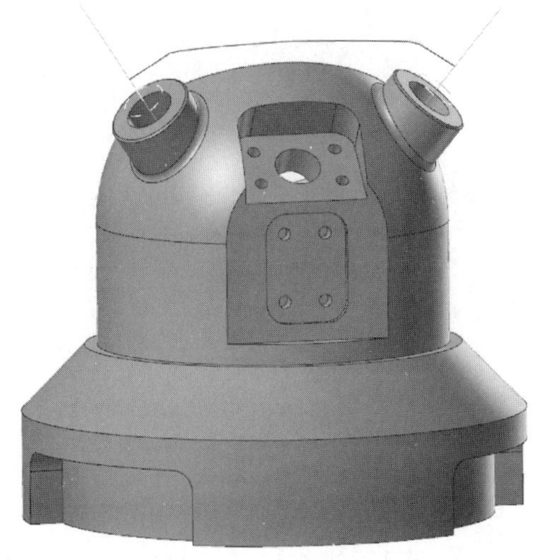

图 5-240　M12×1.5底孔加工刀具路径

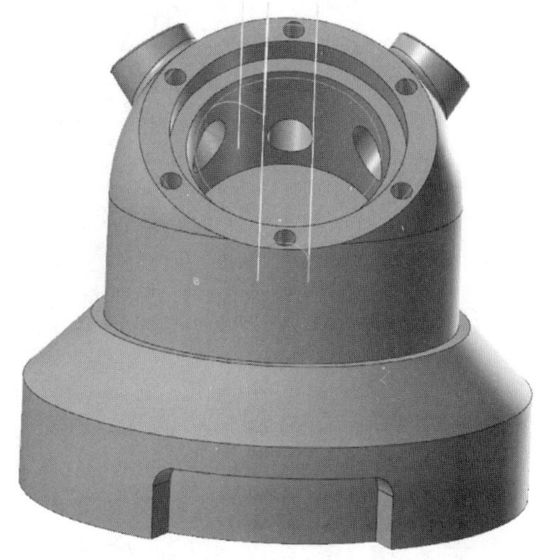

图 5-241　孔面精加工刀具路径

⑯ 点击区域功能，设置加工面为P-2，完成A—A剖视图ϕ49mm底面精加工，刀具路径见图5-242。

⑰ 点击面铣及刀路转换功能，完成B—B剖视图2个ϕ21mm圆台顶面加工，过程如下：

a. 设定相关参数，选取加工面P-3，完成ϕ21mm圆台顶面加工，刀路见图5-243。

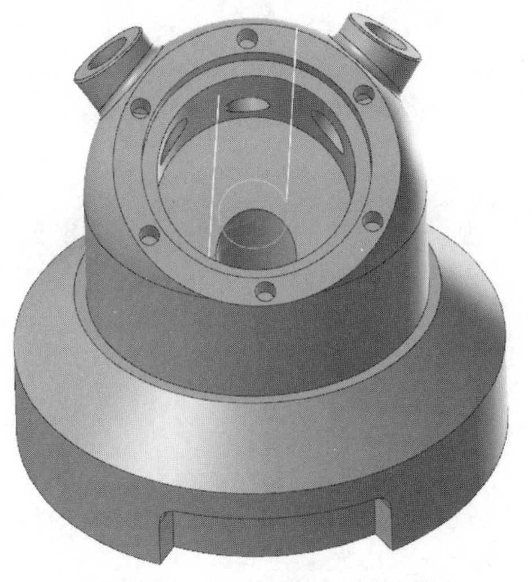

图 5-242　底面精加工刀具路径

图 5-243　圆台顶面加工刀具路径

b. 设定刀路转换相关参数，见图5-244；设定旋转参数，见图5-245。

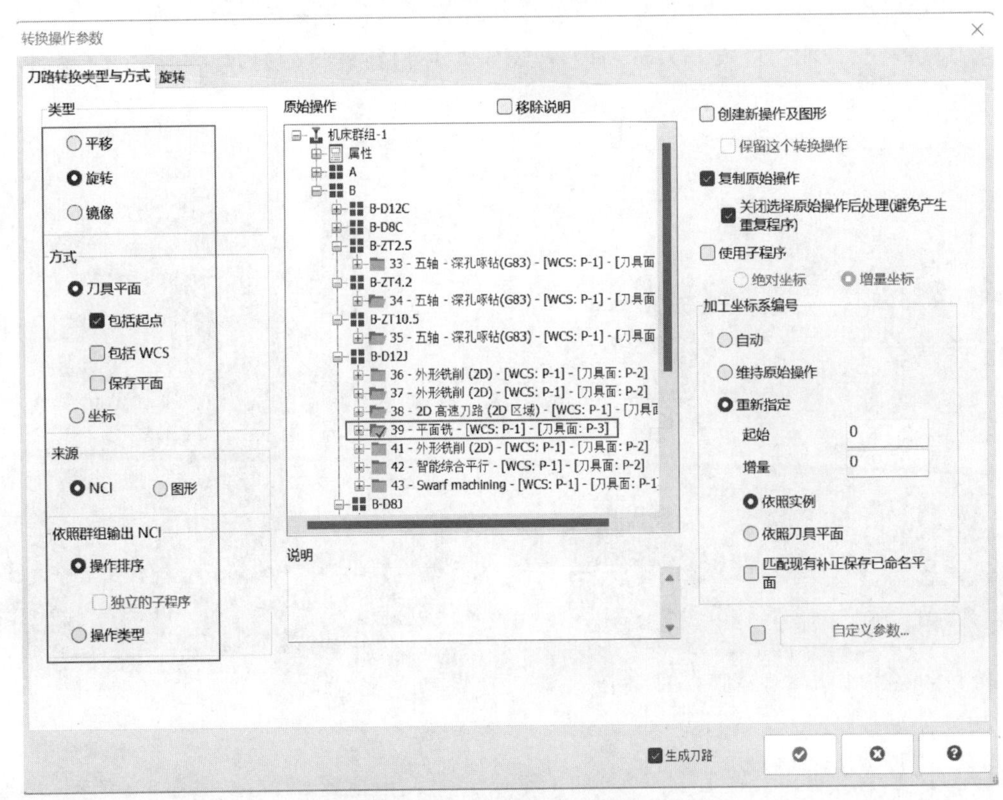

图 5-244　设置刀路转换类型与方式

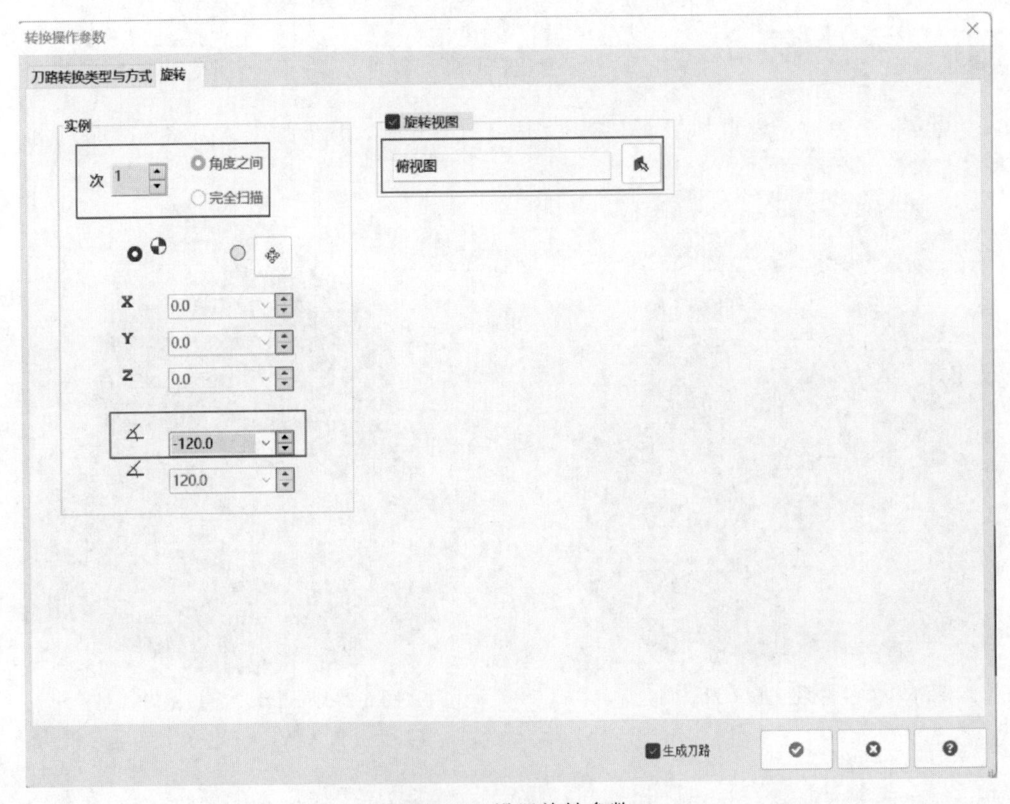

图 5-245　设置旋转参数

c. 完成后，刀具路径见图 5-246。

⑱ 点击 外形 功能，设置加工面为 P-2，完成 $A—A$ 剖视图 ϕ49mm 孔内侧面精加工，刀具路径见图 5-247。

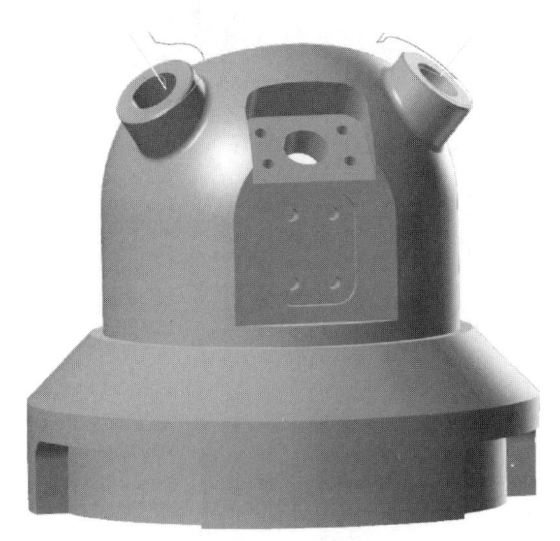

图 5-246　刀具路径

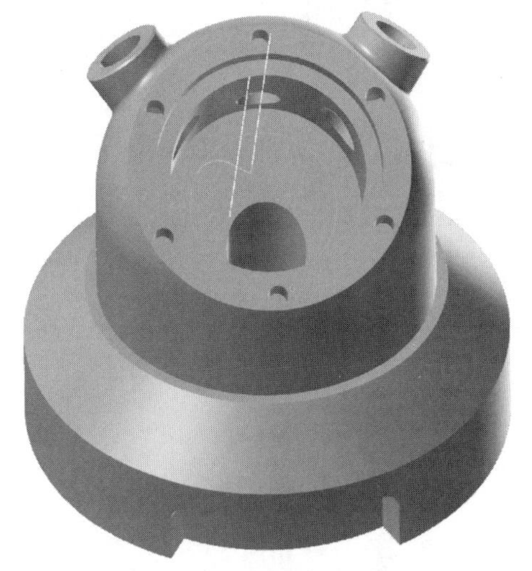

图 5-247　孔内侧面精加工刀具路径

⑲ 点击 智能综合 功能，完成主视图 ϕ85mm 圆柱精加工，过程如下：

a. 点击“切削方式”，设置相关参数，完成后见图 5-248。

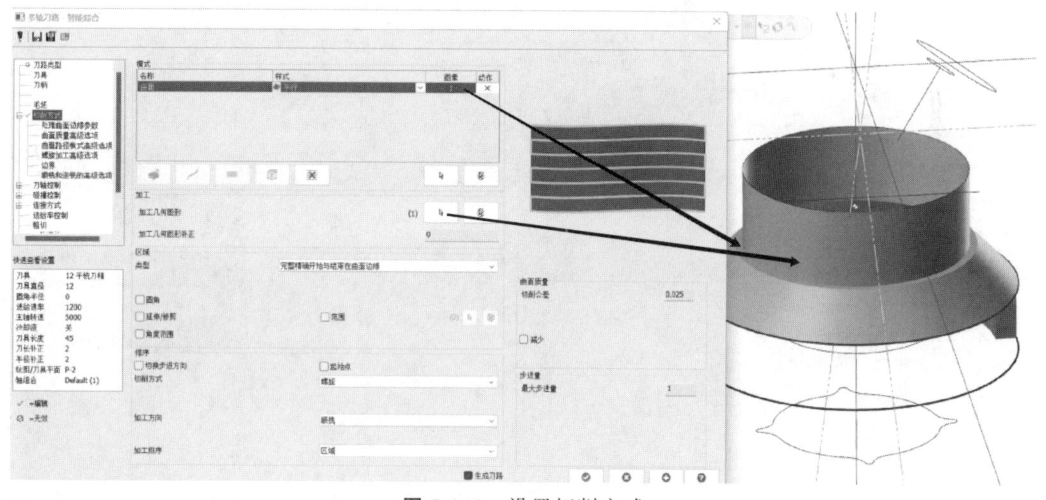

图 5-248　设置切削方式

注：此图是加工前所做的辅助面。

b. 点击“刀轴控制”，设置相关参数，完成后见图 5-249。

c. 点击“碰撞控制”，设置相关参数，完成后见图 5-250。

d. 点击“平面”，设置相关参数，完成后见图 5-251。

e. 完成后，刀具路径见图 5-252。

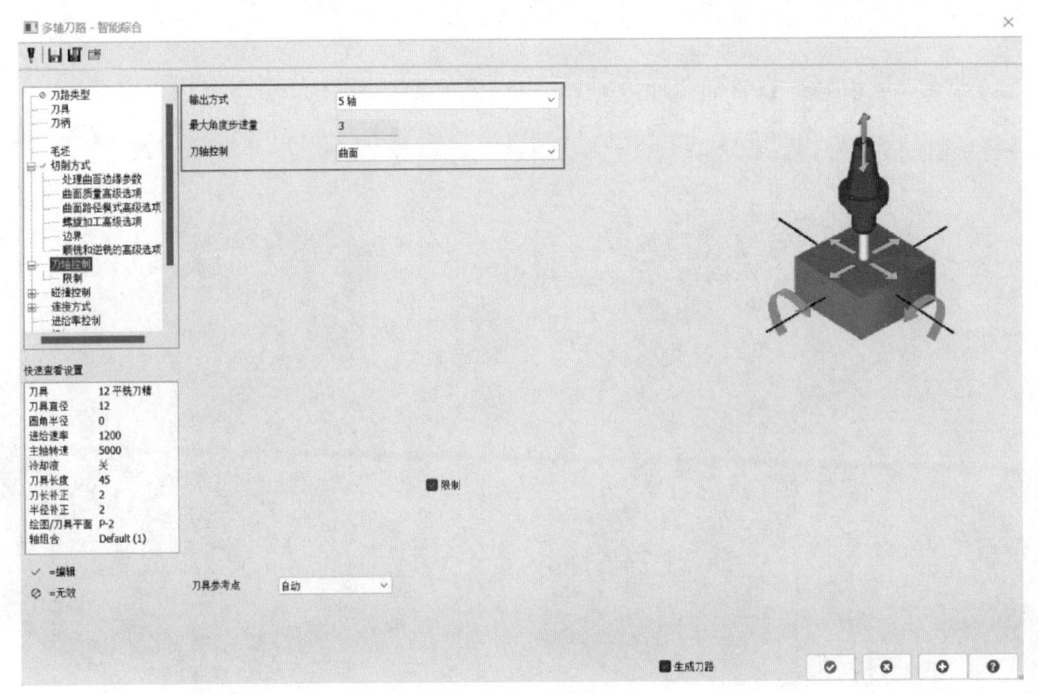

图 5-249 设置刀轴控制

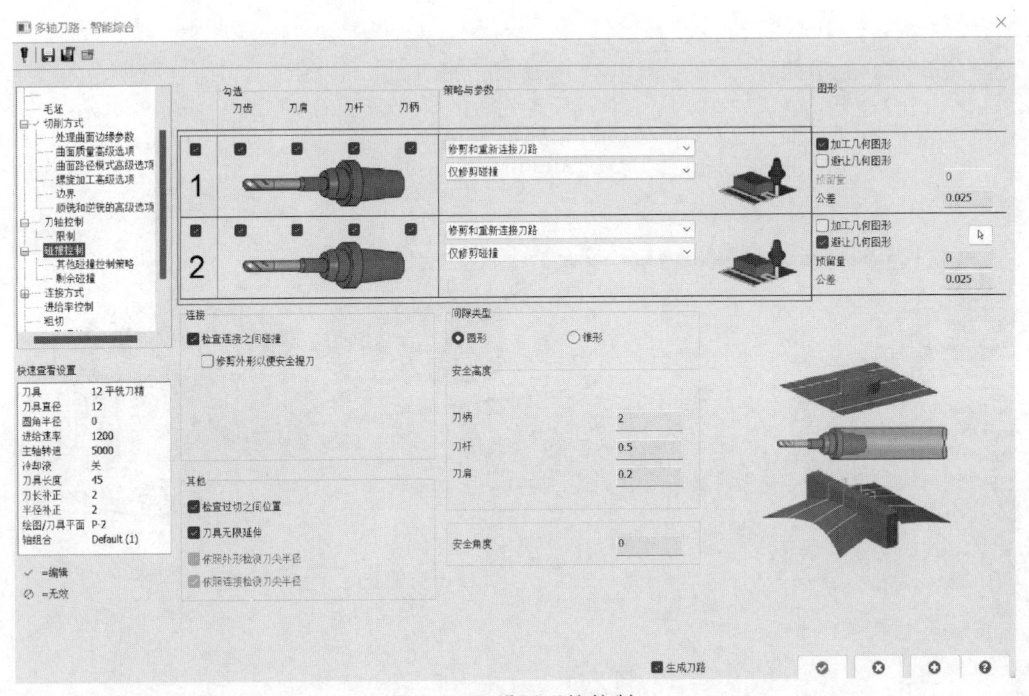

图 5-250 设置碰撞控制

⑳ 点击 侧刃铣削 功能，设定加工面为 P-1，完成主视图 ϕ85mm 底面台阶加工，过程如下：

a. 点击“切削方式”，设置相关参数，完成后见图 5-253。

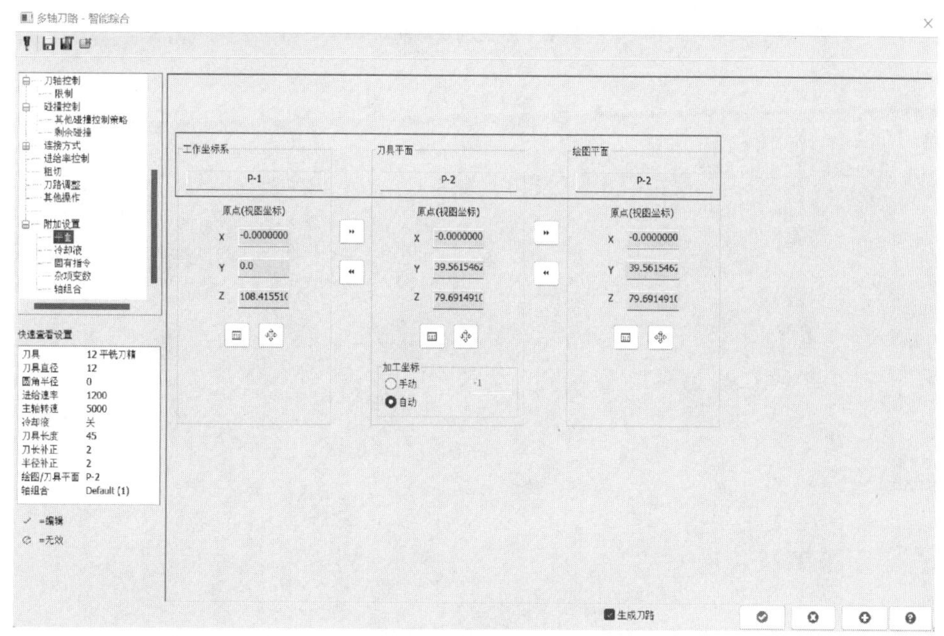

图 5-251　设置加工平面

图 5-252　刀具路径

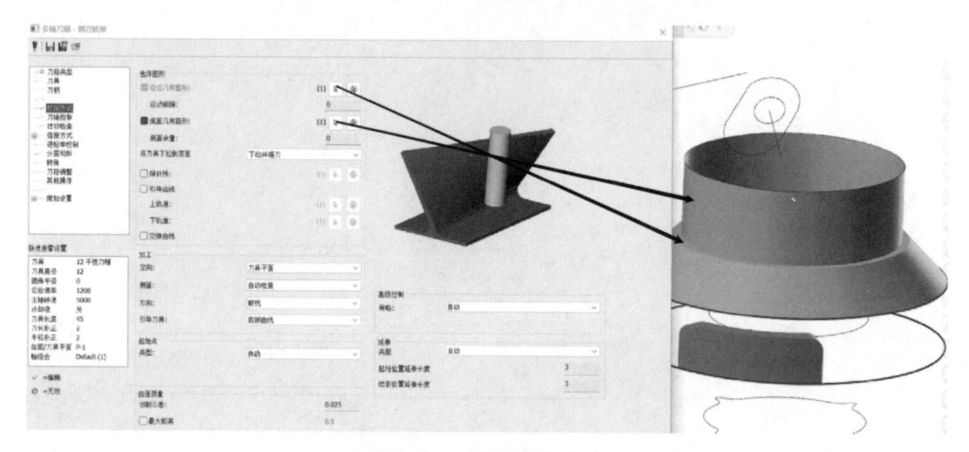

图 5-253　设置切削方式

b. 点击“分层切削”，设置相关参数，完成后见图 5-254。

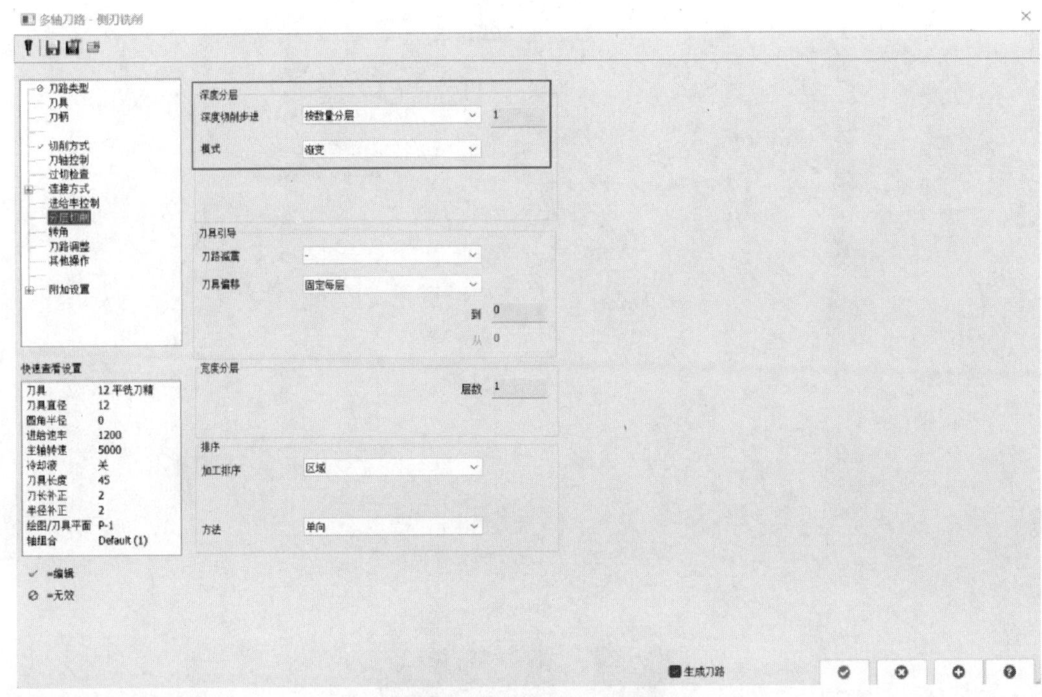

图 5-254　设置分层切削

c. 点击“平面”，设置相关参数，完成后见图 5-255。

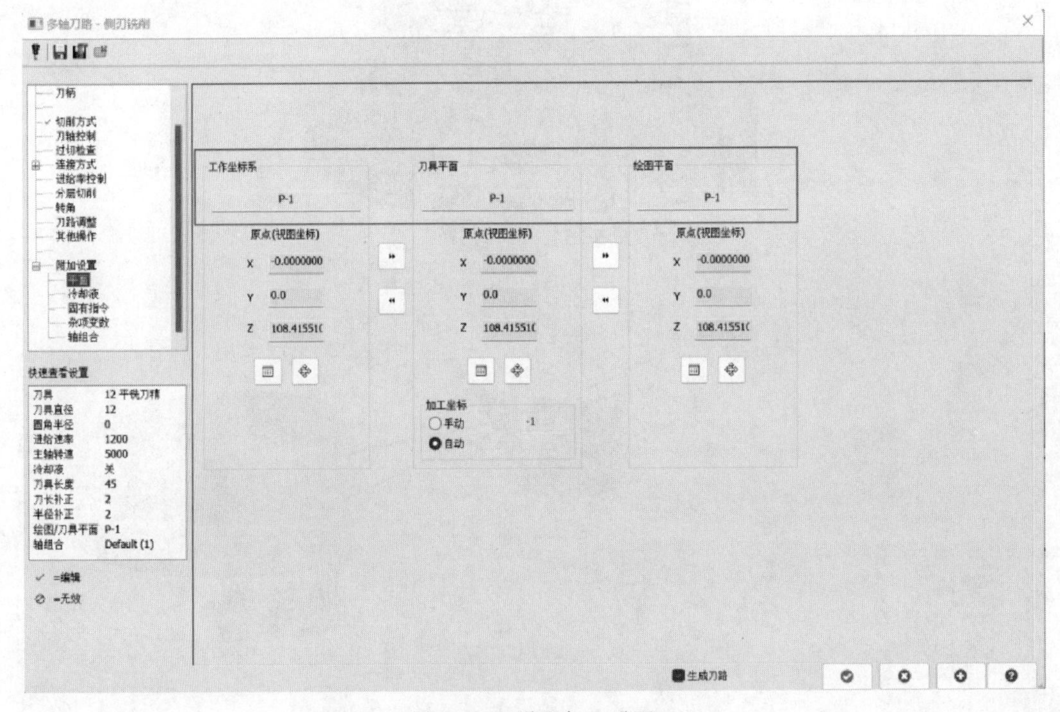

图 5-255　设置加工平面

d. 完成后，刀具路径见图 5-256。

㉑ 点击外形功能，设定加工面为 P-4，完成后视图平面精加工，刀具路径见图 5-257。

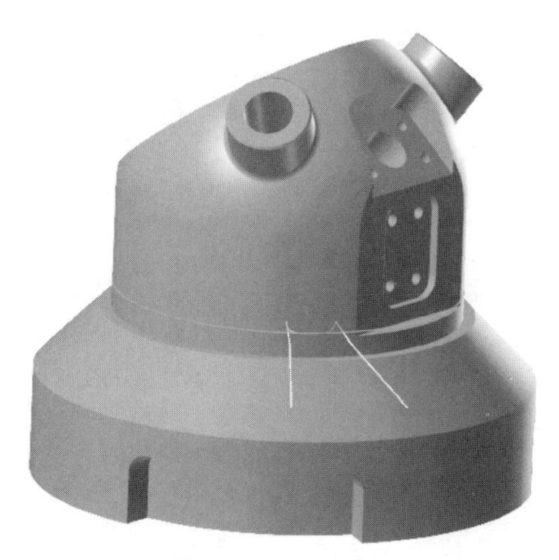

图 5-256　刀具路径

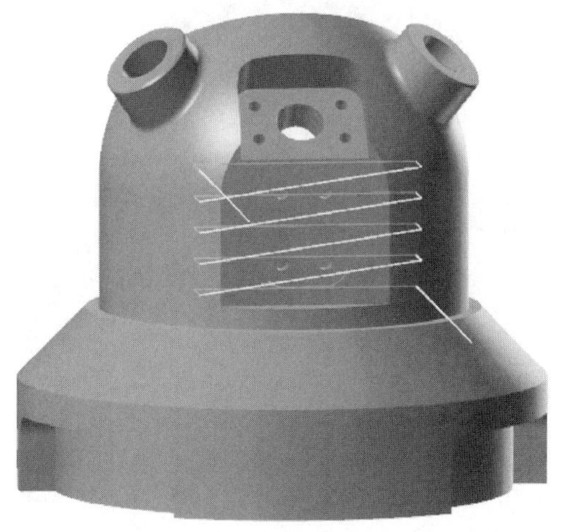

图 5-257　后视图平面精加工刀具路径

㉒ 点击外形功能，设定加工面为 P-4，完成后视图 26mm×20mm 精加工，刀具路径见图 5-258。

㉓ 点击区域功能，设定加工面为 P-5，完成 *D* 向视图底面加工，完成后刀路见图 5-259。

图 5-258　后视图精加工刀具路径

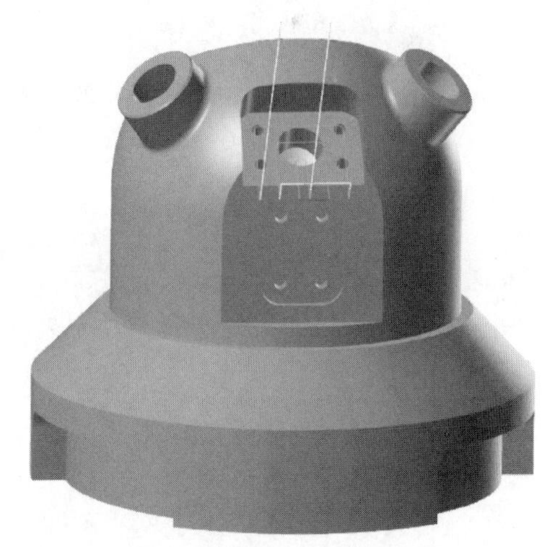

图 5-259　底面加工刀具路径

㉔ 点击外形功能，设定加工面为 P-5，完成 *D* 向视图槽侧壁精加工，刀具路径见图 5-260。

图 5-260 槽侧壁精加工刀具路径

㉕ 点击 智能综合 功能，设置加工面为 P-1，完成后视图 2 个 ϕ21mm 凸台圆周面粗加工，过程如下：

a. 点击“切削方式”，设置相关参数，完成后见图 5-261。

b. 点击“刀轴控制”，设置相关参数，完成后见图 5-262。

c. 点击“碰撞控制”，设置相关参数，完成后见图 5-263。

d. 点击“刀路调整”，设置相关参数，完成后见图 5-264。

e. 点击“平面”，设置相关参数，完成后见图 5-265。

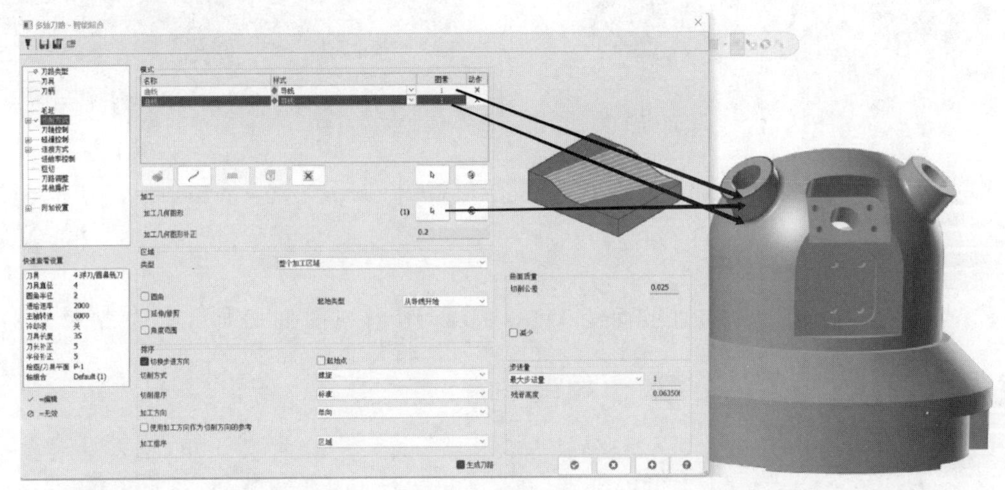

图 5-261 设置切削方式

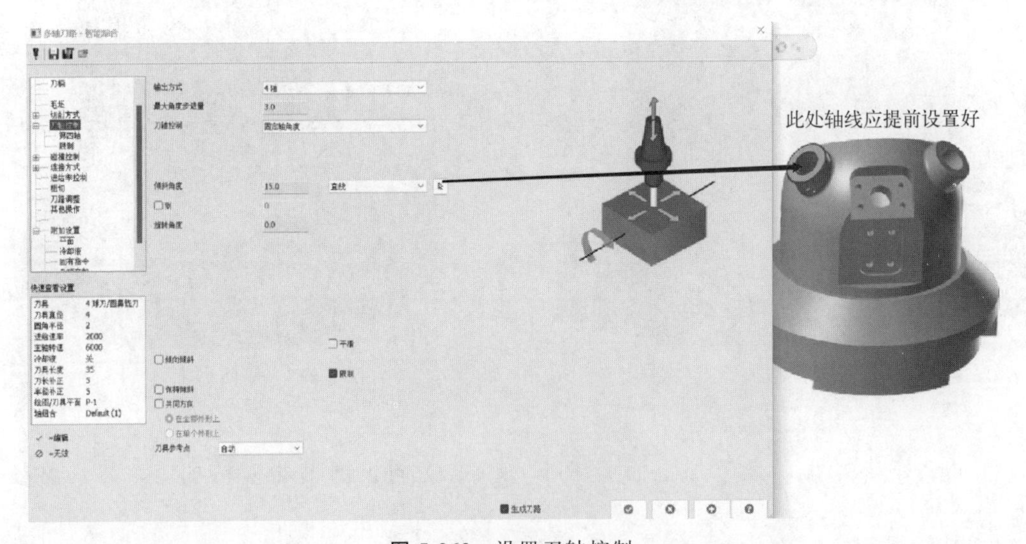

图 5-262 设置刀轴控制

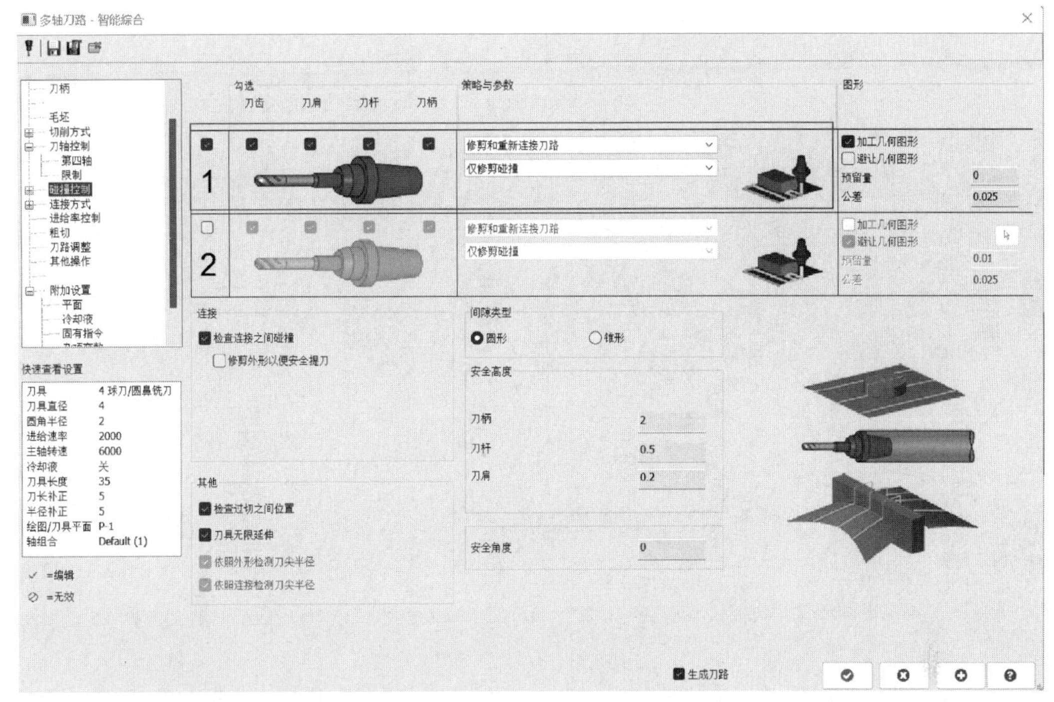

图 5-263　设置碰撞控制

图 5-264　设置刀路调整

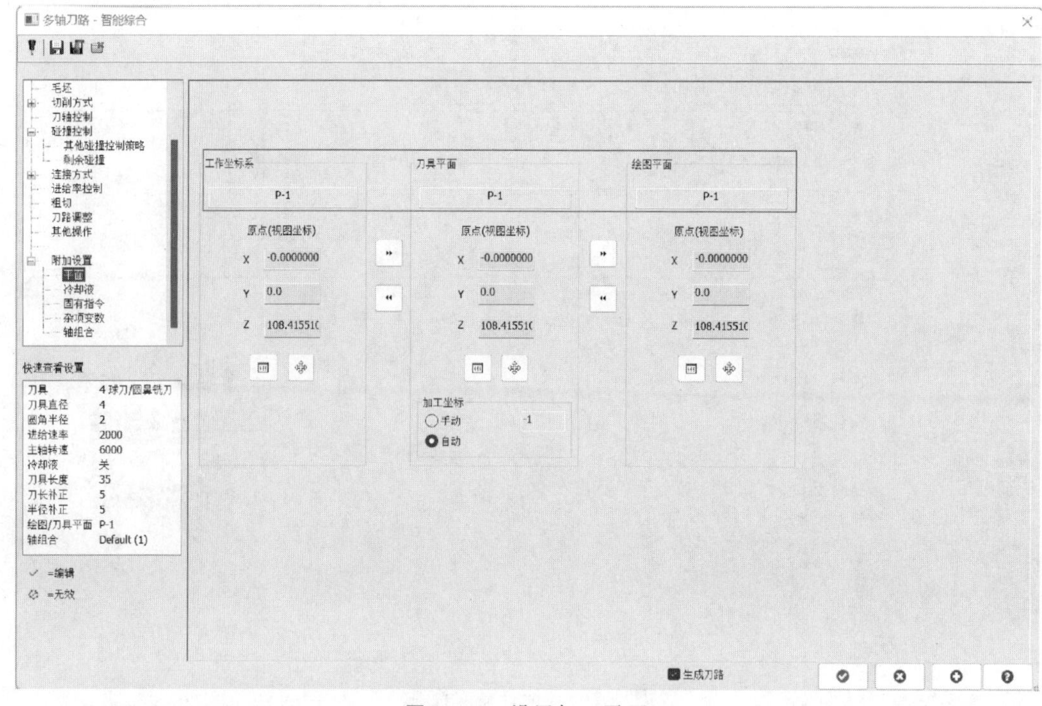

图 5-265 设置加工平面

f. 完成后，刀具路径见图 5-266。

图 5-266 刀具路径

㉖ 点击 智能综合 功能，设置加工面为 P-1，完成后视图 $SR42.5$ 半球面粗加工，过程如下：

a. 点击“切削方式”，设置相关参数，完成后见图 5-267。

b. 点击“刀轴控制”，设置相关参数，完成后见图 5-268。

c. 点击“碰撞控制”，设置相关参数，完成后见图 5-269。

d. 点击“平面”，设置相关参数，完成后见图 5-270。

e. 完成后，刀具路径见图 5-271。

㉗ 点击 智能综合 功能，设置加工面为 P-1，完成后视图 2 个 $\phi21$mm 凸台圆周面及 $SR42.5$ 半球面精加工，过程与粗加工中㉕、㉖相同，只是把余量设置为 0，在此不再叙述加工过程。

㉘ 点击 去除毛刺 功能，完成 B 工序加工中相应轮廓毛刺去除，过程如下：

a. 点击“切削方式”，设置相关参数，完成后见图 5-272。

b. 点击“刀轴控制”，设置相关参数，完成后见图 5-273。

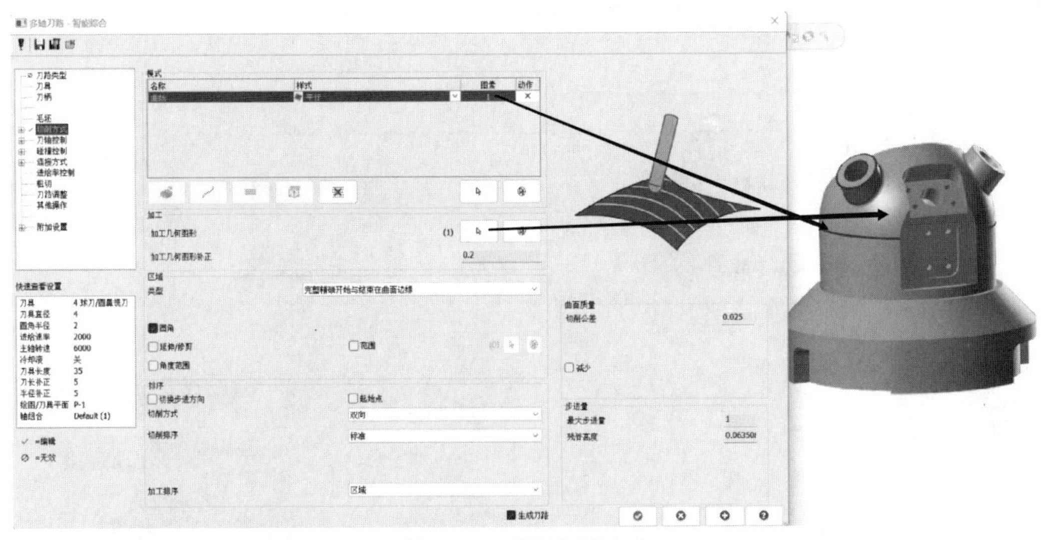

图 5-267　设置切削方式

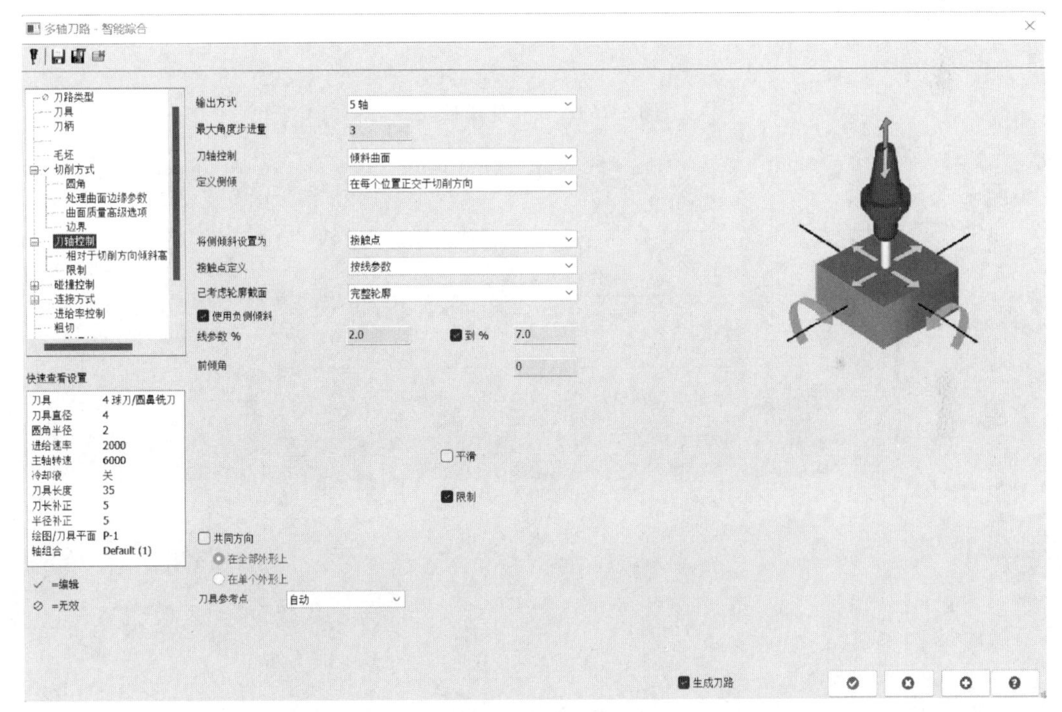

图 5-268　设置刀轴控制

c. 点击“平面”，设置相关参数，完成后见图 5-274。

d. 完成后，刀具路径见图 5-275。

㉙ 点击 侧刃铣削 功能，设置加工面为 P-1，完成后视图 2 个 ϕ21mm 凸台顶面倒角，过程如下：

a. 点击“切削方式”，设置相关参数，完成后见图 5-276。

b. 点击“刀轴控制”，设置相关参数，完成后见图 5-277。

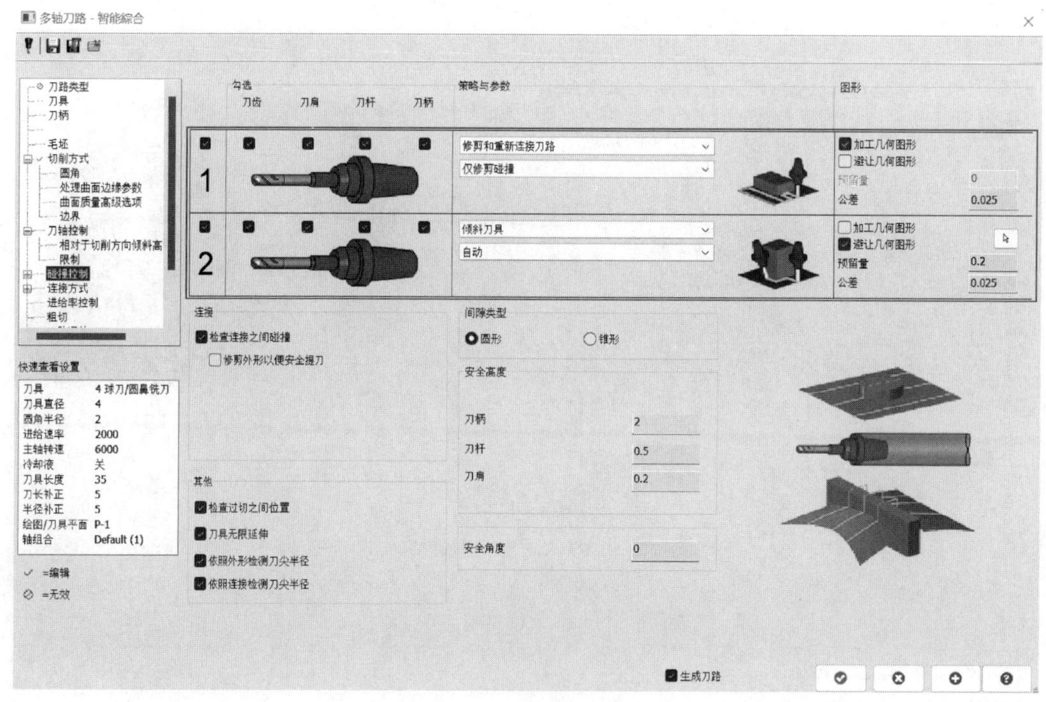

图 5-269 设置碰撞控制

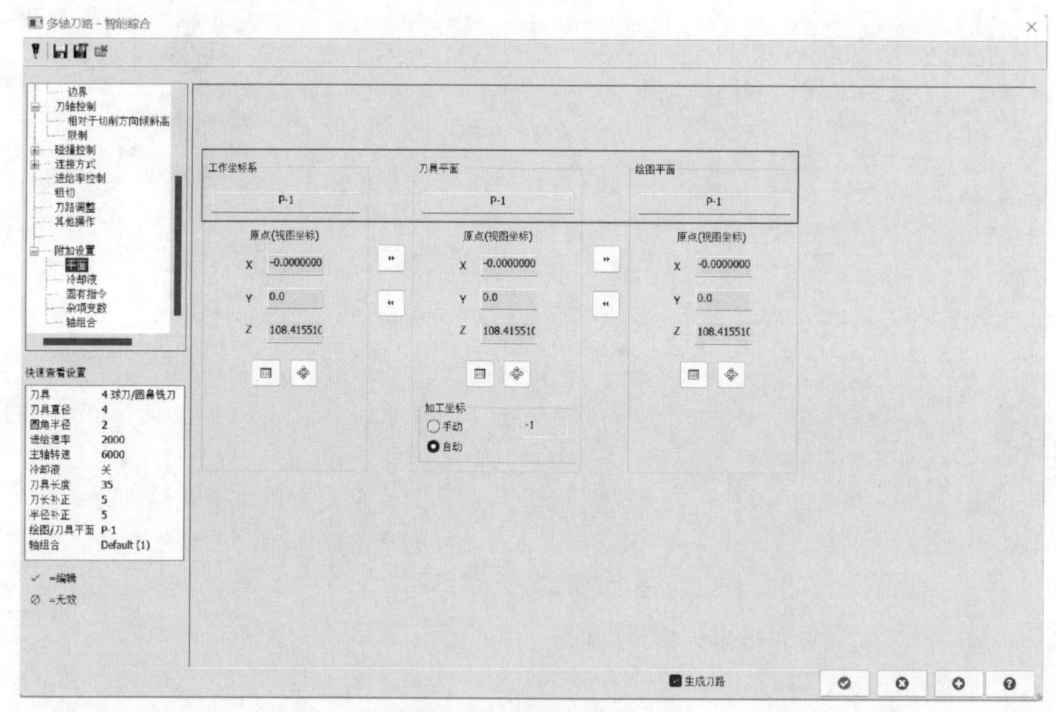

图 5-270 设置加工平面

c. 点击“刀路调整”，设置相关参数，完成后见图 5-278。

d. 点击“平面”，设置相关参数，完成后见图 5-279。

e. 完成后，刀具路径见图 5-280。

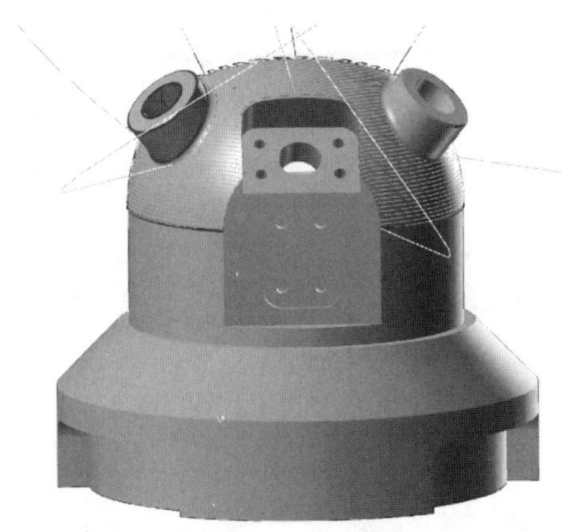

图 5-271　刀具路径

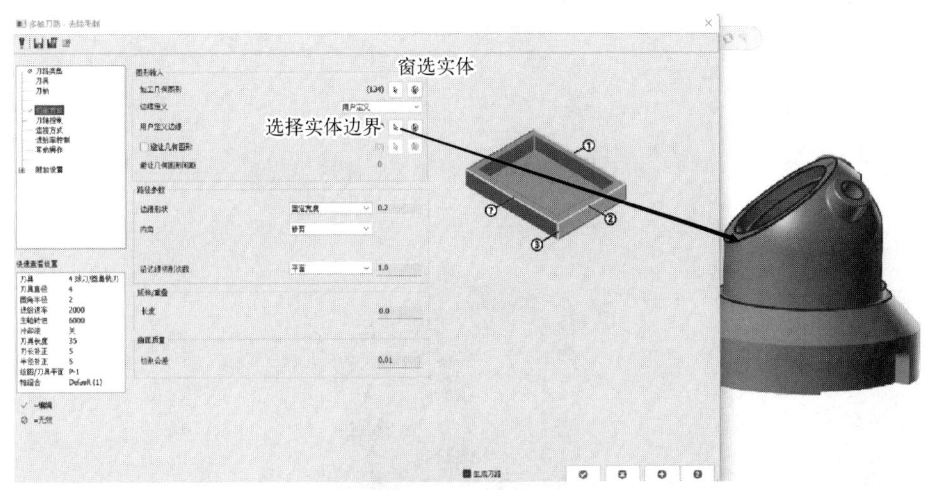

图 5-272　设置切削方式

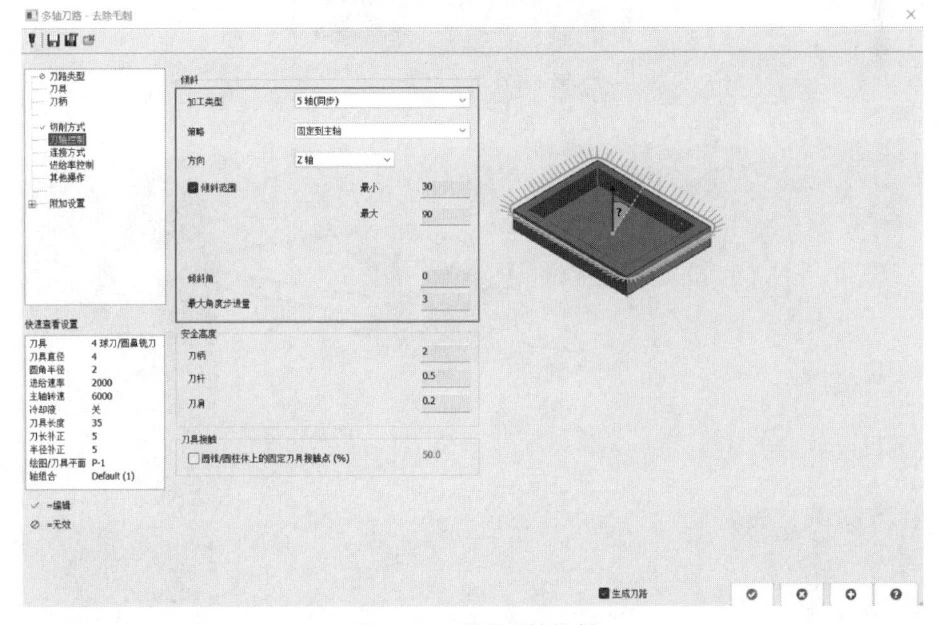

图 5-273　设置刀轴控制

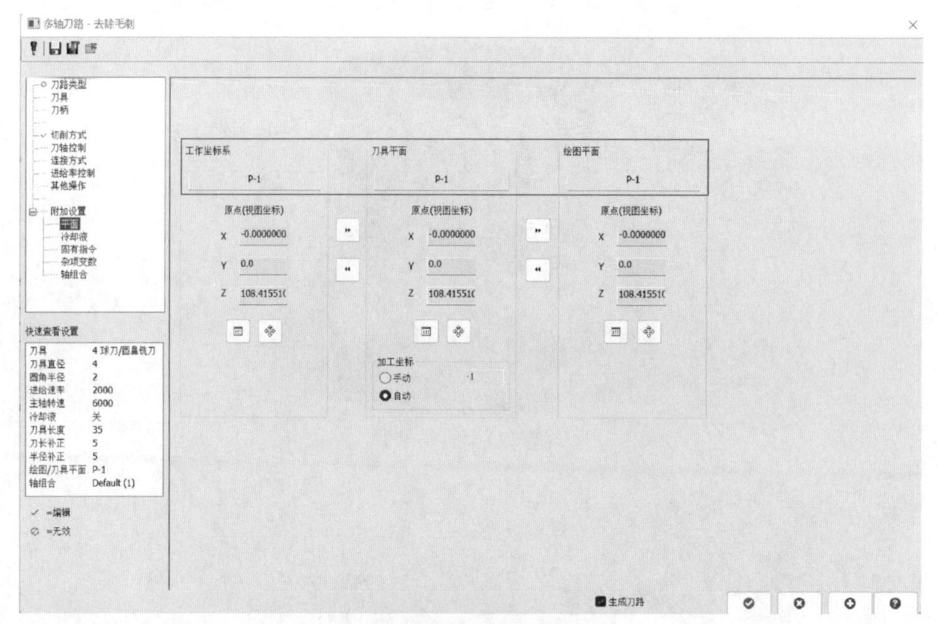

图 5-274 设置加工平面

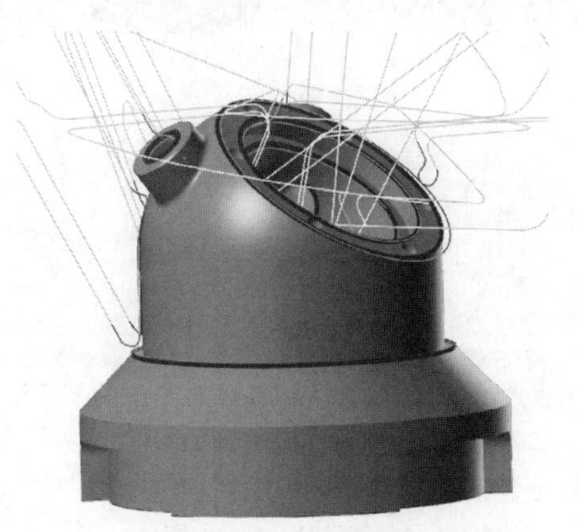

图 5-275 刀具路径

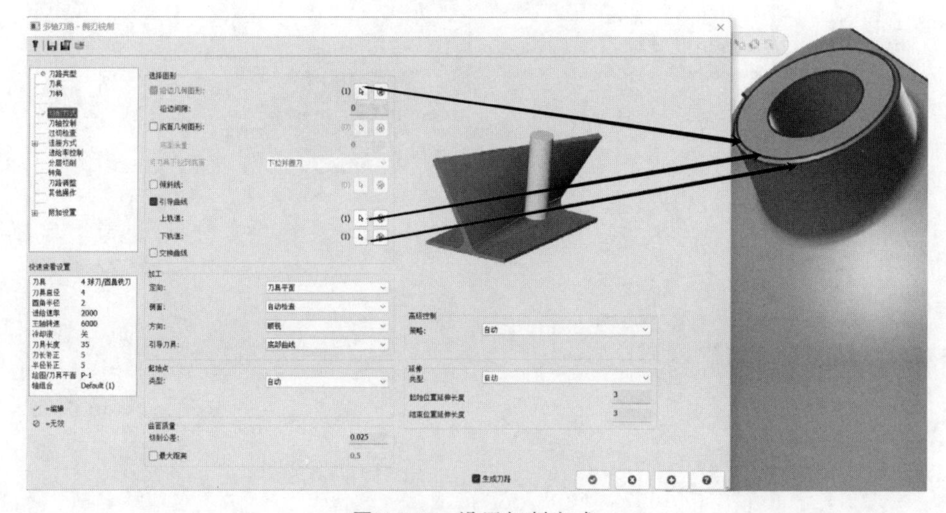

图 5-276 设置切削方式

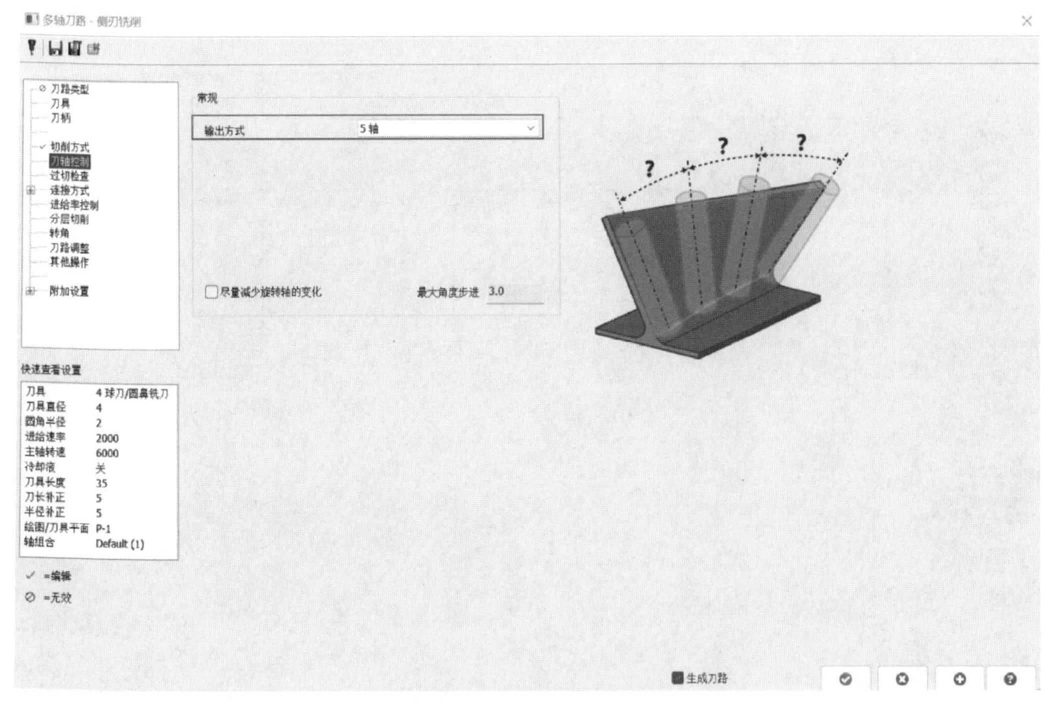

图 5-277 设置刀轴控制

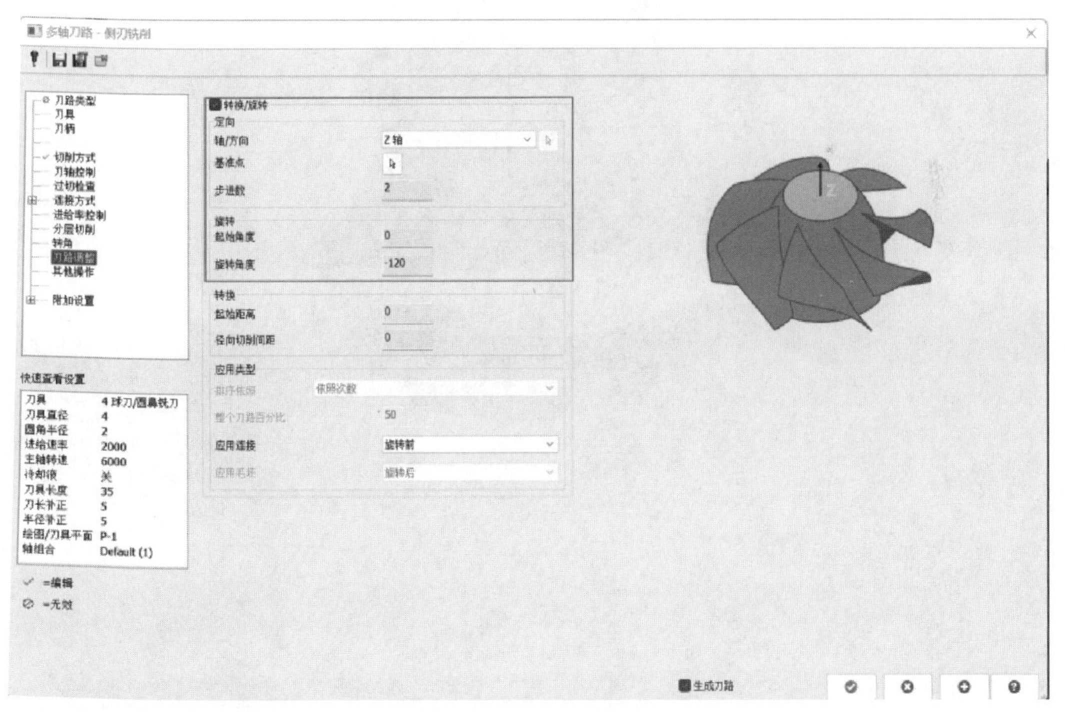

图 5-278 设置刀路调整

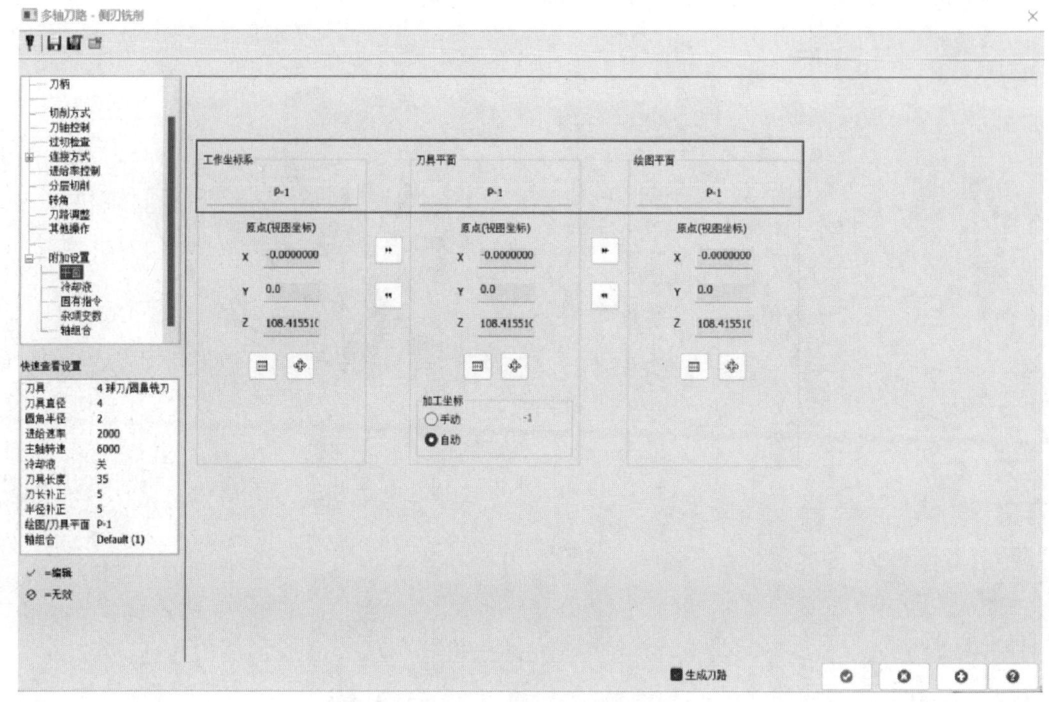

图 5-279　设置加工平面

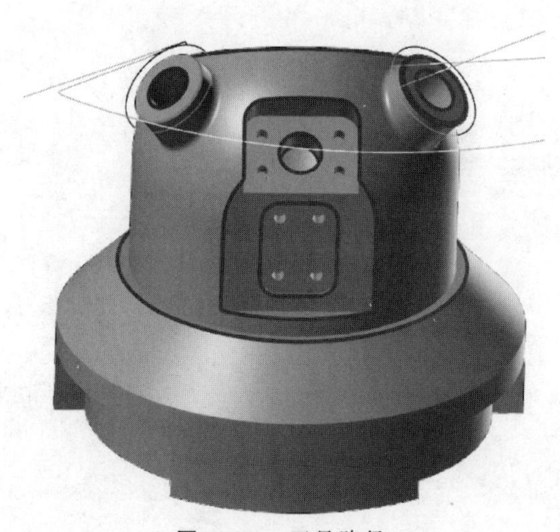

图 5-280　刀具路径